Arbeiten zur Angewandten Statistik

Band 27

Herausgeber:

K.-A. Schäffer, Köln

P. Schönfeld, Bonn

W. Wetzel, Kiel

Wolfgang Schneider

Der Kalmanfilter als Instrument zur Diagnose und Schätzung variabler Parameter in ökonometrischen Modellen

Mit 4 Abbildungen

Physica-Verlag Heidelberg Wien

Dr. Wolfgang Schneider, Institut für Statistik und Ökonometrie,
Universität Kiel, Olshausenstraße 40-60, D-2300 Kiel, FRG

Die „Arbeiten zur Angewandten Statistik“ sind die Fortsetzung der Reihe „Berichte aus dem Institut für Statistik und Versicherungsmathematik und aus dem Institut für Angewandte Statistik der Freien Universität Berlin“.

ISBN-13: 978-3-7908-0359-4 e-ISBN-13: 978-3-642-48116-1
DOI: 10.1007/978-3-642-48116-1

CIP-Kurztitelaufnahme der Deutschen Bibliothek
Schneider, Wolfgang:
Der Kalmanfilter als Instrument zur Diagnose und Schätzung variabler Parameter in ökonometrischen Modellen / Wolfgang Schneider. - Heidelberg ; Wien : Physica-Verlag, 1986.
(Arbeiten zur Angewandten Statistik ; Bd. 27)

NE: GT

Vorwort

Ich möchte an dieser Stelle all denen danken, die diese Arbeit im Laufe der letzten Jahre kritisch begleitet haben : insbesondere meinem Doktorvater Professor Dr. W. Wetzel, ohne dessen Anregung diese Arbeit nicht entstanden wäre, ferner Carsten Hermann für seine Mithilfe bei der Erstellung der ersten Programme, ebenso Joachim Kornrumpf, der für meine Probleme am Terminal stets ein offenes Ohr hatte, sowie Beatrix Kuhnigk und Guido Dobravsky für zahlreiche programmierungstechnische Tips und last not least Ingo Klein, auf dessen wertvollen Rat ich stets zählen konnte.

Kiel, im Mai 1986

Wolfgang Schneider

- Gliederung -

Seite

Teil I: Bedeutung und Ursachen veränderlicher Parameter in der quantitativen Ökonomie: statistische Methoden zu ihrer Erkennung und Schätzung 1

1. Auf der Suche nach stabilen Parametern des "datenerzeugenden Prozesses": Problem der "strukturellen" Schätzung in der Ökonometrie 2

1.1. Vorbemerkungen 2

1.2. Ein ökonometrisch-statistisches Rahmenmodell 4

1.3. Die Reduktion und Reparametrisierung des Totalmodells: die Zulässigkeit der Reduktion für Inferenz, Prognose und Simulation bei Interventionen in den "erklärenden" Variablen mit den zugehörigen Exogenitätskonzepten 15

1.4. Ein kleines Beispiel mit einer Illustration der LUCAS-Kritik - eine Erklärung von Parameterinstabilitäten aus Sicht der Theorie "rationaler Erwartungen" 22

Exkurs: WOLD-STROTZ-Transformationen, Vorherbestimmtheit und strenge Exogenität in einem stationären AR-Modell 29

1.5. Die Rehabilitierung der reduzierten Form: eine Darstellung der SIMS-Kritik an der Ökonomie und Ökonometrie "rationaler Erwartungen" 34

1.6. Abschließende Bemerkungen: Ursachen variabler Regressionsparameter und ein Ansatz ihrer Modellierung 41

Seite

2. Schätzung variabler Parameter : ein kurzer Überblick traditioneller Ansätze 45

2.1. Vorbemerkungen 45

2.2. Eine kurze Diskussion dynamischer Regressionsmodelle und nichtrekursiver Schätzverfahren 48

2.2.1. Diskrete Parametervariation 48

2.2.2. Systematische und autoregressive Parametervariation: nichtrekursive Schätzung des Parameterverlaufs in einem Aitken-Modell 51

2.3. Das Verfahren der exponentiellen Glättung in einer Interpretation als adaptives Verfahren und als Spezialfall eines Kalmanfilters 60

3. Abriß der weiteren Vorgehensweise: Leitfaden und Zusammenfassung 72

Teil II: Rekursive Schätzung der zeitabhängigen stochastischen Koeffizienten in einem verallgemeinerten Regressionsmodell: Zustandsschätzung in einem vollspezifizierten dynamischen linearen Modell mit Hilfe des **Kalmanfilters** 81

1. Das Zustandsraummodell (Das "dynamische lineare Modell") 82

1.1. Das allgemeine Zustandsraummodell 82

1.2. Das lineare Zustandsraummodell 86

1.3. Interpretationen des Zustandsraummodells: ein Überblick 90

Seite

2. Alternative Herleitungen und Interpretationen der Kalmanfiltergleichungen 100

2.1. Ein Bayesianischer (entscheidungstheoretischer) Modellrahmen 100

2.1.1. Die rekursive Berechnung von a posteriori Dichten in einem allgemeinen Zustandsraummodell 100

2.1.2. Ableitung von Bayesregeln in einem vereinfachten dynamischen linearen Modell 104

2.2. Kleinstquadratschätzer: Definition und elementare Eigenschaften 106

2.3. Ableitung der Kalmanfiltergleichungen durch rekursive Berechnung bedingter Normalverteilungen 110

2.3.1. Rekursionsgleichungen für die Filterlösung 110

2.3.2. Interpretation der Filterstruktur 118

2.4. Der lineare Kleinstquadratschätzer 120

2.4.1. Definition und elementare Eigenschaften 120

2.4.2. Die Innovationsfolge und ihre Eigenschaften 126

2.5. Ableitung der Kalmanfiltergleichungen durch schrittweise Regression auf die Glieder einer Innovationsfolge 130

2.5.1. Rekursionsgleichungen für die Filterlösung 130

2.5.2. Parallelen zur "Aitken-Schätzung" und "gemischten" Schätzung 136

2.6. Approximation von Zufallsvariablen in Hilberträumen - Kalmanfilter als rekursive Projektionen 139

2.6.1. Approximation von Vektoren eines Hilbertraumes durch Vektoren eines Unterraumes 139

2.6.2. Interpretation des Kalmanfilter-Algorithmus als rekursive Projektionen in einem Hilbertraum 146

2.7. Anwendungsbeispiele 150

2.7.1. Sequentielle Regression und rekursive Residuen 150

2.7.2. Die Bestimmung einer optimalen Glättungskonstanten im Rahmen der Schätzung permanenter Zeitreihenkomponenten 153

2.7.3. Die Verwendung des Kalmanfilters zur Beschreibung von Informationsstrukturen in dynamischen Entscheidungsproblemen unter Unsicherheit 156

Seite

3. Vervollständigung der Schätzaufgaben: Herleitung der Glättungs- und Prognoselösung 162

3.1. Vorbemerkungen 162

3.2. Herleitung der Glättungslösung 163

3.3. Herleitung der Prognoselösung 167

4. Numerische Varianten der Kalmanfilter-Gleichungen 169

4.1. Vorbemerkungen 169

4.2. Hilfsmittel 170

4.2.1. Cholesky-Wurzeln einer positiv definiten, symmetrischen Matrix 170

4.2.2. Die Householder-Transformation 173

4.2.3. Konstruktion linearer Kleinstquadratschätzer mit Hilfe von Householder-Transformationen 177

4.2.4. Ein Matrixinversionssatz 179

4.3. Der Kovarianzfilter in Standardform 180

4.4. Der Kovarianzfilter in Wurzelform 183

4.5. Der Informationsfilter in Standardform 187

4.5.1. Die Filterlösung 187

4.5.2. Die Glättungslösung 189

4.6. Der Informationsfilter in Wurzelform 196

4.6.1. Die Filterlösung 196

4.6.2. Die Glättungslösung 206

5. Erweiterungen des dynamischen linearen Grundmodells 212

5.1. Das dynamische lineare Modell mit zeitabhängigen Modellmatrizen und kontemporär korrelierten Störtermen in der Beobachtungs- und Übergangsgleichung 212

5.1.1. Die Filterlösung 212

5.1.2. Die Glättungslösung 216

Seite

5.2. Die Berücksichtigung verzögert endogener Variabler unter den erklärenden Variablen eines Zustandsraumes 218

5.2.1. Die Filterlösung 218

5.2.2. Die Innovationsfolge 221

5.2.3. Die Glättungslösung (für festes und variables Glättungsintervall) 225

6. Stabilitätseigenschaften der Kalmanfilter-Rekursionsgleichungen 233

7. Sensitivitätseigenschaften des Kalmanfilters in einem fehlspezifizierten dynamischen linearen Modell 249

8. Nichtlineare Kalmanfilter-Rekursionen 256

8.1. Der erweiterte Kalmanfilter 256

8.2. Anwendungsbeispiele 259

8.2.1. Simultane Gleichungssysteme mit zeitabhängigen Koeffizienten der gemeinsam endogenen Variablen 259

8.2.2. Gemeinsame Schätzung von Systemzuständen und der unbekannten Elemente einer Transitionsmatrix 262

Teil III: Maximum-Likelihood-Schätzung der konstanten Parameter eines dynamischen linearen Modells: Implementierung alternativer Maximum-Likelihood-Suchverfahren (EM- und SCORING-Methode), asymptotische Verteilungstheorie und Modellüberprüfung 264

1. Vorbemerkungen (Modellspezifikation und Notationen) 265

1.1. Spezifikation des zu schätzenden Modells 265

1.2. Der Maximum-Likelihood-Ansatz für die Schätzung der unbekannten (konstanten) Modellparameter: Besonderheiten der Likelihood-Gleichungen und ein Verfahrensüberblick für ihre Lösung 271

Seite

2. Hilfsmittel zur Maximierung der Likelihood-Funktion 277

2.1. Einige Hilfssätze aus der Matrixalgebra 277

2.1.1. Vektorisierungsregeln 277

2.1.2. Differentiationsregeln für Matrizen und Vektoren 278

2.1.3. Dekompositionseigenschaften positiv (semi)definiter Matrizen 282

2.1.4. Verteilung quadratischer Formen in normalverteilten Zufallsvariablen 284

2.2. Das Scoring-Verfahren *(C.R. Rao)* 285

2.3. Das EM-Verfahren *(Dempster/Laird/Rubin)* 288

2.3.1. Definition des EM-Verfahrens 288

2.3.2. Zwei Hilfssätze: Die Informationsungleichung und einige Eigenschaften der Score-Funktion 291

2.3.3. Eigenschaften des EM-Algorithmus 293

3. Maximierung der log-Likelihood-Funktion in einem dynamischen linearen Modell 307

3.1. Implementierung der Scoring-Methode 307

3.1.1. Gradient und Hessesche Matrix der log-Likelihood 307

3.1.2. Optimierung der Schrittlänge und Berechnung der nächsten Iterationslösung 314

3.1.3. Vereinfachungen für einen Spezialfall 316

3.2. Implementierung der EM-Methode 317

3.2.1. Der Erwartungsschritt 317

3.2.2. Der Maximierungsschritt 322

3.3. Zusammenspiel der Scoring- und der EM-Methode im Rahmen einer gemeinsamen Zustands- und Parameterschätzung mit dem Kalmanfilter 328

4. Die Eindeutigkeit der Likelihood-Funktion in den unbekannten Modellparametern: "Identifizierbarkeit" der Parameter eines dynamischen linearen Modells 332

4.1. Identifizierbarkeit: Konzepte und Kriterien 332

4.2. Ein Beispiel für die Identifizierbarkeit zeitinvarianter Zustandsraummodelle: alternative Darstellung stationärer ARMA(X)-Modelle in Zustandsräumen 343

Seite

4.3. Identifizierbarkeit in einem Spezialfall des dynamischen linearen Modells: Regressionsmodelle mit ARMA(X)-verteilten Regressionskoeffizienten 359

5. Asymptotische Eigenschaften der Maximum-Likelihood-Schätzer für die unbekannten (konstanten) Parameter eines dynamischen linearen Modells 379

5.1. Asymptotische Eigenschaften von Maximum-Likelihood-Schätzern bei stochastisch abhängigen Beobachtungsvariablen: ein kurzer Überblick 379

5.2. Asymptotische Normalität und Konsistenz der Maximum-Likelihood-Schätzer im dynamischen linearen Modell 395

6. Modellüberprüfung 406

6.1. Vorbemerkungen: Arten der Modellüberprüfung 406

6.2. Überprüfung der Innovationsfolge auf (normalverteiltes) weißes Rauschen 411

6.3. Überprüfen von Restriktionen auf dem Parameterraum 423

6.4. Der Informationsmatrix-Test *(H. WHITE)* 434

7. Schlußbemerkungen: Alternativen zur Maximum-Likelihood-Schätzung 436

<u>Teil IV:</u> Anmerkungen und bibliographische Hinweise 440

<u>Teil V:</u> Literaturverzeichnis 454-490

a) Aufsätze in Zeitschriften, Aufsatzsammlungen, Konferenzbänden und Handbüchern; Arbeitspapiere 455

b) Bücher (Monographien, Hand- und Lehrbücher) 483

Teil I

Bedeutung und Ursachen

veränderlicher Parameter

in der

quantitativen Ökonomie

-

statistische Methoden zu ihrer

Erkennung und Schätzung

Kapitel 1: Auf der Suche nach stabilen Parametern des "datenerzeugenden Prozesses": Probleme der strukturellen Schätzung in der Ökonometrie

1.1. Vorbemerkungen

Der drei Kapitel umfassende Teil I der vorliegenden Arbeit ist als Einführung in die statistisch-ökonometrische Behandlung zeitvariabler Parameter in quantitativen Modellen gedacht.
Das erste Kapitel stellt ein ökonometrisches Rahmenmodell vor, an Hand dessen erläutert wird, was in der Ökonometrie unter einer stabilen Parametrisierung des "datenerzeugenden Prozesses" für eine vorgegebene Menge ökonomischer Zeitreihen verstanden wird. In diesem Zusammenhang werden Probleme bei der Schätzung einer "strukturellen" und "reduzierten" Form sowie eine Reihe von "Exogenitätskonzepten" für gewisse erklärende Variablen in ökonometrischen Mehrgleichungssystemen eine wichtige Rolle spielen.
Wir verwenden zur Illustration dieser Konzepte eine Beschreibung des Spezifikationsprozesses, der in einer schrittweisen Vereinfachung einer komplexen statistischen Hypothese über den "datenerzeugenden Prozeß" zu einer ökonometrischen Hypothese über ein Teilmodell der beobachtbaren Variablen mit einem bedingten Verteilungsfunktion in einer stabilen, ökonomisch interpretierbaren Parametrisierung besteht.
Die Zulässigkeit der einzelnen Vereinfachungsschritte wird durch die Exogenität der bedingenden Variablen gerechtfertigt; je nach Verwendungszweck des bedingten Verteilungsmodells wird ein anderes Exogenitätskonzept notwendig.
In der folgenden Darstellung soll deutlich werden, an welchen Stellen die Reduktion des statistischen Totalmodells zu einem bedingten ökonometrischen Modell scheitern kann und möglicherweise zur Instabilität der Verhaltensparameter dieses bedingten Modells führt. Die Kritik aus der Theorie der rationalen Erwartungen läßt sich in diese Diskussion einbetten.
Es wird daran anschließend auf eine Alternative zur Suche nach stabilen ("strukturellen") Verhaltensparametern hingewiesen, nämlich auf die von C.A.SIMS popularisierten "schwach restringierten" Vektorautoregressionen, eine Art "direkte" Schätzung des "datenerzeugenden Prozesses" (= statistisches Simulationsmodell ausgezeichneter Eigenschaften ökonomischer Zeitreihen

wie zum Beispiel eine Autokorrelationsfolge).
Es wird im einzelnen begründet, warum sich die Parameter der Vektorautoregressionen unter wirtschaftspolitischen Interventionen nicht abrupt sondern nur allmählich ändern und warum eine "Ökonometrie der rationalen Erwartungen" in ihrer Suche nach den fundamentalen "Invarianten" des Wirtschaftsprozesses mit besonderen Schwierigkeiten zu kämpfen hat.
Die Verfahren der Regression mit zeitabhängigen Parametern erscheinen auf dem Hintergrund der Ausführungen im ersten Kapitel als Methoden, die dem Scheitern einer Suche nach stabilen Verhaltensparametern Rechnung tragen. Die **Kalmanfiltertechnik** ist eine dieser Methoden.
Im zweiten Kapitel geben wir zunächst einen historischen Überblick über traditionelle Ansätze zur Behandlung variabler Parameterstrukturen in ökonometrischen Modellen und erläutern die Konstruktionsidee der Kalmanfilter-Technik an einem engen Verwandten dieses Verfahrens aus der Zeitreihenanalyse - nämlich an der Methode der exponentiellen Glättung.

Kapitel 3 enthält eine ausführliche **Zusammenfassung** der gesamten vorliegenden Arbeit, die aus weiteren drei Teilen besteht. In Teil II spezialisieren wir das im nächsten Abschnitt 1.2. darzustellende Rahmenmodell zu einem dynamischen linearen Regressionsmodell mit konstanten und zeitabhängigen stochastischen Koeffizienten. Dieser Teil beschreibt ferner ein rekursives statistisches Verfahren (eben die Kalmanfiltertechnik) zur Schätzung der zeitabhängigen Koeffizienten bei sonst bekannter Modellspezifikation.
Teil III untersucht das Schätzproblem der verbleibenden konstanten Parameter.
Eine Reihe weiterführender bibliographischer Hinweise und Anmerkungen sind am Schluß der Arbeit in Teil IV zusammengefaßt worden. Das Literaturverzeichnis findet sich in Teil V, Aufsätze/Arbeitspapiere einerseits und Monographien/Hand- und Lehrbücher andererseits werden dort in zwei getrennten Verzeichnissen aufgeführt.

1.2. Ein ökonometrisch-statistisches Rahmenmodell

Wir bedienen uns für die folgenden Überlegungen eines Rahmenmodells, das D.F. HENDRY und J.-F. RICHARD[1] in ihren Untersuchungen über Exogenität verwendet haben.
Für die Untersuchung einer gegebenen Fragestellung liegen Daten in Form einer Zeitreihe $\{y(0), y_1, y_2, \ldots, y_N\}$ vor.[2] Die Größe y_t ist ein (mx1)-Vektor. Es wird angenommen, daß seine Komponenten den Variablen einer ökonomischen Theorie entsprechen, die für das Untersuchungsziel herangezogen werden soll.
Die Beziehungen zwischen diesen Variablen modellieren wir als einen stochastischen Zusammenhang : die Motivation für diese Vorgehensweise mag darin gesehen werden, daß die "reale" (ökonomische) Welt nicht deterministisch ist oder daß wir so wenig über sie wissen, daß wir uns nur ein stochastisches Bild von ihr machen können.
Wir deuten daher die Zeitreihe $\{y_t : t=1,2, \ldots, N\}$ als Realisation des stochastischen Prozesses $\{Y_t : t=1,2, \ldots, N\}$. Diesen stochastischen Prozeß charakterisieren wir durch die gemeinsame Dichtefunktion

(1.1) $$f_{Y_1,Y_2,\ldots,Y_N|Y(0)}(y_1,y_2, \ldots ,y_N|\, y(0)\, ;\theta) \quad .$$

Hierin enthält $y(0)$ geeignete Anfangsbedingungen, während θ ein endlich dimensionaler Parametervektor ist, $\theta \in \Theta$, der die gemeinsame Dichtefunktion eindeutig charakterisiert.
Der Parameter θ soll konsistent geschätzt werden : wir setzen dabei voraus, daß die oben angegebene endliche Parametrisierung für $N=1,2,\ldots,N^*$ bei "hinreichend großem" N^* (aktuelle Zeitreihenlänge) gültig bleibt. Anders formuliert : da wir eine Stichprobe vom Umfang 1 aus der Grundgesamtheit $(Y_1,Y_2,\ldots,Y_N)$ gezogen haben, ist eine konsistente Schätzung des Verteilungsparameters θ sicher nur möglich, wenn wir durch zusätzliche Bedingungen sicherstellen, daß jede neu hinzukommende Beobachtung $y_1, y_2, \ldots, y_N$ einen Informationszuwachs über θ darstellt.[3]
Wir wollen daher annehmen - und diese Annahme ist zentral für die empirische Wirtschaftsforschung - , daß die bedingten Verteilungen

(1.2) $$f_{Y_t|Y_{t-1}\, Y_{t-2},\ldots,Y_1,Y(0)}\,(y_t|y_{t-1},y_{t-2},\ldots,y_1,y(0);\theta)$$

sich über einem hinreichend langen Zeitraum [1,N] überhaupt nicht oder nur "allmählich" gemäß einem - endlich und konstant parametrisierten - Bewegungsgesetz verändern.
Wir formulieren diesen Sachverhalt durch die Darstellung :

(1.3) $$f_{Y(t)|Y(0)}(y(t) \mid y(0) \; ; \theta) = \prod_{t=1}^{N} f_{Y_t|Y(t-1)}(y_t|y(t-1) \; ; \theta) ,$$

$$\text{mit : } Y(t) := (Y(0),Y_1,\ldots,Y_t) \; , \; y(t) := (y(0),y_1, \ldots , y_t) ,$$

(1.4) $$\text{und : } \varphi_{t,\tilde{\theta}} : \quad f_{Y_t|Y(t-1)}(y_t|y(t-1);\theta) \rightarrow f_{Y_{t+1}|Y(t)}(y_{t+1}|y(t);\theta) .$$

Hierin bezeichnet $\varphi_{t,\tilde{\theta}}$ eine Transitionsgleichung zwischen den bedingten Verteilungen zweier aufeinander folgender Perioden; sie wird parametrisiert durch $\tilde{\theta}$, ein Subvektor von θ.

In Teil II der vorliegenden Arbeit werden wir zeigen, wie sich die Transformation $\varphi_{t,\tilde{\theta}}$ berechnen läßt, wenn sich die Veränderung der bedingten Dichtefunktionen $f(y_t|y(t-1))$ mit Hilfe "stochastischer Änderungsparameter" X_t (die wir in anderen Zusammenhängen als "Systemzustände" oder "zeitabhängige Regressionskoeffizienten" interpretieren) in folgender Form modellieren läßt :
Es existieren bedingte Dichtefunktionen

(1.5a) $$f_{Y_t|Y(t-1),X(t)}(y_t|y(t-1),x(t);\theta_1) \text{ mit } x(t):=(x_0,x_1,x_2, \ldots , x_t) ,$$

deren Veränderung in der Zeit durch ein Bewegungsgesetz für X_t beschrieben wird, das sich in einer "Übergangsdichte" niederschlägt der Gestalt :

(1.5b) $$f_{X_t|X(t-1),Y(t-1)}(x_t \mid x(t-1) \; , \; y(t-1) \; ; \theta_2) \quad (t = 1,2, \ldots , N)$$

(1.5c) $$\text{mit einer Anfangsverteilung : } f_{X_0}(x_0 \; ; \theta_3) .$$

Der stochastische Prozeß $\{X_t\}$ habe ferner ein "kurzes" Gedächtnis in dem Sinne, daß die aktuelle Größe x_t alle Informationen aus der "Strukturwandelgeschichte" $x(t):=(x_0,x_1,\ldots,x_t)$ enthält, die für die Charakterisierung der bedingten Dichtefunktionen (1.5) notwendig sind.
Unter Beachtung der "Markoff-Eigenschaften" von $\{X_t\}$ gilt:

(1.6a) $$f_{Y_t|Y(t-1),X(t)}(y_t|y(t-1),x(t);\theta_1) = f_{Y_t|Y(t-1),X_t}(y_t|y(t-1),x_t;\theta_1)\,,$$

(1.6b) $$f_{X_t|Y(t-1),X(t-1)}(x_t|y(t-1),x(t-1);\theta_2) = f_{X_t|Y(t-1),X_{t-1}}(y_t|y(t-1),x_{t-1};\theta_2)\,.$$

Unter diesen Verteilungsannahmen ergibt sich die gemeinsame Dichtefunktion $f_{Y(t)|Y(0)}(y(t)\mid y(0);\theta)$ mit $\theta := (\theta_1,\theta_2,\theta_3)$ als :

(1.7) $$f_{Y(t)|Y(0)}(y(t)|y(0);\theta) = \int_{x(t)} f_{Y(t),X(t)|Y(0)}(y(t),x(t)|y(0);\theta)\,dx(t)$$

<u>mit :</u>

$$f_{Y(t),X(t)|Y(0)}(y(t),x(t)\mid y(0);\theta) = f_{X_0}(x_0;\theta_3)\cdot$$

$$\prod_{t=1}^{N} f_{Y_t|Y(t-1),X_t}(y_t|y(t-1),x_t;\theta_1)\, f_{X_t|Y(t-1),X_{t-1}}(x_t|y(t-1),x_{t-1};\theta_2).$$

Für normalverteilte Dichtefunktionen (1.5) kann (unter Berücksichtigung von (1.6)) die Integration über x_t mit Hilfe eines rekursiven Verfahrens über eine schrittweise Berechnung der bedingten (ebenfalls normalverteilten) Dichtefunktionen

$$f_{Y_t|Y(t-1)}(y_t|y(t-1);.),\ f_{X_t|Y(t-1)}(x_t|y(t-1);.),\ f_{X_t|Y(t)}(x_t|y(t);.)$$

erfolgen. Die zugehörigen Rekursionsgleichungen definieren den sogenannten *Kalmanfilter-Algorithmus* und ermöglichen die Herleitung der oben erwähnten Abbildung (1.4).
Die Eigenschaften dieses Kalmanfilter-Algorithmus diskutieren wir in Teil II. Teil III wird die konsistente Schätzung der verbleibenden konstanten Parameter θ zum Gegenstand haben.
Für unsere weiteren Überlegungen wollen wir jedoch auf dieser ersten Stufe einer Datenbeschreibung <u>vorläufig</u> annehmen, daß sich die bedingten Verteilungen $f(y_t|\,y(t-1);\theta)$ in der Zeit nicht ändern. Die Abbildung (1.4) ist also die identische Abbildung, und die Zufallsvariable X_t ist "leer" in dem soeben beschriebenen Strukturwandelmodell.
Erst später werden wir Teile von θ unter einen Änderungsvektor X_t aufnehmen, also nur gewisse Aspekte der Parametrisierung von (1.3) einer Änderung unterwerfen.

Es soll weiterhin eine lineare, normalverteilte stochastische Welt vorausgesetzt werden mit[4]

.8) $$f_{Y_t|Y(t-1)}(y_t|y(t-1),\theta) = N(y_t : \mu_t , \Sigma) \quad \text{(Dichte einer multivariaten Normalverteilung)}$$

9a) <u>mit:</u> $$\mu_t := E(Y_t|y(t-1),\theta) = \sum_{i=1}^{n} \Pi_i \, y_{t-i} ,$$

.9b) $$\Sigma := COV(Y_t|y(t-1),\theta) , \quad (t=1,2,\ldots,N) .$$

Diese Vorgehensweise hat den Vorteil, daß Modelle für Subvektoren von Y_t durch Bildung von Randverteilungen und bedingten Verteilungen analytisch hergeleitet werden können.
Wir definieren den Störterm $\tilde{Y}_t$,

.10) $$\tilde{Y}_t := Y_t - E(Y_t|y(t-1),\theta) = Y_t - \mu_t .$$

Der Störterm $\tilde{Y}_t$ ist die sogenannte ***<u>Innovation</u> in*** $\{\tilde{Y}_t\}$, der Teil der Zufallsvariable Y_t, der in unserer stochastischen Welt (im Sinne des Kleinstquadratkriteriums) nicht mehr durch die Vergangenheit Y(t-1) prognostizierbar ist.
Die Innovation $\tilde{Y}_t$ ist <u>per Konstruktion</u> nicht mit den vergangenen Zufallsvariablen Y(t-1) korreliert, wir erhalten folgende statistische Zerlegung für Y_t:

.11) $$Y_t = \sum_{i=1}^{n} \Pi_i \, Y_{t-i} + \tilde{Y}_t ,$$

$$\text{mit} \quad E(\tilde{Y}_t|y(t-1),\theta) = 0 \quad , \quad COV(\tilde{Y}_t|y(t-1),\theta) = \Sigma .$$

Es bleibt das Problem der Schätzung des Parameters θ :
per Konstruktion sind die Voraussetzungen für die Konsistenz einer gewöhnlichen Kleinstquadratschätzung für $\{\Pi_i : i=1,\ldots,N\}$ und Σ erfüllt. Alle erklärenden Variablen (d.h. Y(t-1)) sind vorherbestimmt, und die Störterme sind nicht autokorreliert. Der Parameter θ könnte also alle Elemente aus $\{\Pi_i\}_{i=1}^{n}$ und Σ enthalten. In der Regel ist jedoch der Beobachtungshorizont **N** zu klein, als daß man alle diese Elemente mit vertretbaren Stichprobenfehlern schätzen könnte. Hinzukommt, daß die Lag-Länge n nicht bekannt ist, man wird sie in aller Regel a priori festlegen.
Unter Voraussetzung der Stationaritätsbedingungen für $\{Y_t\}$: [5]

.12) $$\det(I-\sum_{i=1}^{n} \Pi_i \lambda^i)=0 \Rightarrow |\lambda| > 1$$

kann man auf die sehr entwickelte Schätztheorie für (schwach) stationäre stochastische Prozesse zurückgreifen:
Eine Möglichkeit, das Lag-Polynom $\Pi(L)$ sparsamer zu parametrisieren, besteht in der Modellierung von $\{Y_t\}$ als ARMA-Prozeß, sofern sich $\Pi(L)$ als rationale Funktion zweier endlicher Lagpolynome darstellen läßt, $\Pi(L) = A(L)^{-1}\ B(L)$.[6] Andere Statistiker versuchen, dem 'parsimony principle' gerecht zu werden, indem sie $\Pi(L)$ eine a priori - Verteilung auferlegen, die die Vermutung widerspiegelt, daß die Elemente von $\Pi(L)$ " gleichmäßig in der Zeit " abnehmen. Das Ergebnis dieser sparsamen Parametrisierungsstrategie im Interesse einer Verringerung des Stichprobenfehlers der Parameterschätzfunktionen ist der Parametervektor θ. Für hinreichend kleines n und hinreichend kleine Dimension von Y_t mag er auch alle Werte von $\Pi(L)$ und Σ enthalten.
Es bleibt wichtig festzuhalten, daß bei dieser Parametrisierung allein statistische Überlegungen eine Rolle spielen :
Ziel der Anpassung ist es, mit möglichst wenigen Parametern Residuen zu erzeugen, die Innovationseigenschaften besitzen: sie dürfen weder aus sich selbst heraus noch mit Hilfe von Vergangenheitsinformation aus $\{Y_t\}$ prognostizierbar sein.[7]
Mit möglichst einfachen Mitteln soll ein stochastischer Prozeß gefunden werden, der die empirisch ermittelte Korrelationsfolge reproduziert. Hier endet die Aufgabe des Statistikers als Zeitreihenanalytiker. Er hat ein statistisches Modell gefunden, das "wesentliche Eigenschaften" seiner Zeitreihen erzeugen kann. Er hat sozusagen ein "Analogmodell der Grundgesamtheit" konstruiert, das er mit Hilfe einer Rechenmaschine simulieren könnte und das mit hoher Wahrscheinlichkeit Realisationen von der Art der beobachteten Zeitreihe reproduziert. Dieses Analogmodell definiert den "datenerzeugenden Prozeß" : welche "wahren" (ökonomischen) Mechanismen auch dahinterstehen mögen, der Statistiker tritt zumindest mit dem Anspruch auf , das Resultat dieser Mechanismen in Form eines Zeitreihenmodells über einen gewissen Zeitraum simulieren zu können.[8]
Ob dieses Zeitreihenmodell auch jenseits des Beobachtungshorizonts für Zwecke der Prognose verwendet werden kann, wird davon abhängen, ob die Korrelationsstruktur des Prozesses im Zeitablauf konstant bleibt.

Der Ökonometriker wird sich mit dem Analogmodell der Grundgesamtheit nicht zufrieden geben und zwar mit dem Argument, daß die Parameter des statistischen Modells keiner ökonomischen Interpretation zugänglich sind.[9]
Dieses Argument paart sich mit dem Zweifel an der Stabilität der Parameter der "reduzierten Form".[10]
Wenn sich wirtschaftspolitische Steuerungsgrößen wie z.B. Steuersätze, Importquoten, Maßnahmen zur Sparförderung, Subventionsmaßnahmen, Bestimmungen des Ladenschlußgesetzes, Umweltauflagen ändern - Größen, die man nicht unter die Komponenten von Y_t mit aufgenommen hat oder deren "Erzeugungsmechanismus" sich innerhalb des datenerzeugenden Prozesses ändert - dann werden sich auch die Koeffizienten der reduzierten Form ändern, der gesamte stochastische Zusammenhang zwischen den Komponenten von Y_t wandelt sich.
Damit beginnt die Suche nach den Größen, die solche Änderungen prognostizierbar machen bzw. überhaupt erst "Strukturwandelhypothesen" auf Basis eines ökonomischen a priori Wissens möglich machen. Der Ökonometriker beginnt - geleitet von einer ökonomischen Theorie - die Koeffizienten in $\Pi(L)$ und Σ zu reparametrisieren. Diesen Reparametrisierungsprozeß wollen wir im folgenden etwas näher untersuchen.
Die ökonomische Version des datenerzeugenden Prozesses für $\{Y_t\}$ erklärt das Zustandekommen seiner Parameter $\{\Pi_i\}, \Sigma$ als Ausgang eines Geschehens, in dessen Verlauf das Verhalten von optimierenden Wirtschaftssubjekten oder Gruppen von Wirtschaftssubjekten miteinander in Einklang gebracht wird.
Die ökonomische "Struktur" besteht in den Invarianten von Verhaltensgleichungen: hierin muß die Bezeichnung "*invariant*" näher spezifiziert werden durch die Bedingungen, unter denen Invarianz herrschen soll. Es stellt sich die Frage: *invariant* - gegenüber was? Wir definieren daher genauer:
Ein Parameter gehört zur ökonomischen Struktur eines Analysemodells, wenn er unter einer Klasse wohlspezifizierter Interventionen (die Gegenstand der Analyse sind) konstant bleibt.

Ob die Parameter eines Modells strukturell sind oder nicht hängt also im Sinne der genannten Definition von dem Analyseziel ab, das man mit dem Modell verfolgt - es hängt ab von der Klasse der (wirtschaftspolitischen) Interventionen, die gerade betrachtet werden.[11]

Im folgenden wollen wir den Reparametrisierungsprozeß von $\Pi(L)$ und Σ durch vermeintlich stabile Verhaltensparameter formalisieren. Die Koeffizienten aus $\Pi(L)$ und Σ werden in dem Vektor θ zusammengefaßt. Es sei noch einmal daran erinnert, daß Y_t m Komponenten besitzt.
Die Reparametrisierung von θ erfolgt durch $g \leq m$ Verhaltensgleichungen. Diese Gleichungen beschreiben das Optimierungsverhalten gewisser Gruppen von Wirtschaftssubjekten für gegebene Erwartungen über zukünftige Ereignisse oder berücksichtigen Mechanismen zur Erwartungskorrektur als Reaktion auf vergangene Prognosefehler. Die Verhaltensgleichungen werden mit Hilfe der bedingten Erwartungswerte μ_t formuliert :[12]

(1.13) $$A_0 \mu_t + \sum_{i=1}^{n} A_i y_{t-i} = 0 ,$$

mit $y_t := (m x 1)$ und $A_i := (g x m)$, $(i=0,1,\ldots,n)$.

Unter folgender Definition eines Störterms ε_t ,

(1.14) $$\varepsilon_t := - A_0 \tilde{y}_t ,$$

schreiben wir die Gleichung (1.13) auch als

(1.15) $$A_0 y_t + \sum_{i=1}^{n} A_i y_{t-i} = \varepsilon_t$$

mit den Eigenschaften : $E(\varepsilon_t y_{t-i}') = 0 \quad , i \geq 1$

$COV(\varepsilon_t) =: \Omega$.

Hierin sind die (gxm)-Matrizen A_i Funktionen von vermeintlich stabilen Verhaltensparametern ϕ . Auch die Störterme ε_t (in unserem Rahmenmodell definitionsgemäß Linearkombinationen der Innovationen $\tilde{y}_t$) erhalten möglicherweise als "Optimierungsfehler" eine ökonomische Interpretation, Ω spiegelt dann a priori Wissen über die stochastische Abhängigkeit solcher Optimierungsfehler wider. Wir spezifizieren Ω als Funktion eines Subvektors von ϕ.
Kompatibilität der ökonomischen Parametrisierung ϕ und der Parametrisierung des datenerzeugenden Prozesses in der oben beschriebenen Form durch $\theta := \{\Pi(L), \Sigma\}$ verlangt die Gültigkeit folgender Beziehungen :

1.16a) $$A_0(\phi)\ \Pi_i(\theta) + A_i(\phi) = 0$$

für $i = 1,2,\ldots,n$

1.16b) $$A_0(\phi)\ \Sigma(\theta)\ A_0(\phi)' = \Omega(\phi)$$

Damit die "strukturellen" Parameter überhaupt einer Schätzung zugänglich werden, müssen wir annehmen, daß zwei verschiedene Strukturen niemals dieselbe Verteilung der beobachtbaren Variablen $Y_1, Y_2, \ldots, Y_N$ (bei vorgegebenen Anfangsbedingungen $Y(0)$) induzieren. Verschiedene Strukturen ϕ sind dann durch die Verteilung der Daten unterscheidbar, man spricht in einem solchen Falle von einer identifizierten Struktur.
Sofern die oben angegebenen Identitäten den Parametern θ des datenerzeugenden Prozesses Restriktionen auferlegen, nennt man die Verhaltensparameter ϕ eine überidentifizierte Struktur. (Erst in einem solchen Falle wird die ökonomische Theorie, die hinter den Restriktionen steht, einem statistischen Test zugänglich, denn nur überidentifizierte Strukturen führen gegenüber der direkten Schätzung des datenerzeugenden Prozesses zu einem potentiellen Anpassungsverlust. Tritt ein solcher Likelihoodverlust tatsächlich für den vorliegenden Stichprobenbefund nicht ein, so lehnt man die Restriktionen auf θ, d.h. die ökonomische Parametrisierung ϕ nicht ab.)[13]

Wir wollen nun kurz auf den Stabilitätsaspekt der Verhaltensparameter ϕ eingehen. In welcher Hinsicht sind diese Parameter "invariant", "strukturell" im Sinne der oben vereinbarten Definition einer ökonomischen Struktur ?
Wenn man den Strukturcharakter von $A(L)$ dem Nicht-Strukturcharakter der Parameter $\Pi(L)$ aus der "reduzierten Form" gegenüberstellt, dann sind die hypothetischen Interventionen, die definieren, was strukturell ist, solche, die die Form einzelner Verhaltensgleichungen ändern:
Es wird angenommen, daß Interventionen möglich sind, die nur einen Teil der Verhaltensgleichungen betreffen und dabei die restlichen Entscheidungsfunktionen unberührt lassen.[14]

Angebots- und Nachfragesysteme und Keynesianische Multiplikatormodelle lassen sich hier als Beispiele anführen:
Von jeder Verhaltensgleichung wird angenommen, daß sie die Entscheidungen einer bestimmten homogenen Gruppe von Wirtschaftseinheiten beschreibt - die Nachfragegleichung ist das, was "konstant" bleibt, wenn sich das Verhalten der Anbieter ändert; die Konsumfunktion ist das, was bei einer Änderung im Verhalten der Investoren konstant bleibt.
Die reduzierte Form ist in dieser Sicht nicht strukturell, weil sie die kombinierten Effekte des Verhaltens unterschiedlicher Wirtschaftssubjekte widerspiegelt.
Die Mitglieder der Cowles-Commission wie MARSCHAK, KOOPMANS und HURWICZ hatten eben diese Interventionen in den Komponenten von A vor Augen,[15] als sie in den Gründerjahren der Ökonometrie die Anstrengungen einer <u>strukturellen Schätzung</u> mit dem Argument rechtfertigten, erst auf diese Weise die Änderung der Parameter der reduzierten Form Π vorhersagen zu können, die sich aufgrund von kontrollierbaren und nichtkontrollierbaren Bewegungen (φ_c und φ_u) in den Verhaltensparametern A ergibt :

(1.17) $$\Pi' = \Pi(A') \quad \text{mit} \quad A' = \varphi_u \circ \varphi_c(A) .$$

An dem Strukturkonzept, das die fundamentalen "Invarianten" mit den Parametern von Verhaltensfunktionen wohl abgegrenzter ökonomischer Entscheidungseinheiten identifiziert, sind in zweierlei Weise Kritik geübt worden :

(1) LUCAS, SARGENT, PRESCOTT und andere Vertreter einer "Ökonomie der rationalen Erwartungen" haben darauf hingewiesen,[16] daß die Parameter der Entscheidungsfunktion einer Gruppe von Wirtschaftssubjekten (wie etwa die Elastizitäten einer Geldnachfragefunktion) durchaus nicht invariant gegenüber dem Verhalten anderer Gruppen und Sektoren sein müssen: so werden sich z.B. Geldnachfrager eine Meinung über die zukünftige Geldmengenpolitik der Zentralbank bilden, die Prognose der zukünftigen Inflationsrate wird sich in den Elastizitäten der Geldnachfragefunktion niederschlagen, und die Elastizitäten werden sich bei einer Änderung der Geldmengenregel ebenfalls verändern. Die Entscheidungsparameter verschiedener Sektoren sind über Erwartungsbildungen über das gegenseitige Verhalten

miteinander verknüpft - etwas formaler ausgedrückt: die Elemente von A sind in der Regel nicht variationsfrei, sie restringieren sich gegenseitig.

(2) SIMS(1980c) bemerkt in seinem Plädoyer für die Schätzung datenerzeugender Prozesse in Form "schwach restringierter Vektorautoregressionen",[17] daß die meisten Analysen mit Hilfe makroökonometrischer Modelle gerade nicht in Interventionen in den Verhaltensparametern A bestehen. Die sogenannten wirtschaftspolitischen "Scenario-" oder "Simulationsstudien" nehmen in der Regel unter den Vektor Y_t Steuerungsvariablen auf, und eine Intervention besteht in der Vorgabe unterschiedlicher Zeitpfade für diese Kontrollvariablen.
Wenn z.B. die Effekte einer Steuererhöhung auf Tabakwaren untersucht werden sollen und wenn auf diesem Markt bisher noch nie eine solche Steuer eingeführt und variiert wurde, dann müssen in der Tat Angebots- und Nachfragefunktion getrennt geschätzt werden. Wenn jedoch in der Vergangenheit eine Steuer erhoben wurde und wenn die Steuersätze "exogen" variiert wurden, dann genügt die Schätzung der reduzierten Form mit den Steuersätzen unter den Komponenten von Y_t für die Prognose von Steuerwirkungen.
Mit anderen Worten: die reduzierte Form kann für bestimmte Analysezwecke durchaus eine Struktur im oben definierten Sinne sein.
Gegen diese Argumentation haben die Verfechter einer Ökonomie mit "rationalen Erwartungen" wiederum eingewendet, daß eine wirtschaftspolitische Intervention in Wirklichkeit meistens nicht eine bloße Änderung in den Werten einer kontrollierbaren Variablen ist (und es auch nicht sein sollte),[18] sondern eine Änderung der Regel, die beschreibt, wie die Kontrollvariable als Reaktion auf vergangene ökonomische Variable gesetzt wird. Solche <u>Regel</u>änderungen verändern aber - nach Meinung der oben genannten Ökonomen - die Parameter der reduzierten Form in komplizierter Weise über die Interdependenz der Verhaltensparameter A .

Auf diese Einwände werden wir noch im Laufe dieses Kapitels im Rahmen der "Lucas-Kritik" [LUCAS(1976)] und der "Sims-Kritik" [SIMS(1980c)] genauer eingehen.
Wir wollen uns jedoch zunächst einem vorgelagerten Problem zuwenden: in der Regel findet nämlich sowohl die Suche nach den vermeintlichen "Invarianten" A als auch die Wirkungsanalyse von alternativen vorgegebenen Zeitpfaden gewisser Komponenten in Y_t nicht in dem oben angegebenen Totalmodell statt sondern in einem wesentlich vereinfachten <u>bedingten Teilmodell</u>. Die Zulässigkeit einer solchen Reduktion unter Berücksichtigung des Aspekts der Parameterstabilität in diesem bedingten Modell ist Gegenstand des nächsten Abschnitts.

1.3. Die Reduktion und Reparametrisierung des Totalmodells: die Zulässigkeit der Reduktion für Inferenz, Prognose und Simulation bei Interventionen in den "erklärenden" Variablen mit den zugehörigen Exogenitätskonzepten

Im letzten Abschnitt wurde bereits darauf hingewiesen, daß die meisten ökonometrischen Analysemodelle nicht die Form eines Totalmodells für den gesamten Vektor der ökonomischen Variablen $\{Y_t\}$ besitzen.
Da die Datenmenge in aller Regel klein ist im Verhältnis zur Dimension von Y_t, wird man sich auf eine Teilmenge dieser Variablen konzentrieren und gewisse Variable wie Konstante behandeln. Man wird sich entsprechend auf einen geringdimensionalen Parametervektor, der die Beziehungen in dem betrachteten Submodell beschreibt, beschränken - Parameter, an denen man interessiert ist, weil sie bestimmten ökonomischen Theorien zugeordnet werden können oder Parameter, von denen man glaubt, sie seien unter den zu untersuchenden wirtschaftspolitischen Interventionen konstant oder ändern sich zumindest in vorhersehbarer Weise.
Wir wollen annehmen, daß die in Abschnitt 1.2. eingeführten Verhaltensgleichungen bereits in dieser Absicht formuliert wurden; ϕ^* sei eine geeignet gewählte Funktion der Verhaltensparameter in A und Ω, ϕ^* heißen "parameters of interest" .
Wir unterscheiden für die Ableitung eines Submodells drei Subvektoren in Y_t , $Y_t := (Z_t' \; E_t' \; R_t')'$.

Hierin bezeichnet R_t einen (im allgemeinen recht langen) Vektor von "Randvariablen", die man überhaupt nicht weiter berücksichtigen und vollständig herausintegrieren möchte.
Der Subvektor E_t enthält Variable, die man für die geplante Analyse als "gegeben", "exogen" (in einem noch näher zu spezifizierenden Sinne) ansehen möchte. Der Subvektor Z_t schließlich umfaßt die eigentlich endogenen Variablen, deren Verlauf man erklären möchte.
Es ist das Ziel, die "Fundamentalparameter" ϕ^* in einer <u>bedingten Randverteilung von Y_t</u> wiederzufinden, genauer: wir wollen ϕ^* ohne Informationsverlust durch Schätzung der Eigenschaften der Verteilung

$$f_{Z_t|Z(t-1),E(t)}(z_t|z(t-1),e(t);\ \ldots)$$

gewinnen.[19]

Auf den ersten Blick scheint dieses Unterfangen wenig mit dem Stabilitätsproblem von ϕ^* zu tun zu haben. Vordergründig betrachtet liegt allein ein Problem der statistischen Inferenz vor, es geht um die effiziente Schätzung von ϕ^* in einem bedingten Randverteilungsmodell von Y_t. Unter den in Abschnitt 1.2. getroffenen Annahmen über eine stationäre, stochastische Welt mit konstantem $\Pi(L)$ und Σ ist jede Reparametrisierung, also auch ϕ^*, per Definition konstant.
Die folgenden Ausführungen zeigen jedoch die Quellen von zeitlichen Instabilitäten von ϕ^* bei einer Änderung von Teilaspekten der oben beschriebenen stochastischen Welt.
Beim Übergang von

$$f_{Y_t|Y(t-1)}(y_t|y(t-1);\ \ldots)$$

auf

$$f_{Z_t|Z(t-1),E(t)}(z_t|z(t-1),e(t);\ \ldots)$$

fallen sogenannte "nuisance parameters" an, die die Variablen E_t und R_t beschreiben. Es stellt sich die Frage, wie die Verhaltensparameter ϕ^* auf Änderungen in diesen "nuisance parameters" reagieren, ob sich diese "Abfallparameter" tatsächlich hinreichend von den eigentlich interessierenden Parametern ϕ^* isolieren lassen.
Bei der Beantwortung dieser Frage werden verschiedene Exogenitätskonzepte für den Subvektor E_t eine wichtige Rolle spielen: Exogenitätsbedingungen werden formuliert in der Absicht, eine Teilmenge Z_t von Variablen Y_t zu untersuchen, ohne bestimmen zu müssen, welchem Verteilungsgesetz gewisse erklärende Variable E_t unterliegen. Das Untersuchungsziel kann Inferenz von Verhaltensparametern ϕ^*, Prognose von Z_t oder Simulation von Z_t unter wirtschaftspolitischen Interventionen (etwa im Verlauf von E_t) sein. Für jeden dieser Analysezwecke ist ein anderes Exogenitätskonzept erforderlich: schwache, starke und invariant-schwache Exogenität. Letzteres ist entscheidend für die Beurteilung der Stabilität von ϕ^*.

Die Randvariablen R_t wollen wir überhaupt nicht mehr in das Submodell für $\{Z_t, E_t\}$ einbeziehen, dahinter steht die Vorstellung, daß R_t irgendwie unabhängig von den Variablen des Submodells ("außerhalb des Submodells") bestimmt wird. Dieser Sachverhalt läßt sich in unserem Modellrahmen durch das Konzept der *Granger-Kausalität* [GRANGER(1980)] beschreiben. Im folgenden wird die Bedeutung der genannten Konzepte für die Zulässigkeit einer Reduktion des Totalmodells für $\{Z_t, E_t, R_t\}$ auf ein bedingtes Randmodell für $\{Z_t | Z(t-1), E(t)\}$ aufgezeigt. Das Stabilitätsproblem ist hierbei stets präsent, weil falsche Exogenitäts- und Kausalitätsannahmen eine potentielle Quelle der zeitlichen Instabilität der Parameter im bedingten Randmodell ist.

Wir gehen in der Darstellung der Reduktion des Totalmodells :

(1.18) $$f_{Y_t|Y(t-1)}(y_t|y(t-1);\theta) \quad (t=1,2,\dots,N)$$

in drei Schritten vor : es werden nacheinander Randverteilungen bezüglich R_t und $R(t-1)$ und eine bedingte Verteilung bezüglich E_t gebildet. Der Vektor θ wird im Laufe dieser Schritte reparametrisiert.

a) <u>Marginalisierung bezüglich R_t</u> :

Wir faktorisieren die bedingte Dichte (1.18) gemäß (1.19) in folgende Faktoren:

(1.19) $$f_{Y_t|Y(t-1)}(y_t|y(t-1);\theta) = f_{Z_t,E_t|Y(t-1)}(z_t,e_t|y(t-1),\delta_1) \cdot f_{R_t|Z_t,E_t,Y(t-1)}(r_t|z_t,e_t,y(t-1);\delta_2) ,$$

(δ_1,δ_2) ist eine geeignet gewählte Reparametrisierung von θ . Der zweite Faktor in der obigen Darstellung darf <u>für Zwecke der Schätzung der Parameter ψ^*</u> vernachlässigt werden, wenn gilt :[20]

a) $\psi^* = \psi^*(\delta_1)$ ist eine wohldefinierte Funktion in δ_1 , diese Funktion ändert sich nicht über [1,N] ,

b) δ_1 und δ_2 restringieren sich nicht gegenseitig ("variation free parameters") .

Nichtkonstante Parametrisierungen ergeben sich, wenn sich Beziehungen zwischen den Komponenten der vernachlässigten Variablen R_t und verbleibenden Variablen (Z_t, E_t) in der Zeit ändern. So lassen sich beispielsweise Aggregationsverfahren (über Zeit, Raum, Personen, Güter) in dem vorliegenden Modellrahmen beschreiben als Marginalisierungen bezüglich der Mikrokomponenten eines Vektors Y_t, der aggregierte und disaggregierte Variablen enthält. Wenn sich die Komposition der Aggregate in der Zeit ändert, so gefährdet dies die Stabilität der Parameter im Randmodell für die aggregierten Größen.

b) Marginalisierung bezüglich R(t-1) :[21]

Die Streichung der Variablen R(t-1) aus der Liste der bedingenden Variablen Y(t-1) aus dem ersten Faktor in der Faktorisierung (1.19) von $f_{Y_t|Y(t-1)}(y_t|y(t-1);\theta)$ ist erlaubt, wenn R_t " nicht Granger-kausal " bezüglich (Z_t, E_t) ist, das heißt formal :

(1.20)
$$f_{Z_t,E_t|Y(t-1)}(z_t,e_t|y(t-1),\delta_1)$$
$$= f_{Z_t,E_t|Z(t-1),E(t-1)}(z_t,e_t|z(t-1),e(t-1),\delta_1)$$

Integriert man bezüglich R(t-1) aus,und R(t-1) hat einen Einfluß auf (Z_t, E_t) , dann ändert sich die Parametrisierung der bedingten Verteilung für $(Z_t, E_t)|(Z(t-1),E(t-1))$. Die Konstanz von ϕ^* bei einer Variation in den Verteilungseigenschaften von $\{R_t\}$ geht verloren.

c) Konditionierung bezüglich E_t :

Die Konditionierung des Randmodells für (Z_t, E_t) bezüglich der "erklärenden" Variablen E_t ist für Zwecke der effizienten Schätzung von ϕ^* möglich,wenn sich die Dichte

(1.21)
$$f_{Z_t,E_t|Z(t-1),E(t-1)}(z_t,e_t|z(t-1),e(t-1);\delta_1)$$

faktorisieren läßt in das Produkt :

(1.22)
$$f_{Z_t|E(t),Z(t-1)}(z_t|e(t),z(t-1);\lambda_1)\cdot f_{E_t|Z(t-1),E(t-1)}(e_t|z(t-1),e(t-1);\lambda_2)$$

und zwar mit den folgenden Eigenschaften:[22]

a) (λ_1, λ_2) ist eine geeignet gewählte Reparametrisierung der Koeffizienten δ_1, für die gilt: die "parameters of interest" $\phi^* = \phi^*(\lambda_1)$ sind eine wohldefinierte Funktion in λ_1, diese Funktion ändert sich nicht über [1,N] ,

b) λ_1 und λ_2 restringieren sich nicht gegenseitig (sie sind variationsfrei) .

Unter diesen Voraussetzungen heißt E_t *"schwach exogen für ϕ^*"* (in dem Verteilungsmodell für $\{Z_t, E_t\}$)[23]. Das Randmodell für E_t:

(1.23)
$$f_{E_t | Z(t-1), E(t-1)}(e_t | z(t-1), e(t-1); \lambda_2)$$

kann dann für Zwecke einer effizienten (Maximum - Likelihood) Schätzung von ϕ^* vernachlässigt werden, denn dieser Faktor enthält keine Information mehr über $\phi^* = h(\lambda_1)$, λ_2 ist ein "nuisance parameter", dessen Einfluß erfolgreich von λ_1 und damit von ϕ^* isoliert werden konnte.

Es bleibt festzuhalten, daß die schwache Exogenität auf die <u>effiziente Schätzbarkeit</u> von ϕ^* durch die Parameter λ_1 des bedingten Submodells

(1.24)
$$f_{Z_t | E(t), Z(t-1)}(z_t | e(t), z(t-1); \lambda_1)$$

abstellt und zwar für ein Modell, dessen Parametrisierung θ (und damit (δ_1, δ_2) , (λ_1, λ_2)) über dem Anpassungszeitraum [1,N] <u>konstant</u> bleibt.
Schwache Exogenität garantiert weder, daß $\{E_t\}$ für Zwecke einer dynamischen Simulation von $\{Z_{N+s} : s>0\}$ wie eine Konstante behandelt werden darf noch daß $\{E_t\}$ für Zwecke einer Interventionsanalyse in seinen Verteilungseigenschaften beliebig geändert werden darf. Aus diesen beiden Zwecken erwachsen zwei weitere Exogenitätskonzepte, nämlich das der *"starken Exogenität"* und das der *"invariant-schwachen Exogenität"* .

a) Die Bedingungen der schwachen Exogenität reichen nicht aus, um $\{E_{N+1}, E_{N+2}, \ldots\}$ wie Konstante in einer dynamischen Simulationen von $\{Z_{N+1}, Z_{N+2}, \ldots\}$ behandeln zu können, weil die schwache Exogenität keine Aussage darüber macht, wie E_t und Z_{t-i} für $i \geq 1$ miteinander zusammenhängen.
Wenn aber $\{Z_t\}$ nicht Granger-kausal bezüglich $\{E_t\}$ ist,

dann gilt:

(1.25) $$f_{E_t|E(t-1),Z(t-1)}(e_t|e(t-1),z(t-1);\lambda_2) = f_{E_t|E(t-1)}(e_t|e(t-1);\lambda_2) .$$

Hieraus ergibt sich in Verbindung mit der schwachen Exogenität von E_t (für ϕ^* in einem Verteilungsmodell für $\{E_t, Z_t\}$):

(1.26) $$f_{Z(N),E(N)|Z(0),E(0)}(z(N),e(N)|z(0),e(0);\delta_1) = \prod_{t=1}^{N} f_{Z_t|E(t),Z(t-1)}(z_t|e(t),z(t-1);\lambda_1) \cdot f_{E_t|E(t-1)}(e_t|e(t-1);\lambda_2).$$

Bei Konstanz des Verteilungsmodells jenseits des Beobachtungshorizontes N gilt dann :

(1.27) $$f_{Z(N+s)|E(N+s)}(z(N+s)|e(N+s);\lambda_1) = \prod_{t=1}^{N+s} f_{Z_t|E(t),Z(t-1)}(z_t|z(t-1),e(t);\lambda_1) .$$

Mithin lassen sich Prognosen für Z_{N+s} $(s > 0)$ für fest vorgegebene Werte von $\{E_{N+s} : s > 0\}$ aus dem angegebenen Submodell gewinnen. $\{E_t\}$ heißt in einem solchen Falle "stark exogen" für ϕ^* .

b) Auch dieses verschärfte Konzept der "starken Exogenität" rechtfertigt noch keine wirtschaftspolitische Sensitivitätsanalyse des Zeitpfades von $\{Z_t\}$ bei einer Intervention im Verteilungsgesetz für $\{E_t\}$, also in λ_2.
Die kausale Priorität (im Sinne von Granger) von $\{E_t\}$ bezüglich $\{Z_t\}$ hat in der parameter (ϕ^*) - orientierten Sichtweise überhaupt keine Bedeutung, denn das Konzept der Granger-kausalen Ordnung zwischen zwei Variablengruppen macht keine Aussage darüber, in welchem (deterministischen!!) Zusammenhang die Parameter der Randverteilung für $\{E_t\}$ und der bedingten Randverteilung für $\{Z_t|E(t), Z(t-1)\}$ stehen.
Das Konzept der schwachen Exogenität beinhaltet zwar, daß sich λ_1 und λ_2 nicht gegenseitig restringieren, das gilt jedoch nur unter konstanter Parametrisierung innerhalb des Beobachtungszeitraums. Das Konzept sagt nichts darüber aus - wie wir noch an einem kleinen Beispiel zeigen werden - ob sich aufgrund von Beziehungen auf der Ebene der Verhaltensgleichungen (ϕ) , die "parameters of interest" (ϕ^* ist eine wohldefinierte

Funktion in ϕ bzw. in λ_1) bei Variation in den Eigenschaften der bedingenden Variablen (also in λ_2) nicht doch ändern. (Die Parameter λ_1 und λ_2 können gemeinsame Komponenten aus ϕ besitzen und dennoch für <u>konstante</u> Parametrisierung keiner gemeinsamen Restriktion unterliegen.)

Diese Überlegungen führen zum Konzept der "invariant-schwachen Exogenität" [24]. Die bedingenden Variablen $\{E_t\}$ heißen schwach-invariant exogen für ϕ^*, wenn $\{E_t\}$ schwach exogen für ϕ^* ist und darüber hinaus die Parameter λ_1 des Submodells

$$f_{Z_t|Z(t-1),E(t)}(z_t|z(t-1),e(t);\lambda_1)$$

strukturell sind im Sinne einer Invarianz gegenüber Interventionen in den Verteilungseigenschaften von $\{E_t\}$.

Die sogenannte "Lucas-Kritik" an der Ökonometrie [LUCAS (1976)] läßt sich in diesem Zusammenhang interpretieren als die Behauptung, daß wirtschaftspolitische Kontrollvariablen unter den bedingenden Variablen $\{E_t\}$ im allgemeinen <u>nicht</u> invariant-schwach exogen für die Lag-Koeffizienten ökonomischer Entscheidungsfunktionen sind; damit verbunden ist eine Kritik an der Wahl von "parameters of interest" : die Verfechter einer "Ökonomie der rationalen Erwartungen" identifizieren ϕ^* eben nicht mit den " superficial lag-coefficients " von Entscheidungsfunktionen sondern mit den "tieferliegenden" Parametern, die das zugrundeliegende Optimierungsproblem der Wirtschaftssubjekte definieren, nämlich die Parameter der Nutzenfunktion, Produktionsfunktion oder technischer / institutioneller Nebenbedingungen.[25]

Wir illustrieren alle in diesem Abschnitt vorgestellten Konzepte an einem Beispiel, in das sich auch die Lucas-Kritik einbetten läßt.

1.4. Ein kleines Beispiel mit einer Illustration der LUCAS-Kritik - eine Erklärung von Parameterinstabilitäten aus Sicht der Theorie "rationaler Erwartungen"

Wir betrachten im folgenden ein kleines Gleichungssystem, das nur die (eindimensionalen) Zufallsvariablen Z_t und E_t umfaßt.[26] Der Beobachtungsvektor $Y_t := (Z_t\ E_t)'$ erfüllt die Annahmen aus Abschnitt 1.3. mit n=1. Wir erhalten analog zu (1.8) und (1.9) eine statistische Darstellung des "datenerzeugenden Prozesses" in der "reduzierten Form" gemäß :

(1.28) $$Y_t = \mu_t + \tilde{Y}_t = \Pi\, Y_{t-1} + \tilde{Y}_t ,$$

mit $E(\tilde{Y}_t) = E(\tilde{Y}_t | Y(t-1)) = 0$, $COV(\tilde{Y}_t) = COV(Y_t | Y(t-1)) = \Sigma$.

(Π und Σ enthalten typische Elemente π_{ij} bzw. σ_{ij} mit $i,j \in \{1,2\}$.)

Der datenerzeugende Prozeß wird demnach vollständig durch die sieben Parameter $\theta := (\pi_{11}, \pi_{12}, \pi_{21}, \pi_{22}, \sigma_{11}, \sigma_{22}, \sigma_{12})$ beschrieben.
Wir untersuchen nun zwei (beobachtungsäquivalente, d.h. exakt identifizierte) Reparametrisierungen durch sieben ökonomische Parameter,[27] die Koeffizienten einer "Entscheidungsfunktion" für Z_t und einer "Kontrollfunktion" für E_t sind.
Die Parametrisierungen unterscheiden sich in der Annahme, die über den Informationsstand der ("kontrollierten") Wirtschaftssubjekte zum Zeitpunkt (t-1) gemacht wird.
Wir nehmen an, daß die Wirtschaftssubjekte zum Zeitpunkt (t-1) ihre Entscheidung über die Setzung der Variablen z_t treffen. Sie verwenden dabei eine optimale Entscheidungsregel für z_t bei gegebener Nutzenfunktion

(1.29a) $$U_t(z_t, e_t, e_{t-1}; \beta_1, \beta_2) = -(z_t - \beta_1 e_t - \beta_2 e_{t-1})^2$$

in Abhängigkeit von der ihnen zugänglichen Information I_{t-1}. Im allgemeinen wird U_t vom Standpunkt (t-1) eine Zufallsvariable sein. Es sei angenommen, daß die Wirtschaftssubjekte ihren erwarteten Nutzen maximieren wollen:

(1.29b) $$E^{subj}_{t-1}(U_t) = E^{subj}[-(z_t - \beta_1 E_t - \beta_2 E_{t-1})^2 | I_{t-1}] .$$

Die Schreibweise E^{subj}_{t-1} soll andeuten, daß es sich um einen Erwartungswert auf Basis einer zum Zeitpunkt t-1 gebildeten subjektiven Wahrscheinlichkeitsverteilung handelt.

Leiten wir den erwarteten Nutzen nach z_t ab und setzen diese erste Ableitung gleich Null, so erhalten wir die optimale Lösung z_t^* (wir setzen voraus $y(t-1)\epsilon I_{t-1}$) als :

.30) $$z_t^* = \beta_1 \cdot E^{subj}(E_t | I_{t-1}) + \beta_2 \cdot e_{t-1} \quad .$$

Bei der Implementierung dieser Entscheidungsregel unterlaufen den Wirtschaftssubjekten Fehler ϵ_{1t}. Aus der Sicht des Ökonometrikers ist die Größe Z_t eine Zufallsvariable, die sich aus folgender Verhaltensgleichung ergibt

.31a) $$Z_t = \beta_1 \cdot E^{subj}(E_t | I_{t-1}) + \beta_2 \cdot E_{t-1} + \epsilon_{1t} \quad .$$

Weiterhin sei dem Ökonometriker bekannt, daß E_t durch gewisse wirtschaftspolitische Instanzen gemäß folgendem Gesetz gebildet wird:

.31b) $$E_t = \alpha_1 E_{t-1} + \alpha_2 Z_{t-1} + \epsilon_{2t} \quad ,$$

hierin sind ϵ_{2t} Implementierungsfehler der kontrollierenden Instanz.

Von den Störtermen $(\epsilon_{1t}, \epsilon_{2t})$ wollen wir annehmen, daß sie Innovationseigenschaften besitzen.

.32) $(\epsilon_{1t}, \epsilon_{2t})$ sind unabhängig und identisch (normal)verteilt mit Erwartungswert und Kovarianzmatrix :

$$E(\epsilon_t) = E(\epsilon_t | Y(t-1)) = 0$$

$$COV(\epsilon_t) = E(\epsilon_t \epsilon_t') = \Omega \quad \text{(mit typischem Element } \omega_{ij} \text{).}$$

Wie oben angekündigt wird nun in Abhängigkeit vom Inhalt der Informationsmenge I_{t-1} eine ökonomische Reparametrisierung vorgenommen.

a) <u>Fall der vollständigen Voraussicht</u>

Wenn I_{t-1} die Realisation der Kontrollvariablen E_t enthält, so ergeben sich folgende Verhaltensgleichungen :

.33a) $$Z_t = E_t \beta_1 + E_{t-1} \beta_2 + \epsilon_{1t} \quad ,$$

.33b) $$E_t = E_{t-1} \alpha_1 + Z_{t-1} \alpha_2 + \epsilon_{2t} \quad .$$

Nach Einsetzen der Kontrollgleichung in die Entscheidungsfunktion (1.31a) erhalten wir die "reduzierte Form", unter Berücksichtigung der Innovationseigenschaften für ϵ_t resultiert die folgende Parametrisierung für Π und Σ :

(1.34) $$\Pi = \begin{bmatrix} \beta_1 \alpha_2 & \beta_1 \alpha_1 + \beta_2 \\ \alpha_2 & \alpha_1 \end{bmatrix} \qquad \Sigma = \begin{bmatrix} \omega_{11} + 2\beta_1 \omega_{12} + \beta_1^2 \omega_{22} & \omega_{12} + \beta_1 \omega_{22} \\ \omega_{12} + \beta_1 \omega_{22} & \omega_{22} \end{bmatrix}.$$

Nach Multiplikation der reduzierten Form mit der sogenannten WOLD-STROTZ-Transformationsmatrix,[28] eine obere Dreiecksmatrix von der Gestalt

(1.35) $$T_{WS} = \begin{bmatrix} 1 & -(\sigma_{12}/\sigma_{22}) \\ 0 & 1 \end{bmatrix},$$

erhalten wir ein Gleichungssystem, in dem die Störterme nicht miteinander korreliert sind und in dem die Parameter der bedingten Randmodelle

(1.36a) $$f_{Z_t | E_t, E_{t-1}, Z_{t-1}}(z_t | e_t, e_{t-1}, z_{t-1}; \lambda_1)$$

(1.36b) $$f_{E_t | E_{t-1}, Z_{t-1}}(e_t | e_{t-1}, z_{t-1}; \lambda_2)$$

direkt abgelesen werden können. Aus der Transformation :

(1.37) $$T_{WS} Y_t = T_{WS} \Pi Y_{t-1} + T_{WS} \tilde{Y}_t$$

erhalten wir:

(1.38a) $$Z_t - \frac{\sigma_{12}}{\sigma_{22}} E_t = (\pi_{11} - \frac{\sigma_{12}}{\sigma_{22}} \pi_{21}) Z_{t-1} + (\pi_{12} - \frac{\sigma_{12}}{\sigma_{22}} \pi_{22}) E_{t-1} + U_{1t}$$

(1.38b) $$E_t = \pi_{21} Z_{t-1} + \pi_{22} E_{t-1} + U_{2t} ,$$

mit

$$U_{1t} := \varepsilon_{1t} - \frac{\sigma_{12}}{\sigma_{22}} \varepsilon_{2t} \quad \text{und} \quad U_{2t} := \varepsilon_{2t} .$$

Wegen (1.34) gilt : $\frac{\sigma_{12}}{\sigma_{22}} = \beta_1 + \frac{\omega_{12}}{\omega_{22}}$, und daher ergibt sich:

(1.39a) $$Z_t = (\beta_1 + \frac{\omega_{12}}{\omega_{22}}) E_t + (\beta_2 - \frac{\omega_{12}}{\omega_{22}} \alpha_1) E_{t-1} + (- \frac{\omega_{12}}{\omega_{22}} \alpha_2) Z_{t-1} + U_{1t}$$

(1.39b) $$E_t = \alpha_1 E_{t-1} + \alpha_2 Z_{t-1} + U_{2t} ,$$

mit :

$$E(U_{1t}) = E(U_{1t} | E_t, E_{t-1}, Z_{t-1}) = 0$$

$$VAR(U_{1t}) = \omega_{11} - \frac{\omega_{12}^2}{\omega_{22}}$$

$$E(U_{2t}) = E(U_{2t} | E_{t-1}, Z_{t-1}) = 0$$

$$VAR(U_{2t}) = \omega_{22}$$

$$COV(U_{1t}, U_{2t}) = 0$$

Das Modell kann nun auf dem Hintergrund der im letzten Abschnitt eingeführten Konzepte analysiert werden. Die Parameter von Interesse seien die Parameter der Entscheidungsregel für Z_t,

$$\phi^* = (\beta_1, \beta_2).$$

1. Im Falle $\omega_{12} = 0$ ist E_t schwach exogen für ϕ^*, denn in diesem Falle reduziert sich das relevante Submodell (1.39a) auf:

   $$Z_t = \beta_1 E_t + \beta_2 E_{t-1} + U_{1t},$$

   das effizient mit der OLS-Methode geschätzt werden kann.

2. Im Falle $\omega_{12} \neq 0$ ist E_t nicht schwach exogen für ϕ^*. Dies gilt unabhängig davon, ob Z_t Granger-kausal für E_t ist oder nicht ($\alpha_2 = 0$ oder $\alpha_2 \neq 0$).

3. Aus den vorangegangenen Bemerkungen folgt, daß E_t im Fall $\alpha_2 = 0$ und $\omega_{12} = 0$ stark exogen für ϕ^* ist, das bedingte Submodell $Z_t | E_t, Y(t-1)$ darf zur dynamischen Simulation für Z_t verwendet werden unter Vorgabe einer konstanten Realisation von $\{E_t\}$.

4. Die Parameter (β_1, β_2) sind laut Annahme konstant, unser Modell bildet keine Abhängigkeiten zwischen ϕ^* und α ab. Aus dem gegebenen Modell heraus in der gegebenen Parametrisierung (1.34) ist das Submodell $Z_t | E_t, Y(t-1)$ im Falle $\omega_{12} = 0$ strukturell für ϕ^*, d.h. invariant gegenüber Interventionen im Kontrollgesetz für E_t (d.h. gegenüber Interventionen in (α_1, α_2)). Kritik an der invariant-schwachen Exogenität von E_t kann nur von der Warte eines anderen Modells oder einer anderen Parametrisierung geübt werden. Genau das soll jetzt unternommen werden.

b) <u>Fall der unvollständigen Voraussicht</u>

Wenn I_{t-1} nicht die Realisation von E_t enthält, sind die Wirtschaftssubjekte gezwungen, die Zufallsvariable E_t zum Zeitpunkt t-1 zu prognostizieren auf Basis der Informationsmenge Y(t-1).

Eine Deutung von E^{subj}_{t-1} im Sinne einer Theorie der rationalen Erwartungen identifiziert diesen "subjektiven" Erwartungswert mit dem "objektiven" Erwartungswert unter Verwendung der "modellwahren" Kontrollgleichung , mithin

(1.40) $$E^{subj}(E_t \mid Y(t-1)) = \alpha_1 E_{t-1} + \alpha_2 Z_{t-1} .$$

"Rational" heißt also "rational im Sinne der Modell-Hypothese über die Kontrollgleichung für $\{E_t\}$ ".

Unter diesen Annahmen lauten die Verhaltensgleichungen :

(1.41a) $$Z_t = b_1 E_{t-1} + b_2 Z_{t-1} + \varepsilon_{1t}$$

(1.41b) $$E_t = \alpha_1 E_{t-1} + \alpha_2 Z_{t-1} + \varepsilon_{2t} ,$$

mit $b_1 = \beta_1 \alpha_1 + \beta_2$ und $b_2 = \beta_1 \alpha_2$.

Die Verhaltensgleichungen stimmen jetzt mit der reduzierten Form überein :

(1.42) $$\Pi = \begin{bmatrix} \beta_1 \alpha_2 & \beta_1 \alpha_1 + \beta_2 \\ \alpha_2 & \alpha_1 \end{bmatrix} = \begin{bmatrix} b_2 & b_1 \\ \alpha_2 & \alpha_1 \end{bmatrix} , \quad \Sigma = \Omega .$$

Nach Anwendung der WOLD-STROTZ-Transformation ergibt sich :

(1.43a) $$Z_t = (b_1 - \frac{\omega_{12}}{\omega_{22}} \alpha_1) E_{t-1} + (b_2 - \frac{\omega_{12}}{\omega_{22}} \alpha_2) Z_{t-1} + \frac{\omega_{12}}{\omega_{22}} E_t + U_{1t}$$

(1.43b) $$E_t = \alpha_1 E_{t-1} + \alpha_2 Z_{t-1} + U_{2t} .$$

Die Parameter von Interesse seien wie unter a) die Koeffizienten der Entscheidungsfunktion für Z_t. Unter der hier gewählten Parametrisierung ist aber

(1.44) $$\phi^* = (b_1 , b_2) = (\beta_1 \alpha_1 + \beta_2 , \beta_1 \alpha_2) .$$

Auf dem Hintergrund des vorliegenden Modells lassen sich folgende Aussagen formulieren :

1. Im Fall $\omega_{12} = 0$ ist E_t in dem Submodell $Z_t|E_t, Y(t-1)$ schwach exogen für ψ^*, denn das Submodell lautet

$$Z_t = b_1 E_{t-1} + b_2 Z_{t-1} + U_{1t} \;,$$

aus dem (b_1, b_2) mit Hilfe der OLS-Methode gewonnen werden kann (und zwar konsistent und effizient).

2. Im Fall $\omega_{12} = 0$ und $\alpha_2 = 0$ ist E_t in dem Submodell $Z_t|E_t, Y(t-1)$ stark exogen für ψ^*.

3. E_t ist in dem Submodell $Z_t|E_t, Y(t-1)$ im Falle $\omega_{12} = 0$ nicht invariant-schwach exogen für (b_1, b_2), denn (b_1, b_2) und (α_1, α_2) sind wegen (1.44) zwar variationsfrei für eine konstante Parametrisierung (die Kenntnis von konstantem α ist nicht notwendig für eine effiziente Schätzung von konstantem b), aber b ist nicht invariant gegenüber Interventionen im Kontrollgesetz für $\{E_t\}$.

4. Für $\omega_{12} \neq 0$ ist E_t in dem Submodell $Z_t|E_t, Y(t-1)$ nicht schwach exogen für ψ^* und damit definitionsgemäß weder stark exogen noch invariant-schwach exogen.

5. Für $\omega_{12} = 0$ und $\beta_2 = 0$ lassen sich (b_1, b_2) zwar konsistent (etwa mit Hilfe von OLS) aus dem genannten Submodell schätzen . Aber eine solche Schätzung wäre nicht effizient,[29] weil für $\beta_2 = 0$ gilt

$$b_1/b_2 = \alpha_1/\alpha_2 \;.$$

Die Koeffizienten der Entscheidungsregel unterliegen also einer Restriktion, die nur bei Kenntnis des Randmodells für $\{E_t\}$ in der Schätzung berücksichtigt werden kann.

Unser kleines Beispiel illustriert den Kerngedanken aus der "Theorie der rationalen Erwartungen" . Diese Forschungsrichtung begann Ende der 60er Jahre mit dem Versuch, die "distributed lags" in den Verhaltensgleichungen makroökonomischer Verhaltensfunktionen als Lösung eines dynamischen Optimierungsproblems zu interpretieren und zu restringieren für Zwecke einer ökonometrischen Schätzung.

Diese Untersuchungen führten zu der Einsicht, daß die lag-Koeffizienten der Verhaltensfunktionen komplizierte Funktionen aller Parameter sind, die das zugehörige Optimierungsproblem definieren. Die "wahren" Invarianten dieser Verhaltensfunktionen sind demnach die Parameter von Nutzenfunktionen (hier β) und technologischer-institutioneller Nebenbedingungen (hier α) und eben nicht die lag-Koeffizienten selbst (hier b). [30]

Exkurs: WOLD-STROTZ-Transformationen, Vorherbestimmtheit und strenge Exogenität in einem stationären AR-Modell

Wir tragen in diesem Exkurs nach, wie die Konzepte der Vorherbestimmtheit und der strengen Exogenität mit den oben vorgestellten Exogenitätskonzepten zusammenhängen. Diese Diskussion kann geeignet in *Woldschen Kausalketten-Modellen* geführt werden.
Gegeben sei ein stochastischer Prozeß $\{Y_t\}$, $Y_t:=(mx1)$, mit der reduzierten Form (1.11). Es handle sich dabei um die autoregressive Darstellung eines stationären, normalverteilten stochastischen Prozesses mit den Eigenschaften (1.8) und (1.9).
Eine *Wold-Strotz-Transformationsmatrix* für dieses System ist eine obere Dreiecksmatrix $\mathbf{T}:=(mxm)$ mit $t_{ii}=1$ $(i=1,\dots,m)$, für die gilt $\mathbf{T}\,\Sigma\,\mathbf{T}' = \mathbf{D}$, worin $\mathbf{D}$ eine Diagonalmatrix bezeichnet.
Wendet man $\mathbf{T}$ auf beiden Seiten des Systems (1.11) an, so erhalten wir ein System transformierter Gleichungen,

(1.45) $$\mathbf{T}\,Y_t = \sum_{t=1}^{n} P_i Y_{t-i} + U_t \quad \text{mit} \quad P_i := \mathbf{T}\,\Pi_i \;, \; U_t := \mathbf{T}\,\tilde{Y}_t$$

die verzögerte und nicht verzögerte gemeinsam endogene Variable enthalten. Das System ist allerdings wegen der Dreiecksstruktur von $\mathbf{T}$ ($t_{ij} = 0$ für $i<j$) rekursiv in den endogenen Variablen der laufenden Periode t. Ferner sind die Störterme U_t aufgrund der Diagonalisierungseigenschaft von $\mathbf{T}$ weder in der Zeit noch untereinander kontemporär korreliert (es gilt: $COV(U_t) = \mathbf{D}$).
Rekursive Systeme der Form (1.45) hat H. WOLD seinen empirischen Untersuchungen zugrunde gelegt [WOLD/JUREEN(1953)]. WOLD war ferner der Meinung, daß bei nur fein genug gewählter Zeiteinteilung ein System ökonomischer Verhaltensgleichungen eine solche rekursive Struktur haben wird, daß es sogar im Interesse einer Interpretation als "Kausalstruktur" , *"stimulus-responepattern"*, rekursiver Art sein müsse [STROTZ/WOLD(1960), WOLD (1959), BENTZEL/HANSEN(1955)]. Ökonometrische Gleichungssysteme in rekursiver Form bezüglich der endogenen Variablen aus der laufende Periode heißen daher *Woldsche Kausalketten-Modelle.*
Je nach Anordnung der Komponenten in Y_t gibt es mehrere *beobachtungsäquivalente (d.h. exakt identifizierte)* Reparametrisierungen der reduzierten Form in *Woldscher Kausalketten-Form.* Eine davon - so läßt sich WOLD interpretieren - spiegelt einen ökonomischen Kausalmechanismus, also eine ökonomische *Struktur unter Interven-*

tionen in den verursachenden Variablen , wider.
WOLD betrachtete allerdings nicht "vollständige" Gleichungssysteme, sondern reduzierte Systeme, für die gewisse Annahmen hinsichtlich der Störterme formuliert werden. Wir können in diesem Zusammenhang die Konzepte *vorherbestimmter* und *streng exogener Variabler* einordnen.
Wir definieren zu diesem Zweck folgende Partitionen :

(1.46a) $$Y_t := \begin{bmatrix} Z_t \\ E_t \end{bmatrix} \begin{matrix} (m_1 x1) \\ (m_2 x1) \end{matrix} \quad , \quad U_t := \begin{bmatrix} U_{1t} \\ U_{2t} \end{bmatrix} \begin{matrix} (m_1 x1) \\ (m_2 x1) \end{matrix}$$

(1.46b) $$\mathbf{T} := \begin{bmatrix} T_{11} & T_{12} \\ 0 & T_{22} \end{bmatrix} \quad , \quad P_i := \begin{bmatrix} P_{i;11} & P_{i;12} \\ P_{i;21} & P_{i;22} \end{bmatrix} \quad (i=1,\dots,n)$$

(mit (1.45) entsprechender Dimensionierung der Untermatrizen von **T** und P_i $(i=1,\dots,n)$) .

Wir können das System (1.45) nun schreiben als :

(1.47a) $$T_{11} Z_t + T_{12} E_t = \sum_{i=1}^{n} [P_{i;11} Z_{t-i} + P_{i;12} E_{t-i}] + U_{1t}$$

(1.47b) $$T_{22} E_t = \sum_{i=1}^{n} [P_{i;21} Z_{t-i} + P_{i;22} E_{t-i}] + U_{2t} \quad .$$

Aus (1.47b) erhalten wir ein Subsystem für Z_t, nämlich :

(1.48) $$Z_t = \sum_{i=1}^{n} P^*_{i;11} Z_{t-i} + \sum_{i=0}^{n} P^*_{i;12} E_{t-i} + V_{1t}$$

mit : $$V_{1t} := T_{11}^{-1} U_{1t} \quad , \quad P^*_{i;11} := T_{11}^{-1} P_{i;11} \quad (i=1,\dots,n)$$

$$P^*_{0;12} := T_{11}^{-1} T_{12} \quad , \quad P^*_{i;12} := T_{11}^{-1} P_{i;12} \quad (i=1,\dots,n) \quad .$$

Hierbei können wir voraussetzen, daß T_{11} invertierbar ist, sofern die Kovarianzmatrix der Innovationen $\tilde{Y}_t$ regulär ist.
In (1.48) sind per Konstruktion die Variablen $\{ Z_s : s \leqq t-1 \}$ und $\{ E_s : s \leqq t \}$ *vorherbestimmt* [ENGLE/HENDRY/RICHARD(1980,S.6), KOOPMANS/HOOD(1953,S.153f.)] : d.h. diese Variablen sind mit keinem der Störterme $\{ V_{1s} : s \leqq t \}$ korreliert. Insbesondere ist E_t weder mit U_{1t} noch mit V_{1t} korreliert, weil U_{1t} und U_{2t} konstruktionsgemäß (aufgrund der Diagonalisierungseigenschaft von **T**) nicht miteinander korrelieren.
In System (1.47a) sind darüber hinaus in jeder Gleichung auch

die kontemporären Variablen aus Z_t, die jeweils nicht zu den normierten Koeffizienten $t_{ii}=1$ $(i=1,\dots,m_1)$ gehören, vorherbestimmt.

Sowohl das System (1.47a) als auch das System (1.48) kann gleichungsweise mit Hilfe der gewöhnlichen Kleinstquadratmethode konsistent und effizient geschätzt werden [POLLOCK(1979,S.232ff.), WOLD(1960)].

Die Störterme U_{1t} und V_{1t} sind als Linearkombination der Innovationen $\tilde{Y}_t$ in der Zeit nicht korreliert. U_{1t} hat außerdem kraft Wold-Strotz-Transformation eine diagonale Kovarianzmatrix.

Folglich wird die *strenge Exogenität* [SIMS(1975), ENGLE/HENDRY/RICHARD(1980,S.6)] der Variablen E_t in (1.47a) und (1.48) von den Eigenschaften des Systems (1.47b) bestimmt. Sind in (1.47b) alle Matrizen $P_{i;21} = 0$ $(i=1,\dots,n)$, dann sind alle Komponenten aus E_t in (1.47a) und (1.48) *streng exogen*, d.h. die Variablen E_t sind zu allen leads und lags mit keinem der Störterme U_{1t} und V_{1t} (die nur eine Linearkombination aus den Komponenten von U_{1t} darstellen) korreliert.

Die Bedingung $P_{i;21} = 0$ $(i=1,\dots,n)$ ist ferner gerade die Bedingung dafür, daß Z_t in dem stochastischen Modell (1.45) *nicht Granger-kausal* [GRANGER(1980)] für E_t ist, d.h. es gilt mit Wahrscheinlichkeit 1 die Beziehung (1.25). Dieser Zusammenhang zwischen *Granger-Kausalität* und *strenger Exogenität* spielt in den Exogenitätstests von SIMS(1977) und GEWEKE(1978) eine wichtige Rolle.

Der Zusammenhang zwischen *Vorherbestimmtheit* und *strenger Exogenität* einerseits und dem Konzept der *schwachen Exogenität* andererseits [vgl. ENGLE/HENDRY/RICHARD(1983),RICHARD(1980a)] ist der folgende:

Für das stochastische Modell (1.11) existiert für jede Partition von Y_t in Z_t und E_t ein reparametrisiertes Teilmodell der Form (1.47a) oder (1.48), in der die "erklärenden" Variablen E_t vorherbestimmt sind. Sofern die Variablen E_t in der stochastischen Welt (1.11) nicht Granger-kausal für Z_t sind, existiert außerdem ein reparametrisiertes Teilmodell der Form (1.47a) oder (1.48), in dem die Variablen streng exogen sind. Es stellt sich allerdings die Frage, ob die so reparametrisierten Teilmodelle von "substanzwissenschaftlichem" Interesse sind, ob aus ihren Parametern auf die "ökonomischen Verhaltensparameter" geschlossen werden kann.

Wir diskutieren zunächst das System (1.48). Sogenannte *Korrelationsannahmen* über die Störterme V_{1t} in einer Regressionsgleichung der Form (1.48), die fordern:

(1.49a) $$E(Z_{t-i} V'_{1t}) = 0 \quad (i=1,2,\dots,n)$$

(1.49b) $$E(E_{t-i} V'_{1t}) = 0 \quad (i=0,1,\dots,n)$$

definieren die Parameter $P^*_{i;11}$ $(i=1,2,\dots,n)$, $P^*_{i;12}$ $(i=0,1,\dots,n)$ in einem statistischen Sinne, im vorliegenden Falle gerade als die Koeffizienten des bedingten Erwartungswertes

(1.50) $$E(Z_t | Z_{t-1}, Z_{t-2}, \dots, Z_{t-n}, E_t, E_{t-1}, \dots , E_{t-n}) .$$

Diese Koeffizienten erhält man als Ergebnis einer gewöhnlichen Kleinstquadratschätzung des Systems (1.48) unter der Annahme (1.49). Aber nur dann, wenn die Koeffizienten $P^*_{i;11}$, $P^*_{i;21}$ in (1.48) nach den Verhaltensparametern ψ^* (von denen wir annehmen, daß sie die "parameters of interest" seien) aufgelöst werden können, ist das Submodell (1.48) *vollständig für den statistischen Zweck der Schätzung von* ψ^* , d.h. nur dann ist E_t in (1.48) schwach exogen für die gesuchten Verhaltensparameter ψ^*.

Analoge Überlegungen gelten für Korrelationsannahmen über die Störterme U_{1t} in einer Regressionsgleichung der Form (1.47a), die fordern :

(1.51a) $$E(Z_{t-i}U'_{1t}) = 0 \quad (i=1,2,\dots,n)$$

(1.51b) $$E(E_{t-i}U'_{1t}) = 0 \quad (i=0,1,\dots,n)$$

(1.51c) $$E(Z_{t;j}\, U_{1t;i}) = 0 \quad (i=1,\dots,m_1;\ j=i+1,\dots,m_1)$$

($Z_{t;j}$ und $U_{1t;i}$ bezeichnen Komponenten der Vektoren Z_t und U_{1t}).

Diese Annahmen definieren dann die Parameter aus (1.47a) als die Koeffizienten der bedingten Erwartungswerte

(1.52) $$E(Z_{t;i} | Z_{t;i+1}, \dots , Z_{t;m_1} , Z_{t-1}, \dots, Z_{t-n}, E_t, \dots , E_{t-n})$$
$$(i=1,2, \dots , m_1) .$$

KOOPMANS(1950) benutzte für die Beantwortung der Frage "*When is an equation system complete for statistical purposes?*" (der Titel des zitierten Aufsatzes) Korrelationsannahmen der Form (1.49) bzw.

bzw. (1.52). Er setzte dabei stillschweigend voraus, daß die derart statistisch definierten Koeffizienten in (1.47a) bzw. (1.48) die "parameters of interest" sind. Die WOLDsche Kausalitätshypothese läßt sich in diesem Zusammenhang als Rechtfertigung für die Korrelationsannahmen (1.49) bzw. (1.51) heranziehen, d.h. genauer dafür, daß bei einer geeigneten Wahl von Y_t und einer geeigneten Partition von Y_t in (Z_t, E_t) die durch (1.49) bzw. (1.51) definierten Koeffizienten von substanzwissenschaftlichem (hier ökonomischem) Interesse sind und sein sollten - denn die WOLDsche Kausalitätshypothese läuft in der stochastischem Welt (1.11) darauf hinaus, daß ökonomisch interpretierbares Reiz(E_t)-Antwort(Z_t)-Verhalten nur durch die Koeffizienten eines bedingten Erwartungswertes vom Typ (1.50) bzw. (1.52) beschreibbar ist [WOLD(1959)]. Es verbleibt allerdings das Problem der geeigneten Partitionierung von Y_t in "stimulus" (E_t) und "response" (Z_t) Variablen, denn - wie bereits oben erwähnt - gibt es mehrere beobachtungsäquivalente und damit auch empirisch nicht unterscheidbare (zumindest nicht ohne weitere a priori Restriktionen auf (1.11)) Woldsche Kausalketten-Reparametrisierungen von (1.11).

Wir halten abschließend fest: die Arbeiten von ENGLE/HENDRY/RICHARD lassen sich als Wiederaufnahme des KOOPMANS(1950)-Problems interpretieren. Sie kommen zu dem Ergebnis, daß die traditionellen Korrelationsannahmen weder notwendig noch hinreichend für die Möglichkeit sind, "parameters of interest" aus einem Submodell der Form (1.47a) bzw. (1.48) ohne Informationsverlust schätzen zu können. Die Korrelationsannahmen lassen ebenfalls offen, ob die mit ihrer Hilfe definierten Koeffizienten des bedingten Teilmodells für $Z_t | E_t$ invariant sind gegenüber Interventionen im Verteilungsgesetz für die erklärenden Variablen E_t (hier beschrieben durch (1.48b).

> "... *disturbance terms being unobservable, the usual zero covariances assumptions generally reduce to mere definitions and have no necessary causality and exogeneity implications.* " [RICHARD(1980a), S.3].

Im vorangegangenen Zitat bezieht sich Exogenität auf das Konzept der (invariant) schwachen Exogenität.

Diese Zusammenhänge wurden im Textbeispiel oben für $m_1 = m_2 = 1$ veranschaulicht.

1.5. Die Rehabilitierung der reduzierten Form : eine Darstellung der SIMS-Kritik an der Ökonomie und Ökonometrie "rationaler Erwartungen"

Paradoxerweise haben viele Ökonometriker - trotz Betonung der Wichtigkeit von Verhaltensparametern - die reduzierte Form benutzt, um die Auswirkungen von alternativen Zeitpfaden in den wirtschaftspolitischen Kontrollvariablen auf die endogenen Variablen zu untersuchen. Mit anderen Worten: sie haben die reduzierte Form für Zwecke der "policy-analysis" wie eine Struktur behandelt.[31]
Die Lucas-Kritik nimmt im Grunde genommen nur die Argumente der Cowles-Commission in neuem Gewande wieder auf: unter rationalen Erwartungen werden sich bei einer Änderung im Bewegungsgesetz der "exogenen" Variablen die Parameter der reduzierten Form ihrerseits ändern.
Diese Kritik ist in einem Punkt sicher berechtigt:
Die traditionellen Simulationsstudien großer makroökonometrischer Modelle haben in der Tat die endogenen Effekte einer Änderung in den Regeln der Wirtschaftspolitik (das sind per Definition längerfristige, gravierende Änderungen) auf das Prognoseverhalten, auf die Erwartungskorrekturen der betroffenen Wirtschaftssubjekte vernachlässigt. Die Theorie der rationalen Erwartungen illustriert mit dieser Kritik den grundsätzlich stets korrekten Einwand, daß ökonometrische Modelle die Effekte von wirtschaftspolitischen Maßnahmen, die weit außerhalb des historischen Erfahrungshorizontes liegen, nur sehr unzuverlässig wiedergeben.
Sie liefert im intelligenten, modellkonformen Prognostizieren ihrer Modelleinwohner eine ökonomische Begründung dafür, warum bedingte Verteilungsmodelle für makroökonomische Verhaltensvariable im allgemeinen nicht invariant sind gegenüber Interventionen in der Verteilung der bedingenden Variablen, unter die man gewöhnlich die wirtschaftspolitischen Kontrollvariablen zählt.
Aber das Forschungsprogramm der rationalen Erwartungen, das (über)identifizierte, strukturelle Modelle schätzen will, begeht im Lichte des oben erwähnten allgemeinen Einwands einen ähnlichen Fehler wie die traditionellen Mehrgleichungsmodelle :

Die Ökonometrie der rationalen Erwartungen konzentriert sich auf die Parameter einer wirtschaftspolitischen Regel, von denen man annimmt, daß sie sich während des Anpassungszeitraums nur unwesentlich oder überhaupt nicht ändern. Das geschätzte Modell soll die Parameter des Erwartungsbildungsprozesses liefern. Die ermittelten strukturellen Verhaltensfunktionen sollen wiedergeben, wie Information über das Verteilungsgesetz der wirtschaftspolitischen Kontrollvariablen verarbeitet wird. Man gibt anschließend vor, mit einem solchen "strukturellen Modell" , die Auswirkungen einer einmaligen Änderung in den Koeffizienten der wirtschaftspolitischen Regeln extrapolieren zu können. Man halte sich den Unterschied zu den traditionellen Modellen genau vor Augen : dort untersuchte man die Auswirkungen alternativer Zeitpfade (also Realisationen) der wirtschaftspolitischen Variablen , hier untersucht man eine sprunghafte Änderung in den Parametern des stochastischen Prozesses für diese Variablen, sicher eine Intervention weit außerhalb der historischen Erfahrung!
Wenn es in der Vergangenheit keine Variation in den Koeffizienten der wirtschaftspolitischen Regeln gab - wie man es für den Schätzzeitraum schließlich auch voraussetzt! - dann wird man sicher auch nicht erwarten können, daß die Daten ohne Voraussetzung eines umfangreichen a priori Wissens um das Prognoseverhalten der Wirtschaftssubjekte sehr viel über die Effekte solcher Interventionen aussagen.
Unbestritten ist das Verdienst der "rational expectationists" in Ansätzen eine stochastische Makroökonomie entwickelt zu haben, in der die Verbindung zwischen der ökonomischen Theorie und der Spezifikation der gemeinsamen Verteilungsfunktion der uns zur Verfügung stehenden Daten wesentlich enger ist: in ihren Modellen lösen die Wirtschaftssubjekte ein dynamisches Optimierungsproblem unter Unsicherheit. Sie leiten bedingte Entscheidungspläne für die Gegenwart und Zukunft ab; ihre Datenkränze werden durch Verteilungen ganzer stochastischer Prozesse für die bedingenden Variablen beschrieben.
Das Ergebnis dieser Optimierungsanstrengungen sind wiederum stochastische Prozesse, deren Koeffizienten gemeinsamen Restriktionen unterliegen (was zu überidentifizierten Modellen führt und damit die Theorie der rationalen Erwartungen testbar macht) . Ergebnis der Theorie ist eine komplette Likelihoodfunktion der strukturellen Parameter.[32]

In den traditionellen Modellen hingegen werden die stochastischen Eigenschaften der endogenen Variablen in der Regel erst aus den Verteilungseigenschaften eines theorie-ex-post angefügten Störterms erzeugt.
Aber: für Zwecke der von ihr angestrebten "policy-analysis" nimmt die Ökonometrie der rationalen Erwartungen an (sie muß es annehmen bei der Kürze der zur Verfügung stehenden Zeitreihen und bei der Größe ihres Erklärungsanspruches) , daß sie die Wirtschaftssubjekte bei der Lösung einer einzigen Optimierungsaufgabe beobachten konnte, deren Aspekte sich im Anpassungszeitraum nicht änderten (d.h. die Parameter der Nutzenfunktion und der technisch-institutionellen Nebenbedingungen). Sie behauptet dann, die Reaktion der Wirtschaftssubjekte auf radikale Änderungen eben dieser Aspekte prognostizieren zu können - Reaktionen, die man in der Vergangenheit (schon aus schätztechnischen Gründen) nicht beobachten konnte. Und insofern die Verhaltensgleichungen, die aus einer Theorie der rationalen Erwartungen inspiriert sind, den Parametern der reduzierten Form (etwa auf Grund von "cross equation restrictions" oder "exogeneity assumptions") starke ungeprüfte Restriktionen auferlegen, laufen sie ähnlich wie die traditionellen Modelle (die häufig durch die Spezifikation von Einzelgleichungen ein schlechtes System von Restriktionen erzeugen) die Gefahr, den "Anpassungsstandard" eines datenerzeugenden Prozesses bei weitem zu verfehlen.
SIMS befürwortet aus den genannten Gründen eine Art "direkte Schätzung" des datenerzeugenden (datenbeschreibenden) Prozesses. Er verwendet dazu "schwach restringierte" Autoregressionen, die er "unmittelbar" ökonomisch interpretiert - und zwar nicht mit Hilfe der autoregressiven Parameter $\{\Pi_i\}$, sondern durch das gesamte Systemverhalten bei "schockartigen Interventionen" in den einzelnen Variablen seines Systems. Dieses Systemverhalten wird beschrieben durch die sogenannte *Impuls-Antwort-Folge*, d.h. durch die Koeffizienten $\{W_i\}$ der Moving-Average-Form von (1.11) :

(1.53) $$Y_t = \sum_{i=0}^{\infty} W_i \tilde{Y}_{t-i} \quad \text{mit} \quad [\sum_{i=0}^{\infty} W_i L^i][I - \sum_{i=1}^{n} \Pi_i L^i] = I .$$

In diesem Zusammenhang ist allerdings darauf hinzuweisen, daß SIMS erst nach einer "geeigneten" Stationarisierungs-Transformation seinen Daten schwach stationäre AR-Prozesse als Klasse

der datenerzeugenden (=Korrelationsfolge reproduzierenden) Prozesse zugrundelegen kann. Problematisch wird die Interpretation der Impuls-Antwort-Folge dann, wenn es mehrere Stationarisierungs-Transformationen gibt, die bei der Schätzung jeweils unterschiedliche MA-Darstellungen implizieren. Hinzu kommt, daß auch die Schätzung multivariater AR-Prozesse nicht ohne eine Reihe von a-priori-Restriktionen (die bei SIMS allerdings nicht auf verhaltenstheoretische Reparametrisierungen von (1.11) abstellen) auskommen. In diesem Sinne ist obiger Ausdruck einer "direkten" Schätzung zu relativieren.
SIMS "unmittelbare" ökonomische Interpretation der reduzierten Form knüpft an die Innovationen $\tilde{Y}_t$ und an den Verlauf der zugehörigen Koeffizienten $\{W_i\}$ in der MA-Darstellung. Er identifiziert die Innovation einer Variablen mit Ereignissen in einem Markt, der von dieser Variablen dominiert wird. Beispielsweise betrachtet er [SIMS(1980b)] die Geldmengeninnovation als "schockartige" Intervention der Zentralbank und die zugehörigen MA-Koeffizienten eines Produktionsindexes als zeitlichen Reaktionsverlauf des Gütermarktes auf diese Interventionen. In traditioneller Sichtweise werden die Koeffizienten der reduzierten Form (sei es in der AR- oder MA-Form) als (in der Regel nichtlineare) Funktion der Parameter gewisser ökonomischer Verhaltensfunktionen der wichtigsten Marktteilnehmer interpretiert.
SIMS(1980c) stellt sich (ebenso wie schon LIU(1960)) auf den Standpunkt,[33] daß solche Verhaltenskoeffizienten struktureller Angebots-Nachfrage-Modelle, in vielen Fällen aus den Daten makroökonomischer Zeitreihen nicht "identifizierbar" sind[34] und daß dies auch nicht nötig sei.
SIMS(1980c) argumentiert, daß sich die (makroökonomischen) Auswirkungen von wirtschaftspolitischen Interventionen sehr wohl an der reduzierten Form (genauer: an der zugehörigen Impuls-Antwort-Folge) ablesen lassen, daß man ohne die explizite Schätzung von Verhaltensparametern (z.B. des Prognoseverhaltens) auskommt. Er führt in diesem Zusammenhang [SIMS (1982b),S.144f.] zwei Argumente gegen die Ökonometrie der rationalen Erwartungen ins Feld, die im Rahmen unserer Betrachtungen einen weiteren Aspekt des Stabilitätsproblems geschätzter Regressionskoeffizienten liefern :

(1) Viele Beispiele für die Unzulänglichkeiten reduzierter Formen für Zwecke der "policy analysis" beruhen darauf, daß die sogenannten "reduzierten Formen" aufgrund ausgeschlossener Variabler und zu kurzer lag-Längen den datenerzeugenden Prozeß nicht angemessen wiedergeben.

(2) Wirtschaftspolitische Interventionen nehmen im allgemeinen nicht die Gestalt von abrupten Koeffizientenänderungen wirtschaftspolitischer Setzungsregeln an.

ad (1) :

KYDLAND und PRESCOTT untersuchen folgendes Beispiel einer einfachen Phillips-Kurve unter rationalen Erwartungen [35]

(1.54) $$U_t = a - b\,(P_t - E_{t-1}(P_t))\quad .$$

Die Arbeitslosenrate U_t wird modelliert als Funktion des nicht antizipierten Preisanstiegs $P_t - E_{t-1}(P_t)$.
Wenn in der Vergangenheit über eine längere Periode hinweg die Preiserwartung $E_{t-1}(P_t)=P_{t-1}$ gerechtfertigt war (das Preisniveau wird durch einen random-walk beschrieben mit einer erwarteten Inflationsrate von Null), dann würde der Ökonometriker in der Tat ein Modell schätzen können von der Gestalt

(1.55) $$U_t = a - b\,(P_t - P_{t-1})\quad .$$

Wenn er in dieser Gleichung die Koeffizienten a und b als strukturell interpretiert im Sinne einer Invarianz gegenüber Interventionen in der mittleren Inflationsrate, dann wird er sich möglicherweise zu der Aussage hinreißen lassen, daß die Arbeitslosenrate im Mittel durch eine Erhöhung der mittleren Inflationsrate gesenkt werden kann.
Dies ist jedoch offensichtlich ein Trugschluß, denn eine Erhöhung der mittleren Inflationsrate um Q verändert letztlich die Erwartungen der Wirtschaftssubjekte gemäß

(1.56) $$E_{t-1}(P_t) = P_{t-1} + Q\quad ,$$

demnach verschiebt sich (verschlechtert sich) der trade-off zwischen Arbeitslosigkeit und Preisanstieg gemäß

(1.57) $$U_t = (a+bQ) - b(P_t-P_{t-1})\quad .$$

Wenn der Ökonometriker die Erhöhung des Absolutterms von a auf (a+bQ) als eine exogene Änderung mißdeutet, wiederholt er möglicherweise seine falsche Aussage von einem trade-off (stabiler Art) für die neue Beziehung.
Dieses Beispiel diskreditiert aber nicht die Benutzung der "reduzierten Form" schlechthin, sondern nur die Verwendung einer falschen reduzierten Form mit willkürlich verkürzten lag-Verteilungen.[36] Die Erwartungen der Wirtschaftssubjekte können sich bei Unkenntnis der genauen Abläufe des politischen Willenbildungsprozesses allein auf die Geschichte der Preisentwicklung und Arbeitslosigkeit stützen : würde der Ökonometriker vollständige lag-Verteilungen während einer Periode der Inflationspolitik schätzen, so würde sich vermutlich bald herausstellen, daß die korrekte Spezifikation der Phillips-Kurve nicht nur die Inflationsrate der letzten Periode enthält sondern die gesamte Inflationsgeschichte, die möglicherweise gut in der Differenz zwischen der heutigen und der vergangenen mittleren Inflationsrate zusammengefaßt werden kann. Mit anderen Worten: wenn die zu analysierende Politik in der Vergangenheit <u>variierte</u>, dann lassen sich die Auswirkungen einer solchen Politik durchaus in der reduzierten Form wiederfinden. Eine explizite Interpretation ihrer Koeffizienten in der verhaltenstheoretischen Reparametrisierung (eines Erwartungsbildungsprozesses) ist dann nicht notwendig.

<u>ad (2) :</u>

Die Lucas-Kritik ist manchmal dahingehend interpretiert worden, daß die bedingten Verteilungen makroökonomischer Aggregate so instabil sind, daß sie für eine wirtschaftspolitische Analyse nicht brauchbar sind. Nun - die Lucas-Kritik besagt nur, daß sich die reduzierte Form ändert, wenn sich die Verteilungen der stochastischen Prozesses ändern, die man zur Beschreibung der Wirtschaftspolitik verwendet.
Wir haben oben beschrieben, auf welche Schwierigkeit sich eine Ökonometrie einläßt, wenn sie solche "Parameterinterventionen" analysieren will - sie hängt ab von starken a priori Annahmen über das Verhalten der Wirtschaftssubjekte.
Die zu untersuchenden Koeffizientenänderungen werden langfristiger Natur sein müssen, denn andernfalls sind Annahmen

über eine zuverlässige Erwartungsbildung schwer zu rechtfertigen. Die Koeffizienten des datenerzeugenden Prozesses werden kaum "direkte" Information über einmalige, permanente Parameteränderungen enthalten, Informationen über diese Effekte erhält man durch starke Restriktionen auf den Koeffizienten.

Aber "permanente" Änderungen in den Regeln der Wirtschaftspolitik sind per Definition seltene Ereignisse. Sie wären nicht permanent, wenn sie häufig einträten.

"Normale" Wirtschaftspolitik läßt sich aus der Sicht der Betroffenen wohl eher als Ergebnis eines gleichmäßigen, wenn auch unvollkommen prognostizierbaren politischen Pendels darstellen,[37] mit der Konsequenz, daß sich wirtschaftspolitische Kontrollvariablen als mehr oder weniger stabile stochastische Prozesse modellieren lassen (beispielsweise könnte man sich vorstellen, daß mehrere extreme Ansichten über die Geldmengenpolitik und ein Wechsel in der politischen Macht ihrer Vertreter eine stabile Wahrscheinlichkeitsverteilung der aktuellen Geldmengenpolitik generieren) .

Grundsätzlich wird man die aktuelle (politisch durchsetzbare) Wirtschaftspolitik nicht als ein weitgehend unveränderliches kontrolltheoretisches Regelgesetz sich vorzustellen haben, das sich nur hin und wieder in seinen Parametern abrupt ändert. Wenn Unsicherheiten über die Struktur einer Ökonomie (wie üblich: "bezüglich der betrachteten Interventionen") bestehen, dann wird sich die wirtschaftspolitische Reaktionsfunktion selbst angesichts einer weit anerkannten Zielfunktion ändern, wenn mehr über die Struktur bekannt wird oder die Ansichten über sie sich ändern.

Die Simulationsstudien unter alternativen Zeitpfaden der wirtschaftspolitischen Kontrollvariablen sind aus dieser Sicht nicht als Änderungen eines Kontroll<u>gesetzes</u> zu interpretieren, sondern als der Versuch, ein vorgegebenes Ziel effizient zu verfolgen (man findet die <u>unbekannte</u> Reaktionsfunktion gewissermaßen durch Probieren heraus).

Die hier vorgetragenen Argumente führen SIMS zu dem Schluß, daß sich Modelle des "datenerzeugenden Prozesses" und nicht nur ihre mit sehr viel a priori Annahmen belasteten verhaltenstheoretischen Repraparametrisierungen für Zwecke der "policy analysis" verwenden lassen. Seine Vorstellung vom "normalen" wirtschaftspolitischen Geschäft läßt ihn darauf vertrauen, daß sich die Koeffizienten seiner "schwach restringierten" Autoregressionen in der Zeit eben nur allmählich ändern.

1.6. Abschließende Bemerkungen: Ursachen variabler Regressionsparameter und ein Ansatz ihrer Modellierung

Es ist eine empirische Tatsache, daß die Koeffizienten eines geschätzten Partialmodells der Gestalt (1.24) aus einem Totalmodell der Form (1.18) zum Teil sehr empfindlich auf den Anpassungszeitraum reagieren. Bei diesen Untersuchungen handelt es sich häufig um lineare Eingleichungsmodelle, deren OLS-Koeffizienten eine direkte verhaltenstheoretische Interpretation erfahren. So hat man beobachtet, daß die Absolutterme von Konsumfunktionen und Kapitalimportfunktionen, die lag-Koeffizienten von Investitionsfunktionen, der Absolutterm der Phillips-Kurve und die Elastizitäten der Geldnachfragefunktion zeitabhängig sind.[38] Die Empfindlichkeit auf den Anpassungszeitraum mag nur Zufallsfehler widerspiegeln, die vergangenen Ausführungen haben aber gezeigt, woran es noch liegen könnte:

(1) Die gesamte Verteilung $f_{Y_t|Y(t-1)}(y_t|y(t-1);\theta)$ ist ständig in Bewegung.

(2) Die gewählte Funktionalform für $f_{Y_t|Y(t-1)}(y_t|y(t-1);\theta)$ (und seiner abgeleiteten marginalen und bedingten Verteilungen) ist einer Beschreibung des datenerzeugenden Prozesses nicht angemessen. Möglicherweise sind die Parameter einer linearen Approximation von Y_t durch $Y(t-1)$ wohl zeitabhängig, jedoch die einer nichtlinearen Approximation konstant (weil der Erwartungswert $E(Y_t|Y(t-1))$ eine komplizierte nicht-lineare Funktion in $Y(t-1)$ ist).[39]

(3) Die Verteilungsfamilie für f wurde richtig (= angemessen für ein gutes statistisches Simulationsmodell der Grundgesamtheit) gewählt, aber die Verhaltensparameter, die den Koeffizienten des Submodells zugrundeliegen, sind instabil aufgrund von Vorgängen, die durch das zugehörige ökonomische Modell nicht erklärt werden.

(4) Es gibt zwar stabile Submodelle, aber es wurde im Lichte einer irrigen ökonomischen Theorie falsch reparametrisiert : das untersuchte Submodell hat nicht die Eigen-

schaft, zeitvariante "nuisance parameters" , die die Verteilungseigenschaften von $\{E_t, R_t\}$ beschreiben, von den "parameters of interest" zu isolieren, (falsche Annahmen über invariant-schwache Exogenität der bedingenden Variablen).

Der letzte Punkt ist ein Hauptmerkmal der Lucas-Kritik wie wir oben ausgeführt haben. Für den dritten Punkt sprechen all die plausiblen Gründe, die eine zeitliche Veränderung von Produktions- und Nutzenfunktionen (technischer Fortschritt und Geschmackswandel) nahelegen. Unter den Punkt (2) fällt auch die Sims-Kritik, der einen wesentlichen Grund in Parameterinstabilitäten in "falsch spezifizierten" reduzierten Formen sieht (ausgelassene Variable, willkürlich verkürzte lag-Längen, möglicherweise Nicht-Linearität der Modelle) .

Eine genauere Betrachtung von Punkt (1) und (2) wirft folgendes Problem auf : gesetzt den Fall, wir stellen fest, daß (1) richtig ist, auf welchem "Wissensniveau" soll dieser Wandel modelliert werden ?
Auf dem Niveau des übergreifenden statistischen Simulationsmodells der Grundgesamtheit (der reduzierten Form, des " datenerzeugendes Prozesses ") oder auf dem Niveau einer ökonomischen Reparametrisierung der reduzierten Form, d.h. wir interpretieren Wandel als "Strukturwandel" (denn das Reden von einer Struktur im oben definierten Sinne hat nur auf dem Hintergrund einer ökonomischen Theorie einen Sinn).
Bei der Beantwortung dieser Frage wird man folgendes bedenken müssen:
Wissenschaftliche Gesetze formulieren stets Aussagen über "zeitinvariante Strukturen" in einer scheinbar ungeordneten Welt und die Feststellung, daß die Koeffizienten eines (stochastischen) Modells für eine Gruppe ökonomischer Variabler einer Veränderung unterliegen, führt zwangsläufig auf die Frage, worauf diese Veränderungen zurückzuführen sind. Man wird versuchen, ein Bewegungsgesetz zu finden. Die Konstanz der Parameter wird also nur auf eine höhere Ebene verschoben.[40]
Aber dieses "Verschieben" (d.h. *die Bildung einer parametrischen Hypothese über Koeffizientenänderungen eines Verteilungsmodells*) gelingt leichter (natürlich nur um den Preis eines

ökonomischen a priori Wissens) in einer ökonomischen Reparametrisierung der reduzierten Form.

Ein Beispiel dafür liefert die Theorie der rationalen Erwartungen. Aber ihre Modelle führen zu komplizierten, nichtlinearen Modellen des Strukturwandels oder besser des Strukturbruchs in makroökonomischen Entscheidungsfunktionen, der sich darstellt in abrupten Koeffizientenänderungen in den stochastischen Prozessen der bedingenden Variablen - Koeffizienten, die wiederum über die "cross-equation-restrictions" modellkonformen Prognoseverhaltens der Wirtschaftssubjekte mit den Parametern der Entscheidungsfunktionen verbunden sind.

In den folgenden zwei Teilen dieser Arbeit stellen wir ein Instrumentarium vor, das eine "direkte", "lineare" , "konstant parametrisierte" Änderungshypothese für die Koeffizienten von Verhaltensfunktionen einer statistischen Untersuchung zugänglich macht. Dies kann interpretiert werden als der Versuch, die (zeitvarianten) Koeffizienten einer linearen Verhaltensfunktion approximativ als stochastische, lineare Funktionen ausgelassener Variabler zu modellieren, die für die zeitliche Veränderung der Verhaltenskoeffizienten verantwortlich sind. Es steht dem Benutzer jedoch frei, das Instrumentarium auch auf die Koeffizienten einer reduzierten Form anzuwenden , etwa unter der Annahme eines "random walk" für die Koeffizienten wie in SIMS(1982c) .

Wir betrachten zu diesem Zweck die statistischen Eigenschaften eines sogenannten dynamischen linearen Modells der folgenden Gestalt :

8a) $$z_t = H_t' \, x_t + B \, u_{1t} + v_t$$

8b) $$x_{t+1} = F \, x_t + \Gamma \, u_{2t} + w_t \; .$$

Die Gleichung (1.58 a) beschreibt eine Verhaltensfunktion mit zeitabhängigen Koeffizienten (x_t) und konstanten Koeffizienten (B). Die Matrix H_t enthält "erklärende" Variable, d.h. Komponenten aus Z(t-1) und E(t) . Die Variablen u_{1t} enthalten ebenfalls Komponenten aus Z(t-1) und E(t) oder Polynome / Indikatorfunktionen in der Zeit.

Die Gleichung (1.58b) formalisiert ein Bewegungsgesetz für die zeitabhängigen Koeffizienten als einen autoregressiven Prozeß erster Ordnung mit zusätzlichen erklärenden Variablen des Strukturwandels u_{2t}, die wie u_{1t} aus Komponenten von $Z(t-1)$ und $E(t)$ oder zusätzlich aus Polynomen/ Indikatorfunktionen in der Zeit bestehen.
Die Störprozesse $\{v_t\}, \{w_t\}$ sind weiße Rauschprozesse, die zum Zeitpunkt t mit keiner Komponente aus $Z(t-1)$ und $E(t)$ korreliert sind. Weiterhin ist die Verteilung eines *Anfangszustandes* x_0 bekannt.

Ein entsprechendes lineares Modell für die Koeffizienten einer "reduzierten Form" für den Vektor $Y_t := (Z_t, E_t)$ würde lauten :

(1.59a) $$y_t = (I_m \otimes y(t-1)) x_t + v_t ,$$

(1.59b) $$x_{t+1} = F x_{t-1} + \Gamma y(t-1) + w_t .$$

Hierin ist $y(t-1)$ ein Spaltenvektor mit allen relevanten Lags aller Komponenten von y_t .
Ein statistisches Modell dieser Art erlaubt, die (sich in der Zeit verändernden) bedingten Verteilungen

$$f_{Z_t | Z(t-1), E(t)}(z_t | z(t-1), e(t); \cdot)$$

$$\text{bzw. } f_{Y_t | Y(t-1)}(y_t | y(t-1); \cdot)$$

in rekursiver Weise über eine schrittweise Schätzung der stochastischen Parameter x_t zu ermitteln, wie wir es anfangs in Abschnitt 1.2. schon angedeutet haben.
Spezialfälle dieses dynamischen, linearen Modells sind bei der Behandlung zeitvarianter Parameter in der Vergangenheit bereits verwendet worden. Die hierbei benutzten Schätzmethoden waren jedoch häufig nichtrekursiver Art und zum Teil sehr aufwendig. Wir stellen diese Entwicklung im nächsten Kapitel kurz dar, das auch eine knappe Erläuterung der Konstruktionsidee der Kalmanfilterrekursionen enthält. Dieser Abschnitt leitet dann über zum dritten Kapitel, in dem beschrieben wird, wie im Laufe dieser Arbeit die Eigenschaften des allgemeinen dynamischen linearen Modells für Zwecke der (rekursiven) Schätzung stochastischer Verhaltensparameter untersucht werden sollen.

Kapitel 2: Schätzung variabler Parameter : ein kurzer Überblick über traditionelle Ansätze

2.1. Vorbemerkungen

Die Tatsache, daß die Koeffizienten von OLS-geschätzten linearen Regressionsbeziehungen zum Teil empfindlich vom Anpassungszeitraum abhängig sind, ist in der ökonometrischen Literatur ein schon lang erkanntes Problem und stets wurde in diesem Zusammenhang auf ökonomische Verhaltensänderungen und Modellfehlspezifikationen (ausgelassene Variablen, unzulängliche Indexvariablen, Aggregationsfehler, fehlerhafte Funktionalform) hingewiesen.
So ist es nicht erstaunlich, daß es bereits eine Fülle von Modellen gibt, die einem Koeffizientenwandel (als Abbild ökonomischer Verhaltensänderungen oder als "Korrektur" von Fehlspezifikationen) Rechnung tragen.[41]
Das bekannteste Beispiel ist wohl die Verwendung von "dummy-Variablen", die eine abrupte Veränderung in den Konstanten linearer Regressionsgleichungen beschreiben (beispielsweise als Abbild saisonaler oder konjunktureller Effekte).
QUANDT hat schon 1958 diese Idee auf alle Regressionskoeffizienten übertragen und Statistiken entwickelt, die einen Wechsel zwischen zwei jeweils konstanten Spezifikationen einer linearen Regressionsgleichung anzeigen.
QUANDT(1958,1960) gab zunächst den Zeitpunkt eines vermuteten Strukturbruchs deterministisch vor, später (1973) formulierte er in einer gemeinsamen Arbeit mit GOLDFELD einige Verallgemeinerungen seines Modells, in denen der Strukturbruch eine (stochastische oder deterministische) Funktion weiterer erklärender Variabler ist.
Einige Varianten dieser Modelle der "switching regressions" stellen wir in Abschnitt 2.2.1. vor.
Stochastische Koeffizienten hat man ebenfalls sehr früh schon untersucht. Der einfachste Fall einer in der Zeit konstanten Verteilung von in der Zeit nicht autokorrelierten Regressionskoeffizienten wird mit Forschungsergebnissen (in erster Linie aus den 60er Jahren) von RAO(1965), SWAMY(1970,1981) und HILDRETH/HOUCK(1968) verbunden.

Im Laufe der 70er Jahre entstanden dann eine Reihe von Modellen, in denen kompliziertere stochastische Prozesse (stationärer und nichtstationärer Art) der Regressionskoeffizienten enthalten waren. BELSEY(1973a,b) und SWAMY/TINSLEY (1980) erklären den Mittelwert der Regressionsparameter durch weitere Variablen,[42] ROSENBERG(1973b) formuliert das Bewegungsgesetz der Parameter als autoregressiven stationären Prozeß erster Ordnung, PAGAN(1980) betrachtet einen ARMA-Prozeß der Koeffizienten, während COOLEY/PRESCOTT (1973a,1976) einen nicht-stationären Spezialfall ("randomwalk") untersuchen.

Die Schätzung der zuletzt genannten Modelle wurde meistens mit Hilfe nichtrekursiver Methoden unternommen - und zwar in einem Aitkenmodell, in dem sich die Einführung stochastischer Regressionskoeffizienten letztlich nur in einer komplizierten Varianz-Kovarianzmatrix der Störterme niederschlägt. Im Abschnitt 2.2.2. wird diese Vorgehensweise am Modell von SARRIS (1973) demonstriert.
Inhalt der vorliegenden Arbeit wird eine andere - nämlich rekursive - Art der Schätzung sein, die ROSENBERG bereits 1968 zum Gegenstand seiner Dissertation machte und so in die ökonometrische Literatur einführte. Wir fassen die dynamischen Regressionsmodelle als Spezialfälle sogenannter Zustandsraummodelle auf, in denen der "Systemzustand" die Rolle zeitabhängiger Regressionskoeffizienten übernimmt.[43]
Für die rekursive, "on-line" Schätzung (stochastischer) Zustände in dynamischen linearen Modellen ist Anfang der 60er Jahre von KALMAN und BUCY ein sehr leistungsfähiger Algorithmus entwickelt worden, der in der ingenieurwissenschaftlichen Literatur über die "Filtertheorie" eine Fülle von Folgeveröffentlichungen auslöste und weite Verbreitung in technischen Anwendungen fand.[44]

Es gibt einen sehr populären Verwandten des "Kalmanfilters" in der statistischen Zeitreihenanalyse, nämlich das Verfahren der *exponentiellen Glättung* : eine rekursive Methode zur Prognose univariater Zeitreihen, die flexibel genug ist, so daß sie für die Schätzung *sich langsam ändernder, nur lokal konstanter* Zeitreihenparameter eingesetzt werden kann.
Der Kalmanfilter ist in einem gewissen Sinne nichts anderes als ein *adaptives Verfahren der exponentiellen Glättung* mit einer zeitabhängigen Glättungskonstanten.
Dieser Sachverhalt wird im letzten Abschnitt dieses Kapitels an einem kleinen Beispiel demonstriert.

2.2. Eine kurze Diskussion dynamischer Regressionsmodelle und nichtrekursiver Schätzverfahren

2.2.1. Diskrete Parametervariation

Wir haben bereits in den Vorbemerkungen darauf hingewiesen, daß eine der gängigsten Parametervariationen, die in ökonometrischen Modellen behandelt werden, in diskreten Variationen des Absolutgliedes bestehen. Es lag nahe, daß man auch ein solches Verhalten aller Regressionskoeffizienten in Betracht zog. Ein Darstellung solcher Modelle der "switching regressions" ist Gegenstand dieses Abschnitts.

Ein weitverbreitetes Verfahren, um herauszufinden, ob zu einem vorgegebenen Zeitpunkt t* ein Wechsel zwischen zwei Regressionsbeziehungen der folgenden Art :

(2.1a) $$z_t = h_t' \beta^{(1)} + v_t^{(1)} \quad \text{für } t = 1,2, \ldots , t^*$$

(2.1b) $$z_t = h_t' \beta^{(2)} + v_t^{(2)} \quad \text{für } t = t^*+1, t^*+2, \ldots, N$$

$$\text{mit } z_t := (1\text{x}1) \;,\; h_t' := (1\text{x}k) \;,\; \beta^{(i)} := (k\text{x}1) \; (i=1,2)$$

stattgefunden hat, ist der *CHOW-Test* [CHOW(1960)].
Unter der Annahme, daß h_t' nur strikt exogene Variable enthält und daß die Störterme $v_t^{(1)}$ und $v_t^{(2)}$ jeweils identisch und unabhängig voneinander normalverteilt sind mit Erwartungswert 0 und Varianz σ^2, ist unter H_0: $\beta^{(1)} = \beta^{(2)}$ (Strukturkonstanz) die Teststatistik **C**

(2.2) $$\mathbf{C} := \frac{\hat{v}'\hat{v} - (\hat{v}^{(1)\prime}\hat{v}^{(1)} + \hat{v}^{(2)\prime}\hat{v}^{(2)})}{\hat{v}^{(1)\prime}\hat{v}^{(1)} + \hat{v}^{(2)\prime}\hat{v}^{(2)}}$$

F- verteilt mit k und (N-2k) Freiheitsgraden. In der Teststatistik C bezeichnen $\hat{v}$ die OLS-Residuen im zusammengefaßten Modell mit $\beta^{(1)} = \beta^{(2)}$ und $\hat{v}^{(1)}, \hat{v}^{(2)}$ die OLS-Residuen der in den Teilperioden $[1,t^*]$ und $[t^*+1,N]$ getrennt geschätzten Modellen (die Residuen des nicht restringierten Modells). Ohne die Einschränkung gleicher Störtermvarianzen über den Teilperioden lautet die log-Likelihoodfunktion für die Parameter $\theta := (\beta^{(1)}, \beta^{(2)}, \sigma_1^2 := \text{var}(v_t^{(1)}), \sigma_2^2 := \text{var}(v_t^{(2)}), t^*)$

auf Basis aller vorliegenden Beobachtungen $z(N):=(z_1,z_2,\dots,z_N)$ wie folgt :

$$L(\theta) := \log f_{Z(N)}(z(N);\theta)$$

.3)
$$= -(N/2)\log(2\pi) - t^*\log(\sigma_1) - (N-t^*)\log(\sigma_2) - (1/2\sigma_1^2)\sum_{t=1}^{t^*}(z_t - h_t'\beta^{(1)})^2 - (1/2\sigma_2^2)\sum_{t=t^*+1}^{N}(z_t - h_t'\beta^{(2)})^2 .$$

Setzt man die entsprechenden Maximum-Likelihood-Schätzer für $\beta^{(1)},\beta^{(2)},\sigma_1^2,\sigma_2^2$ hierin ein, so erhält man die in t^* konzentrierte log-Likelihood $L^c(t^*)$

.4)
$$L^c(t^*) = -\frac{N}{2}(\log(2\pi)+1) - t^*\log(\hat\sigma_1(t^*)) - (N-t^*)\log(\hat\sigma_2(t^*)).$$

Hierin bezeichnen $\hat\sigma_1(t^*),\hat\sigma_2(t^*)$ die Maximum-Likelihood-Schätzer von σ_1 über dem Intervall $[1,t]$ und von σ_2 über $[t^*+1,N]$. Von QUANDT stammt der Vorschlag, den vermuteten Zeitpunkt eines Strukturbruches durch Maximierung der konzentrierten Likelihoodfunktion in t^* zu bestimmen.
Die Verteilungseigenschaften des resultierenden Maximum-Likelihood-Schätzers sind allerdings nicht bekannt; $L^c(t^*)$ wird daher in empirischen Arbeiten in der Regel vollständig angegeben und nicht nur durch sein Maximum beschrieben . Genauer: man tabelliert die Größe $\lambda(t^*)$,

.5)
$$\lambda(t^*) := t^*\log(\hat\sigma_1(t^*)) + (N-t^*)\log(\hat\sigma_2(t^*)) ,$$

als Funktion in t^* (diese Größe ist proportional zu *"Quandt's log-Likelihood-ratio statistic"*) und interpretiert ein plötzliches Abfallen dieser Statistik zwischen t_0^* und t_0^*+1 als "Indiz" für einen Strukturbruch zum Zeitpunkt t_0^* .
In der Studie von GOLDFELD/QUANDT(1973) werden einige Erweiterungen dieses Modells diskutiert, in denen grundsätzlich beide Regimes ($\beta^{(1)}, \sigma_1^2$) und ($\beta^{(2)}, \sigma_2^2$) zu jedem Zeitpunkt möglich sind. In einer Variante wird das Vorliegen eines Regimes von der Realisation einer gewissen Linearkombination geeignet ausgewählter Strukturwandelvariabler

abhängig gemacht.
Wir definieren zu diesem Zweck folgende Indikatorvariablen

(2.6a) $$S_t := \begin{cases} 0 \ , & \text{wenn } u_t'\gamma \leq 0 \\ 1 \ , & \text{wenn } u_t'\gamma > 0 \end{cases}$$

Hierin enthält der (1xm)-Vektor u_t' Strukturwandelvariablen, während γ einen unbekannten Koeffizientenvektor bezeichnet. Das Modell lautet dann :

(2.7) $$z_t = (1-S_t)[h_t'\beta^{(1)} + v_t^{(1)}] + S_t[h_t'\beta^{(2)} + v_t^{(2)}]$$

$\{v_t^{(1)}\}$ und $\{v_t^{(2)}\}$ sind weiße Rauschprozesse und jeweils normalverteilt mit $v_t^{(1)} \sim N(0,\sigma_1^2)$ und $v_t^{(2)} \sim N(0,\sigma_2^2)$.

Um das Problem analytisch handhabbar zu machen, approximieren GOLDFELD und QUANDT die Sprungfunktion S_t durch das folgende Wahrscheinlichkeitsintegral |ebenda, S.479| :

(2.6b) $$S_t^* := S_t^*(\gamma,\sigma^2) = \int_{-\infty}^{u_t'\gamma} \frac{1}{\sqrt{2\pi\sigma^2}} \exp(-\zeta^2/2\sigma^2)\, d\zeta$$

Durch diesen Kunstgriff kann eine log-Likelihoodfunktion $L(\theta)$ formuliert werden ,

(2.8) $$L(\theta) = -(N/2) - (1/2) \sum_{t=1}^{N} \{(1-S_t^*) \log\sigma_1^2 + S_t^* \log \sigma_2^2 \}$$
$$-(1/2) \sum_{t=1}^{N} \{(1-S_t^*) \frac{(z_t-h_t'\beta^{(1)})^2}{\sigma_1^2} + S_t^* \frac{(z_t-h_t'\beta^{(2)})^2}{\sigma_2^2}\} ,$$

die als stetige Funktion in den unbekannten Parametern

$$\theta := (\gamma, \beta^{(1)}, \beta^{(2)}, \sigma_1^2, \sigma_2^2, \sigma^2)$$

maximiert werden kann. Perfekte Diskriminierung der beiden Regimes durch diesen Modellansatz ist allerdings nur gewährleistet, wenn die Maximum-Likelihood-Schätzer für γ und σ^2 zu "Sprungfunktionen" $S_t^*(\hat{\gamma}, \hat{\sigma}^2)$ führen, die für alle t nur die Werte 0 oder 1 annehmen.

In einer anderen Variante postulieren die genannten Autoren die Existenz einer Regimewechsel-Wahrscheinlichkeit (λ) , mit der zu jedem Zeitpunkt ein Strukturwandel stattfinden kann. Die Likelihoodfunktion für dieses Modell stellt sich dar als Produkt konvexer Linearkombinationen (mit den Gewichten λ und $(1-\lambda)$) aus den Dichten unter Regime 1 und 2.

2.2.2. Systematische und autoregressive Parametervariation: **nichtrekursive** Schätzung des Parameterverlaufs in einem Aitken-Modell

Die in 2.1. erwähnten Modelle mit stochastischen Regressionskoeffizienten sind Spezialfälle des folgenden Ansatzes :

(2.9a) $$z_t = h_t' x_t + \beta' u_{1t} + v_t \qquad t=1,2,\ldots,N$$

(2.9b) $$x_{t+1} = F x_t + \Gamma u_{2t} + w_t \qquad t=0,1,\ldots,N-1 ,$$

(2.10) mit folgenden stochastischen Annahmen :

(a) $v_t \sim N(0,\sigma_v^2)$, $E(v_t v_s) = 0$ für alle $t \neq s$,

(b) $w_t \sim N(0,\sigma_w^2 Q^*)$, $E(w_t w_s') = 0$ für alle $t \neq s$,

(c) $x_0 := \bar{x}_0$ ist eine unbekannte Konstante ,

(d) $E(v_t w_s') = 0$ für alle t und s ,

(e) $\{u_{1t}\}$ und $\{u_{2t}\}$ sowie $\{h_t\}$ enthalten die Beobachtungen von streng exogenen Variablen (sie sind für alle t mit allen leads und lags der Störterme $\{v_t\}$ und $\{w_t\}$ nicht korreliert) ,

(f) und folgenden Dimensionserklärungen :

$z_t:=(1x1)$, $h_t':=(1xk)$, $u_{1t}':=(1xn_1)$, $u_{2t}':=(1xn_2)$,
$x_t:=(kx1)$, $\beta':=(1xn_1)$, $\Gamma:=(kxn_2)$, $F:=(kxk)$,
$w_t:=(kx1)$, $Q^*:=(kxk)$, $\sigma_v^2:=(1x1)$, $\sigma_w^2:=(1x1)$.

Hierin bezeichnet x_t einen Vektor zeitabhängiger Regressionskoeffizienten , β einen Vektor von in der Zeit konstanten Regressionsparametern. Gleichung (2. 9a) erklärt die abhängige Variable z_t (hier eine skalare Größe) durch die Regressoren h_t und u_{1t} , während Gleichung (2.9b) ein Bewegungsgesetz für die zeitabhängigen Regressionskoeffizienten formuliert:
Für $\Gamma \neq 0$ spricht man in diesem Zusammenhang von "systematischer Parametervariation", für $F \neq 0$ von "autoregressiver Parametervariation" und für $\sigma_w^2=0$ von "deterministischer Parametervariation" . Der Fall $F=0$, $\Gamma=0$, $\sigma_w^2 \neq 0$ ist in der Literatur unter dem Namen "pure random coefficient model"

bekannt [MADDALA(1977), S. 401].
Eine Zusammenstellung weiterer Interpretationen des Modellansatzes (2.9) ("Zustandsraumform") findet sich in II/1.3 .
Für die folgenden Überlegungen wollen wir annehmen, daß die Transitionsmatrix F und die Varianzverhältnisse Q* der Störterme $\{w_t\}$ bekannt sind.
Das Schätzproblem für dieses dynamische lineare Modell umfaßt offensichtlich zwei Aspekte : zum einen müssen die konstanten unbekannten Modellparameter $(\bar{x}_0, \beta, \Gamma, \sigma_v^2, \sigma_w^2)$ geschätzt werden, zum anderen sind die stochastischen Regressionskoeffizienten $\{x_t : t=1,2,\ldots,N\}$ aus dem Beobachtungsbefund $z(N) := (z_1, z_2, \ldots, z_N)$ zu rekonstruieren.
Die nichtrekursiven Verfahren versuchen, dieses Problem auf eine klassische und Bayesianische Schätzaufgabe in einem verallgemeinerten Regressionsmodell (d.h. in einem AITKEN-Modell mit allgemeiner Kovarianzmatrix der Störterme) zu reduzieren:[45]
Zu diesem Zweck wird zunächst durch schrittweise Rücksubstitution in das Bewegungsgesetz jeder zeitabhängige Parameter x_t als Funktion des "Anfangszustandes" $\bar{x}_0$ und der vergangenen Störterme $\{w_s : s=0,1,\ldots,t-1\}$ ausgedrückt :

$$x_t = F\, x_{t-1} + \Gamma\, u_{2,t-1} + w_{t-1}$$

$$= F^2\, x_{t-2} + F\,\Gamma\, u_{2,t-2} + \Gamma\, u_{2,t-1} + F\, w_{t-2} + w_{t-1}$$

$$\vdots$$

(2.11)
$$x_t = F^t\, \bar{x}_0 + \sum_{\tau=1}^{t} F^{\tau-1}\, \Gamma\, u_{2,t-\tau} + \sum_{\tau=1}^{t} F^{\tau-1}\, w_{t-\tau}$$

mit $F^0 := I_{k \times k}$.

Setzt man die so erhaltene Darstellung der zeitabhängigen Regressionskoeffizienten in die Beobachtungsgleichung (2.9a) ein, so ergibt sich ein AITKENMODELL der Gestalt :

(2.12)
$$z_t = h_t' F^t \bar{x}_0 + h_t' \Big(\sum_{\tau=1}^{t} F^{\tau-1}\, \Gamma\, u_{2,t-\tau} \Big) + \beta' u_{1t} + \varepsilon_t ,$$

(2.13a)
$$\text{mit} \quad \varepsilon_t := h_t' \Big(\sum_{\tau=1}^{t} F^{\tau-1}\, w_{t-\tau} \Big) + v_t ,$$

in dem der Störterm ε_t die folgenden Eigenschaften besitzt:

(2.13b) $$E(\varepsilon_t) = 0$$

(2.13c) $$VAR(\varepsilon_t) = \sigma_v^2 + \sigma_w^2 \cdot h_t'\left(\sum_{\tau=1}^{t} F^{t-\tau} Q^* F^{s-\tau}{}' \right) h_t$$

(2.13d) $$COV(\varepsilon_t, \varepsilon_s) = h_t' \left(\sum_{\tau=1}^{\min(t,s)} F^{t-\tau} Q^* F^{s-\tau}{}' \right) h_s \quad \text{für } t \neq s$$

Unter Beachtung der Vektorisierungsregeln[46] gilt:

(2.14) $$vec(F^{\tau-1} \Gamma u_{2,t-\tau}) = (u_{2,t-\tau}' \otimes F^{\tau-1}) \, vec(\Gamma) ,$$

so daß wir mit

$$\gamma := vec(\Gamma)$$

die Beobachtungsgleichung (2.9a) schreiben können als :

(2.15) $$z_t = h_t' F^t \bar{x}_0 + u_{1t}'\beta + h_t'\left(\sum_{\tau=1}^{t} u_{2,t-\tau}' \otimes F^{\tau-1} \right)\gamma + \varepsilon_t .$$

Für die Aufstellung der log-Likelihoodfunktion dieses Modells vereinbaren wir die folgenden Definitionen :

(2.16)

(a) $$e_t' := [\, h_t' F^t \mid u_{1t}' \mid h_t' \left(\sum_{\tau-1}^{t} u_{2,t-\tau}' \otimes F^{\tau-1} \right)]$$

(b) $$z(N) := (z_1 \; z_2 \; \dots \; z_N)'$$

(c) $$E(N) := (e_1 \; e_2 \; \dots \; e_N)$$

(d) $$\varepsilon(N) := (\varepsilon_1 \; \varepsilon_2 \; \dots \; \varepsilon_N)'$$

(e) $$\Omega_N := E[\varepsilon(N) \cdot \varepsilon(N)']$$

(f) $$\delta := \begin{bmatrix} \bar{x}_0 \\ \beta \\ \gamma \end{bmatrix}$$

Damit können wir unser Modell kompakt formulieren als

(2.17) $$z(N) = E(N)'\delta + \varepsilon(N) \quad \text{mit} \quad \varepsilon(N) \sim N(0, \Omega_N) .$$

Mithin lautet die log-Likelihoodfunktion für $\theta := (\delta, \sigma_v^2, \sigma_w^2)$:

(2.18) $$L(\theta) := \log f_{Z(N)}(z(N);\theta) = -(N/2) \log(2\pi) - (1/2)\log|\Omega_N|$$
$$-(1/2)[z(N)-E(N)'\delta]'[\Omega_N^{-1}][z(N)-E(N)'\delta] .$$

Diese Funktion ist in den unbekannten Modellparametern θ zu maximieren. Hierbei kann ausgenutzt werden, daß die Kovarianzmatrix Ω_N eine einfache Struktur der folgenden Gestalt besitzt :

(2.19)
$$\Omega_N = \sigma_v^2 I_{NxN} + \sigma_w^2 \cdot W_N^* = \sigma_v^2 (I_{NxN} + (\sigma_w^2/\sigma_v^2)\cdot W_N^*)$$

$$\text{mit } (W_N^*)_{ts} := h_t' \left(\sum_{\tau=1}^{\min(t,s)} F^{t-\tau} Q^* F^{s-\tau\prime} \right) h_s \quad (t,s=1,2,\dots,N) .$$

Es ist daher möglich für <u>gegebenes</u> Varianzverhältnis (σ_v^2/σ_w^2) die Maximum-Likelihood-Schätzer für δ und σ_v^2 als Aitken-Schätzer zu berechnen gemäß

(2.20a)
$$\hat{\delta} := \hat{\delta}(\lambda) = [E(N)(\Omega_N^*)^{-1}E(N)']^{-1}[E(N)(\Omega_N^*)^{-1}z(N)] ,$$

(2.20b)
$$\hat{\sigma}_v^2 := \hat{\sigma}_v^2(\lambda) = (1/N) [z(N)-E(N)'\hat{\delta}]'[(\ddot{\Omega}_N^*)^{-1}][z(N)-E(N)'\hat{\delta}] ,$$

$$\text{mit } \Omega_N^* := \Omega_N^*(\lambda) := (1/\sigma_v^2) \Omega_N = [I_{NxN} + \lambda\cdot W_N^*] \quad \text{und} \quad \lambda := \sigma_w^2/\sigma_v^2 ,$$

und dann die log-Likelihood in λ zu konzentrieren :

(2.21)
$$L^c(\lambda) = -(N/2)\log(2\pi) - (N/2)\log \hat{\sigma}_v^2(\lambda) - (N/2)\log|\Omega_N^*(\lambda)| .$$

Diese Funktion ist dann in λ numerisch zu maximieren. Die hierbei erforderliche Inversion der (NxN)-Matrix Ω_N^* in jedem Iterationsschritt kann erheblich vereinfacht werden, wenn man die Matrix W_N^* diagonalisiert gemäß [47]

(2.22)
$$W_N^* = G_N D_N G_N' \quad \text{mit } G_N G_N' = I_{NxN} \text{ und } D_N \text{ diagonal} .$$

Die Inverse von Ω_N^* kann nun berechnet werden als

(2.23)
$$(\Omega_N^*)^{-1} = (I_{NxN} + \lambda\cdot G_N D_N G_N')^{-1} = G_N (I_{NxN} + \lambda\cdot D_N)^{-1} G_N' .$$

Die Inversenbildung reduziert sich damit auf die Invertierung einer Diagonalmatrix.

Mit Abschluß dieser Berechnungen liegt auch ein Maximum-Likelihood-Schätzer für die durch die Transitionsgleichung spezifizierte a-priori-Verteilung der variablen Koeffizienten $\{x_t : t=1,2,\dots,N\}$ vor.

Aus der Darstellung (2.11) erhalten wir zunächst die folgenden Momente des Prozesses $\{x_t\}$:

(2.24a) $$E(x_t) = F^t x_0 + \sum_{\tau=1}^{t} F^{t-\tau} \Gamma u_{2,\tau-1} ,$$

(2.24b) $$COV(x_t, x_s) = \sigma_w^2 \cdot \sum_{\tau=1}^{\min(t,s)} F^{t-\tau} Q^* F^{s-\tau\prime} .$$

Die unbekannten Parameter $(\bar{x}_0, \Gamma, \sigma_w^2)$ werden hierin durch die Maximum-Likelihood-Schätzwerte ersetzt.

Da die variablen Regressionskoeffizienten alle Linearkombinationen aus normalverteilten Zufallsvariablen sind, folgt $x(N) := (x_1\ x_2\ \dots\ x_N)$ einer multivariaten Normalverteilung mit Mittelwert μ_N und Kovarianzmatrix Σ_N. Diese Größen können aus den Momenten (2.24) berechnet werden. Es gilt:

$$x(N) \sim N(\mu_N, \Sigma_N) \quad \text{mit}$$

(2.25a) $$\mu_N = M_N \bar{x}_0 + S_N(I_N \otimes \Gamma)\, u_2(N) , \quad \Sigma_N = \sigma_w^2\, S_N(I_N \otimes Q^*)\, S_N' .$$

In (2.25a) sind $M_N, S_N, u_2(N)$ definiert durch :

(2.25b) $$u_2(N) := \begin{bmatrix} u_{20} \\ u_{21} \\ \vdots \\ u_{2,N-1} \end{bmatrix}, \quad M_N := \begin{bmatrix} F \\ F^2 \\ \vdots \\ F^N \end{bmatrix}, \quad S_N := \begin{bmatrix} I & 0 & \dots & 0 \\ F & I & \dots & 0 \\ \vdots & \vdots & & \vdots \\ F^N & F^{N-1} & \dots & I \end{bmatrix} .$$

Aus der Beobachtungsgleichung (2.17) erhält man die bedingte Verteilung der Variablen $z(N)$ für eine gegebene Realisation $x(N)$ ebenfalls als eine multivariate Normalverteilung mit

(2.26a) $$E(z(N)|x(N)) = H(N)'\, x(N) + u_1(N)'\beta , \quad COV(z(N)|x(N)) = \sigma_v^2\, I_{N\times N} ,$$

worin $H(N)'$ und $u_1(N)'$ definiert sind durch :

(2.26b) $$\underset{(n_1 \times N)}{u_1(N)'} := \begin{bmatrix} u_{11}' \\ u_{12}' \\ \vdots \\ u_{1N}' \end{bmatrix} \qquad \underset{(Nk \times Nk)}{H(N)'} := \begin{bmatrix} h_1' & \theta & \dots & 0 \\ 0 & h_2' & \dots & 0 \\ \vdots & \vdots & & \vdots \\ 0 & 0 & \dots & h_N' \end{bmatrix} .$$

In (2.26b) sind die unbekannten Parameter wiederum durch ihre Maximum-Likelihood-Schätzwerte zu ersetzen. Mit Hilfe der Verteilungseigenschaften (2.25) und (2.26) gewinnt man schließlich (mit Hilfe der Bayes-Regel) die a-posteriori Dichte :

(2.27) $$f_{X(N)|Z(N)}(x(N)|z(N);\theta) \quad \text{mit } \theta := (\bar{x}_0,\beta,\gamma,\sigma_v^2,\sigma_w^2)$$

als normalverteilt mit den Momenten:[48]

(2.28a) $$E(x(N)|z(N)) = [\, H(N)\,H(N)' + (\Sigma_N^*)^{-1}\,]^{-1} \cdot [\,(\Sigma_N^*)^{-1}\,\mu_N + H(N)\,(\,z(N)-u_1(N)'\beta)\,]$$

(2.28b) $$COV(x(N)|z(N)) = \sigma_v^2\,[\, H(N)\,H(N)' + (\Sigma_N^*)^{-1}\,]^{-1}$$

$$\text{mit} \quad \Sigma_N^* := (1/\sigma_v^2)\cdot\Sigma_N = (\sigma_w^2/\sigma_v^2)\cdot S_N\,(\,I_N \otimes Q^*\,)\,S_N' \;.$$

Der Erwartungswert $E(\,x(N)\,|\,z(N))$ der a-posteriori-Dichte (2.27) ist ein *Bayes-Schätzer* in dem folgenden Sinne: $E(\,x(N)\,|\,z(N))$ ist unter allen Schätzern $\hat{x}(N)$ für $x(N)$, die sich als Funktion in $z(N)$ darstellen lassen, derjenige Schätzer mit dem geringsten erwarteten Verlust, wenn die Verlustfunktion $\ell(.,.)$ quadratische Gestalt hat[49], d.h.

$$\ell(x(N),\hat{x}(N)) = (x(N)-\hat{x}(N))'\mathbf{P}\,(x(N)-\hat{x}(N)) \,,$$

worin P eine beliebige positiv definite (kxk)-Matrix ist .

Die Struktur des bedingten Erwartungswertes $E(\,x(N)\,|\,z(N)\,)$, , der unter den getroffenen Normalitätsannahmen eine <u>lineare</u> Funktion in $z(N)$ ist, hat eine anschauliche Interpretation. Wir erinnern in diesem Zusammenhang zunächst daran, daß sich der gewöhliche Kleinstquadratschätzer für <u>konstantes</u> $x(N)$ in dem linearen Modell :

(2.29) $$z(N) = H(N)'x(N) + u_1(N)'\beta + v(N)$$

$$\text{mit } v(N) \sim N(0,\sigma_v^2\, I_N)$$

bestimmen läßt als

(2.30) $$\hat{x}(N) = [H(N)\;H(N)']^{-1}\,H(N)\,(\,z(N) - u_1(N)'\beta\,)\,.$$

Die Kovarianzmatrix dieses Schätzers, bezeichnet mit Φ_N , wird berechnet durch

31) $$\Phi_N = \sigma_v^2 \; [\, H(N)\, H(N)' \,]^{-1}$$

Die beiden Momente (2.28) der a posteriori Dichte für x(N) können mit Hilfe von $\hat{\hat{x}}_N$ und Φ_N reformuliert werden als :

32a) $$E(\, x(N) \mid z(N) \,) = [\, \Phi_N^{-1} + \Sigma_N^{-1}]^{-1} \cdot [\, \Phi_N^{-1} \hat{\hat{x}}_N + \Sigma_N^{-1} \mu_N]$$

32b) $$COV(\, x(N) \mid z(N) \,) = [\, \Phi_N^{-1} + \Sigma_N^{-1} \,]^{-1} .$$

Mithin ist der Bayesschätzer für x(N) eine Linearkombination von zwei Kleinstquadratschätzern, von denen der eine (nämlich μ_N) sich allein auf die a-priori Information $f_{X(N)}(x(N);\bar{x}_0, \Gamma, \sigma_w^2)$ und der andere (nämlich $\hat{\hat{x}}_N$) sich allein auf die Stichprobeninformation $f_{Z(N)|X(N)}(z(N)|x(N);\beta,\sigma_v^2)$ stützt. Die Gewichte dieser Linearkombination sind gerade die "Präzisionsmatrizen" (d.h. die Inversen der Kovarianzmatrizen) der beiden Kleinstquadratschätzer.[50]

Es gibt eine weitere Darstellung des Bayesschätzers, die ebenfalls anschaulich interpretiert werden kann und darüber hinaus den Vorteil hat, daß die Inversion der (kNxkN)-Matrix

33) $$[\, \Phi_N^{-1} + \Sigma_N^{-1} \,] = \sigma_v^2 \; [H(N)\; H(N)' + (\Sigma_N^*)^{-1} \,]$$

auf die Inversion einer (NxN)-Matrix zurückgeführt wird. Es gilt (aufgrund eines später zu beweisenden Inversionssatzes für Matrizen [DUNCAN/HORN(1972)]) :

34) $$[\, H(N)\; H(N)' + (\Sigma_N^*)^{-1} \,]^{-1} = \Sigma_N^* - \Sigma_N^* H(N) [\, I_N + H(N)' \Sigma_N^* H(N) \,]^{-1} H(N)' \Sigma_N^* .$$

Ferner läßt sich die Matrix $[I_N + H(N)' \Sigma_N^* H(N)]$ als die oben definierte Matrix Ω_N^* identifizieren.

Mithin gilt :

(2.35) $$[\, H(N)H(N)' + (\Sigma_N^*)^{-1}\,]^{-1} = \Sigma_N^* - \Sigma_N^* H(N)\, (\Omega_N^*)^{-1} H(N)'\, \Sigma_N^* .$$

Setzen wir diese Beziehung in die Momentendarstellung (2.32) ein, so ergibt sich:

(2.36a) $$E(\, x(N)\,|\,z(N)\,) = \mu_N + \Sigma_N^* H(N)\, (\Omega_N^*)^{-1} [z(N) - H(N)'\mu_N - u_1(N)'\beta\,]$$

(2.36b) $$\mathrm{COV}(\, x(N)\,|\,z(N)\,) = \sigma_v^2 \quad (\, \Sigma_N^* - \Sigma_N^* H(N)\, (\Omega_N^*)^{-1} H(N)'\, \Sigma_N^*\,) \quad .$$

Die Differenz $[z(N) - H(N)'\mu_N - u_1(N)'\beta]$ läßt sich interpretieren als Fehler einer Prognose von $z(N)$ auf Basis des Kleinstquadratschätzers μ_N (der sich allein auf die a priori Information $f_{X(N)}(x(N);\bar{x}_0,\Gamma,\sigma_w^2)$ stützt).
Dieser Fehler der "a priori Prognose von $z(N)$" ist gerade das Residuum der eingangs dargestellten AITKEN-Form des hier betrachteten dynamischen Regressionsmodells.
Wie erinnerlich lautete die AITKEN-Form :

$$z_t = h_t'F^t \bar{x}_0 + h_t' \,(\, \sum_{\tau=1}^{t} F^{\tau-1} \Gamma u_{2,t-\tau}\,) + u_{1t}'\beta + \varepsilon_t$$

$$\text{mit} \quad \varepsilon_t := h_t' \,(\, \sum_{\tau=1}^{t} F^{\tau-1} w_{t-\tau}\,) + v_t \quad (t=1,2,\ldots,N) \quad .$$

Mithin erhalten wir in Verbindung mit (2.25) :

(2.37a) $$z(N) = H(N)'\mu_N + u_1(N)'\beta + \varepsilon(N)$$

(2.37b) $$\text{mit} \quad \varepsilon(N) = H(N)'\, S_N\, w(N) + v(N) \qquad \text{und} \quad \varepsilon(N) \sim N(0,\Omega_N) \quad .$$

Demnach errechnet sich der Bayes-Schätzer für $x(N)$ als

(2.38) $$E(\, x(N)\,|\,z(N)\,) = \mu_N + \Sigma_N H(N)\, \Omega_N^{-1}\, \varepsilon(N) \quad ,$$

d.h. als "korrigierter" a priori Schätzer (μ_N) : die Korrektur hängt ab vom Ausmaß des "a priori Prognosefehlers" $\varepsilon(N)$ und seiner Präzision Ω_N^{-1}.

Im Laufe dieses Abschnitts sind bereits viele Probleme angeschnitten worden, die Gegenstand dieser Arbeit sein werden.
So soll auch hier in zwei Schritten (Maximum-Likelihood-Schätzung der unbekannten konstanten Modellparameter und Bayesianische Schätzung der zeitabhängigen Regressionskoeffizienten im Modell der Maximum-Likelihood-Schätzwerte) das Schätzproblem dynamischer Regressionsmodelle gelöst werden. Allerdings wollen wir unter den Regressoren h_t' der Beobachtungsgleichung auch verzögert endogene Variable zulassen und weiterhin soll nicht die Kenntnis der Transitionsmatrix F vorausgesetzt werden. Offensichtlich kompliziert sich dadurch das Schätzproblem der konstanten Modellparameter erheblich, denn der oben beschriebene AITKEN-Ansatz zur Maximum-Likelihood-Schätzung der Parameter Γ und $\bar{x}_0$ bricht bei unbekannter Transitionsmatrix F zusammen.
Ferner werden wir für die Bayesianische Schätzung der zeitabhängigen Regressionskoeffizienten ausgedehnten Gebrauch von rekursiven Algorithmen machen : es wird in den folgenden Teilen gezeigt, wie der oben hergeleitete "globale" Filter

.39) $$\Sigma_N \; H(N) \; \Omega_N^{-1} \quad ,$$

der dann auf den "globalen" a priori Prognosefehler $\varepsilon(N)$ zur Korrektur der "globalen" a priori Prognose μ_N angewendet wurde, schrittweise erzeugt werden kann durch "Teilfilter" , die man auf ε_t anwendet zur Herleitung eines Schätzers für x_t $(t=1,2,\ldots,N)$.
Im Laufe der Lösung dieser Teilschätzprobleme für x_t $(t=1,2,..,N)$ werden (zumindest in der Standardversion) allein Matrizen der Ordnung (kxk) invertiert.

Man könnte den "Globalfilter" $\Sigma_N \, H(N) \, \Omega_N^{-1}$ als eine Art "Ein-Schritt-Kalmanfilter" bezeichnen. Der nächste Abschnitt enthält eine erste Einführung in das Konstruktionsprinzip der Kalmanfiltermethode und damit eine Begründung für diese Bezeichnung des "Globalfilters" .

2.3. Das Verfahren der exponentiellen Glättung in einer Interpretation als adaptives Verfahren und als Spezialfall eines Kalmanfilters

In dem vorangegangenen Abschnitt wurde gezeigt, wie aufwendig die Schätzung des Parameterverlaufs $\{x_t: t=1,2,\ldots,N\}$ eines dynamischen Regressionsmodells wird, wenn man dieses Problem in einem globalen Aitkenansatz zu lösen versucht. Die Kalmanfiltermethode ist ein rekursives Verfahren, die die Dimensionen der im Laufe der Schätzung zu invertierenden Matrizen und den entsprechenden Speicherbedarf für Zwischenergebnisse drastisch reduziert.
In der statistischen Zeitreihenanalyse gibt es einige rekursive Verfahren, die gerade wegen ihres rekursiven Charakters so anpassungsfähig sind, daß sie sich an Veränderungen des "datenerzeugenden Prozesses" im Laufe der Zeit anpassen können. Zu solchen "lernfähigen" oder "adaptiven" Verfahren zählen die Methode der "gleitenden Durchschnitte" und der "exponentiellen Glättung" - Verfahren, die in gewisser Weise als enge Verwandte des Kalmanfilters aufgefaßt werden können. Dies soll an einem kleinen Beispiel der Mittelwertschätzung eines stochastischen Prozesses demonstriert werden. Diese Überlegungen führen damit in einfacher Weise zu einer Klärung des Konstruktionsprinzips, das dem Kalmanfilteralgorithmus zugrunde liegt [vgl. LENZ(1976)].
Wir nehmen an, daß die Zeitreihe $\{z_t\}$ gut beschrieben werden kann durch eine deterministische Mittelwertfunktion m_t, die sich im Zeitablauf nur "sehr langsam" ändert und die von weißem Rauschen überlagert wird.

(2.40) $$z_t = m_t + v_t \qquad v_t \sim N(0,\sigma_v^2)\ ,\ E(v_t v_s)=0, t \neq s$$

(alle Größen sind Skalare)

Es liegen t=1,2,...,N Beobachtungen vor.
Ist der Mittelwert über diesem Zeitraum konstant, $m_t=m$ $(t=1,2,\ldots,N)$, dann lautet der Kleinstquadratschätzer für m auf Basis der N Beobachtungen $z_1, \ldots, z_N$:

(2.41) $$\hat{m}_N = (1/N) \sum_{t=1}^{N} z_t \quad .$$

Dieses arithmetische Mittel enthält <u>alle</u> Beobachtungen bis zum Horizont N . Wenn wir jedoch Anlaß haben zu vermuten, daß sich m_t in der Zeit ändert, so erscheint es vernünftig, mehr Gewicht auf die jüngsten Beobachtungen zu legen - beispielsweise nur auf die letzten k Beobachtungen.
In der Annahme, der Mittelwert sei auf dem Intervall $(N-k;N]$ "nahezu" konstant, erhalten wir einen Kleinstquadratschätzer auf Basis der Informationsmenge $(z_{N-k+1}, \dots ,z_{N-1},z_N)$ für m_t als :

(2.42) $$\hat{m}_{N;k} = (1/k) \sum_{t=1}^{k} z_{N+1-t} \; .$$

Die Größe $\hat{m}_{N;k}$ bezeichnet man als **gleitenden Durchschnitt der Länge k** .
Eine leichte Umformung zeigt, wie man $\hat{m}_{N;k}$ aus $\hat{m}_{N-1;k}$ berechnen kann [MONTGOMERY/JOHNSON(1976), S.30] :

(2.43) $$\hat{m}_{N;k} = \hat{m}_{N-1;k} + (1/k)\,(z_N - z_{N-k}) \; .$$

Diese Berechnungsweise erfordert jedoch neben $\hat{m}_{N-1;k}$ noch eine weitere Vergangenheitsinformation, nämlich die Kenntnis der Beobachtung z_{N-k} . Ersetzt man in Darstellung (2.43) des gleitenden Durchschnitts die vergangene Beobachtung z_{N-k} durch den Mittelwertschätzer $\hat{m}_{N-1;k}$ (in dessen "Einzugsbereich" die veraltete Beobachtung z_{N-k} noch gerade fällt), so ergibt sich folgende Rekursionsformel für einen "approximativen gleitenden Durchschnitt" , $\hat{m}_N^*(1/k)$,

(2.44) $$\hat{m}_N^*(\tfrac{1}{k}) = \hat{m}_{N-1}^*(\tfrac{1}{k}) + \tfrac{1}{k}\,(z_N - \hat{m}_{N-1}^*(\tfrac{1}{k})) \; .$$

Worin diese Approximation tatsächlich besteht, läßt sich ausmachen, wenn man $\hat{m}_N^*(1/k)$ durch Rücksubstitution in die oben angegebene Rekursionsformel als Funktion aller vergangenen Beobachtungen darstellt. Es gilt :

(2.45) $$\hat{m}_N^*(\tfrac{1}{k}) = \tfrac{1}{k} z_N + \tfrac{1}{k}(1-\tfrac{1}{k}) z_{N-1} + \tfrac{1}{k}(1-\tfrac{1}{k})^2 z_{N-2} + \dots$$
$$\dots + \tfrac{1}{k}(1-\tfrac{1}{k})^k z_{N-k} + (1-\tfrac{1}{k})^{k+1} \hat{m}_{N-(k+1)}^*(\tfrac{1}{k}) \; .$$

Offensichtlich ist der Schätzer $\hat{m}_N^*(\tfrac{1}{k})$ eine Funktion <u>aller</u>

vergangenen Beobachtungen $\{z_t: t=N,N-1,\ldots\}$, die jedoch mit exponentiell abnehmenden Gewichten eingehen. Ein Schätzer der Form

(2.46)
$$\hat{m}_N^*(\lambda) = \sum_{t=1}^{\infty} \lambda^t z_{N+1-t} \quad \text{mit} \quad \lambda \varepsilon (0,1)$$
$$= \hat{m}_{N-1}^*(\lambda) + \lambda (z_N - \hat{m}_{N-1}^*(\lambda))$$

wird daher auch als **exponentielle Glättungslösung** für den Mittelwert m_t bezeichnet [ebenda, S.50ff.].
Die exponentielle Glättung ist eine Art "Verstetigung" des gleitenden Durchschnitts in folgendem Sinne :
während in dem gleitenden Durchschnitt die letzten k Beobachtungen mit jeweils gleichem Gewicht (nämlich 1/k) eingehen und die noch weiter zurückliegenden Beobachtungen schlagartig veralten (d.h.mit dem Gewicht Null eingehen) , werden in der exponentiellen Glättung die Vergangenheitsinformationen "gleichmäßig" diskontiert (nämlich mit den Gewichten einer geometrisch fallenden Folge) , die nächste Abbildung verdeutlicht dies [ebenda, S.51, Figur 3-1]:

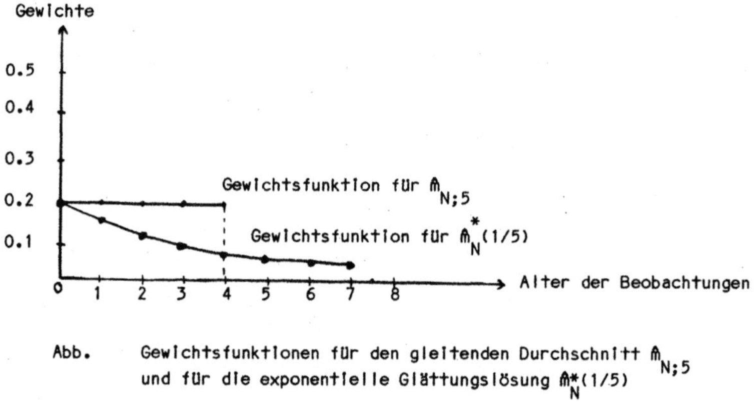

Abb. Gewichtsfunktionen für den gleitenden Durchschnitt $\hat{m}_{N;5}$ und für die exponentielle Glättungslösung $\hat{m}_N^*(1/5)$

Das Verfahren der exponentiellen Glättung erlaubt eine "on-line"-Schätzung des Mittelwertes : bei einem vorgegebenen Startwert (etwa ein Durchschnitt aus den ersten k Beobachtungen) und vorgegebener Glättungskonstante λ können mit Hilfe der folgenden Rekursionsformeln :

(2.47)
$$\hat{m}^*_{N+1}(\lambda) = \hat{m}^*_N(\lambda) + \lambda \cdot (z_N - \hat{m}^*_N(\lambda))$$
$$= \lambda \cdot z_N + (1-\lambda) \cdot \hat{m}^*_N(\lambda) ,$$
$$\text{für } N = k, k+1, \ldots$$
$$\text{mit } \hat{m}^*_k(\lambda) := (1/k) \sum_{t=1}^{k} z_t ,$$

die Beobachtungen $\{ z_t : t=k+1, k+2, \ldots \}$ "laufend" verarbeitet werden : es ist nicht notwendig, die Vergangenheitsinformation in Form einzelner historischer Beobachtungen $\{z_t : t=N-1, N-2, \ldots\}$ zu speichern, diese Vergangenheitsinformation ist bereits ausreichend in der Glättungslösung der Vorperiode $\hat{m}^*_{N-1}(\lambda)$ zusammengefaßt. Allein diese Größe muß als Zwischenergebnis bekannt sein, um bei Eintreffen einer neuen Beobachtung z_N die aktuelle Glättungslösung $\hat{m}^*_N(\lambda)$ zu finden.

Die Struktur der obigen Rekursionsformel wird man in weiten Teilen der vorliegenden Arbeit wieder antreffen : die aktuelle Mittelwertschätzung $\hat{m}^*_N(\lambda)$ erhält man aus der alten Mittelwertschätzung $\hat{m}^*_{N-1}(\lambda)$, indem man diese um einen Bruchteil des Fehlers, der sich aus einer Prognose von z_N auf Basis der alten Mittelwertschätzung ergibt, additiv korrigiert. Die Höhe dieser Korrektur wird von der Glättungskonstante bestimmt. Es stellt sich die Frage, wie diese Glättungskonstante gewählt werden sollte.[5.1] Die Glättungskonstante steuert, wie schnell die Vergangenheitsinformation für Zwecke der Mittelwertschätzung entwertet wird : es scheint vernünftig, diesen Informationsdiskontsatz um so höher anzusetzen, je stärker sich m_t ändert. Allerdings erhöht sich mit λ nicht nur die Sensibilität der Glättungslösung bezüglich Änderungen in m_t sondern auch bezüglich Schwankungen in v_t , den Störtermen, die m_t überlagern . Es liegt nahe, die Sensibilität der exponentiellen Glättungslösung vom Verhältnis der "Schwankungsstärke" von m_t und v_t abhängig zu machen .

Diese Vorgehensweise läßt sich in der Tat durch einen Optimierungsansatz in folgendem stochastischen Modell, das ein explizites Bewegungsgesetz für m_t enthält, "rationalisieren".

Wir nehmen an, daß m_t einem "random-walk" - Prozeß genügt, der von einer deterministischen Zeitfunktion g_t überlagert wird (g_t ist beispielsweise ein linearer Trend , $g_t = \gamma t$) Wir erhalten dann das folgende dynamische lineare Modell bestehend aus einer

(2.48a) **Beobachtungsgleichung :** $$z_t = m_t + v_t$$

und einem

(2.48b) **Bewegungsgesetz :** $$m_{t+1} = m_t + g_t + w_t$$

(2.48c) **mit den stochastischen Annahmen :**

$$v_t \sim N(0,\sigma_v^2)$$

$$w_t \sim N(0,\sigma_w^2) \qquad E(w_t v_s) = 0 \quad \text{für alle } t \neq s$$

$$m_0 \sim N(\bar{m}_0,\sigma_0^2) \qquad E(m_0 v_s) = E(m_0 w_s) = 0 \quad \text{für alle } s \quad .$$

Es liegen N Beobachtungen $z(N) := (z_1 \; z_2 \; \ldots \; z_N)$ vor. Gesucht wird nun ein Schätzer für die "permanente Komponente m_N" am aktuellen Rand (N) der Beobachtungsreihe. Dieses Problem kann rekursiv gelöst werden. Wir vereinbaren zu diesem Zweck zunächst die folgende Notation :

(2.49a) $$\hat{m}_{t|s} := E(m_t|z(s))$$

(2.49b) $$\sigma^2_{t|s} := VAR(m_t|z(s))$$

(2.49c) $$\hat{z}_{t|t-1} := E(z_t|z(t-1))$$

(2.49d) $$\omega_t^2 := VAR(z_t|z(t-1)) \quad .$$

Der bedingte Erwartungswert $\hat{m}_{t|s}$ ist derjenige Schätzer für m_t , der bei quadratischer Verlustfunktion unter allen Schätzern, die sich als Funktion in z(s) ausdrücken lassen, das kleinste Bayesrisiko besitzt. Eine entsprechende Interpretation hat der bedingte Erwartungswert $\hat{z}_{t|t-1}$.

Der Kalmanfilter-Algorithmus besteht in Rekursionsgleichungen für die bedingten Erwartungswerte und Varianzen $\{\hat{m}_{t|t} , \sigma^2_{t|t}\}$ aus denen der gesuchte Schätzer $\hat{m}_{N|N}$ und der zugehörige mittlere quadratische Fehler $\sigma^2_{N|N}$ nach N Schritten gewonnen werden kann. Durch einen einfachen Induktionsbeweis, den wir in Teil II für allgemeine dynamische lineare Modelle nachtragen, kann man die Gültigkeit folgender Rekursionsgleichungen zeigen :

Kalmanfilterrekursionen für das einfache "random-walk" - Modell

Initialisierung der Rekursionen mit der a priori - Verteilung des Anfangszustandes m_0 :

(2.50a) $$\hat{m}_{0|0} := \bar{m}_0$$

(2.50b) $$\sigma^2_{0|0} := \sigma^2_0$$

Einschritt - Prognose für die permanente Komponente m_t mit Hilfe des Bewegungsgesetzes :

(2.50c) $$\hat{m}_{t|t-1} = \hat{m}_{t-1|t-1} + g_{t-1}$$

(2.50d) $$\sigma^2_{t|t-1} = \sigma^2_{t-1|t-1} + \sigma^2_w$$

Einschritt - Prognose für die Beobachtungsvariable :

(2.50e) $$\hat{z}_{t|t-1} = \hat{m}_{t|t-1}$$

(2.50f) $$\omega^2_t = \sigma^2_{t|t-1} + \sigma^2_v$$

Korrektur der Einschritt - Prognose für die permanente Komponente m_t im Lichte einer neuen Beobachtung z_t :

(2.50g) $$\hat{m}_{t|t} = \hat{m}_{t|t-1} + k_t\,(z_t - \hat{z}_{t|t-1})$$

(2.50h) $$\sigma^2_{t|t} = (1-k_t)\, \sigma^2_{t|t-1}$$

(2.50i) <u>mit</u> $$k_t := (\sigma^2_{t|t-1} / \omega^2_t) = (\sigma^2_{t|t-1} /[\sigma^2_{t|t-1} + \sigma^2_v])$$

(k_t ist der **Kalmanfilter**)

alternative Darstellung der Korrekturlösung

(2.51a) $$\hat{m}_{t|t} = \hat{m}_{t|t-1} + k_t (z_t - \hat{z}_{t|t-1})$$

(2.51b) $$= (1-k_t)\, \hat{m}_{t|t-1} + k_t\, z_t$$

(2.51c) $$= \left[\frac{\sigma_v^2}{\sigma^2_{t|t-1} + \sigma_v^2} \right] \hat{m}_{t|t-1} + \left[\frac{\sigma^2_{t|t-1}}{\sigma^2_{t|t-1} + \sigma_v^2} \right] z_t$$

(2.51d) $$= \sigma^2_{t|t} \left[\frac{1}{\sigma^2_{t|t-1}}\, \hat{m}_{t|t-1} + \frac{1}{\sigma_v^2}\, z_t \right] .$$

(2.52a) $$\sigma^2_{t|t} = (1 - k_t)\, \sigma^2_{t|t-1}$$

(2.52b) $$= \left[\frac{\sigma_v^2}{\sigma^2_{t|t-1} + \sigma_v^2} \right] \sigma^2_{t|t-1}$$

(2.52c) $$= \left[\frac{1}{\sigma^2_{t|t-1}} + \frac{1}{\sigma_v^2} \right]^{-1} .$$

alternative Darstellung der zeitabhängigen Glättungskonstanten k_t (Kalmanfilter) :

(2.53a) $$k_t = \sigma^2_{t|t-1} / \hat{\omega}^2_t$$

(2.53b) $$= \frac{\sigma^2_{t|t-1}}{\sigma^2_{t|t-1} + \sigma_v^2}$$

(2.53c) $$= \left(1 + \frac{\sigma_v^2}{\sigma^2_{t|t-1}} \right)^{-1}$$

(2.53d) $$= 1 - \frac{\sigma^2_{t|t}}{\sigma^2_{t|t-1}} .$$

Der Aufbau der Kalmanfilterrekursionen soll im folgenden als Verallgemeinerung der exponentiellen Glättung interpretiert werden.

Die Beobachtungsreihe $\{z_t : t = 1,2, \ldots ,N\}$ wird durch die Kalmanfilterrekursionen schrittweise abgearbeitet :
Zum Zeitpunkt t=0 liegen noch keine Informationen über die Zeitreihe vor, die beste Prognose für die "permanente Komponente" m_0 besteht daher im Mittelwert $\bar{m}_0$ der a priori Verteilung für m_0 , der zugehörige "mean-square-error" ist die Varianz σ_0^2 dieser a priori Verteilung.
Vor Eintreffen der ersten Beobachtung z_1 kann mit Hilfe der Transitionsgleichung die permanente Komponente m_1 prognostiziert werden als

$$\hat{m}_{1|0} = \hat{m}_{0|0} + g_0 = \bar{m}_0 + g_0 .$$

Die Anfangsprognose $\hat{m}_{0|0}$ wird entsprechend dem Bewegungsgesetz extrapoliert : der quadratische Fehler ($\sigma^2_{1|0}$) erhöht sich (im Vergleich zu σ_0^2) um die Varianz des Störterms w_0 in der "Extrapolationsgleichung" (genau diese Rolle übernimmt das Bewegungsgesetz in der Schätzung zukünftiger m_t - Werte). Der Schätzer $\hat{m}_{1|0}$ ist gleichzeitig auch ein Schätzer für z_1, den Fehler dieser Prognose , also die Differenz

$$z_1 - \hat{m}_{1|0} = z_1 - \hat{z}_{1|0} = (m_1 - \hat{m}_{1|0}) + v_1$$

bezeichnet man als ***Innovation in*** z_1 . Es handelt sich dabei gerade um den Fehler, der in einer Prognose von z_1 bei optimaler Nutzung der a priori Information über m_1 (nämlich $\hat{m}_{1|0}$) noch verbleibt. Die Varianz der Innovation ist wegen des Meßrauschens v_1 um σ_v^2 höher als $\sigma^2_{1|0}$.

Bei Eintreffen der ersten Beobachtung z_1 liegt eine Realisation der Innovation vor : die Schätzung der permanenten Komponente m_1 im Lichte dieser neuen Information ergibt sich als Summe aus der m_1 - Einschritt-Prognose ($\hat{m}_{1|0}$) und einem Korrekturterm der Gestalt

$$k_1 (z_1 - \hat{z}_{1|0}) = k_1 (z_1 - \hat{m}_{1|0}) .$$

Der Gewichtungsfaktor k_1 [eine Größe aus dem Intervall (0;1)] ist ein Prognosefehler - Filter , der die Innovation zum

Teil als Realisation des Meßrauschens v_1 , zum Teil als Realisation der permanenten Komponente m_1 interpretiert, dabei hängt k_1 vom Varianzverhältnis dieser Bestandteile m_1 und v_1 ab :

$$k_1 = \left(1 + \frac{\sigma_v^2}{\sigma_{1|0}^2} \right)^{-1} = \left(1 + \frac{\sigma_v^2}{\sigma_0^2 + \sigma_w^2} \right)^{-1} .$$

Der Gewichtungsfaktor k_1 wird auch als "Kalmanfilter" oder "Kalmangain" bezeichnet.

Die neue Schätzung der permanenten Komponente m_1 kann auch als Linearkombination der "Vergangenheitsinformation über z_1" ($\hat{m}_{1|0}$) und der "Gegenwartsinformation über z_1" (z_1 selbst) dargestellt werden, als Gewichte dienen Präzisionsindizes dieser Informationen, nämlich die Inversen der Varianzen $\sigma_{1|0}^2$ und σ_v^2 .

Die Größen $\hat{m}_{t|t-1}$, $\hat{m}_{t|t}$, k_t können für jeden Zeitpunkt t analog zu den obigen Ausführungen interpretiert werden :

$\hat{m}_{t|t-1}$ ist eine Kleinstquadratschätzung für m_t auf Basis der Vergangenheitswerte $z(t-1)$, die man durch eine Extrapolation der alten "Mittelwertschätzung" $\hat{m}_{t-1|t-1}$ über das Bewegungsgesetz erhält, der mittlere quadratische Fehler erhöht sich dabei um die Varianz von w_t . Die "aktuelle Mittelwertschätzung" $\hat{m}_{t|t}$ wird durch eine Korrektur der "Einschritt-Prognose" $\hat{m}_{t|t-1}$ um den Betrag

$$k_t (z_t - \hat{z}_{t|t-1}) = k_t (z_t - \hat{m}_{t|t-1})$$

gefunden. Der Gewichtungsfaktor k_t interpretiert die Innovation in z_t (d.h. den Fehler, der in einer Prognose von z_t bei optimaler Nutzung der $z(t-1)$ - Information in Form von $\hat{z}_{t|t-1} = \hat{m}_{t|t-1}$ noch verbleibt) zum Teil als Realisation von m_t, zum Teil als Realisation des Meßrauschens v_t. Der Fehler-Filter k_t hängt vom Varianzverhältnis des Meßrauschens und der Einschritt-Prognose für m_t auf Basis von $z(t-1)$ ab:

$$k_t = \left(1 + \frac{\sigma_v^2}{\sigma_{t|t-1}^2} \right)^{-1} .$$

Der Kalmanfilter k_t kann als <u>zeitabhängige Glättungskonstante</u> interpretiert werden.

Für $g_t = 0$ (alle t) erhalten wir eine Darstellung von $\hat{m}_{t|t}$ in der folgenden Form :

(2.54)
$$\hat{m}_{t|t} = k_t z_t + (1-k_t)k_{t-1}z_{t-1} + (1-k_t)(1-k_{t-1})k_{t-2}z_{t-2} + \dots$$
$$\dots + (1-k_t)(1-k_{t-1}) \dots (1-k_2)k_1 z_1$$
$$+ (1-k_t)(1-k_{t-1}) \dots (1-k_2)(1-k_1)\, \bar{m}_0$$

Der Mittelwertschätzer $\hat{m}_{t|t}$ ist eine Summe aller vergangenen Beobachtungen und der a priori - Information $\bar{m}_0$ mit exponentiell abnehmenden, in der Zeit variablen Gewichten. Man kann ferner zeigen, daß dieser Schätzer für $t\to\infty$ gegen eine gewöhnliche exponentielle Glättungsmethode mit konstantem Gewichtungsfaktor konvergiert. Die Rekursionsgleichungen des Kalmanfilteralgorithmus implizieren eine Differenzengleichung für $\sigma^2_{t|t}$ der folgenden Gestalt :

(2.55)
$$\sigma^2_{t|t} = \frac{\sigma^2_v}{\sigma^2_{t-1|t-1} + \sigma^2_v + \sigma^2_w} \left(\sigma^2_{t-1|t-1} + \sigma^2_w \right) .$$

Diese Differenzengleichung hat genau einen positiven Fixpunkt $\bar{\sigma}^2$, es gilt :

(2.56a)
$$\lim_{t\to\infty} \sigma^2_{t|t} := \bar{\sigma}^2 = \frac{\sigma^2_w}{2} \left(\sqrt{1+4\varkappa} - 1 \right) \quad \text{mit} \quad \varkappa := \sigma^2_v/\sigma^2_w .$$

Hieraus ergeben sich zusammen mit (2.50d) und (2.53d) die folgenden Grenzwerte:

(2.56b)
$$\lim_{t\to\infty} \sigma^2_{t|t-1} := \tilde{\sigma}^2 = \frac{\sigma^2_w}{2} \left(\sqrt{1+4\varkappa} + 1 \right)$$

(2.56c)
$$\lim_{t\to\infty} k_t := \bar{k} = 1 - \frac{\sqrt{1+4\varkappa} - 1}{\sqrt{1+4\varkappa} + 1} = \frac{2}{\sqrt{1+4\varkappa} + 1} .$$

Wir haben somit ein Modell gefunden, in dem sich das "exponential smoothing" als - im Sinne des Kleinstquadratkriteriums - optimale Schätzmethode eines zeitabhängigen Parameters (hier der permanenten Komponenten m_t) ableiten läßt, und wir erhielten ferner das Ergebnis, daß die optimale "smoothing - Konstante" vom Varianzverhältnis des "Parameterrauschens" und des "Meßrauschens" ist.

Ist ein Kleinstquadratschätzer für den gesamten Zeitpfad $\{m_t : t=0,1,\ldots,N\}$ auf Basis aller Beobachtungen z(N) gewünscht, so kann auch hierfür mit den Zwischenergebnissen der Kalmanfilterrekursionen $\{\hat{m}_{t|t}, \hat{m}_{t+1|t}, \sigma^2_{t|t}, \sigma^2_{t+1|t} : t=0,1,\ldots,N-1\}$ ein rekursives Verfahren angewendet werden.
In Teil II wird die Gültigkeit folgender "*backward smoothing recursions*" gezeigt :

(2.57a) $$\hat{m}_{t|N} = \hat{m}_{t|t} + k_t^* (\hat{m}_{t+1|N} - \hat{m}_{t+1|t}) ,$$

(2.57b) $$\sigma^2_{t|N} = \sigma^2_{t|t} - (k_t^*)^2 (\sigma^2_{t+1|t} - \sigma^2_{t+1|N})$$

(2.57c) $$= (1-k_t^*)\, \sigma^2_{t|t} + (k_t^*)^2\, \sigma^2_{t+1|N} ,$$

(2.57d) $$\text{mit} \quad k_t^* = \frac{\sigma^2_{t|t}}{\sigma^2_{t+1|t}} = \frac{\sigma^2_{t|t}}{\sigma^2_{t|t} + \sigma^2_w} = \left(1 + \frac{\sigma^2_w}{\sigma^2_{t|t}} \right)^{-1} ,$$

rückwärtsschreitend mit $t = N-1, N-2, \ldots, 1, 0$.

Die Rekursionen werden mit den bekannten Filterlösungen $\hat{m}_{N|N}, \sigma^2_{N|N}$ aus den "forward smoothing recursions" initialisiert.

Wir halten fest : mit Hilfe von N "forward filtering recursions" und N "backward smooothing recursions" kann der Zeitpfad der permanenten Komponenten $\{m_t : t=0,1, \ldots , N\}$ als $\{\hat{m}_{t|N} : t=0,1, \ldots , N\}$ aus dem Beobachtungsbefund z(N) rekonstruiert werden.
Wir erinnern in diesem Zusammenhang an die Vorgehensweise in Abschnitt 2.2.2 . Die Schätzung des Parameterverlaufs $\{m_t : t=0,1,\ldots,N\}$ eines dynamischen linearen Modells

(2.58a) $$z_t = m_t + v_t \qquad v_t \sim N(0,\sigma^2_v)$$

(2.58b) $$m_{t+1} = m_t + g_t + w_t \qquad w_t \sim N(0,\sigma^2_w) \quad E(w_t v_s) = 0 \text{ für alle } t,s$$

(2.58c) $$m_0 = \bar{m}_0 \quad \text{(mit Wahrscheinlichkeit 1)}$$

mit einem globalen Ansatz in einem AITKEN-Modell würde wie folgt vorgenommen werden.
Aus (2.58a) und einer (2.11) analogen Darstellung von m_t,

(2.59)
$$m_t = m_o + \sum_{\tau=0}^{t-1} g_\tau + \sum_{\tau=0}^{t-1} w_\tau$$

ermittelt man die folgenden Verteilungen :

(2.60a)
$$f_{Z(N)}(z(N)) = N(z(N) : \mu_N , \Omega_N)$$

(2.60b)
$$f_{Z(N)|M(N)}(z(N)|m(N)) = N(z(N) : m(N) , \sigma_v^2 I_N)$$

(2.60c)
$$f_{M(N)}(m(N)) = N(m(N) : \mu_N , \Sigma_N)$$

mit: $m(N) := [m_1 \; m_2 \; \dots \; m_N]'$, $z(N) := [z_1 \; z_2 \; \dots \; z_N]'$

(2.61a)
$$\mu_N := E(m(N)) = \begin{bmatrix} \bar{m}_o + g_o \\ \bar{m}_o + g_o + g_1 \\ \vdots \\ \bar{m}_o + \sum_{\tau=0}^{N-1} g_\tau \end{bmatrix}$$

(2.61b)
$$\Sigma_N := COV(m(N)) = \sigma_w^2 \cdot \begin{bmatrix} 1 & 1 & 1 & \dots & 1 \\ 1 & 2 & 2 & \dots & 2 \\ 1 & 2 & 3 & \dots & 3 \\ & & & & \\ & & & & \\ 1 & 2 & 3 & \dots & N \end{bmatrix}$$

(2.61c)
$$\Omega_N := COV(z(N)) = \sigma_v^2 I_N + \Sigma_N$$

Aus (2.60) kann analog zu (2.27)-(2.38) eine normalverteilte a-posteriori Dichte $f_{M(N)|Z(N)}(m(N)|z(N))$ berechnet werden, und zwar mit den Parametern :

(2.62) (a) $E(m(N)|z(N)) = \mu_N + K_N [z(N) - \mu_N]$, (b) $COV(m(N)|z(N)) = (I-K_N) \Sigma_N$

(2.63a) mit $K_N := \Sigma_N \Omega_N^{-1}$.

Die (NxN)-Matrix K_N ist die globale "Ein-Schritt-Version" der gemäß (2.50) <u>rekursiv</u> berechenbaren *Kalmanfilterfolge* :

(2.63b) $\{ k_t : t=1,2,\dots,N \}$ mit $k_t = VAR(m_t|z(t-1))/VAR(z_t|z(t-1))$.

Kapitel 3: Abriß der weiteren Vorgehensweise: Leitfaden und Zusammenfassung

Dieses Kapitel enthält eine Zusammenfassung der gesamten vorliegenden Arbeit. Im folgenden rekapitulieren wir zunächst den Inhalt der ersten beiden Kapitel und gehen dann im einzelnen auf die nächsten Teile II und III ein. Abschließende Bemerkungen betreffen die Verweistechnik in der Arbeit.

Der erste Teil steckt als Einführung in das Thema ein statistisch-ökonometrisches Rahmenmodell ab, in dem das Stabilitätsproblem von Regressionsparametern erläutert werden kann. Wir betrachten zu diesem Zweck ein "Totalmodell", das aus einer Folge bedingter Verteilungen

(3.1) $$f_{Y_t | Y(t-1)}(y_t | y(t-1); \ldots) \quad : t = 1,2, \ldots , N$$

für einen vektoriellen Prozeß $\{Y_t\}$ ökonomischer Variablen besteht; die bedingten Verteilungen entstammen einer vorgegebenen Klasse von Verteilungen, die wir durch einen endlich-dimensionalen Koeffizientenvektor θ parametrisieren, wir schließen nicht aus, daß sich ein Teil der Komponenten von θ abrupt oder allmählich ändert.

Es wird gezeigt, wie sich durch Reparametrisierung der statistischen Verteilungsfamilie durch ökonomische Verhaltensparameter auf dem Hintergrund einer ökonomischen Theorie und anschließender Bildung von marginalen und bedingten Verteilungen Submodelle für Komponenten von Y_t ergeben - Submodelle, die möglicherweise instabil sind und deren Koeffizienten (die dieses Submodell statistisch eindeutig beschreiben) möglicherweise in keinem eindeutigen oder stabilen Zusammenhang mit den interessierenden ökonomischen Verhaltensparametern stehen. In dieser Diskussion kann demonstriert werden, wie die Konzepte einer "ökonomischen Struktur" und der "Exogenität erklärender Variablen" in ökonometrischen Modellen verwendet werden.

An einem Beispiel aus der Theorie der rationalen Erwartungen werden diese Konzepte erläutert : die ökonomische Theorie der rationalen Erwartungen erklärt Parameterinstabilitäten makro- und mikroökonomischer Entscheidungsfunktionen durch (in der Regel nicht-lineare) Restriktionen zwischen den Koeffizienten dieser Entscheidungsregel und den (sich möglicherweise abrupt ändernden) Koeffizienten im Bewegungsgesetz der Variablen aus dem Datenkranz der entscheidenden Wirtschaftssubjekte. Die besonderen Schwierigkeiten, empirische Informationen über die Quelle solcher Instabilitäten aus ökonomischen Zeitreihen zu gewinnen, werden im Lichte der *SIMS-KRITIK* an den rationalen Erwartungsmodellen aufgezeigt.

Die vorliegende Arbeit untersucht ein Schätzverfahren für ein System von (scheinbar unverbundenen) Regressionsgleichungen, in dem einige Koeffizienten durch ein lineares, stochastisches Bewegungsgesetz modelliert werden, das weitere erklärende "Strukturwandel-Variablen" enthalten kann.

Wir betrachten zu diesem Zweck ein "dynamisches lineares Modell", das konstante (θ) und variable (x_t) Regressionskoeffizienten enthält. Dieses statistische Modell umfaßt ein System von *Beobachtungsgleichungen* :

3.2a) $$z_t = H_t' x_t + B u_t + v_t \quad (t=1,2,\dots,N)$$

$$\text{mit} \quad v_t \sim N(0,R) , \quad E(v_t v_s') = 0 \quad \text{für alle } t \neq s ,$$

welche die endogenen Größen z_t als Resultat eines in der Zeit variierenden bzw. konstanten Zusammenhanges mit den erklärenden Variablen aus H_t bzw. u_t beschreiben. Dieser Zusammenhang ist stochastisch gestört durch gewisse "Meßfehler" v_t .

Der "Strukturwandel" in den zeitabhängigen Koeffizienten $\{x_t\}$ unterliegt einem stochastischen Gesetz, das durch ein System von *Transitionsgleichungen* formalisiert wird:

3.2b) $$x_{t+1} = F x_t + \Gamma u_t + w_t \quad (t=0,1,\dots,N-1)$$

$$\text{mit} \quad w_t \sim N(0,Q) , \quad E(w_t w_s') = 0 \quad (t \neq s), \; E(w_t v_s') = 0 \quad (\text{alle } t,s) ,$$

$$x_0 \sim N(\bar{x}_0, \Sigma_0) , \quad E(x_0 w_t') = 0 , \; E(x_0 v_t') = 0 \quad (\text{alle } t) .$$

Hierin sind die zeitabhängigen Regressionskoeffizienten x_t eine Linearkombination aus einem autoregressiven Term (eine Art "Systemgedächtnis") und der erklärenden Variablen u_t. Dieser Zusammenhang wird überlagert von weißem Rauschen w_t, das mit den Störtermen der Beobachtungsgleichung nicht korreliert ist.

Das System wird initialisiert mit einer Verteilung für den "Anfangszustand" x_0.
Die konstanten, von Null verschiedenen Parameter aus den Modellgrößen $B, F, \Gamma, R, Q, \Sigma_0, \bar{x}_0$ fassen wir in dem Vektor θ zusammen.
Der zweite Teil der Arbeit untersucht die Eigenschaften des sogenannten *Kalmanfilter-Algorithmus* - hierbei handelt es sich um ein rekursives Verfahren, das wir verwenden, um in einem gegebenen dynamischen linearen Modell (bekanntes θ) den historischen Parameterverlauf $\{x_t : t=0,1, \dots , N\}$ auf Basis eines Beobachtungsbefundes $z(N):=(z_1,z_2, \dots ,z_N)$ zu rekonstruieren.
Unter Normalverteilungsannahmen wählen wir als Schätzer für die zeitabhängigen Regressionskoeffizienten die bedingten Erwartungswerte $E(x_t|z(N);\theta)$. Man erhält diese Größen mit Hilfe von Rekursionsformeln (sie definieren den Kalmanfilteralgorithmus) für

(3.3) (a) $E(x_t|z(t-1);\theta)$, $COV(x_t|z(t-1);\theta)$ "Ein-Schritt-Prädiktor-Lösungen"

$E(z_t|z(t-1);\theta)$, $COV(z_t|z(t-1);\theta)$

(b) $E(x_t|z(t);\theta)$, $COV(x_t|z(t);\theta)$ "Filter-Lösungen"

vorwärtsschreitend für $t = 0,1,2, \dots , N$
mit $z(t):=(z_1,z_2, \dots ,z_t)$ für $t > 0$
und den Anfangsbedingungen :

(c) $E(x_0|z(0);\theta) = \bar{x}_0$. $COV(x_0|z(0);\theta) = \Sigma_0$

(3.4) $E(x_t|z(N);\theta)$, $COV(x_t|z(N);\theta)$ "Glättungslösung"

rückwärtsschreitend für $t = N-1,N-2, \dots , 0$.

Im folgenden schreiben wir abkürzend für beliebige t und s :

(3.5) $$\hat{x}_{t|s} := E(x_t|z(s);\theta) \quad , \quad \Sigma_{t|s} := COV(x_t|z(s);\theta) .$$

Der Aufbau der Kalmanfilterrekursionen erinnert an die Verfahren der gemischten Schätzung und der exponentiellen Glättung, so erhält man beispielsweise die Filterlösung $\hat{x}_{t|t}$ aus der Ein-Schritt-Prädiktor-Lösung $\hat{x}_{t|t-1}$ gemäß :

(3.6) $$\hat{x}_{t|t} = \hat{x}_{t|t-1} + K_t (z_t - \hat{z}_{t|t-1})$$

mit $\hat{x}_{t|t-1} = F \hat{x}_{t-1|t-1} + \Gamma u_t$

und $\hat{z}_{t|t-1} = H_t' \hat{x}_{t|t-1} + B u_t$.

Diese Rekursionsgleichung beschreibt die Korrektur einer "vorläufigen" , auf der alten Information z(t-1) basierenden Schätzung $\hat{x}_{t|t-1}$ für x_t um einen Faktor $K_t(z_t - \hat{z}_{t|t-1})$, der vom Prognosefehler eines Ein-Schritt-Prädiktors $\hat{z}_{t|t-1}$ für die aktuelle Beobachtung z_t abhängt.
Die Gewichtungsmatrix K_t , die bestimmt, in welchem Ausmaß die vorläufige Schätzung $\hat{x}_{t|t-1}$ im Lichte der neuen Beobachtung z_t korrigiert wird, heißt *Kalmanfiltermatrix* und ist einem zeitabhängigen Glättungskoeffizienten vergleichbar: eine Art "Informationsdiskontsatz". Er wird im wesentlichen bestimmt vom Verhältnis der Störfehlervarianzen in der Beobachtungsgleichungen (diese Varianzen lassen sich als Index für die "Meßfehlerenergie" interpretieren) und der Störfehlervarianzen in den Übergangsgleichungen (diese Varianzen lassen als Index für die "Strukturwandelenergie" deuten) .
Je höher die "Strukturwandelenergie" im Vergleich zur "Meßfehlerenergie" ist, um so größer ist der Anteil des Prognosefehlers $(z_t-\hat{z}_{t|t-1})$, der als Ergebnis eines Strukturwandels (über eine Realisation der Störterme im Bewegungsgesetz der zeitabhängigen Regressionskoeffizienten) interpretiert wird und damit eine Korrektur der vorläufigen Schätzung $\hat{x}_{t|t-1}$ bewirkt.
Diesen Zusammenhang zwischen exponentieller Glättung und Kalmanfiltermethoden haben wir an einem kleinen Beispiel im Rahmen eines Überblicks über traditionelle Verfahren in der Behandlung zeitabhängiger Regressionskoeffizienten in Kapitel 2 aus Teil I behandelt.
In Teil II ordnen wir zunächst die Kalmanfiltermethode in ein Bayesianisches statistisches Entscheidungsmodell auf dem Hintergrund des oben definierten dynamischen linearen Modells ein und leiten dann mit einfachen statistischen Hilfsmitteln (die im wesentlichen nur die Eigenschaften der bedingten Verteilungen einer multivariaten Normalverteilung benutzen) die Kalmanfilterrekursionen her.

Die Kalmanfilterrekursionen besitzen ferner eine (von der Normalverteilungsannahme der Systemfehler $\{v_t, w_t : t=0,1, \ldots, N\}$ unabhängige Interpretation als ein rekursives Konstruktionsverfahren linearer Kleinstquadratschätzer und - auf dem Hintergrund eines abstrakten Optimierungsproblems - als ein Gram-Schmidt-Orthogonalisierungsverfahren der Beobachtungsvariablen $\{z_1, \ldots, z_N\}$ in einem Hilbertraum quadratisch integrierbarer Zufallsvektoren. Nach einigen Anwendungsbeispielen aus der Ökonometrie und der dynamischen Optimeirungstheorie bei unsicheren Erwartungen stellen wir in II/Kapitel 4 zwei numerische Varianten des Kalmanfilteralgorithmus vor, die für die Lösung von zwei Problemen in der praktischen Schätzarbeit von großer Wichtigkeit sind : Hierbei handelt es sich um Rekursionsformeln für die Cholesky-Wurzeln und die Inversen der Kovarianzmatrizen $\Sigma_{t|t}$, die es erlauben, den Fall fehlender a-priori-Informationen über den Anfangszustand x_0 sowie die Präzision der berechneten Kovarianzmatrizen $\Sigma_{t|t}$ numerisch in den Griff zu bekommen.
In Kapitel 5 wird nachgewiesen, daß unter Normalverteilungsannahmen alle Eigenschaften der Kalmanfilter-Rekursionen für den Fall verzögert endogener Variabler unter den erklärenden Variablen H_t oder u_t erhalten bleiben.
Wir haben oben die Kalmanfiltermatrix K_t mit einer "verallgemeinerten Glättungskonstanten" verglichen. Die zur exponentiellen Glättungskonstanten analoge Größe ist streng genommen das Matrixprodukt $K_t H_t'$, von dem man in der Tat leicht zeigen kann, daß alle seine Eigenwerte in dem Intervall $[0;1]$ liegen. Es spielt eine wichtige Rolle in den Differenzengleichungen für die Filterlösungen $\{\hat{x}_{t|t}, \Sigma_{t|t} : t=0,1, \ldots \}$. Das Kapitel 6 liefert einige Bedingungen für die asymptotischen (Stabilitäts-)Eigenschaften dieser Differenzengleichungen.

In Kapitel 7 untersuchen wir Differenzengleichungen für die "berechneten" und "wahren" Kovarianzmatrizen der quadratischen Fehler von Zustandsschätzern in fehlspezifizierten Zustandsräumen. Mit den Stabilitätsbedingungen aus Kapitel 6 können wir die Fälle beschreiben, in denen Modellierungsfehler im Laufe der Kalmanfilterung gleichmäßig in der Zeit beschränkt bleiben.
Im Abschlußkapitel 8 wird gezeigt, wie der oben beschriebene Kalmanalgorithmus in einer modifizierten (iterativen) Form verwen-

det werden kann, wenn die Beobachtungs- und Übergangsgleichungen nichtlinearer Art sind. Anwendungen dieses *erweiterten Kalmanfilters* finden sich bei der Schätzung zeitabhängiger Koeffizienten für die gemeinsam endogenen Variablen in simultanen Mehrgleichungssystemen und bei der gemeinsamen Schätzung zeitabhängiger und konstanter Modellkoeffizienten in Zustandsraummodellen, deren Zustandsvektoren um die Komponenten aus den Modellmatrizen (B,Γ,F) vergrößert werden.

Diese letzte Fragestellung leitet über zum **dritten Teil**, in dem untersucht wird, wie unter Normalverteilungsannahmen die unbekannten (konstanten) Modellparameter θ durch die Maximierung einer Likelihood-Funktion geschätzt werden können.

Für die Lösung dieses Schätzproblems können die Ergebnisse aus Teil II mit Gewinn weiterverwendet werden: ein Kuppelprodukt der Kalman-Rekursionen ist die Folge der (normalverteilten) Dichtefunktionen $f(z_t|z(t-1);\theta) = N(z_t: \hat{z}_{t|t-1}(\theta), D_t(\theta))$, $(t=1,2,\dots)$, mit den Momenten $\hat{z}_{t|t-1}:=E(z_t|z(t-1))$, $D_t:=COV(z_t|z(t-1))$ aus (3.3a).

Mit Hilfe dieser Dichten läßt sich im Laufe einer Kalmanfilterung die log-Likelihoodfunktion (für gegebenes θ) schrittweise "aufsummieren" gemäß:

.7) $$L_N(\theta) := \log f_{Z(N)}(z(N);\theta) = \sum_{t=1}^{N} \log f_{Z_t|Z(t-1)}(z_t|z(t-1);\theta)$$

$$\text{mit } f_{Z_1|Z(0)}(z_1|z(0);\theta) := f_{Z_1}(z_1;\theta) .$$

Wir stellen zwei Verfahren für die Maximierung von (3.7) in vor: das *Scoring-Verfahren* und die *EM-Methode*.

Das Scoring ist ein iteratives Gradienten-Verfahren. In jedem Iterationsschritt wird aus dem Gradienten und einer Approximation der zweiten Ableitungen von (3.7) an der Stelle der letzten Iterationslösung ein Suchvektor gebildet, entlang dessen mit geeignet gewählter Schrittlänge eine neue Iterationslösung konstruiert wird. Die Approximation besteht darin, die Matrix der zweiten Ableitungen von (3.7) durch ihren Erwartungswert (unter Voraussetzung eines Modells mit den Parametern der letzten Iterationslösung) zu ersetzen.

Dieser Erwartungswert hängt zwar nur noch von den <u>ersten</u> Ableitungen $(\partial\hat{z}_{t|t-1}(\theta)/\partial\theta)$, $(\partial D_t(\theta)/\partial\theta)$ ab, aber seine Berechnung bleibt immer noch sehr aufwendig. Hinzu kommt der Umstand, daß

"weit abseits" des Likelihood-Maximums die Approximationsfehler ein Ausmaß annehmen können, das die Konvergenz des Verfahrens in Frage stellt.
Das Alternativverfahren - die EM-Methode - hat zwar in der "Nähe" des Likelihood-Maximums nicht die guten (d.h. keine quadratischen) Konvergenzeigenschaften des Scorings. Aber es hat den Vorteil, rechentechnisch weit weniger aufwendig zu sein und erfahrungsgemäß auch "abseits" des Likelihood-Maximums Iterationslösungen mit großen Likelihoodzuwächsen zu generieren.
Letzteres hängt mit der Approximation des Schätzproblems durch eine <u>lineare</u> Schätzaufgabe zusammen, die mit Hilfe von gewöhnlichen oder verallgemeinerten Kleinstquadratmethoden bewältigt werden kann:
Die Implementierung der EM-Methode läuft auf ein Zusammenspiel von Kleinstquadratmethoden und Glättungsläufen eines Kalmanfilteralgorithmus hinaus. Wir werden die Beobachtungs- und Transitionsgleichungen (3.2) wie lineare Regressionsgleichungssysteme mit <u>bekannten</u> Systemzuständen x_t behandeln. In den Bestimmungsgleichungen (Normalgleichungen) für die Kleinstquadratschätzer der verbleibenden unbekannten Modellparameter (F,B,Γ,Q,R) tauchen x_t und die Kreuzprodukte $x_t x_t'$, $x_t x_{t+1}'$ auf. Diese Größen werden durch die bedingten Erwartungswerte aus dem Kalman-Glättungslauf (3.4) , also durch $E(x_t|z(N))$, $E(x_t x_t'|z(N))$ sowie $E(x_t x_{t+1}'|z(N))$, ersetzt - und zwar unter Voraussetzung eines dynamischen linearen Modells mit den Parametern der letzten Iterationslösung.
Kapitel 2 beschreibt nach Vereinbarung gewisser Vektorisierungs- und Differentationsregeln für Matrizen die statistische Theorie des Scoring- und EM-Verfahrens. In Kapitel 3 wird gezeigt, wie diese Verfahren in einem Zustandsraummodell implementiert werden können.
Kapitel 4 hat die Frage zum Gegenstand, inwieweit unterschiedliche Parameterkonstellationen θ tatsächlich durch die Dichtefunktionen (3.7) diskriminiert werden können (das "Identifikationsproblem"). Dies ist auch ein wichtiges numerisches Problem - will man doch sicherstellen, daß man im Laufe von Iterationen zur Maximierung von (3.7) nicht zwischen zwei beobachtungsäquivalenten Parameterwerten hin- und herwechselt.

Wir stellen bei dieser Gelegenheit zunächst die verschiedenen Möglichkeiten dar, ARMA(X)-Modelle in einem Zustandsraum zu parametrisieren [AKAIKE(1974a,b)]. Unter Rückgriff auf diese Ergebnisse beweisen wir einige Identifikationssätze für Regressionsmodelle mit ARMA(X)-verteilten Regressionskoeffizienten [PAGAN(1980)].
Die asymptotische Verteilungstheorie für die Maximum-Likelihood-Schätzer der Modellkoeffizienten θ wird in Kapitel 5 diskutiert. Die Schätzaufgabe für die Parameter θ eines dynamischen linearen Modells ist kein "klassisches Schätzproblem": die Stichprobenvariablen z_t sind weder identisch noch unabhängig verteilt. In den bedingten Dichtefunktionen $f(z_t|z(t-1);\theta)$ aus (3.7) erscheint der Parameter θ in jeweils unterschiedlicher funktionaler Abhängigkeit.
Kapitel 5.1. enthält in gewisser Hinsicht ein "konstant-parametrisches" Pendant zu den Kalman-Rekursionen aus Teil II:
Die Kalman-Rekursionen beschreiben, wie in einem gegebenen dynamischen linearen Modell Informationen (Beobachtungen z_t) für Zwecke einer Rekonstruktion der zeitabhängigen Koeffizienten (Systemzustände x_t) sequentiell verarbeitet werden, wie der Kleinstquadratschätzer neue Systemzustände "lernt".
Hier in Kapitel 5.1. wird beschrieben, wie Stichprobeninformation über die verbleibenden (konstanten) Modellparameter θ in den bedingten Dichten $f(z_t|z(t-1);\theta)$ schrittweise akkumuliert wird. Die Stichprobeninformation wird hierbei durch die *Kullback-Leibler-Information* oder durch die *Fisher-Information* gemessen. Dem Akkumulationsprozeß dieser Information werden geeignete Restriktionen auferlegt, die die Konsistenz und die asymptotische Normalität der Maximum-Likelihood-Schätzer für θ gewährleisten.
Unter Voraussetzung der Identifizierbarkeit der Modellkoeffizienten θ werden anschließend in 5.2. Konsistenz- und Normalitätssätze für Maximum-Likelihood-Schätzer in einem Zustandsraummodell bewiesen. Hierbei können Überlegungen aus den Kapiteln 6 und 7 des zweiten Teils herangezogen werden.
Kapitel 6 enthält einige Verfahren zur Beurteilung der Anpassungsgüte eines geschätzten Zustandsraummodells.

Im Vordergrund stehen dabei die Eigenschaften der Einschritt-Prognosefehler $\{ \tilde{z}_t = z_t - \hat{z}_{t|t-1} : t=1,2, \ldots \}$, die sogenannte *Innovationsfolge*. In einem korrekt spezifizierten Zustandsraummodell darf die Innovationsfolge keine "systematischen" Komponenten mehr enthalten. Die *normalisierten Innovationen* $\{ \tilde{z}_t^* : t=1,2, \ldots \}$

(3.8) $$\text{mit} \quad \tilde{z}_t^* := \tilde{D}_t^{-1} \tilde{z}_t \quad , \text{worin:} \quad D_t := \text{COV}(z_t | z(t-1)) \; , \; \tilde{D}_t \tilde{D}_t' = D_t \; ,$$

sind multiples standardnormalverteiltes weißes Rauschen. Diese statistische Hypothese kann mit einem Korrelationstest im Zeit- und Frequenzbereich überprüft werden.
Schließlich enthält dieses Kapitel noch einen Abschnitt über statistische Verfahren zur Überprüfung von Restriktionen auf den konstanten Modellkoeffizienten θ (Likelihood-Verhältnis-Test, Lagrange-Multiplikator-Test, Wald-Test).
Die Arbeit schließt in Kapitel 7 mit einigen Hinweisen auf Alternativen zur Maximum-Likelihood-Schätzung (BAYES-Ansätze und MINQUE [RAO(1965)]-Verfahren).

Es folgen noch einige Bemerkungen zum formalen Aufbau der vorliegenden Arbeit und der hier gewählten Verweistechnik: Definitionen und Sätze erhalten kapitelweise eine fortlaufende Referenznummer (x-y) und ebenso - soweit im Laufe der Arbeit erforderlich - Gleichungen und Einzelterme die Referenz (x.y), worin x die Kapitelnummer des <u>laufenden</u> Teils bezeichnet. Wird auf Formeln und Sätze außerhalb des laufenden Teils verwiesen, so wird dies durch römische Ziffern kenntlich gemacht.

Um die Arbeit in sich zu schließen, wurde vielen Kapiteln eine kurze Beschreibung der in ihnen verwendeten mathematischen und statistischen Hilfsmitteln vorangestellt - eine Vorgehensweise, die (wie ich hoffe) die Lesbarkeit der Arbeit erhöht und sie vielleicht als einführendes Handbuch in die Kalmanfiltertechnik - hier behandelt unter besonderer Berücksichtigung zeitvariabler Parameter in ökonometrischen Modellen - geeignet macht.

Teil II

Rekursive Schätzung
der
zeitabhängigen stochastischen Koeffizienten
in einem
verallgemeinerten Regressionsmodell

-

Zustandsschätzung
in einem
vollspezifizierten
dynamischen linearen Modell
mit Hilfe des **Kalmanfilters**

Kapitel 1: Das Zustandsraummodell (Das "dynamische lineare Modell")

1.1. Das allgemeine Zustandsraummodell

Für die Beschreibung des Zusammenwirkens ökonomischer Variablen über die Zeit hat sich das sogenannte "Zustandsraummodell" der Systemtheorie als vorteilhaft erwiesen [CHOW(1975,1981), AOKI (1967,1976)]. Wir wollen hier zunächst die Merkmale eines solchen Modells beschreiben. Ein (formal-abstraktes) System im Zustandsraum wird durch die folgenden Komponenten definiert [PADULO/ARBIB(1974), FRIEDRICH(1984)]:

(1) Der Zeitbereich, über dem das System betrachtet wird: Im folgenden untersuchen wir nur Systeme in diskreter Zeit; T bezeichnet die Menge aller zulässigen Zeitpunkte.

(2) Die Systemvariablen : die im Modell auftretenden Systemvariablen sind deterministische oder stochastische Zeitfunktionen (Zeitfolgen) . In den näher zu untersuchenden stochastischen Systemen sind die Systemvariablen als stochastische Prozesse in diskreter Zeit zu interpretieren. Wir unterscheiden fünf große Variablengruppen :

(2a) Die Eingangsvariablen : $u_t(i)$, $(i=1, 2, ..., n)$, über diese Kanäle kommuniziert das System hauptsächlich mit seiner Umwelt, das Verhalten dieser Variablen ist vorgegeben und wird durch die Systemdynamik nicht erklärt.

(2b) Die Ausgangsvariablen : $z_t(i)$, $(i = 1, 2, ..., m)$, über diese Variablen können die Reaktionen des Systems bei Anregung durch die Eingangsvariablen beobachtet werden.

(2c) Die Zustandsvariablen : $x_t(i)$, $(i = 1, 2, ..., k)$, sie charakterisieren das Innere der "black box", in der Ein- und Ausgangsvariablen zusammengeführt werden, sie werden als Hilfsvariablen eingeführt, um in kompakter Weise die Änderung des Zusammenhangs zwischen Ein- und Ausgangsvariablen (das sogenannte Übertragungsverhalten des Systems) in der Zeit zu beschreiben. Der Systemzustand erfüllt die Funktion einer Art "Systemgedächtnis" : er enthält alle Informationen über das vergangenen Systemverhalten, die nötig sind, um auf den Systemzustand der nächsten Periode schließen zu können.

(2d) Die Zufallsfehler in der Systemübertragung :
$v_t(i)$, (i = 1, 2, ..., m).
Diese Zufallsfehler werden eingeführt, um der Tatsache Rechnung zu tragen, daß alle beobachteten Variablen mit Meßfehlern behaftet sein können oder daß wir den Systemzusammenhang zwischen Ausgangsvariablen einerseits und Eingangsvariablen, Zustandsvariablen andererseits (in den Übertragungsgleichungen) falsch modelliert haben. In ökonomischen Systemen sind meist beide Fehlertypen relevant, während in technischen Systemen unter $v_i(t)$ in der Regel nur Meßfehler subsumiert werden.

(2e) Die Zufallsfehler in der Systemänderung :
$w_t(i)$, (i = 1, 2, ..., ℓ) .
Diese Zufallsfehler modellieren den stochastischen Charakter des Übergangsprozesses zwischen Systemzuständen zweier aufeinanderfolgender Perioden .

(3) Der Übertragungsmechanismus zwischen Ein- und Ausgangsvariablen bei gegebenem Systemzustand :
das Übertragungsverhalten des Systems wird durch eine Beobachtungsgleichung formalisiert ,

(1.1) $$z_t = \mathbf{h}_t(x_t , u_t , v_t , \theta_1) \quad , t \in T ,$$

$\mathbf{h}_t(.,.,.;\theta_1)$ entstammt zu jedem Zeitpunkt einer vorgegebenen Funktionenfamilie mit Scharparameter $\theta_1 \in \boldsymbol{\Theta}_1$. Möglicherweise enthält h_t nicht mehr das Argument u_t ; nämlich dann, wenn der Systemzustand bereits alle Einflüsse der Eingangsvariablen zusammenfaßt .

(4) Das Systemänderungsverhalten zwischen zwei aufeinanderfolgenden Perioden : die Systemdynamik wird über ein Bewegungsgesetz der Zustandsvariablen x_t modelliert , dieses Gesetz wird formalisiert durch die sogenannte Transitionsgleichung :

(1.2) $$x_{t+1} = \mathbf{f}_t (x_t , u_t , w_t , \theta_2) \quad , t \in T ,$$

$\mathbf{f}_t(\cdot,\cdot,\cdot;\theta_2)$ entstammt einer bekannten Funktionenklasse mit Scharparameter $\theta_2 \in \Theta_2$.

(5) Verteilungsgesetze für die Zufallsvariable x_0 (der Anfangszustand) und die Fehler $\{v_t\}$ und $\{w_t\}$: es handelt sich genauer um die Kenntnis aller gemeinsamen Verteilungen $(x_0, v_{t_1}, v_{t_2}, \ldots, v_{t_a}, w_{s_1}, w_{s_2}, \ldots \ldots, w_{s_b}, \theta_3)$ mit $t_i, s_j \in T$ und $\theta_3 \in \Theta_3$ (endlichdimensional).
Sowohl für den Fehlerprozeß $\{v_t\}$ als auch für den Prozeß $\{w_t\}$ nimmt man, es seien weiße Rauschprozesse. Dies ist keine Einschränkung der Allgemeinheit, wenn die Fehler v_t und w_t nur bis zu einer endlichen Ordnung miteinander autokorreliert sind, weil man in einem solchen Fall durch geeignete Erweiterung des Systemzustandes und Umdefinition der Systemfehler diese Autokorrelation in einem äquivalenten Modell beseitigen kann (vergleiche hierzu Beispiel I.d. im nächsten Abschnitt).
Wie aus der Übergangsgleichung ersichtlich ist die Verteilung des Systemzustandes x_{t+1} bei gegebenem Systemzustand der Vorperiode x_t allein durch die Verteilung von w_t bestimmt (und zwar durch die unbedingte Verteilung von w_t, sofern die Fehler w_t in der Zeit nicht autokorreliert sind).

Die nächste Abbildung verdeutlicht noch einmal alle Systembeziehungen [MEHRA(1979), S.77] :

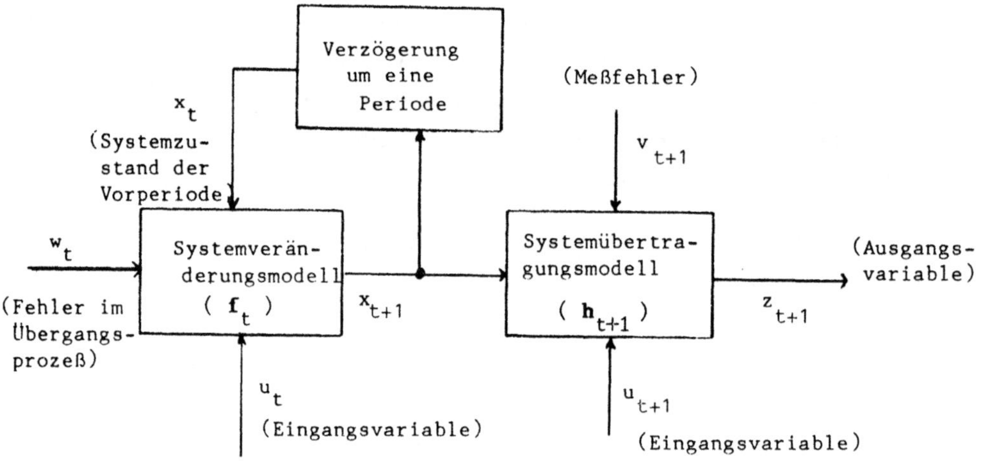

Abb. *Das allgemeine Zustandsraummodell*

In ökonometrischen Systemen identifiziert man gewöhnlich z_t mit den endogenen Variablen und die Eingangsvariablen u_t mit den exogenen Variablen, die zur Erklärung der Beobachtungsvariablen z_t herangezogen werden.
Dieser "Erklärungszusammenhang" oder "Systemzusammenhang" wird durch zwei Variablengruppen beschrieben : die zeitvarianten Variablen sind gerade die Systemzustände, die verbleibenden Größen $\theta:=(\theta_1, \theta_2, \theta_3)$ sind konstante Modellparameter . So enthält beispielsweise in einer log-linearen Regressionsgleichung (Beobachtungsgleichung) x_t zeitvariante Elastizitäten während θ konstante Elastizitäten , die Kovarianzmatrizen der Systemfehler sowie Parameter der Transitionsfunktion für die zeitabhängigen Elastizitäten umfaßt. (Näheres hierzu entnehme man den Beispielen in Abschnitt 1.3.) .
Wir werden den Systemzustand x_t in weiten Teilen dieser Arbeit als zeitvariante Regressionsparameter interpretieren.
Weiterhin wird im wesentlichen (bis auf einen Abschnitt in Kapitel 8) ein Spezialfall des allgemeinen Zustandsraummodells im Vordergrund stehen : das <u>lineare</u> Zustandsraummodell, auf das wir im nächsten Abschnitt eingehen.

1.2. Das lineare Zustandsraummodell

Spezifikation des linearen Zustandsraummodells:

Für den Fall, daß die Übergangsfunktion $\mathbf{f}_t$ und die Beobachtungsgleichung $\mathbf{h}_t$ linear in x_t sind und additive Störterme enthalten, spricht man von einem linearen Zustandsraummodell. Die Spezifikation eines solchen linearen Modells besteht aus den folgenden Vektorgleichungen und stochastischen Annahmen :

(1.3) Beobachtungsgleichung : $z_t = H_t{}' x_t + B_t u_t + v_t \qquad t \geq 1$

(1.4) Transitionsgleichung : $x_{t+1} = F_t x_t + \Gamma_t u_t + G_t w_t \qquad t \geq 0$

(1.5) Bedeutung und Dimension der Systemvektoren und -matrizen :

z_t	:= (mxl)	Beobachtungsvektor (Ausgangsvariable)
x_t	:= (kxl)	Systemzustand
u_t	:= (nxl)	Eingangsvariable ("Kontrollvariable")
v_t	:= (mxl)	Meßfehler, Modellfehler in der Beobachtungsgleichung
w_t	:= (ℓxl)	Übergangsrauschen, Störterme in der Transitionsgleichung
$H_t{}'$	:= (mxk)	Meßmatrix , Ausgangsmatrix
F_t	:= (kxk)	Transitionsmatrix, Systemmatrix
B_t	:= (mxn)	Durchgangsmatrix, Eingangsmatrix in der Beobachtungsgleichung
Γ_t	:= (kxn)	Kontrollmatrix , Eingangsmatrix in der Transitionsgleichung
G_t	:= (kxℓ)	Gewichtungsmatrix der Störgrößen im Transitionsprozeß

(1.6) stochastische Spezifikation :

Meßfehler $\{v_t\}$ und Transitionsstörgrößen $\{w_t\}$ sind weiße Rauschprozesse mit den folgenden Eigenschaften :

(a) $E(v_t) = 0 \quad , \; E(w_t) = 0 \quad$ für alle t ,

(b) $$E \begin{bmatrix} v_t v_s{}' & v_t w_s{}' \\ w_t v_s{}' & w_t w_s{}' \end{bmatrix} = \begin{bmatrix} R_t & S_t \\ S_t{}' & Q_t \end{bmatrix} \delta_{ts} \qquad \text{mit } \delta_{ts} = \begin{cases} 1 & \text{für } t=s \\ 0 & \text{für } t \neq s \end{cases} ,$$

(c) Der Anfangszustand x_0 hat den Erwartungswert $\bar{x}_0$ und die Kovarianzmatrix Σ_0 , er ist für alle t nicht mit den Störgrößen v_t und w_t korreliert.

Die nachstehende Abbildung faßt die Systemzusammenhänge noch einmal graphisch zusammen :

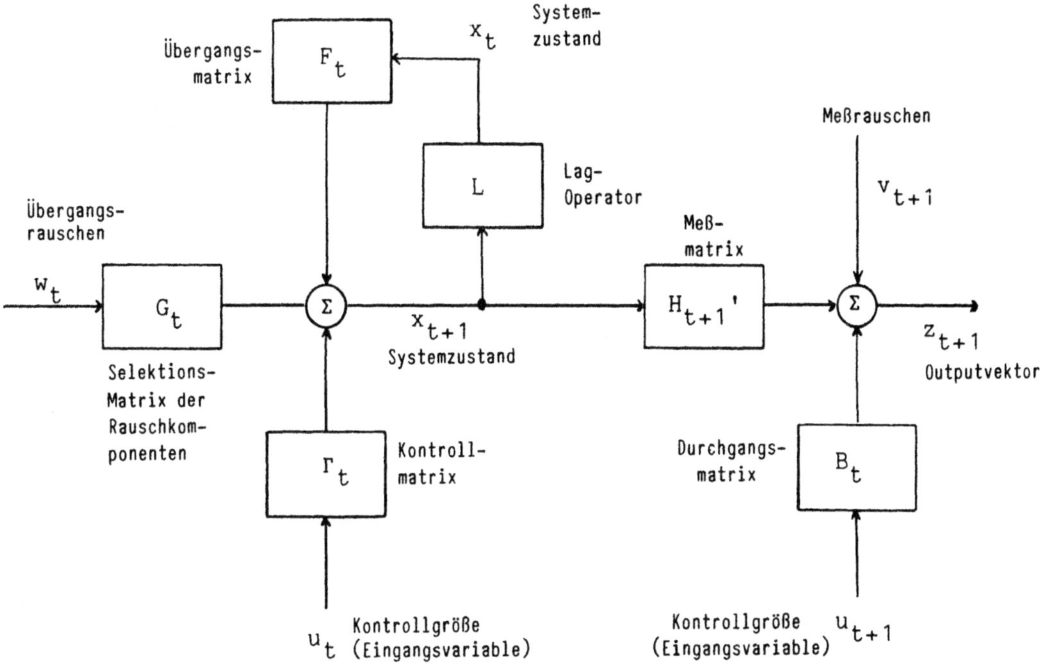

Abb. *Das lineare Zustandsraummodell*

Legende: Durchgang durch ein Rechteck bedeutet Mulitplikation mit der im Rechteck angegebenen Matrix.

Durchgang durch den Sigma-Kreis bedeutet Summation aller Eingangsgrößen.

Durchgang durch das L-Rechteck bedeutet Verzögerung um eine Periode.

Im folgenden wollen wir die Eigenschaften der Modellmatrizen und die Eigenschaften der stochastischen Prozesse $\{x_t\}$ und $\{z_t\}$ etwas näher betrachten [ANDERSON/MOORE(1979), S.12ff.].

Die Transitionsgleichung (Systemgleichung oder Zustandsänderungsgleichung) charakterisiert den Übergang zwischen Systemzuständen zweier aufeinanderfolgender Perioden als Resultat systematischer Einflüsse (die Linearkombination $F_t x_t$ modelliert einen Rückkoppelungseffekt über die Systemvergangenheit x_t , die Linearkombination $\Gamma_t u_t$ modelliert einen Kontrolleinfluß über u_t) überlagert von zufälligen Störgrößen w_t.

Die Störeinflüsse in der Transitionsgleichung werden gewichtet mit der Matrix G_t. Häufig wird es sich hierbei um eine Selektionsmatrix (die nur die Elemente 0 oder 1 enthält) handeln, um auch rauschfreie Übergangsprozesse darstellen zu können Bei Verwendung solcher Selektionsmatrizen G_t können wir ohne Beschränkung der Allgemeinheit annehmen, daß die Kovarianzmatrix Q_t der Zufallsfehler w_t positiv definit ist.
Durch die stochastischen Eigenschaften des Anfangszustandes x_o und des Störgrößenprozesses $\{w_t\}$ wird über die Systemgleichung eine a priori Verteilung des Zustandsprozesses $\{x_t\}$ spezifiziert. Der Prozeß $\{x_t\}$ist ein Markoffprozeß : nehmen wir an, daß die Inputfolge $\{u_t\}$ deterministisch ist (oder wir betrachten das lineare Zustandsraummodell für eine gegebene Realisation der Inputfolge), so ist die Verteilung des Systemzustandes x_t bei gegebenem Zustand der Vorperiode vollständig durch die Eigenschaften des Systemrauschens w_t festgelegt. Durch sukzessives Einsetzen in die Zustandsänderungsgleichung erhält man x_t als Linearkombination vergangener Stör- und Kontrollgrößen sowie des Anfangszustandes x_o :

(1.6) $$x_t = F_{t-1,-1}\, x_0 + \sum_{s=0}^{t-1} F_{t-1,s} (\Gamma_s u_s + G_s w_s)$$

(1.7) $$\text{mit } F_{t,s} := F_t F_{t-1} \cdots F_{s+1} \text{ (für } s<t) \text{ und } F_{t,t} := I \quad .$$

Aus dieser Darstellung ergeben sich unmittelbar die ersten und zweiten Momente des stochastischen Prozesses $\{x_t\}$ gemäß :

(1.8a) $$E(x_t) = F_{t-1,-1}\, \bar{x}_0 + \sum_{s=0}^{t-1} F_{t-1,s} \Gamma_s u_s$$

(1.8b) $$COV(x_t) = F_{t-1,-1} \Sigma_0 F'_{t-1,-1} + \sum_{s=0}^{t-1} F_{t-1,s} G_s Q_s G'_s F'_{t-1,s}$$

(1.8c) $$COV(x_t,x_s) = F_{t-1,-1} \Sigma_0 F'_{s-1,-1} + \sum_{i=0}^{s-1} F_{t-1,i} G_i Q_i G'_i F'_{s-1,i} \quad \text{(für } s<t) \text{ .}$$

Die Markoff-Struktur der Systemgleichung ist weniger restriktiv als auf den ersten Blick es erscheinen mag: durch geschickte Wahl des Systemzustandes und der Übergangsmatrix F_t läßt sich eine Vielzahl von Transitionsprozessen modellieren. In den Beispielen unter 1.3. werden wir unter anderem zeigen, wie man einen ARMA-Prozeß durch geeignete Definition des Systemzustandes auf eine Markoffgestalt nach Art der Transitionsgleichung bringen kann.

Der Systemzustand wird nicht direkt beobachtet. Die Beobachtungsgleichung beschreibt diesen Sachverhalt. Wir beobachten lediglich Linearkombinationen des Systemzustandes ($H_t'x_t$) überlagert von weißem Rauschen v_t (Meß- oder Modellierungsfehler) und Einflüssen der Eingangsvariablen u_t (dargestellt durch die Linearkombination $B_t u_t$) .
Unterstellen wir wieder eine gegebene Realisation der Eingangsvariablen u_t , so werden durch die Beobachtungsgleichung die stochastischen Eigenschaften der Ausgangsvariablen z_t vollständig durch die Eigenschaften des Systemzustandes und des Meßrauschens festgelegt.
Wird die Meßmatrix H_t' als Beobachtungsmatrix von prädeterminierten Variablen interpretiert (hierunter können Komponenten von $u_t, u_{t-1}, \dots$ und $z_{t-1}, z_{t-2}, \dots$ fallen) , die die Variablen z_t erklären sollen, so kann das lineare Zustandsraummodell als Erweiterung des klassischen linearen Regressionsmodells mit konstanten Koeffizienten auf ein Modell mit in der Zeit variierenden Regressionsparametern gedeutet werden.
Im Falle einer konstanten Meßmatrix können die Systemzustände häufig als Kenngrößen, 'charakteristische Komponenten' des Prozesses $\{z_t\}$ selbst angesehen werden ("Änderungskomponente" , "Niveaukomponente" , "permanente Komponente" , "transitorische Komponente"). Auch hierfür findet sich im nächsten Abschnitt unter I.f. ein kleines Beispiel.

1.3. Interpretationen des Zustandsraummodells: ein Überblick

Das Zustandsraum-Modell hat sich als ein sehr leistungsfähiges Konzept erwiesen, unter dem eine Fülle ökonometrischer Modelle und Schätzverfahren zusammengefaßt werden konnten. Davon zeugt eine Reihe von Übersichtsartikeln, die im Laufe der letzten Jarhe veröffentlicht wurden [BECK(1983), CHOW(1983a,b), HARVEY (1984), NICHOLLS/PAGAN(1983), ENGLE/WATSON(1985)].
Das Interesse an den state-space-Modellen wuchs unter den Ökonometrikern, als man erkannte, daß mit dem Kalmanfilter ein mächtiges Instrument vorlag, mit dem sich die Likelihood-Funktion komplizierter Modelle - sofern man diese durch eine geeignete Definition des Systemzustandes in die Form eines Zustandsraumes bringen konnte - in einfacher Weise rekursiv berechnen ließ. Diese Einsicht (in der statistisch-technischen Literatur popularisiert durch SCHWEPPE(1965)) förderte die Suche nach verschiedenen Interpretationen des "latenten Zustandsvektors", und das Zustandsraummodell fand mehr und mehr Verbreitung als dynamische Verallgemeinerung von ökonometrischen Modellen mit latenten Variablen. Die folgende Übersicht hält sich an die Klassifikation von ENGLE/WATSON(1980,1985). Die aufgeführten Modelltypen ergeben sich als Spezialfälle des in (1.2) dargestellten Modells durch geeignete Restriktionen auf den Modellkoeffizienten, von denen bis auf H_t alle zeitinvariant sind (der Zeitindex wird dann im folgenden fortgelassen).
In einigen Modellvarianten ist auch die Meßmatrix H_t zeitinvariant.

I. Univariate Modelle (m=1)

(a) das klassische lineare Regressionsmodell :

$F=I$, $G=0$ (oder $Q=0$), $\Gamma=0$. Der zeitinvariante Systemzustand $x_t=x_0$ und der Zeilenvektor B enthalten die konstanten Regressionskoeffizienten. Die Komponenten von H_t und u_t sind die zugehörigen Regressoren. Diese Art der Modellierung ist von Vorteil für die Herleitung eines Stabilitätstests (bei bekanntem B) für die in x_t zusammengefaßten Koeffizienten mit Hilfe der sogenannten *rekursiven Residuen* [BROWN/DURBIN/EVANS(1975), DUFOUR

(1982), HARVEY/COLLIER(1977)]. Die rekursiven Residuen sind ein Nebenprodukt des Kalmanfilters. Wir kommen auf dieses Anwendungsbeispiel in Kapitel 2.7 zurück.

(b) ARMA-Modelle (autoregressive/moving-average Modelle) :

Für ARMA-Modelle existiert eine state-space-Darstellung, in der die Meßmatrix H_t eine (zeitinvariante) Selektionsmatrix ist, deren Komponenten nur aus Nullen und Einsen bestehen. Der Systemzustand x_t faßt in geeigneter Weise die Informationen aus der Prozeßvergangenheit zusammen, auf Basis derer zukünftige Werte der Zeitreihe $\{z_t\}$ optimal (im Sinne des Kleinstquadratkriteriums) vorhergesagt werden können. Ferner kann $R=0$, $B=0$ und $\Gamma=0$ gesetzt werden. Der state-space-Ansatz für die Schätzung von ARMA-Modellen in unterschiedlichen Parametrisierungen hat seit Anfang der 70er Jahre zunehmend Verbreitung in der Zeitreihenanalyse gefunden [AKAIKE(1974a,b),1976), AOKI(1983), OTTER(1985), YOUNG(1984)].

(c) ARMAX-Modelle (ARMA-Modelle mit exogenen Variablen)

Die Spezifikationsstruktur ist wie unter (b), nur in der Transitionsgleichung gilt $\Gamma \neq 0$, u_t enthält die zusätzlichen exogenen Variablen [HANNAN(1976,1979), HANNAN/DUNSMUIR/DEISTLER(1980)].

(d) Regressionsmodelle mit ARMA-verteilten Residuen

Hierbei handelt sich um ein Modell, daß Komponenten von (a) und (b) vereinigt [HARVEY/PHILLIPS(1979)].

Wir stellen ein solches Modell im folgenden kurz dar. Die Beobachtungsgleichung liegt vor in der Form :

(1.9) $$z_t = h_t' \beta_t + \varepsilon_t \quad .$$

Hierbei ist z_t die abhängige Beobachtungsvariable, h_t' ein $(1xk)$-Vektor mit erklärenden Variablen und β_t ein $(kx1)$-Vektor mit (in der Zeit konstanten) Regressionskoeffizienten. Die Variable ε_t schließlich stellt Meß- oder Modellfehler dar, die einem ARMA(p,q)- Prozeß folgen, also :

(1.10) $$\text{(a)}\ \beta_t = \beta_{t-1} = \bar{\beta} \qquad \text{(b)}\quad \varepsilon_t = \sum_{s=1}^{p} a_s \varepsilon_{t-s} + w_t + \sum_{s=1}^{q} b_s w_{t-s}$$

mit $w_t \sim N(0,\sigma_w^2)$ und $E(w_t w_s) = 0$ für $t \neq s$.

Um dieses Modell in einen Zustandsraum zu überführen [HARVEY/ PHILLIPS(1979), S.50-52], erweist es sich als zweckmäßig, zusätzliche Parameter a_i, b_j einzuführen, so daß gilt :

(1.10) $$\text{(c)}\quad \varepsilon_t = \sum_{s=1}^{r} a_s\, \varepsilon_{t-s} + w_t + \sum_{s=1}^{r-1} b_s\, w_{t-s} \quad \text{mit } r := \max\{p,q\} + 1 \ .$$

Wir definieren nun einen Systemzustand $x_t := [\ \alpha_t' \ \beta_t'\ ]'$, worin der Subvektor $\alpha_t := (r\times 1)$ durch die folgenden Systemgleichungen bestimmt ist :

(1.11)
$$\begin{aligned}
\alpha_{1t} &= a_1\, \alpha_{1,t-1} + \alpha_{2,t-1} + w_t \\
\alpha_{2t} &= a_2\, \alpha_{1,t-1} + \alpha_{3,t-1} + b_1 w_t \\
\alpha_{3t} &= a_3\, \alpha_{1,t-1} + \alpha_{4,t-1} + b_2 w_t \\
&\ \vdots \\
\alpha_{r-1,t} &= a_{r-1}\, \alpha_{1,t-1} + \alpha_{r,t-1} + b_{r-2} w_t \\
\alpha_{r,t} &= a_r\, \alpha_{1,t-1} + b_{r-1} w_t \ .
\end{aligned}$$

Es läßt sich durch schrittweise Substituieren in die Systemgleichung für α_{1t} leicht nachprüfen, daß α_{1t} mit der Störgröße ε_t identifiziert werden kann. Die Gleichungen (1.10a) und (1.11) liefern uns die Transitionsgleichungen eines Zustandsraumes der Form :

(1.12) $$\text{(a)}\quad z_t = H_t' x_t \qquad \text{(b)}\quad x_{t+1} = F\, x_t + G\, w_t \quad ,\ w_t \sim N(0,\sigma_w^2),$$

worin die Modellmatrizen definiert sind durch :

(1.13)
$$H_t' := [\ h_t' \quad 1 \quad \mathbf{0}_{1\times(r-1)}\ ] \ ,$$

$$F := \left[\begin{array}{c|ccccc}
I_k & & & 0 & & \\
\hline
 & a_1 & 1 & 0 & \dots & 0 \\
0 & a_2 & 0 & 1 & \dots & 0 \\
 & \vdots & \vdots & \vdots & & \vdots \\
 & a_{r-1} & 0 & 0 & \dots & 1 \\
 & a_r & 0 & 0 & \dots & 0
\end{array}\right] , \qquad G := \begin{bmatrix} 1 \\ b_1 \\ \vdots \\ b_{r-1} \end{bmatrix} .$$

Die Anfangswertverteilung von x_0 ist so zu spezifizieren, daß $\{x_t\}$ ein stationärer Prozeß ist im Einklang mit den Verteilungseigenschaften von $\{\varepsilon_t\}$ und $\{w_t\}$. Die Kovarianzmatrix Σ_0 des Anfangszustandes muß daher folgende Fixpunktgleichung erfüllen:

(1.14a) $$\Sigma_0 = F\,\Sigma_0\,F' + \sigma_w^2\,G\,G' \quad .$$

Für den Erwartungswert von x_0 ist anzusetzen :

(1.14b) $$E(\beta_0) = \bar{\beta} \quad \text{und} \quad E(\alpha_0) = 0 \quad .$$

(e) Regressionsmodelle mit stochastischen, zeitabhängigen Regressionskoeffizienten[1]

Der Systemzustand x_t umfaßt die zeitabhängigen Regressionskoeffizienten. Es liegt bereits eine Fülle von ökonometrischen Anwendungen vor, vergleiche z.B. die Bibliographie in JOHNSON (1977,1980), BECK(1983),NICHOLLS/PAGAN(1983). Vorherrschend sind Anwendungen, in denen die Koeffizienten einem einfachen autoregressiven Prozeß erster Ordnung folgen. Hierzu gehören unter anderem Untersuchungen von Risikomaßen (β-*Koeffizienten*) auf Wertpapiermärkten [OHLSEN/ROSENBERG(1982), BOS/NEWBOLD (1984)] und eine umfangreiche Literatur, die die Schätzung zeitabhängiger Elastizitäten der Geldnachfragefunktion zum Gegenstand hat [vgl. GARBADE(1977), JUDD/SCADDING(1982) und BUSCHER(1983a,b)]. Modelle mit komplizierterer Parameterdynamik finden sich in PAGAN(1980) und HYLLEBERG(1982). Wir illustrieren im folgenden Hyllebergs Modellierung von Saisonalitätseinflüssen durch eine variable Parameterstruktur.

Üblicherweise wird das Problem der Saisonalität von Zeitreihen in einem ökonometrischen Regressionsmodell dadurch gelöst, daß die Zeitreihen vor Durchführung der Schätzung saisonbereinigt werden. Dahinter steht die Vorstellung, daß die Saisonalität aller beteiligten Zeitreihen dem Einfluß gemeinsamer Saisonfaktoren unterliegt, die mit dem Kausalitätszusammenhang zwischen abhängigen und unabhängigen Variablen unmittelbar nichts zu tun haben: den Erklärungszusammenhang zwischen der abhängigen und der den unabhängigen Variablen könne man nur durch ihre Korrelation zwischen den saisonfreien Komponenten aufdecken.

Eine alternative Hypothese besteht darin anzunehmen, daß die Saisonalität der beteiligten Zeitreihen sich in einer Saisonfigur der Regressionsparameter niederschlägt, daß der Erklärungszusammenhang also über alle Komponenten der Zeitreihen untersucht werden kann.

HYLLEBERG(1982) verwendet in diesem Zusammenhang das folgende Modell :

Die Beobachtungen der abhängigen Variablen z_t werden generiert durch :

(1.15a) $$\underset{(1x1)}{z_t} = \underset{(1xk)}{h'_t}\, \underset{(kx1)}{\beta_t} + \underset{(1x1)}{v_t} \qquad \text{mit } v_t \sim N(0,\sigma_v^2)\ ,\ E(v_t v'_s) = \delta_{ts}\, \sigma_v^2 .$$

Das stochastische Modell des Parameterprozesses $\{\beta\}$ wird unter Berücksichtigung von Saisoneinflüssen spezifiziert als :

(1.15b) $$\underset{(kxk)}{B(L)}\, (\beta_t - \bar{\beta}) = \underset{(kxn)(nx1)}{A\, s_t} + \underset{(kx1)}{w_t} \qquad \text{mit } w_t \sim N(0,Q),\ E(w_t w'_s) = \delta_{ts}\, Q .$$

Hierin ist $B(L)$ eine Diagonalmatrix. Typisches Element auf der Hauptdiagonalen ist ein Lagpolynom $b_i(L)$, das sich als Quotient zweier endlicher Lagpolynome in L^υ (υ:=Anzahl der Beobachtungen pro Jahr) darstellen läßt.

Der Saisonalitätsfaktor s_t enthält eine Reihe von Saisonvariablen wie Niederschläge, Temperatur, Anzahl der Arbeitstage pro Zeiteinheit, saisonale dummy-Variablen oder trigonometrische Saisonfunktionen. A ist ein (kxn)-Matrix zeitinvarianter Saisonregressionskoeffizienten.

Die erklärende Variablen h_t und s_t können wie Konstanten behandelt werden, sie sind insbesondere nicht mit den Systemfehlern korreliert.

Sei $B(L)$ ein endliches autoregressives Polynom der Länge p, dann schreiben wir das Matrixpolynom $B(L)$ als

(1.16) $$B(L) = I - B_1 L - \dots - B_p L^p .$$

Durch geeignete Definition des Zustandsvektors x_t können die Modellgleichungen (1.15) überführt werden in einen Zustandsraum der Form :

(1.17a) $$z_t = H'_t\, x_t + B\, u_{1t} + v_t$$

(1.17b) $$x_{t+1} = F\, x_t + \Gamma\, u_{2t} + G\, w_t \quad ,$$

worin die Systemgrößen definiert sind durch :

$$x_t := \begin{bmatrix} \beta_t - \bar{\beta} \\ \beta_{t-1} - \bar{\beta} \\ \vdots \\ \beta_{t-(p-1)} - \bar{\beta} \end{bmatrix}, \quad u_{1t} := h_t, \quad u_{2t} := s_t, \quad B := \bar{\beta}',$$

.18)

$$H_t' := \begin{bmatrix} h_t' & \mathbf{0}_{1x(p-1)k} \end{bmatrix},$$

$$F := \begin{bmatrix} B_1 & B_2 & \dots & B_p \\ I_k & \mathbf{0} & \dots & \mathbf{0} \\ \mathbf{0} & I_k & \dots & \mathbf{0} \\ \vdots & \vdots & & \vdots \\ \mathbf{0} & \mathbf{0} & \dots & I_k \end{bmatrix}, \quad \Gamma := \begin{bmatrix} A \\ \mathbf{0} \\ \mathbf{0} \\ \vdots \\ \mathbf{0} \end{bmatrix}, \quad G := \begin{bmatrix} I_k \\ \mathbf{0} \\ \mathbf{0} \\ \vdots \\ \mathbf{0} \end{bmatrix}.$$

(f) Regressionsmodelle mit nicht beobachtbaren Komponenten

Diese Modellklasse ist ein wichtiger Spezialfall von (e). Allein der "Absolutterm" einer Regression wird einem stochastischen Bewegungsgesetz unterworfen. Saison- und Trendbereinigung können in speziellen Zustandsräumen analysiert werden [PAGAN(1975), HARVEY(1984), GRETHER/NERLOVE/CARVALHO(1979), HARVEY/TODD (1983)] . Wir illustrieren die Zustandsraummodellierung an einem kleinen additiven Komponentenmodell von GRETHER/NERLOVE(1970), bestehend aus folgenden Gleichungen:

.19a) Beobachtungsgleichung : $z_t = \mu_t + s_t + v_t$

.19b) Trendgleichung : $\mu_t = f_1 \mu_{t-1} + f_2 \mu_{t-2} + w_{1,t-1}$

.19c) Saisongleichung : $s_t = f_3 s_{t-4} + w_{2,t-1}$.

Die autoregressive Struktur der Trend- und Saisonkomponente zwingt uns, unter den Systemzustand des zugehörigen dynamischen linearen Modells verzögerte Werte der Trend- und Saisonkomponente aufzunehmen. Mit folgenden Setzungen :

.20)... $H' := [\,1\ 0\ 1\ 0\ 0\ 0\,]$, $w_t := [\,w_{1t}\ w_{2t}\,]'$ (weißes Rauschen wie v_t)

... (1.20)

$$x_t := \begin{bmatrix} \mu_t \\ \mu_{t-1} \\ s_t \\ s_{t-1} \\ s_{t-2} \\ s_{t-3} \end{bmatrix} \qquad F := \begin{bmatrix} f_1 & f_2 & 0 & 0 & 0 & 0 \\ 1 & 0 & 0 & 0 & 0 & 0 \\ 0 & 0 & 0 & 0 & 0 & f_3 \\ 0 & 0 & 1 & 0 & 0 & 0 \\ 0 & 0 & 0 & 1 & 0 & 0 \\ 0 & 0 & 0 & 0 & 1 & 0 \end{bmatrix} \qquad G := \begin{bmatrix} 1 & 0 \\ 0 & 0 \\ 0 & 1 \\ 0 & 0 \\ 0 & 0 \\ 0 & 0 \end{bmatrix}$$

stellt das Zustandsraummodell

$$z_t = H' x_t + v_t \quad , \; x_{t+1} = F x_t + w_t$$

das obige Komponentenmodell (1.19) dar.
Ein weiteres Beispiel sind ökonometrische Modelle, die "transitorische" und "permanente" Komponenten wichtiger ökonomischer Größen (Einkommen, Geldmenge) enthalten. In Kapitel 2.7. greifen wir dieses Beispiel auf und zeigen wie mit dem Kalmanfilter solche Komponenten in einem geeigneten Zustandsraum geschätzt werden können. Die Trennung permanenter und transitorischer Komponenten spielt eine wichtige Rolle in der neuen klassischen Makroökonomie zur Erklärung von Konjunkturschwankungen [BARRO (1981), CUKIERMAN(1981), SCHEIDE(1985), SARGENT(1979)].

II. Multivariate Modelle

(a) klassische Systeme scheinbar unverbundener Regressionsgleichungen mit konstanten Koeffizienten

Die Parameterrestriktionen sind wie unter Ia. Die Meßmatrix H_t' ist blockdiagonal, der i-te Block enthält einen Zeilenvektor, der im Falle B=0 alle Regressoren der i-ten Regressionsgleichung umfaßt, entsprechende Subvektoren von x_t enthalten die zugehörigen Regressionskoeffizienten. Für diese können im Zuge einer Kalmanfilterung Stabilitätstests durchgeführt werden mit einer multivariaten Variante der rekursiven Residuen.

(b) multivariate ARMA- und ARMAX-Modelle

Wir werden die verschiedenen Möglichkeiten der state-space-Parametrisierung dieser Modelle in Teil III, Kapitel 4 im Zusammenhang mit "Identifizierbarkeitsbedingungen" für state-space-Koeffizienten diskutieren. Die Standardreferenz ist hier HANNAN(1976,1979).

(c) multivariate Regressionsmodelle mit ARMA-Residuen

(d) Systeme scheinbar unverbundener Regressionsgleichungen mit zeitabhängigen stochastischen Regressionskoeffizienten

Dieses Modell wird ausführlich zu Beginn des III. Teils diskutiert. Eine ökonometrische Anwendung auf multivariate AR-Prozesse, in denen die autoregressiven Parameter ihrerseits einem AR-Prozeß folgen, findet sich DOAN/LITTERMAN/SIMS(1984). MCWHORTER/GORTI/NARASIMHAM/SIMONDS(1977) prüfen die Prognosegüte einer Variante des KLEIN-Modells mit stochstischen autoregressiven Parametern. SALLAS/HARVILLE(1982) kombinieren zeitvariable und konstante Koeffizienten in einem Zustandsraummodell.

(e) multivariate Regressionsmodelle mit nicht beobachtbaren Regressoren

Die folgenden Modellvarianten enthalten alle in der Zustandsraumdarstellung unter den Beobachtungsgleichungen (jeweils leicht abgewandelt) folgende "Regressionsgleichung" :

.21) $$y_t = L\, f_t + B\, u_t + \varepsilon_t$$

Hierin umfaßt y_t die abhängigen Beobachtungsvariablen, f_t sind *latente* , u_t *beobachtbare Regressoren* . Die Matrizen L und B enthalten die zugehörigen konstanten Regressionskoeffizienten. Die Störterme werden mit ε_t bezeichnet.
Die Modellvarianten unterscheiden sich in erster Linie in der Art, wie die latenten Faktoren f_t modelliert werden.

(ea) klassische Faktorenanalyse:

Eine knappe Darstellung findet sich z.B. in DHRYMES(1974), S.77-82. Die state-space Form erhält man für $z_t := y_t$, $B := \mathbf{0}$, $x_t := f_t$ ("Faktoren"), $H_t' := L$ ("Faktorladungen") in Verbindung mit einer trivialen Transitionsgleichung $x_t = w_t$, worin w_t eine diagonale Kovarianzmatrix (Q) besitzt. Die Komponenten von $v_t := \varepsilon_t$ haben die übliche Interpretation als "Meßfehler" oder als "spezifischer Faktor" für die zugehörige Beobachtungsvariable in $z_t = y_t$.

(eb) dynamische Faktorenanalyse

GEWEKE(1977) argumentiert, daß die traditionelle Annahme nicht korrelierter Faktoren f_t, $E(f_t f_s')=0$ für $t \neq s$, wohl bei Querschnittsdaten nicht aber bei Zeitreihen gerechtfertigt sei. Wenn $\{f_t\}$ und $\{\varepsilon_t\}$ durch ARMA-Prozesse beschrieben werden können (wie es GEWEKE(1977) annimmt), dann existieren [siehe Teil III/4.] state-space-Formen der Gestalt :

(1.22) (a) $$f_t = C_1' x_{t1} \qquad x_{t+1,1} = F_1 x_{t1} + G_1 w_{t1}$$

(b) $$\varepsilon_t = C_2' x_{t2} \qquad x_{t+1,2} = F_2 x_{t2} + G_2 w_{t2}$$

In Verbindung mit der Beobachtungsgleichung (1.21) (worin B=0 zu setzen ist) läßt sich hieraus ein übergeordnetes Zustandsraum-Faktorenmodell für $z_t := y_t$ konstruieren mit dem erweiterten Zustandsvektor $x_t := (x_{t1}' \; x_{t2}')'$ und der Meßmatrix $H_t' := [\, L \; C_1' \;\; C_2' \,]$. Der Meßfehler v_t ist in diesem Falle identisch Null (denn ε_t wurde unter x_t subsumiert). Die Transitionsgleichung wird aus (1.22) übernommen.
Eine Anwendung findet sich in ENGLE/WATSON(1981).

(ec) klassische MIMIC-Modelle ("multiple indicator multiple cause models")

Die Größen f_t sind nicht beobachtbare Variable (z.B. Inflationserwartungen, permanente Einkommenserwartungen), für die "Indikatoren" (tatsächliche Inflationsrate, gemessenes Einkommen) und ein "Erklärungsgesetz" existieren [ZELLNER(1970), GOLDBERGER(1972,1977)] :

(1.23) $$i_t = C' f_t + \eta_t \qquad \textit{(multiple indicator model)}$$

(1.24) $$f_t = \Gamma u_t + w_t \qquad \textit{(multiple cause model)}$$

Hierin bezeichnen i_t die Indikatorvariablen und u_t die verursachenden Variablen im Erklärungsgesetz.
$\{\eta_t\}$ und $\{w_t\}$ sind weiße Rauschprozesse.
Die Matrix **C** wird in ZELLNER(1970) und GOLDBERGER(1977) als Einheitsmatrix spezifiziert, Indikatoren können aber beispielsweise auch Summen oder Durchschnitte der latenten Größen sein [CONRAD/CORRADO(1979)]. Die Gleichungen (1.21), (1.23) und (1.24) bilden zusammen ein Zustandsraummodell für

die Beobachtungsvariablen $z_t := (y'_t \; i'_t)'$ mit dem Systemzustand $x_t := f_t$ und der Meßmatrix $H'_t := (L' \; C)'$. Die Übergangsgleichung wird aus (1.24) übernommen (hier mit F=0).

(ed) dynamische MIMIC-Modelle

Diese Modelle unterscheiden sich von (ec) durch die Aufnahme verzögerter Komponenten von f_t unter das Bewegungsgesetz (1.24) [ENGLE/WATSON(1981)]. Folgt $\{f_t\}$ einem ARMAX-Prozeß, dann existiert eine Zustandsraumdarstellung der Form :

(1.25) (a) $f_t = \bar{C}' x_t$, (b) $x_{t+1} = F x_t + \Gamma u_t + G w_t$

Diese Gleichungen liefern dann in Verbindung mit (1.21) und (1.23) ein übergeordnetes Zustandsraummodell für $z_t := (y'_t \; i'_t)'$ mit dem Systemzustand $x_t := f_t$ und der Meßmatrix $H'_t := (\bar{C} L' \; C')$. Die Übergangsgleichung stimmt mit (1.25b) überein (hier mit $F \neq 0$).

Auch die Indexmodelle von SARGENT/SIMS(1977) und SIMS(1981b) lassen sich in diese Kategorie einordnen. Weitere Anwendungen bei der Schätzung von Preiserwartungen finden sich in COOLEY (1977), BURMEISTER/WALL(1982), ENGLE/LILIEN/WATSON(1981), BURMEISTER/WALL/HAMILTON(1985) und HAMILTON(1985b).

Kapitel 2: *Alternative Herleitungen und Interpretationen der Kalmanfiltergleichungen*

2.1. Ein Bayesianischer (entscheidungstheoretischer) Modellrahmen

2.1.1. Die rekursive Berechnung von a posteriori Dichten in einem allgemeinen Zustandsraummodell

Eine Entscheidungssituation unter Unsicherheit kann durch die folgenden Daten charakterisiert werden [BAMBERG(1974)] :

a) die Menge **X** aller *Umweltzustände* x

b) die Menge **D** aller möglichen *Entscheidungen* d

c) die Bewertung der Konsequenzen einer Entscheidung d in der Situation x in Form einer *Verlustfunktion* $\ell(x,d)$.

Über den unbekannten Umweltzustand x, für den Bayesianer eine bekannte a priori Verteilung annehmen, können Informationen eingeholt werden. Die Verteilung eines beobachtbaren Zufallsvektors z hängt von der Umweltsituation x ab. Eine Entscheidung d soll in Abhängigkeit von Realisationen der Zufallsvariablen z getroffen werden, $d=\delta(z)$.
Die *statistische Entscheidungstheorie* hat die Aufgabe, bei Kenntnis der oben aufgeführten Daten a), b) und c) unter Vorgabe

d) des *Verteilungsgesetzes* $f(z|x)$ des beobachtbaren Zufallsvektors z in alternativen Umweltsituationen x [2]

e) der Menge Δ aller zur Konkurrenz zugelassenen *Entscheidungsfunktionen* $d = \delta(z)$

f) eines *Optimalitätskriteriums* **K**

in der Menge Δ ein im Sinne des Kriteriums **K** bestes statistisches Verfahren $\delta^*(z)$ zu finden.
Wir legen für diesen Abschnitt den Zustandsraum aus 1.1. mit additiven Systemfehlern zugrunde, d.h. :

(2.1a) *Beobachtungsgleichung:* $z_t = \mathbf{h}_t(x_t, u_t, \theta_1) + v_t \quad , t=1,2,\ldots$

(2.1b) *Transitionsgleichung:* $x_{t+1} = \mathbf{f}_t(x_t, u_t, \theta_2) + w_t \quad , t=0,1,\ldots$

Im Filterproblem fallen der Zustandsraum und der Entscheidungsraum zusammen. Die zu treffende Entscheidung besteht in der Angabe eines Schätzwertes für den Systemzustand x_t.

Der Umweltzustand x_t ist eine nicht direkt beobachtbare Zufallsvariable, für die bei Kenntnis einer a priori Verteilung $f(x_0)$ für den Anfangszustand x_0 und der stochastischen Eigenschaften von $\{w_t\}$ aus (2.1b) eine a priori Verteilung berechnet werden kann. Informationen über den Systemzustand x_t liegen in Form von Beobachtungen $z_1, z_2, \ldots, z_t$ vor.
Wir suchen einen optimalen Schätzer für x_t unter den Schätzern

(2.2) $$\hat{x}_{t|t} = \delta_t \left[z(t) \right] \quad \text{mit} \quad \delta_t \in \Delta$$

auf Basis der Datenmenge $z(t) := (z_1, z_2, \ldots, z_t)$.
Eine gemeinsame Verteilung für x_t und $z(t)$ läßt sich aus den Systemgleichungen sowie den stochastischen Eigenschaften von x_0, $\{v_t\}$ und $\{w_t\}$ ableiten. Alle zum Zeitpunkt t verfügbaren Informationen über den Systemzustand x_t fassen wir in der a posteriori Dichte $f(x_t \mid z(t))$ zusammen.
Wir wollen ein statistisches Verfahren $\delta_t^*[z(t)]$ als innerhalb der Menge Δ <u>optimale</u> Entscheidungsfunktion für die gegebene Verlustfunktion $\ell(x,d)$ bezeichnen, wenn es den erwarteten Verlust

(2.3) $$\underset{x_t, z(t)}{E} \left(\ell(x_t , \delta_t[z(t)]) \right) \quad \text{mit} \quad \delta_t \in \Delta$$

unter den Verfahren in der Menge Δ aller zur Konkurrenz zugelassenen Verfahren minimiert.
Solche Entscheidungsregeln nennt man auch BAYES - Regeln. Sie setzen die Kenntnis einer a priori Verteilung für den Umweltzustand voraus. Man beachte, daß das optimale Verfahren von ℓ und Δ abhängt.

Der Hauptrechenaufwand in der Konstruktion der Bayesregeln liegt in der Herleitung der a posteriori Verteilungen $f(x_t \mid z(t))$. Genau dieser Aufwand kann durch den Kalmanfilteralgorithmus reduziert werden, denn die Markoff - Struktur unseres dynamischen Systems erlaubt uns, die a posteriori Verteilungen $f(x_t \mid z(t))$ in rekursiver Weise nach dem folgenden Muster [MEHRA(1979), S.80/81] zu berechnen :

(2.4) $$f(x_t|z(t)) \underset{\text{(Prognose)}}{\overset{(1)}{\Longrightarrow}} f(x_{t+1}|z(t)) \underset{\text{(Korrektur)}}{\overset{(2)}{\Longrightarrow}} f(x_{t+1}|z(t+1))$$

Im ersten Schritt ("Prognoseschritt") extrapolieren wir die "alte" Information z(t) mit Hilfe der Transitionsgleichung.

Im zweiten Schritt ("Korrekturschritt") korrigieren wir die Einschrittprognose im Lichte der "neuen" Information z_{t+1} mit Hilfe der Beobachtungsgleichung. Dieses rekursive Vorgehen illustriert, wie die Bayesregel "lernt", wie schrittweise Information verarbeitet wird. Wir erläutern diese Schritte im einzelnen:

(1) Die Einschrittprognose

Die a posteriori Dichte $f(x_{t+1} | z(t))$ kann aus der a posteriori Dichte $f(x_t | z(t))$ gewonnen werden , wenn man berücksichtigt , daß die bedingte Dichte $f(x_{t+1} | x_t , z(t))$ allein durch die stochastischen Eigenschaften der Transitionsstörgröße w_t bestimmt wird. Es gilt :

$$f(x_{t+1} | z(t)) = \int f(x_{t+1}, x_t | z(t))\, dx_t$$

$$= \int f(x_{t+1} | x_t, z(t))\, f(x_t | z(t))\, dx_t$$

Aus der Transitionsgleichung erhalten wir :

$$f(x_{t+1} | x_t, z(t)) = f_{w_t}(x_{t+1} - f_t[x_t, u_t, \alpha])$$

mithin ergibt sich die a posteriori Dichte $f(x_{t+1} | z(t))$ als

(2.5a) $$f(x_{t+1} | z(t)) = \int f_{w_t}(x_{t+1} - f_t[x_t, u_t, \alpha])\, f(x_t | z(t))\, dx_t$$

Hierin ist die a posteriori Dichte $f(x_t | z(t))$ aus dem vergangenen Korrekturschritt bekannt.

(2) Der Korrekturschritt

Die bedingte Dichte $f(x_{t+1} | z(t+1))$ können wir mit Hilfe der Ergebnisse aus dem Prognoseschritt herleiten , wenn wir die folgende Darstellung der gemeinsamen Dichte $f(x_{t+1}, z(t+1))$ beachten :

$$f(x_{t+1}, z(t+1)) = f(x_{t+1}, z_{t+1}, z(t))$$

$$= f(z_{t+1} | x_{t+1}, z(t))\, f(x_{t+1} | z(t))\, f(z(t))$$

$$= f(z_{t+1} | x_{t+1})\, f(x_{t+1} | z(t))\, f(z(t))$$

Mit Hilfe dieser Beziehung ergibt sich die a posteriori Dichte $f(x_{t+1} | z(t+1))$ als

(2.5b)
$$f(x_{t+1} | z(t+1)) = \frac{f(x_{t+1}, z(t+1))}{f(z(t+1)))}$$

$$= \frac{f(z_{t+1} | x_{t+1}) \, f(x_{t+1} | z(t))}{\int f(z_{t+1} | x_{t+1}) \, f(x_{t+1} | z(t)) \, dx_{t+1}} .$$

Hierin ist die Dichte $f(x_{t+1} | z(t))$ aus dem vorausgegangenen Prognoseschritt bekannt, während die Verteilung für die neue Beobachtung z_{t+1} bei gegebenem Systemzustand x_{t+1} allein durch die stochastischen Eigenschaften des Meßfehlers v_{t+1} bestimmt wird :

$$f(z_{t+1} | x_{t+1}) = f_{v_{t+1}} (z_{t+1} - h_{t+1}[x_{t+1}, u_{t+1}, \alpha]) .$$

Bei Kenntnis der a posteriori Verteilung $f(x_t | z(t))$ kann die Bayesregel für den Systemzustand x_t konstruiert werden. Den Wert der optimalen Schätzfunktion $\delta_t^*(z(t)^\circ)$ für eine gegebene Realisation $z(t)^\circ$ von $z(t)$ erhalten wir wegen

$$\mathop{E}_{x_t, z(t)} [\ell(x_t, \delta_t(z(t)))] = \mathop{E}_{z(t)} \{ \mathop{E}_{x_t | z(t)} [\ell(x_t, \delta_t(z(t)))] \}$$

durch Minimierung des erwarteten a-posteriori Verlusts :

(2.6)
$$\delta_t^*(z(t)^\circ) = \min_{\hat{x}_{t|t}} \mathop{E}_{x_t | z(t)} [\ell(x_t, \hat{x}_{t|t}) \, | z(t) = z(t)^\circ]$$

$$\min_{\hat{x}_{t|t}} \int \ell(x_t, \hat{x}_{t|t}) \, f(x_t | z(t)^\circ) \, dx_t \quad ,$$

[vgl. LINDGREN(1976). S. 407] .

2.1.2. Ableitung von Bayesregeln in einem vereinfachten dynamischen linearen Modell

Die im letzten Abschnitt dargestellten Berechnungen sind im allgemeinen recht aufwendig durch die multidimensionalen Integrationen und durch die nichtparametrische Spezifikation der Störprozesse $\{w_t\}$ und $\{v_t\}$.

Der lineare Kalmanfilter kann als ein rekursives Verfahren (analog zur Vorgehensweise in 2.1.1.) zur Berechnung optimaler Bayesregeln (2. 6) unter der Voraussetzung quadratischer Verlustfunktionen in zwei Spezialfällen des Zustandsraummodells (2. 1) abgeleitet werden.

(1) Die Menge Δ der zugelassenen Entscheidungsregeln (2. 2) umfaßt alle Borel-maßbaren Funktionen von z(t) mit endlicher Kovarianzmatrix. Das zugehörige Zustandsraummodell ist linear in x_t und enthält additive, normalverteilte, in der Zeit nicht korrelierte Störterme.

(2) Die zugelassenen Entscheidungsregeln (2. 2) sind alle von der Form :

$$\delta_t[z(t)] = a_0(t) + A_1(t)\,z_1 + A_2(t)\,z_2 + \ldots + A_t(t)\,z_t$$

Hierin ist $a_0(t)$ ein Spaltenvektor und die $A_i(t)$ sind geeignet dimensionierte Matrizen.

Der zugehörige Zustandsraum ist linear in x_t und den Störtermen, von denen nur die Eigenschaft des weißen Rauschens und nicht die Zugehörigkeit zu einer bestimmten Verteilungsfamilie verlangt wird.

In beiden Fällen liefert uns der Kalmanfilter die ersten und zweiten Momente der Verteilungen in (2. 4). In Fall (1) sind damit schon diese a-posteriori Verteilungen vollständig spezifiziert.

Außerdem werden wir uns bei diesen Ableitungen bis auf die Kapitel 5 und 8 dieses zweiten Teils auf ein vereinfachtes lineares Zustandsraummodell mit konstanten Modellmatrizen beschränken.

Die Sätze der folgenden Kapitel beziehen sich auf die nachstehend aufgeführten Modellannahmen.

Annahmen des vereinfachten Grundmodells

(D1) Beobachtungsgleichung:

$$z_t = H_t' \, x_t + v_t \qquad (t = 1,2, \ldots)$$

(D2) Transitionsgleichung:

$$x_{t+1} = F \, x_t + \Gamma \, u_t + w_t \qquad (t = 0,1, \ldots)$$

(D3) Spezifikation der kontemporären Störtermmomente

$$E(w_t) = 0 \quad , \; E(w_t w_t') = Q \qquad (t = 0,1, \ldots)$$

$$E(v_t) = 0 \quad , \; E(v_t v_t') = R \qquad (t = 1,2, \ldots)$$

(D4) Spezifikation des Anfangswertes

$x_0 = \bar{x}_0 + v_0$, $\bar{x}_0$ konstant und

$E(v_0) = 0$, $E(v_0 v_0') = \Sigma_0$

(D5) Orthogonalitätsbedingungen :

$E(v_t v_s') = 0$, $E(w_t w_s') = 0$ für $t \neq s$, $t,s = 0,1, \ldots$

$E(v_t w_s') = 0$ für alle $t,s = 0,1, \ldots$

(D6) Spezifikation der erklärenden Variablen

H_t und u_t können wie deterministische Größen behandelt werden.

(D7) Spezifikation einer Verteilungsfamilie für $\{v_t, w_t\}$

$\{v_t, w_t : t=0,1, \ldots\}$ ist ein normalverteilter Prozeß

Dimension und Bedeutung der Modellgrößen sind dieselben wie in Abschnitt 1.2. . Wir weisen noch daraufhin, daß unter (D6) H_t und u_{t-1} keine verzögert endogenen Variablen aus $\{ z_s : s \leqq t-1 \}$ enthalten dürfen. Wir behandeln diesen Fall gesondert in Kapitel 5.2. . Sofern H_t und u_t streng exogene Regressoren enthalten (solche, die zu allen leads und lags mit keinem der Systemfehler in (D7) korreliert sind), betrachten wir unter (D6) das Zustandsraummodell für eine gegebene Realisation der erklärenden Variablen. Wir setzen dabei ferner stillschweigend die *schwache Exogenität* dieser Variablen voraus [vgl. Teil I, Kapitel 1].

2.2. Kleinstquadratschätzer: Definition und elementare Eigenschaften

Wir haben in 2.1. beschrieben wie sich das Problem, eine Zufallsvariable durch eine andere zu approximieren, in der Sprache der statistischen Entscheidungstheorie darstellt. Eine Bayesregel erhält man durch Minimierung des Erwartungswertes einer vorgegebenen Verlustfunktion innerhalb einer bestimmten Klasse von Entscheidungsfunktionen.
Für die optimale Prognose eines Zufallsvektors X durch einen Zufallsvektor Y verwendet man sogenannte *Prognosefehler-Verlustfunktionen.*

(2-1) Definition: Sei $\hat{x}$ der optimale Schätzwert für X bei Vorliegen der Beobachtung Z=z . Mit $\tilde{x}$ bezeichnen wir den Prognosefehler $x-\hat{x}$. Sei $\rho(\tilde{x})$ eine reellwertige semi-konvexe Funktion mit der Eigenschaft

$$\rho(\tilde{x}) = 0 \text{ für } \tilde{x}=0 \quad \text{und} \quad \rho(\tilde{x}) \geq 0 \text{ für } \tilde{x}\neq 0 .$$

Die Funktion $\rho(\tilde{x})$ mißt in geeigneter Weise den Abstand des Schätzwertes $\hat{x}$ von x .
Dann heißt $\ell(x,\hat{x})$ eine ***Prognosefehlerverlustfunktion*** , wenn sie folgende Eigenschaften besitzt :

(i) $\ell(x,\hat{x})=0$ für $\tilde{x} = 0$,

(ii) $\rho(x-\hat{x}_1) \leq \rho(x-\hat{x}_2) \rightarrow \ell(x,\hat{x}_1) \leq \ell(x,\hat{x}_2)$.

Beispiele für solche Prognosefehlerverlustfunktionen sind :

(2.7a) $\ell(x,\hat{x}) = \tilde{x}' \, W \, \tilde{x}$ (W ist eine positiv-(semi)-definite Matrix) ,

(2.7b) $\ell(x,\hat{x}) = \Sigma \, c_i \, \| \tilde{x}_i \|$ (c_i sind nicht-negative reelle Konstanten) .

Die erste Verlustfunktion wird quadratische , die zweite Funktion wird absolute Prognosefehlerverlustfunktion genannt.

Legt man der a posteriori Verteilung $f(x|z)$ Restriktionen auf , so läßt sich für die gesamte Klasse der Prognosefehlerverlustfunktionen eine Bayesregel mit Hilfe des folgenden Satzes bestimmen :

(2-2a) <u>SATZ:</u> Seien X und Z zwei gemeinsam verteilte Zufallsvektoren mit der a posteriori Dichte $f(x|z)$. Ist diese Dichte symmetrisch bezüglich des Erwartungswertes $E(X|Z=z)$ und unimodal, dann ist die zugehörige Bayesregel für alle Verlustfunktionen im Sinne von (2-1) innerhalb der Klasse aller Borel-meßbaren Funktionen in z der bedingte Erwartungswert $E(X|Z=z)$.

<u>Beweis:</u> SHERMAN (1955)

Beschränkt man sich auf die Klasse der quadratischen Verlustfunktionen (2.7a), dann kann auf Restriktionen hinsichtlich der Gestalt der a posteriori Dichte $f(x|z)$ verzichtet werden.

(2-2b) <u>SATZ:</u> Seien X und Z zwei gemeinsam verteilte Zufallsvektoren mit der a posteriori Dichte $f(x|z)$ und endlicher Kovarianzmatrix. Dann wird die Bayesregel für quadratische Verlustfunktionen (2.7a) in der Klasse aller Borel-meßbaren Funktionen (mit endlicher Kovarianzmatrix) des Zufallsvektors Z durch den bedingten Erwartungswert $E(X|Z=z)$ bestimmt.

<u>Beweis:</u> JAZWINSKI (1970), S. 149 .

Sei $\hat{x}$ eine Funktion in z. Wegen

$$E(\ell(X,\hat{X})) = \underset{Z}{E}\{\underset{X|Z}{E}[\ell(X,\hat{X}) \mid Z]\}$$

können wir das a posteriori Risiko für eine gegebene Realisation Z=z minimieren, um die Bayesregel zu bestimmen. Zerlegt man den quadratischen Verlust (2.7a) gemäß

$$\ell(x,\hat{x}) = [(x-\mu_z) + (\mu_z-\hat{x})]' \, W \, [(x-\mu_z) + (\mu_z-\hat{x})]$$

$$\text{mit} \quad \mu_z := E(X|Z=z) \quad ,$$

so erhält man nach Bildung des bedingten Erwartungswertes

$$E(\ell(X,\hat{X}) \mid Z=z) = E[(X-\mu_z)'W(X-\mu_z) \mid Z=z] + (\mu_z-\hat{x})' \, W \, (\mu_z-\hat{x}) ,$$

und dieser Wert nimmt offensichtlich ein Minimum an für $\hat{x}=\mu_z$.

(2-3) Definition: Die Bayesregel, die sich unter den Voraussetzungen der Sätze (2-2) ergibt, also den bedingten Erwartungswert $E(X|Z=z)$, nennen wir den *Kleinstquadratschätzer von X (auf Basis der Information Z=z).*

Aufgefaßt als Funktion in der Zufallsvariablen Z minimiert der Kleinstquadratschätzer $\hat{X}(Z) := E(X|Z)$

$$\hat{X}(Z): \quad Z \to \begin{bmatrix} \hat{X}_1(Z) \\ \vdots \\ \hat{X}_k(Z) \end{bmatrix} = \begin{bmatrix} E(X_1|Z) \\ \vdots \\ E(X_2|Z) \end{bmatrix}$$

den mittleren quadratischen Prognosefehler $E[(X_i - \hat{X}_i(Z))^2]$ $(i=1,\ldots,k)$ jeder Komponente X_i des Zufallsvektors X. Dieser Sachverhalt ergibt sich aus dem folgenden Satz, in dem wir zwei weitere Optimalitätseigenschaften des Kleinstquadratschätzers zusammenfassen.

(2-4) SATZ: Seien $X:=(k\times1)$ und $Z:=(m\times1)$ zwei gemeinsam verteilte Zufallsvektoren mit endlicher Kovarianzmatrix. Sei **G** die Menge aller Borel-meßbaren Funktionen

$$g: R^m \to R^k, \quad Z \to g(Z) \quad \text{mit} \quad E[g(Z)'g(Z)] < \infty$$

Dann gilt für den Kleinstquadratschätzer $\hat{X}(Z)$:

(i) $\hat{X}(Z)$ ist ein Element von **G**. Für jede andere Funktion $g \in \mathbf{G}$ ist die folgende Matrizendifferenz :

$$E([X - g(Z)][X - g(Z)]') - E([X - \hat{X}(Z)][X - \hat{X}(Z)]'),$$

positiv semidefinit mit der Konsequenz, daß für jede Linearkombination der Komponenten aus X, $\sum a_i X_i$, der Schätzer $\sum a_i \hat{X}_i(Z)$ den kleinsten mittleren quadratischen Prognosefehler besitzt.

(ii) $\hat{X}(Z)$ ist unverzerrt: $E(\hat{X}(Z)) = E(X)$.

Beweis: DOOB (1953) , S. 77-78

Bezeichnen wir mit $\tilde{X} := X - \hat{X}(Z)$ den *Prognosefehler des Kleinstquadratschätzers $\hat{X}(Z)$*, so erhalten wir aus (2-4) (ii) :

(2.8) $$E(\tilde{X}|Z=z) = E(\tilde{X}) = 0 \quad \text{und} \quad COV(\tilde{X}|Z=z) = COV(X|Z=z) .$$

Für den besonderen Fall, daß X und Z normalverteilt sind, ist der Kleinstquadratschätzer $\hat{X}(Z) = E(X|Z)$ eine affine Funktion in Z. Außerdem ist die bedingte Kovarianzmatrix der a posteriori Verteilung $f(x|z)$ eine von z unabhängige Konstante mit der Konsequenz, daß die durch Z bedingte Kovarianzmatrix der Prognosefehler $\tilde{X}$ gleich der unbedingten Kovarianzmatrix ist.
Wir halten diesen Sachverhalt im nächsten Satz fest.

-5) SATZ: Seien X und Z zwei gemeinsam normalverteilte Zufallsvektoren mit den Parametern

$$\mu_x := E(X)\ ,\ \mu_z := E(Z)\ ,$$

$$\Sigma_{xx} := COV(X)\ ,\ \Sigma_{zz} := COV(Z)\ ,\ \Sigma_{xz} := COV(X,Z)$$

Dann gilt (unter Voraussetzung der Regularität von Σ_{zz})

(a) Die a posteriori Dichte $f(x|z)$ ist ebenfalls normal mit den Parametern :

$$E(X|Z=z) = \mu_x + \Sigma_{xz}\Sigma_{zz}^{-1}(z - \mu_z)$$

$$COV(X|Z=z) = \Sigma_{xx} - \Sigma_{xz}\Sigma_{zz}^{-1}\Sigma_{zx}$$

(b) Mithin erhalten wir für den Kleinstquadratschätzer $\hat{X}(Z)$ und seinen Prognosefehler $\tilde{X}(Z) := X - \hat{X}(Z)$

(ba) $\hat{X}(Z) = (\mu_x - \Sigma_{xz}\Sigma_{zz}^{-1}\mu_z) + \Sigma_{xz}\Sigma_{zz}^{-1} Z$

ist eine affine Funktion in Z

(bb) $E(\tilde{X}) = 0$

(bc) $COV(\tilde{X}) = COV(\tilde{X}|Z=z) = \Sigma_{xx} - \Sigma_{xz}\Sigma_{zz}^{-1}\Sigma_{zx}$.

Beweis:

Die Ausagen des Satzes folgen aus den Eigenschaften einer multivariaten Normalverteilung gemäß Theorem 3.6.1. in GRAYBILL (1976).

Wir erwähnen noch, daß die normalverteilte Dichte $f(x|z)$ die Voraussetzung von Satz (2-2a) erfüllt. Der Kleinstquadratschätzer ist demnach auch eine Bayesregel in der größeren Klasse der Verlustfunktionen im Sinne von Definition (2-1).

2.3. Ableitung des Kalmanfilters durch rekursive Berechnung bedingter Normalverteilungen

2.3.1. Rekursionsgleichungen für die Filterlösung

Im folgenden wollen wir den Kleinstquadratschätzer (KQS) für den Systemzustand in einem dynamischen linearen Modell mit normalverteilten Systemfehlern berechnen.
Zu diesem Zweck vereinbaren wir zunächst eine Notation für die hierbei verwendeten Zustandsschätzer und ihre Prognosefehler.

(2.9) (a) $z(s) := (z_1' \; z_2' \; \dots \; z_s')'$, Spaltenvektor aller Beobachtungen der gemeinsam abhängigen Variablen bis zum Zeitpunkt s einschließlich

(b) $\hat{x}_{t|s} := E(x_t|z(s))$, KQS für x_t auf Basis der Information z(s). Man bezeichnet $\hat{x}_{t|s}$ für

$t > s$ als *Prognoselösung von* x_t

$t = s$ als *Filterlösung von* x_t

$t < s$ als *Glättungslösung von* x_t

(c) $\tilde{x}_{t|s} := x_t - \hat{x}_{t|s}$, Prognosefehler des KQS $\hat{x}_{t|s}$

(d) $\Sigma_{t|s} := COV(x_t|z(s))$, Kovarianzmatrix der a posteriori Dichte $f(x_t|z(s))$ und Kovarianzmatrix von $\tilde{x}_{t|s}$.

(e) $\hat{z}_{t|t-1} := E(z_t|z(t-1))$, KQS für z_t auf Basis von z(t-1), $\hat{z}_{t|t-1}$ wird auch als *Einschrittprognose von* z_t bezeichnet.

(f) $\tilde{z}_t := z_t - \hat{z}_{t|t-1}$, Prognosefehler des KQS $\hat{z}_{t|t-1}$

(g) $D_t := COV(z_t|z(t-1))$, Kovarianzmatrix der a posteriori Dichte $f(z_t|z(t-1))$ und Kovarianzmatrix von $\tilde{z}_t$

Die Kalmanfiltergleichungen werden abgeleitet unter der Annahme eines vollspezifizierten Modells aus 2.1.1., also unter der Annahme, daß die Verteilung des Anfangszustandes x_o, die Kovarianzmatrizen Q und R sowie die Kontroll- und Übergangsmatrix Γ und F bekannt sind.
Unter der Voraussetzung normalverteilter Systemfehler erhält man die KQS $\hat{x}_{t|t-1}$, $\hat{x}_{t|t}$, $\hat{z}_{t|t-1}$ als affine Funktionen in den

bedingenden Variablen $z(t-1)$ bzw. $z(t)$, nämlich gemäß (2-5) als Erwartungswerte der a posteriori Dichten $f(x_t|z(t-1))$, $f(x_t|z(t))$ und $f(z_t|z(t-1))$.

Für die Herleitung benötigen wir noch zwei weitere Eigenschaften der multidimensionalen Normalverteilung sowie einen häufig verwendeten Hilfssatz für die Inversion einer gewissen Summe positiv definiter Matrizen.

(2-6) <u>SATZ:</u> Seien Y_1, Y_2 normalverteilte, nicht miteinander korrelierte Zufallsvektoren mit $Y_i \sim N(\mu_i, \Sigma_i)$, $(i=1,2)$.
Dann ist auch die Summe $Y := Y_1 + Y_2$ normalverteilt, und zwar mit den Parametern:

$$E(Y) = \mu_1 + \mu_2 \quad , \quad COV(Y) = \Sigma_1 + \Sigma_2 \quad .$$

<u>Beweis:</u> GRAYBILL(1976), S. 105 .

(2-7) <u>SATZ:</u> Sei Y ein n-dimensionaler, normalverteilter Zufallsvektor mit $Y \sim N(\mu, \Sigma)$.
Gegeben sei ferner eine Matrix $A := (n \times n)$ und ein Vektor $b := (n \times 1)$. Dann ist auch die transformierte Zufallsvariable $Y^* := A\,Y + b$ normalverteilt, und zwar mit den Parametern :

$$E(Y^*) = A\,\mu + b \quad , \quad COV(Y^*) = A\,\Sigma\,A' \ .$$

<u>Beweis:</u> GRAYBILL(1976), S. 101.

(2-8) <u>SATZ:</u> *(Matrizeninversionslemma)*

Gegeben sind zwei positiv definite Matrizen $\Sigma := (k \times k)$, $R := (m \times m)$ sowie eine Matrix $H := (k \times m)$. I_k bezeichne im folgenden eine $(k \times k)$-Einheitsmatrix.
Dann gelten die folgenden Matrixidentitäten:

(a) $$H(H'\Sigma H + R)^{-1} = (HR^{-1}H' + \Sigma^{-1})^{-1}\, HR^{-1}$$

(b) $$\Sigma - \Sigma H(H'\Sigma H + R)^{-1} H'\Sigma = (HR^{-1}H' + \Sigma^{-1})^{-1}$$

(c) $$I_k - (HR^{-1}H' + \Sigma^{-1})^{-1}\, HR^{-1}H' = (HR^{-1}H' + \Sigma^{-1})\Sigma^{-1}$$

Beweis: DUNCAN/HORN (1972), S. 819

Die erste Identität prüft man leicht nach, indem man auf bei- Seiten der Gleichung (a) mit der Matrix $(HR^{-1}H' + \Sigma^{-1})$ vormultipliziert und mit der Matrix $(H'\Sigma H + R)$ nachmultipliziert.

Die zweite Identität erhält man durch Umformung der linken Seite von (b) mit der ersten Identität.

Die dritte Identität schließlich verifiziert man, indem man auf der linken Seite in (c) den Faktor $(HR^{-1}H' + \Sigma^{-1})^{-1}$ ausklammert.

Mit den Hilfsmitteln (2-5) bis (2-8) können nun die Kalmanrekursionen elementar hergeleitet werden.

(2-9) SATZ: Unter den Annahmen (D1) bis (D7) aus 2.1.1. sind alle a posteriori Verteilungen $f(x_t|z(t-1)), f(x_t|z(t)), f(z_t|z(t-1))$ $(t=1,2,...)$ normal. Ihre ersten und zweiten Momente können rekursiv nach dem folgenden Verfahren ermittelt werden.

(a) Prädiktorschritt

(aa) Einschrittprognose für den Systemzustand x_t :

(2.10a) $$\hat{x}_{t|t-1} = F\,\hat{x}_{t-1|t-1} + \Gamma\, u_{t-1}$$

(2.10b) $$\Sigma_{t|t-1} = F\,\Sigma_{t-1|t-1}\,F' + Q$$

(ab) Einschrittprognose für die "neue" Beobachtung z_t :

(2.10c) $$\hat{z}_{t|t-1} = H_t'\,\hat{x}_{t|t-1}$$

(2.10d) $$D_t = H_t'\,\Sigma_{t|t-1}\,H_t + R$$

Für die Kovarianzmatrizen gilt:

(2.11a) $$\Sigma_{t|t-1} = COV(x_t|z(t-1)) = COV(\tilde{x}_{t|t-1}|z(t-1)) = COV(\tilde{x}_{t|t-1})$$

(2.11b) $$D_t = COV(z_t|z(t-1)) = COV(\tilde{z}_t \mid z(t-1)) = COV(\tilde{z}_t)$$

(b) Korrekturschritt :

(2.12a) $$\hat{x}_{t|t} = \hat{x}_{t|t-1} + K_t (z_t - \hat{z}_{t|t-1})$$

(2.12b) $$= (I - K_t H_t') \hat{x}_{t|t-1} + K_t z_t$$

(2.12c) $$= \Sigma_{t|t} (\Sigma_{t|t-1}^{-1} \hat{x}_{t|t-1} + H_t R^{-1} z_t)$$

(2.12d) $$\Sigma_{t|t} = \Sigma_{t|t-1} - \Sigma_{t|t-1} H_t D_t^{-1} H_t' \Sigma_{t|t-1}$$

(2.12e) $$= (I - K_t H_t') \Sigma_{t|t-1} = \Sigma_{t|t-1} (I - K_t H_t')'$$

(2.12f) $$= (I - K_t H_t') \Sigma_{t|t-1} (I - K_t H_t')' + K_t R K_t'$$

(2.12g) $$= (\Sigma_{t|t-1}^{-1} + H_t R^{-1} H_t')^{-1}$$

Für die Kovarianzmatrix $\Sigma_{t|t}$ gilt:

(2.13) $$\Sigma_{t|t} = COV(x_t | z(t)) = COV(\tilde{x}_{t|t} | z(t)) = COV(\tilde{x}_{t|t})$$

(c) Die "Kalmanfilter-Matrix" :

(2.14) $$K_t := \Sigma_{t|t-1} H_t D_t^{-1} = \Sigma_{t|t} H_t R^{-1}$$

(d) Initialisierung der Kalman-Rekursionen :

(2.12h) $$\hat{x}_{0|0} := \bar{x}_0$$

(2.12i) $$\Sigma_{0|0} := \Sigma_0$$

(e) Eigenschaften der Einschrittprognosefehler $\{\tilde{z}_t\}$:

$$\tilde{z}_t := z_t - \hat{z}_{t|t-1}$$

(2.15a) $$E(\tilde{z}_t) = 0$$

(2.15b) $$E(\tilde{z}_t \tilde{z}_t') = D_t$$

(2.15c) $$E(\tilde{z}_t \tilde{z}_s') = 0 \quad \text{für } t \neq s \qquad (t,s = 1,2, \ldots)$$

Beweis: MEINHOLD/SINGPURWALLA (1983), S. 125 ,

ANDERSON/MOORE (1979), S. 39-40 .

Wir beweisen die Rekursionsformeln durch Induktion über t.

Induktionsanfang: Im Prädiktorschritt zum Zeitpunkt t = 0 leiten wir zunächst die Verteilung von x_1 mit Hilfe der Transitionsgleichung (D2) und der Anfangsverteilung (D4) her. Der Zustand x_1 ist unter Berücksichtigung der Orthogonalitätsannahmen (D5) eine Linearkombination zweier stochastisch unabhängiger, normalverteilter Zufallsvariabler (w_0 und x_0) . Unter den Voraussetzungen

$$x_1 = F\, x_0 + \Gamma\, u_0 + w_0 \;,$$

$$\text{mit} \quad w_0 \sim N(0,Q) \;,\; x_0 \sim N(\bar{x}_0, \Sigma_0) \;,\; E(w_0\, x_0') = 0 \;,$$

ergibt sich für x_1 mit Hilfe von (2-6) und (2-7) eine Normalverteilung $f(x_1) = N(x_1\colon \hat{x}_{1|0},\, \Sigma_{1|0})$ mit den Parametern

$$\hat{x}_{1|0} := E(x_1) = F\, \hat{x}_{0|0} + \Gamma\, u_0 \qquad \text{mit } \hat{x}_{0|0} := \bar{x}_0 \;,$$

$$\Sigma_{1|0} := COV(x_1) = F\, \Sigma_{0|0}\, F' + Q \quad \text{mit } \Sigma_{0|0} := \Sigma_0 \;.$$

Die erste Beobachtung z_1 ist ebenfalls eine Linearkombination zweier stochastisch unabhängiger, normalverteilter Zufallsvariabler (x_1 und v_1). Unter den Voraussetzungen

$$z_1 = H_1'\, x_1 + v_1 \;,$$

$$\text{mit} \quad v_1 \sim N(0,R) \;,\; x_1 \sim N(\hat{x}_{0|0}, \Sigma_{0|0}) \;,\; E(x_1 v_1') = 0 \;,$$

ergibt sich für z_1 mit Hilfe von (2-6) und (2-7) die Normalverteilung $f(z_1) = N(z_1\colon \hat{z}_{1|0},\, D_0)$ mit den Parametern

$$\hat{z}_{1|0} := E(z_1) = H_1'\, \hat{x}_{1|0} \;,$$

$$D_1 := COV(z_1) = H_1'\, \Sigma_{1|0}\, H_1 + R \;.$$

Im Korrekturschritt ermitteln wir die bedingte Verteilung $f(x_1|z_1)$. Zu diesem Zweck definieren wir uns den folgenden Zufallsvektor $y_1 := (x_1'\ z_1')'$. Aus der Beobachtungsgleichung (D2) und den eben ermittelten Verteilungen $f(x_1)$ und $f(z_1)$

erhält man eine mehrdimensionale Normalverteilung für y_1. Hierbei ist zu berücksichtigen, daß x_1 und z_1 nicht über v_1 miteinander korreliert sind. Demnach gilt:

$$f(y_1) = N\left(y_1 : \begin{bmatrix} \hat{x}_{1|0} \\ \hat{z}_{1|0} \end{bmatrix} , \begin{bmatrix} \Sigma_{1|0} & \Sigma_{1|0} H_1 \\ H_1' \Sigma_{1|0} & D_1 \end{bmatrix} \right) .$$

Hieraus ergibt sich mit Satz (2-5) die bedingte Verteilung

$f(x_1|z_1) = N(x_1 : \hat{x}_{1|1}, \Sigma_{1|1})$

$$\hat{x}_{1|1} := E(x_1|z_1) = \hat{x}_{1|0} + \Sigma_{1|0} H_1 D_1^{-1} (z_1 - \hat{z}_{1|0})$$

$$\Sigma_{1|1} := COV(x_1|z_1) = \Sigma_{1|0} - \Sigma_{1|0} H_1 D_1^{-1} H_1' \Sigma_{1|0} .$$

Damit ist die Gültigkeit von (2.10) und (2.12a), (2.12d) für t=0 und t=1 gezeigt.

Induktionsschluß von t-1 auf t : Unsere Vorgehensweise ist nahezu analog zum Induktionsbeginn. Im Prädiktorschritt zum Zeitpunkt t-1 berücksichtigen wir die Induktionsvoraussetzung

(2.16) $$f(x_{t-1}|z(t-1)) = N(x_{t-1} : \hat{x}_{t-1|t-1} , \Sigma_{t-1|t-1})$$

sowie die stochastische Unabhängigkeit der Störgröße w_{t-1} von x_{t-1} und $z(t-1)$. Letzteres folgt aus der Tatsache, daß gemäß (D1) und (D2) x_{t-1} und $z(t-1)$ nur von Systemfehlern abhängen, die vor t-1 liegen. Die Folge der Systemfehler ist annahmegemäß normalverteiltes weißes Rauschen. Mithin gilt:

(2.17a) $$f(w_{t-1}|z(t-1)) = f(w_{t-1}) = N(w_{t-1}: 0,Q) ,$$

(2.17b) $$E(x_{t-1}w_{t-1}'|z(t-1)) = E(x_{t-1}w_{t-1}') = 0 .$$

Wendet man (2.16) und (2.17) auf die Transitionsgleichung (D2) an, so ergibt sich für $f(x_t|z(t-1))$ eine Normalverteilung :

(2.18a) $$f(x_t|z(t-1)) = N(x_t : \hat{x}_{t|t-1} , \Sigma_{t|t-1})$$

mit den Parametern:

(2.18b) $$\hat{x}_{t|t-1} := E(x_t|z(t-1)) = F \hat{x}_{t-1|t-1} + \Gamma u_{t-1} ,$$

(2.18c) $$\Sigma_{t|t-1} := COV(x_t|z(t-1)) = F \Sigma_{t-1|t-1} F' + Q .$$

Gemäß (D1) ist z_t eine Linearkombination von x_t und v_t. Der Störterm v_t ist wegen (D5) von x_t und $z(t-1)$ stochastisch unabhängig, mithin gilt :

(2.19a) $$f(v_t|z(t-1)) = f(v_t) = N(v_t: 0,R) \;,$$

(2.19b) $$E(x_t v_t'|z(t-1)) = E(x_t v_t') = 0 \;.$$

Unter Berücksichtigung von (2.18) und (2.19) in der Beobachtungsgleichung (D2) erhalten wir mit den Sätzen (2-6) und (2-7) die Normalverteilung

(2.20a) $$f(z_t|z(t-1)) = N(z_t: \hat{z}_{t|t-1} \,,\, D_t)$$

mit den Parametern :

(2.20b) $$\hat{z}_{t|t-1} := E(z_t|z(t-1)) = H_t' \hat{x}_{t|t-1} \;,$$

(2.20c) $$D_t := COV(z_t|z(t-1)) = H_t' \Sigma_{t|t-1} H_t + R \;.$$

Im Lichte einer neu hinzukommenden Beobachtung z_t bilden wir im Korrekturschritt ein "update" der Verteilung $f(x_t|z(t-1))$, d.h. wir erweitern die Informationsmenge von $z(t-1)$ auf $z(t)$ und berechnen $f(x_t|z(t))$. Wir definieren uns zu diesem Zweck den Zufallsvektor $y_t := (\, x_t' \; z_t' \,)'$. Aus den Normalverteilungen (2.18) und (2.20) ergibt sich in Verbindung mit (2.19) und der Beobachtungsgleichung (D1) für y_t eine multivariate Normalverteilung gemäß

$$f(y_t|z(t-1)) = N\left(y_t: \begin{bmatrix} \hat{x}_{t|t-1} \\ \hat{z}_{t|t-1} \end{bmatrix} ; \begin{bmatrix} \Sigma_{t|t-1} & \Sigma_{t|t-1} H_t \\ H_t' \Sigma_{t|t-1} & D_t \end{bmatrix} \right).$$

Hieraus erhält man mit Satz (2-5) die Normalverteilung

$$f(x_t|\, z(t-1), z_t\,) = f(x_t|\, z(t)\,) = N(x_t : \hat{x}_{t|t} \,,\, \Sigma_{t|t})$$

mit den Parametern :

$$\hat{x}_{t|t} := E(x_t|z(t)) = \hat{x}_{t|t-1} + \Sigma_{t|t-1} H_t D_t^{-1} (\, z_t - \hat{z}_{t|t-1} \,) \;,$$

$$\Sigma_{t|t} := COV(x_t|z(t)) = \Sigma_{t|t-1} - \Sigma_{t|t-1} H_t D_t^{-1} H_t' \Sigma_{t|t-1} \;.$$

Damit ist die Gültigkeit der Rekursionen (2.10) und (2.12a,d) gezeigt.

Die übrigen Darstellungen in (2.12) erhält man durch eine Anwendung von Satz (2-8). Ersetzt man in den dort angegebenen Matrixidentitäten die Matrix Σ durch die Kovarianz $\Sigma_{t|t-1}$ und die Matrix H durch die Beobachtungsmatrix H_t, so erhält man nach Einsetzen von (2.10d) in (2.12d):

$$\Sigma_{t|t} = \Sigma_{t|t-1} - \Sigma_{t|t-1} H_t (H_t' \Sigma_{t|t-1} H_t + R)^{-1} H_t' \Sigma_{t|t-1}$$

$$= (\Sigma_{t|t-1}^{-1} + H_t R^{-1} H_t')^{-1} \quad \text{(gemäß (2-8)(b))} .$$

Damit ist (2.12g) nachgewiesen. (2.12e) folgt unmittelbar aus (2.12d) unter Beachtung der Definition (2.14). Das Gleichheitszeichen in (2.14) ergibt sich aus (2-8)(a) und (2.12g):

$$\Sigma_{t|t-1} H_t D_t^{-1} = \Sigma_{t|t-1} H_t (H_t' \Sigma_{t|t-1} H_t + R)^{-1}$$

$$= (H_t R^{-1} H_t' + \Sigma_{t|t-1}^{-1})^{-1} H_t R^{-1} \quad \text{(gemäß (2-8)(a))}$$

$$= \Sigma_{t|t} H_t R^{-1} \quad \text{(gemäß (2.12g))} .$$

Mit Hilfe von (2.12e) und (2.14) erhält man die Identitäten

(2.21)
$$(I - K_t H_t') = I - \Sigma_{t|t} H_t D_t^{-1} H_t' = I - \Sigma_{t|t} H_t R^{-1} H_t'$$

$$= \Sigma_{t|t} \Sigma_{t|t-1}^{-1} .$$

Wendet man (2.21) auf (2.12f) an, so kann man (2.12f) auf die bereits nachgewiesene Identität (2.12g) zurückführen. (2.12b) gilt definitionsgemäß unter Berücksichtigung von (2.10c) und (2.14). Nach Einsetzen der Identitäten (2.21) und (2.14) in (2.12b) erhält man schließlich (2.12c).

Die Interpretation der Kovarianzmatrizen in (2.11) und (2.13) als unbedingte Kovarianzmatrizen der entsprechenden Prognosefehler ist eine Konsequenz von Satz (2-5b) und der Annahme (D8): für den Fall, daß H_t verzögert endogene Variable enthält gilt die Interpretation (2.11) bzw. (2.13) nur in der bedingten Version. Dieser Sachverhalt ist wegen (2.10d) und und (2.12d-g) unmittelbar einzusehen.

Es verbleibt noch die Prüfung der Eigenschaften der Einschritt-Prognosefehler $\tilde{z}_t$, die man auch als "Innovation" bezeichnet. (2.15a) ist die aus (2.9) bekannte Unverzerrtheit eines KQS. (2.15b) ist wie (2.11b) eine Folgerung aus Satz (2-5)(b). Die Innovationen verschiedener Zeitpunkte sind gemäß (2.15c) nicht miteinander korreliert, denn es gilt (mit s > 0)

(2.22) $$E(\tilde{z}_t\, \tilde{z}_{t-s}') = \underset{z(t-s)}{E} [\, E(\, \tilde{z}_t\, \tilde{z}_{t-s}' \,|z(t-s))] \,,$$

(2.23a) $$E(\tilde{z}_t\, \tilde{z}_{t-s}'|\, z(t-s)) = E(\tilde{z}_t|z(t-s))\, \tilde{z}_{t-s}'$$

(2.23b) $$= E\, [\, E(\tilde{z}_t|z(t-1))\, |\, z(t-s)]\, \tilde{z}_{t-s}'$$

$$= 0 \quad (\text{gemäß } (2.15a)) \,.$$

In (2.23a) haben wir benutzt, daß $\tilde{z}_{t-s}$ eine Linearkombination von Komponenten aus z(t-s) ist. Dies folgt mit einem rekursiven Argument aus den Gleichungen (2.10).
(2.23b) ergibt sich aus den Eigenschaften bedingter iterierter Erwartungswerte unter Berücksichtigung der Tatsache, daß für s>0 die Komponenten von z(t-s) eine Teilmenge der Komponenten von z(t-1) bilden [Theorem 15-1G in BURRILL (1972)].

2.3.2. Interpretation der Filterstruktur

Die rekursive Struktur der Filtergleichungen kann wie folgt interpretiert werden.
Gegeben sei die Filterlösung $\hat{x}_{t-1|t-1}$ für den Systemzustand x_{t-1} auf Basis aller Beobachtungen z(t-1) bis zum Zeitpunkt t-1. Einen Schätzwert für den Systemzustand x_t auf Basis der vorliegenden Beobachtungen z(t-1) erhält man durch eine Extrapolation der alten Zustandsschätzung mit Hilfe der Transitionsgleichung. Das Ergebnis ist der Kleinstquadratschätzer $\hat{x}_{t|t-1}$.
Es trifft eine neue Beobachtung z_t ein. Das "Neue" dieser Information besteht darin, was auf Basis der "alten" Information z(t-1) mit Hilfe der Kleinstquadratprognose für z_t **nicht** hätte vorgesagt werden können: der Einschritt-Prognosefehler
$\tilde{z}_t := z_t - \hat{z}_{t|t-1} = z_t - H_t' \hat{x}_{t|t-1}$.

Die Filterlösung $\hat{x}_{t|t}$ ist das Ergebnis einer Korrektur der Einschritt-Prognose $\hat{x}_{t|t-1}$ im Lichte der neuen Information $\tilde{z}_t$. Der Umfang dieser Korrektur wird durch die Gewichtungsmatrix $K_t := \Sigma_{t|t-1} H_t D_t^{-1}$ (die auch unter dem Namen *Kalmanfiltermatrix* oder *Kalmangain* bekannt ist) gesteuert.

Je **unpräziser** die neue Information ist, d.h. je höher die Varianzen der Einschritt-Prognosefehler $\tilde{z}_t$ (die Elemente auf der Hauptdiagonalen von D_t) sind, um so geringer fällt ceteris paribus die Korrektur der Kleinstquadratschätzung $\hat{x}_{t|t-1}$ aus. Gemäß (2.12c) läßt sich die Filterlösung $\hat{x}_{t|t}$ auch als Linearkombination der neuen Beobachtung z_t und der Einschritt-Prognose $\hat{x}_{t|t-1}$ darstellen :

$$\hat{x}_{t|t} = \Sigma_{t|t} \; (\Sigma_{t|t-1}^{-1} \hat{x}_{t|t-1} + H_t R^{-1} z_t) .$$

Die "Gewichte" dieser Linearkombination, die Matrizen R^{-1}, $\Sigma_{t|t-1}^{-1}$, messen jeweils als Inverse der entsprechenden Kovarianzmatrizen die Präzision der neuen Beoabchtung z_t (bestimmt durch die Varianz der Meßfehler v_t) und die Präzision der Einschritt-Prognose $\hat{x}_{t|t-1}$ (bestimmt durch die Varianz des Übergangsrauschens w_t und die Varianz vorangegangener Zustandsschätzer).

Die Struktur dieser Schätzgleichungen trifft man beispielsweise auch in der gemischten Schätzung von THEIL(1963) an, wir kommen auf diese Parallele unter Abschnitt 2.5.2. kurz zurück.

Die rekursiven Kalmanfiltergleichungen formalisieren sinnfällig einen sequentiellen Lernprozeß *im Sinne des Kleinstquadratkriteriums* Es werden schrittweise Informations**zuwächse**, voneinander "unabhängige" Informations**gewinne** zur laufenden Schätzkorrektur des aktuellen Systemzustandes verarbeitet. Ein Informations**zuwachs** tritt *im Sinne des Kleinstquadratkriteriums* tritt genau dann ein, wenn der mittlere quadratische Prognosefehler reduziert werden kann. Die "unabhängigen" (d.h. nicht miteinander korrelierten) Informationsgewinne sind gerade die Einschritt-Prognosefehler $\tilde{z}_t$.

2.4. Der lineare Kleinstquadratschätzer

2.4.1. Definition und elementare Eigenschaften

Die Konstruktion einer Bayesregel für die Schätzung einer Zufallsvariablen X durch eine Beobachtungsvariable Z erfordert im allgemeinen die Kenntnis der gesamten Verteilung für X und Z. Beschränkt man sich auf die Klasse der linearen Entscheidungsfunktionen <u>und</u> auf quadratische Verlustfunktionen (2.7a), so kommt man mit den ersten und zweiten Momenten der gemeinsamen Verteilung für (X,Z) aus.

(2-10) Definition: Seien $X:=(k\times 1)$ und $Z:=(m\times 1)$ zwei gemeinsam verteilte Zufallsvektoren.. Es bezeichne $\hat{X}$ einen Schätzer für X, $\tilde{X}:= X - \hat{X}$ den zugehörigen Prognosefehler und W eine beliebige positiv definite Fehlergewichtungsmatrix.
Die Bayesregel für eine quadratische Verlustfunktion $(X-\hat{X})'W(X-\hat{X})$ innerhalb der Klasse aller Entscheidungsregeln der Gestalt $X = AZ + b$ mit $A:=(k\times m)$, $b:=(k\times 1)$ heißt *linearer Kleinstquadratschätzer für X (auf Basis der Information Z)* und wird im folgenden mit $E^*(X|Z)$ bezeichnet.

In der statistischen Literatur ist $E^*(X|Z)$ auch unter den Namen *bedingter Erwartungswert im weiteren Sinne* [DOOB(1953)] oder *Projektion von X auf Z* [KAILATH(1968),(1974)] bekannt.
Wir werden später zeigen, daß sich der Operator E^* als Projektion jeder Komponente des Zufallsvektors X auf den Raum aller Linearkombinationen der Komponenten von Z und einer Konstanten in einem geeignet gewählten Hilbertraum deuten läßt.

Der folgende Satz enthält die Ableitung eines linearen Kleinstquadratschätzers (LKQS) für den allgemeinen Fall einer positiv semidefiniten Kovarianzmatrix der Zufallsvariablen X und Z.

(2-11) SATZ: Seien $X:=(k\times 1)$ und $Z:=(m\times 1)$ zwei gemeinsam verteilte Zufallsvektoren mit den Momenten

$$\mu := E\left(\begin{bmatrix} X \\ Z \end{bmatrix}\right) = \begin{bmatrix} \mu_x \\ \mu_z \end{bmatrix}, \ \Sigma := \mathrm{COV}\left(\begin{bmatrix} X \\ Z \end{bmatrix}\right) = \begin{bmatrix} \Sigma_{xx} & \Sigma_{xz} \\ \Sigma_{zx} & \Sigma_{zz} \end{bmatrix} .$$

Dann erhält man den linearen Kleinstquadratschätzer als

(2.24) $$E^*(X|Z) = \mu_x + A^* (Z - \mu_z) ,$$

worin die Matrix A^* eine beliebige Lösung der Matrixgleichung

(2.25) $$A^* \Sigma_{zz} = \Sigma_{xz}$$

ist. Eine solche Lösung existiert immer. Der Kleinstquadratschätzer ist eindeutig in folgendem Sinne : existieren zwei Lösungen der Matrixgleichung , dann stimmen die zugehörigen Kleinstquadratschätzer mit Wahrscheinlichkeit 1 überein.

Beweis: CHIPMAN (1976), S. 559, S. 604f.

Wir klären zunächst die Existenz einer Lösung von (2.25). Die Kovarianzmatrix Σ ist stets positiv semidefinit, mithin existiert gemäß Satz (4-2) eine Quadratwurzel S von Σ ,definiert durch die Eigenschaft $\Sigma = S'S$.
Wir erhalten demnach mit einer geeigneten Partitionierung von $S := (S_1\ S_2)$ die Zerlegung :

$$\begin{bmatrix} \Sigma_{xx} & \Sigma_{xz} \\ \Sigma_{zx} & \Sigma_{zz} \end{bmatrix} = \begin{bmatrix} S_1'S_1 & S_1'S_2 \\ S_2'S_1 & S_2'S_2 \end{bmatrix} .$$

Aus der Darstellung $\Sigma_{zz} = S_2'S_2$, $\Sigma_{xz} = S_1'S_2$ ist ersichtlich, daß sowohl die Zeilen von Σ_{xz} als auch die von Σ_{zz} durch Linearkombination derselben Zeilenvektoren (aus S_2) erzeugt werden können. Daraus folgt unmittelbar die Lösbarkeit von (2.25).

Sei nun $\hat{X} := AZ + b$ ein beliebiger (in Z affiner) Schätzer für die Zufallsvariable X. Dann beträgt für jede Realisation $(\hat{x},x)$ der zugehörige quadratische Verlust $\ell(\hat{x},x) = \tilde{x}' W \tilde{x}$ mit $\tilde{x} := x - \hat{x}$. Sei $\tilde{W}$ eine Wurzel der positiv definiten Matrix W , also $W = \tilde{W}\tilde{W}'$. Das Bayesrisiko der Entscheidungsregel $\hat{X}$ errechnet sich als

(2.26) $$\begin{aligned} E(\tilde{X}' W \tilde{X}) &= \text{spur}[\tilde{W} E(\tilde{X}\tilde{X}')\tilde{W}'] = \text{spur}[\tilde{W}\,\text{COV}(\tilde{X})\tilde{W}' + \tilde{W} E(\tilde{X}) E(\tilde{X})'\tilde{W}'] \\ &= \text{spur}[\tilde{W}(A\Sigma_{zz}A' - A\Sigma_{zx} - \Sigma_{xz}A' + \Sigma_{xx})\tilde{W}'] \\ &\quad + \text{spur}[\tilde{W}(A\mu_z - \mu_x + b)(A\mu_z - \mu_x + b)'\tilde{W}'] . \end{aligned}$$

Offensichtlich nimmt die zweite Spur für jedes A ein Minimum an (nämlich Null) für $b = \mu_x - A\mu_z$.

Die erste Spur nimmt ihr Minimum an für jede Lösung der Gleichung (2.25).

Dies läßt sich durch eine Umformung der ersten Spur zeigen, indem man dort die Matrix A durch $(A-A^*)+A^*$ ersetzt , man erhält unter Berücksichtigung der Definition von A^* :

(2.27)
$$\begin{aligned} \mathrm{spur}[\,\tilde{W}\,\mathrm{COV}(\tilde{X})\,\tilde{W}'] &= \mathrm{spur}[\,\tilde{W}\,(A\,\Sigma_{zz}\,A' - A\Sigma_{zx} - \Sigma_{xz}\,A' + \Sigma_{xx})\,\tilde{W}'\,] \\ &= \mathrm{spur}[\,\tilde{W}\,(\Sigma_{zz} - A^*\Sigma_{zx} - (A-A^*)\,\Sigma_{zz}\,(A-A^*)')\,\tilde{W}'\,], \end{aligned}$$

woraus ersichtlich ist, daß die Wahl $A = A^*$ optimal ist. Sind A_1^* und A_2^* zwei Lösungen der Matrixgleichung (2.25) dann ist die Differenz der zugehörigen linearen Kleinstquadratschätzer : $(A_1^* - A_2^*)(Z - \mu_z)$ eine Zufallsvariable mit Erwartungswert 0 und Kovarianzmatrix 0 , mithin stimmen die Kleinstquadratschätzer mit Wahrscheinlichkeit 1 überein.

Der Beweis von Satz (2-11) deckte eine weitere Optimierungseigenschaft des linearen Kleinstquadratschätzers auf: offensichtlich minimiert $E^*(X|Z)$ unter allen Prognosefunktionen der Gestalt $\hat{X}(Z) = AZ + b$ die Matrix der erwarteten Kreuzprodukte der Prognosefehler $E(\tilde{X}\tilde{X}')$ mit $\tilde{X} = X - \hat{X}(Z)$, diese Matrix wird mitunter auch als Risikomatrix der Entscheidungsregel $\hat{X}(Z)$ bezeichnet.

Für unsere weiteren Überlegungen setzen wir voraus , daß die Kovarianzmatrix der "Regressoren" Z invertierbar ist. Dann reduzieren sich (2.24) und (2.25) auf :

(2.28)
$$E^*(X|Z) = \mu_x + \Sigma_{xz}\,\Sigma_{zz}^{-1}\,(Z - \mu_z)\,.$$

Die stochastischen Eigenschaften der Zufallsvariablen $E^*(X|Z)$ fassen wir in den folgenden Sätzen zusammen [ANDERSON/MOORE (1979), S.94/95] .

(2-12) <u>SATZ:</u> Der LKQS ist unverzerrt. Der Erwartungswert seines Prognosefehlers $\tilde{X} := X - E^*(X|Z)$ ist Null.

<u>Beweis:</u>

$$\begin{aligned} E(\tilde{X}) &= E\,[\,X - E^*(X|Z)\,] \\ &= E(\,X-\mu_x\,) + E(\,\Sigma_{xz}\,\Sigma_{zz}^{-1}\,(Z-\mu_z)\,) = 0 \end{aligned}$$

Aus (2-12) folgt, daß die Risikomatrix des LKQS gerade mit der Kovarianzmatrix seiner Prognosefehler zusammenfällt.
Der nächste Satz zeigt, daß sich der LKQS für gewisse Transformationen der Regressoren nicht ändert. Diese Eigenschaft wird von großem Nutzen sein, wenn die Konstruktion des LKQS durch solche Transformationen erleichtert wird. Wir werden diese Situation bei der Herleitung der Kalmanfilter-Gleichungen antreffen.

-13) <u>SATZ:</u> Der LKQS ist invariant gegenüber nicht-singulären, affinen Transformationen der Regressoren. Sei $Y=BZ+c$ mit $Y:=(m\times 1)$, $c:=(m\times 1)$, $B:=(m\times m)$ und $\det(B) \neq 0$, dann gilt : $E^*(X|Z) = E^*(X|Z)$.

<u>Beweis :</u> $E^*(X|Y) = \mu_x - \Sigma_{xy}\,\Sigma_{yy}^{-1}\,(Y-\mu_y)$

$$= \mu_x - \Sigma_{xz}B'\,(B\,\Sigma_{zz}\,B')^{-1}(\,BZ + c - B\mu_z - c\,)$$

$$= \mu_x - \Sigma_{xz}\,\Sigma_{zz}^{-1}\,(\,Z - \mu_z\,) = E^*(X|Z)\,.$$

Im nächsten Satz beweisen wir eine Linearitätseigenschaft des LKQS .

-14) <u>SATZ:</u> Der Operator E^* ist linear. Seien X_1 und X_2 zwei Zufallsvektoren und C_1 und C_2 zwei geeignet dimensionierte Gewichtungsmatrizen. Dann gilt :

$$E^*(\,C_1X_1 + C_2X_2|Z\,) = C_1\,E^*(\,X_1|Z\,) + C_2\,E^*(\,X_2|Z\,)$$

<u>Beweis :</u> $E^*(C_1X_1 + C_2X_2|Z)$

$$= E(C_1X_1 + C_2X_2) + COV(C_1X_1+C_2X_2,Z)\Sigma_{zz}^{-1}\,(\,Z - \mu_z\,)$$

$$= C_1[E(X_1) + COV(X_1,Z)\Sigma_{zz}^{-1}(Z-\mu_z)]$$

$$+\; C_2[\,E(X_2) + COV(X_2,Z)\Sigma_{zz}^{-1}\,(Z-\mu_z)]$$

$$= C_1\;E^*(X_1|Z) + C_2\;E^*(X_2|Z).$$

Der Operator E^* teilt diese Linearitätseigenschaft mit dem Erwartungswertoperator .

(2-15) SATZ: Der Prognosefehler des LKQS $E^*(X|Z)$ ist nicht mit seinen Regressoren Z korreliert: $COV(\tilde{X},Z) = 0$.

Beweis:

$$COV(\tilde{X},Z) = E(\tilde{X}\, Z') = E\left[\, \tilde{X}\,(Z-\mu_z)\,\right]$$

$$= E\left(\left[\, (X-\mu_x) - \Sigma_{xz}\, \Sigma_{zz}^{-1}\, (Z-\mu_z)\,\right] \left[\, Z-\mu_z\,\right]' \right)$$

$$= \Sigma_{xz} - \Sigma_{xz}\, \Sigma_{zz}^{-1}\, \Sigma_{zz} = 0 \ .$$

Die Orthogonalitätseigenschaft der Prognosefehler gemäß (2-15) und die Erwartungstreue gemäß (2-12) können auch dazu verwendet werden, den LKQS zu definieren, denn es gilt die folgende Umkehrung.

(2-16) SATZ: Die Schätzfunktion $\hat{X}(Z) = A\,Z + b$ ist genau dann ein LKQS für X, wenn für den Prognosefehler $\tilde{X} := X - \hat{X}(Z)$ gilt:

(a) $E(\tilde{X}) = 0$, (b) $COV(\tilde{X},Z) = 0$.

Beweis:

Die Aussage des Satzes folgt aus den nachstehenden Äquivalenzumformungen von (a) und (b) in Verbindung mit den Bestimmungsgleichungen (2.24) und (2.25).

$$E(\tilde{X}) = 0 \Longleftrightarrow E(X-AZ-b) = 0 \Longleftrightarrow b = E(X) - A\,E(Z) \qquad (2.24)\ ,$$

$$COV(\tilde{X},Z) = 0 \Longleftrightarrow COV(X-AZ-b,Z) = 0 \Leftrightarrow COV(X,Z) = A\,COV(Z) \quad (2.25)\ .$$

Der nächste Satz liefert das entscheidende Hilfsmittel zur Herleitung eines rekursiven LKQS.

Er zeigt, wie der LKQS als Summe von Einzelregressionen schrittweise entwickelt werden kann, wenn die bedingenden Zufallsvariablen (die Komponenten von Z) nicht miteinander korreliert sind.

(2-17) SATZ : Seien $X:=(kx1)$ und $Z:=(mx1)$ zwei gemeinsam verteilte Zufallsvariable. Der Zufallsvektor Z werde in n Subvektoren $Z_i:=(m_i x1)$, $m = m_1 + m_2 + \ldots + m_n$, partitioniert, die nicht miteinander korreliert sind .
Dann gilt :

$$E^*(X|Z) = E(X|Z \; ,Z_2, \; \ldots \; , \; Z_n)$$
$$= \sum_{i=1}^{n} E^*(X|Z_i) \; - \; (n-1)\mu_x \; .$$

Beweis : Wir setzen wie in den vorangegangenen Sätzen die Regularität von COV(Z) voraus. Somit gilt (2.28).
Für $COV(Z_i,Z_j) = 0 \quad (i \neq j)$ ist $\Sigma_{zz} := COV(Z)$ blockdiagonal,und $\Sigma_{zz}^{-1}(Z-\mu_z)$ reduziert sich auf :

$$\Sigma_{zz}^{-1}(Z-\mu_z) = \begin{bmatrix} \Sigma_{11}^{-1}(Z_1-\mu_1) \\ \Sigma_{22}^{-1}(Z_2-\mu_2) \\ \vdots \\ \Sigma_{nn}^{-1}(Z_n-\mu_n) \end{bmatrix} , \qquad \text{mit: } \Sigma_{ii} := COV(Z_i) , \quad \mu_i := E(Z_i) .$$

Demnach gilt unter Berücksichtigung von (2.28):

$$E^*(X|Z) = \mu_x + \sum_{i=1}^{n} \Sigma_{xz_i} \Sigma_{ii}^{-1} \; (Z_i - \mu_i)$$

$$= \sum_{i=1}^{n} E^*(X|Z_i) \; - \; (n-1)\mu_x$$

Der Kalmanfilter (d.h. der rekursive LKQS) beruht im wesentlichen auf der in diesem Satze angegebenen schrittweisen Regression : die Komponenten der bedingenden Variablen Z werden zunächst in nicht miteinander korrelierte Zufallsvariablen transformiert und dann schrittweise abgearbeitet. Wie man sich die Zerlegung der Regressoren Z in unkorrelierte Komponenten vorzustellen hat , werden wir im nächsten Abschnitt sehen.

2.4.2. Die Innovationsfolge und ihre Eigenschaften

Es ist unser Ziel, eine gegebene Folge von Zufallsvariablen $\{z_t: t=1,2, \ldots\}$ so zu transformieren, daß alle Glieder der (linear) transformierten Folge nicht miteinander korreliert sind. Wir können dies erreichen, in dem wir die Folge der Beobachtungsvariablen $\{z_t\}$ durch die Folge ihrer Einschritt-Prognosefehler $\{\tilde{z}_t\}$ ersetzen, definiert durch

(2.29a) $$\tilde{z}_1 := z_1 - E(z_1)$$

(2.29b) $$\tilde{z}_t := z_t - E^*(z_t|z(t-1)) \quad t=2,3, \ldots$$

Hierbei interpretieren wir t als Zeitindex und z(t) wie üblich als Spaltenvektor aller bis zum Zeitpunkt t einschließlich beobachtbaren Zufallsvariablen : $z(t) := (z_1' \; z_2' \ldots z_t')'$.

(2-18) Definition: Wir bezeichnen die Einschritt-Prognosefehler $\tilde{z}_t$ definiert durch (2.29) als *Innovationen des stochastischen Prozesses* $\{\tilde{z}_t\}$ *(bezüglich des linearen Kleinstquadratschätzers E*)* .[3]

Diese Bezeichnungsweise rührt her aus einer Deutung des Prognosefehlers $\tilde{z}_t$ als den "neuen" Teil der in z_t enthaltenen Information - als den Teil, der über die in z(t-1) enthaltene Information hinausgeht. "Neu" ist im Sinne des (linearen) Kleinstquadratkriteriums zu interpretieren : $\tilde{z}_t$ ist als Residuum einer linearen Regression von z_t auf z(t-1) gerade das, was mit Hilfe einer linearen Kleinstquadratschätzung auf Basis der "alten" Information z(t-1) nicht prognostizierbar ist.
Der nächste Satz faßt eine Reihe von Eigenschaften der Innovationsfolge zusammen.

(2-19) SATZ: Sei $\{z_t : t=1,2, \ldots\}$ eine Folge von (mx1)- Zufallsvektoren (mit endlichen zweiten Momenten) und $\{\tilde{z}_t\}$ die zugehörige Innovationsfolge definiert durch (2-18).
Es bezeichne ferner **Z**(t) die Menge aller Linearkombinationen $\{y_t : y_t = a_0 + A_1 z_1 + A_2 z_2 + \ldots + A_t z_t ,$ $a_0 := (m\times 1),\ A_i := (m\times m)\ (i=1,\ldots,t)$ mit reellen Komponenten $\}$.
Eine analoge Bezeichnung sei für $\tilde{Z}(t)$ vereinbart.

Dann gilt:

(a) $\tilde{z}_t \varepsilon \mathbf{Z}(t) \quad t=1,2, \ldots$

(b) $z_t \varepsilon \tilde{\mathbf{Z}}(t) \quad t=1,2, \ldots$

(c) $E(\tilde{z}_t) = 0 \quad t=1,2, \ldots$

(d) $E(\tilde{z}_t \tilde{z}_s') = 0 \quad t \neq s \;, \; (t,s = 1,2, \ldots)$

<u>Beweis:</u> ANDERSON/MOORE (1979) , S. 103f.

(a) Diese Eigenschaft folgt unmittelbar aus der Definition des LKQS und der Darstellung (2.24).

(b) Hierfür läßt sich ein induktives Argument anführen. Den Induktionsanker können wir an der Darstellung $z_1 = \tilde{z}_1 + E(z_1)$ festmachen. Nehmen wir weiter an, daß $z_s \varepsilon \tilde{\mathbf{Z}}(s)$ für $s=1,2, \ldots ,t-1$,dann gilt wegen (2.24) auch $E^*(z_t|z(t-1)) \; \varepsilon \; \tilde{\mathbf{Z}}(t-1)$ und damit $z_t \varepsilon \tilde{\mathbf{Z}}(t)$ wegen $z_t = \tilde{z}_t + E^*(z_t|z(t-1))$.

(c) Aus Satz (2-12) ist bekannt, daß ein LKQS unverzerrt ist.

(d) Gemäß Satz (2-15) ist $\tilde{z}_t$ mit keiner Komponente aus $z(t-1)$ korreliert. Sei $s < t$; wegen (a) gilt $\tilde{z}_s \varepsilon \mathbf{Z}(t-1)$ und damit unter Berücksichtigung von (2-15) $E(\tilde{z}_t \tilde{z}_s') = 0$.

Wir können nun mit Hilfe der Innovationsfolge die Berechnung eines linearen Kleinstquadratschätzers (LKQS) entscheidend vereinfachen. Wir formulieren in den nächsten beiden Sätzen zwei Anwendungen, die in der Literatur unter dem Namen der *schrittweisen Projektionen* und der *iterierten Projektionen* bekannt sind [SARGENT(1979), S.206-208, KAILATH(1976a)].

Soll eine Zufallsvariable x durch die Beobachtungsvariablen $\mathbf{z}(N) := (z_1' \; z_2' \; \ldots \; z_N')'$ prognostiziert werden, so läßt sich die Kleinstquadratprognose durch schrittweises Abarbeiten der Beobachtungen $z(N)$ konstruieren, wenn man $\{z_t\}$ durch seine Innovationsfolge $\{\tilde{z}_t\}$ ersetzt.

(2-20) SATZ: *(Satz über die schrittweisen Projektionen)*

Seien $x:=(kx1)$ und $z(N):=(Nmx1)$, $z(N):=(z_1' \; z_2' \; \ldots \; z_N')'$, $z_t:=(mx1)$ $(t=1,2, \ldots ,N)$ zwei gemeinsam verteilte Zufallsvektoren. Ferner bezeichne $\tilde{z}(N) := (\tilde{z}_1' \; \tilde{z}_2' \; \ldots \; \tilde{z}_N')'$ den Spaltenvektor der Innovationen von $\{ z_t : t=1,2, \ldots ,N\}$
Der LKQS $E^*(x|z(N))$ läßt sich schrittweise berechnen gemäß :

$$E^*(x|z(N)) = \Big(\sum_{t=1}^{N} E^*(x|\tilde{z}_t)\Big) - (t-1)\, E(x)$$

Beweis: ANDERSON/MOORE (1979), S. 102 .

Definitionsgemäß (2.29) ist die Transformation $z(N) \rightarrow \tilde{z}(N)$ affin . Es existieren eine Matrix $\mathbf{C}:=(NmxNm)$ und ein Vektor $\mathbf{c}:=(Nmx1)$, so daß gilt $\tilde{z}(N) = \mathbf{C}\, z(N) + \mathbf{c}$.
Aus (2.29) läßt sich ablesen, daß **C** blockdreieckig ist mit Einheitsmatrizen auf der Blockdiagonalen. **C** ist also regulär. Aufgrund der Invarianzeigenschaft (2-13) des LKQS gegenüber nicht singulären affinen Transformationen können wir $z(N)$ durch $\tilde{z}(N)$ ersetzen, so daß gilt : $E^*(x|z(N)) = E^*(x|\tilde{z}(N))$. Mit einer Anwendung von Satz (2-17) folgt die Behauptung des Satzes.

Manchmal ist es für die Berechnung eines LKQS $E^*(x|z)$ von Vorteil, die Regressoren z in einem ersten Schritt auf z' zu erweitern und dann in einem zweiten Schritt den so erhaltenen LKQS $E^*(x|z')$ auf die Variablen z zu regressieren. Dieser Strategie liegt der folgende Satz über die Hintereinanderausführung von LKQS-Projektionen zugrunde.

(2-21a) SATZ: *(Satz über die iterierten Projektionen)*

Seien $x:=(kx1)$, $z_1:=(m_1x1)$ und $z_2:=(m_2x1)$ gemeinsam verteilte Zufallsvektoren.
Dann läßt sich der LKQS $E^*(x|z_1)$ durch folgende Iteration in E^* berechnen:

$$E^*(x|z_1) = E^*\big(E^*(x|z_1,z_2) \;|\; z_1 \big)$$

Beweis: SARGENT (1979), S. 208 .

Mit denselben Argumenten wie in Satz (2-20) können wir gemäß (2-13) die Regressoren in dem LKQS $E^*(x|z_1,z_2)$ ersetzen

durch die affin transformierten Regressoren $(z_1, \tilde{z}_2)$, worin $\tilde{z}_2$ die Innovation in z_2 ist : $\tilde{z}_2 = z_2 - E^*(z_2|z_1)$.
Die Zufallsvariablen z_1 und $\tilde{z}_2$ sind per Konstruktion nicht miteinander korreliert, also gilt nach Satz (2-17)

$$E^*(x|z_1,z_2) = E^*(x|z_1,\tilde{z}_2)$$
$$= E^*(x|z_1) + E^*(x|\tilde{z}_2) - E(x) .$$

Unter Berücksichtigung von (2.28) erhalten wir

$$E^*(x|z_1,z_2) = E^*(x|z_1) + \mathbf{C}\,\tilde{z}_2 \ , \quad \text{mit} \quad \mathbf{C} := \mathrm{COV}(x,\tilde{z}_2)\,[\mathrm{COV}(\tilde{z}_2)]^{-1} .$$

Projizieren wir beide Seiten dieser Gleichung auf z_1, so ergibt sich mit Hilfe von (2-14) und (2-15) :

$$E^*\,(E^*(x|z_1,z_2)) = E^*(\,E^*(x|z_1 \mid z_1\,) + \mathbf{C}\,E^*(\tilde{z}_2 \mid z_1\,)$$
$$= E^*(x|z_1) .$$

Für die Herleitung der Glättungslösung benötigen wir eine Variante dieses Satzes über iterierte Projektionen.

(2-21b) <u>SATZ:</u> Seien $x:=(kx1)$ und $y:=(mx1)$ zwei gemeinsam verteilte Zufallsvektoren. Die Zufallsvariable $\bar{y}$ sei Bild einer linearen Transformation von y : $\bar{y} = L\,y$, $L:=(nxm)$. Dann gilt folgende Iteration in E^* :

$$E^*(x|\,\bar{y}\,) = E^*(\;E^*(\,x\,|\,y\,)\,|\,\bar{y}\,) .$$

<u>Beweis:</u>

Der Satz kann auf die Situation in (2-21a) zurückgeführt werden. Für jede Matrix $L:=(nxm)$ existiert eine nicht singuläre Transformationsmatrix $\mathbf{T}_1:=(nxn)$ (elementare Zeilenoperationen bezüglich L darstellend)mit der Eigenschaft, daß das Produkt $\mathbf{T}_1 L$ eine Matrix in Zeilenstufenform ist [DHRYMES (1978), S.440]. Hieraus ergibt sich die Existenz zweier nicht singulärer Transformationsmatrizen $\mathbf{T}_1$,$\mathbf{T}_2$ und zweier Zufallsvektoren z_1 , z_2 dergestalt, daß gilt : $\mathbf{T}_1\,\bar{y} = (z_1'\ 0'\,)'$ und $\mathbf{T}_2\,y = (z_1'\ z_2')'$.
Aufgrund der Invarianzeigenschaft (2-13) gilt:

$$E^*(\,E^*(\,x\mid y\,)\,|\bar{y}\,) = E^*(\,E^*(\,x\,|\,\mathbf{T}_2 y\,)\mid \mathbf{T}_1\,\bar{y}\,) ,$$

Mit einer Anwendung von (2-21a) resultiert die Behauptung des vorliegenden Satzes.

2.5. Ableitung der Kalmanfiltergleichungen durch schrittweise Regression auf die Glieder einer Innovationsfolge

2.5.1. Rekursionsgleichungen für die Filterlösung

Die Hilfsmittel des letzten Abschittes wollen wir nun in einem Zustandsraum anwenden, in dem wir die Normalverteilungsannahme der Systemfehler fallenlassen. Wir beschränken uns auf die Annahmen (D1) bis (D6) des vereinfachten Grundmodells aus 2.1.1. . Die in (2.9) eingeführten Symbole werden im folgenden in einer anderen Interpretation verwendet. Wir vereinbaren:

(2.30a) $z(s) := (z_1', z_2', \ldots, z_s')'$, Spaltenvektor aller Beobachtungen sämtlicher Komponenten der abhängigen Variablen z_t bis zum Zeitpunkt s einschließlich

(2.30b) $\hat{x}_{t|s} := E^*(x_t | z(s))$, linearer Kleinstquadratschätzer für den Systemzustand x_t auf Basis der Informationsmenge $z(s)$. Man bezeichnet $\hat{x}_{t|s}$ für

$t > s$ als Prognoselösung

$t = s$ als Filterlösung

$t < s$ als Glättungslösung

(2.30c) $\tilde{x}_{t|s} := x_t - E^*(x_t | z(s))$, Prognosefehler des LKQS $\hat{x}_{t|s}$

(2.30d) $\Sigma_{t|s} := COV(\tilde{x}_{t|s})$, Kovarianzmatrix des Prognosefehlers $\tilde{x}_{t|s}$

(2.30e) $\hat{z}_{t|t-1} := E^*(z_t | z(t-1))$, LKQS für z_t auf Basis der Information $z(t-1)$ beste lineare Einschrittprognose für z_t

(2.30f) $\tilde{z}_t := z_t - E^*(z_t | z(t-1))$, Prognosefehler des LKQS $\hat{z}_{t|t-1}$, Innovation der Folge $\{z_t\}$ zum Zeitpunkt t

(2.30g) $D_t := COV(\tilde{z}_t)$, Kovarianzmatrix der Innovation $\tilde{z}_t$

(2-22) SATZ: Gegeben sei ein vereinfachtes dynamisches lineares Modell, das die Annahmen (D1) bis (D6) aus 2.1.2. erfüllt. Ferner gelte die Notation 2.30 als vereinbart. Dann lassen sich die Filterlösungen $\hat{x}_{t|t}$ (LKQS der Systemzustände) und die Kovarianzmatrizen ihrer Prognosefehler rekursiv mit Hilfe der Gleichungen (2.10),(2.12) und (2.14) ermitteln.
Die Kovarianzmatrizen $\Sigma_{t|t}$, $\Sigma_{t|t-1}$, D_t lassen sich im allgemeinen nicht als bedingte Kovarianzmatrizen im Sinne von (2.11) und (2.13) interpretieren.
Die Innovationsfolge $\{\tilde{z}_t\}$ (bezüglich des LKQS-Operators E^*) besitzt die in (2.15) aufgeführten Eigenschaften.

Beweis: JAZWINSKI (1970), S. 203 - 205,
ANDERSON/MOORE (1979), S. 105-108,
BERTSEKAS (1976), S. 158-174.

a) Prädiktorschritt : Wir halten zunächst fest, daß jede Komponente von z(t) gemäß (1.6) eine Linearkombination aus Störtermen der Vergangenheit, nämlich $\{ v_s : s=0,1,\ldots,t \}$ und $\{ w_s : s=0,1,\ldots,t-1\}$, und einer Konstanten ist. Mithin sind wegen der Orthogonalitätseigenschaft (D5) weder w_s für $s \geqq t$ noch v_s für $s > t$ mit Komponenten aus z(t) korreliert. Wir schließen daher mit (2.28) :

(2.31a) $$E^*(w_s|z(t)) = 0 \quad \text{für } s \geqq t ,$$

(2.31b) $$E^*(v_s|z(t)) = 0 \quad \text{für } s > t .$$

Der Prädiktorschritt besteht in einer Extrapolation der alten Information z(t) mit Hilfe der Transitionsgleichung (D2):

(2.32) $$x_{t+1} = F\,x_t + \Gamma u_t + w_t .$$

Die LKQS-Projektion auf beiden Seiten dieser Gleichung liefert unter Beachtung der Linearitätseigenschaft (2-14) und der Beziehung (2.31a) :

$$E^*(x_{t+1}|z(t)) = F\,E^*(x_t|z(t)) + \Gamma u_t + E^*(w_t|z(t)) ,$$

(2.33) oder $$\hat{x}_{t+1|t} = F\,\hat{x}_{t|t} + \Gamma u_t .$$

Der Prognosefehler des LKQS (2.33) ergibt sich definitionsgemäß nach Subtraktion von (2.32) und (2.33) als

(2.34) $$\tilde{x}_{t+1|t} := x_{t+1} - \hat{x}_{t+1|t} = F\,\tilde{x}_{t|t} + w_t .$$

Der Prognosefehler $\tilde{x}_{t|t}$ ist nicht mit den Störtermen w_t korreliert, weil er nur vergangene Störterme $\{v_s: s=0,1,\ldots,t\}$ und $\{w_s: s=0,1,\ldots,t-1\}$ enthält. Mithin gilt:

$$COV(\tilde{x}_{t+1|t}) = E(\tilde{x}_{t+1|t}\,\tilde{x}_{t+1|t}{}') = F\,E(\tilde{x}_{t|t}\tilde{x}_{t|t}{}')\,F' + E(w_t w_t{}') ,$$

(2.35) oder $$\Sigma_{t+1|t} = F\,\Sigma_{t|t}\,F' + Q .$$

Es verbleibt uns noch, die Einschrittprognose $E^*(z_{t+1}|z(t))$ abzuleiten, um die nächste Innovation zu gewinnen.
Wenden wir in der Beobachtungsgleichung (D1)

(2.36) $$z_{t+1} = H_{t+1}{}'\,x_{t+1} + v_{t+1}$$

auf beiden Seiten den LKQS-Operator E^* bezüglich z(t) an, so resultiert unter Beachtung von (2-14) und (2.31b) :

$$E^*(z_{t+1}|z(t)) = H_{t+1}{}'\,E^*(x_{t+1}|z(t)) ,$$

(2.37) oder $$\hat{z}_{t+1|t} = H_{t+1}{}'\,\hat{x}_{t+1|t} .$$

Der Prognosefehler dieser Regression ist gerade die Innovation. Definitionsgemäß erhalten wir die Innovation $\tilde{z}_{t+1}$ nach Subtraktion der Gleichungen (2.36) und (2.37) als

(2.38) $$\tilde{z}_{t+1} = H_{t+1}{}'\,\tilde{x}_{t+1|t} + v_{t+1} .$$

Der Meßfehler v_{t+1} ist mit dem Prognosefehler $\tilde{x}_{t+1|t}$ nicht korreliert. Dies folgt aus der Tatsache, daß v_{t+1} weder mit Elementen aus $\{z_s: s \leqq t\}$ noch mit Elementen aus $\{w_s: s \leqq t\}$ korreliert ist. Der Prognosefehler $\tilde{x}_{t+1|t}$ ist aber eine Linearkombination aus eben diesen Elementen. Mithin gilt:

$$E(\tilde{z}_{t+1|t}\,\tilde{z}'_{t+1|t}) = H_{t+1}{}'\,E(\tilde{x}_{t+1|t}\,\tilde{x}_{t+1|t}{}')\,H_{t+1} + E(v_{t+1}v_{t+1}{}'),$$

(2.39) oder $$D_{t+1} = H_{t+1}{}'\,\Sigma_{t+1|t}\,H_{t+1} + R .$$

Damit ist die Gültigkeit der Rekursionsformeln (2.10) gezeigt.

b) Korrekturschritt : Im folgenden soll die Informationsmenge $z(t)$ um die "neue" Beobachtung z_{t+1} erweitert werden. In diesem Zusammenhang kommt der Satz über die schrittweisen Projektionen zur Anwendung. Gemäß (2-20) können wir für Zwecke der linearen Kleinstquadratschätzung $z(t)$ durch die entsprechenden Elemente seiner Innnovationsfolge $\tilde{z}(t)$, $\tilde{z}(t) := (\tilde{z}_1' \ \tilde{z}_2' \ \ldots \ \tilde{z}_N')'$, ersetzen, so daß gilt :

$$E^*(x_{t+1} | z(t+1)) = E^*(x_{t+1} | \tilde{z}(t+1))$$

$$= E^*(x_{t+1} | \tilde{z}(t)) + E^*(x_{t+1} | \tilde{z}_{t+1}) - E(x_{t+1}) .$$

Unter Berücksichtigung von (2.28) ergibt sich hieraus :

2.40) $$\hat{x}_{t+1|t+1} = \hat{x}_{t+1|t} + COV(x_{t+1}, \tilde{z}_{t+1}) \left[COV(\tilde{z}_{t+1})\right]^{-1} \tilde{z}_{t+1} .$$

Die hierin auftretenden Kovarianzen können wir leicht berechnen. Unter Beachtung von (2-15) und (2.31b) erhalten wir:

2.41) $$COV(x_{t+1}, \tilde{z}_{t+1}) = COV(\tilde{x}_{t+1|t} + \hat{x}_{t+1|t} , H'_{t+1} \tilde{x}_{t+1|t} + v_{t+1})$$

$$= COV(\tilde{x}_{t+1|t} , H'_{t+1} \tilde{x}_{t+1|t})$$

$$= \Sigma_{t+1|t} H_{t+1} .$$

Nach Einsetzen von (2.41) und (2.39) in (2.40) resultiert:

2.42) $$\hat{x}_{t+1|t+1} = \hat{x}_{t+1|t} + \Sigma_{t+1|t} H_{t+1} D^{-1}_{t+1} \tilde{z}_{t+1} .$$

Für den Prognosefehler dieser Regression ergibt sich definitionsgemäß :

2.43) $$\tilde{x}_{t+1|t+1} := x_{t+1} - \hat{x}_{t+1|t+1}$$

$$= \tilde{x}_{t+1|t} - \Sigma_{t+1|t} H_{t+1} D^{-1}_{t+1} \tilde{z}_{t+1} .$$

Mithin gilt auch die folgende Darstellung :

2.44) $$\tilde{x}_{t+1|t} = \tilde{x}_{t+1|t+1} + \Sigma_{t+1|t} H_{t+1} D^{-1}_{t+1} \tilde{z}_{t+1} .$$

Aus den Orthogonalitätseigenschaften (2-15) der linearen Kleinstquadratschätzer und ihrer Prognosefehler folgt, daß $\tilde{x}_{t+1|t+1}$ mit keinem Element aus z(t+1) korreliert ist.
Der Prognosefehler $\tilde{z}_{t+1}$ ist gerade eine Linearkombination aus den Komponenten von z(t+1). Mithin sind die Zufallsvektoren $\tilde{x}_{t+1|t+1}$ und $\tilde{z}_{t+1}$ ebenfalls nicht miteinander korreliert.
Somit ergibt sich aus (2.44) eine Bestimmungsgleichung für die Kovarianzmatrix der Prognosefehler (2.43):

$$\Sigma_{t+1|t} = \Sigma_{t+1|t+1} + \Sigma_{t+1|t} H_{t+1} D_{t+1}^{-1} H'_{t+1} \Sigma_{t+1|t} .$$

Somit erhalten wie die Kovarianzmatrix $\Sigma_{t+1|t+1}$ als :

(2.45) $$\Sigma_{t+1|t+1} = \Sigma_{t+1|t} - \Sigma_{t+1|t} H_{t+1} D_{t+1}^{-1} H'_{t+1} \Sigma_{t+1|t} .$$

Damit sind die Rekursionsformeln (2.12a) und (2.12d) gezeigt. Die Darstellung (2.12f) der Kovarianzmatrix (2.45) ergibt sich aus aus einer Umformulierung von (2.43) nach Einsetzen von (2.38) :

(2.46) $$\begin{aligned}\tilde{x}_{t+1|t+1} &= \tilde{x}_{t+1|t} - K_{t+1}(H_{t+1}' \tilde{x}_{t+1|t} + v_{t+1}) \\ &= (I - K_{t+1} H_{t+1}') \tilde{x}_{t+1|t} - K_{t+1} v_{t+1} ,\end{aligned}$$

$$\text{mit} \quad K_{t+1} := \Sigma_{t+1|t} H_{t+1} D_{t+1}^{-1} .$$

Der Prognosefehler $\tilde{x}_{t+1|t}$ und der Meßfehler v_{t+1} sind wie imPrädiktorschritt bereits erläutert nicht miteinander korreliert. Mithin können wir die Kovarianzmatrix von $\tilde{x}_{t+1|t+1}$ mit Hilfe von (2.46) berechnen als

(2.47) $$\Sigma_{t+1|t+1} = (I-K_{t+1}H_{t+1}') \Sigma_{t+1|t} (I-K_{t+1}H_{t+1}')' + K_{t+1}RK_{t+1}' .$$

Damit ist die Gültigkeit von (2.12f) gezeigt.
Die verbleibenden Beziehungen in (2.12) und die alternativen Darstellungen (2.14) der Kalmanfiltermatrix werden mit Hilfe des Inversionssatzes (2-8) nachgewiesen: die Argumentation ist dieselbe wie unter Satz (2-9).

Die Interpretation der Kovarianzmatrizen D_t , $\Sigma_{t|t-1}$, $\Sigma_{t|t}$ als bedingte Kovarianzmatrizen in Satz (2-9) hing dort mit einer Anwendung von Satz (2-5) von der Normalverteilungsannahme (D7) ab. Daher können wir im vorliegenden Modell die genannten Matrizen im allgemeinen nur als unbedingte Kovarianzmatrizen der entsprechenden Prognosefehler deuten.

2.5.2. Parallelen zur "Aitken-Schätzung" und "gemischten Schätzung"

In der Ökonometrie gibt es zwei Standardverfahren, in denen Schätzwerte für die Regressionskoeffizienten eines linearen Modells "schrittweise" verarbeitet werden. Es handelt sich hierbei um Verfahren, die *externe Information* und *Stichprobeninformation* miteinander verbinden. Wir wollen die Vorgehensweise an einem einfachen linearen Modell verdeutlichen.[4]

Die Stichprobeninformation ist in der Beobachtung einer Zufallsvariablen z , die mit dem zu schätzenden Koeffizienten ß über folgende Modellgleichung zusammenhängt :

$$z = H'\beta + v ,$$

$z := (m x k)$, $H' := (m x k)$, $\beta := (k x 1)$,
$v := (m x 1)$ ist eine Störgröße mit $E(v)=0$ und $COV(v)=:R$.

Wir unterscheiden nun zwei Fälle, die sich durch die Art unterscheiden , in der externe Information über den Koeffizienten β vorliegt.

Fall (a) : Der Koeffizient β ist ein konstanter Regressionsparameter . Es existiert die Beobachtung einer weiteren Zufallsvariablen μ , deren Verteilung von β über den folgenden Zusammenhang bestimmt wird:

$$\mu = \beta + w ,$$

$\mu := (k x 1)$, $\beta := (k x 1)$,
$w := (k x 1)$ ist eine Störgröße mit $E(w)=0$ und $COV(w) =: Q$.

Die Zufallsvariable μ kann etwa interpretiert werden als unverzerrter Schätzer von β mit Kovarianzmatrix Q . Dieser Ansatz führt auf die gemischte Schätzung , die von THEIL (1963) nach Anregung von DURBIN entwickelt wurde .
Faßt man Stichprobeninformation und externe Information in einem gemeinsamen Modell zusammen :

$$\begin{bmatrix} z \\ \mu \end{bmatrix} = \begin{bmatrix} H' \\ I \end{bmatrix} \beta + \begin{bmatrix} v \\ w \end{bmatrix} \quad \text{oder} \quad \dot{z} = \dot{H}' \beta + \dot{v}$$

und setzt weiterhin voraus , daß die Störgrößen v und w nicht miteinander korreliert sind, dann erhält man als *Aitken-Schätzer* des Regressionsparameters β [THEIL (1971), S.238]:

$$\hat{\beta} = (\dot{H}\,\dot{R}^{-1}\,\dot{H}')^{-1}\,\dot{H}\,\dot{R}^{-1}\,\dot{z}$$
$$= (H\,R^{-1}\,H' + Q^{-1})^{-1}\,(H\,R^{-1}\,z + Q^{-1}\,\mu).$$

Der gemischte Schätzer für den Regressionsparameter β ist also eine gewichtete Summe der Stichprobeninformation und der externen Information (die Realisationen von z und μ) , worin als Gewichtungsfaktoren die Präzisionsmatrizen der Zufallsvariablen μ und z dienen.

Fall (b) : Der Koeffizient β ist eine Zufallsvariable, über deren Verteilung a priori eine Aussage gemacht werden kann. Es sei bekannt, daß β einer Verteilung genüge mit Mittelwert μ und Kovarianzmatrix Q. Dieser Sachverhalt wird durch folgende Gleichung formalisiert:

$$\beta = \mu + w$$

$\beta:=(k\mathrm{x}1)$, $\mu:=(k\mathrm{x}1)$

$w:=(k\mathrm{x}1)$ ist eine Störgröße mit $E(w)=0$ und $COV(w)=:Q$.

Man beachte den Bedeutungswandel von β und μ gegenüber Fall (a). In Fall (a) ist β eine Konstante und μ eine Zufallsvariable. In Fall (b) sind die Rollen vertauscht : μ ist eine Konstante, und β ist eine Zufallsvariable.

DUNCAN und HORN (1972) entwickelten für diesen Ansatz einen *verallgemeinerten Aitkenschätzer* für stochastische Regressionskoeffizienten. Sie fassen Stichprobeninformation und externe Information formal zusammen in den Gleichungen :

$$\begin{bmatrix}\mu\\ z\end{bmatrix} = \begin{bmatrix}I\\ H'\end{bmatrix}\beta + \begin{bmatrix}-w\\ v\end{bmatrix}$$

oder $\dot{z} = \dot{H}'\,\beta + \dot{v}$ mit $E(\dot{v})=0$, $COV(\dot{v}) = \begin{bmatrix}R & 0\\ 0 & Q\end{bmatrix} =: \dot{R}$

und definieren als *verallgemeinerten Aitkenschätzer* für die Zufallsvariable β den Wert $\hat{\beta}$, der die quadratische Form

$$(\dot{z} - \dot{H}'\beta)'\dot{R}\,(\dot{z} - \dot{H}'\beta)$$

minimiert. Offensichtlich gilt :

$$\hat{\beta} = (\dot{H}\,\dot{R}^{-1}\,\dot{H}')^{-1}\,\dot{H}\,\dot{R}^{-1}\,\dot{z}$$
$$= (H\,R^{-1}\,H' + Q^{-1})^{-1}\,(H\,R^{-1}\,z + Q^{-1}\,\mu) .$$

Also ist der verallgemeinerte Aitkenschätzer formal identisch mit dem gemischten Schätzer. DUNCAN/HORN(1972) beweisen, daß $\hat{\beta}$ der lineare Kleinstquadratschätzer für β im Sinne von Definition (2-10) ist [vgl. auch PFEFFERMANN(1984)].

Ebenso wie die oben angegebenen Schätzer verarbeiten auch die Kalmanfilter verschiedene Arten von Informationen : sie kombinieren in rekursiver Weise "alte" und "neue" Information. Im Korrekturschritt wird der vorläufige Schätzer $\hat{x}_{t|t-1}$ für den Systemzustand x_t (die " alte " Information) im Lichte einer weiteren Beobachtung z_t (die " neue " Information) verändert zur Filterlösung $\hat{x}_{t|t}$. Wir fassen diese Informationen über den Systemzustand x_t in den folgenden Gleichungen zusammen :

<u>Vorinformation</u> : $\hat{x}_{t|t-1} = x_t - \tilde{x}_{t|t-1}$,

mit $E(\tilde{x}_{t|t-1}) = 0$, $COV(\tilde{x}_{t|t-1}) = \Sigma_{t|t-1}$.

<u>Neuinformation</u> : $z_t = H_t' x_t + v_t$,

mit $E(v_t) = 0$, $COV(v_t) =: R$.

Es liegt nun dieselbe Fragestellung wie in Fall (b) vor. Das "zusammengefaßte Modell" lautet:

$$\begin{bmatrix} \hat{x}_{t|t-1} \\ z_t \end{bmatrix} = \begin{bmatrix} I \\ H_t' \end{bmatrix} x_t + \begin{bmatrix} -\tilde{x}_{t|t-1} \\ v_t \end{bmatrix},$$

oder: $\dot{z}_t = H_t x_t + \dot{v}_t$ mit $E(\dot{v}_t) = 0$

und $COV(\dot{v}_t) = \dot{R}_t := \begin{bmatrix} \Sigma_{t|t-1} & 0 \\ 0 & R \end{bmatrix}$.

Der verallgemeinerte Aitkenschätzer für x_t in diesem Modell wird berechnet als :

$$\begin{aligned} \hat{x}_{t|t} &= (\dot{H}_t \dot{R}_t^{-1} \dot{H}_t')^{-1} \dot{H}_t \dot{R}_t^{-1} \dot{z}_t \\ &= (H_t R^{-1} H_t' + \Sigma_{t|t-1}^{-1})^{-1} (H_t R^{-1} z_t + \Sigma_{t|t-1}^{-1} \hat{x}_{t|t-1}) . \end{aligned}$$

Dies ist aber gerade die Kalmanfilter-Schätzung von x_t im t-ten Korrekturschritt, wie man sich mit Hilfe von Satz (2-22) überzeugt.

2.6. Approximation von Zufallsvariablen in Hilberträumen - Kalmanfilter als rekursive Projektionen

2.6.1. Approximation von Vektoren eines Hilbertraumes durch Vektoren eines Unterraumes

Insbesondere in der ingenieurwissenschaftlichen Literatur wird das Kalmanfilterproblem als Spezialfall eines wesentlich allgemeineren Approximationsproblems interpretiert, Wir betrachten im folgenden endlichdimensionale Vektorräume über $\mathbb{R}$, die mit einem Skalarprodukt ausgestattet sind. Die Eigenschaften des Skalarprodukts werden durch die folgende Definition festgelegt.[5]

(2-23) DEFINITION : Sei **H** ein Vektorraum über dem Körper der reellen Zahlen. Gegeben seien beliebige Elemente $x,y,z \in \mathbf{H}$ und ein beliebiger Skalar $\lambda \in \mathbb{R}$.
Ein **Skalarprodukt <.,.>** ist eine Abbildung von **HxH** nach $\mathbb{R}$ mit folgenden Eigenschaften

a) $\langle x,y\rangle = \langle y,x\rangle$

b) $\langle x+y,z\rangle = \langle x,z\rangle + \langle x,y\rangle$

c) $\langle \lambda x,y\rangle = \lambda \langle x,y\rangle$

d) $\langle x,x\rangle > 0$

e) $\langle x,x\rangle = 0 \Leftrightarrow x=0$

Das Skalarprodukt kann dazu verwendet werden, die Länge (oder Norm) eines Vektors $x \in \mathbf{H}_{<,>}$ zu definieren.

(2-24) DEFINITION : Unter der **Hilbertraum-Norm** eines Vektors $x \in \mathbf{H}_{<,>}$ verstehen wir die Größe

$$||x|| := \sqrt{\langle x,x\rangle}$$

Die Norm wiederum induziert auf **H** ein Abstandsmaß (oder eine Metrik) .

(2-25) DEFINITION : Unter der **Hilbertraum-Metrik** verstehen wir die Abbildung $d\colon \mathbf{H} \times \mathbf{H} \to \mathbb{R}$ definiert durch

$$d(x,y) := ||\ x - y\ || \quad ;$$

$d(x,y)$ kann als Abstand zwischen zwei beliebigen Vektoren $x,y \in \mathbf{H}_{<,>}$ interpretiert werden.

Der Vektorraum $\mathbf{H}_{<,>}$ heißt Hilbertraum, wenn er bezüglich der Metrik d(.,.) vollständig ist.

(2-26) DEFINITION : Der mit dem Skalarprodukt <.,.> ausgestattete Vektorraum **H** heißt **Hilbertraum** , wenn jede Cauchy - Folge (bezüglich der Hilbertraummetrik) in **H** konvergiert, das heißt für jede Folge $\{x_n\}$ mit $x_n \in \mathbf{H}$ und $\lim_{m,n\to\infty} \| x_n - x_m \| = 0$ existiert ein Vektor $x_0 \in \mathbf{H}$ mit $\lim_{n\to\infty} \| x_n - x_0 \| = 0$.

Das Skalarprodukt erlaubt ferner, einen "Winkel" zwischen zwei Vektoren zu definieren. Insbesondere vereinbaren wir die

(2-27) DEFINITION : Zwei Vektoren x und y eines Hilbertraumes **H** "stehen senkrecht aufeinander" oder heißen **orthogonal**, wenn $\langle x,y \rangle = 0$.

Wir wollen nun folgendes Optimierungsproblem untersuchen : Gegeben sei ein Vektor x eines Hilbertraumes **H** und ein Unterraum **U** von **H** . Gesucht wird ein Vektor $u_0 \in \mathbf{U}$, der im Sinne der Hilbertraummetrik dem Vektor x "am nächsten" liegt, also ein Vektor, der den Abstand $\| x - u \|$ für alle $u \in \mathbf{U}$ minimiert. Der nächste Satz behauptet Existenz und Eindeutigkeit einer Lösung dieses Minimierungsproblems und charakterisiert sie ferner durch eine Orthogonalitäts-Eigenschaft, die bei ihrem Auffinden eine große Rolle spielen wird.

(2-28) DER KLASSISCHE PROJEKTIONSSATZ :

Sei **H** ein Hilbertraum und **U** ein abgeschlossener Unterraum von **H**. Zu jedem Vektor $x \in \mathbf{H}$ existiert eindeutig ein Vektor $u_0 \in \mathbf{U}$ mit der Eigenschaft: $\| x - u_0 \| \leq \| x - u \|$ für alle $u \in \mathbf{U}$.

Ferner ist u_0 genau dann der abstandsminimale Vektor aus **U** , wenn für alle $u \in \mathbf{U}$ gilt : $\langle x - u_0 , u \rangle = 0$.

Beweis : **LUENBERGER** (1968) , S. 51f.

Der abstandsminimale Vektor $u_0 \in \mathbf{U}$ heißt **Projektion von** x **auf U** .

Das Auffinden einer Projektion läßt sich erheblich vereinfachen, wenn der Unterraum **U** durch eine Menge orthonormaler Vektoren erzeugt werden kann. Wir vereinbaren dazu die

2-29) DEFINITION : Eine Menge von Vektoren $\{ y_1, y_2, \dots, y_m \}$ heißt **orthonormal**, wenn gilt :

$$\langle y_i, y_j \rangle = 0 \quad \text{für } i \neq j \quad (i,j=1,2,\dots,m),$$

$$\langle y_i, y_i \rangle = 1 \quad \text{für alle } i = 1,2,\dots,m\,.$$

Für die Konstruktion einer orthonormalen Vektorraumbasis aus einer beliebig vorgegebenen (endlichen oder abzählbaren) Basis existiert ein Orthogonalisierungsverfahren, das auf GRAM/SCHMIDT zurückgeht.

2-30) SATZ VON GRAM/SCHMIDT :

Sei $\{ y_i : i = 1,2, \dots, n \}$ eine endliche Folge linear unabhängiger Vektoren des Hilbertraumes **H** . Dann existiert eine Folge orthonormaler Vektoren $\{ \tilde{y}_i^* \}$, so daß für jedes m der von $\{ y_1, y_2, \dots, y_m \}$ aufgespannte Vektorraum mit dem von $\{ \tilde{y}_1^*, \tilde{y}_2^*, \dots, \tilde{y}_m^* \}$ aufgespannten Vektorraum übereinstimmt.

Die Vektoren $\{ \tilde{y}_i^* \}$ können nach dem folgenden Verfahren erzeugt werden

$$\tilde{y}_1^* = \frac{y_1}{\| y_1 \|} \,,$$

$$\tilde{y}_i^* = \frac{y_i - \sum_{j=1}^{i-1} \langle \tilde{y}_j^*, y_i \rangle \tilde{y}_j^*}{\| y_i - \sum_{j=1}^{i-1} \langle \tilde{y}_j^*, y_i \rangle \tilde{y}_j^* \|}$$

$$\text{für } i = 2,3, \dots, n\,.$$

Beweis : **LUENBERGER** (1968) , S. 54

Wir kommen nun zur Konstruktion eines abstandsminimalen Vektors in einem Hilbertraum **H** .

Gegeben sei eine endliche Menge von Vektoren $\{u_1, u_2, \ldots, u_m\}$ die den Unterraum **U** eines Hilbertraumes **H** aufspannen. Dieser Vektorraum ist abgeschlossen. Also existiert eine eindeutige abstandsminimale Lösung u_o für jedes $x \in \mathbf{H}$. Wir suchen Skalare $a_1, a_2, \ldots, a_N$, so daß

$$\| x - a_1 u_1 - a_2 u_2 - \ldots - a_m u_m \|$$

ein Minimum annimmt.
Nach dem Projektionstheorem ist der Approximationsfehler $x - u_o$ orthogonal zu allen $u_i \in \mathbf{U}$.
Wir erhalten somit ein System von **Normalgleichungen** :

$$\langle x - a_1 u_1 - a_2 u_2 - \ldots - a_m u_m , u_i \rangle = 0$$

$$\text{für } i = 1,2, \ldots, m \quad ,$$

oder unter Beachtung der Eigenschaften des Skalarprodukts:

(2.48)
$$\begin{bmatrix} \langle u_1,u_1\rangle & \langle u_1,u_2\rangle & \ldots & \langle u_1,u_m\rangle \\ \langle u_2,u_1\rangle & \langle u_2,u_2\rangle & \ldots & \langle u_2,u_m\rangle \\ & & & \\ \langle u_m,u_1\rangle & \langle u_m,u_2\rangle & \ldots & \langle u_m,u_m\rangle \end{bmatrix} \begin{bmatrix} a_1 \\ a_2 \\ \\ a_m \end{bmatrix} = \begin{bmatrix} \langle x,u_1\rangle \\ \langle x,u_2\rangle \\ \\ \langle x,u_m\rangle \end{bmatrix} .$$

Wir schreiben dieses System kurz als :

$$\mathbf{G}(u_1,u_2,\ldots,u_m)\, \mathbf{a} = g(x;u_1,u_2, \ldots ,u_m)$$

$$\text{mit } \mathbf{a} := (a_1\ a_2\ \ldots\ a_m)' \quad .$$

Sofern die Vektoren $u_1, u_2, \ldots, u_m$ linear unabhängig sind, also eine Basis für den von ihnen aufgespannten Unterraum **U** sind, ist die Matrix $\mathbf{G}(u_1,\ldots,u_m)$ invertierbar und wir erhalten den abstandsminimalen Vektor u_o als

(2.49)
$$u_o = a_1 u_1 + a_2 u_2 + \ldots + a_m u_m$$

$$\text{mit } \mathbf{a} = \left[\mathbf{G}(u_1,u_2, \ldots ,u_m)\right]^{-1} g(x;u_1,u_2,\ldots,u_m) .$$

Die Matrix $G(u_1,u_2,\dots,u_m)$ wird auch **Gram - Matrix** genannt. Um zu kennzeichnen, daß es sich bei dem abstandsminimalen Vektor u_o um die Projektion von x auf den von $u_1,u_2,\dots,u_m$ aufgespannten Vektorraum handelt , schreiben wir auch

$$u_o =: \mathbf{P}(x \mid u_1,u_2, \dots ,u_m) \quad .$$

Dem Aufbau der Normalgleichungen entnimmt man unmittelbar, daß die Projektion auf eine Menge orthonormaler Vektoren besonders einfach zu finden ist, denn für orthonormale Vektoren $\tilde{u}_1,\tilde{u}_2, \dots ,\tilde{u}_m$ ist die Gram-Matrix $\mathbf{G}(\tilde{u}_1,\tilde{u}_2, \dots ,\tilde{u}_m)$ gerade die Einheitsmatrix. Wir formulieren diesen Sachverhalt in einem Satz.

2-31) <u>SATZ :</u> Gegeben sei eine endliche Menge $\{ \tilde{u}_1,\tilde{u}_2, \dots , \tilde{u}_m \}$ von orthonormalen Vektoren. Die abstandsminimale Approximation eines Vektors x auf den von $\{\tilde{u}_1,\dots,\tilde{u}_m \}$ aufgespannten Vektorraum wird konstruiert als

(2.50)
$$\mathbf{P}(x \mid \tilde{u}_1,\tilde{u}_2, \dots , \tilde{u}_m)$$

$$= \langle x,\tilde{u}_1\rangle \tilde{u}_1 + \langle x,\tilde{u}_2\rangle \tilde{u}_2 + \dots + \langle x,\tilde{u}_m\rangle \tilde{u}_m \ .$$

<u>Beweis :</u> **LUENBERGER** (1968) , S. 58

Im Lichte dieser Ergebnisse kann das Gram-Schmidt-Orthogonalisierungsverfahren anschaulich interpretiert werden. Sei $\{y_i\}$ eine beliebige Folge linear unabhängiger Vektoren eines Hilbertraumes **H** . Die Gram-Schmidt-Prozedur läuft auf ein <u>rekursives Projektionsverfahren</u> hinaus:

<u>Schritt 1 :</u> (Normalisierung des ersten Vektors)

$$\tilde{y}_1^* := y_1 / \|y_1\| \ .$$

<u>Schritt 2 :</u> Die beste Approximation von y_2 durch y_1 lautet :

$$\mathbf{P}(y_2 \mid y_1) = \mathbf{P}(y_2 \mid \tilde{y}_1^*) = \langle y_2,\tilde{y}_1^*\rangle \tilde{y}_1^* \ .$$

Die erste Gleichung gilt, weil $\tilde{y}_2^*$ nur ein skalares Vielfaches von y_1 ist, die zweite Gleichung folgt aus den Normalgleichungen. Der Approximationsfehler der Projektion von y_1 auf y_2 lautet

$$\tilde{y}_2 = y_2 - \mathbf{P}(y_2|y_1) = y_2 - \mathbf{P}(y_2 \mid \tilde{y}_1^*) ,$$

und die normierte Version ergibt sich als

$$\tilde{y}_2^* = y_2 / \| y_2 \| .$$

Der Approximationsfehler $\tilde{y}_2^*$ ist eine Linearkombination aus y_1 und y_2 , weiterhin ist dieser Fehler per Konstruktion (eine Konsequenz des klassischen Projektionssatzes) orthogonal zu y_1 und schließlich ist $\|\tilde{y}_2^*\| = 1$.
Also sind die Vektoren $(\tilde{y}_1^*, \tilde{y}_2^*)$ eine orthonormale Basis des von (y_1, y_2) aufgespannten Vektorraumes.

Mit Hilfe eines induktiven Arguments zeigt man, daß eine Fortsetzung dieses Verfahrens eine Folge orthonormaler Vektoren $\{\tilde{y}_i^*\}$ erzeugt, so daß für jedes n die von

$$y(n) := (y_1, y_2, \ldots, y_n) \text{ und } \tilde{y}^*(n) := (\tilde{y}_1^*, \tilde{y}_2^*, \ldots, \tilde{y}_n^*)$$

aufgespannten Vektorräume übereinstimmen.
Für n=1 und n=2 haben wir dies bereits gezeigt. Setzen wir die Gültigkeit dieser Behauptung für n=i-1 voraus, so können wir in

<u>SCHRITT i :</u> die beste Approximation von y_i durch y(i-1) bilden als

$$\mathbf{P}(y_i \mid y(i-1)) = \mathbf{P}(y_i \mid \tilde{y}^*(i-1))$$

$$= \sum_{j=1}^{i-1} \langle y_i , \tilde{y}_j^* \rangle \tilde{y}_j^* .$$

Die erste Gleichung folgt aus der Induktionsannahme, daß y(i-1) und $\tilde{y}^*(i-1)$ dieselben Unterräume erzeugen, die zweite Gleichung ist eine Konsequenz der Normalgleichungen. Der Approximationsfehler der Projektion von y_i auf y(i-1) lautet :

$$\tilde{y}_i = y_i - \mathbf{P}(y_i \mid y(i-1)) = y_i - \mathbf{P}(y_i \mid \tilde{y}^*(i-1)) ,$$

und die normierte Version ergibt sich als

$$\tilde{y}_i^* = \tilde{y}_i \,/\, \| \tilde{y}_i \| .$$

Der Approximationsfehler $\tilde{y}_i$ ist laut Konstruktion gemäß Aussage des klassischen Projektionssatzes orthogonal zu allen Vektoren des Projektionsraumes, in diesem Falle also orthogonal zu $y(i-1)$ und $\tilde{y}(i-1)$. Ferner ist $\tilde{y}_i$ eine Linearkombination der Vektoren aus $y(i-1)$ und y_i und damit per Induktionsannahme auch eine Linearkombination der Vektoren aus $\tilde{y}(i-1)$ und y_i. Schließlich gilt für den normierten Approximationsfehler $\tilde{y}_i^*$: $\| \tilde{y}_i^* \| = 1$.
Also bildet $\tilde{y}^*(i)$ eine orthonormale Basis des von $y(i)$ aufgespannten Vektorraumes.

Damit ist das induktive Argument vollständig.

Eine Approximation eines Vektors x aus einem Hilbertraum $\mathbf{H}$ durch endlich viele orthonormale Vektoren $\{\tilde{y}_1^*, \ldots, \tilde{y}_m^*\}$ nennt man auch eine (endliche) **Fourierreihen - Approximation** von x , die Koeffizienten $\langle x, \tilde{y}_i^* \rangle$ der Approximation :

$$\mathbf{P}(x \mid \tilde{y}_1^*, \tilde{y}_2^*, \ldots, \tilde{y}_m^*) = \sum_{i=1}^{m} \langle x, \tilde{y}_i^* \rangle \, \tilde{y}_i^*$$

werden in diesem Zusammenhang als **Fourier-Koeffizienten** bezeichnet [BURRILL(1971), S.214ff.].

Im nächsten Abschnitt werden wir zeigen, daß der Kalmanfilter-Algorithmus nichts anderes als ein Gram-Schmidt-Verfahren in einem speziellen Hilbertraum quadratisch integrierbarer Zufallsvariabler ist.
Die Kalmanfiltermatrizen lassen sich als Fourierkoeffizienten einer Fourierreihenapproximation der Systemzustände interpretieren.

2.6.2. Interpretation des Kalmanfilter-Algorithmus als rekursive Projektionen in einem Hilbertraum

Wir betrachten nun die Konstruktion eines linearen Kleinstquadratschätzers (im folgenden abkürzend mit LKQS bezeichnet) für die Systemzustände eines dynamischen linearen Modells (in der Definition aus Abschnitt 2.5.1.) mit m=1 und k=1 (skalare Beobachtungs- und Zustandsvariable).
Wie erinnerlich ist der LKQS für x_t auf Basis von z(t) eine Linearkombination ($\hat{x}_{t|t}$) von der Gestalt

$$\hat{x}_{t|t} = a_0 + a_1 z_1 + a_2 z_2 + \ldots + a_t z_t ,$$

für welche der mittlere quadratische Fehler

$$E [(x_t - \hat{x}_{t|t})^2]$$

ein Minimum annimmt. Der LKQS $\hat{x}_{t|t}$ läßt sich als Projektion in einem geeignet definierten Hilbertraum von Zufallsvariablen deuten [KARLIN/TAYLOR(1975), S. 465ff.].

Sei z_0 eine Zufallsvariable, die mit Wahrscheinlichkeit 1 den Wert 1 annimmt, N sei der Beobachtungshorizont.
Die Menge aller Linearkombinationen

$$\mathbf{H} := \{ \; y: y = \sum_{\tau=0}^{N} [a_\tau z_\tau + b_\tau x_\tau] \; ; \; a_\tau, b_\tau \in \mathbb{R} \; \text{für alle } \tau \},$$

ausgestattet mit dem Skalarprodukt

$$\langle y_1, y_2 \rangle_1 \; := \; E(y_1 y_2)$$

und der hiervon induzierten Norm

$$\| \, y \, \|_1 \; := \sqrt{E(y^2)} \quad ,$$

ist ein Hilbertraum, der von den Zufallsvariablen z(N) und x(N) aufgespannt wird.
Die Menge aller Linearkombinationen

$$\mathbf{H}_t := \{ \; y: y = \sum_{\tau=0}^{t} a_\tau z_\tau \; ; \; a_\tau \in \mathbb{R} \; \text{für alle } \tau \; \}$$

ist ein abgeschlossener Unterraum von $\mathbf{H}$.

Der Abstand des Vektors x_t von einem Element $y \in \mathbf{H}$ wird definiert durch die Norm

$$\| x_t - y \|_1 = \sqrt{E[(x_t - y)^2]} ,$$

und das ist eine streng monoton steigende Funktion des mittleren quadratischen Fehlers: mithin läuft eine Abstandsminimierung der Hilbertraumnorm $\| \cdot \|$ auf eine Minimierung des mittleren quadratischen Fehlers hinaus, der LKQS $\hat{x}_{t|t}$ ist die beste Approximation (im Sinne der Hilbertraumnorm) von x_t durch ein Element aus $\mathbf{H}_t$.
Auf die Basis z(t) des Unterraumes $\mathbf{H}_t$ ist ein Gram-Schmidt-Orthogonalisierungsverfahren anwendbar definiert durch die Rekursionen :

$$\tilde{z}_0 := z_0 ,$$

$$\tilde{z}_s := z_s - \mathbf{P}(z_s | \tilde{z}(s-1)) \quad \text{für } s=1,2, \ldots , t .$$

Die Projektionen $\mathbf{P}(z_s | \tilde{z}(s-1))$ stimmen wiederum mit den linearen Kleinstquadratschätzern $\hat{z}_{s|s-1} = H_s' \hat{x}_{s|s-1}$ überein. Der Approximationsfehler $\tilde{z}_s$ ist also die oben ebenso bezeichnete Innovation. Die Folge der <u>normalisierten</u> Innovationen $\{\tilde{z}_s^* : s = 0,1, \ldots , t\}$

$$\text{mit } \tilde{z}_s^* := \sqrt{D_s}^{-1} \tilde{z}_s \qquad (\text{ also } \|\tilde{z}_s^*\|_1 = \sqrt{E(\tilde{z}_s^*)^2} = 1)$$

bilden ein orthonormale Basis von $\mathbf{H}_t$.
Gemäß Beziehung (2.50) in Satz (2-31) können wir die Projektion $\mathbf{P}(x_t | z(t))$ ermitteln als

$$\mathbf{P}(x_t | z(t)) = \sum_{s=1}^{t} \mathbf{P}(x_t | \tilde{z}_s^*) .$$

Im Kalmanfilter-Algorithmus erscheint allerdings nur die folgende Projektionszerlegung (die auf der Orthogonalität von z(t-1) und $\tilde{z}_t$ beruht) , nämlich :

$$\begin{aligned} \mathbf{P}(x_t | z(t)) &= \mathbf{P}(x_t | z(t-1)) + \mathbf{P}(x_t | \tilde{z}_t^*) \\ &= \hat{x}_{t|t-1} + \Sigma_{t|t-1} H_t D_t^{-1} \tilde{z}_t \\ &= \hat{x}_{t|t-1} + \Sigma_{t|t-1} H_t \sqrt{D_t}^{-1} \tilde{z}_t^* . \end{aligned}$$

Die Kalmanfiltermatrix bezüglich der normalisierten Innovation $\tilde{z}_t^*$

$$\Sigma_{t|t-1} H_t \sqrt{D_t}^{\,-1}$$

kann demnach als "aktueller" Koeffizient der Fourierreihenapproximation von x_t durch $\{\tilde{z}_s^*: s=0,1, \ldots, t\}$ aufgefaßt werden.

Der Kalmanfilter-Algorithmus kann mithin als ein Gram-Schmidt-Verfahren gedeutet werden, in dem eine Basis des "Beobachtungsraumes" , $\{z_s : s = 0,1,\ldots,t\}$, durch eine orthogonale Basis, $\{\tilde{z}_s: s = 0,1,\ldots,t\}$, ersetzt wird - ein Verfahren das eine schrittweise Herleitung der "aktuellen" Filterlösung $\hat{x}_{N|N}$ ermöglicht [LUENBERGER(1969), Kap. 4].

Der multidimensionale Fall (k>1 und m>1) des dynamischen linearen Modells kann ebenfalls in einem geeignet definierten Hilbertraum untersucht werden :

Sei z_0 :=(mx1) eine Zufallsvariable, deren Komponenten mit Wahrscheinlichkeit 1 alle den Wert 1 annehmen.
Der LKQS für x_t , $\hat{x}_{t|t}$, ist eine Linearkombination von der Gestalt

$$\hat{x}_{t|t} = A_0 z_0 + A_1 z_1 + \ldots + A_t z_t ,$$

$$A_i := (k\times m) \text{ und reellwertig für } i=0,1,\ldots,t ,$$

für welche der mittlere quadratische Fehler in allen Komponenten $\hat{x}_{t|t;i}$ $(i=1,2,\ldots,k)$:

$$\sum_{i=1}^{k} E\,(x_{t;i} - \hat{x}_{t|t;i})^2$$

ein Minimum annimmt.

Die Menge aller Linearkombinationen

$$\mathbf{H} := \{ y : y = \sum_{s=0}^{N} (A_s z_s + B_s x_s) \text{ mit } A_s := (k\times m) \text{ und } B_s := (k\times k),\ s=0,\ldots,N \},$$

ausgestattet mit dem Skalarprodukt

$$\langle y_1 , y_2 \rangle_k = \text{spur}\,[\,E(y_1 y_2')\,] = \sum_{i=1}^{k} y_{1;i}\, y_{2;i}$$

und der hiervon induzierten Norm

$$\|\, y \,\|_k := \sqrt{\text{spur}\,[E(y \cdot y')\,]} \quad ,$$

ist ein Hilbertraum (über dem Ring der reellwertigen (kxk)-Matrizen).

Die Menge aller Linearkombinationen

$$\mathbf{H}_t := \{\, y : \quad y = \sum_{s=0}^{t} A_s\, z_s \;,\; A_s := (kxm) \;,\; s=0,1,\ldots,t \,\}$$

ist ein abgeschlossener Unterraum von **H**.

Der LKQS für x_t auf Basis von z(t) stimmt mit der Projektion von x_t auf $\mathbf{H}_t$ überein.

Ferner läßt sich das Abstandsminimierungsproblem in k eindimensionale Projektionen zerlegen, die Hilbertraumnorm ist hier gerade so definiert worden, daß $\hat{x}_{t|t}$ genau dann die beste Approximation von x_t darstellt, wenn alle <u>Komponenten</u> von $\hat{x}_{t|t}$ als (eindimensionale) Projektionen auf

$$\mathbf{H}_t^{*} := \{\, y : \quad y = \sum_{s=0}^{t} \sum_{i=1}^{m} a_{si}\, z_{s;i} \quad , a_{si} \in \mathbb{R} \,\}$$

gebildet werden.

2.7. Anwendungsbeispiele

2.7.1. Sequentielle Regression und rekursive Residuen

Die von BROWN/DURBIN/EVANS (1975) popularisierten rekursiven Residuen, die in verschiedenen Varianten als Teststatistik auf Parameterkonstanz im klassischen Regressionsmodell finden [HACKL(1980), DUFOUR(1982), RAJ/ULLAH(1981)], lassen sich als Innovationsfolge eines Kalmanfilters deuten.
Die Rekursionsformeln sind die der schrittweisen Regression, die bereits seit langem in der statistischen Literatur bekannt sind [PLACKET(1950), FAREBROTHER(1978)].
Wir betrachten hierzu das klassische lineare Regressionsmodell als Spezialfall des dynamischen linearen Modells aus Abschnitt 2.1.2. :

(2.51a) *Beobachtungsgleichung:* $y_t = h_t' \beta_t + \varepsilon_t \quad (t=1,2,\ldots,N)$,

(2.51b) *Übergangsgleichung:* $\beta_t = \beta_{t-1} = \beta \quad (t=2,3,\ldots,N)$,

(2.51c) *stochastische Spezifikation:* $\{\varepsilon_t : t=1,2,\ldots\}$ ist normalverteiltes weißes Rauschen mit $\varepsilon_t \sim N(0,\sigma_\varepsilon^2)$.

Hierin ist y_t:=(1x1) die abhängige Variable, h_t':=(1xk) ist ein Spaltenvektor von in der Zeit konstanten Regressionskoeffizienten. (Dieser Sachverhalt wird durch die Übergangsgleichung beschrieben.)
Offensichtlich entsprechen die angegebenen Systemgleichungen einem Grundmodell aus 2.1.2. unter den Annahmen (D1) bis (D6) mit $z_t := y_t$, $x_t := \beta_t$, $v_t := \varepsilon_t$, $F := I$, $\Gamma := 0$, $R := \sigma_\varepsilon^2$, $Q := 0$.

Wir initialisieren die Kalmanfiltergleichungen nach k Perioden mit Hilfe des gewöhnlichen Kleinstquadratschätzers und seiner Kovarianzmatrix:

(2.52a) $$\beta_{k|k} := [H(k)\,H(k)']^{-1}\,H(k)\,y(k) ,$$

(2.52b) $$\Sigma_{k|k} := \sigma_\varepsilon^2\,[H(k)\,H(k)']^{-1} ,$$

mit $$H(k) := [\,h_1\; h_2 \;\ldots\; h_k\,] ,$$
$$y(k) := (\,y_1\; y_2 \;\ldots\; y_k)' .$$

Aus Satz (2-22) erhalten wir für das Modell (2.51) die nachstehenden Rekursionsformeln:

a) *Prädiktorschritt* :

(2.53a) $$\hat{\beta}_{t|t-1} = \hat{\beta}_{t-1|t-1} ,$$

(2.53b) $$\Sigma_{t|t-1} = \Sigma_{t-1|t-1} .$$

b) *Korrekturschritt* :

(2.54a) $$\hat{\beta}_{t|t} = \hat{\beta}_{t|t-1} + \Sigma_{t|t-1} h_t (h_t' \Sigma_{t|t-1} h_t + \sigma_\varepsilon^2)^{-1} (y_t - h_t' \hat{\beta}_{t|t-1})$$

$$= \hat{\beta}_{t-1|t-1} + \Sigma_{t-1|t-1} h_t \cdot \frac{y_t - h_t' \hat{\beta}_{t-1|t-1}}{h_t' \Sigma_{t-1|t-1} h_t + \sigma_\varepsilon^2} ,$$

(2.54b) $$\Sigma_{t|t} = \Sigma_{t|t-1} - \Sigma_{t|t-1} h_t (h_t' \Sigma_{t|t-1} h_t + \sigma_\varepsilon^2)^{-1} h_t' \Sigma_{t|t-1}$$

$$= \Sigma_{t-1|t-1} - \frac{\Sigma_{t-1|t-1} h_t h_t' \Sigma_{t-1|t-1}}{h_t' \Sigma_{t-1|t-1} h_t + \sigma_\varepsilon^2} .$$

Unter der oben vorgenommenen Initialisierung des Kalmanfilters läßt sich die Filterlösung $\hat{\beta}_{t|t}$ als gewöhnlicher Kleinstquadratschätzer bei Vorliegen von t Beobachtungen deuten. Die Matrix $\Sigma_{t|t}$ ist dann gerade die Kovarianzmatrix des gewöhnlichen Kleinstquadratschätzers, d.h. es gilt :

(2.55a) $$\hat{\beta}_{t|t} = [H(t)\, H(t)']^{-1} H(t)\, Y(t) ,$$

(2.55b) $$\Sigma_{t|t} = \sigma_\varepsilon^2 [H(t)\, H(t)']^{-1} .$$

Die Gültigkeit dieser Behauptung läßt sich einsehen , wenn man die folgende Rekursionsbeziehung beachtet :

(2.56a) $$H(t+1)\, H(t+1)' = H(t)\, H(t)' + h_t\, h_t' ,$$

(2.56b) $$[H(t+1)\, H(t+1)']^{-1} = [H(t)\, H(t)' + h_t\, 1\, h_t']^{-1} .$$

Mit Hilfe von Satz (2-8) schließen wir auf die folgende Rekursionsformel für $P(t) := [\, H(t)\, H(t)'\,]^{-1}$:

$$P(t+1) = P(t) - P(t)h_t(h_t'P(t)h_t + 1)^{-1} h_t'P(t)$$

(2.56c)

$$= P(t) - \frac{P(t)h_t h_t'P(t)}{h_t'P(t)h_t + 1} .$$

Mithin lassen sich die Rekursionsformeln des Kalmanfilters schreiben als :

(2.57a) $$\hat{\beta}_{t|t} = \hat{\beta}_{t-1|t-1} + P(t-1)\, h_t \frac{y_t - h_t' \hat{\beta}_{t|t-1}}{h_t'P(t-1)h_t + 1} ,$$

(2.57b) $$\Sigma_{t|t} = \sigma^2_\varepsilon \{P(t-1) - \frac{P(t-1)\, h_t h_t'\, P(t-1)}{h_t'P(t-1)h_t + 1}\} .$$

Die Innovationsfolge dieses Kalmanfilters , $\{\tilde{y}_t\}$, mit

$$\tilde{y}_t := y_t - h_t' \hat{\beta}_{t-1|t-1}$$

liefert uns die rekursiven Residuen . Sie sind bei Gültigkeit des Modells (d.h. unter anderem Konstanz der Regressionsparameter) weißes Rauschen , und zwar normalverteilt mit

$$E(\tilde{y}_t) = 0 ,$$

$$VAR(\tilde{y}_t) = \sigma^2_\varepsilon \{h_t' P(t-1) h_t + 1\} .$$

Auf Basis der Rauscheigenschaften von $\{\tilde{y}_t\}$ lassen sich Tests auf Parameterkonstanz gemäß (2.51b) konstruieren [vgl. BROWN/ DURBIN/EVANS(1985) und Teil III/ Kapitel 6.2.].
Neben der "globalen" Stabilitätshypothese der Form (2.51b) ist auch eine Frage nach der Stabilität individueller Koeffizienten denkbar. Ein solches Problem ließe sich durch einen Test der Kovarianzmatrix Q in einer Transitionsgleichung der Form

$$\beta_t = \beta_{t-1} + w_t \qquad \text{mit } w_t \sim N(0,Q)$$

statistisch untersuchen [vgl. die Stabilitätsuntersuchung der Geldnachfragefunktion in GARBADE(1977)].
Der Maximum-Likelihood Ansatz zur Schätzung (konstanter) Parameter - wie die der Kovarianzmatrix Q - und die Rolle des Kalmanfilters in diesem Ansatz werden im nächsten Teil diskutiert, ebenso die zugehörige (asymptotische) Verteilungs- und Testtheorie.

2.7.2. Die Bestimmung einer optimalen Glättungskonstanten im Rahmen der Schätzung permanenter Zeitreihenkomponenten

Die Methode der exponentiellen Glättung wurde bereits ausführlich in Teil I/Kapitel 2.3. erläutert. Wir können die dort behaupteten Beziehungen zwischen der exponentiellen Glättung und der Kalmanfiltertechnik nunmehr mit Hilfe von Satz (2-22) beweisen. Wir setzen die Überlegungen aus I/Kapitel 2.3. mit einem Beispiel fort.
Ein Unternehmer möchte die permanente Komponente der Nachfrage nach seinem Produkt schätzen. Der zum Zeitpunkt t beobachtete Absatz z_t setzt sich aus einer permanenten Komponente x_t und einer transitorischen Komponente v_t zusammen

$$z_t = x_t + v_t \, .$$

Der Prozeß $\{v_t\}$ ist weißes Rauschen. Die Komponente $\{x_t\}$ beschreibt einen sich "in der Zeit langsam ändernden Durchschnittswertes" der Nachfrage. Für dieses Schätzproblem haben HOLT(1957) und BROWN(1962) das folgende Filterverfahren vorgeschlagen :

(2.58a) $$\hat{x}_{t|t} = (1-\omega) \sum_{j=0}^{\infty} \omega^j z_{t-j} \qquad \text{mit } |\omega| < 1 \, .$$

(2.58b) $$\text{oder} \qquad \hat{x}_{t|t} = (1-\omega)\, z_t + \omega \hat{x}_{t-1|t-1} \, .$$

Der Schätzer ist eine gewichtete Summe vergangener Beobachtungen. Die Gewichte nehmen exponentiell ab mit dem Alter der Beobachtungen. Die Konstante ω ist eine Informationsdiskontierungsrate und sollte davon abhängen, wie "schnell" sich die permanente Komponente x_t in der Zeit ändert.
Wir können die im Sinne des (linearen) Kleinstquadratkriteriums optimale Glättungskonstante als Kalmanfilter in einem speziellen dynamischen linearen Modell deuten, das ein Bewegungsgesetz der permanenten Komponente in einer Transitionsgleichung spezifiziert.
Als Zustandsschätzer im folgenden dynamischen linearen Modell:

(2.59a) $$z_t = x_t + v_t \qquad \text{mit } v_t \sim N(0,\sigma_v^2) \, ,$$

(2.59b) $$x_{t+1} = f\, x_t + \gamma\, u_t + w_t \qquad \text{mit } w_t \sim N(0,\sigma_w^2) \, .$$

erhalten wir unter den Modellannahmen (D3)-(D7) gemäß Satz (2-9) die folgenden Rekursionsgleichungen :

(2.60a) $$\hat{x}_{t|t-1} = f\,\hat{x}_{t-1|t-1} + \gamma\, u_{t-1}$$

(2.60b) $$\sigma^2_{t|t-1} = f^2\,\sigma^2_{t-1|t-1} + \sigma^2_w$$

(2.61a) $$\hat{x}_{t|t} = \hat{x}_{t|t-1} + \frac{\sigma^2_{t|t-1}}{\sigma^2_{t|t-1} + \sigma^2_v}(z_t - \hat{z}_{t|t-1})$$

(2.61b) $$\sigma^2_{t|t} = \sigma^2_{t|t-1} - \sigma^2_{t|t-1}/(\sigma^2_{t|t-1} + \sigma^2_v) \quad .$$

Aus (2.60b) und (2.61b) ergibt sich eine Differenzengleichung für $\{\sigma^2_{t|t-1} : t=1,2,\ldots\}$,

(2.62) $$\sigma^2_{t+1|t} = f^2\left[\sigma^2_{t|t-1} - \frac{[\sigma^2_{t|t-1}]^2}{\sigma^2_{t|t-1} + \sigma^2_v}\right] + \sigma^2_w \quad ,$$

die für $t\to\infty$ eine eindeutige, positive "steady-state-Lösung" $\bar{\sigma}^2$ besitzt, die sich aus der nachstehenden Fixpunktgleichung errechnen läßt :

(2.63a) $$\bar{\sigma}^2 = f^2\left(\bar{\sigma}^2 - \frac{(\bar{\sigma}^2)^2}{\bar{\sigma}^2 + \sigma^2_v}\right) + \sigma^2_w \quad ,$$

(2.63b) $$\bar{\sigma}^2 = \frac{1}{2}\left[\sqrt{(\sigma^2_v(1-f^2) - \sigma^2_w)^2 + 4\sigma^2_v\sigma^2_w} - (\sigma^2_v(1-f^2) - \sigma^2_w)\right] \quad .$$

Die zugehörige steady - state - Lösung des Kalmanfilters liefert uns dann die gewünschte optimale Glättungskonstante

(2.64) $$1-\omega = \frac{\bar{\sigma}^2}{\bar{\sigma}^2 + \sigma^2_v} \quad .$$

Für $t\to\infty$ erhalten wir demnach die folgende "steady-state-Kalman-rekursionen" :

(2.65a) $$\hat{x}_{t|t} = \omega\,\hat{x}_{t|t-1} + (1-\omega)\, z_t \quad ,$$

(2.65b) $$\text{mit } \hat{x}_{t|t-1} = f\,\hat{x}_{t-1|t-1} + \gamma\, u_{t-1} \quad .$$

Für $f=1$ und $\gamma=0$ reduzieren sich diese Filtergleichungen auf die Standardgleichungen (2.58) der exponentiellen Glättung.

Aus (2.63) und (2.64) läßt sich ablesen, in welcher Weise die optimale Glättungskonstante von den Modellparametern $(f,\sigma_v^2,\sigma_w^2)$ abhängt: je höher das Verhältnis zwischen Meßfehlervarianz σ_v^2 und der "steady-state-Varianz" $\bar{\sigma}^2$ ausfällt, um so geringer ist das Gewicht, mit dem die neue Beobachtung in die Schätzkorrektur eingeht.
Auf diesem Hintergrund ist offensichtlich, wie sich der Kalmanfilter in einem allgemeinen Zustandsraummodell als "zeitabhängige" Glättungskonstante deuten läßt. Die Interpretation des Kalmanfilters als ein Varianzverhältnis im Sinne von (2.64) bleibt hierbei stets erhalten.
Für den Spezialfall $f=1, \sigma_w^2=0$ und $\gamma=0$ sei abschließend noch illustiert, wie "schnell" der Kalmanfilter die permanente Komponente des Prozesses $\{z_t\}$ lernt und schließlich neue Beobachtungen ignoriert [LENZ(1976), S. 70].
Unter Beachtung von (2.12c) und (2.12g) erhalten wir in diesem Spezialfall die folgenden Rekursionen:

(2.66a) $$\hat{x}_{t|t} = \hat{x}_{t-1|t-1} + (\sigma^2_{t|t} / \sigma^2_v)(z_t - \hat{x}_{t-1|t-1}),$$

(2.66b) $$(1/\sigma^2_{t|t}) = (1/\sigma^2_{t-1|t-1}) + (1/\sigma^2_v)$$
$$= t\,(1/\sigma^2_0) + (1/\sigma^2_v).$$

Hierin ist σ_0^2 die Varianz einer a-priori Verteilung für den Anfangszustand x_0 . Nun läßt sich unschwer zeigen , daß gilt :

(2.67) $$\hat{x}_{t|t} = \hat{x}_{t-1|t-1} + \frac{(\sigma_0^2 / \sigma_v^2)}{1 + t\,(\sigma_0^2 / \sigma_v^2)}(z_t - \hat{x}_{t-1|t-1}).$$

Aus dieser Rekursionsformel läßt sich ablesen , wie in der Zeit der Kalmanfilter die permanente Komponente x_t erkennt, die Glättungskonstante strebt schließlich gegen Null.

2.7.3. Die Verwendung des Kalmanfilters zur Beschreibung von Informationsstrukturen in dynamischen Entscheidungsproblemen unter Unsicherheit

Es gibt viele ökonomische Entscheidungsprobleme, die nicht als eine Folge von statischen Gleichgewichten modelliert werden können, die sich allenfalls in der Realisation gewisser exogener Schocks unterscheiden. Zu solchen Problemem gehören alle Entscheidungen, deren Optimalität von Erwartungen über zukünftige Größen (Einkommen, Preise, Absatzmengen) abhängen, wie zum Beispiel Investitionen in Sach- oder Humankapitel. Diese Investitionen bestimmen wesentlich die Handlungsmöglichkeiten späterer Perioden und werden in Abhängigkeit von zukünftigen "Umweltsituationen" eine Reihe von Folgeentscheidungen notwendig machen [PRESCOTT/TOWNSEND(1980), RADNER(1982)].

Eine Möglichkeit, solche dynamischen Probleme zu modellieren, besteht darin, sie durch eine Folge von Entscheidungen zu lösen, die als Funktion aller bis zum Entscheidungszeitpunkt beobachteten exogenen Schocks (als Funktion der gesamten "Geschichte" exogener Umweltimpulse) ausgedrückt werden.
Dieser Ansatz geht auf Ideen von ARROW und DEBREU zurück [ARROW(1965), DEBREU(1959), RADNER(1982), S. 925ff.]. [6]

Eine Alternative, die sich als fruchtbarer erwiesen hat, besteht darin, die optimale Entscheidungsfolge bei gegebener Geschichte exogener Impulse durch die Konstruktion von Entscheidungs<u>regeln</u> zu finden (im Idealfall zeitinvariant), die Funktion eines möglichst geringdimensionalen Zustandsvektors sind, der seinerseits die Auswirkungen vergangener Entscheidungen und exogener Umweltschocks auf die Gegenwart in geeigneter Weise verdichtet [PRESCOTT/TOWNSEND(1980), S. 177, LUCAS/PRESCOTT/STOKEY(1983), Kapitel 2 und 4].

In der im folgenden zu beschreibenden Klasse stationärer statistischer Entscheidungsprobleme können in der Tat optimale <u>zeitinvariante</u> Entscheidungsregeln gefunden werden [BLACKWELL(1965)].

(a) Es existiert eine Gewinnfunktion $g(\{d_t\},\{s_t\})$, die über die Zeit t = 0,1, ... separierbar ist in (d_t,s_t), , den "Entscheidungs- und Zustandsvariablen" der Periode t, gemäß der Darstellung :

$$g(\{d_t\},\{s_t\}) = E\left[\sum_{t=0}^{\infty} \beta^t r(d_t,s_t)\right], \quad 0 < \beta < 1 .$$

Hierin ist die Funktion $r: \mathbf{D} \times \mathbf{S} \to \mathbb{R}$ ($\mathbf{D} \subset \mathbb{R}^p$, $\mathbf{S} \subset \mathbb{R}^p$) eine zeitinvariante *Periodengewinnfunktion*, die zum Zeitpunkt t mit dem Faktor β^t auf den Planungszeitpunkt (t=0) diskontiert wird. Der Erwartungswert wird nach Bekanntwerden von s_0 bezüglich der Verteilung für $\{s_t\}$ gebildet.

(b) Der Zustandsvektor s_t ist eine Funktion von zum Zeitpunkt t beobachtbaren Zufallsvariablen. Die bedingte Verteilung von s_{t+1} hängt bei gegebenen gegenwärtigen und vergangenen Entscheidungen allein von d_t und s_t ab. Die "Übergangsdichte" $f(s_{t+1} \mid d_t,s_t)$ ist zeitinvariant. Häufig ist s_{t+1} eine Funktion von (d_t,s_t) und weißem Rauschen.

(c) Die Entscheidung d_t liegt in einer Menge "realisierbarer" Entscheidungen, die vom Wert der Zustandsvariablen s_t abhängt :

$$d_t \in \varphi(s_t) \quad , \quad \varphi(s_t) \subset \mathbf{D} \subset \mathbb{R}^p .$$

(d) Die Funktionen r,f und φ gehorchen den folgenden Regularitätsbedingungen :

(i) **Die Periodengewinnfuntion r(d,s) ist stetig und gleichmäßig beschränkt in (d,s) auf ganz $\mathbf{D} \times \mathbf{S}$.**

(ii) **Die Übergangsdichte $f(s'|d,s)$ ist stetig in (d,s) ,$d\in\varphi(s)$ für alle $s'\in\mathbf{S}$.**

(iii) **Die Korrespondenz $\varphi(s)$ ist stetig für fast alle $s\in\mathbf{S}$.**

(iv) **Die Menge zulässiger Entscheidungen $\varphi(s)$ ist kompakt.**

Eine *stationäre Entscheidungsregel* δ ist eine zeitinvariante Funktion, die jedem Systemzustand s_t die dann optimale Entscheidung zuordnet : $d_t = \delta(s_t)$.

Diese stationäre Entscheidungsregel ist *realisierbar*, wenn $\delta(s_t) \varepsilon\ \varphi(s_t)$ für alle t.

BLACKWELL(1965) hat gezeigt, daß sich eine optimale stationäre Entscheidungsregel finden läßt, wenn es in der allgemeineren Klasse von möglicherweise zeitvarianten Entscheidungsfunktionen $\{ d_t : d_t = \delta_t(s_1, s_2, \ldots, s_t) \}$ eine optimale Regel gibt.

Unter den genannten Regularitätsbedingungen (d), die in ökonomischen Anwendungen häufig gegeben sind, existiert eine Bewertungsfunktion v(s) , die Bellmans Optimalitätsbedingung (eine Fixpunktgleichung in der Funktion v) erfüllt :

$$v(s) = \sup_{d \varepsilon \varphi(s)} \{ r(d,s) + \beta \int v(y)\, dF(y \mid d,s) \} .$$

Die Bewertungsfunktion v(s) ordnet dem Umweltzustand s den maximalen erwarteten diskontierten Gewinnstrom aus allen realisierbaren Entscheidungsstrategien zu.[7]
Eine realisierbare stationäre Politik δ ist optimal genau dann , wenn das oben angegebene Supremum für alle s angenommen wird für $d = \delta(s)$.
Die Zustandsvariable s_t wird in der Regel Vermögensbestände oder Kapitalgüterbestände beschreiben. Häufig wird s_t direkte Auswirkungen vergangener Entscheidungen auf den gegenwärtigen Gewinn spezifizieren. Wenn die Produktionsentscheidung der letzten Periode die Produktion der laufenden Periode beeinflußt , so muß der output der vergangenen Periode eine Komponente von s_t sein.
Der hier vorgestellte rekursive Ansatz setzt somit nicht in der Zeit separierbare Produktionsfunktionen voraus (entsprechendes gilt für Nutzenfunktionen) .
Die Zustandsvariable s_t muß weiterhin die zum Zeitpunkt t zur Verfügung stehende Information in geeigneter Weise zusammenfassen. Nehmen wir einmal an, das Einkommen eines nutzenmaximierenden Wirtschaftssubjektes folgt einem autoregressiven Prozess zweiter Ordnung, dann gehören das Einkommen der laufenden und der vergangenen Periode in den Zustandsvektor , denn sie werden zur optimalen Prognose zukünftiger Einkommen benötigt.

Wenn sich das Einkommen aus permanenten und transitorischen Komponenten zusammensetzt, wie etwa in M. FRIEDMANS (1957) Konsumtheorie, dann ist eine exponentielle Gewichtung vergangener Einkommen ausreichend für die Prognose zukünftiger Einkommen, wie wir im letzten Abschnitt zeigten.
Die geeignete Konstruktion solcher *"für Zwecke der Prognose suffiziente"* Statistiken, von optimalen, möglichst geringdimensionalen *"Informationszustandsvariablen"* erlaubt der Kalmanfilter-Algorithmus, wie wir in dem folgenden kleinen Beispiel demonstrieren. [Weitere Anwendungen finden sich in KYDLAND/PRESCOTT (1982), CRAWFORD(1979), TOWNSEND(1983).]

BEISPIEL:

Ein Konsument maximiert den Nutzen-Barwert eines Konsumstroms $\{c_t\}$ der folgenden Gestalt :

$$E\left[\sum_{t=0}^{\infty} \beta^t \mathbf{u}(c_t)\right] \quad \text{mit} \quad 0 < \beta < 1 \ .$$

Hierin ist der Periodennutzen $\mathbf{u}(.)$ eine monoton steigende, konkave, stetige und gleichmäßig beschränkte Funktion auf den positiven reellen Zahlen.
Der Konsument hat einen log-normalverteilten Einkommensstrom der folgenden Gestalt zu erwarten :

$$y_t = \bar{y} \exp(x_t + v_t)$$

$$\text{mit} \quad x_{t+1} = \rho\, x_t + w_t \qquad |\rho| < 1$$

$$\text{und} \quad x_0 \sim N(\bar{x}_0, \sigma_0^2)\ ,\ v_t \sim N(0, \sigma_v^2)\ ,\ w_t \sim N(0, \sigma_w^2)$$

$$E(v_t v_s) = E(w_t w_s) = 0 \quad \text{für alle } t \neq s$$

$$E(x_0 v_t) = E(x_0 w_t) = 0 \quad \text{für alle } t \ .$$

Das Individuum kann sich maximal verschulden bis zum Betrage B, Soll- und Habenzins stimmen überein (r) .
Es wird eine Ein-Gut-Ökonomie betrachtet, c_t und y_t werden in denselben Einheiten gemessen, ebenso das Vermögen zum Zeitpunkt t, bezeichnet mit a_t . Das Individuum hat kein Vermögen aus der Vergangenheit vor t=0 geerbt.

Das Einkommen y_t ist zum Entscheidungszeitpunkt (über c_t) bekannt.

Der Kosument muß also folgende Budgetgleichungen beachten:

$$c_t + a_t = y_t + (1+r)\, a_{t-1} \qquad t=0,1,2,\ldots \quad ,$$
$$a_{-1} = 0 \ ,$$
$$a_t \geq -B \ .$$

Die Wahl eines Konsumstroms $\{c_t\}$ für den hier betrachteten Konsumenten kann in das oben beschriebene stationäre statistische Entscheidungsproblem übersetzt werden unter Vereinbarung folgender Definitionen für die Entscheidungsvariable d_t und den Zustandsvektor s_t :

$$d_t := a_t \quad , \quad s_t' := (\, y_t \, , \, a_{t-1} \, , \, \hat{x}_{t+1|t} \, , \, \sigma^2_{t+1|t} \,) \, ,$$

$$\text{mit } \hat{x}_{t+1|t} := E(x_{t+1}|z(t)) \quad , \quad \sigma^2_{t+1|t} = VAR(x_{t+1}|z(t)) \, .$$

Die optimale Akkumulationsentscheidung a_t (mit der für gegebenes a_{t-1} und y_t auch der Konsum c_t festliegt) bei gegebenem Systemzustand s_t ist derjenige Wert a_t^*,

$$a_t^* := \delta(s_t) \ \varepsilon \ \varphi(s_t) \ := \{ \, a_t : \ -B \leq a_t \leq y_t + (1+r)a_{t-1} \, \} ,$$

für den gemäß der *Bellmanschen Optimalitätsbedingung* :

$$v(s_t) = \max_{a_t \varepsilon \varphi(s_t)} \{ u(a_t, s_t) + \beta \int v(s_{t+1}) \, f(s_{t+1}|s_t, a_t) \, ds_{t+1} \} ,$$

das Maximum angenommen wird.

Die in dieser Fixpunktgleichung implizit definierte "value function" v(s) ordnet dem Umweltzustand s den maximalen erwarteten diskontierten Nutzenstrom aus allen realisierbaren Akkumulationsstrategien (bzw. Konsumstrategien) zu.

Die Transitionsdichte $f(s_{t+1}| \, s_t, a_t)$ kann mit Hilfe des Kalmanfilteralgorithmus aus folgenden Übergangsgleichungen gewonnen werden :

Transitionsgleichungen für den Zustandsvektor s_t :

$$s_{t+1}' = (y_{t+1} , a_t , \hat{x}_{t+2|t+1} , \sigma^2_{t+2|t+1})' ,$$

mit:

$$y_{t+1} = \bar{y} \exp(x_{t+1} + v_{t+1})$$

$$= \bar{y} \exp(\hat{x}_{t+1|t} + \tilde{x}_{t+1|t} + v_{t+1}) ,$$

$$a_t =: d_t ,$$

$$\hat{x}_{t+2|t+1} = \rho \hat{x}_{t+1|t+1}$$

$$= \rho [(1+k_{t+1}) \hat{x}_{t+1|t} + k_{t+1} \log(y_t)]$$

$$= \rho [(1+k_{t+1}) \hat{x}_{t+1|t} + k_{t+1} (\log(\bar{y}) + \hat{x}_{t+1|t} + \tilde{x}_{t+1|t} + v_{t+1})] ,$$

$$\sigma^2_{t+2|t+1} = \rho^2 \sigma^2_{t+1|t+1} + \sigma^2_w$$

$$= \rho^2 (1-k_{t+1}) \sigma^2_{t+1|t} + \sigma^2_w ,$$

$$k_{t+1} := \sigma^2_{t+1|t} / (\sigma^2_{t+1|t} + \sigma^2_v) .$$

Diese Transitionsgleichungen drücken s_{t+1} als Funktion der vergangenen Zustandsvariablen s_t und Entscheidungsvariablen $d_t := a_t$ aus, überlagert von stochastisch unabhängigem weißem Rauschen, nämlich

$$v_{t+1} \sim N(0 , \sigma^2_v) ,$$

$$\tilde{x}_{t+1|t} \sim N(0 , \sigma^2_{t+1|t}) .$$

Der oben angegebene Kalmanfilter k_{t+1} ergibt sich aus einem dynamischen linearen Modell mit

Beobachtungsgleichung : $\log (y_t) = \log(\bar{y}) + x_{t+1} + v_{t+1}$,

Transitionsgleichung : $x_{t+1} = \rho x_t + w_t$.

Kapitel 3: Vervollständigung der Schätzaufgaben: Herleitung der Glättungs- und Prognoselösung

3.1. Vorbemerkungen

Wir haben in Kapitel 2 die Filterlösung für alternative Spezifikationen des dynamischen linearen Modells hergeleitet. Wir haben hierzu zwei Hilfsmittel herangezogen : unter Normalverteilungsannahmen benutzten wir für die Herleitung eines Kleinstquadratschätzers die Formel für die Berechnung bedingter Normalverteilungen. Für die Herleitung des linearen Kleinstquadratschätzers unter schwächeren Modellannahmen (die nur die ersten und zweiten Momente der Systemstörterme betrafen) benutzten wir das Verfahren der schrittweisen Regression (Projektion) mit Hilfe der orthogonalisierten Beobachtungsfolge (Innovationsfolge) .
In den nächsten beiden Abschnitten werden wir die Lösung der drei Schätzaufgaben : Glättung, Filterung und Prognose, vervollständigen. In Abschnitt 3.2. ermitteln wir den LKQS aller Systemzustände im Beobachtungszeitraum auf Basis aller zur Verfügung stehenden Beobachtungen. Wir wenden hierbei den Satz von den iterierten Projektionen an.
Im Abschnitt 3.2. prognostizieren wir Systemzustände und die endogenen Variablen z_t über den Beobachtungszeitraum $[1 \leq t \leq N]$ hinaus. Wir ermitteln ebenfalls einen linearen KLeinstquadratschätzer.
Wir legen unseren Ableitungen das vereinfachte Grundmodell aus 2.1.2. zugrunde unter Vernachlässigung der Normalverteilungsannahme (D7). Bei Gültigkeit von (D7) würden wir Kleinstquadratschätzer erhalten, die formal identisch sind mit den nun abzuleitenden linearen Kleinstquadratschätzern.
In den nachfolgenden Beweisen können unter (D7) die Operatoren E^* und E gegeneinander ausgetauscht werden.

3.2. Herleitung der Glättungslösung

Uns liegen Beobachtungen bis zum Zeitpunkt $t = N$ vor. Wir suchen den linearen Kleinstquadratschätzer $\hat{x}_{t|N}$ für den gesamten Parameterpfad $\{x_t : t = 0, 1, \ldots, N\}$ auf Basis aller vorliegenden Beobachtungen $\{z_t : t = 1,2, \ldots, N\}$ Auch dieses Problem läßt sich rekursiv lösen. Man bezeichnet diese Schätzer als *"Glättungslösung für fest vorgegebenes Glättungsintervall $[t: 0 \leq t \leq N]$" oder als "fixed interval smoother".*[8]

Wir formulieren das Ergebnis dieses Abschnitts in dem folgenden Satz.

(3-1) **SATZ :** Unter den Annahmen (D1)-(D6) des Modells aus Abschnitt 2.1.2. ergibt sich der LKQS $\hat{x}_{t|N}$ in rekursiver Weise nach dem folgenden Verfahren :

(3.1a) $$\hat{x}_{t|N} := E^*(x_t | z(N)) = \hat{x}_{t|t} + A_t \, (\hat{x}_{t+1|N} - \hat{x}_{t+1|t})$$

(3.1b) $$\Sigma_{t|N} := COV(\tilde{x}_{t|N}) = \Sigma_{t|t} - A_t \, (\Sigma_{t+1|t} - \Sigma_{t+1|N}) \, A_t'$$

(3.1c) $$\text{mit} \quad A_t := \Sigma_{t|t} F' \Sigma_{t+1|t}^{-1} \, .$$

Wir initialisieren den Glättungsalgorithmus mit den bekannten Filterlösungen am Beobachtungshorizont, d.h. mit

$$\hat{x}_{N|N} := E^*(x_N | z(N)) \, , \quad \Sigma_{N|N} := COV(\tilde{x}_{N|N}) \, .$$

Beweis : ANSLEY/KOHN (1982).

Der Beweis wird mit Hilfe von Satz (2-21) geführt. Wir wissen aus Kapitel 1, daß z_t eine Linearkombination der Störterme $\{w_\tau : \tau = 0,1, \ldots, N-1\}$ und $\{v_\tau : \tau = 1,2, \ldots, N\}$ sowie des Anfangszustandes x_0 ist. Man kann so nachweisen, daß jede Komponente aus der Informationsmenge $z(N)$ eine Linearkombination aus den Komponenten der folgenden Variablenmenge ist, nämlich $\{ z(t) , \tilde{x}_{t+1|t} , \{w_\tau : \tau = t+1, \ldots, N-1\} , \{v_\tau : \tau = t+1, \ldots, N\} \}$. Wir wollen die Komponenten dieser Variablen in einem Spaltenvektor y zusammenfassen

$$y := (z(t)' \; \tilde{x}_{t+1|t}' \; w_{t+1}' \ldots w_{N-1}' \; v_{t+1}' \ldots v_N')'$$

Der Beobachtungsvektor $z(N):=(z_1' \; z_2' \; \dots \; z_N')'$ kann als Linearkombination von y dargestellt werden. Mithin gilt nach Satz (2-21b) über iterierte Projektionen :

(3.2) $$\hat{x}_{t|N} := E^*(x_t|z(N)) = E^*\left(E^*(x_t|y) \mid z(N) \right) .$$

Der LKQS von x_t bezüglich y ist nicht schwer zu finden, denn die Teilvektoren $z(t)$, $\tilde{x}_{t+1|t}$, w_{t+1} , ... , w_{N-1}, v_{t+1},..., v_N sind alle wegen (2-15) bzw. wegen (D5) nicht miteinander korreliert. Aus Satz (2-17) folgt daher :

(3.3) $$\begin{aligned} E^*(x_t \mid y) &= E^*(x_t|z(t)) + E^*(x_t|\tilde{x}_{t+1|t}) \\ &\quad + E^*(x_t|w_{t+1},\dots,w_{N-1}) + E^*(x_t|v_{t+1},\dots,v_N) - 3E(x_t) \\ &= E^*(x_t|z(t)) + E^*(x_t|x_{t+1|t}) - E(x_t) . \end{aligned}$$

In der letzten Gleichung haben wir benutzt, daß x_t nur von den Störtermen $\{w_s: s=0,1,\dots,t-1\}$ und v_0 abhängt und daher wegen (D5) mit den folgenden Störtermen $\{v_s, w_s : s \geqq t\}$ nicht korreliert ist. Unter Beachtung von (2.28) erhalten wir

(3.4) $$E^*(x_t \mid y) = E^*(x_t|z(t)) + COV(x_t,\tilde{x}_{t+1|t})\, \Sigma^{-1}_{t+1|t}\, \tilde{x}_{t+1|t} .$$

Die Kovarianz zwischen x_t und $\tilde{x}_{t+1|t}$ ergibt sich nach Einsetzen von (2.34) als :

(3.5) $$\begin{aligned} COV(x_t , \tilde{x}_{t+1|t}) &= COV(x_t , F\, \tilde{x}_{t|t} + w_t) \\ &= E(x_t\, \tilde{x}'_{t|t}\, F') = E (x_t\, \tilde{x}'_{t|t}) F' \\ &= E([\, \hat{x}_{t|t} + \tilde{x}_{t|t}]\, \tilde{x}'_{t|t}) F' = \Sigma_{t|t}\, F' . \end{aligned}$$

In der letzten Gleichung haben wir benutzt, daß $\tilde{x}_{t|t}$ mit den Regressoren z(t) gemäß (2-15) nicht korreliert ist. Setzen wir (3.5) in (3.4) ein, so erhalten wir schließlich :

(3.6) $$\begin{aligned} E^*(x_t \mid y) &= \hat{x}_{t|t} + \Sigma_{t|t}\, F'\, \Sigma^{-1}_{t+1|t}\, \tilde{x}_{t+1|t} \\ &= \hat{x}_{t|t} + A_t (x_{t+1} - \hat{x}_{t+1|t}) . \end{aligned}$$

Projizieren wir beide Seiten von (3.6) auf die Beobachtungen z(N), so resultiert mit (3.2) die Behauptung (3.1a).

Der Prognosefehler des Zustandsschätzers $\hat{x}_{t|N}$ wird definitionsgemäß berechnet als :

(3.7) $$\tilde{x}_{t|N} := x_t - \hat{x}_{t|N} = x_t - \hat{x}_{t|t} - A_t (\hat{x}_{t+1|N} - \hat{x}_{t+1|t})$$
$$= \tilde{x}_{t|t} - A_t (\hat{x}_{t+1|N} - \hat{x}_{t+1|t}) .$$

Berücksichtigen wir, daß für alle t und s die Zufallsvariablen $\tilde{x}_{t|s}$ und $\hat{x}_{t|s}$ nicht miteinander korreliert sind, so ergibt sich aus der folgenden Variante von (3.7) ,

$$\tilde{x}_{t|N} + A_t \hat{x}_{t+1|N} = \tilde{x}_{t|t} + A_t \hat{x}_{t+1|t} ,$$

eine Bestimmungsgleichung für die Kovarianzmatrix $\Sigma_{t|N}$:

(3.8) $$E(\tilde{x}_{t|N} \tilde{x}_{t|N}') + A_t E(\hat{x}_{t+1|N} \hat{x}_{t+1|N}') A_t'$$
$$= E(\tilde{x}_{t|t} \tilde{x}_{t|t}') + A_t E(\hat{x}_{t+1|t} \hat{x}_{t+1|t}') A_t' .$$

Den Erwartungswert $E(\hat{x}_{t|s} \hat{x}_{t|s}')$ können wir ebenfalls unter Ausnutzung der Orthogonalität von $\tilde{x}_{t|s}$ und $\hat{x}_{t|s}$ berechnen :

(3.9) $$E(\hat{x}_{t|s} \hat{x}_{t|s}') = E [(x_t - \tilde{x}_{t|s})(x_t - \tilde{x}_{t|s})']$$
$$= M_t - \Sigma_{t|s}$$
$$\text{mit } M_t := E(x_t x_t') .$$

Mit diesem Zwischenergebnis liefert uns die Bestimmungsgleichung (3.8) die folgende rekursive Beziehung :

$$\Sigma_{t|N} + A_t (M_{t+1} - \Sigma_{t+1|N}) A_t'$$
$$= \Sigma_{t|t} + A_t (M_{t+1} - \Sigma_{t+1|t}) A_t' .$$

und damit folgt die zweite Behauptung des Satzes :

$$\Sigma_{t|N} = \Sigma_{t|t} - A_t (\Sigma_{t+1|t} - \Sigma_{t+1|N}) A_t'$$

Wir werden in Teil III/Abschnitt 3.2.2. neben der Kovarianzmatrix $\Sigma_{t|N}$ auch die Kovarianzmatrix zwischen aufeinanderfolgenden Prognosefehlern der Glättungslösung, nämlich :

$$\Sigma_{t,t+1|N} := E(\tilde{x}_{t|N}\ \tilde{x}_{t+1|N}')$$

benötigen, Mit den Beweismethoden dieses Abschnitts ist die Herleitung eine leichte Aufgabe. Das Ergebnis steht im nächsten Satz.

(3-2) SATZ: Unter der Annahmen (D1) bis (D6) aus 2.1.2. gilt:

$$\Sigma_{t,t+1|N} = A_t\ \Sigma_{t+1|N} \quad \text{mit} \quad A_t := \Sigma_{t|t}\ F'\ \Sigma_{t+1|t}^{-1} .$$

Beweis:[9]

Aus der Rekursionsgleichung (3.7) für den Prognosefehler der Glättungslösung erhalten wir nach Postmultiplikation mit x_{t+1}'

$$\tilde{x}_{t|N}\ x_{t+1}' = A_t\ \tilde{x}_{t+1|N}\ x_{t+1}' + \tilde{x}_{t|t}\ x_{t+1}' - A_t\ \tilde{x}_{t+1|t}\ x_{t+1}' .$$

Die Einzelauswertung der erwarteten Kreuzprodukte ergibt :

$$E(\tilde{x}_{t|N}\ x_{t+1}') = E(\tilde{x}_{t|N}\ (\hat{x}_{t+1|N} + \tilde{x}_{t+1|N})') = \Sigma_{t,t+1|N} ,$$

$$E(\tilde{x}_{t+1|N}\ x_{t+1}') = E(\tilde{x}_{t+1|N}\ (\hat{x}_{t+1|N} + \tilde{x}_{t+1|N})') = \Sigma_{t+1|N} ,$$

$$E(\tilde{x}_{t|t}\ x_{t+1}') = E(\tilde{x}_{t|t}\ (F\ x_t + \Gamma\ u_t + w_t)')$$

$$= E(\tilde{x}_{t|t}\ x_t'\ F') = \Sigma_{t|t}\ F' ,$$

$$E(\tilde{x}_{t+1|t}\ x_{t+1}') = E(\tilde{x}_{t+1|t}\ (\hat{x}_{t+1|t} + \tilde{x}_{t+1|t})') = \Sigma_{t+1|t} .$$

unter Ausnutzung der wohlbekannten Orthogonalitätseigenschaften der Prognosefehler $\tilde{x}_{t|s}$ bezüglich Z(s).
Wegen

$$A_t\ \Sigma_{t+1|t} = \Sigma_{t|t}\ F'$$

resultiert die Behauptung des Satzes.

3.3. Herleitung der Prognoselösung

Nachdem wir nun den linearen Kleinstquadratschätzer des gesamten Parameterpfades $\{x_t : 0 \leq t \leq N\}$ bis zum Ende des Beobachtungszeitraumes N auf Basis aller Beobachtungen z(N) kennen , wollen wir nun zeigen , wie wir die Informationsmenge z(N) dazu benützen können , um zukünftige Beobachtungen z_{N+s} und Systemzustände x_{N+s} jenseits des Beobachtungshorizonts N prognostizieren können. Diese Prognose ist eine Extrapolation der aktuellen Filterlösung $\hat{x}_{N|N}$ durch die Transitionsgleichung.[10] Wir erhalten eine s-Schritt Prognose $\hat{x}_{N+s|N}$ rekursiv aus der (s-1) - Schritt Prognose aus der Transitionsgleichung :

$$x_{N+s} = F\, x_{N+s-1} + \Gamma\, u_{N+s-1} + w_{N+s-1} \quad .$$

Für bekannte Werte der Kontrollfolge $\{u_{N+\tau} : \tau \geq 1\}$ erhalten wir die gesuchte s-Schritt Prognose als

.10a) $$\hat{x}_{N+s|N} := E^*(x_{N+s} \,|\, z(N)) = F\, \hat{x}_{N+s-1|N} + \Gamma\, u_{N+s-1} \quad ,$$

denn der Störterm w_{N+s-1} ist mit den Variablen aus z(N) nicht korreliert. Der zugehörige Prognosefehler des LKQS $\hat{x}_{N+s|N}$ hat die Gestalt :

$$\tilde{x}_{N+s|N} := x_{N+s} - \hat{x}_{N+s|N} = F\, \tilde{x}_{N+s-1|N} + w_{N+s-1} \quad .$$

Mithin lautet die Kovarianzmatrix von $\tilde{x}_{N+s|N}$:

.10b) $$\Sigma_{N+s|N} := COV(\tilde{x}_{N+s|N}) = F\, \Sigma_{N+s-1|N}\, F' + Q \quad .$$

Sofern wir die Kontrollfolge $\{u_{N+\tau} : \tau \geq 1\}$ schätzen müssen (unabhängig von der Zustandsschätzung , wie wir annehmen wollen) durch die Schätzer $\{\hat{u}_{N+\tau|N} : \tau \geq 1\}$ mit den zugehörigen Prognosefehlerkovarianzmatrizen $\{\Psi_{N+\tau|N} : \tau \geq 1\}$, so verändern sich die Rekursionsformeln zu :

.11a) $$\hat{x}_{N+s|N} = F\, \hat{x}_{N+s-1|N} + \Gamma\, \hat{u}_{N+s-1|N} \quad ,$$

.11b) $$\Sigma_{N+s|N} = F\, \Sigma_{N+s-1|N}\, F' + \Gamma\, \Psi_{N+s-1|N}\, \Gamma' + Q \quad .$$

Wir initialisieren die Prognoselösungen mit den bekannten Filterlösungen am Beobachtungshorizont : $\hat{x}_{N|N}$ und $\Sigma_{N|N}$. Wir können die s-Schritt-Prognosen der Systemzustände, $\hat{x}_{N+s|N}$, benutzen , um die s-Schritt Prognosen der abhängigen Variablen z_{N+s} herzuleiten , und zwar mit Hilfe der Beobachtungsgleichung:

$$z_{N+s} = H_{N+s}' x_{N+s} + v_{N+s} .$$

Für den Fall , daß H_{N+s} bekannt ist , erhalten wir offensichtlich einen linearen Kleinstquadratschätzer für z_{N+s} gemäß

(3.12a) $$\hat{z}_{N+s|N} := E^*(z_{N+s} | z(N)) = H_{N+s}' \hat{x}_{N+s|N} ,$$

denn der Störterm v_{N+s} ist nicht mit $z(N)$ korreliert für $s \geq 1$.
Für den zugehörigen Prognosefehler $\tilde{z}_{N+s|N}$ erhalten wir

$$\tilde{z}_{N+s|N} := z_{N+s} - \hat{z}_{N+s|N} = H_{N+s}' \tilde{x}_{N+s|N} + v_{N+s} .$$

Mithin können wir seine Kovarianzmatrix $D_{N+s|N}$ berechnen als

(3.12b) $$D_{N+s|N} := COV(\tilde{z}_{N+s|N}) = H_{N+s}' \Sigma_{N+s|N} H_{N+s} + R .$$

In einer Situation , in der wir die "Meßmatrizen" $\{H_{N+s} : s \geq 1\}$ erst schätzen müssen (wiederum unabhängig von der Systemzustandsschätzung , wie wir annehmen wollen) , so bilden wir den linearen Kleinstquadratschätzer $\hat{z}_{N+s|N}$ für <u>vorgegebenen</u> optimalen Schätzer $\hat{H}_{N+s|N}$ gemäß

(3.13a) $$\hat{z}_{N+s|N} := \hat{H}_{N+s|N}' \hat{x}_{N+s|N} .$$

Wir wollen hierbei nicht näher spezifizieren , wie wir $\hat{H}_{N+s|N}$ gewinnen ; möglicherweise mit Hilfe von BOX-JENKINS - Verfahren als $\hat{H}_{N+s|N} = E^*(H_{N+s} | H_N, H_{N-1}, \ldots , H_1)$.
Wir wollen zunächst noch einige Definitionen vereinbaren.
Es bezeichne H_{N+s}^i die i-te Spalte der Matrix H_{N+s} :=(kxm) , eine entsprechende Bedeutung haben $\hat{H}_{N+s|N}^i$ und $\tilde{H}_{N+s|N}^i$.
$\tilde{H}_{N+s|N}$ ist unsere übliche Definition des Prognosefehlers.
Unter der (kxk) - Matrix Φ_{ij} wollen wir die Kovarianzmatrix der Prognosefehler $\tilde{H}_{N+s|N}^i$ und $\tilde{H}_{N+s|N}^j$ verstehen.
FELDSTEIN (1971) hat gezeigt , wie die Variabilität der prognostizierten Meßmatrix H_{N+s} in der Kovarianzmatrix des Prognosefehlers $\tilde{z}_{N+s|N}$ berücksichtigt werden muß.

(3.13b) $$D_{N+s|N} := COV(\tilde{z}_{N+s|N}) = \hat{H}_{N+s|N}' \Sigma_{N+s|N} \hat{H}_{N+s|N} + R + \Lambda ,$$

$$\text{mit } \Lambda := (mxm) \text{ und } \lambda_{ij} := spur[\Phi_{ij}(\hat{x}_{N+s|N} \hat{x}_{N+s|N}' + \Sigma_{N+s|N})] .$$

Kapitel 4: *Numerische Varianten der Kalmanfilter-Gleichungen*

4.1. Vorbemerkungen

Die in den letzten beiden Kapiteln vorgestellten Rekursionsgleichungen können den Anwender vor die folgenden numerischen Probleme stellen:

(a) Es gibt Situationen, in denen keine a priori Informationen über den Anfangszustand x_0 vorliegen. Wie soll der Fall einer "unendlich großen" Kovarianzmatrix des Anfangszustandes in der Systemschätzung berücksichtigt werden?

(b) Durch Rundungsfehler generieren die Rekursionsgleichungen (insbesondere bei der Bildung von Matrix-Differenzen) möglicherweise Kovarianzmatrizen $\Sigma_{t|s}$, die weder symmetrisch noch positiv (semi)definit sind. Wie müssen die Kalmanfilter-Gleichungen modifiziert werden, um diese Eigenschaften der berechneten Kovarianzmatrizen $\Sigma_{t|s}$ sicherzustellen?

Die Antwort auf die Frage (a) liefert der sogenannte *Informationsfilter*. Es handelt sich hierbei um Rekursionsgleichungen für die Inversen der Prognosefehlerkovarianzmatrizen (die *Informations-* oder *Präzisionsmatrizen* $\Sigma_{t|s}^{-1}$). Der Fall einer "unendlich großen" Kovarianzmatrix Σ_0 wird unter der Initialisierung $\Sigma_0^{-1} := 0$ behandelt. Die Lösung des Problems (b) wird durch den sogenannten *Wurzelfilter* gegeben. In dieser numerischen Variante werden Rekursionsgleichungen für die Cholesky Wurzeln der Prognosefehlerkovarianzmatrizen (oder ihrer Inversen) aufgestellt. Das Produkt dieser Wurzeln ist per Konstruktion symmetrisch und positiv (semi)definit.

Je nachdem, ob die $\Sigma_{t|s}$ in Form ihrer Cholesky Wurzeln bzw. ihrer Inversen oder in der Standardform berechnet werden, erhalten wir vier numerische Varianten der Kalmanfilter-Rekursionen, die wir in den Abschnitten 4.3 bis 4.6 nacheinander diskutieren. Die hierzu benötigten Hilfsmittel (Cholesky-Wurzeln, Householder-Transformationen und ihre statistische Bedeutung für die Berechnung linearer Kleinstquadratschätzer) stellen wir vorab in 4.2 zusammen. Ferner benutzen wir wie in Kapitel 3 das vereinfachte Grundmodell aus 2.1.2. ohne die Normalverteilungsannahme (D7). Die Notation (2.9) gilt demnach im weiteren als vereinbart.

Die Rekursionsgleichungen dieses Kapitels bleiben erhalten, wenn man unter der Zusatzannahme (D7) in den folgenden Sätzen und Beweisen den LKQS-Operator E* durch den KQS-Operator E ersetzt.

4.2. Hilfsmittel

4.2.1. Cholesky-Wurzeln einer positiv definiten, symmetrischen Matrix

Wir beginnen mit der Definition der *Quadratwurzel* einer beliebigen quadratischen Matrix A:=(kxk).

(4-1) Definition: Gegeben sei eine Matrix A:=(kxk) . Eine Matrix W:=(kxk) heißt *Quadratwurzel von A* , wenn sich A darstellen läßt als $A = W W'$

Quadratwurzeln von Matrizen sind - sofern sie existieren - nicht eindeutig. Sei T eine orthogonale Matrix, also $T T' = I$. Ist W eine Quadratwurzel von A, dann ist auch W T eine Quadratwurzel von A, denn $WT(WT)' = W (TT') W' = WW' = A$.

Wir werden ausschließlich an der Zerlegung von Kovarianzmatrizen interessiert sein, die bekanntlich symmetrisch und positiv semidefinit sind. Für diesen Typ zitieren wir den folgenden Existenzsatz.

(4-2) SATZ: Sei A:=(kxk) eine symmetrische und positiv semidefinite Matrix vom Rang r. Dann existiert eine Quadrat-Wurzel W:=(kxk) der Matrix A ebenfalls vom Rang r.

Beweis: DHRYMES(1978), S. 490

Es gibt ein weit verbreitetes Verfahren von CHOLESKY zur Konstruktion von Quadratwurzeln positiv definiter Matrizen. Wir definieren zunächst die sogenannte Cholesky-Wurzel.

(4-3) Definition: Eine untere (obere) Dreiecksmatrix W:=(kxk) heißt *untere (obere) Cholesky-Wurzel* von A:=(kxk), wenn sich A darstellen läßt als $A = W W'$.

Das Konstruktionsverfahren einer Cholesky-Wurzel ist Gegenstand des folgenden Satzes.

(4-4) SATZ: Jede symmetrische, positiv definite Matrix $A:=(k \times k)$ besitzt eine untere (obere) Cholesky-Wurzel.
Eine untere Cholesky-Wurzel kann nach dem folgenden Verfahren konstruiert werden:

(i) Definiere : $a_{ij}(1) := a_{ij} \quad (i,j = 1,2, \ldots, k)$.

(ii) Für $h = 1,2, \ldots, k-1$ berechne

$$w_{hh} := \sqrt{a_{hh}(h)} ,$$

$$w_{ih} := a_{hi}(h) \,/\, w_{hh} \qquad (i=h+1,h+2, \ldots, k),$$

$$a_{ij}(h+1) := a_{ij}(h) - w_{ih}\, w_{jh} \qquad (i,j=h+1,h+2, \ldots, k) .$$

(iii) Für $h = k$ berechne $w_{kk} := \sqrt{a_{kk}(k)}$.

Beweis: BIERMAN(1977), S. 40-41
DHRYMES(1978), S. 487

Wir führen einen konstruktiven Beweis, indem wir zeigen, daß sich die quadratische Form $x'Ax$ für beliebiges $x \in \mathbb{R}^k$ mit Hilfe der oben angegebenen Matrix W ausdrücken läßt durch $x'Ax = y'y$ mit $y:=Wx$. Es gilt :

$$x'A\,x = a_{11}\, x_1^2 + 2\,[\sum_{i=2}^{k} a_{1i}\, x_i]\, x_1 + \sum_{i,j=2}^{k} a_{ij} x_i x_j$$

Wir ergänzen diesen Ausdruck quadratisch in x_1 :

$$x'A\,x = [\sqrt{a_{11}}\, x_1 + \sum_{i=2}^{k} (a_{1i}/\sqrt{a_{11}})\, x_i]^2 - [\sum_{i=2}^{k} (a_{1i}/\sqrt{a_{11}})\, x_i]^2 + \sum_{i,j=2}^{k} a_{ij} x_i x_j$$

$$= [\sqrt{a_{11}}\, x_1 + \sum_{i=2} (a_{1i}/\sqrt{a_{11}})\, x_i]^2 + \sum_{i,j=2}^{k} (\,(a_{1i} a_{1j}/a_{11}) - a_{ij}\,)\, x_i\, x_j \,.$$

Unter der Definition :

$$w_{11} := \sqrt{a_{11}}\ ,\quad w_{i1} := a_{1i} / w_{11}\ ,\quad y_1 := \sum_{i=1}^{k} w_{i1} x_i$$

geht die quadratische Form x'A x über in :

$$x'A\,x = y_1^2 + \sum_{i,j=2}^{k} (a_{ij} - w_{i1} w_{j1})\, x_i\, x_j\ ,$$

und für $a_{ij}(2) := a_{ij} - w_{i1}\, w_{j1}$ erhalten wir

$$x'A\,x = y_1^2 + \sum_{i,j=2}^{k} a_{ij}(2)\, x_i\, x_j\ .$$

Wir können nun das quadratische Ergänzungsverfahren in x_2 auf die Summe (die nunmehr nur noch Terme in x_2 , x_3 , ... , x_k enthält) in diesem Ausdruck anwenden , wir erhalten dann eine Faktorisierung der quadratischen Form x'A x der Gestalt

$$x'\,A\,x = y_1^2 + y_2^2 + \sum_{i,j=3}^{k} a_{ij}(3)\, x_i\, x_j\ .$$

Fahren wir in dieser Weise fort , so erreichen wir die behauptete Darstellung der quadratischen Form x' A x als

$$x'Ax = y'y = x'\,W\,W'\,x \quad \text{mit}$$

$$y' := x'\,W = (x_1\ \ x_2\ \ \dots\ \ x_k) \begin{bmatrix} w_{11} & & & & 0 \\ w_{21} & w_{22} & & & \\ w_{31} & w_{32} & w_{33} & & \\ & & & \ddots & \\ w_{k1} & w_{k2} & w_{k3} & \cdots & w_{kk} \end{bmatrix}$$

und $x \in \mathbb{R}^k$ beliebig gewählt.

Mithin gilt die Faktorisierung A = W W' .

Offensichtlich ist die in Satz (4-4) angegebene Cholesky-Wurzel von A nicht die einzig mögliche : im Konstruktionsschritt (ii) kann w_{hh} durch $+\sqrt{a_{hh}(h)}$ oder $-\sqrt{a_{hh}(h)}$ definiert werden. Cholesky-Wurzeln können durch spezielle orthogonale Transformationen **T** ineinander überführt werden, nämlich durch Diagonalmatrizen **T** mit $t_{ii} = 1$ oder $t_{ii} = -1$. Die Cholesky-Wurzel wird eindeutig, wenn wir beispielsweise fordern, daß die Elemente auf der Hauptdiagonalen alle positives Vorzeichen besitzen.

4.2.2. Die Householder-Transformation

Die Householder-Transformation ist die Lösung eines elementaren geometrischen Problems im Hilbertraum $\mathbb{R}^k$ (versehen mit dem üblichen Skalarprodukt $<x,y> = x'y$) . Sei $x := (kx1)$ ein beliebiger von Null verschiedener Vektor aus $\mathbb{R}^k$; X sei die Menge aller Vektoren , die parallel zu x liegen und $X^\perp$ sei das orthogonale Komplement von X . Gesucht wird für einen Vektor y aus $\mathbb{R}^k$ seine Spiegelung " an $X^\perp$ und parallel zu X " , d.h. ein Vektor $\hat{y}$, für den gilt : $\|\hat{y}\| = \|y\|$ und $(y-\hat{y}) \varepsilon X$. Wenn x° den Einheitsvektor in Richtung x bezeichnet , dann ergibt sich der gesuchte Spiegelgungsvektor wie folgt als

$$\hat{y} = y - 2 (y'x^\circ) x^\circ = (I_k - 2 x^\circ x^{\circ\prime}) y$$

Die unten stehende Abbildung illustriert diese Konstruktion : $(y'x^\circ)x^\circ$ ist gerade die beste Approximation (im Sinne der Hilbertraum Norm) von y durch x (oder die Projektion von y auf x). Der Approximationsfehler $y - (y'x^\circ)x^\circ$ ist ein Element von $X^\perp$. Man rechnet leicht nach , daß $\hat{y}$ in der Tat die geforderten Eigenschaften eines Spiegelungsvektors besitzt:

(i) $\hat{y}'\hat{y} = [y-2(y'x^\circ)x^\circ]'[y-2(y'x^\circ)x^\circ] = y'y$,

(ii) $y - \hat{y} = 2(y'x^\circ)x^\circ \varepsilon X$.

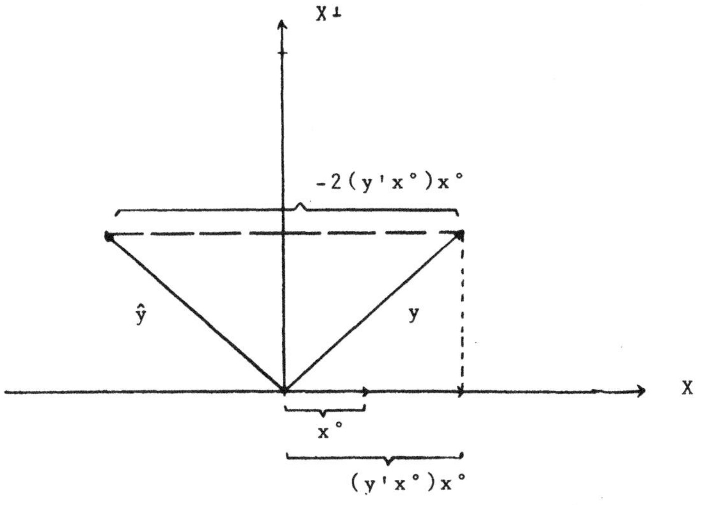

Abb. elementare Housholder-Transformation als Lösung des Spiegelungsproblems

Die Spiegelung eines Vektors y parallel zu einem Vektor x wollen wir elementare Householder Transformation nennen. Wir vereinbaren genauer :

(4-5) Definition : Sei x ein vorgegebener von Null verschiedener Vektor aus $\mathbb{R}^k$. Der Vektor x° bezeichne den Einheitsvektor in Richtung x. Dann heißt die Abbildung

$$T_x \; : \; R^k \to R^k$$

$$y \to \hat{y} := T_x \, y$$

$$\text{mit} \quad T_x := (I_k - 2 \, x^{\circ} \, x^{\circ\prime})$$

elementare Householder-Transformation bezüglich x .

Wir geben einige Eigenschaften dieser Transformation in einem Satz an :

(4-6) SATZ : Sei T_x eine elementare Householder Transormation. Dann gilt :

(a) T_x ist symmetrisch , also $T_x = T_x'$.

(b) T_x ist orthogonal , also $T_x^{-1} = T_x'$.

(c) Der Subindex i bezeichne die i-te Komponente des Vektors : aus $x_i = 0$ folgt $\hat{y}_i = (T_x \, y)_i = y_i$.

(d) Für $x'y = 0$ gilt $T_x = I_k$, also $\hat{y} = y$.

Beweis : Bierman (1977) ,S. 60 .

Im Rahmen der Konstruktion von Cholesky Wurzeln werden wir später Householder Transformationen benutzen , um Matrizen beliebiger Gestalt in eine obere oder untere Dreiecksform zu überführen. Wir stellen hier dar, wie wir obere Dreiecksmatrizen erhalten. Wir lösen dazu vorerst das folgende Problem: gesucht wird der Vektor x , bezüglich dessen die Householdertransformation eines vorgegebenen Vektors y einen Spiegelungsvektor $\hat{y}$ liefert , der parallel zum Einheitsvektor e_1 liegt. (e_i ist ein Vektor aus $\mathbb{R}^k$ mit einer 1 in der i-ten Komponente und einer 0 in allen anderen Komponenten) . Wir zeigen die Lösung dieses Problems in dem folgenden Satz.

(4-7) SATZ : Sei $y := (k \times 1)$ ein Element aus R^k .

Definiere : $\lambda := \text{sign}(y_1)\ \|y_1\|$

$x := y + \lambda e_1$

Dann gilt : $\hat{y} = T_x\ y = -\lambda\ e_1$

Beweis: NOBLE(1969), S. 329

Wegen $x^\circ = x/\sqrt{(x'x)}$, ergibt sich der Spiegelungsvektor $\hat{y}$ als

$$\hat{y} = (I_k - 2x^\circ x^{\circ\prime})\ y = y - 2\ \frac{x'y}{x'x}\ x$$

Wir zeigen nun , daß gilt $x'x = 2x'y$:

$$x'x = (y+\lambda e_1)'(y+\lambda e_1) = y'y + 2\lambda y'e_1 + \lambda^2 e_1'e_1$$

$$= y'y + 2\ \lambda y_1 + y'y = 2(y'y + \lambda y_1),$$

denn $y'e_1 = y_1$ und $\lambda^2 = y'y$,

$$x'y = (y+\lambda e_1)'y = y'y + \lambda e_1 ,$$

mithin vereinfacht sich die Spiegelungsabbildung zu :

$$\hat{y} = T_x\ y = y - x = y - (y+\lambda e_1) = -\lambda e_1 .$$

Mit diesem Ergebnis läßt sich einfach der Beweis des Satzes von HOUSEHOLDER führen.

(4-8) SATZ: *(Householder)* Sei $A := (k \times n)$ eine beliebige reelle Matrix. Dann existieren eine orthogonale Matrix $T := (k \times k)$ und eine obere Dreiecksmatrix $W := (k \times n)$ ($w_{ij} = 0$ für $i > j$) mit der Eigenschaft $T\ A = W$.
Ist die Matrix A quadratisch, $A := (k \times k)$, und von vollem Rang k, dann ist W' eine untere Cholesky-Wurzel der (symmetrischen, positiv definiten) Matrix $A'A$.

Beweis: NOBLE(1969), S. 329-331
MENNICKEN/WAGENFÜHRER(1977), S. 60-64

Sei $A := (k \times n)$. Wir werden die Spalten von A schrittweise mit Hilfe elementarer Householder-Transformationen abarbeiten.

Man definiere zu diesem Zweck $A_1 := A$ und konstruiere für alle $j=1,2,\ldots, m:=\min(k,n)$ eine elementare Householder-Transformation T_j, so daß gilt :

$$T_j\ A_j = \begin{bmatrix} \alpha_j & a_j' \\ (1x1) & (1x[n-j]) \\ 0 & A_{j+1} \\ ([k-j]x1) & ([k-j]x[n-j]) \end{bmatrix}$$

Die Konstruktion einer solchen Matrix T_j ist nach dem vorausgegangenen Satz stets möglich. Führt man diese Householder Transformationen hintereinander in der folgenden Weise mit

$$T := \begin{bmatrix} I_{m-1} & \\ & T_m \end{bmatrix} \begin{bmatrix} I_{m-2} & \\ & T_{m-1} \end{bmatrix} \cdots \begin{bmatrix} I_1 & \\ & T_2 \end{bmatrix} T_1$$

aus , so erhält man die gesuchte Dreiecksmatrix W als $W=TA$. Man beachte , daß T als Produkt orthogonaler Matrizen selbst orthogonal ist.

Im Falle einer quadratischen Matrix A , berechnet man

$$W'W = (TA)'(TA) = A'T'TA = A'A \quad ,$$

also ist W' eine untere Cholesky Wurzel der Matrix A'A .

Im nächsten Abschnitt werden wir eben diesen Satz benutzen , um lineare Kleinstquadratschätzer zu ermitteln. Dabei werden die Quadratwurzeln der beteiligten Kovarianzmatrizen eine entscheidende Rolle spielen.

4.2.3. Konstruktion linearer Kleinstquadratschätzer mit Hilfe von Householder-Transformationen

Die vielfältigen Einsatzmöglichkeiten von "Triangularisierungs-Verfahren" (worunter die Householder Transformationen zählen) für die Berechnung von Kleinstquadratschätzern [GOLUB(1965)] oder für den Nachweis einiger ihrer Optimalitätseigenschaften [ANSLEY(1985)] sind in der mathematisch/statistischen Literatur hinlänglich bekannt [siehe auch den Überblicksartikel von SCOTT/BRYCE/ALLEN(1985)].
Die folgenden Ausführungen sind eine statistische Interpretation der Vorgehensweise von BIERMAN(1977), S. 70/71.

Es sei angenommen, daß wir Informationen über die Zufallsvariable x in zweierlei Form besitzen. Wir beobachten zum einen mit z stochastisch gestörte Linearkombinationen von x:

$$\underset{(m\times 1)}{z} = \underset{(m\times k)(k\times 1)}{H'\,x} + \underset{(m\times 1)}{v} \qquad \text{mit } E(v)=0 \text{ und } COV(v)=R\,.$$

Es liegen zum anderen "a-priori Informationen" über x vor, und zwar in der Gestalt:

$$x = \bar{x}_0 + \xi \qquad \text{mit } E(\xi)=0 \text{ und } COV(\xi) = \Sigma_0\,.$$

Die Störterme dieser beiden Gleichungen sind nicht miteinander korreliert: $COV(v,\xi) = 0$.
Mit $\tilde{R}, \tilde{\Sigma}_0$ seien untere Cholesky-Wurzeln der Kovarianzmatrizen R bzw. Σ_0 bezeichnet. Nach einer Transformation obiger Gleichungen gemäß :

$$\tilde{R}^{-1} z = \tilde{R}^{-1} H' x + v^* \qquad \text{mit} \quad v^* := \tilde{R}^{-1} v$$

$$\tilde{\Sigma}_0^{-1} x = \tilde{\Sigma}_0^{-1} \bar{x}_0 + \xi^* \qquad \text{mit} \quad \xi^* := \tilde{\Sigma}_0^{-1} \xi$$

erfüllen die Störterme v^*, ξ^* die folgenden Eigenschaften:

$$E(v^*) = 0_{mx1}\,, \quad E(\xi^*) = 0_{kx1}\,,$$

$$COV(v^*) = I_{mxm}\,, \quad COV(\xi^*) = I_{kxk}\,, \quad COV(v^*,\xi^*) = 0_{mxk}\,.$$

Man betrachte nun das System:

$$\begin{bmatrix} \tilde{R}^{-1} z \\ \tilde{\Sigma}_0^{-1} \bar{x}_0 \end{bmatrix} = \begin{bmatrix} \tilde{R}^{-1} H' \\ \tilde{\Sigma}_0^{-1} \end{bmatrix} x + \begin{bmatrix} v^* \\ -\xi^* \end{bmatrix}.$$

Nach Anwendung einer Householder-Transformation auf beiden Seiten dieser Gleichung, die die "Meßmatrix" von x auf eine obere Dreiecksgestalt bringt, erhalten wir:

$$\begin{bmatrix} y_1 \\ y_2 \end{bmatrix} = \begin{bmatrix} \tilde{P}' \\ 0 \end{bmatrix} x + \begin{bmatrix} \varepsilon_1 \\ \varepsilon_2 \end{bmatrix} .$$

Wegen der Orthogonalität der Householder-Transformation gilt auch für die transformierten Störterme:

$$E(\varepsilon_1) = 0 \ , \ E(\varepsilon_2) = 0 \ , \ COV(\varepsilon_1) = I_{mxm} \ , \ COV(\varepsilon_2) = I_{kxk} \ , \ COV(\varepsilon_1, \varepsilon_2) = I_{mxk} \ .$$

Die Vektoren y_1, y_2 sind jeweils Linearkombinationen der Vektoren z und $\bar{x}_o$. Aufgrund der Invarianz des LKQS gegenüber affinen Transformationen seiner Regressoren [SATZ(2-13)], schließen wir :

$$E^*(x|z) = E^*(x|y_2) \ .$$

Wenden wir den LKQS-Operator E^* auf beiden Seiten der ersten Gleichung unseres transformierten Systems an, so ergibt sich:

$$E^*(y_1|y_2) = \tilde{P}' \ E^*(x|y_2) \qquad E^*(\varepsilon_1|y_2) \qquad .$$

Doch es gilt :

$$E^*(y_1|y_2) = y_1 \qquad \text{und} \qquad E^*(\quad |y_2) = 0 \quad ,$$

denn y_1 und y_2 sind Linearkombinationen derselben Elemente, und ε_1 ist nicht mit $y_2 = \varepsilon_2$ korreliert. Mithin :

$$y_1 = \tilde{P}' \ E^*(x|z)$$

$$\hat{x} := E^*(x|z) = \tilde{P}^{-1}{}' \ y_1 \qquad .$$

Die Kovarianzmatrix des Prognosefehlers erhalten wir wegen

$$\tilde{x} := x - \hat{x} = \tilde{P}^{-1}{}' \ \varepsilon_1 \qquad \text{als}$$

$$COV(\tilde{x}) := \Sigma = \tilde{P}^{-1}{}' \ \tilde{P}^{-1} \quad \text{oder} \quad \Sigma^{-1} = \tilde{P} \ \tilde{P}' \ .$$

Wir haben somit durch eine Householder Transformation die Kovarianzmatrix des Prognosefehlers $\tilde{x}$ über die Inverse ihrer unteren Cholesky Wurzel berechnet. $\tilde{P}$ ist gerade die untere Cholesky Wurzel der Präzisionsmatrix Σ^{-1} .
Das hier dargestellte Verfahren werden wir insbesondere in Abschnitt 4.6. anwenden.

4.2.4. Ein Matrixinversionssatz

Wir benötigen noch für die Beweise der Rekursionsgleichungen des Informationsglätters in 4.6.2. eine Variante des Inversionssatzes (2-8) aus Abschnitt 2.3.1. .

(4-9) SATZ : Seien $P \geqq 0$ und $\Sigma > 0$ zwei quadratische Matrizen gleicher Dimension. Dann gilt :

(a) $\Sigma (I + P \Sigma)^{-1} = (\Sigma^{-1} + P)^{-1}$

(b) $\Sigma - \Sigma(I + P \Sigma)^{-1} P \Sigma = (\Sigma^{-1} + P)^{-1}$

Beweis:

Der Beweis dieses Satzes wird analog zu (2-8) geführt.

Beziehung (a) ist unmittelbar einsichtig, wenn man $\Sigma = (\Sigma^{-1})^{-1}$ in die Inverse $(I+P\Sigma)^{-1}$ hineinmultipliziert.

Beziehung (b) ergibt sich aus folgender Überlegung :

$$\begin{aligned} \Sigma - \Sigma(I + P \Sigma)^{-1} P \Sigma &= \Sigma (I + P\Sigma)^{-1} [I + P\Sigma - P\Sigma] \\ &= (\Sigma^{-1} + P)^{-1} \quad \text{(gemäß (1))} . \end{aligned}$$

4.3. Der Kovarianzfilter in Standardform

In Kapitel 2 und 3 haben wir in dem Grundmodell aus 2.1.2. die Rekursionsgleichungen für die Filter- und Glättungslösung bereits ausführlich hergeleitet. Der Vollständigkeit halber fassen wir diese Ergebnisse an dieser Stelle noch einmal in einer etwas anderen Form zusammen.

(4-10) SATZ: Gegeben sei das vereinfachte Grundmodell aus 2.1.2. unter den Annahmen (D1) bis (D6). Die Rekonstruktion des historischen Verlaufs der "zeitabhängigen Regressionskoeffizienten" $\{x_t: t=0,1, \dots ,N\}$ durch die linearen Kleinstquadratschätzer $\{E^*(x_t|z(N)) : t=0,1,\dots,N\}$ auf Basis der aktuellen Beobachtungsmenge z(N) läßt sich zusammen mit der Berechnung der Fehlerkovarianzmatrizen $\{\Sigma_{t|N} := COV(\tilde{x}_{t|N}) : t=0,1,\dots,N\}$ durch zweimaliges schrittweises Abarbeiten der Beobachtungen $z_1, z_2, \dots, z_N$ durchführen: In einem ersten Filterlauf werden in der Zeit vorwärtsschreitend die Einschritt-Prognoselösungen $\{\hat{x}_{t|t-1}, \hat{z}_{t|t-1} ; \Sigma_{t|t-1}, D_t: t=1,2,\dots,N\}$ und die Filterlösungen $\{\hat{x}_{t|t}, \Sigma_{t|t} : t=0,1,\dots,N\}$ ermittelt. Anschließend werden in der Zeit rückwärtsschreitend zusammen mit den Zwischenergebnissen aus dem ersten Filterlauf die Glättungslösungen $\{\hat{x}_{t|N}, \Sigma_{t|N} : t=N,N-1,\dots,0\}$ berechnet. Dieses Verfahren wird durch die sogenannten *Kalmanfilter-Rekursionsgleichungen* beschrieben :

1. Filterlauf, vorwärtsschreitend für t=0,1,...,N :

a) Prädiktorschritt

aa) Prognose des Systemzustandes x_t auf Basis von z(t-1)

(4.1a) $$\hat{x}_{t|t-1} := E^*(x_t|z(t-1)) = F\,\hat{x}_{t-1|t-1} + \Gamma\, u_{t-1}$$

(4.1b) $$\Sigma_{t|t-1} := COV(\tilde{x}_{t|t-1}) = F\,\Sigma_{t-1|t-1}\,F' + Q$$

ab) Prognose der Beobachtung z_t auf Basis von z(t-1)

(4.1c) $$\hat{z}_{t|t-1} := E^*(z_t|z(t-1)) = H_t'\,\hat{x}_{t|t-1}$$

(4.1d) $$D_t := COV(\tilde{z}_t) = H_t'\,\Sigma_{t|t-1}\,H_t + R$$

b) Korrekturschritt

$$\hat{x}_{t|t} \;:=\; E^*(x_t|z(t))$$

(4.2a) $$= \hat{x}_{t|t-1} + K_t\,(\,z_t - \hat{z}_{t|t-1}\,)$$

(4.2b) $$= \Sigma_{t|t}\,(\,H_t\,R^{-1}\,z_t + \Sigma^{-1}_{t|t-1}\,\hat{x}_{t|t-1}\,)\;,$$

(4.2c) $$\Sigma_{t|t} \;:=\; COV(\tilde{x}_{t|t}) = \Sigma_{t|t-1} - K_t\,D_t\,K_t'$$

(4.2d) $$= (\,\Sigma^{-1}_{t|t-1} + H_t\,R^{-1}\,H_t'\,)^{-1}$$

(4.2e) $$= (\,I - K_t\,H_t'\,)\,\Sigma_{t|t-1} = \Sigma_{t|t-1}\,(\,I - H_t\,K_t'\,)$$

(4.2f) $$= (\,I - K_t\,H_t'\,)\,\Sigma_{t|t-1}\,(\,I - H_t\,K_t'\,) + K_t\,R\,K_t'\;.$$

Hierin bezeichnet K_t den 'Kalmangain' oder die 'Kalmanfiltermatrix'

(4.3) $$K_t \;:=\; \Sigma_{t|t-1}\,H_t\,D_t^{-1} = \Sigma_{t|t}\,H_t\,R^{-1}\;.$$

c) Initialisierung:

(4.4) $$\hat{x}_{0|0} := \bar{x}_0 \qquad \text{und} \qquad \Sigma_{0|0} := \Sigma_0\;.$$

2. Filterlauf, rückwärtsschreitend für $t = N-1, N-2, \ldots, 0$:

$$\hat{x}_{t|N} \;:=\; E^*(x_t|z(N))$$

(4.5a) $$= \hat{x}_{t|t} + A_t\,(\,\hat{x}_{t+1|N} - \hat{x}_{t+1|t}\,)\;,$$

$$\Sigma_{t|N} \;:=\; COV\,(\,\tilde{x}_{t|N}\,)$$

(4.5b) $$= \Sigma_{t|t} - A_t\,(\,\Sigma_{t+1|t} - \Sigma_{t+1|N}\,)\,A_t'$$

(4.5c) $$= (\,\Sigma^{-1}_{t|t} + F'\,Q^{-1}\,F\,)^{-1} + A_t\,\Sigma_{t+1|N}\,A_t'\;,$$

(4.6) mit $$A_t \;:=\; \Sigma_{t|t}\,F'\,\Sigma^{-1}_{t+1|t}\;.$$

Beweis:

Alle Beziehungen dieses Satzes sind bis auf die Darstellung (4-5c) bereits gezeigt worden. (4-5c) erhalten wir aus (4-5b) mit einer Anwendung des Inversionssatzes (2-8).
Unter Beachtung von (4.6) in (4.5b) gilt :

$$\Sigma_{t|N} = \Sigma_{t|t} - \Sigma_{t|t} F' \Sigma_{t+1|t}^{-1} F \Sigma_{t|t} + A_t \Sigma_{t+1|N} A_t' \ .$$

Unter Berücksichtigung von (4.1b) und Satz (2-8) ergibt sich für die folgende Matrixdifferenz :

$$\Sigma_{t|t} - \Sigma_{t|t} F' \Sigma_{t+1|t}^{-1} F \Sigma_{t|t}$$

$$= \Sigma_{t|t} - \Sigma_{t|t} F' (F \Sigma_{t|t} F' + Q)^{-1} F \Sigma_{t|t}$$

$$= (\Sigma_{t|t}^{-1} + F' Q^{-1} F)^{-1} ,$$

und mit diesem Zwischenergebnis resultiert (4.5c) aus (4.5b).

Wir halten fest, daß aufgrund der Überlegungen im vorangegangenen Beweis die Matrixdifferenz

$$B_t := \Sigma_{t|t} - A_t \Sigma_{t+1|t} A_t' = (\Sigma_{t|t}^{-1} + F' Q^{-1} F)^{-1}$$

für $\Sigma_{t|t} > 0$, $Q > 0$ positiv definit ist und daher gemäß Satz (4-4) eine Cholesky-Wurzel besitzt. Wir werden diesen Umstand im nächsten Abschnitt über die Wurzelvariante des Kalmanfilters ausnutzen.

4.4. Der Kovarianzfilter in Wurzelform

Bei der Berechnung der Kovarianzmatrizen in Standardform kumulieren sich möglicherweise die Rundungsfehler, die im Laufe von Differenzenbildungen und Inversionen von Matrizen auftreten. In einem solchen Falle kann die positive Definitheit und Symmetrie häufig nicht mehr gewährleistet werden. Um die numerische Präzision der berechneten Fehlerkovarianzmatrizen zu erhöhen, wollen wir die sogenannte *Wurzelform des Kalmanfilters* verwenden.[11]

Die folgenden Rekursionsgleichungen beziehen sich auf untere Cholesky-Wurzeln der Prognosefehler-Kovarianzmatrizen. Solche Cholesky-Wurzeln werden im nächsten Satz durch eine Tilde über den entsprechenden Matrizen gekennzeichnet.

(4-11) SATZ: Gegeben sei das Grundmodell aus 2.1.2. unter den Annahmen (D1) bis (D6). Dann können wir die Cholesky-Wurzeln $\{\tilde{\Sigma}_{t+1|t}, \tilde{\Sigma}_{t+1|t+1} : t=0,1,\ldots,N-1\}$ in einer Vorwärtsfilteerung für t=0,1,...,N-1 und daran anschließend in der Zeit rückwärtsschreitend für t=N-1,...,0 mit den Zwischenergebnissen des ersten Filterlaufs die Cholesky-Wurzeln $\{\tilde{\Sigma}_{t|N} : t=N-1,N-2,\ldots,0\}$ nach folgendem Verfahren rekursiv berechnen.

1. Filterlauf: vorwärtsschreitend für t=0,1,...,N-1

(a) **Prädiktorschritt:**

(4.7)
$$\begin{bmatrix} \tilde{\Sigma}_{t+1|t}' & \tilde{\Sigma}_{t+1|t}' A_t' \\ 0 & \tilde{B}_t' \end{bmatrix} = \mathbf{T}_1 \begin{bmatrix} Q' & 0 \\ \tilde{\Sigma}_{t|t}' F' & \tilde{\Sigma}_{t|t}' \end{bmatrix},$$

(4.8a) mit $A_t := \Sigma_{t|t} F' \Sigma_{t+1|t}^{-1}$,

(4.8b) $B_t := \Sigma_{t|t} - A_t \Sigma_{t+1|t} A_t'$

(4.8c) $= \Sigma_{t|t} - \Sigma_{t|t} F' \Sigma_{t+1|t}^{-1} F \Sigma_{t|t}$.

(b) Korrekturschritt:

(4.9)
$$\begin{bmatrix} \tilde{D}_{t+1}' & \tilde{D}_{t+1}' K_{t+1}' \\ 0 & \tilde{\Sigma}_{t+1|t+1}' \end{bmatrix} = \mathbf{T}_2 \begin{bmatrix} \tilde{R}' & 0 \\ \tilde{\Sigma}_{t+1|t}' H_{t+1} & \tilde{\Sigma}_{t+1|t}' \end{bmatrix},$$

(4.10a)
$$\text{mit } K_{t+1} := \Sigma_{t+1|t} H_{t+1} D_{t+1}^{-1},$$

(4.10b)
$$D_{t+1} := H_{t+1}' \Sigma_{t+1|t} H_{t+1} + R .$$

(c) Initialisierung:

$$\tilde{\Sigma}_{0|0} := \tilde{\Sigma}_0 .$$

2. Filterlauf, rückwärtsschreitend für $t=N-1, N-2, \ldots, 0$:

(4.11)
$$\begin{bmatrix} \tilde{\Sigma}_{t|N}' \\ 0 \end{bmatrix} = \mathbf{T}_3 \begin{bmatrix} \tilde{\Sigma}_{t+1|N}' A_t' \\ \tilde{B}_t' \end{bmatrix} .$$

Hierin sind die Matrizen $\mathbf{T}_i$ $(i=1,2,3)$ orthogonale Householder-Transformationsmatrizen, die die nachmultiplizierten Matrizen auf eine obere Dreiecksgestalt bringen.

Beweis: [12]

Wir bringen den Nachweis der Gültigkeit der einzelnen Wurzelzerlegungen durch Quadrieren der rechten und linken Seiten in den obigen Transformationsgleichungen.

ad a) Prädiktorschritt :

Quadrieren der rechten Seite ergibt :

$$\begin{bmatrix} \tilde{Q} & F \tilde{\Sigma}_{t|t} \\ 0 & \tilde{\Sigma}_{t|t} \end{bmatrix} T_1' T_1 \begin{bmatrix} \tilde{Q}' & 0 \\ \tilde{\Sigma}_{t|t}' F' & \tilde{\Sigma}_{t|t}' \end{bmatrix},$$

$$\begin{bmatrix} Q + F \Sigma_{t|t} F' & F \Sigma_{t|t} \\ \Sigma_{t|t} F' & \Sigma_{t|t} \end{bmatrix} = \begin{bmatrix} \Sigma_{t+1|t} & F \Sigma_{t|t} \\ \Sigma_{t|t} F' & \Sigma_{t|t} \end{bmatrix},$$

denn es gilt wegen (4.1b) und der Orthogonalität von $\mathbf{T}_1$:

$$\Sigma_{t+1|t} = F\,\Sigma_{t|t}\,F' + Q \quad \text{und} \quad T_1'\,T_1 = I\ .$$

Quadrieren der linken Seite liefert uns :

$$\begin{bmatrix} \tilde{\Sigma}_{t+1|t} & 0 \\ A_t\,\tilde{\Sigma}_{t+1|t} & \tilde{B}_t \end{bmatrix} \begin{bmatrix} \tilde{\Sigma}_{t+1|t}' & \tilde{\Sigma}_{t+1|t}'\,A_t' \\ 0 & \tilde{B}_t' \end{bmatrix}$$

$$= \begin{bmatrix} \Sigma_{t+1|t} & \Sigma_{t+1|t}\,A_t' \\ A_t\,\Sigma_{t+1|t} & B_t + A_t\,\Sigma_{t+1|t}\,A_t' \end{bmatrix}$$

$$= \begin{bmatrix} \Sigma_{t+1|t} & \Sigma_{t+1|t}\,A_t' \\ A_t\,\Sigma_{t+1|t} & \Sigma_{t|t} \end{bmatrix} = \begin{bmatrix} \Sigma_{t+1|t} & F\,\Sigma_{t|t} \\ \Sigma_{t|t}\,F' & \Sigma_{t|t} \end{bmatrix},$$

denn es gilt unter Beachtung von (4.8) :

$$A_t\,\Sigma_{t+1|t} = \Sigma_{t|t}\,F'\,\Sigma_{t+1|t}^{-1}\,\Sigma_{t+1|t} = \Sigma_{t|t}\,F',$$

$$A_t\,\Sigma_{t+1|t}\,A_t' + B_t = \Sigma_{t|t}\ .$$

Damit ist (4.7) nachgewiesen.

ad b) Korrekturschritt :

Quadrieren der linken Seite von (4.9) ergibt:

$$\begin{bmatrix} \tilde{D}_{t+1} & 0 \\ K_{t+1}\,\tilde{D}_{t+1} & \tilde{\Sigma}_{t+1|t+1} \end{bmatrix} \begin{bmatrix} \tilde{D}_{t+1}' & \tilde{D}_{t+1}'\,K_{t+1}' \\ 0 & \tilde{\Sigma}_{t+1|t+1}' \end{bmatrix}$$

$$= \begin{bmatrix} D_{t+1} & D_{t+1}\,K_{t+1}' \\ K_{t+1}\,D_{t+1} & K_{t+1}\,D_{t+1}\,K_{t+1}' + \Sigma_{t+1|t+1} \end{bmatrix}$$

$$= \begin{bmatrix} D_{t+1} & H_{t+1}'\,\Sigma_{t+1|t} \\ \Sigma_{t+1|t}\,H_{t+1} & \Sigma_{t+1|t} \end{bmatrix},$$

denn es gilt unter Beachtung von (4.2c) und (4.10a) :

$$K_{t+1} D_{t+1} = \Sigma_{t+1|t} H_{t+1} D_{t+1}^{-1} D_{t+1} = \Sigma_{t+1|t} H_{t+1} ,$$

$$K_{t+1} D_{t+1} K_{t+1}' + \Sigma_{t+1|t+1} = \Sigma_{t+1|t} .$$

Das Quadrat der rechten Seite von (4.9) erhalten wir gemäß

$$\begin{bmatrix} \tilde{R} & H_{t+1}' \tilde{\Sigma}_{t+1|t} \\ 0 & \tilde{\Sigma}_{t+1|t} \end{bmatrix} \mathbf{T}_2' \mathbf{T}_2 \begin{bmatrix} \tilde{R}' & 0 \\ \tilde{\Sigma}_{t+1|t}' & H_{t+1} \tilde{\Sigma}_{t+1|t}' \end{bmatrix}$$

$$= \begin{bmatrix} R + H_{t+1}' \Sigma_{t+1|t} H_{t+1} & H_{t+1}' \Sigma_{t+1|t} \\ \Sigma_{t+1|t} H_{t+1} & \Sigma_{t+1|t} \end{bmatrix} ,$$

denn $\mathbf{T}_2$ ist eine orthogonale Matrix.
Wegen (4.10b) ergibt sich damit, daß linke und rechte Seite von (4.9) eine Cholesky-Wurzel derselben Matrix darstellen.

Beweis der Zerlegung im zweiten Filterlauf :

Das Quadrat der rechten Seite von (4.11) ergibt :

$$\begin{bmatrix} A_t \tilde{\Sigma}_{t+1|N} & \tilde{B}_t \end{bmatrix} \mathbf{T}_3' \mathbf{T}_3 \begin{bmatrix} \tilde{\Sigma}_{t+1|N}' A_t' \\ \tilde{B}_t' \end{bmatrix}$$

$$= A_t \Sigma_{t+1|N} A_t' + B_t = \Sigma_{t|N} .$$

Hierin haben wir die Definitionen (4.8a) und (4.8b) sowie die Rekursionsbeziehung (4.5c) und die Orthogonalität von $\mathbf{T}_3$ benutzt. Mithin liefert die Householder-Transformation wie in (4.11) behauptet eine obere Cholesky-Wurzel von $\Sigma_{t|N}$.

Wir bemerken noch, daß sich aus den Transformationsgleichungen (4.7) und (4.9) die Kalman<u>filter</u>matrix K_t und die Kalman<u>glättungs</u>matrix A_t (die für die Systemzustandsschätzung benötigt werden) bestimmen lassen gemäß :

$$A_t = (A_t \tilde{\Sigma}_{t+1|t}) \tilde{\Sigma}_{t+1|t}^{-1} \quad \text{und} \quad K_t = (K_t \tilde{D}_t) \tilde{D}_t^{-1} .$$

Hierin sind $\tilde{\Sigma}_{t+1|t}$, $\tilde{D}_t$ Dreiecksmatrizen und können daher mit nur geringem Aufwand invertiert werden.

4.5. Der Informationsfilter in Standardform

4.5.1. Die Filterlösung

Wie zu Anfang dieses Kapitels beschrieben , wollen wir den Informationsfilter benutzen, um in rekursiver Weise die Inversen der Kovarianzmatrizen der Prognosefehler unserer Systemschätzer zu berechnen. Wir führen zu diesem Zweck die folgenden "Informationsvariablen" ein :

(4.12a) $$\hat{p}_{t|s} := \Sigma_{t|s}^{-1} \, \hat{x}_{t|s} = \Sigma_{t|s}^{-1} \, E\,(x_t | \, z(s)) \,,$$

(4.12b) $$P_{t|s} := \Sigma_{t|s}^{-1} = [\mathrm{COV}(\tilde{x}_{t|s})]^{-1} \,.$$

Für diese Informationsvariablen ergibt sich die Filterlösung nach dem folgenden Satz.

(4-12) SATZ: Unter den Modellannahmen (D1) bis (D6) des vereinfachten Grundmodells aus 2.1.2. können die Filterlösungen der Informationsvariablen $\{ \hat{p}_{t|t}, P_{t|t} : t=0,1,\ldots \}$ rekursiv nach folgendem Verfahren berechnet werden:

(i) Prognoseschritt :

(4.13a) $$\hat{p}_{t|t-1} = F^{-1\prime}(I+P_{t-1|t-1}\bar{Q})^{-1}\hat{p}_{t-1|t-1} + P_{t|t-1}\,\Gamma\,u_{t-1} \,,$$

(4.13b) $$P_{t|t-1} = F^{-1\prime}(I+P_{t-1|t-1}\bar{Q})^{-1}\,P_{t-1|t-1}\,F^{-1} \,,$$

mit

(4.13c) $$\bar{Q} := F^{-1}\,Q\,F^{-1\prime} \,.$$

(ii) Korrekturschritt :

(4.14a) $$\hat{p}_{t|t} = \hat{p}_{t|t-1} + H_t\,R^{-1}\,z_t \,,$$

(4.14b) $$P_{t|t} = P_{t|t-1} + H_t\,R^{-1}\,H_t' \,.$$

(iii) Initialisierung :

(4.15a) $$P_{0|0} := \Sigma_0^{-1} \,,$$

(4.15b) $$\hat{p}_{0|0} := \Sigma_0^{-1}\,\bar{x}_0 \,.$$

<u>Beweis :</u> ANDERSON/MOORE(1979), S. 138-141.

Die angegebenen Rekursionsformeln ergeben sich durch elementare Umformungen der bereits bekannten Gleichungen für den Kovarianzfilter. So erhalten wir aus den Prädiktorgleichungen (4.1b):

$$\Sigma_{t|t-1} = F\,\Sigma_{t-1|t-1}\,F' + Q\ ,$$

$$\Sigma^{-1}_{t|t-1} = (\,F\,\Sigma_{t-1|t-1}\,F' + Q\,)^{-1}$$

$$= F^{-1\prime}\,(\,\Sigma_{t-1|t-1} + \bar{Q}\,)^{-1}\,F^{-1} \quad \text{mit } \bar{Q} := F^{-1}\,Q\,F^{-1\prime}$$

$$= F^{-1\prime}\,(\,I + \Sigma^{-1}_{t-1|t-1}\,\bar{Q}\,)\,\Sigma^{-1}_{t-1|t-1}\,F^{-1}\,.$$

Unter den vereinbarten Definitionen (4.12) gilt also:

$$P_{t|t-1} = F^{-1\prime}\,(\,I + P_{t-1|t-1}\,\bar{Q}\,)\,P_{t-1|t-1}\,F^{-1}\,.$$

Transformieren wir die Einschrittprognose $\hat{x}_{t|t-1}$ mit Hilfe seiner Präzisionsmatrix $P_{t|t-1}$, so erhalten wir aus (4.1a):

$$\hat{x}_{t|t-1} = F\,\hat{x}_{t-1|t-1} + \Gamma\,u_{t-1}\ ,$$

$$P_{t|t-1}\,\hat{x}_{t|t-1} = P_{t|t-1}\,F\,\hat{x}_{t-1|t-1} + P_{t|t-1}\,\Gamma\,u_{t-1}\ ,$$

oder: $$\hat{p}_{t|t-1} = F^{-1\prime}(I+P_{t-1|t-1}\bar{Q})^{-1}\,\hat{p}_{t-1|t-1} + P_{t|t-1}\,\Gamma\,u_{t-1}\ .$$

Der Korrekturschritt vereinfacht sich wegen (4.2b,d) :

$$\hat{x}_{t|t} = \Sigma_{t|t}\,(\,H_t\,R^{-1}\,z_t + \Sigma^{-1}_{t|t-1}\,\hat{x}_{t|t-1}\,),$$

$$\Sigma_{t|t} = (\,\Sigma^{-1}_{t|t-1} + H_t\,R^{-1}\,H_t'\,)^{-1}$$

nach Prämultiplikation mit $P_{t|t} = \Sigma^{-1}_{t|t}$ bzw. nach Inversion der Kovarianzmatrix $\Sigma_{t|t}$ zu :

$$\hat{p}_{t|t} = \hat{p}_{t|t-1} + H_t\,R^{-1}\,z_t\ ,$$

$$P_{t|t} = P_{t|t-1} + H_t\,R^{-1}\,H_t'$$

4.5.2. Die Glättungslösung

Der optimale Glätter zum Zeitpunkt t=t* kann als Linearkombination zweier Informationsfilter gedeutet werden, von denen der eine die Beobachtungen von t=1 bis t=t* verarbeitet im Rahmen unseres Grundmodells (D1)-(D6) aus 2.1.2., während der andere in einem bis auf die Spezifikation des 'Anfangszustandes' identischen Modell die Beobachtungen rückwärts von t=N bis t=t* filtert.[13] Diesen 'Rückwärtsfilter' wollen wir zunächst darstellen. Wir invertieren zu diesem Zweck unser *"vorwärtsgerichtetes Grundmodell"* :

$$z_t = H_t' x_t + v_t \quad (t= 1,2, \dots , N)$$

$$x_{t+1} = F x_t + \Gamma u_t + w_t \quad (t= 0,1, \dots , N)$$

zu den Systemgleichungen des *"rückwärtsgerichteten Grundmodells"* :

(4.16) $$z_t = H_t' x_t + v_t \quad (t=N,N-1, \dots ,1)$$

(4.17) $$x_t = F^{-1} x_{t+1} - F^{-1}\Gamma u_t - F^{-1} w_t \quad (t=N,N-1, \dots, 0)$$

mit der stochastischen Spezifikation :

(4.18a) $E(v_t) = 0$; $COV(v_t) = R$ für alle t

(4.18b) $E(w_t) = 0$; $COV(w_t) = Q$ für alle t

(4.18c) $COV(v_t, v_s) = 0$ für alle $t \neq s$

(4.18d) $COV(w_t, w_s) = 0$ für alle $t \neq s$

(4.18e) $COV(v_t, w_s) = 0$ für alle t,s

(4.18f) $E(x_{N+1}) = 0$; $[COV(x_{N+1})]^{-1} = 0$

(4.18g) $COV(x_{N+1}, w_t) = 0$ für alle $t \leq N$

(4.18h) $COV(x_{N+1}, v_t) = 0$ für alle $t \leq N$

Die entartete a priori Verteilung des Endzustandes x_{N+1} soll den Umstand reflektieren, daß jenseits der Periode N keine Beobachtungen mehr zur Verfügung stehen. Wir unterstellen für den Endzustand "vollständige Unwissentheit" und modellieren diesen Sachverhalt durch eine Präzisionsmatrix von Null. Insofern ist das "rückwärtsgerichtete Modell" sehr wohl von unserem "vorwärtsgerichteten Grundmodell" verschieden, in dem die nicht entartete a priori Verteilung für den Anfangszustand

x_0 eine ebenfalls nicht entartete a priori Verteilung für den Endzustand x_{N+1} impliziert. Weiterhin ist im vorwärtsgerichteten Grundmodell der Endzustand mit allen Störtermen $\{w_t : t \leq N\}$ korreliert.
Für das rückwärtsgerichtete Grundmodell wollen wir die folgende Notation vereinbaren :

Symboltabelle für das rückwärtsgerichtete Grundmodell :

(4.19a) $\quad {}^bZ(s) := (z_s', z_{s+1}', \dots, z_N')$, Zeilenvektor aller Beobachtungen beginnend mit dem Zeitpunkt s bis zum Beobachtungshorizont einschließlich

(4.19b) $\quad {}^b\hat{x}_{t|s} := E^*(x_t \mid {}^bZ(s))$, LKQS von x_t im rückwärtsgerichteten Modell auf Basis der Beobachtungsmenge ${}^bZ(s)$

(4.19c) $\quad {}^b\Sigma_{t|s}$:= Kovarianzmatrix des Prognosefehlers $x_t - {}^b\hat{x}_{t|s}$

(4.19d) $\quad {}^b\hat{p}_{t|s} := {}^b\Sigma_{t|s}^{-1}\, {}^b\hat{x}_{t|s}$, Informationsfiltervariable im rückwärtsgerichteten Grundmodell

(4.19e) $\quad {}^bP_{t|s} := {}^b\Sigma_{t|s}^{-1}$, Informationsvariable des rückwärtsgerichteten Kovarianzfilters

Rekursionsformeln für die Informationsvariablen des rückwärtsgerichteten Grundmodells ergeben sich als Folgerung aus Satz (4-12).

(4-13) SATZ : Im rückwärtsgerichteten Grundmodell lauten die Rekursionsformeln für die Informationsvariablen :

Prädiktorschritt :

(4.20a) $$ {}^b\hat{p}_{t|t+1} = F' \left(I + {}^bP_{t+1|t+1} Q \right)^{-1} {}^b\hat{p}_{t+1|t+1} - {}^bP_{t|t+1} F^{-1} \Gamma u_t $$

(4.20b) $$ {}^bP_{t|t+1} = F' \left(I + {}^bP_{t+1|t+1} Q \right)^{-1} {}^bP_{t+1|t+1} F $$

Korrekturschritt :

(4.21a) $$ {}^b\hat{p}_{t|t} = {}^b\hat{p}_{t|t+1} + H_t R^{-1} z_t $$

(4.21b) $$ {}^bP_{t|t} = {}^bP_{t|t+1} + H_t R^{-1} H_t' $$

Initialisierung :

(4.22) $$ {}^bP_{N+1|N+1} := 0 \quad , \quad {}^b\hat{p}_{N+1|N+1} := 0 \ . $$

Beweis:

Man ersetze in Satz (2-12) die folgenden Größen :

$$Q := \bar{Q} \quad , \Gamma := - F^{-1}\Gamma \quad , \quad F := F^{-1} \quad ,$$

dann resultieren unter Beachtung der geänderten Filterrichtung in der Zeit die im Satz behaupteten Rekursionen.

Der nächste Satz beschreibt, wie sich die Glättungslösung als Linearkombination des vorwärts- und rückwärtsgerichteten Informationsfilters ergibt.

(4-14) SATZ: Die Informationsvariablen (4.12) der Glättungslösung :

$$\hat{p}_{t|N} := \Sigma^{-1}_{t|N} \hat{x}_{t|N} \quad , \quad P_{t|N} := \Sigma^{-1}_{t|N} \quad (t=0,1,\ldots,N)$$

lassen sich im Grundmodell aus 2.1.2. (D1-D6) über die Rekursionsgleichungen des vorwärts- und rückwärtsgerichteten Informationsfilters aus (4-12) und (4-13) rekursiv berechnen nach folgendem Verfahren :

a) *Systemschätzung :*

(4.23) $$\hat{p}_{t|N} = \hat{p}_{t|t} + {}^{b}\hat{p}_{t|t+1}$$

vorwärtsgerichteter Informationsfilter:

(4.24a) $$\hat{p}_{t|t} = \hat{p}_{t|t-1} + H_t R^{-1} z_t$$

(4.24b) $$\hat{p}_{t|t-1} = F^{-1\prime} \mathbf{M}_{t-1} \hat{p}_{t-1|t-1} + F^{-1\prime} \mathbf{M}_{t-1} P_{t-1|t-1} F^{-1} \Gamma u_{t-1}$$

(4.24c) $$\text{mit: } \mathbf{M}_{t-1} := (I + P_{t-1|t-1} \bar{Q})^{-1} \quad , \quad \bar{Q} := F^{-1} Q F^{-1\prime}$$

rückwärtsgerichteter Informationsfilter:

(4.25a) $${}^{b}\hat{p}_{t|t+1} = F' \, {}^{b}\mathbf{M}_{t+1} \, {}^{b}\hat{p}_{t+1|t+1} - F' \, {}^{b}\mathbf{M}_{t+1} \, {}^{b}P_{t+1|t+1} \Gamma u_t$$

(4.25b) $${}^{b}\hat{p}_{t+1|t+1} = {}^{b}\hat{p}_{t+1|t+2} + H_{t+1} R^{-1} z_{t+1}$$

(4.25c) $$\text{mit: } {}^{b}\mathbf{M}_{t+1} := (I + {}^{b}P_{t+1|t+1} Q)^{-1}$$

Initialisierung

(4.26) $$\hat{p}_{0|0} := \bar{x}_0 \quad \text{und} \quad {}^{b}\hat{p}_{N+1|N+1} := 0 \, .$$

b) Kovarianzmatrizen der Prognosefehler

(4.27) $$P_{t|N} = P_{t|t} + {}^{b}P_{t|t+1}$$

<u>vorwärtsgerichteter Informationsfilter:</u>

(4.28a) $$P_{t|t} = P_{t|t-1} + H_t R^{-1} H_t{}'$$

(4.28b) $$P_{t|t-1} = F^{-1}{}'(I + P_{t-1|t-1} \bar{Q})^{-1} P_{t-1|t-1} F^{-1}$$

<u>rückwärtsgerichteter Informationsfilter:</u>

(4.29a) $${}^{b}P_{t|t+1} = F' (I + {}^{b}P_{t+1|t+1} Q)^{-1} {}^{b}P_{t+1|t+1} F$$

(4.29b) $${}^{b}P_{t+1|t+1} = {}^{b}P_{t+1|t+2} + H_{t+1} R^{-1} H_{t+1}{}'$$

<u>Initialisierung:</u>

(4.30) $$P_{0|0} := \Sigma_0^{-1} \quad \text{und} \quad {}^{b}P_{N+1|N+1} := 0 \ .$$

<u>Beweis:</u>

FRASER/POTTER (1969) haben in einem stetigen Zustandsraummodell (in dem die Transitionsgleichungen durch Differentialgleichungen beschrieben werden) die Gültigkeit analoger Rekursionsformeln gezeigt.
MAYNE(1966) verwendete Verfahren der dynamischen Programmierung, um die Rekursionsbeziehungen in einem diskreten Zustandsraummodell mit normalverteilten Systemfehlern herzuleiten.
Wir greifen in unserem Beweis die Idee von FRASER/POTTER auf und zeigen, daß sich die Rekursionsgleichungen (4.23) und (4.27) auf die bereits bewiesenen Differenzengleichungen (4.5) für $\hat{x}_{t|N}$ und $\Sigma_{t|N}$ zurückführen lassen.

Wir beginnen mit dem Nachweis der Rekursionen für die Kovarianzmatrizen.

Unter Berücksichtigung von (4.28a) und (4.29b) ergibt sich :

$$P_{t+1|N} = P_{t+1|t+1} + {}^bP_{t+1|t+2}$$
$$= P_{t+1|t} + H_{t+1} R^{-1} H_{t+1}' + {}^bP_{t+1|t+1} - H_{t+1} R^{-1} H_{t+1}'$$
$$= P_{t+1|t} + {}^bP_{t+1|t+1} \,.$$

Wir invertieren die Informationsmatrix $P_{t+1|N}$, um zur Kovarianzmatrix zu gelangen. Wir wählen dabei eine Darstellungsform, die wir in (4-9) nachgewiesen haben. Es ist zu beachten, daß wir in keinem Schritt unseres Beweises die Invertierbarkeit von ${}^bP_{t|s}$ voraussetzen dürfen. (${}^bP_{N|N}$ ist definitionsgemäß nicht invertierbar.)
Mit Satz (4-9) erhalten wir :

$$\Sigma_{t+1N} = (P_{t+1|t} + {}^bP_{t+1|t+1})^{-1}$$
$$= \Sigma_{t+1|t} - \Sigma_{t+1|t} (I + {}^bP_{t+1|t+1} \Sigma_{t+1|t})^{-1} \, {}^bP_{t+1|t+1} \Sigma_{t+1|t} \,,$$

oder :

(4.31) $$\Sigma_{t+1|t} - \Sigma_{t+1|N} = \Sigma_{t+1|t} (I + {}^bP_{t+1|t+1} \Sigma_{t+1|t})^{-1} \, {}^bP_{t+1|t+1} \Sigma_{t+1|t} \,.$$

Unter Berücksichtigung von (4.6) ergibt sich nach Prä- und Postmultiplikation von (4.31) mit A_t bzw. A_t' :

(4.32) $$A_t (\Sigma_{t+1|t} - \Sigma_{t+1|N}) A_t'$$
$$= \Sigma_{t|t} F' (I + {}^bP_{t+1|t+1} \Sigma_{t+1|t})^{-1} \, {}^bP_{t+1|t+1} F \Sigma_{t|t} \,.$$

Beachten wir Definition (4.25c) sowie die Rekursionen (4.1b) und (4.29b), so erhalten wir :

$$(I + {}^bP_{t+1|t+1} \Sigma_{t+1|t})^{-1}$$
$$= (I + {}^bP_{t+1|t+1} Q + {}^bP_{t+1|t+1} F \Sigma_{t|t} F')^{-1}$$
$$= (I + {}^b\mathbf{M}_{t+1} {}^bP_{t+1|t+1} F \Sigma_{t|t} F')^{-1} \, {}^b\mathbf{M}_{t+1}$$
$$= (F' + F' {}^b\mathbf{M}_{t+1} {}^bP_{t+1|t+1} F \Sigma_{t|t} F')^{-1} F' {}^b\mathbf{M}_{t+1}$$
$$= (F' + {}^bP_{t+1|t} \Sigma_{t|t} F')^{-1} F' {}^b\mathbf{M}_{t+1}$$

(4.33) $$= F'^{-1} (I + {}^bP_{t+1|t} \Sigma_{t|t})^{-1} F' {}^b\mathbf{M}_{t+1} \,.$$

Setzen wir (4.33) in (4.32) ein, so ergibt sich mit einer weiteren Anwendung von (4.29a) :

$$A_t \, (\Sigma_{t+1|t} - \Sigma_{t+1|N}) \, A_t'$$
$$= \Sigma_{t|t} (I + {}^b P_{t+1|t} \Sigma_{t|t})^{-1} \, {}^b P_{t+1|t} \Sigma_{t|t}$$
$$= \Sigma_{t|t} - [\Sigma_{t|t} - \Sigma_{t|t} (I + {}^b P_{t+1|t} \Sigma_{t|t})^{-1} \, {}^b P_{t+1|t} \Sigma_{t|t}] .$$

Mit Satz (4-9) und (4.27) schließen wir :

$$A_t \, (\Sigma_{t+1|t} - \Sigma_{t+1|N}) \, A_t'$$
$$= \Sigma_{t|t} - (\Sigma_{t|t}^{-1} + {}^b P_{t|t+1})^{-1} = \Sigma_{t|t} - \Sigma_{t|N} .$$

Wir haben somit nachgewiesen, daß die Rekursionsgleichung für $P_{t|N}$ der Differenzengleichungen (4.5b) für $\Sigma_{t|N}$ entspricht. Auch die Initialisierung ist korrekt, denn mit (4.30) erhalten wir aus (4.29a) ${}^b P_{N|N+1} = 0$ und damit ist (4.27) für t=N identisch erfüllt.

Wir zeigen nun die Gültigkeit der Beziehung (4.23) für die Zustandsschätzung. Wir gehen dabei wie oben vor :
Wir führen die Rekursion

$$\hat{p}_{t+1|N} = \hat{p}_{t+1|t+1} + {}^b\hat{p}_{t+1|t+2}$$

auf die bereits bewiesene Differenzengleichung (4.5a) zurück. Wegen (4.24a) und (4.25a) erhalten wir :

$$\hat{p}_{t+1|N} = \hat{p}_{t+1|t+1} + {}^b\hat{p}_{t+1|t+2}$$
$$= \hat{p}_{t+1|t} + H_{t+1} R^{-1} z_{t+1} + {}^b\hat{p}_{t+1|t+1} - H_{t+1} R^{-1} z_{t+1}$$
$$= \hat{p}_{t+1|t} + {}^b\hat{p}_{t+1|t+1} .$$

Unter Beachtung von Definition (4.12) für die Informationsvariablen $\hat{p}_{t+1|t}$ und $\hat{p}_{t+1|N}$ ergibt sich die Darstellung :

$$\hat{x}_{t+1|N} = \Sigma_{t+1|N} (\hat{p}_{t+1|t} + {}^b\hat{p}_{t+1|t+1}) ,$$
$$\hat{x}_{t+1|t} = \Sigma_{t+1|t} \, \hat{p}_{t+1|t} .$$

Nach Subtraktion dieser beiden Gleichungen resultiert:

(4.34) $$\hat{x}_{t+1|N} - \hat{x}_{t+1|t} = (\Sigma_{t+1|N} - \Sigma_{t+1|t}) \hat{p}_{t+1|t} + \Sigma_{t+1|N} \, {}^{b}\hat{p}_{t+1|t+1} .$$

Aus den Rekursionen (4.1a) und (4.25a) ergibt sich :

(4.35a) $$\hat{p}_{t+1|t} = \Sigma^{-1}_{t+1|t} \hat{x}_{t+1|t} = \Sigma^{-1}_{t+1|t} (F \hat{x}_{t|t} + \Gamma u_t) ,$$

(4.35b) $${}^{b}\hat{p}_{t+1|t+1} = {}^{b}\mathbf{M}^{-1}_{t+1} F^{-1,} \, {}^{b}\hat{p}_{t+1|t} + {}^{b}P_{t+1|t+1} \Gamma u_t .$$

Setzen wir (4.35) in (4.34) ein, so erhalten wir unter Berücksichtigung von :

$$\Sigma_{t+1|t} F \hat{x}_{t|t} = \Sigma_{t+1|t} F \Sigma_{t|t} \Sigma^{-1}_{t|t} \hat{x}_{t|t} = A_t \hat{p}_{t|t}$$

die folgende Darstellung :

(4.36) $$\begin{aligned} &\hat{x}_{t+1|N} - \hat{x}_{t+1|t} \\ &= (\Sigma_{t+1|N} - \Sigma_{t+1|t}) A_t' \hat{p}_{t|t} + \Sigma_{t+1|N} \, {}^{b}\mathbf{M}^{-1}_{t+1} F^{-1,} \, {}^{b}\hat{p}_{t+1|t} \\ &\quad (\Sigma_{t+1|N} (\Sigma^{-1}_{t+1|t} + {}^{b}P_{t+1|t+1}) - I) \Gamma u_t . \end{aligned}$$

Wegen (4.27) fällt der u_t enthaltende Term heraus. Somit ergibt sich nach Prämultiplikation von (4.36) mit A_t :

(4.37) $$\begin{aligned} &A_t (\hat{x}_{t+1|N} - \hat{x}_{t+1|t}) \\ &= A_t (\Sigma_{t+1|N} - \Sigma_{t+1|t}) A_t' \hat{p}_{t|t} + A_t \Sigma_{t+1|N} \, {}^{b}\mathbf{M}^{-1}_{t+1} F^{-1,} \, {}^{b}\hat{p}_{t+1|t} . \end{aligned}$$

Unter Beachtung von (4.6), (4.27) und (4.33) gilt:

(4.38) $$\begin{aligned} A_t \Sigma_{t+1|N} &= \Sigma_{t|t} F' \Sigma^{-1}_{t+1|t} (P_{t+1|t} + {}^{b}P_{t+1|t+1})^{-1} \\ &= \Sigma_{t|t} F' (I + {}^{b}P_{t+1|t+1} \Sigma_{t+1|t})^{-1} \\ &= \Sigma_{t|t} (I + {}^{b}P_{t+1|t} \Sigma_{t|t})^{-1} F' \, {}^{b}\mathbf{M}_{t+1} \\ &= (\Sigma^{-1}_{t|t} + {}^{b}P_{t+1|t})^{-1} F' \, {}^{b}\mathbf{M}_{t+1} \\ &= \Sigma_{t|N} F' \, {}^{b}\mathbf{M}_{t+1} . \end{aligned}$$

Mit dem Zwischenergebnis (4.38), der Glättungsrekursion (4.5b) und der Beziehung (4.23) erhalten wir schließlich aus (4.37):

$$\begin{aligned} A_t (\hat{x}_{t+1|N} - \hat{x}_{t+1|t}) &= (\Sigma_{t|N} - \Sigma_{t|t}) \hat{p}_{t|t} + \Sigma_{t|N} \, {}^{b}\hat{p}_{t|t+1} \\ &= \Sigma_{t|N} (\hat{p}_{t|t} + {}^{b}\hat{p}_{t+1|t}) - \hat{x}_{t|t} \\ &= \hat{x}_{t|N} - \hat{x}_{t|t} . \end{aligned}$$

Damit haben wir gezeigt, daß (4.23) unter Beachtung der Rekursionen (4.24) und (4.25) das System der Differenzengleichungen (4.5a) impliziert. Auch die Initialisierung ist korrekt, dann mit (4.26) und (4.30) gilt ${}^{b}\hat{p}_{N|N+1} = 0$ und damit ist (4.23) für t=N identisch erfüllt.

4.6. Der Informationsfilter in Wurzelform

4.6.1. Die Filterlösung

Wir wollen die Wurzelform des Informationsfilters benutzen, um die Symmetrie und die positive Definitheit der numerisch berechneten Präzisionsmatrizen aller Prognosefehler zu gewährleisten. Der nächste Satz enthält die Rekursionen für die Filterlösung in Form der Informationsvariablen.
BIERMAN(1977), S. 115-124, maximiert für die Herleitung dieser Rekursionsformeln eine "Likelihood-Funktion". Man kann zeigen, daß für jedes t durch Maximierung der Funktion

$$\mathbf{J}_t := \mathbf{J}_t(x_0, x_1, \dots, x_t), \quad t=1,2,\dots \quad \text{mit}$$

$$\mathbf{J}_t = (x_0-x_0)'\,{}_0^{-1}(x_0-x_0) + \sum_{s=1}^{t} (z_t-H_t'x_t)'R^{-1}(z_t-H_t'x_t) + \sum_{s=1}^{t} (x_s-Fx_{s-1}-\Gamma u_{s-1})'Q^{-1}(x_s-Fx_{s-1}-\Gamma u_{s-1})$$

in den Variablen $\{x_s : s=0,1,\dots,t\}$ die LKQS $\{E^*(x_s|z(t)) : s=0,1,\dots,t\}$ gefunden werden können. Die Rekursionsgleichungen für die Filterlösung erhält man durch eine Verknüpfung der Optimierungsprobleme für $\mathbf{J}_{t-1}$ und $\mathbf{J}_t$. MAYNE(1969) verwendet ein ähnliches Verfahren.
BIERMANS Argumentation läßt die statistische Bedeutung seiner Modellannahmen in weiten Teilen implizit. Wir benutzen in unserem eigenen Beweis allein die Projektionsargumente, wie sie in Abschnitt 4.2.3. ausgeführt wurden.
Im folgenden bezeichnen $\tilde{Q},\tilde{R},\tilde{\Sigma}_0$ untere Cholesky-Wurzeln der Kovarianzmatrizen Q,R,Σ_0.
Die Schreibweise $A \underset{HHT}{\longrightarrow} B$ soll kennzeichnen, daß die Matrix A durch eine Householder-Transformation in eine Matrix B von oberer Dreiecksgestalt umgeformt wird.

(4-15) <u>SATZ :</u> Gegeben sei das vereinfachte Grundmodell aus 2.1.2. unter (D1)-(D6). Dann lassen sich die Informationsvariablen $\hat{p}_{t|t}$ und $P_{t|t}$ rekursiv ermitteln durch eine schrittweise Anwendung von Householder Transformationen nach dem folgenden Muster :

(a) <u>Prognoseschritt :</u>

(4.39)
$$\left[\begin{array}{cc|c} \tilde{Q}^{-1} & 0 & \tilde{Q}^{-1}\Gamma u_t \\ -\tilde{P}_{t|t}{}'\,F^{-1} & \tilde{P}_{t|t}{}'\,F^{-1} & a_t \end{array}\right] \xrightarrow{\text{HHT}} \left[\begin{array}{cc|c} B_{t+1} & C_{t+1} & \tilde{b}_{t+1} \\ 0 & \tilde{P}_{t+1|t}{}' & \tilde{a}_{t+1} \end{array}\right],$$

(4.40a)
$$\hat{p}_{t+1|t} = \tilde{P}_{t+1|t}\;\tilde{a}_{t+1},$$

(4.40b)
$$P_{t+1|t} = \tilde{P}_{t+1|t}\;\tilde{P}_{t+1|t}{}'.$$

(b) <u>Korrekturschritt :</u>

(4.41)
$$\left[\begin{array}{c|c} H_{t+1}{}' & z_{t+1} \\ \tilde{P}_{t+1|t}{}' & \tilde{a}_{t+1} \end{array}\right] \xrightarrow{\text{HHT}} \left[\begin{array}{c|c} \tilde{P}_{t+1|t+1}{}' & a_{t+1} \\ 0 & b_{t+1} \end{array}\right],$$

(4.42a)
$$\hat{p}_{t+1|t+1} = \tilde{P}_{t+1|t+1}\;a_{t+1},$$

(4.42b)
$$P_{t+1|t+1} = \tilde{P}_{t+1|t+1}\;\tilde{P}_{t+1|t+1}{}'.$$

(c) <u>Initialisierung:</u>

$$a_0 := \tilde{\Sigma}_0^{-1}\,\bar{x}_0 \quad \text{und} \quad \tilde{P}_{0|0}{}' := \tilde{\Sigma}_0^{-1}.$$

(d) <u>Innovationsfolge:</u>

Der im Laufe der Householder-Transformationen (4.41) konstruierte stochastische Prozeß $\{ b_t : t=1,2,\ldots \}$ ist die sogenannte "*normalisierte Innovationsfolge*", es gilt :

(4.43a)
$$b_t = \tilde{D}_t^{-1}\,\tilde{z}_t \quad \text{mit} \quad \tilde{D}_t\tilde{D}_t{}' = D_t \quad (t=1,2,\ldots),$$

(4.43b)
$$E(b_t) = 0 \qquad (t=1,2,\ldots),$$

(4.43c)
$$E(b_t\,b_s{}') = \delta_{ts}\,I \qquad (t,s=1,2,\ldots) \quad \text{mit} \quad \delta_{ts} = \begin{cases} 0 & \text{für } t \neq s \\ 1 & \text{für } t = s \end{cases}.$$

Beweis:

Wir zeigen zunächst die Gültigkeit des ersten Prognose- und Korrekturschrittes (Initialisierung).

Wir vereinbaren die folgende Definition :

$$v_0 := x_0 - \bar{x}_0 \,,$$
$$\bar{w}_0 := \Gamma\, u_0 + w_0 \,.$$

Wir benötigen die Transitionsgleichung , um x_0 durch x_1 auszudrücken. Die Regularität von F wird vorausgesetzt. Es gilt:

$$x_1 = F\, x_0 + \bar{w}_0 \,,$$
$$\text{oder} \quad x_0 = F^{-1}\, x_1 - F^{-1}\, \bar{w}_0 \,.$$

Wir betrachten nun ein Gleichungssystem in $(\bar{w}_0, x_1)$ der Gestalt :

$$\Gamma\, u_0 = \bar{w}_0 + (-w_0)\,,$$
$$\bar{x}_0 = -F^{-1}\bar{w}_0 + F^{-1}\, x_1 + (-v_0)\,.$$

Standardisieren wir die Störterme dieses Gleichungssystems mit Hilfe der Wurzeln der Präzisionsmatrizen von v_0 und w_0 , so erhalten wir :

(4.44) $$\begin{bmatrix} \tilde{Q}^{-1}\, \Gamma\, u_0 \\ \tilde{\Sigma}_0^{-1} \cdot \bar{x}_0 \end{bmatrix} = \begin{bmatrix} \tilde{Q}^{-1} & 0 \\ -\tilde{\Sigma}_0^{-1} F^{-1} & \tilde{\Sigma}_0^{-1} F^{-1} \end{bmatrix} \begin{bmatrix} \bar{w}_0 \\ x_1 \end{bmatrix} + \begin{bmatrix} -\tilde{Q}^{-1} w_0 \\ -\tilde{\Sigma}_0^{-1} v_0 \end{bmatrix}.$$

Nach Anwendung einer Householder Transformation auf beiden Seiten dieses Systems , die die 'Meßmatrix' von $(\bar{w}_o, x_1)$ auf obere Dreiecksgestalt bringt , ergibt sich :

(4.45) $$\begin{bmatrix} \tilde{b}_1 \\ \tilde{a}_1 \end{bmatrix} = \begin{bmatrix} B_1 & C_1 \\ 0 & \tilde{P}'_{1|0} \end{bmatrix} \begin{bmatrix} \bar{w}_1 \\ x_1 \end{bmatrix} + \begin{bmatrix} \tilde{w}_1 \\ \tilde{\xi}_1 \end{bmatrix}.$$

Der Systemschätzer $\hat{x}_{1|0}$ fällt mit dem Mittelwert $E(x_1)$ zusammen. Der Erwartungswert von $\tilde{\xi}_1$ ist Null, denn $\tilde{\xi}_1$ ist eine Linearkombination der Störterme w_o und v_o , die annahmegemäß einen Erwartungswert von Null besitzen. Wir schließen daher :

$$\tilde{a}_1 = \tilde{P}_{1|0}{}' \;\hat{x}_{1|0} \,,$$
$$-\tilde{\xi}_1 = \tilde{P}_{1|0}{}' \;\tilde{x}_{1|0} \,.$$

Aus diesen beiden Gleichungen erhalten wir unter Beachtung von $\mathrm{COV}(\tilde{\xi}_1) = I$ (hier eine Konsequenz der Störterm-Standardisierung in (4.44) und der Orthogonalität von Householder-Transformationsmatrizen) und der Definitionen (4.12) :

$$P_{1|0} = \tilde{P}_{1|0}\,\tilde{P}_{1|0}'$$

$$\hat{p}_{1|0} = \tilde{P}_{1|0}\,\tilde{a}_1 \quad .$$

Im ersten Korrekturschritt inkorporieren wir die erste Beobachtung z_1 in die Systemschätzung. Wir benutzen hierzu die folgenden zwei "Beobachtungsgleichungen" :

$$z_1 = H_1'\; x_1 \; + \; v_1$$

$$a_1 = \tilde{P}_{1|0}'\, x_1 \; + \; \tilde{\xi}_1 \quad .$$

Der Störterm $\tilde{\xi}_1$ ist als Linearkombination der Störterme v_0 und w_0 mit dem Meßfehler v_1 annahmegemäß nicht korreliert. Standardisieren wir den Meßfehler v_1 mit der Cholesky Wurzel seiner Präzisionsmatrix , so sehen wir uns mit folgendem System konfrontiert :

(4.46)
$$\begin{bmatrix} \tilde{R}^{-1} z_1 \\ \tilde{a}_1 \end{bmatrix} = \begin{bmatrix} \tilde{R}^{-1} H_1' \\ \tilde{P}_{1|0}' \end{bmatrix} x_1 + \begin{bmatrix} \tilde{R}^{-1} v_1 \\ \tilde{\xi}_1 \end{bmatrix} .$$

Nach Anwendung einer Householder Transformation auf beiden Seiten dieser Vektorgleichung , die die Meßmatrix von x_1 auf obere Dreiecksgestalt bringt , ergibt sich das System :

(4.47)
$$\begin{bmatrix} a_1 \\ b_1 \end{bmatrix} = \begin{bmatrix} \tilde{P}_{1|1}' \\ 0 \end{bmatrix} x_1 + \begin{bmatrix} \xi_1 \\ \zeta_1 \end{bmatrix} .$$

Wir können nun analog unserer Vorgehensweise in Abschnitt 4.2.3. argumentieren : b_1 ist eine Linearkombination aus z_1 und a_1 (einer Konstanten) , also gilt

$$E^*(x_1 \mid z_1) = E^*(x_1 \mid b_1) \quad .$$

Die Störterme ξ_1 und ζ_1 sind nicht miteinander korreliert aufgrund der Orthogonalität der Householder Transformation.

Der Störterm ξ_1 ist mit der ersten Beobachtung z_1 nicht korreliert, denn es gilt wegen $b_1 = \zeta_1$:

$$E^*(\xi_1 \mid z_1) = E^*(\xi_1 \mid b_1) = E^*(\xi_1 \mid \zeta_1) = 0 .$$

Damit erhalten wir aus dem transformierten System (4.47) nach Anwendung des LKQS - Operators auf beiden Seiten eine Bestimmungsgleichung für $\hat{x}_{1|1}$ und $\tilde{x}_{1|1}$:

$$a_1 = \tilde{P}_{1|1}{}' \hat{x}_{1|1} ,$$

$$- \xi_1 = \tilde{P}_{1|1}{}' \tilde{x}_{1|1} .$$

Der Störvektor des Ausgangssystems (4.46) hat aufgrund der dort vorgenommenen Standardisierung die Identität als Kovarianzmatrix. Eine orthogonale Transformation verändert diese Kovarianzmatrix nicht. Berücksichtigen wir , daß $\mathrm{COV}(\xi_1) = I$, so ergeben sich die Informationsvariablen $\hat{p}_{1|1}$ und $P_{1|1}$ als :

$$P_{1|1} = \tilde{P}_{1|1} \tilde{P}_{1|1}{}' ,$$

$$\hat{p}_{1|1} = \tilde{P}_{1|1} a_1 .$$

Wir wollen nun mit Hilfe eines induktiven Arguments zeigen, daß wir die Informationsvariablen der Filterlösung erhalten, wenn wir rekursiv die im Satz behaupteten Householder Transformationen vornehmen. Wir zeigen zu diesem Zweck, daß wir durch Fortsetzung des in der Initialisierung beschriebenen Verfahrens für t=2,3,... nach Inkorporierung der Beobachtung z_t in die Systemschätzung für x_t eine Regressionsgleichung in x_t erhalten von der Gestalt :

(4.48) $$a_t = \tilde{P}_{t|t}{}' x_t + \xi_t$$

mit folgenden Eigenschaften :

(4.49a) a_t ist eine Linearkombination in den Komponenten aus $z(t)$.

(4.49b) Der Störterm ξ_t ist eine Linearkombination der Systemfehler $\{v_\tau : \tau = 0,1, \ldots ,t\}$ und $\{w_\tau : \tau = 0,1,\ldots , t-1\}$.

(4.49c) $E(\xi_t) = 0$ und $E(\xi_t \xi_t{}') = I$.

(4.49d) $E^*(\xi_t \mid z(t)) = 0$.

Wir haben im Initialisierungsschritt bereits gezeigt, daß die im Satz angeführten Householder-Transformationen im Prädiktor- und Prognoseschritt auf eine Regressionsgleichung für x_1 vom Typ (4.48) führen mit den Eigenschaften (4.49).
Wir setzen im folgenden voraus, daß (4.48) und (4.49) für einen fest vorgegebenen Zeitpunkt t gültig sind.
Der Induktionsschluß von t auf t+1 besteht in der Durchführung des Prognose- und Prädiktorschrittes mit Hilfe der Householder-Transformationen (4.39) und (4.41) mit einer anschließenden Untersuchung der stochastischen Eigenschaften eines zu (4.47) analogen Systems.
Wir erhalten aus der Induktionsvoraussetzung (4.48) in Verbindung mit der Transitionsgleichung für den Zustand x_{t+1}

$$x_{t+1} = F\, x_t + \bar{w}_t \quad \text{mit} \quad \bar{w}_t := \Gamma u_t + w_t$$

das folgende Gleichungssystem in $(\bar{w}_t, x_{t+1})$:

$$\Gamma u_t = \bar{w}_t - w_t$$

$$a_t = - \tilde{P}'_{t|t} F^{-1} \bar{w}_t + \tilde{P}'_{t|t} F^{-1} x_{t+1} + \xi_t$$

Standardisieren wir den Störterm w_t mit Hilfe der Wurzel $\tilde{Q}^{-1}$, so resultiert das folgende Gleichungssystem :

4.50)
$$\begin{bmatrix} \tilde{Q}^{-1} \Gamma u_t \\ a_t \end{bmatrix} = \begin{bmatrix} \tilde{Q}^{-1} & 0 \\ -\tilde{P}_{t|t}' F^{-1} & \tilde{P}_{t|t}' F^{-1} \end{bmatrix} \begin{bmatrix} \bar{w}_t \\ x_{t+1} \end{bmatrix} + \begin{bmatrix} \tilde{Q}^{-1} w_t \\ \xi_t \end{bmatrix}$$

Hierin sind die Störterme w_t und ξ_t nicht miteinander korreliert, denn ξ_t ist eine Linearkombination <u>vergangener</u> Störterme $\{v_\tau : \tau=0,1,\dots,t\}$ und $\{w_\tau : \tau=0,1, \dots ,t-1\}$.
Nach Anwendung einer Householder Transformation auf beiden Seiten des oben aufgestellten Systems , die die Meßmatrix von $(\bar{w}_t, x_{t+1})$ auf obere Dreiecksgestalt bringt, ergibt sich :

4.51)
$$\begin{bmatrix} \tilde{b}_{t+1} \\ \tilde{a}_{t+1} \end{bmatrix} = \begin{bmatrix} B_{t+1} & C_{t+1} \\ 0 & \tilde{P}_{t+1|t}' \end{bmatrix} \begin{bmatrix} \bar{w}_t \\ x_{t+1} \end{bmatrix} + \begin{bmatrix} \tilde{w}_{t+1} \\ \tilde{\xi}_{t+1} \end{bmatrix} .$$

Da der Störvektor des Systems (4.50) die Identität als Kovarianzmatrix besitzt, gilt diese Eigenschaft auch für den Störvek-

tor des orthogonal transformierten Systems (4.51).
Also sind die Störterme $\tilde{\xi}_{t+1}$ und $\tilde{w}_{t+1}$ nicht miteinander korreliert. Darüberhinaus erbt die Störvariable $\tilde{\xi}_{t+1}$ als Linearkombination der nicht mit z(t) korrelierten Störterme w_t und ξ_t die Eigenschaft, ebenfalls mit z(t) nicht zu korrelieren.
Die Größe $\tilde{a}_{t+1}$ ist als Linearkombination von a_t (eine Linearkombination in z(t)) und u_t (eine Konstante) selbst die Projektion (lineare Kleinstquadratprojektion) von $\tilde{a}_{t+1}$ auf z(t).
Wir fassen zusammen:

(4.52) $$E^*(\tilde{\xi}_{t+1} \mid z(t)) = 0 \quad ,$$

(4.53) $$E^*(\tilde{a}_{t+1} \mid z(t)) = \tilde{a}_{t+1} \ .$$

Nach Anwendung des LKQS-Operators E^* auf die unteren Gleichungen des Systems (4.51) resultiert:

$$\tilde{a}_{t+1} = \tilde{P}'_{t+1|t} \hat{x}_{t+1|t} \quad ,$$

$$-\tilde{\xi}_{t+1} = \tilde{P}'_{t+1|t} \tilde{x}_{t+1|t} \quad .$$

Aus diesen beiden Gleichungen erhalten wir unter Berücksichtigung von $COV(\tilde{\xi}_{t+1}) = I$ und der Definitionen (4.12) die Informationsvariablen der Filterlösung im Prädiktorschritt zum Zeitpunkt t als :

$$P_{t+1|t} = \tilde{P}_{t+1|t} \tilde{P}'_{t+1|t} \ ,$$

$$\hat{p}_{t+1|t} = \tilde{P}_{t+1|t} \tilde{a}_{t+1} \quad .$$

Im anschließenden Korrekturschritt arbeiten wir die neue Beobachtung z_{t+1} in die Systemschätzung von x_{t+1} ein. Informationen über x_{t+1} liegen in Form der folgenden zwei Regressionsbeziehungen vor:

$$z_{t+1} = H'_{t+1} x_{t+1} + v_{t+1} \quad ,$$

$$\tilde{a}_{t+1} = \tilde{P}'_{t+1|t} \tilde{x}_{t+1} + \tilde{\xi}_{t+1} \quad .$$

Der Störterm $\tilde{\xi}_{t+1}$ ist als Linearkombination vergangener Störterme $\{v_s, w_s : s=0,1,\ldots,t\}$ nicht mit dem Meßfehler v_{t+1} korreliert. Standardisieren wir den Meßfehler v_{t+1} mit der inversen Cholesky-Wurzel seiner Kovarianzmatrix, so erhält man :

(4.54) $$\begin{bmatrix} \tilde{R}^{-1} z_{t+1} \\ \tilde{a}_{t+1} \end{bmatrix} = \begin{bmatrix} \tilde{R}^{-1} H'_{t+1} \\ \tilde{P}'_{t+1|t} \end{bmatrix} x_{t+1} + \begin{bmatrix} \tilde{R}^{-1} v_{t+1} \\ \tilde{\xi}_{t+1} \end{bmatrix} .$$

Nach Anwendung einer Householder-Transformation auf beiden Seiten von (4.54), die die "Meßmatrix" von x_{t+1} auf obere Dreiecksgestalt bringt, ergibt sich das System:

(4.55) $$\begin{bmatrix} a_{t+1} \\ b_{t+1} \end{bmatrix} = \begin{bmatrix} \tilde{P}'_{t+1|t+1} \\ 0 \end{bmatrix} x_{t+1} + \begin{bmatrix} \xi_{t+1} \\ \zeta_{t+1} \end{bmatrix} .$$

Wir halten zunächst fest, daß der (standardisierte) Störvektor des Ausgangssystems (4.54) einen verschwindenden Erwartungswert und eine unitäre Kovarianzmatrix besitzt sowie wegen (4.52) und (D5) mit keiner Komponente aus z(t) korreliert. Alle diese Eigenschaften übertragen sich auf den linear und orthogonal transformierten Störterm des Systems (4.55). Per Konstruktion gilt also:

(4.56) $$\text{(a) } E(\zeta_{t+1}) = 0 \text{ , (b) } E(\zeta_{t+1}\zeta_{t+1}') = I \text{ , (c) } E^*(\zeta_{t+1}|z(t)) = 0 \text{ ,}$$

(4.57) $$\text{(a) } E(\xi_{t+1}) = 0 \text{ , (b) } E(\xi_{t+1}\xi_{t+1}') = I \text{ ,}$$
$$\text{(c) } E^*(\xi_{t+1}|z(t)) = 0 \text{ , (d) } E^*(\xi_{t+1}|\zeta_{t+1}) = 0 \text{ .}$$

Für die weitere Argumentation benötigen wir, daß unter der Induktionsvoraussetzung b_{t+1} die normalisierte Innovation darstellt : $b_{t+1} = \tilde{D}^{-1}_{t+1} \tilde{z}_{t+1}$.

Gemäß (4.55) gilt $b_{t+1} = \zeta_{t+1}$. Demnach hat auch b_{t+1} die Eigenschaften (4.56). Des weiteren ist b_{t+1} per Konstruktion eine Linearkombination der Komponenten aus z(t+1) und einer Konstanten. Wir können demnach schreiben :

$$b_{t+1} = z_{t+1} + G_{t-1} z_{t-1} + \ldots + G_1 z_1 + g_0 \quad .$$

Hierin sind G_t geeignet dimensionierte Gewichtungsmatrizen und g_0 ein entsprechend dimensionierter Vektor mit Konstanten.

Die Größe b_{t+1} ist mit keiner Komponente aus z(t+1) korreliert. Andererseits ist aber diejenige Linearkombination

$$z_{t+1} + G^*_{t+1} z_{t-1} + \ldots + G^*_1 z_1 + g^*_0 \quad ,$$

die mit keiner Komponente aus z(t) korreliert, gemäß Satz (2-16) mit Wahrscheinlichkeit 1 eindeutig bestimmt durch den Prognosefehler einer linearen Kleinstquadratregression von z_{t+1} auf z(t).

Hieraus ergibt sich, daß b_{t+1} und die LKQS-Innovation $\tilde{z}_{t+1}$ durch eine lineare Transformation auseinander hervorgehen müssen. Weil nun für die Kovarianzmatrizen dieser Zufallsvariablen gilt: $COV(b_{t+1}) = I$, $COV(\tilde{z}_{t+1}) = D_{t+1}$ erhalten wir mit Wahrscheinlichkeit 1 :

(4.58) $$b_{t+1} = D^{-1}_{t+1} \tilde{z}_{t+1} .$$

Unter Berücksichtigung der Sätze (2-13) und (2-20) über schrittweise Projektionen ergibt sich :

$$E^*(\xi_{t+1}|z(t+1)) = E^*(\xi_{t+1}|z(t)) + E^*(\xi_{t+1}|\tilde{z}_{t+1})$$

$$= E^*(\xi_{t+1}|z(t)) + E^*(\xi_{t+1}|b_{t+1}) .$$

Beachtet man, daß gemäß (5.57) (c) und (d) ξ_{t+1} weder mit z(t) noch mit $\zeta_{t+1} = b_{t+1}$ korreliert und daß a_{t+1} eine Linearkombination der Elemente aus z(t+1) ist, dann folgt :

(4.59) $$E^*(a_{t+1}|z(t+1)) = a_{t+1} \quad ,$$

(4.60) $$E^*(\xi_{t+1}|z(t+1)) = E^*(\xi_{t+1}|z(t)) + E^*(\xi_{t+1}|\zeta_{t+1}) = 0 .$$

Nach Anwendung des LKQS-Operators E^* auf beiden Seiten des transformierten Systems (4.55) erhalten wir eine Bestimmungsgleichung in $\hat{x}_{t|t}$ und $\tilde{x}_{t|t}$:

$$a_{t+1} = \tilde{P}'_{t+1|t+1} \hat{x}_{t+1|t+1} \quad ,$$

$$- \xi_{t+1} = \tilde{P}'_{t+1|t+1} \tilde{x}_{t+1|t+1} .$$

Berücksichtigen wir (4.57)(b) und Definition (4.12) so erhalten wir hieraus die Informationsvariablen der Filterlösungen im Korrekturschritt:

$$P_{t+1|t+1} = \tilde{P}_{t+1|t+1} \tilde{P}_{t+1|t+1}'$$

$$\hat{p}_{t+1|t+1} = \tilde{P}_{t+1|t+1} a_{t+1}$$

Beachten wir, daß die Störgröße ξ_{t+1} durch eine lineare Transformation aus $\tilde{\xi}_{t+1}$ und v_{t+1} entsteht, wobei $\tilde{\xi}_{t+1}$ seinerseits durch eine lineare Transformation aus ξ_t und w_t hervorgeht, so folgern wir in Verbindung mit (4.49b) :

(4.61) **Die Störgröße ξ_{t+1} ist eine Linearkombination der Systemfehler $\{ v_s : s=0,1,\dots,t \}$ und $\{ w_s : s=0,1,\dots,t-1 \}$**

Damit ist das induktive Argument vollständig. Wir haben gezeigt, daß sich durch Anwendung der Householder-Transformationen (4.39) und (4.41) ausgehend von den Voraussetzungen (4.48) und (4.49) eine Regressionsgleichung für x_{t+1} der Gestalt (4.48) erzeugen läßt, in welcher die Beziehungen (4.57),(4.59),(4.60) und (4.61) gelten. Dies ist aber gerade (4.49) für t:=t+1.

Auch (4.43) ist mit (4.58) gezeigt worden.

4.6.2. Die Glättungslösung

Die Informationsvariablen der Glättungslösung lassen sich mit Hilfe der Zwischenergebnisse der Filterlösung wiederum über Householder-Transformationen rekursiv berechnen.
Alle gleichlautenden Symbole in diesem und im letzten Abschnitt haben dieselbe Bedeutung.

(4-16) SATZ: Gegeben sei das vereinfachte Grundmodell aus 2.1.2. unter den Annahmen (D1) bis (D6).
Die Größen $\tilde{b}_t$, B_t und C_t bezeichnen Zwischenergebnisse der Householder-Transformation (4.39) im Prognoseschritt zum Zeitpunkt t. Unter dieser Vereinbarung erhalten wir die Glättungslösung der Informationsvariablen (4.12) durch folgende Householder-Rekursionen:

(a) Glättungsrekursionen
(in der Zeit rückwärtsschreitend für t=N,N-1, ... ,1)

(4.62)
$$\left[\begin{array}{cc|c} (B_t + C_t) & C_t F & \tilde{b}_t \\ \tilde{P}'_{t|N} & \tilde{P}'_{t|N} F & \bar{a}_t \end{array}\right] \xrightarrow[\text{HHT}]{} \left[\begin{array}{cc|c} \bar{B}_t & \bar{C}_t & \bar{b}_t \\ 0 & \tilde{P}'_{t-1|N} & \bar{a}_{t-1} \end{array}\right]$$

Berechnung der Informationsvariablen

(4.63a)
$$P_{t|N} = \tilde{P}_{t|N} \tilde{P}_{t|N}'$$

(4.63b)
$$\hat{p}_{t|N} = \tilde{P}_{t|N} \bar{a}_t$$

(b) Initialisierung

(4.64a)
$$\tilde{P}_{N|N}' := \tilde{\Sigma}^{-1}_{N|N}$$

(4.64b)
$$\bar{a}_N := a_N = \tilde{P}'_{N|N} \hat{x}_{N|N}$$

Beweis: [14]

Es bezeichne $\{\tilde{w}_t\}$ die Folge der gemäß (4.51) konstruierten Störterme im Prognoseschritt des Satzes (4-15). Zum Nachweis der Gültigkeit der behaupteten Glättungsrekursionen werden wir folgende Eigenschaften von $\{\tilde{w}_t\}$ benutzen:

(4.65)
$$(a)\quad E(\tilde{w}_t) = 0 \quad , \quad (b)\quad E(\tilde{w}_t\tilde{w}_t') = I \quad ,$$
$$(c)\quad E(\tilde{w}_t\tilde{w}_s') = 0 \ (t \neq s) \quad , \quad (d)\quad E^*(\tilde{w}_t | z(N)) = 0 \ .$$

Wir zeigen zunächst diese Eigenschaften.
Aus den Gleichungen (4.50),(4.51),(4.54) und (4.55) geht hervor, daß $\tilde{w}_{t+s}$ (s>0) eine Linearkombination der folgenden Zufallsvariablen ist : $\tilde{\xi}_t$,$\{ v_i,w_i : i = t , t+1 , \ldots , t+s \}$.
Der Störterm $\tilde{w}_t$ hingegen ist eine Linearkombination der vergangenen Systemfehler $\{ v_i,w_i : i=0,1, \ldots , t-1 \}$. Da die Fehler $\{ v_\tau,w_\tau : \tau = 0,1, \ldots ,N \}$ gemäß (D5) in der Zeit nicht miteinander korreliert sind und ferner per Konstruktion die Störterme $\tilde{\xi}_t$ und $\tilde{w}_t$ in (4.51) nicht miteinander korreliert sind, ergibt sich (4.65c). Die Störterme in (4.51) sind lineare, orthogonale Transformationen standardisierter Zufallsvariabler, daher gilt (4.65a) und (4.65b).
(4.65d) weisen wir mit Hilfe des Satzes von den iterierten Projektionen nach. Wir haben bereits in (3.2) begründet, daß man z(N) durch eine lineare Transformation des Spaltenvektors $y_t := (z(t-1)' \ \tilde{x}_{t|t-1} \ v_t' \ldots v_N' \ w_1 \ldots w_N')'$ für beliebige t=1,2,...,N gewinnen kann.
Nach dem Iterationssatz (2-21b) für LKQS-Projektionen läßt sich daher die LKQS-Projektion von $\tilde{w}_t$ auf z(N) in zwei Schritten berechnen gemäß :

(4.66)
$$E^*(\tilde{w}_t | z(N)) = E^* \left(E^*(\tilde{w}_t | y_t) \mid z(N)\right) \quad \textbf{für beliebige } t=1,2,\ldots,N \ .$$

Die Projektion bezüglich y_t erhalten wir gemäß (2-20) als

(4.67)
$$E^*(\tilde{w}_t | \ y_t \ ) = E^*(\tilde{w}_t | z(t-1)) + E^*(\tilde{w}_t | \tilde{x}_{t|t-1}) + E^*(\tilde{w}_t | \{ w_s,v_s : s=t,\ldots,N \}) \ .$$

Alle drei Einzelprojektionen in dieser Gleichung sind gleich Null, denn es gilt :

a) $\tilde{w}_t$ ist gemäß (4.51) eine Linearkombination der Störterme w_{t-1} und ξ_{t-1}, die gemäß (D5) bzw. (4.49d) ihrerseits nicht mit z(t) korreliert sind, mithin : $E^*(\tilde{w}_t|z(t-1)) = 0$

b) $\tilde{w}_t$ und $\tilde{\xi}_t$ sind per Konstruktion von (4.51) aus (4.50) nicht miteinander korreliert, ferner ist $\tilde{\xi}_t$ Bild einer einer linearen Transformation von $\tilde{x}_{t|t-1}$: $\tilde{\xi}_t = - \tilde{P}'_{t|t-1} \tilde{x}_{t|t-1}$, mithin gilt : $E^*(\tilde{w}_t|\tilde{x}_{t|t-1}) = 0$

c) $\tilde{w}_t$ ist eine Linearkombination vergangener Systemfehler $\{w_s, v_s : s=0,1, \ldots, t-1\}$. Mithin gilt wegen (D5) :
$E^*(\tilde{w}_t | \{v_s, w_s : s = t, t+1, \ldots, N\}) = 0$.

Mit diesem Zwischenergebnis schließen wir gemäß (4.66) und (4.67) auf (4.65d).

Mit Hilfe der Eigenschaften (4.65) können wir die im Satz behaupteten Glättungsrekursionen beweisen.

<u>Initialisierung:</u>

Die Glättungslösung für den Systemzustand zum Zeitpunkt N-1 erhalten wir durch eine Kombination von Regressionsgleichungen aus den Transformationsbeziehungen (4.51) und (4.55) im letzten Prognose- und Korrekturschritt des Filteralgorithmus. Wir verwenden die folgenden Gleichungen:

$$\tilde{b}_N = B_N \bar{w}_{N-1} + C_N x_N + \tilde{w}_N ,$$
$$a_N = \tilde{P}_{N|N}' x_N + \xi_N .$$

Hierin sind die Störterme ξ_N und $\tilde{w}_N$ nicht miteinander korreliert, denn ξ_N ist eine Linearkombination aus v_N und $\tilde{\xi}_N$, die ihrerseits nicht mit $\tilde{w}_N$ korreliert sind.
In Verbindung mit der Transitionsgleichung :

$$x_N = F x_{N-1} + \bar{w}_{N-1}$$

erhalten wir ein Gleichungssystem in $(\bar{w}_{N-1}, x_{N-1})$:

(4.68)
$$\tilde{b}_N = (B_N + C_N) \bar{w}_{N-1} + C_N F x_{N-1} + \tilde{w}_N ,$$
$$a_N = \tilde{P}_{N|N}' \bar{w}_{N-1} + \tilde{P}_{N|N}' F x_{N-1} + \xi_N .$$

Nach Anwendung einer Householder Transformation auf beiden Seiten dieses Systems, die die Meßmatrix von $(\bar{w}_{N-1}, x_{N-1})$ auf obere Dreiecksgestalt bringt , ergibt sich :

(4.69)
$$\begin{bmatrix} \tilde{b}_N \\ \bar{a}_{N-1} \end{bmatrix} = \begin{bmatrix} \bar{B}_N & \bar{C}_N \\ 0 & \tilde{P}_{N-1|N}' \end{bmatrix} \begin{bmatrix} \bar{w}_{N-1} \\ x_{N-1} \end{bmatrix} + \begin{bmatrix} w^*_{N-1} \\ \bar{\xi}_{N-1} \end{bmatrix} .$$

Wir haben uns auf diese Weise eine Regressionsgleichung generiert von der Gestalt :

$$\bar{a}_{N-1} = \tilde{P}_{N-1|N}' \; x_{N-1} + \bar{\xi}_{N-1}$$

mit folgenden Eigenschaften :

1. $E^*(\bar{a}_{N-1}|z(N)) = \bar{a}_{N-1}$, denn $\bar{a}_{N-1}$ ist eine Linearkombination aus a_N und $\tilde{b}_N$, die sich ihrerseits linear zusammensetzen aus Komponenten von z(N) und einer Konstanten.

2. $E^*(\bar{\xi}_{N-1}|z(N))=0$, denn die Störgröße $\bar{\xi}_{N-1}$ ist aus einer linearen Transformation der Zufallsvariablen ξ_N und $\tilde{w}_N$, die ihrerseits mit keiner Komponente aus z(N) korreliert sind, hervorgegangen.

Mithin liefert uns die obige Regressionsgleichung eine Bestimmungsgleichung für $\hat{x}_{N-1|N}$ und den Prognosefehler $\tilde{x}_{N-1|N}$:

$$\bar{a}_{N-1} = \tilde{P}_{N-1|N}' \; \hat{x}_{N-1|N} ,$$

$$- \bar{\xi}_{N-1} = \tilde{P}_{N-1|N}' \; \tilde{x}_{N-1|N} .$$

Berücksichtigen wir , daß der Störvektor des Systems (4.68) die Einheitsmatrix als Kovarianzmatrix hat,daß also wegen der Orthogonalität der Householder Transformation gilt : $\mathrm{cov}(\bar{\xi}_{N-1}) = I$, so ergibt sich :

$$\tilde{P}_{N-1|N} = \tilde{P}_{N-1|N} \; \tilde{P}_{N-1|N}' ,$$

$$\hat{P}_{N-1|N} = \tilde{P}_{N-1|N} \; \bar{a}_{N-1} .$$

Fahren wir in der Weise fort , daß wir für s=N-1,N-2, ... die folgenden Regressionsgleichungen kombinieren :

$$\tilde{b}_s = B_s \; \bar{w}_{s-1} + C_s \; x_s + \tilde{w}_s ,$$

$$\bar{a}_s = \tilde{P}_{s|N}' \; x_s + \bar{\xi}_s .$$

und x_s mit Hilfe der Transitionsgleichung durch x_{s-1} und $\bar{w}_{s-1}$ ausdrücken, dann stellen wir zum Zeitpunkt t fest , daß der Störterm $\bar{\xi}_t$ eine Linearkombination aus $\{w_s : s = t+1, \dots , N\}$ und ξ_N ist , die jeweils mit keiner Komponente aus z(N) korreliert sind (das haben wir oben eingangs und im letzten Abschnitt nachgewiesen) . Mithin gilt : $E^*(\bar{\xi}_t | z(N)) = 0$.
Die Größe $\bar{a}_t$ ist eine Linearkombination aus Komponenten von z(N) , ihre Projektion auf z(N) stimmt also mit $\bar{a}_t$ überein. Damit stellt sich die Stituation zum Zeitpunkt t wie folgt dar.

<u>Glättungsiteration zum Zeitpunkt t :</u>

Wir überführen das Gleichungssystem

$$\tilde{b}_t = B_t \bar{w}_{t-1} + C_t x_t + \tilde{w}_t$$
$$\bar{a}_t = \tilde{P}_{t|N}' x_t + \bar{\xi}_t$$

mit Hilfe der Transitionsgleichung :

$$x_t = F x_{t-1} + \bar{w}_{t-1}$$

in das System :

$$\begin{bmatrix} \tilde{b}_t \\ \bar{a}_t \end{bmatrix} = \begin{bmatrix} B_t + C_t & C_t F \\ \tilde{P}_{t|N}' & \tilde{P}_{t|N}' F \end{bmatrix} \begin{bmatrix} \bar{w}_{t-1} \\ x_{t-1} \end{bmatrix} + \begin{bmatrix} \tilde{w}_t \\ \bar{\xi}_t \end{bmatrix} . \tag{4.70}$$

Nach Anwendung einer Householder Transformation auf beiden Seiten erhalten wir die Vektorgleichungen :

$$\begin{bmatrix} \bar{b}_t \\ \bar{a}_{t-1} \end{bmatrix} = \begin{bmatrix} \bar{B}_t & \bar{C}_t \\ 0 & \tilde{P}_{t-1|N} \end{bmatrix} \begin{bmatrix} \bar{w}_{t-1} \\ x_{t-1} \end{bmatrix} + \begin{bmatrix} w_t^* \\ \bar{\xi}_{t-1} \end{bmatrix} . \tag{4.71}$$

Die so erzeugte Regressionsgleichung von der Gestalt :

$$\bar{a}_{t-1} = \tilde{P}_{t-1|N}' x_{t-1} + \bar{\xi}_{t-1}$$

hat die Eigenschaften :

1. $E^*(\bar{a}_{t-1} | z(N)) = \bar{a}_{t-1}$,
2. $E^*(\bar{\xi}_{t-1} | z(N)) = 0$,

denn $\bar{a}_{t-1}$ ist eine Linearkombination aus Größen, die ihrerseits linear aus z(t) und einer Konstanten erzeugt werden können, und $\bar{\xi}_{t-1}$ ist eine Linearkombination aus w_t und $\bar{\xi}_t$, welche laut Konstruktion mit keiner Komponente aus z(N) korrelieren.
Damit erhalten wir die folgenden Bestimmungsgleichungen für den Zustandsschätzer $\hat{x}_{t-1|N}$ und seinen Prognosefehler $\tilde{x}_{t-1|N}$:

$$\bar{a}_{t-1} = \tilde{P}'_{t-1|N} \; \hat{x}_{t-1|N} \quad ,$$

$$-\bar{\xi}_{t-1} = \tilde{P}'_{t-1|N} \; \tilde{x}_{t-1|N} \quad .$$

Unter Berücksichtigung von $COV(\bar{\xi}_{t-1}) = I$ berechnen wir die Informationsvariablen der Glättungslösung als :

$$P_{t-1N} = \tilde{P}_{t-1|N} \; \tilde{P}'_{t-1|N} \quad ,$$

$$\hat{p}_{t-1|N} = \tilde{P}_{t-1|N} \; \bar{a}_{t-1} \; .$$

Damit ist die Gültigkeit der Glättungsrekursionen gezeigt.

Kapitel 5: Erweiterungen des dynamischen linearen Grundmodells

5.1. Das dynamische lineare Modell mit zeitabhängigen Modellmatrizen und kontemporär korrelierten Störtermen in der Beobachtungs- und Übergangsgleichung

5.1.1. Die Filterlösung

In diesem Abschnitt betrachten wir das allgemeine lineare Zustandsraummodell aus 1.2. mit zeitvarianten Modellmatrizen einschließlich einer Durchgangsmatrix in der Beobachtungsgleichung. Darüber hinaus lassen wir für jeden Zeitpunkt t eine von Null verschiedene Korrelation zwischen den Systemfehlern w_t und v_t zu. Autokorrelation der Störterme schließen wir weiterhin aus, gegebenenfalls muß eine solche Korrelation durch Erweiterung des Systemzustandes und Umdefinition der Störterme beseitigt werden (siehe Kapitel 1.3.). Die nachstehende Modellübersicht erinnert noch einmal an die Modellannahmen aus 1.2. :

(AD1) *Beobachtungsgleichung:* $z_t = H_t' x_t + B_t u_t + v_t \qquad (t \geqq 1)$

(AD2) *Übergangsgleichung:* $x_{t+1} = F_t x_t + \Gamma_t u_t + G_t w_t \qquad (t \geqq 0)$

(AD3) *stochastische Spezifikation der Störterme:*

(a) $E(v_t) = 0$, $E(w_t) = 0$ für alle t ,

(b) $E(v_t v_s') = \delta_{ts} R_t$, (c) $E(w_t w_s') = \delta_{ts} Q_t$,

(d) $E(v_t w_s') = \delta_{ts} S_t$, $[\text{mit } \delta_{ts} := 0 \text{ für } t \neq s,\ \delta_{ts} := 1 \text{ für } t = s]$,

(e) $x_0 = \bar{x}_0 + v_0$ mit $E(v_0) = 0$, $E(v_0 v_0') = \Sigma_0$,

(f) $E(v_t v_0') = 0$, $E(w_t v_0') = 0$ für alle t .

(AD4) *Spezifikation der erklärenden Variablen in H_t und u_t:*

Die erklärenden Variablen in H_t und u_t können wie deterministische Größen behandelt werden; H_t und u_t enthalten insbesondere keine verzögert endogenen Variablen (Komponenten aus z(t-1)).

Für die Ableitung der Filterlösung wird es sich als nützlich erweisen, den Störterm der Übergangsgleichung so umzudefinieren, daß er mit dem Meßfehler v_t nicht mehr korreliert ist.
Wir vereinbaren zu diesem Zweck die folgende Definition:

(5.1) $$\bar{w}_t := w_t - S_t' R_t^{-1} v_t .$$

Die Eigenschaften des Störterms $\bar{w}_t$ formulieren wir in dem folgenden Hilfssatz.

(5-1) <u>SATZ :</u> Sei $\bar{w}_t$ die oben definierte Linearkombination aus Meß- und Übergangsrauschen. Dann gilt :

(a) $E(\bar{w}_t v_t') = 0$,

(b) $E(\bar{w}_t) = 0$,

(c) $COV(\bar{w}_t) = Q_t - S_t' R_t^{-1} S_t$,

(d) $E^*(\bar{w}_t | z(t)) = 0$, **für alle t.**

<u>Beweis :</u> [ANDERSON/MOORE(1979), S. 115].

ad a) $E(\bar{w}_t v_t') = E(w_t v_t') - S_t' R_t^{-1} E(v_t v_t')$

$= S_t' - S_t' R_t^{-1} R_t = S_t' - S_t' = 0$.

ad b) $E(w_t) = 0$ und $E(v_t) = 0$, also muß auch jede Linearkombination dieser Störterme einen Erwartungswert von Null haben .

ad c) $COV(\bar{w}_t) = E(\bar{w}_t \bar{w}_t') = E(\bar{w}_t w_t')$ (gemäß (a) und 5.1),

$E(\bar{w}_t w_t') = E(w_t w_t') - S_t' R_t^{-1} E(v_t w_t')$

$= Q_t - S_t' R_t^{-1} S_t$ (gemäß (5.1) und (AD3)(c,d)).

ad d) Die Komponenten von z(t) sind jeweils Linearkombinationen der Störterme $\{v_s, w_s: s=0,1, \dots , t-1\}$ und v_t. Wegen (a) und fehlender Autokorrelation aller Systemfehler über die Zeit ist $\bar{w}_t$ mit keiner Komponente aus z(t) korreliert. Mithin gilt: $E^*(\bar{w}_t|z(t)) = E(\bar{w}_t) = 0$.

Wir leiten die Kalmanfilter-Gleichungen wieder unter der Annahme eines vollspezifizierten dynamischen linearen Modells ab, d.h. wir setzen voraus, daß die Folge aller Systemparameter , $\{F_t, \Gamma_t, B_t, Q_t, R_t, S_t : t=1,2, \dots\}$, sowie $\{\bar{x}_0, \Sigma_0\}$ bekannt sind.
Mit Hilfe der in Abschnitt 2.4. abgeleiteten Beziehungen können wir den nächsten Satz beweisen.

Die Rekursionsgleichungen für den LKQS der Systemzustände in dem oben angegebenen allgemeinen linearen Zustandsraum unterscheiden sich von den in Satz (2-9) aufgeführten Rekursionsbeziehungen nur im Prädiktorschritt.

(5-2) SATZ: Die LKQS-Notation (2.30) gelte als vereinbart. Unter den Annahmen (AD1) bis (AD4) kann der LKQS für x_t auf Basis aller bis zu diesem Zeitpunkt t verfügbaren Beobachtungen mit Hilfe der folgenden Gleichungen berechnet werden.

a) *Prädiktorschritt:*

(5.2a) $$\hat{x}_{t|t-1} = \Psi_{t-1}\, \hat{x}_{t-1|t-1} + \Psi_{t-1}\, u_{t-1} + G_{t-1}\, S_{t-1}\, R_{t-1}^{-1}\, z_{t-1}$$

(5.2b) $$\Sigma_{t|t-1} = \Psi_{t-1}\, \Sigma_{t-1|t-1}\, \Psi_{t-1}' + G_{t-1}(\, Q_{t-1} - S_{t-1}\, R_{t-1}^{-1}\, S_{t-1}'\,)\, G_{t-1}'$$

(5.2c) $$\hat{z}_{t|t-1} = H_t'\, \hat{x}_{t|t-1} + B_t\, u_t$$

(5.2d) $$D_t = H_t'\, \Sigma_{t|t-1}\, H_t + R_t$$

b) *Korrekturschritt:*

(5.3a) $$\hat{x}_{t|t} = \hat{x}_{t|t-1} + K_t\, (z_t - \hat{z}_{t|t-1})$$

(5.3b) $$\Sigma_{t|t} = \Sigma_{t|t-1} - K_t\, D_t\, K_t'$$

(5.3c) $$\text{mit} \quad K_t := \Sigma_{t|t-1}\, H_t\, D_t^{-1}$$

c) *Initialisierung*

$$\hat{x}_{0|0} := \bar{x}_0 \quad , \quad \Sigma_{0|0} := \Sigma_0 \quad .$$

Im Übrigen gelten alle Varianten des Korrekturschrittes gemäß (2.12) und der Kalmanfiltermatrix gemäß (2.14). Die Eigenschaften der Innovationsfolge im Sinne von Definition (2-18) werden durch (2.15) beschrieben. Die Kovarianzmatrizen $\Sigma_{t|t}$, $\Sigma_{t|t-1}$, D_t sind wie in Satz (2-22) nur als unbedingte Kovarianzmatrizen der entsprechenden LKQS-Prognosefehler zu interpretieren.

Beweis:[15]

a) Prädiktorschritt: Für die Herleitung des LKQS $\hat{x}_{t+1|t} := E(x_{t+1}|z(t))$ benutzen wir die Transitionsgleichung (AD2), in der wir zunächst den Störterm w_t gemäß (5.1) ersetzen können durch:

$$\begin{aligned} w_t &= \bar{w}_t + S_t' R_t v_t \\ &= \bar{w}_t + S_t' R_t (z_t - H_t' x_t) . \end{aligned}$$

Die entsprechend reformulierte Transitionsgleichung lautet :

(5.4)
$$\begin{aligned} x_{t+1} &= F_t x_t + \Gamma_t u_t + G_t w_t \\ &= F_t x_t + \Gamma_t u_t + G_t (\bar{w}_t + S_t R_t^{-1} (z_t - H_t' x_t)) \\ &= \Psi_t x_t + \Gamma_t u_t + G_t S_t R_t^{-1} z_t + G_t \bar{w}_t , \end{aligned}$$

(5.5) mit
$$\Psi_t := F_t - G_t S_t R_t^{-1} H_t .$$

Wie in Satz (5-1)(d) gezeigt gilt : $E^*(\bar{w}_t|z(t)) = 0$, daher ergibt sich der LKQS $\hat{x}_{t+1|t}$ nach Projektion beider Seiten der Transitionsgleichung auf $z(t)$ mit Hilfe des linearen Operators E^* :

$$\hat{x}_{t+1|t} = \Psi_t \hat{x}_{t|t} + \Gamma_t u_t + G_t S_t R_t^{-1} z_t .$$

Den Prognosefehler der Einschrittprognose erhalten wir definitionsgemäß als :

(5.6)
$$\tilde{x}_{t+1|t} = x_{t+1} - \hat{x}_{t+1|t} = \Psi_t \tilde{x}_{t|t} + G_t \bar{w}_t .$$

Beachten wir, daß $\tilde{x}_{t|t}$ eine Linearkombination der Störterme $\{v_s: s=0,1,...,t\}$ und $\{w_s: s=0,1,...,t-1\}$ ist, daß also $\tilde{x}_{t|t}$ und $\bar{w}_t$ nicht miteinander korreliert sind, so berechnen wir die Kovarianzmatrix des Einschrittprognosefehlers als

$$\begin{aligned} \Sigma_{t+1|t} &= COV(\tilde{x}_{t+1|t}) = \Psi_t \, COV(\tilde{x}_{t|t}) \, \Psi_t' + G_t \, COV(\bar{w}_t) \, G_t' \\ &= \Psi_t \Sigma_{t|t} \Psi_t' + G_t (Q_t - S_t R_t^{-1} S_t') G_t' . \end{aligned}$$

Die Kovarianz von $\bar{w}_t$ haben wir hierin gemäß Satz (5-1)(c) ersetzt.

Die Einschritt-Prognose $\hat{z}_{t+1|t} := E^*(z_{t+1}|z(t))$ erhalten wir nach einer Projektion beider Seiten der Beobachtungsgleichung (AD1) zum Zeitpunkt t+1 auf die Informationsmenge z(t). Unter Berücksichtigung der Linearitätseigenschaft (2-14) ergibt sich:

$$\hat{z}_{t+1|t} = E^*(H_{t+1}'x_{t+1} + B_{t+1}u_{t+1} + v_{t+1} \mid z(t))$$

$$= H_{t+1}' \hat{x}_{t+1|t} + B_{t+1} u_{t+1} .$$

Hierin haben wir benutzt, daß z(t) nur von Störtermen abhängt, die vor dem Zeitpunkt t+1 liegen und daher wegen (AD3) nicht mit dem Systemfehler v_{t+1} korreliert ist.
Die Innovation $\tilde{z}_{t+1}$ berechnen wir definitionsgemäß als :

$$\tilde{z}_{t+1|t} := z_{t+1} - \hat{z}_{t+1|t} = H'_{t+1} \tilde{x}_{t+1|t} + v_{t+1} .$$

Da der Prognosefehler $\tilde{x}_{t+1|t}$ letztlich eine Funktion der Zufallsvariablen $\{ v_s,w_s: s=0,\dots,t\}$ ist, sind gemäß (AD3) die Zufallsvariablen v_{t+1}, $\tilde{x}_{t+1|t}$ nicht miteinander korreliert. Demnach ergibt sich die Kovarianzmatrix von $\tilde{z}_{t+1}$ als:

$$COV(\tilde{z}_{t+1|t}) =: D_t = H'_{t+1} \Sigma_{t+1|t} H_{t+1} + R_{t+1} .$$

b) Korrekturschritt, Initialisierung, Innovationsfolge:

Alle weiteren Aussagen des Satzes werden analog zum Beweis von Satz (2-22) gezeigt.

5.1.2. Die Glättungslösung

Nach einer Reformulierung der Transitionsgleichung gemäß (5.4) kann auch in dem vorliegenden verallgemeinerten Modell mit der Beweisstrategie aus Kapitel 3 [ANSLEY/KOHN (1982)] unter Verwendung iterierter Projektionen der folgende Satz bewiesen werden.

(5-3) SATZ: Unter den Annahmen des allgemeinen dynamischen linearen Modells (AD1)-(AD4) ergibt sich der LKQS

$$\hat{x}_{t|N} := E^*(x_t \mid z(N)) \quad (t<N) \; \textit{(Glättungslösung)}$$

in rekursiver Weise nach dem folgenden Verfahren:

Rekursionsgleichungen :

(5.7a) $$\hat{x}_{t|N} := E^*(x_t | z(N)) = \hat{x}_{t|t} + A_t \left(\hat{x}_{t+1|N} - \hat{x}_{t+1|t} \right)$$

(5.7b) $$\Sigma_{t|N} := COV(\tilde{x}_{t|N}) = \Sigma_{t|t} - A_t \left(\Sigma_{t+1|t} - \Sigma_{t+1|N} \right) A_t'$$

mit

(5.7c) $$A_t := \Sigma_{t|t} \Psi_t' \Sigma_{t+1|t} = \Sigma_{t|t} (F_t - G_t S_t R_t^{-1} H_t')' \Sigma_{t+1|t}^{-1}$$

Initialisierung :

Der Glätter wird mit den bekannten Filterlösungen am Ende des Beobachtungshorizonts (N) initialisiert :

$$\hat{x}_{N|N} := E^*(x_N | z(N))$$

$$\Sigma_{N|N} := COV(\tilde{x}_{N|N})$$

Beweis:

Bezeichnet y_t für beliebige t=1,...,N den Spaltenvektor

$$y_t := (z(t)' \ \tilde{x}_{t+1|t}' \ v_{t+1}' \cdots v_N' \ w_{t+1}' \cdots w_{N-1}')' ,$$

so gilt mit denselben Argumenten wie in 3.2. mit einer Anwendung des Satzes (2-21b) über iterierte Projektionen:

(5.8) $$E^*(x_t | z(N)) = E^*(E^*(x_t | y_t) \mid z(N))$$

(5.9) $$\text{mit } E^*(x_t | y_t) = \hat{x}_{t|t} + COV(x_t, \tilde{x}_{t+1|t}) [COV(\tilde{x}_{t+1|t})]^{-1} \tilde{x}_{t+1|t} .$$

Die Kovarianz zwischen x_t und $\tilde{x}_{t+1|t}$ können wir mit Hilfe der umformulierten Transitionsgleichung (5.4) bestimmen:

(5.10) $$\begin{aligned} COV(x_t, \tilde{x}_{t+1|t}) &= COV(x_t, \Psi_t \tilde{x}_{t|t} + G_t \bar{w}_t) \\ &= E(x_t \tilde{x}_{t|t}') \Psi_t' = \Sigma_{t|t} \Psi_t' . \end{aligned}$$

In der letzten Gleichung haben wir benutzt, daß gilt :
$x_t = \hat{x}_{t|t} + \tilde{x}_{t|t}$ und $E(\tilde{x}_{t|t} \hat{x}_{t|t}') = 0$.

Setzen wir (5.10) in (5.9) ein, so ergibt sich:

$$E^*(x_t | y_t) = \hat{x}_{t|t} + \Sigma_{t|t} \Psi_t' \Sigma_{t+1|t}^{-1} \tilde{x}_{t+1|t} .$$

Projizieren wir beide Seiten dieser Gleichung auf z(N), so erhalten wir gemäß (5.8) die Beziehung (5.7a).
Die Herleitung der Kovarianzmatrix des Prognosefehlers $\tilde{x}_{t|N}$ kann wörtlich dem Abschnitt 3.2. entnommen werden.

5.2. Die Berücksichtigung verzögert endogener Variabler unter den erklärenden Variablen eines Zustandsraumes

5.2.1. Die Filterlösung

Wir haben im gesamten Teil II bisher vorausgesetzt, daß die Meßmatrix H_t' wie eine Konstante behandelt werden kann. Wenn H_t' verzögert endogene Variable enthält, beschreiben die Kalmanfiltergleichungen der Kapitel 2 bis 4 offensichtlich nicht mehr den linearen Kleinstquadratschätzer für x_t, weder in der Filterlösung $E^*(x_t|\bar{z}(t))$ noch in der Glättungslösung $E^*(x_t|\bar{z}(t))$. Aber unter Normalverteilungsannahmen der Systemfehler und einer geeigneten Verteilungsannahme für den Anfangszustand x_0 beschreiben die bekannten Rekursionsformeln weiterhin den (nunmehr nichtlinearen) Kleinstquadratschätzer für x_t sowohl in der Glättungslösung $E(x_t|\bar{z}(t))$ als auch in der Filterlösung $E(x_t|\bar{z}(t))$. Hierin bezeichnet $\bar{z}(0)$ einen um gewisse Anfangswerte $\bar{z}(0)$ erweiterten Vektor von Beobachtungsvariablen. Die erforderlichen Anfangswerte bestimmen sich aus dem maximalen Lag **l** der verzögert endogenen Variablen unter den Elementen der Meßmatrizen H_t . Wir definieren in Abhängigkeit von der Laglänge **l** :

(5.11a) $$\bar{z}(t) := (z_{-l+1}, z_{-l+2}, \dots , z_0, z_1, \dots , z_t)$$

$t=0,1,2, \dots , N$ (Beobachtungshorizont)

Wir setzen für die weiteren Betrachtungen im wesentlichen dasselbe dynamische lineare Modell wie in Abschnitt 2.1.2. voraus, lassen jetzt aber ausdrücklich verzögert endogene Variable unter den Komponenten von u_t und H_t zu. Darüber hinaus benötigen wir noch eine Annahme über den stochastischen Zusammenhang zwischen den Systemfehlern und den Anfangsvariablen $\bar{z}(0)$.
Wir formulieren dazu :

(D6)' **Die Modellgrößen H_t und u_{t-1} enthalten deterministische Größen oder endogene Variable aus $\bar{z}(t-1)$.**

(D8) **Die Systemfehler $\{v_s, w_s : s=0,1,...\}$ sind stochastisch unabhängig von den Anfangsvariablen $\bar{z}(0)$.**

Unter den Annahmen (D1) bis (D5), (D6)', (D7) und (D8) ist weder die Zufallsfolge $\{x_t : t=0,1,...\}$ noch die Folge der Beobachtungsvariablen $\{z_t : t=1,2, ...\}$ ein Gaußscher Prozeß. Wohl sind aber unter den genannten Voraussetzungen alle bedingten Verteilungen $f(z_t|z(t-1))$, $f(x_t|\bar{z}(s))$, s beliebig, normal. Die ersten und zweiten Momente können mit den bekannten Kalmanrekursionen berechnet werden.
Schließlich vereinbaren wir für den nächsten Satz noch eine im Vergleich zu (2.8) leicht modifzierte Notation, die der Tatsache Rechnung trägt, daß sich die abzuleitenden linearen Kleinstquadratschätzer auf eine erweiterte Beobachtungsmenge im Sinne von (5.11a) beziehen.
Im folgenden bezeichne :

(5.11b) $$\hat{x}_{t|s} := E(x_t|\bar{z}(s)) \;,\; \tilde{x}_{t|s} := x_t - E(x_t|\bar{z}(s)) \;,\; \Sigma_{t|s} := COV(x_t|\bar{z}(s))$$

(5.11c) $$\hat{z}_{t|t-1} := E(z_t|\bar{z}(t-1)) \;,\; \tilde{z}_t := z_t - E(z_t|\bar{z}(t-1)) \;,\; D_t := COV(z_t|\bar{z}(t-1))$$

Der folgende Satz kann völlig analog zur Vorgehensweise in (2-9) bewiesen werden.

(5-4) SATZ: Es gelte die Notation (5.11) als vereinbart.
Unter den Modellannahmen (D1)-(D5),(D6)',(D7),(D8) sind die bedingten Dichten $f(x_t|\bar{z}(t-1))$, $f(x_t|\bar{z}(t))$ und $f(z_t|\bar{z}(t-1))$ $(t=1,2,\ldots)$ normal.
Die ersten und zweiten Momente dieser Dichten werden durch die Rekursionsgleichungen (2.10) und (2.12) beschrieben. Ebenso gelten die Kalmanfilterdarstellung (2.14) und die Innovationseigenschaften (2.15).
Die Kovarianzmatrizen $\Sigma_{t|t}$, $\Sigma_{t|t-1}$, D_t sind bei verzögert endogenen Variablen unter den Komponenten der Meßmatrix nur als bedingte Kovarianzmatrizen im Sinne von (2.11) und (2.13) interpretierbar.

Beweis:

Der Beweis von Satz (2-9) darf nahezu wörtlich übernommen werden. Da wir im Prädiktor- und Korrekturschritt zum Zeitpunkt t aus den beiden Systemgleichungen

$$x_t = F\, x_{t-1} + \Gamma u_{t-1} + w_{t-1} \tag{5.12a}$$

$$z_t = H_t'\, x_t + v_t \tag{5.12b}$$

die bedingten Verteilungen $f(x_t|\bar{z}(t-1))$, $f(z_t|\bar{z}(t-1))$, $f(x_t,z_t|\bar{z}(t-1))$ für eine gegebene Realisation von $\bar{z}(t-1)$ bestimmen müssen, können wir in den Systemgleichungen (5.12) jeweils u_{t-1} und H_t auch unter (D6)' wie eine konstante Größe behandeln.
Die Kovarianzmatrix D_t der Verteilung $f(z_t|\bar{z}(t-1))$ hängt nunmehr über H_t von verzögert endogenen Variablen $\bar{z}(t-1)$ ab : D_t kann darum nicht mehr als unbedingte Kovarianzmatrix der Prognosefehler $\tilde{z}_t$ interpretiert werden. Entsprechende Aussagen gelten für die Kovarianzmatrizen $\Sigma_{t|t}$ und $\Sigma_{t|t-1}$, die ihrerseits von D_t abhängen.
Die Eigenschaften der Einschrittprognosefehler $\tilde{z}_t$ werden wie in Satz (2-9) nachgewiesen. Die Interpretation von $\tilde{z}_t$ als eine "Innovation bezüglich des Erwartungswertoperators E" ist Gegenstand des nächsten Abschnitts.

5.2.2. Die Innovationsfolge

Wir haben im letzten Abschnitt die Einschrittprognosefehler $\tilde{z}_t$ definiert als :

(5.13) $$\tilde{z}_t := z_t - E(z_t|\bar{z}(t-1)) \ .$$

Man bezeichnet diese Prognosefehler auch als *Innovation in* z_t *bezüglich des Kleinstquadratschätzer- oder Erwartungswert-Operators* E, *oder kurz als KQS-Innovationen.*

Offensichtlich spielen die KQS-Innovationen in den Kalmanrekursionsgleichungen der Sätze (2-9) und (5-4) dieselbe Rolle wie die LKQS-Innovationen (im Sinne von (2-18)) in dem Satz (2-22) :

Es sind stets die Innovationen $\tilde{z}_t$, die schrittweise verarbeitet werden und mit einer Gewichtungsmatrix (die Kalmanfiltermatrix) in die Korrektur der Einschritt-Zustandsprognose $\hat{x}_{t|t-1}$ eingehen.

Die KQS-Innovation (5.13) transportiert den Teil der Beobachtung z_t, der nicht in der Informationsmenge $\bar{z}(t-1)$ enthalten ist. Genauer: es handelt sich um einen Informationsgewinn im Sinne des Kleinstquadratkriteriums, nämlich um den "Teil" der z_t - Information, der auf Basis der "alten" Information $\bar{z}(t-1)$ durch einen Kleinstquadratschätzer (also ohne die Einschränkung auf affine Prognosefunktionen in $\bar{z}(t-1)$) nicht prognostizierbar ist.

Für eine vorgegebene Folge von Zufallsvariablen (mit endlichen zweiten Momenten) lauten die Analoga zu Definition (2-18) und Satz (2-19) wie folgt.

-5) <u>DEFINITION:</u> Sei $\{y_t: t=1,2, \ldots\}$ eine Folge von Zufallsvariablen mit endlichen zweiten Momenten.

Die Folge $\{\tilde{y}_t: t=1,2, \ldots\}$ definiert durch

(5.14a) $$\tilde{y}_1 := y_1 - E(y_1)$$

(5.14b) $$\tilde{y}_t := y_t - E(y_t|y_{t-1}, \ldots, y_1) \quad t=2,3, \ldots$$

heißt *Innovationsfolge von* $\{y_t\}$ *bezüglich des KQS- oder Erwartungswert-Operators* E. oder kurz *Folge der KQS-Innovationen von* $\{y_t\}$.

Analog zur Notation (2.8a) vereinbaren wir für den nächsten Satz : $y(t) := (y_1' \ y_2' \ \dots \ y_t')'$, $\tilde{y}(t) := (\tilde{y}_1' \ \tilde{y}_2' \ \dots \ \tilde{y}_t')'$.

(5-6) <u>SATZ:</u> Sei $\{y_t: t=1,2, \dots\}$ eine Folge von Zufallsvariablen (Zufallsvektoren) mit endlichen zweiten Momenten. Die Folge der KQS-Innovationen von $\{y_t\}$ im Sinne von Definition (5-5) hat die folgenden Eigenschaften :

(a) $\tilde{y}_t$ ist eine (Borel-meßbare) Funktion in $y(t)$ mit endlichen zweiten Momenten $(t=1,2,\dots)$.

(b) y_t ist eine (Borel-meßbare) Funktion in $\tilde{y}(t)$ mit endlichen zweiten Momenten $(t=1,2,\dots)$.

(c) $E(\tilde{y}_t) = 0 \quad (t=1,2,\dots)$.

(d) $E(\tilde{y}_t\tilde{y}_s') = 0 \quad (s,t=1,2, \dots \text{ und } s \neq t)$

<u>Beweis:</u>

(a) folgt aus Definition (5-5) und Satz (2-4).
(b) ergibt sich wie in (2-19) mit einem induktiven Argument aus der Darstellung : $y_t = \tilde{y}_t + E(y_t|y(t-1))$.
(c) ist nur eine andere Formulierung der Unverzerrtheit eines Kleinstquadratschätzers gemäß Satz (2-4)(b).
(d) wurde bereits in (2-9) durch eine Iteration bedingter Erwartungswerte gemäß (2.21) und (2.22) gezeigt.

Aus Satz (5-6) folgt, daß die KQS-Innovationsfolge aus Satz (5-4) ein in der Zeit nicht korrelierter Prozeß ist.
Hieraus folgt jedoch nicht, daß die Innovationen dieses Modells auch stochastisch unabhängig sind, weil unter (D6)' weder $\{z_t\}$ noch $\{\tilde{z}_t\}$ ein Gaußscher Prozeß ist.
Allerdings sind für die sogenannten *normalisierten Innovationen* auch unter (D6)' stärkere Verteilungsaussagen möglich.

(5-7) <u>Definition:</u> Sei $\{y_t: t=1,2, \dots\}$ eine Folge von Zufallsvektoren mit endlichen zweiten Momenten und $\{\tilde{y}_t: t=1,2, \dots\}$ die entsprechende Folge der KQS-Innovationen. Unter der *normalisierten Innovationsfolge* verstehen wir den stochastischen Prozeß $\{\tilde{y}_t^*: t=1,2, \dots\}$ definiert durch : $\tilde{y}_t^* := C_t \tilde{y}_t$ mit $C_t C_t' = E(\tilde{y}_t\tilde{y}_t')$.

definiert durch :

5.15) $$\tilde{y}_t^* := \mathbf{C}_t\, \tilde{y}_t \quad \text{mit} \quad \mathbf{C}_t\, \mathbf{C}_t' = [\,E(\tilde{y}_t \tilde{y}_t')]^{-1}.$$

(Hierbei setzen wir voraus, daß die Kovarianzmatrizen der Innovationen regulär sind.)

Offensichtlich bilden die normalisierten Innovationen ebenfalls einen in der Zeit nicht korrelierten Prozeß mit verschwindenden Erwartungswerten. Die Normierungsmatrizen $\mathbf{C}_t$ sind dabei gerade so konstruiert,daß die Kovarianzmatrizen der normalisierten Innovationen Einheitsmatrizen sind.
Damit ergibt sich unmittelbar der folgende Satz.

8) SATZ: Unter den Annahmen des dynamischen linearen Modells in Satz (5-4) ist die normalisierte KQS-Innovationsfolge

5.16) $$\tilde{z}_t^* : t=1,2,\ldots \quad \text{mit} \quad \tilde{z}_t^* := \tilde{D}_t^{-1} \,(\, z_t - \hat{z}_{t|t-1}\,) \text{ und } \tilde{D}_t \tilde{D}_t' = D_t$$

normalverteiltes weißes Rauschen mit

$$E(\tilde{z}_t^*) = 0 \quad , \quad E(\tilde{z}_t^* \tilde{z}_t^{*\prime}) = I_{m\times m} \;.$$

Beweis:

Wir erhalten die bedingte gemeinsame Dichtefunktion der Beobachtungsvariablen z(N) für gegebene Anfangswerte $\bar{z}(0)$ als Produkt der gemäß Satz (5-4) normalverteilten Dichten

$$f(z_t|\bar{z}(t-1)) = N(z_t : \hat{z}_{t|t-1} , D_t) \quad (t=1,2,\ldots,N) \;.$$

Es gilt:

(5.17) $$f(z(N)|\bar{z}(0)) = \prod_{t=1}^{N} f(z_t|\bar{z}(t-1)) = \prod_{t=1}^{N} N\,(z_t : \hat{z}_{t|t-1}, D_t)$$

$$= \prod_{t=1}^{N} (2\pi)^{\frac{-mN}{2}} \,|D_t|^{-\frac{1}{2}} \exp(-\tfrac{1}{2}(z_t-\hat{z}_{t|t-1})' D_t^{-1} (z_t-\hat{z}_{t|t-1})) \;.$$

Aus Satz (5-6)(a) und (b) ergibt sich, daß für gegebene Anfangswerte $\bar{z}(0)$ die Innovationen $\tilde{z}(N) := (\tilde{z}_1' \; \tilde{z}_2' \; \ldots \; \tilde{z}_N')'$ und die Beobachtungsvariablen $z(N) := (z_1' \; z_2' \; \ldots \; z_N')'$ wechselseitig auseinander rekonstruiert werden können.

Da $\tilde{z}(N)^* := (\tilde{z}_1^* \; \tilde{z}_2^* \; \dots \; \tilde{z}_N^*)'$ gemäß (5.16) eine reguläre affine Transformation der Innovationen $\tilde{z}(N)$ ist , ist auch die Transformation $\mathbf{g}: z(N) \rightarrow \tilde{z}(N)^*$, für feste Anfangswerte $\bar{z}(0)$ definiert durch (5.16), umkehrbar eindeutig.
Die Umkehrabbildung $\mathbf{g}^{-1}$ erhält man aus

$$z_t = \tilde{D}_t \, \tilde{z}_t^* + H_t' \, \hat{x}_{t|t-1} \quad .$$

Die Größen D_t, H_t und $\hat{x}_{t|t-1}$ können in den entsprechenden Abbildungsgleichung als Funktionen in $z(t-1)$ oder in $\tilde{z}(t-1)^*$ aufgefaßt werden. Die Jacobi-Matrix der Umkehrabbildung $\mathbf{g}^{-1}$ ist eine (NmxNm)-Matrix bestehend aus N² (mxm)-Blöcken, der Block (t,s) ergibt sich als $(\partial z_t / \partial \tilde{z}_s{}^*)$. Aus der Gestalt der Abbildungen $\mathbf{g}$ bzw. $\mathbf{g}^{-1}$ ist ersichtlich, daß die Jacobi-Matrix von $\mathbf{g}^{-1}$ eine untere Dreiecksmatrix ist; auf der Haupt-(mxm)-Blockdiagonalen befinden sich die Matrizen $\tilde{D}_t$. Mithin gelangen wir nach den Regeln für die Transformation mehrdimensionaler Zufallsvariabler [ROHATGI(1976), S. 135f.] zu folgender Dichtefunktion :

$$f(\tilde{z}(N)^* \,|\, \bar{z}(0)) \;=\; \prod_{t=1}^{N} \; (2\pi)^{-mN/2} \; \exp(-\, \tfrac{1}{2}\, \tilde{z}_t^{*\prime} \tilde{z}_t^*) \; .$$

Diese Dichte enthält offensichtlich nicht mehr die Anfangsbedingungen $\bar{z}(0)$, stimmt also mit der unbedingten Dichte der $\tilde{z}(N)^*$ überein, und hieraus folgt unmittelbar die Behauptung des Satzes.

5.2.3. Die Glättungslösung (für festes und variables Glättungsintervall)

In diesem Abschnitt zeigen wir, daß die Rekursionsgleichungen (3.1.) für die Glättungslösung auch unter den Bedingungen von Satz (5-4) gültig bleiben. Allerdings läßt sich die Beweisstrategie aus Kapitel 3.2. in diesem Zusammenhang nicht übernehmen, denn wir haben dort die unter den Bedingungen von Satz (3-1) gültigen Umstand ausgenutzt, daß die Prognosefehler-Kovarianzmatrizen als unbedingte Kovarianzmatrizen interpretiert werden können. Bei verzögert endogenen Variablen unter den Komponenten der Meßmatrix ist dies nicht mehr zulässig.
Wir stellen zunächst die Glättungsvariante des sogenannten *fixed-point smoothers* vor. Hierbei handelt es sich um die Glättungslösung für den Systemzustand x_j zu einem fest vorgegebenen Zeitpunkt j bei schrittweiser Ausdehnung der Informationsmenge $\bar{z}(t)$ (für $t=j+1,j+2,\ldots$) . In einem geeignet erweiterten dynamischen linearen Modell mit einem vergrößerten Systemzustandsvektor lassen sich die Rekursionsgleichungen der fixed-point-smoother Folge:

$$\{ \hat{x}_{j|t}, \Sigma_{j|t} : t = j+1, j+2, \ldots \} \quad (j=0,1,2,\ldots)$$

aus den Filtergleichungen (2.10) und (2.12) herleiten.
Mit diesem Zwischenergebnis, daß auch an anderer Stelle in Kapitel 8 benötigt wird, können wir schließlich nach einer Umformung der fixed-point-smoother Folge die Rekursionsgleichungen für den *fixed-interval smoother*

$$\{ \hat{x}_{t|N}, \Sigma_{t|N} : t = N-1, N-2, \ldots , 0 \}$$

bestimmen zwecks Rekonstruktion der gesamten "Systemgeschichte" auf Basis der aktuellen Beobachtungsmenge $\bar{z}(N)$.

Im folgenden sei j ein fest vorgegebener Zeitpunkt, $j \geq 0$.
Wir erhalten den fixed-point-smoother für x_j als Subvektor der Filterlösung in folgendem erweiterten dynamischen linearen Modell [ANDERSON/MOORE(1979), S. 170ff.] :

(5.18a) <u>Beobachtungsgleichung :</u> (t=j,j+1,...)

$$z_t = \begin{bmatrix} H_t' & 0 \end{bmatrix} \begin{bmatrix} x_t \\ x_t^a \end{bmatrix} + v_t ,$$

(5.18b) <u>Transitionsgleichung:</u> (t=j,j+1,...)

$$\begin{bmatrix} x_{t+1} \\ x_{t+1}^a \end{bmatrix} = \begin{bmatrix} F & 0 \\ 0 & I \end{bmatrix} \begin{bmatrix} x_t \\ x_t^a \end{bmatrix} + \begin{bmatrix} \Gamma \\ 0 \end{bmatrix} u_t + \begin{bmatrix} I \\ 0 \end{bmatrix} w_t .$$

<u>Initialisierung und stochastische Spezifikation :</u>

(5.18c) (D3), (D4), (D5), (D6)', (D7), (D8) .

(5.18d) Wir initialisieren das Modell zum Zeitpunkt j mit

$$x_j = x_j^a = F^j x_\circ + \sum_{\tau=0}^{j-1} F^{j-1-\tau} w_\tau + \sum_{\tau=0}^{j-1} F^{j-1-\tau} \Gamma^\tau u_\tau .$$

Man prüft leicht nach, daß die Systemzustände $\{x_t : t \geqq j\}$ dieselben Eigenschaften wie in Satz (5-4) haben.
Der Systemzustand x_t^a stimmt für alle $t \geqq j$ mit dem Systemzustand x_j überein.
Unter Vereinbarung folgender Notation :

(5.18e)

$$x_t^* := \begin{bmatrix} x_t \\ x_t^a \end{bmatrix} \quad F^* := \begin{bmatrix} F & 0 \\ 0 & I \end{bmatrix} , \; H_t^* := \begin{bmatrix} H_t \\ 0 \end{bmatrix} , \; \Gamma^* := \begin{bmatrix} \Gamma \\ 0 \end{bmatrix} , \; G^* := \begin{bmatrix} I \\ 0 \end{bmatrix}$$

lassen sich die obige Beobachtungs- und Transitionsgleichung schreiben als :

(5.18f)
$$z_t = H_t^{*}{}' x_t^* + v_t ,$$

(5.18g)
$$x_{t+1}^* = F^* x_t^* + \Gamma^* u_t + G^* w_t .$$

Eine Anwendung des Kalmanfilters auf das Modell (5.18) liefert uns gemäß Satz (5-4) die ersten und zweiten Momente der bedingten Normalverteilungsdichten $f(x_t^* | \bar{z}(t-1))$ und $f(x_t^* | \bar{z}(t))$ für $t = j, j+1, \ldots$.
Der Filterlösung $\hat{x}_{t|t}^*$ können wir wegen $x_t^a = x_j$ $(t \geqq j)$ die Glättungslösung $\hat{x}_{j|j}$ entnehmen. Es gilt :

19) $$\hat{x}^*_{t|t} := E(x^*_t \mid \bar{z}(t)) = \begin{bmatrix} \hat{x}_{t|t} \\ \hat{x}_{j|t} \end{bmatrix} = \begin{bmatrix} E(x_t \mid \bar{z}(t)) \\ E(x_j \mid \bar{z}(t)) \end{bmatrix} .$$

Die Untermatrizen der bedingten Kovarianzmatrix $\Sigma^*_{t|t}$ identifiziert man als :

20) $$\Sigma^*_{t|t} := \mathrm{COV}(x^*_t \mid \bar{z}(t)) = \begin{bmatrix} \Sigma_{t|t} & \Sigma_{j,t|t}' \\ \Sigma_{j,t|t} & \Sigma_{j|t} \end{bmatrix}$$
$$= \begin{bmatrix} \mathrm{COV}(x_t \mid \bar{z}(t)) & \mathrm{COV}(x_j, x_t \mid \bar{z}(t))' \\ \mathrm{COV}(x_j, x_t \mid \bar{z}(t)) & \mathrm{COV}(x_j \mid \bar{z}(t)) \end{bmatrix} .$$

Mit Hilfe der Rekursionen (2.10) und (2.12) erhalten wir die folgenden Filterergebnisse des Prädiktor- und Korrekturschrittes :

<u>a) Prädiktorschritt :</u>

21a) $$\hat{x}^*_{t|t-1} = F^* \hat{x}^*_{t-1|t-1} + \Gamma^* u_{t-1} ,$$

21b) oder $$\begin{bmatrix} \hat{x}_{t|t-1} \\ \hat{x}_{j|t-1} \end{bmatrix} = \begin{bmatrix} F \hat{x}_{t-1|t-1} + \Gamma u_{t-1} \\ \hat{x}_{j|t-1} \end{bmatrix} .$$

22a) $$\Sigma^*_{t|t-1} = F^* \Sigma^*_{t-1|t-1} F^{*\prime} + G^* Q G^{*\prime} ,$$

22b) oder $$\begin{bmatrix} \Sigma_{t|t-1} & \Sigma_{j,t|t-1}' \\ \Sigma_{j,t|t-1} & \Sigma_{j|t} \end{bmatrix}$$
$$= \begin{bmatrix} F \Sigma_{t-1|t-1} F' + Q & F \Sigma_{j,t-1|t-1}' \\ \Sigma_{j,t-1|t-1} F' & \Sigma_{j|t-1} \end{bmatrix} .$$

b) Korrekturschritt :

(5.23a) $\hat{x}^*_{t|t} = \hat{x}^*_{t|t-1} + \Sigma^*_{t|t-1} H^*_t D^{*\,-1}_t (z_t - H^{*\prime}_t \hat{x}^*_{t|t-1})$.

Wegen $H_t^{*\prime} := [H_t' \,\vdots\, 0]$ vereinfachen sich die Matrizen $\Sigma^*_{t|t-1} H^*_t$ und D^*_t zu den folgenden Ausdrücken :

(5.24a) $$\Sigma^*_{t|t-1} H^*_t = \begin{bmatrix} \Sigma_{t|t-1} H_t \\ \Sigma_{j,t|t-1} H_t \end{bmatrix},$$

(5.24b) $$D^*_t = H^*_t \Sigma^*_{t|t-1} H^{*\prime}_t + R$$

$$= H_t \Sigma_{t|t-1} H_t' + R =: D_t .$$

Mithin identifizieren wir die Subvektoren der Filterlösung $\hat{x}^*_{t|t}$ als :

(5.23b) $$\hat{x}^*_{t|t} = \begin{bmatrix} \hat{x}_{t|t} \\ \hat{x}_{j|t} \end{bmatrix} = \begin{bmatrix} \hat{x}_{t|t-1} + \Sigma_{t|t-1} H_t D_t^{-1} (z_t - \hat{z}_{t|t-1}) \\ \hat{x}_{j|t-1} + \Sigma_{j,t|t-1} H_t D_t^{-1} (z_t - \hat{z}_{t|t-1}) \end{bmatrix}.$$

Für die bedingte Kovarianzmatrix $\Sigma^*_{t|t}$ erhalten wir :

(5.25a) $$\Sigma^*_{t|t} = \Sigma^*_{t|t-1} - \Sigma^*_{t|t-1} H^*_t D^{*\,-1}_t H^{*\prime}_t \Sigma^*_{t|t-1} .$$

Mithin gilt unter Beachtung von (5.20), (5.22b) und (5.24) für die Submatrizen von $\Sigma^*_{t|t}$:

(5.25b) $$\Sigma_{t|t} = \Sigma_{t|t-1} - \Sigma_{t|t-1} H_t D_t^{-1} H_t' \Sigma_{t|t-1} ,$$

(5.25c) $$\Sigma_{j,t|t} = \Sigma_{j,t|t-1} - \Sigma_{j,t|t-1} H_t D_t^{-1} H_t' \Sigma_{t|t-1} ,$$

(5.25d) $$\Sigma_{j|t} = \Sigma_{j|t-1} - \Sigma_{j,t|t-1} H_t D_t^{-1} H_t' \Sigma_{j,t|t-1}' .$$

c) Initialisierung :

Wir initialisieren das erweiterte dynamische Modell zum Zeitpunkt j mit den Werten:

(5.26a) $$\hat{x}^*_{j|j} = \begin{bmatrix} \hat{x}_{j|j} \\ \hat{x}_{j|j} \end{bmatrix},$$

(5.26b) $$\Sigma^*_{j|j} = \begin{bmatrix} \Sigma_{j|j} & \Sigma_{j|j} \\ \Sigma_{j|j} & \Sigma_{j|j} \end{bmatrix}.$$

(5-9) SATZ: Sei $j \geqq 0$ ein fest vorgegebener Zeitpunkt t. Unter den Voraussetzung von Satz (5-4) sind die bedingten Verteilungen $f(x_j|\bar{z}(t))$ für alle $t \geqq j$ normal : $f(x_j|\bar{z}(t)) = N(x_j : \hat{x}_{j|t}, \Sigma_{j|t})$.
Die fixed-point-smoother Folge $\{\hat{x}_{j|t}, \Sigma_{j|t} : t \geqq j\}$ läßt sich aus der Folge der Innovationen und seiner Kovarianzen $\{\tilde{z}_t, D_t : t=j,j+1, \ldots\}$ mit Hilfe einer Rekursionsformel für die Kovarianz zwischen x_t und x_j, $\{\Sigma_{j,t+1|t} := COV(x_j, x_{t+1} | \bar{z}(t)) : t=j,j+1, \ldots\}$, nach folgendem Verfahren gewinnen :

(5.27a) $$\hat{x}_{j|t} = \hat{x}_{j|t-1} + \Sigma_{j,t|t-1} H_t D_t^{-1} \tilde{z}_t \quad , \quad (t \geqq j) ,$$

(5.27b) $$\Sigma_{j|t} = \Sigma_{j|t-1} - \Sigma_{j,t|t-1} H_t D_t^{-1} H_t' \Sigma_{j,t|t-1}' \quad , \quad (t \geqq j) ,$$

(5.28a) mit $$\Sigma_{j,t+1|t} = \Sigma_{j,t|t-1} (I - H_t K_t') F' \quad , (t=j,j+1, \ldots) ,$$

(5.28b) $$\Sigma_{j,j|j-1} := \Sigma_{j|j-1} \quad , \quad \text{(Initialisierung)} ,$$

K_t ist die Kalmanfiltermatrix , $K_t := \Sigma_{t|t-1} H_t D_t^{-1}$.

Insbesondere gilt für t=j+1 die folgende Einschritt-Glättungsformel (*"one-step-back smoother"*) :

(5.29a) $$\hat{x}_{j|j+1} = \hat{x}_{j|j} + \Sigma_{j|j} F' H_{j+1} D_{j+1}^{-1} (z_{j+1} - H_{j+1}' \hat{x}_{j+1|j}) ,$$

(5.29b) $$\Sigma_{j|j+1} = \Sigma_{j|j} - \Sigma_{j|j} F' H_{j+1} D_{j+1}^{-1} H_{j+1}' F \Sigma_{j|j} .$$

Beweis: ANDERSON/MOORE (1979), S. 187-190 .

(5.27) ist mit (5.23b) und (5.25b) bereits gezeigt.
Die Rekursion (5.28a) folgt aus einer Substitution von (5.25d) in (5.22b) unter Beachtung der Definition (2.14) von K_t :

$$\begin{aligned} \Sigma_{j,t+1|t} &= \Sigma_{j,t|t} F' \\ &= (\Sigma_{j,t|t-1} - \Sigma_{j,t|t-1} H_t D_t^{-1} H_t' \Sigma_{t|t-1}) F' \\ &= \Sigma_{j,t|t-1} (I - H_t K_t') F' . \end{aligned}$$

Die korrekte Initialisierung ergibt sich aus (5.26).

Mit Hilfe von Satz (5-9) kann der fixed-intervall smoother gefunden werden. Zu diesem Zweck vereinbaren wir zunächst noch eine etwas kompaktere Darstellung der Rekursionen (5.28). Unter folgender Notation

(5.30a) $$\Psi_t := (I - K_t H_t')' F' ,$$

(5.30b) $$\Psi_{j,t} := \Psi_j \cdot \Psi_{j+1} \cdot \ldots \cdot \Psi_{t-1} , \text{ für } t > j ,$$

(5.30c) $$\Psi_{j,j} := I ,$$

reduziert sich (5.28) nach schrittweisem Substituieren in diese Gleichung auf :

(5.31) $$\Sigma_{j,t|t-1} = \Sigma_{j|j-1} \cdot \Psi_{j,t} \quad \text{für } t=j,j+1, \ldots \; .$$

Schließlich bemerken wir noch, daß unter Beachtung von (2.12e) folgt:

(5.32) $$\Sigma_{t|t-1} \Psi_t = \Sigma_{t|t-1} (I - K_t H_t')' F' = \Sigma_{t|t} F' .$$

Nach diesen Vorüberlegungen kann nunmehr der folgende Satz bewiesen werden.

(5-10) <u>SATZ:</u> Unter den Voraussetzung von Satz (5-4) sind die bedingten Verteilungen $f(x_j|\bar{z}(N))$ $(j=0,1,\ldots,N)$ normal. Erwartungswert und Kovarianzmatrix dieser Verteilungen können in der Zeit rückwärtsschreitend für t=N-1,...,0 nach folgendem Verfahren berechnet werden :

(a) $$\hat{x}_{j|N} := E(x_j|\bar{z}(N)) = \hat{x}_{j|j} + A_j (\hat{x}_{j+1|N} - \hat{x}_{j+1|j}) .$$

(b) $$\Sigma_{j|N} := COV(x_j|\bar{z}(N)) = \Sigma_{j|j} - A_j (\Sigma_{j+1|j} - \Sigma_{j+1|N}) A_j' ,$$

mit $$A_j := \Sigma_{j|j} F' \Sigma_{j+1|j}^{-1} .$$

Beweis: [16]

ad (a) : Durch schrittweises Substituieren in (5.27a) erhalten wir unter Beachtung von (5.31) die folgende Darstellung des fixed-point smoothers für x_j zum Zeitpunkt t=N :

(5.33)
$$\hat{x}_{j|N} = \hat{x}_{j|j} + \sum_{t=j+1}^{N} \Sigma_{j,t|t-1} H_t D_t^{-1} \tilde{z}_t$$
$$= \hat{x}_{j|j} + \Sigma_{j|j-1} \sum_{t=j+1}^{N} \Psi_{j,t} H_t D_t^{-1} \tilde{z}_t$$
$$= \hat{x}_{j|j} + \Sigma_{j|j-1} \Psi_j \sum_{t=j+1}^{N} \Psi_{j+1,t} H_t D_t^{-1} \tilde{z}_t \; .$$

Analog erhalten wir unter Berücksichtigung des Prognoseschritts (2.10a) :

(5.34)
$$\hat{x}_{j+1|N} = \hat{x}_{j+1|j+1} + \sum_{t=j+2}^{N} \Sigma_{j+1|j} \Psi_{j,t} H_t D_t^{-1} \tilde{z}_t$$
$$= \hat{x}_{j+1|j} + \Sigma_{j+1|j} H_{j+1} D_{j+1}^{-1} \tilde{z}_{j+1}$$
$$+ \sum_{t=j+2}^{N} \Sigma_{j+1|j} \Psi_{j,t} H_t D_t^{-1} \tilde{z}_t$$
$$= \hat{x}_{j+1|j} + \Sigma_{j+1|j} \sum_{t=j+1}^{N} \Psi_{j+1,t} H_t D_t^{-1} \tilde{z}_t \; .$$

Aus (5.34) ergibt sich :

(5.35)
$$\sum_{t=j+1}^{N} \Psi_{j+1,t} H_t D_t^{-1} \tilde{z}_t = \Sigma_{j+1|j}^{-1} (\hat{x}_{j+1|N} - \hat{x}_{j+1|j}) \; .$$

Substituieren wir (5.35) in (5.33), so erhalten wir unter Beachtung von (5.32) die Rekursion (5-10)(a).

ad (b) : Der Nachweis von (b) erfolgt analog zur Vorgehensweise unter (a). Durch schrittweises Substituieren in (5.27b) erhalten für für t=N :

(5.36)
$$\Sigma_{j|N} = \Sigma_{j|j} - \Sigma_{j|j-1} \Psi_j (\sum_{t=j+1}^{N} \Psi_{j+1,t} H_t D_t^{-1} H_t' \Psi_{j+1|t}') \Psi_j' \Sigma_{j|j-1} \; .$$

Analog ergibt sich unter Berücksichtigung des Prognoseschrittes (2.10b) :

(5.37) $$\Sigma_{j+1|N} = \Sigma_{j+1|j+1} - \sum_{t=j+2}^{N} \Sigma_{j+1,t|t-1} H_t D_t^{-1} H_t' \Sigma_{j+1,t|t-1}$$

$$= \Sigma_{j+1|j} - \Sigma_{j+1|j} H_{j+1} D_{j+1}^{-1} H_{j+1}' \Sigma_{j+1|j}$$

$$- \Sigma_{j+1|j} \left(\sum_{t=j+2}^{N} \Psi_{j+1,t} H_t D_t^{-1} H_t' \Psi_{j+1,t} \right) \Sigma_{j+1|j}$$

$$= \Sigma_{j+1|j} - \Sigma_{j+1|j} \left(\sum_{t=j+1}^{N} \Psi_{j+1,t} H_t D_t^{-1} H_t' \Psi_{j+1,t}' \right) \Sigma_{j+1|j}$$

Hieraus resultiert folgende Darstellung:

(5.38) $$\sum_{t=j+1}^{N} \Psi_{j+1,t} H_t D_t^{-1} H_t' \Psi_{j+1,t}' = \Sigma_{j+1|j}^{-1} (\Sigma_{j+1|j} - \Sigma_{j+1|N}) \Sigma_{j+1|j}^{-1}$$

Substituieren wir (5.38) in (5.36), so erhalten wir unter Beachtung von (5.32) die Rekursion (5-10)(b).

Kapitel 6: Stabilitätseigenschaften der Kalmanfilter-Rekursionsgleichungen

Aus den Kalmanfilter-Rekursionsgleichungen der vergangenen Kapitel ergeben sich Differenzengleichungen (in t) für die Filterlösungen $\{ \hat{x}_{t|t}, \Sigma_{t|t} : t=0,1, \ldots \}$ Die asymptotischen Eigenschaften dieser Differenzengleichungen werden im nächsten Teil der Arbeit für die Untersuchung der (asymptotischen) Eigenschaften von Maximum-Likelihood-Schätzern der (konstanten) Systemparameter benötigt. Aus Satz (4-10) erhalten wir:

6.1)
$$\hat{x}_{t|t} = (I - K_t H_t') \hat{x}_{t|t-1} + K_t z_t$$
$$= (I - K_t H_t') F \hat{x}_{t-1|t-1} + (I - K_t H_t') \Gamma u_{t-1} + K_t z_t$$

6.2)
$$\Sigma_{t|t} = (I - K_t H_t') \Sigma_{t|t-1} (I - K_t H_t')' + K_t R K_t'$$
$$= (I - K_t H_t') F' \Sigma_{t-1|t-1} F' (I - K_t H_t')' + (I - K_t H_t') Q (I - K_t H_t')' + K_t R K_t' .$$

Von besonderem Interesse sind Bedingungen, die gewährleisten, daß die Filterlösungen für $t \to \infty$ die Anfangsspezifikation $(\bar{x}_0, \Sigma_0)$, die häufig mit großer Unsicherheit behaftet ist, "hinreichend schnell vergessen" und daß sich numerische Fehler in den Rekursionsgleichungen nicht unendlich fortpflanzen. Man überzeugt sich durch Einsetzen in die obigen Rekursionsgleichungen, daß der "Beitrag" der Anfangswerte in den Filterlösungen als

$$S_{t,0} \hat{x}_{0|0} \quad \text{bzw.} \quad S_{t,0} \Sigma_{0|0} ,$$

$$\text{mit} \quad S_{t,0} := S_1 S_2 \ldots S_t \quad \text{und} \quad S_t := (I - K_t H_t')F \quad (t \geq 1),$$

berechnet werden kann. Für den Einfluß der Anfangswerte ist also das asymptotische Verhalten der Systemmatrix S_t in dem homogenen Teil der Filter-Differenzengleichungen relevant. Wir bemerken an dieser Stelle, daß die Matrix $(I - K_t H_t')$ das Analogon eines zeitabhängigen "Smoothing-Faktors" darstellt. Ihre Eigenwerte liegen wegen

6.3)
$$I - K_t H_t' = \Sigma_{t|t} \Sigma_{t|t-1}^{-1} \leq I \quad (\text{ denn } \Sigma_{t|t} \leq \Sigma_{t|t-1})$$ [17]

alle im Intervall [0;1]. Also ist für den Fall, daß die Übergangsmatrix nur Eigenwerte im Intervall (-1;1) besitzt, die Systemmatrix S_t ebenfalls eine Matrix mit Eigenwerten, die betragsmäßig alle echt kleiner als 1 sind, mithin konvergiert dann $S_{t,0}$ gegen die Nullmatrix für $t \to \infty$.

Die Beschränktheit der Eigenwerte von F auf das Intervall (-1;1) ist jedoch keine notwendige Bedingung für die Null-Konvergenz der Systemmatrix $S_{t,0}$. Es gilt der folgende allgemeinere Satz.

(6-1) <u>SATZ:</u> Gegeben sei ein dynamisches lineares Modell in der Spezifikation aus Abschnitt 4.3. oder 5.2. mit den zugehörigen Filterrekursionsgleichungen.
Ist die Folge der Kovarianzmatrizen $\{ \Sigma_{t|t}: t=0,1,\dots\}$ gleichmäßig nach oben beschränkt und sind die Kovarianzmatrizen R, Q und Σ_0 positiv definit, dann gelten die folgenden Aussagen :

(a) Die Folge $\{V(t,y_t): t=0,1, \dots\}$ mit

(6.4) $$V(t,y_t) := y_t' \Sigma_{t|t}^{-1} y_t \quad \text{und} \quad y_t = (I-K_tH_t')F\, y_{t-1}$$

bei beliebigen Anfangswerten y_0

besitzt die folgenden Eigenschaften :

(6.5a) aa) $c_1 (\|y_t\|)^2 \leqq V(t,y_t) \quad , c_1 > 0$

(6.5b) ab) $c_2 (\|y_{t-1}\|)^2 \geqq V(t,y_t) \quad , c_2 > 0$

(6.5c) ac) $V(t,y_t) - V(t-1,y_{t-1}) \leqq - c_3 (\|y_{t-1}\|)^2 \; , c_3 > 0$

für alle $t = 0,1, \dots$ mit $\|y_{t-1}\| \neq 0$.

(b) Die *Gleichgewichtslösung* $y_t=0$ der Differenzengleichung

(6.6) $$y_t = S_t\, y_{t-1} \; , \; \text{mit } S_t := (I - K_t H_t')F \; , \; y_0 \text{ beliebig,}$$

ist *"gleichmäßig asymptotisch stabil im weiten Sinne"*, d.h. für beliebige Trajektorien $\{ y_t(t_0,y_{t_0}): t \geqq t_0\}$ gilt :

(ba) $$\bigwedge_{t_0>0} \bigwedge_{\varepsilon>0} \bigvee_{\delta_\varepsilon>0} \{ \|y_{t_0}\| < \delta_\varepsilon \Rightarrow \|y_t(t_0,y_{t_0})\| < \varepsilon \text{ für alle } t > t_0 \}$$

(bb) $$\bigwedge_{t_0>0} \bigwedge_{\varepsilon>0} \bigvee_{B_\varepsilon>0} \{ \|y_{t_0}\| < \varepsilon \Rightarrow \|y_t(t_0,y_{t_0})\| < B_\varepsilon \text{ für alle } t > t_0 \}$$

(bc) $\bigwedge_{t_0} \{ \|y_{t_0}\| < \infty \Rightarrow \lim_{t\to\infty} (\|y_t(t_0,y_{t_0})\|) = 0 \}$

(c) Sei $S_t := (I-K_tH_t')F$. Es existieren Konstanten $\mathbf{a},\mathbf{b} > 0$

mit $\| S_t S_{t-1} \; \ldots \; S_1 \| \leqq \mathbf{a} \exp(- \mathbf{b} \, t)$.

(d) Jede gleichmäßig beschränkte Inputfolge $\{u_t: t=1,2, \ldots \}$ führt zu einer gleichmäßig beschränkten Outputfolge $\{y_t: t>0\}$, sofern sie gemäß der inhomogenen Differenzengleichung $y_t = S_t y_{t-1} + u_t$, y_0 beliebig , gebildet wird.

(e) Jede gleichmäßig beschränkte Inputfolge von Matrizen $\{ U_t: t=1,2, \ldots \}$ führt zu einer gleichmäßig beschränkten Outputfolge von Matrizen $\{ Y_t : t = 1,2, \ldots \}$, sofern sie gemäß der inhomogenen Differenzengleichung $Y_t = S_t Y_{t-1} S_t' + U_t$, Y_0 beliebig , gebildet wird.

Beweis: WEISS(1982), MCGARTY(1974), S. 47ff. .

ad (a): $V(t,y_t)$ ist ein leicht modifizierte *"Lyapunovfunktion"* [WILLEMS(1970), ANDERSON/MOORE(1979), S. 347-349], aus der Beschränktheits- und Monotonieeigenschaften auf das asymptotische Verhalten beliebiger Lösungstrajektorien der Differenzengleichung (6.6) geschlossen werden kann.

(aa) Laut Voraussetzung gilt $\Sigma_{t|t} \leqq (1/\mathbf{c}_1)\, I$ für geeignetes $\mathbf{c}_1>0$, mithin ist $\Sigma_{t|t}^{-1} \geqq \mathbf{c}_1 I$. (Die Matrix $\Sigma_{t|t}$ ist wegen $\Sigma_0, Q, R > 0$ stets invertierbar.)

(ab) Es gilt wegen $(I-K_tH_t')F = \Sigma_{t|t}\, \Sigma_{t|t-1}^{-1} F$:

$$y_t'\, \Sigma_{t|t}^{-1}\, y_t = y_{t-1}' F' \Sigma_{t|t-1}^{-1}\, \Sigma_{t|t}\, \Sigma_{t|t-1}^{-1}\, F\, y_{t-1} .$$

Aus dem Korrekturschritt der Filterlösung $\Sigma_{t|t}$:

$$\Sigma_{t|t} = \Sigma_{t|t-1} - \Sigma_{t|t-1} H_t' D_t^{-1} H_t \Sigma_{t|t-1}$$

(6.7) folgt : $\Sigma_{t|t-1}^{-1}\, \Sigma_{t|t}\, \Sigma_{t|t-1}^{-1} \leqq \Sigma_{t|t-1}^{-1}$.

$\Sigma_{t|t-1}$ ist wegen $Q>0$ stets auch nach unten beschränkt, mithin gilt $\Sigma_{t|t-1}^{-1} \leqq \mathbf{c}_2\, I$ für geeignetes $\mathbf{c}_2 > 0$.

Insgesamt erhalten wir damit die Ungleichungskette :

(6.8) $$y_t'\Sigma_{t|t}^{-1} y_t \leqq y_{t-1}'F'\Sigma_{t|t-1}^{-1} F y_{t-1} \leqq c_2 y_{t-1}'y_{t-1} .$$

(ac) Aus der Definition von $V(t,y_t)$ folgt :

$$V(t,y_t) - V(t-1,y_{t-1}) = y_t \Sigma_{t|t}^{-1} y_t - y_{t-1}' \Sigma_{t-1|t-1}^{-1} y_{t-1} .$$

Unter Beachtung der Abschätzung (6.8) ergibt sich :

$$V(t,y_t) - V(t-1,y_{t-1}) \leqq y_{t-1}' (F' \Sigma_{t|t-1}^{-1} F - \Sigma_{t-1|t-1}^{-1}) y_{t-1} .$$

Ferner gilt nach Einsetzen der Kovarianz $\Sigma_{t|t-1}$ aus dem Prädiktorschritt (4.1b) und nach einer Anwendung des Inversionssatzes (2-8) :

(6.9) $$\begin{aligned} F' \Sigma_{t|t-1}^{-1} F - \Sigma_{t-1|t-1}^{-1} &= F'(F\Sigma_{t-1|t-1}F' + Q)^{-1} F - \Sigma_{t-1|t-1}^{-1} \\ &= - \Sigma_{t-1|t-1}^{-1}(\Sigma_{t-1|t-1}^{-1} + F'Q^{-1} F)^{-1} \Sigma_{t-1|t-1}^{-1} \\ &= -(\Sigma_{t-1|t-1} + \Sigma_{t-1|t-1}F'Q^{-1}F \Sigma_{t-1|t-1})^{-1} \end{aligned}$$

Wegen Q>0 und der Beschränktheit von $\Sigma_{t|t}$ nach oben existiert eine geeignet gewählte Konstante $c_3>0$ mit der Eigenschaft:

$$\Sigma_{t-1|t-1} + \Sigma_{t-1|t-1} F' Q^{-1}F \Sigma_{t-1|t-1} < (1/c_3) I$$

und hieraus ergibt sich mit (6.8) und (6.9) die Aussage (ac).

<u>ad (b)</u>. Im folgenden verwenden wir die Ergebnisse aus (a).

(ba) Die Lösungstrajektorien $\{ y_t(t_0,y_{t_0}) : t \geqq t_0\}$ von (6.6) können beliebig klein gemacht werden, wenn der Anfangswert $\|y_{t_0}\|$ hinreichend klein gewählt wird, denn aus der Monotonie von $\{V(t,y_t)\}$ folgt :

(6.10) $$c_1 \|y_t\|^2 \leqq V(t,y_t) \leqq \dots \leqq V(t_0+1,y_{t_0+1}) \leqq c_2 \|y_{t_0}\|^2$$
also : $\|y_t\|^2 \leqq (c_2/c_1) \|y_{t_0}\|^2$ für alle $t \geqq t_0$, t_0 beliebig .

(bb) Die Beschränktheit aller Lösungstrajektorien von (6.6) folgt ebenfalls aus (6.10).

(bc) $\{V(t,y_t)\}$ ist wegen (ac) monoton fallend und wegen (aa) nach unten beschränkt, also ist diese Folge konvergent. Wenn eine Lösungstrajektorie $\{y_t\}$ nicht gegen Null konvergiert, so existiert eine Teilfolge $\{ y_{t(i)} : i=1,2, \dots \}$ mit $\|y_{t(i)}\|^2 \geqq \varepsilon > 0$ für alle i . Dann muß aber $\{ V(t,y_t) \}$ wegen (ac) divergieren, womit ein Widerspruch erbracht ist.

ad (c) Aus der Darstellung

$$y_t = S_{t,t_0}\, y_{t_0} \quad \text{mit} \quad S_{t,t_0} := S_t\, S_{t-1} \;\cdots\; S_{t_0+1}$$

ergibt sich wegen (bc) die Existenz eines t^* mit der Eigenschaft : $\| S_{t_0+t^*,t_0} \| < (1/2)$ für beliebige t_0 .

Sei $t = nt^* + m$ mit $n,m \in \mathbb{N}_0$, $0 \leq m < t^*$, dann gilt :

$$y_t(0,y_0) = S_{nt^*+m,(n-1)t^*+m}\, S_{(n-1)t^*+m,(n-2)t^*+m} \cdots S_{t^*+m}\, S_{m,0}\, y_0$$

Eine Betragsabschätzung auf beiden Seiten dieser Gleichung ergibt :

$$\| y_t(0,y_0) \| \leq (1/2)^n \, \| S_{m,0}\, y_0 \|$$

(6.11)
$$\leq (1/2)^{(t/t^*)-1} \, \| S_{m,0}\, y_0 \|$$

$$\leq \mathbf{a} \exp(- \mathbf{b}\, t) \, \|y_0\| \quad \text{für geeignete } \mathbf{a},\mathbf{b} > 0 \, .$$

In der letzten Ungleichung wurde der Umstand benutzt, daß $S_{m,0}$ wegen (bb) beschränkt sein muß.
Bedenkt man, daß es stets ein y_0 gibt mit

$$\|y_0\| = 1 \quad \text{und} \quad \| y_t \| = \| S_{t,0}\, y_0 \| = \|S_{t,0}\|,$$

so schließt man von (6.11) sofort auf (c).

ad (d) Die Lösung der inhomogenen Differenzengleichung $y_t = S_t\, y_{t-1} + u_t$ stellt sich dar als :

$$y_t = S_{t,0}\, y_0 + \sum_{s=1}^{t} S_{t,s}\, u_s \quad .$$

Bei gleichmäßig beschränktem u_t , $\|u_t\| < \mathbf{c} < \infty$, ergibt sich aus einer Betragsabschätzung auf beiden Seiten dieser Gleichung unter Beachtung von (c) :

$$\|y_t\| \leq \|S_{t,0}\| \|y_0\| + \sum_{s=1}^{t} \|S_{t,s}\| \, \mathbf{c}$$

(6.12)
$$\leq \|S_{t,0}\| \, \|y_0\| + \mathbf{c}\, \mathbf{a} \sum_{s=1}^{t} \exp(-\mathbf{b}[t-s])$$

$$\leq \|S_{t,0}\| \, \|y_0\| + \mathbf{c}\, \mathbf{a} \sum_{i=1}^{\infty} \exp(-\mathbf{b}\, i)$$

$$\leq \mathbf{d} < \infty \quad \text{für geeignetes } \mathbf{d} > 0 \, .$$

ad (e): Der Nachweis von (e) erfolgt analog zu (d), wenn man berücksichtigt, daß sich die Matrixdifferenzengleichung $Y_t = S_t\, Y_{t-1}\, S_t' + U_t$ auch in folgender Form schreiben läßt:

$$\text{vec}(Y_t) = (S_t \otimes S_t)\, \text{vec}(Y_{t-1}) + \text{vec}(U_t) \qquad ,$$

in der $(S_t \otimes S_t)$ ebenfalls exponentiell stabil ist.

Es bleibt noch die Frage zu klären, unter welchen Bedingungen die Filterlösungen $\{ \Sigma_{t|t} : t = 0,1, \ldots \}$ gleichmäßig in t beschränkt sind. Diese Bedingungen sind Gegenstand des nächsten Satzes.

(6-2) SATZ: Gegeben sei ein dynamisches lineares Modell in der Spezifikation aus Abschnitt 4.3. mit den zugehörigen Filterrekursionsgleichungen.
Gilt eine der beiden folgenden Bedingungen :

(a) Die Transitionsmatrix F hat nur Eigenwerte, die betragsmäßig echt kleiner als 1 sind.

(b) Es existiert eine Konstante $c > 0$ und eine natürliche Zahl $\bar{N}$, so daß gilt für alle $t > \bar{N}$:

(6.13)
$$O(t-\bar{N};t) := \sum_{s=t-\bar{N}}^{t} F^{s-t\prime} H_s' R^{-1} H_s F^{s-t} > c\, I_{kxk} .$$

(Die Matrix $O(t-\bar{N};t)$ heißt *Beobachtbarkeitsmatrix.*)

dann ist die Folge der Filterlösungen $\{\Sigma_{t|t} : t \geq 0\}$ gleichmäßig in t nach oben beschränkt.
Unter Bedingung (a) bleibt diese Aussage auch in einem Modell der Spezifikation aus (5-4) gültig.

Beweis: WEISS(1982), JAZWINSKI(1970), S. 243ff., MCGARTY(1974), S. 365ff. .

ad (a) Der Beweis unter (a) gelingt mit Hilfe einer Abschätzung in den Rekursionsformeln (4.3). Es gilt :

(6.14)
$$\begin{aligned} \Sigma_{t|t} &= \Sigma_{t|t-1} - \Sigma_{t|t-1} H_t D_t^{-1} H_t' \Sigma_{t|t-1} \\ &\leqq \Sigma_{t|t-1} \\ &= F \Sigma_{t-1|t-1} F' + Q \\ &\leqq \ldots \leqq F^t \Sigma_{0|0} F^{t\prime} + \sum_{s=0}^{t-1} F^s Q F^{s\prime} \\ &\leqq F^t \Sigma_0 F^{t\prime} + \sum_{s=0}^{\infty} F^s Q F^{s\prime} < c\, I < \infty . \end{aligned}$$

für geeignet gewähltes $c < \infty$, denn die Summe $\sum_{s=0}^{\infty} F^s Q F^{s\prime}$ konvergiert aufgrund der Stabilität von F gemäß (a). Diese Abschätzung hängt offensichtlich nicht davon ab, ob H_t stochastischer oder deterministischer Natur ist.

ad (b) Für den Fall, daß die Meßmatrix H_t keine verzögert endogenen Variablen enthält (Modell 4.3) läßt sich der Beweis unter der Voraussetzung (b) mit Hilfe eines schätztheoretischen Arguments führen, und zwar durch einen geschickten Varianzvergleich des optimalen Kleinstquadratschätzers $\hat{x}_{t|t}$ mit einem suboptimalen Schätzer $\hat{\hat{x}}_{t|t}$ für den Systemzustand x_t. Wir wollen für das folgende die Spezifikation aus 4.3. voraussetzen und ferner $\Gamma=0$ setzen . (Letzteres ist nur eine vereinfachende technische Annahme ohne Beeinträchtigung der Gültigkeit des Beweises.)

Wir stellen uns die Aufgabe, den Systemzustand x_t ($t > \bar{N}$) auf Basis der letzten $\bar{N}+1$ Beobachtungen ($z_t, z_{t-1}, \dots, z_{t-\bar{N}}$) zu schätzen. Wir bilden zu diesem Zweck die Beobachtungsgleichungen

$$z_s = H_s'x_s + v_s \qquad s = t, t-1, \dots, t-\bar{N}$$

und drücken diese mit Hilfe der Transitionsgleichungen als Funktion in x_t aus. Es gilt :

$$x_t = F\,x_{t-1} + w_{t-1},$$

$$\text{oder:}\quad x_{t-1} = F^{-1}x_t - F^{-1}w_{t-1}$$

$$x_{t-2} = F^{-2}x_t - F^{-1}w_{t-1} - F^{-2}w_t$$

$$\vdots$$

$$x_s = F^{s-t} - \sum_{j=1}^{t-s} F^{-j}w_{s-1+j},$$

(6.15a) $$\text{also:}\quad z_s = H_s'F^{s-t}x_t + \varepsilon_s,$$

(6.15b) $$\text{mit:}\quad \varepsilon_s = \begin{cases} v_s & \text{für } s=t \\ v_s - \sum_{j=1}^{t-s} H_s'F^{-j}w_{s-1+j} & \text{für } s=t-1,\dots,t-\bar{N}. \end{cases}$$

Für dieses Regressionsmodell (6.15) mit nicht-diagonaler Kovarianzmatrix der Störterme (*"Aitken - Modell"*) berechnen wir den (suboptimalen) *"Aitken-Schätzer"* [THEIL(1970), S. 238]:

(6.16) $$\hat{\hat{x}}_{t;\bar{N}} := \Big[\sum_{s=t-\bar{N}}^{t} F^{s-t\prime}H_sR^{-1}H_s'F^{s-t}\Big]^{-1}\Big(\sum_{s=t-\bar{N}}^{t} F^{s-t\prime}H_sR^{-1}z_s\Big)$$

$$= [\mathbf{O}(t-\bar{N};t)]^{-1}\Big(\sum_{s=t-\bar{N}}^{t} F^{s-t\prime}H_s'R^{-1}z_s\Big).$$

Die Existenz dieses Schätzers wird durch (b) gewährleistet: man könnte diese Bedingung der "gleichmäßigen Invertierbarkeit" der Beobachtungsmatrizen $\{ \mathbf{O}(t-\bar{N};t) : t = \bar{N}+1, \bar{N}+2, \ldots \}$ als eine Art "gleichmäßiges Multikollinearitätsverbot" interpretieren, das sicherstellt, daß der aktuelle Systemzustand x_t aus den letzten $\bar{N}+1$ Beobachtungen rekonstruiert werden kann. In diesem Sinne ist (b) eine Beobachtbarkeitsbedingung.

Der Schätzer $\hat{x}_{t;N}$ ist eine unverzerrte (im Sinne von $E(x_t) = E(\hat{x}_{t;\bar{N}})$) und lineare (in den Beobachtungen z_t, z_{t-1}, $z_{t-2}, \ldots, z_{t-\bar{N}}$) Schätzfunktion für x_t : der Schätzer ist allerdings nicht efffizient, weil er die Fehlerstruktur von ε_s nicht berücksichtigt. Die Fehlerkovarianzmatrix des optimalen linearen Kleinstquadratschätzers $\hat{x}_{t|t}$ unterscheidet sich von der des suboptimalen Schätzers $\hat{x}_{t;\bar{N}}$ um eine positiv definite Matrix. Wir erhalten die Abschätzung :

(6.17) $$\Sigma_{t|t} \leqq E[(x_t - \hat{x}_{t;\bar{N}})(x_t - \hat{x}_{t;\bar{N}})'] \quad .$$

Die rechte Seite dieser Ungleichung kann nun folgendermaßen abgeschätzt werden. Es gilt:

$$\begin{aligned}\hat{x}_{t;\bar{N}} &= \mathbf{O}(t-\bar{N};t)^{-1} \cdot \sum_{s=t-\bar{N}}^{t} F^{s-t\prime} H_s R^{-1} (H_s' F^{s-t} x_t + \varepsilon_s) \\ &= x_t + \mathbf{O}(t-\bar{N};t)^{-1} \cdot \sum_{s=t-\bar{N}}^{t} F^{s-t\prime} H_s R^{-1} \varepsilon_s \quad .\end{aligned}$$

Unter Beachtung der Definition von ε_s ergibt sich :

$$\begin{aligned}\hat{x}_{t;\bar{N}} - x_t &= \mathbf{O}(t-\bar{N};t)^{-1} [\sum_{s=t-\bar{N}}^{t} (F^{s-t\prime} H_s R^{-1} v_s) \\ &\quad - \sum_{s=t-\bar{N}}^{t-1} \sum_{j=1}^{t-s} (F^{s-t\prime} H_s R^{-1} H_s' F^{-j} w_{s+j-1})]\end{aligned}$$

(6.18) $$\begin{aligned}&= \mathbf{O}(t-\bar{N};t)^{-1} [\sum_{s=t-\bar{N}}^{t} (F^{s-t\prime} H_s R^{-1} v_s) \\ &\quad - \sum_{s=t-\bar{N}}^{t-1} F^{s-t\prime} H_s R^{-1} H_s' F^{s-t} \sum_{j=1}^{t-s} F^{t-s-j} w_{s+j-1}] \; .\end{aligned}$$

Unter Beachtung der Rauscheigenschaften von $\{w_t\}$ kann die Kovarianz des zweiten Summenausdruckes ermittelt werden als

$$\operatorname{COV}\Big(\sum_{s=t-\bar{N}}^{t-1} F^{s-t\prime} H_s R^{-1} H_s' F^{s-t} \sum_{j=1}^{t-s} F^{t-s-j} w_{s+j-1} \Big)$$

$$= \operatorname{COV}\Big(\sum_{s=t-\bar{N}}^{t-1} F^{s-t\prime} H_s R^{-1} H_s' F^{s-t} \sum_{i=s}^{t-1} F^{t-1-i} w_i \Big)$$

.19)

$$= \operatorname{COV}\Big(\sum_{i=t-\bar{N}}^{t-1} \Big(\sum_{s=t-\bar{N}}^{i} F^{s-t\prime} H_s R^{-1} H_s' F^{s-t} \Big) F^{t-1-i} w_i \Big)$$

$$= \sum_{i=t-\bar{N}}^{t-1} \Big(\sum_{s=t-\bar{N}}^{i} F^{s-t\prime} H_s R^{-1} H_s' F^{s-t} \Big) F^{t-1-i} Q F^{t-1-i\prime} \Big(\sum_{s=t-\bar{N}}^{i} F^{s-t\prime} H_s R^{-1} H_s' F^{s-t} \Big)'$$

$$< \sum_{i=t-\bar{N}}^{t-1} \mathbf{d} \Big(\sum_{s=t-\bar{N}}^{i} F^{s-t\prime} H_s R^{-1} H_s' F^{s-t} \Big) \Big(\sum_{s=t-\bar{N}}^{i} F^{s-t\prime} H_s R^{-1} H_s' F^{s-t} \Big)' .$$

Hierin ist die Konstante $\mathbf{d}$ so gewählt, daß die Matrix $\mathbf{d}\, I$ eine obere Schranke für die Matrizen $\{ F^{s} Q F^{s\prime} : s=0,1,\dots,\bar{N} \}$ darstellt. Multipliziert man die obige Matrizenungleichung von links und rechts mit der Inversen von $\mathbf{O}(t-\bar{N};t)$, so gelingt eine weitere Abschätzung mit folgendem Argument:

Die Matrix $\quad \mathbf{O}(t-\bar{N};t)^{-1} \sum_{s=t-\bar{N}}^{i} F^{s-t\prime} H_s R^{-1} H_s' F^{s-t}$

ist von der Gestalt $B^{-1}A$ mit $B \geqq A$, $A \geqq 0$ und $B > 0$.
Für eine solche Matrix existiert eine Zerlegung der Gestalt $B^{-1}A = W^{-1} D\, W$, worin W eine reguläre Matrix ist mit der Eigenschaft $B = W'W$ und D eine Diagonalmatrix ist, deren Diagonalelemente alle im Intervall $[0;1]$ liegen.[18] Mithin können wir das Matrizenprodukt $B^{-1} A A' B^{-1\prime}$ abschätzen gemäß

$$B^{-1} A A' B^{-1\prime} = W^{-1} D\, W W' D\, W^{-1\prime} \leqq k\, I_{kxk} \;,$$

denn der maximale Eigenwert von $B^{-1} A A' B^{-1\prime}$ läßt sich abschätzen durch die Spur [DHRYMES(1978), S. 491] :

$$\operatorname{spur}(W^{-1} D\, W W' D\, W^{-1\prime}) = \operatorname{spur}(D\, WW' D (WW')^{-1}) \leqq \operatorname{spur}(I_{kxk}) = k .$$

Mithin ergibt sich :

$$\mathbf{O}(t-\bar{N})^{-1} \Big(\sum_{s=t-\bar{N}}^{i} F^{t-s\prime} H_s R^{-1} H_s' F^{t-s} \Big) \Big(\sum_{s=t-\bar{N}}^{i} F^{t-s\prime} H_s R^{-1} H_s' F^{t-s} \Big)' \, \mathbf{O}(t-\bar{N};t)^{-1}$$

$$\leqq \quad k\, I_{kxk} \quad .$$

Nach Einsetzen in die Bestimmungsgleichung für die Fehlerkovarianzmatrix von $\hat{x}_{t;\bar{N}}$ erhalten wir schließlich unter Beachtung von (6.18) :

$$E[(\hat{x}_{t;\bar{N}} - x_t)(\hat{x}_{t;\bar{N}} - x_t)']$$

$$= O(t-\bar{N};t)^{-1} \; \mathrm{COV} \, [\sum_{s=t-\bar{N}}^{t} F^{s-t}{}' H_s R^{-1} v_s \,] \, O(t-\bar{N};t)^{-1}$$

$$+ \; O(t-\bar{N};t)^{-1} \; \mathrm{COV}(\sum_{s=t-\bar{N}}^{t-1} F^{s-t}{}' H_s R^{-1} H_s' F^{s-t} \sum_{j=1}^{t-s} F^{t-s-j} w_{s+j-1}) \; O(t-\bar{N};t)^{-1}$$

(6.20)

$$< O(t-\bar{N})^{-1} + d \sum_{i=t-\bar{N}}^{t-1} [\, O(t-\bar{N};t)^{-1} \, (\sum_{s=t-\bar{N}}^{i} F^{s-t}{}' H_s R^{-1} H_s' F^{s-t})$$

$$\cdot \, (\sum_{s=t-\bar{N}}^{i} F^{s-t}{}' H_s R^{-1} H_s' F^{s-t})' \, O(t-\bar{N};t)^{-1} \,]$$

$$< (1/c) \, I_{kxk} + d \, \bar{N} \, k \, I_{kxk} \; .$$

Wegen (6.17) ist demnach die Folge $\{ \Sigma_{t|t} : t = 0,1, \dots \}$ gleichmäßig nach oben beschränkt.

In dem Fall, daß die Meßmatrix H_t verzögert endogene Variable enthält, können die Kovarianzen nicht wie in (6.19) und (6.20) berechnet werden und das obige schätztheoretische Argument bricht zusammen. Wir verweisen allerdings in diesem Zusammenhang auf die Arbeiten von BUCY(1967,1972) und BUCY/JOSEPH(1968), die in einem analogen Zustandsraummodell in kontinuierlicher Zeit allein aufgrund der algebraischen Eigenschaften der Riccati-Differentialgleichung (das stetige Analogon von (6. 2)) zu Stabilitätsaussagen gelangen, also ohne das oben erläuterte schätztheoretische Argument (das sich durchweg in der Diskussion der diskreten Matrix-Riccati-Gleichung (6 . 2) findet, [KALMAN(1963), SORENSEN(1968), JAZWINSKI(1970), MCGARTY(1974)]) auskommen. Die Arbeiten von BUCY legen die Vermutung nahe, daß man für eine gegebene Realisation der endogenen Variablen $\{ z_t \}$ auch in einem Modell der Spezifikation 5.2. mit der Eigenschaft (6.13) den Satz (6 - 2) beweisen kann.
Wir erwähnen noch eine Ergänzung von Satz (6-1):
Sofern wir nicht die positive Definitheit von Q voraussetzen können, aber die Folge der Fehlerkovarianzmatrizen $\{\Sigma_{t|t}: t=0,1,\dots\}$ gleichmäßig nach oben und unten beschränken können, so bleiben alle Aussagen des Satzes (6 - 1) im wesentlichen erhalten.

Allerdings ist dann der Nachweis, daß (6.4) als Lyapunov-Funktion verwendet werden kann, wesentlich komplizierter. Im Falle, daß die Transitionsmatrix F nur Eigenwerte besitzt, die betragsmäßig echt kleiner als 1 sind, kann das Verhalten der Differenzengleichung (6.6) direkt - ohne den Umweg über eine Lyapunov-Funktion der Form (6.4) - untersucht werden. Wir zitieren zu den genannten beiden Fällen den folgenden Satz.

(6-3) SATZ: (a) Gegeben sei ein dynamisches lineares Modell in der Spezifikation aus Abschnitt 4.3 oder 5.2.. Für den Fall, daß $\|F\| < 1$ erfüllt ist, gelten alle Stabilitätsaussagen (b)-(e) aus Satz (6-1).

(b) Gegeben sei ein dynamisches lineares Modell in der Spezifikation aus 4.3., die Matrizen F,R und Σ_0 sind regulär und es existiert eine natürliche Zahl $\bar{N}$ mit der Eigenschaft :

$$c_1 I < O(t,t-\bar{N}) := \sum_{s=t-\bar{N}}^{t} F^{s-t\prime} H_s R^{-1} H_s' F^{s-t} < c_2 I \qquad (6.21a)$$

$$d_1 I < C(t,t-\bar{N}) := \sum_{s=t-\bar{N}}^{t-1} F^{t-1-s} Q F^{t-1-s\prime} < d_2 I \qquad (6.21b)$$

für geeignet gewählte positive, reelle Konstanten c_1, c_2, d_1, d_2 und $t = N+1, N+2, \ldots$

Dann lassen sich die Fehlerkovarianzmatrizen $\{\Sigma_{t|t} : t=0,1,\ldots\}$ gleichmäßig in t nach oben und unten beschränken und es gelten alle Stabilitätsaussagen (b)-(e) aus Satz (6-1).

Beweis:

ad (a) : Aussage (6-1)(b) ergibt sich unmittelbar aus einer Abschätzung von (6.6) gemäß :

$$\|y_t\| \leqq \|I - K_t H_t'\| \; \|F\| \; \|y_{t-1}\| < q \, \|y_{t-1}\|$$

mit $0 < q < 1$ für alle $t=1,2,\ldots$

unter Berücksichtigung von (6.3) und der Voraussetzung $\|F\| < 1$. Diese Abschätzung gilt offensichtlich unabhängig davon, ob H_t stochastische Komponenten enthält oder nicht.

Die übrigen Stabilitätseigenschaften von (6.6) werden wie in Satz (6-1) bewiesen.

ad (b): Die obere Schranke von $O(t,t-\bar{N})$ und die untere Schranke von $C(t,t-\bar{N})$ werden für eine Abschätzung der Fehlerkovarianzmatrizen $\Sigma_{t|t}$ nach unten benötigt. Die beiden anderen Schranken können dazu verwendet werden, wie im Beweis zu Satz (6-2) gezeigt, die Kovarianzen $\Sigma_{t|t}$ nach oben abzuschätzen. Diese Beschränktheitseigenschaften erlauben dann den Nachweis, daß (6.4) eine Lyapunov-Funktion für die Differenzengleichung (6.6) ist. Die übrigen Aussagen werden dann wie in Satz (6-1) bewiesen.
Wir verweisen hierzu auf die Originalarbeiten von KALMAN(1960, 1963) und DEYST/PRICE(1968). Eine knappe Darstellung findet sich in JAZWINSKI(1970),S. 234ff.. Die genannten Arbeiten enthalten allerdings eine Ungenauigkeit, die in DEYST(1973) und MCGARTY(1974) korrigiert worden ist.
Die in (6.21b) definierte Matrix $C(t,t-\bar{N})$ ist unter dem Namen *Kontrollierbarkeitsmatrix* bekannt. Ein Modell mit den Eigenschaften (6.21a) bzw. (6.21b) heißt *gleichmäßig (stochastisch) beobachtbar bzw. kontrollierbar* [AOKI(1967,1976);JAZWINSKI(1970)].
Wir bemerken noch, daß wir mit (6.21a) die gleichmäßige Beschränktheit der erklärenden Variablen in H_t fordern. Unter den Bedingungen von Satz (6-1) und (6-2) kommen wir ohne die Beschränkung von H_t aus, weil die obere Schranke von $O(t,t-\bar{N})$ nicht benötigt wird.

Für die Beschreibung der Momente von Lösungen stochastischer Differenzengleichung mit exponentiell stabiler Systemmatrix (Eigenschaft (c) in Satz (6-1)) finden die vorgangenen Sätze Anwendung. Für diese Zwecke benötigen wir allerdings noch eine verallgemeinerte Version des Gesetzes der großen Zahl für Folgen von Zufallsvariablen, zwischen denen nur eine sehr milde Form der "stochastischen Unabhängigkeit" besteht: wir setzen voraus, daß die Korrelation zwischen "weit auseinanderliegenden" Zufallsvariablen in einem noch näher zu spezifizierenden Sinne "hinreichend klein" ist.

(6-4) SATZ: Gegeben sei eine Folge von gemeinsam verteilten Zufallsvektoren $\{ y_t : t = 1,2, \ldots \}$ mit

(i) $E(y_t) = 0$ (ii) $E(y_t y_t') < \mathbf{c}\, I$ für alle t , $0 < \mathbf{c} < \infty$.

Dann gilt für die "mittlere" Summe : $s_N := \frac{1}{N} \sum_{t=1}^{N} y_t$,

(a) das Gesetz der großen Zahlen im quadratischen Mittel: $\lim_{N \to \infty} E(s_N s_N') = 0$, sofern gilt

(iii) $\lim_{N \to \infty} E(y_N s_N') = 0$,

(b) das starke Gesetz der großen Zahlen :

$$P (\lim_{N \to \infty} s_N = 0) = 1 ,$$

sofern Konstanten $p,q > 0$ existieren mit

(iv) $E(|y_{N;i}\, s_{N;j}|) < p\, N^{-q}$,

für beliebige Komponenten $y_{N;i}$, $s_{N;j}$ der Vektoren y_N und s_N.

Beweis: PARZEN (1960) , S. 419-422 .

Eine triviale Erweiterung dieses Satzes läßt sich für Linearkombinationen eines stochastisches Prozesses $\{y_t\}$ formulieren, der die Voraussetzungen von (6-4) erfüllt.

(6-5) SATZ: Sei $\{y_t\}$ ein stochastischer Prozeß mit den Eigenschaften (i), (ii), (iii) bzw. (iv) aus
Sei $\mathbf{A}_t$ eine gleichmäßig beschränkte deterministische Matrix : $\| \mathbf{A}_t \| < \mathbf{d} < \infty$ für alle t .
Dann gilt für das Mittel $\frac{1}{N} \sum_{t=1}^{N} \mathbf{A}_t\, y_t$ die Version (a) bzw. (b) des Gesetzes der großen Zahlen .

Beweis: Folgerung aus (6-4).

Wir sind nun in der Lage, den folgenden Satz zu beweisen.

(6-6) SATZ: Gegeben sei eine stochastische Differenzengleichung

(6.22)
$$y_t = S_t\, y_{t-1} + A_t\, u_t + G_t\, \varepsilon_t \qquad (t=1,2,\ldots)$$

mit folgenden Eigenschaften :

(i) S_t, A_t, G_t und u_t sind deterministisch.

(ii) S_t ist eine exponentiell stabile Systemmatrix, d.h. es existieren Konstanten $\mathbf{a},\mathbf{b} > 0$ mit der Eigenschaft :

(6.23)
$$\| S_{t,s} \| = \| S_t\, S_{t-1} \cdots S_{t-s+1} \| \leqq \mathbf{a}\, e^{-\mathbf{b}(t-s)}$$

(iii) Die Matrizen A_t, G_t und der Inputvektor u_t sind gleichmäßig in t beschränkt, d.h. es existieren Konstanten $\mathbf{c}_1, \mathbf{c}_2, \mathbf{c}_3 > 0$ mit der Eigenschaft :

$$\|A_t\| < \mathbf{c}_1 \,, \quad \| G_t \| < \mathbf{c}_2 \,, \quad \| u_t \| < \mathbf{c}_3 \quad \text{für alle } t .$$

(iv) Der Störprozeß $\{\varepsilon_t\}$ ist weißes Rauschen mit

$$E(\varepsilon_t) = 0 \quad \text{und} \quad COV(\varepsilon_t) = \mathbf{C} \quad \text{für alle } t$$

(v) Der Anfangsvektor y_s ist mit keinem der folgenden Störterme $\{\varepsilon_t : t \geqq s\}$ korreliert.

Dann gilt :

(a) $E(y_t)$ und $E(y_t y_t')$ sind gleichmäßig in t beschränkt.

(b) $$P[\lim_{N\to\infty}(\frac{1}{N} \sum_{t=1}^{N} [y_t - E(y_t)] = 0)] = 1$$

(c) $$P[\lim_{N\to\infty}(\frac{1}{N} \sum_{t=1}^{N} [y_t y_t' - E(y_t y_t')] = 0)] = 1 \,.$$

Die Eigenschaften (a)-(c) des durch (6.22) definierten stochastischen Prozesses $\{y_t\}$ bleiben erfüllt für stochastische S_t, A_t, G_t, u_t, wenn (ii) mit Wahrscheinlichkeit 1 gültig ist und wenn die Größe $\zeta_t := A_t u_t + G_t \varepsilon_t$ gleichmäßig (in t) beschränkte Potenzmomente bis zur zweiten Ordnung besitzt.

Beweis: PAGAN(1979), S. 36-38.

Aus (6.22) ergibt sich unter (i), (iv) und (v) :

(6.24)
$$E(y_t) = S_t\, E(y_{t-1}) + A_t\, u_t$$

Hieraus folgt unter (ii) und (iii) unter Berücksichtigung der Überlegungen zu Satz (6-1)(d) die Beschränktheit von $E(y_t)$.

Analog gewinnt man aus der Darstellung

(6.25) $$E(y_t y_t') = S_t\, E(y_{t-1} y_{t-1}')\, S_t' + A_t u_t u_t' A_t' + B_t C B_t' + S_t E(y_{t-1})\, u_t' A_t' + A_t u_t E(y_{t-1}')\, S_t'$$

unter (ii) mit Hilfe der Überlegungen zu Satz (6-1)(e) eine obere Schranke für $E(y_t y_t')$.

Unter (i) bis (v) sind die Voraussetzung von Satz (6-4) erfüllt. Sei $y_N^* := y_N - E(y_N)$, dann folgt aus (6.22) und (6.24) :

$$y_N^* = S_N\, y_{N-1}^* + G_N\, \varepsilon_N = S_{N,N-t}\, y_{N-t}^* + \sum_{s=0}^{t-1} S_{N,N-s}\, G_{N-s}\, \varepsilon_{N-s} ,$$

$$E\Big(y_N^* \frac{1}{N} \sum_{t=1}^{N} y_t^{*\prime} \Big) = \frac{1}{N} \sum_{t=0}^{N-1} E(y_N^*\, y_{N-t}^{*\prime})$$

$$= \frac{1}{N} \sum_{t=0}^{N-1} S_{N,N-t}\, E(y_{N-t}^*\, y_{N-t}^{*\prime}) .$$

Wegen (a) ist $E(y_t^* y_t^{*\prime})$ gleichmäßig beschränkt in t. Mithin erhalten wir unter Berücksichtigung von (ii) die Abschätzung :

$$\Big\| E\Big(y_N^* \frac{1}{N} \sum_{t=1}^{N} y_t^{*\prime} \Big) \Big\| < \frac{1}{N}\, \mathbf{c} \sum_{t=0}^{N-1} \mathbf{a}\, e^{-\mathbf{b}t} < \frac{1}{N}\, \mathbf{d}$$

für geeignet gewählte $0 < \mathbf{c}, \mathbf{d} < \infty$.

Mit einer Anwendung von Satz (6-4) ist damit (b) gezeigt.

Aussage (c) beweist man analog zu (b). Aus (6.22) folgt :

(6.26a) $$y_t^* y_t^{*\prime} = S_t y_{t-1}^* y_{t-1}^{*\prime} S_t' + G_t \varepsilon_t y_{t-1}^{*\prime} + y_{t-1}^* \varepsilon_t' G_t' + G_t \varepsilon_t \varepsilon_t' G_t' ,$$

(6.26b) $$E(y_t^* y_t^{*\prime}) = S_t\, E(y_{t-1}^* y_{t-1}^{*\prime})\, S_t' + G_t\, \mathbf{C}\, G_t' .$$

Unter der Vereinbarung

$$z_t^* := \mathrm{vec}\,(y_t^* y_t^{*\prime} - E(y_t^* y_t^{*\prime}))\, , \eta_t := \mathrm{vec}(\varepsilon_t \varepsilon_t' - \mathbf{C}) ,$$

$$\bar{S}_t := (\, S_t \otimes S_t\,) \quad , \bar{G}_t := (\, G_t \otimes G_t\,) ,$$

ergibt sich aus (6.26) :

$$z_t^* = \bar{S}_t\, z_{t-1}^* + (y_{t-1}^* \otimes G_t)\, \varepsilon_t + (G_t \otimes y_{t-1}^*)\, \varepsilon_t + \bar{G}_t \eta_t .$$

Die Eigenwerte der Systemmatrix $\bar{S}_t$ bestimmt man als Produkt von Eigenwerten aus S_t, mithin ist auch $\bar{S}_t$ exponentiell stabil. Mit denselben Umformungen wie unter (b) zeigt man, daß der Erwartungswert

$$E\left(z_N^* \frac{1}{N} \sum_{t=1}^{N} z_t^{*\prime} \right) = \frac{1}{N} \sum_{t=0}^{N-1} E\left(z_N^* \, z_{N-t}^{*\prime} \right)$$
$$= \frac{1}{N} \sum_{t=0}^{N-1} \bar{S}_{N,N-t} \, E\left(z_{N-t}^* \, z_{N-t}^{*\prime} \right)$$

für $N \to \infty$ in der Ordnung $O(1/N)$ gegen Null konvergiert.

Die Schlußaussage des Satzes folgt aus einer direkten Abschätzung von y_t bzw. $y_t y_t'$. Aus der Differenzengleichung (6.22) erhalten wir nach schrittweisem Substituieren :

$$y_t = S_{t,0}\, y_0 + \sum_{s=0}^{t-1} S_{t,t-s}\, \zeta_{t-s} \quad \text{mit} \quad \zeta_t := A_t u_t + G_t \varepsilon_t ,$$

$$y_t y_t' = S_{t,0}\, y_0 y_0' S_{t,0}' + \sum_{i=0}^{t-1} \sum_{j=0}^{t-1} S_{t,t-i}\, \zeta_{t-i} \zeta_{t-j}' S_{t,t-j}' ,$$

also:
$$\|y_t\| \leqq \|S_{t,0}\| \|y_0\| + \sum_{s=0}^{t-1} \|S_{t,t-s}\| \, \|\zeta_{t-s}\| ,$$

$$\|y_t y_t'\| \leqq \|S_{t,0}\|^2 \|y_0\|^2 + \sum_{i=0}^{t-1} \sum_{j=0}^{t-1} \|S_{t,t-i}\| \, \|S_{t,t-j}\| \, \|\zeta_{t-i} \zeta_{t-j}'\| .$$

Aufgrund von (ii) ergibt sich damit die Abschätzung :

$$E(\|y_t\|) \leqq \mathbf{a}\, e^{-\mathbf{b}t} E(\|y_0\|) + \sum_{s=0}^{t-1} \mathbf{a}\, e^{-\mathbf{b}s} E(\|\zeta_{t-s}\|) ,$$

$$E(\|y_t y_t'\|) \leqq \mathbf{a}^2 e^{-2\mathbf{b}t} E(\|y_0\|^2) + \mathbf{a}^2 \sum_{i=0}^{t-1} \sum_{j=0}^{t-1} e^{-\mathbf{b}(i+j)} E(\|\zeta_{t-i} \zeta_{t-j}'\|) .$$

Unter der Voraussetzung gleichmäßig beschränkter Momente

$$E(\|\zeta_t\|) < \mathbf{c}_1 , \quad E(\|\zeta_t \zeta_s'\|) < \sqrt{E(\|\zeta_t\|^2)\, E(\|\zeta_s\|^2)} < \mathbf{c}_2$$

schließt man dann auf (a).

Kapitel 7: Sensitivitätseigenschaften des Kalmanfilters in einem fehlspezifizierten dynamischen linearen Modell

Für asymptotische Untersuchungen von Schätzern für die konstanten Parameter eines Modells ist es wünschenswert zu wissen, ob die Kovarianzmatrizen der Schätzfehler $\{\hat{x}_{t|t} - x_t \;:\; t=0,1, \dots\}$ beschänkt bleiben, wenn die Filterlösung $\hat{x}_{t|t}$ auf Basis eines fehlspezifizierten Modells konstruiert wird.

Für alle weiteren Überlegungen unterstellen wir ein dynamisches lineares Modell in der Spezifikation 2.3.1. unter Berücksichtigung einer Durchgangsmatrix B in den Beobachtungsgleichungen. Ferner treffen wir die folgenden Unterscheidungen [ANDERSON/MOORE(1979), S. 130] :

7.1) Das "<u>wahre</u>" Modell :

$$z_t = H_t' x_t + B u_t + v_t ,$$

$$x_{t+1} = F x_t + \Gamma u_t + w_t ,$$

$$\text{mit} \quad v_t \sim N(0,R), \quad w_t \sim N(0,Q) \quad , \quad x_0 \sim N(\bar{x}_0, \Sigma_0) .$$

7.2) Das "<u>unterstellte</u>" Modell :

$$z_t = H_t' x_t^c + B^c u_t + v_t^c ,$$

$$x_{t+1}^c = F x_t^c + \Gamma^c u_t + w_t^c ,$$

$$\text{mit} \quad v_t^c \sim N(0,R^c), \quad w_t^c \sim N(0,Q^c) \quad , \quad x_0 \sim N(\bar{x}_0^c, \Sigma_0^c) .$$

7.3) Die "<u>wahren</u>" Momente von x_t :

$$\hat{x}_{t|s} := E(x_t | Z(s)) \;,\; \Sigma_{t|s} := COV(x_t - \hat{x}_{t|s}) .$$

7.4) Die "<u>berechneten</u>" Momente von x_t^c im "unterstellten" Modell :

$$\hat{x}_{t|s}^c := E(x_t^c \; | Z(s)) \;,\; \Sigma_{t|s}^c := COV(x_t^c - \hat{x}_{t|s}^c).$$

7.5) Die Momente der Schätzfehler $\tilde{x}_{t|s} := x_t - \hat{x}_{t|s}^c$, $e_t := z_t - \hat{z}_{t|t-1}^c$ im "wahren" Modell :

$$\mu_{t|s}^* := E(\tilde{x}_{t|s}) \quad , \quad \Sigma_{t|s}^* := E(\tilde{x}_{t|s} \tilde{x}_{t|s}') ,$$

$$\delta_t^* := E(e_t) \quad , \quad D_t^* := E(e_t \, e_t') .$$

Die Filterlösungen $\{\hat{x}_{t|t}, \Sigma_{t|t}\}$, $\{\hat{x}^c_{t|t}, \Sigma^c_{t|t}\}$ folgen den bekannten Kalmanfiltergleichungen mit den "wahren" bzw. den "unterstellten" Modellkoeffizienten. Also :

(7.6)
$$\begin{cases} \hat{x}_{t|t-1} = F\,\hat{x}_{t-1|t-1} + \Gamma u_{t-1} \quad , \quad \hat{z}_{t|t-1} = H_t'\,\hat{x}_{t|t-1} + B\,u_t \\ \Sigma_{t|t-1} = F\,\Sigma_{t-1|t-1}\,F + Q \quad , \quad D_t = H_t'\,\Sigma_{t|t-1}\,H_t + R \\ \hat{x}_{t|t} = (I-K_tH_t')\,\hat{x}_{t|t-1} + K_t(z_t - Bu_t) \;,\; K_t = \Sigma_{t|t-1}\,H_t\,D_t^{-1} \\ \Sigma_{t|t} = (I-K_tH_t')\,\Sigma_{t|t-1}\,(I-K_tH_t')' + K_t R K_t' \end{cases}$$

(7.7)
$$\begin{cases} \hat{x}^c_{t|t-1} = F^c\,\hat{x}^c_{t-1|t-1} + \Gamma^c u_{t-1} \;,\; \hat{z}^c_{t|t-1} = H_t'\,\hat{x}^c_{t|t-1} + B^c u_t \\ \Sigma^c_{t|t-1} = F^c\,\Sigma^c_{t-1|t-1}\,F^{c\prime} + Q^c \quad , \quad D^c_t = H_t'\,\Sigma^c_{t|t-1}\,H_t + R^c \\ \hat{x}^c_{t|t} = (I-K^c_tH_t')\,\hat{x}^c_{t|t-1} + K^c_t(z_t - B^c u_t) \;,\; K^c_t = \Sigma_{t|t-1}\,H_t\,(D^c_t)^{-1} \\ \Sigma^c_{t|t} = (I-K^c_tH_t')\,\Sigma^c_{t|t-1}\,(I-K^c_tH_t')' + K^c_t\,R^c\,K^c_t \end{cases}$$

mit den Startwerten : $\hat{x}_{0|0} := \bar{x}_0$, $\Sigma^c_{0|0} := \Sigma^c_0$

$\hat{x}^c_{0|0} := \bar{x}^c_0$, $\Sigma^c_{0|0} := \Sigma^c_0$.

Gesucht werden Differenzengleichungen für die Momente $\mu^*_{t|t}$ und $\Sigma^*_{t|t}$. Diese lassen sich aus Differenzengleichungen für die Schätzfehler $\tilde{x}_{t|t}$ berechnen. Es gilt :

(7.8)
$$\begin{aligned} \tilde{x}_{t|t-1} &:= x_t - \hat{x}^c_{t|t-1} \\ &= F\,x_{t-1} + \Gamma u_{t-1} + w_{t-1} - F^c\,\hat{x}^c_{t-1|t-1} - \Gamma^c\,u_{t-1} \\ &= F^c\tilde{x}_{t-1|t-1} + \Delta F\,x_{t-1} + \Delta\Gamma\,u_{t-1} + w_{t-1} \quad , \end{aligned}$$

(7.9)
$$\begin{aligned} \tilde{x}_{t|t} &:= x_t - \hat{x}^c_{t|t} \\ &= x_t - (I-K^c_tH_t')\,\hat{x}^c_{t|t-1} - K^c_t(H_t'x_t + Bu_t + v_t - B^c u_t) \\ &= (I-K^c_tH_t')\,\tilde{x}_{t|t-1} - K^c_t\,\Delta B\,u_t - K^c_t\,v_t \quad , \end{aligned}$$

(7.10) mit: $\Delta F := F - F^c$, $\Delta B := B - B^c$, $\Delta\Gamma := \Gamma - \Gamma^c$,

Eine elementare Auswertung von $E(\tilde{x}_{t|s}\tilde{x}_{t|s}')$, $E(\tilde{x}_{t|s})$, s=t,t-1 liefert uns die folgenden Rekursionsgleichungen für $\Sigma^*_{t|s}$ $\mu^*_{t|s}$ (s=t,t-1) , t = 0,1, ... [JAZWINSKI(1970), S. 245ff.] :

7.11a)
$$\Sigma^*_{t|t-1} = F^C \Sigma^*_{t-1|t-1} F^{C\prime} + (\Delta F) M_{t-1} (\Delta F)' + (\Delta\Gamma)u_{t-1}u_{t-1}'(\Delta\Gamma)' + Q + F^C C_{t-1|t-1}(\Delta F)' + (\Delta F) C_{t-1|t-1}' F^{C\prime} + F^C\mu^*_{t-1|t-1} u_{t-1}' (\Delta\Gamma)' + (\Delta\Gamma)u_{t-1} \mu^{*\prime}_{t-1|t-1}F^{C\prime} + (\Delta F) m_{t-1} u_{t-1}' (\Delta\Gamma)' + (\Delta\Gamma)u_{t-1} m_{t-1}' (\Delta F)' ,$$

7.11b)
$$\Sigma^*_{t|t} = (I-K^C_tH_t')\Sigma^*_{t|t-1}(I-K^C_tH_t')' + K^C_t(\Delta B)u_tu_t'(\Delta B)'K^{C\prime}_t + K^C_t R K^{C\prime}_t - (I-K^C_tH_t')\mu^*_{t|t-1}u_t'(\Delta B)'K^{C\prime}_t - K^C_t(\Delta B)u_t\mu^{*\prime}_{t|t-1}(I-K^C_tH_t')' ,$$

7.12a)
$$\mu^*_{t|t-1} = F^C \mu^*_{t-1|t-1} + \Delta F\, m_{t-1} + \Delta\Gamma u_{t-1} ,$$

7.12b)
$$\mu^*_{t|t} = (I-K^C_tH_t') \mu^*_{t|t-1} - K^C_t \Delta B\, u_t ,$$

7.13) mit : $M_t := E(x_tx_t')$, $m_t := E(x_t)$, $C_{t|s} := E(\tilde{x}_{t|s}x_t')$ (s=t,t-1),

7.14a) und den Startwerten : $\Sigma^*_{0|0} := \Sigma_0 + (\bar{x}_0 - \bar{x}^C_0)(\bar{x}_0 - \bar{x}^C_0)'$,

7.14b) $\mu^*_{0|0} := \bar{x}_0 - \bar{x}^C_0$.

Für die vollständige Beschreibung dieser Rekursionen werden demnach noch Rekursionsgleichungen für $C_{t|t}$, M_t , m_t benötigt. Es gilt :

7.15a)
$$C_{t|t-1} = F^C C_{t-1|t-1} F' + (\Delta F) M_{t-1} (\Delta F)' + (\Delta\Gamma) u_{t-1}m_{t-1}'F' + Q + F^C \mu^*_{t-1|t-1} u_{t-1}'\Gamma' + (\Delta F)m_{t-1}u_{t-1}'\Gamma' + (\Delta\Gamma)u_{t-1}u_{t-1}'\Gamma' ,$$

7.15b)
$$C_{t|t} = (I-K^C_tH_t') C_{t|t-1} - K^C_t (\Delta B) u_t m_t' ,$$

7.16)
$$M_t = F (M_{t-1} - m_{t-1}m_{t-1}') F' + m_tm_t' + Q ,$$

7.17)
$$m_t = F\, m_{t-1} + \Gamma u_{t-1} ,$$

7.18) mit den Startwerten : $C_{0|0} := M_0 - \bar{x}_0 \bar{x}^{C\prime}_0$, $m_0 := \bar{x}_0$.

Aus den Rekursionsgleichungen (7.11) bis (7.13) ist ersichtlich, daß der homogene Teil der Differenzengleichungen für $\Sigma^*_{t|t}$, $\mu^*_{t|t}$ und $C_{t|t}$ von der Systemmatrix $(I - K^c_t H_t') F^c$ bestimmt wird. Unter den Voraussetzungen der Sätze (6-1) oder (6-3) im unterstellten Modell (2) ist also die homogene Differenzengleichung der Gestalt

$$Y_t = (I - K^c_t H_t') F^c Y_{t-1}$$

gleichmäßig asymptotisch stabil. Ob die Kovarianzmatrizen $\Sigma^*_{t|t}$ gleichmäßig in t beschränkt sind hängt mithin gemäß Satz (6-1)(e)(f) vom inhomogenen Teil ihrer Differenzengleichung ab, der im allgemeinen Fall vom Verhalten der Größen $\mu^*_{t|t}$, $\Sigma^*_{t|t}$, m_t und M_t geprägt wird.

Für $\Delta F \neq 0$ ist die Folge $\{\Sigma^*_{t|t}\}$ sicher dann unbeschränkt, wenn die Transitionsmatrix F instabil ist (weil dann m_t, M_t über alle Grenzen wachsen). Für $\Delta F = 0$ hingegen ist der inhomogene Teil der Differenzengleichung für $\Sigma^*_{t|t}$ nur noch von $\mu^*_{t|t}$ abhängig. Das Verhalten von $\mu^*_{t|t}$ wird für $\Delta F = 0$ beschrieben durch

$$\mu^*_{t|t} = (I-K^c_t H_t')F^c \mu^*_{t-1|t-1} + (I-K^c_t H_t')(\Delta\Gamma)u_{t-1} - K^c_t(\Delta B)u_t$$

und ist daher unter den Voraussetzungen von Satz (6-1) oder (6-3) gleichmäßig in t beschränkt, sofern die Inputfolgen $\{u_t\}$ gleichmäßig in t beschränkt sind. Wir erhalten damit den folgenden Satz.

(7-1) <u>SATZ:</u> Gegeben seien zwei Zustandsraummodelle der Form (1) und (2) in der Spezifikation aus 4.3 mit einer gleichmäßig beschränkten Inputfolge $\{u_t\}$. $O^c(t,t-\bar{N})$ und $C^c(t,t-\bar{N})$ bezeichnen im folgenden analog zu (6.21) definierte Beobachtbarkeits- und Kontrollierbarkeitsmatrizen im unterstellten Modell mit den Parametern F^c, Q^c, R^c.

Unter einer der folgenden Bedingungen :

(a) Alle Eigenwerte von F und F^c sind betragsmäßig echt kleiner als 1.

(b) F^c, Q^c und R^c sind regulär, F^c ist nicht fehlspezifiziert: $\Delta F=0$, und es existiert eine natürliche Zahl N, so daß gilt :

$$\mathbf{O}^c(t,t-\bar{N}) > \mathbf{c}_1 I$$

für eine relle Konstante $\mathbf{c}_1 > 0$ und alle $t > \bar{N}$.

(c) F^c und R^c sind regulär, F^c ist nicht fehlspezifiziert, und es existiert eine natürliche Zahl $\bar{N}$ mit der Eigenschaft :

$$\mathbf{c}_1 I < \mathbf{O}^c(t,t-\bar{N}) < \mathbf{c}_2 I ,$$

$$\mathbf{d}_1 I < \mathbf{C}^c(t,t-\bar{N}) < \mathbf{d}_2 I ,$$

für reelle Konstanten $\mathbf{c}_1, \mathbf{c}_2, \mathbf{d}_1, \mathbf{d}_2 > 0$ und alle $t > \bar{N}$.

ist die Momentenfolge $\{\mu^*_{t|t}, \Sigma^*_{t|t}\}$ definiert durch (7.11) und (7.12) gleichmäßig in t beschränkt. Dies gilt auch für die Momentenfolge $\{\delta^*_t, D^*_t\}$ definiert durch (7.5), wenn zusätzlich die Folge der Meßmatrizen $\{H_t\}$ gleichmäßig in t beschränkt ist.

Unter Bedingung (a) können auch verzögert endogene Variable unter H_t und u_t zugelassen werden .

Beweis:[19]

Die Aussagen dieses Satzes lassen sich auch auf direkterem Wege als über die explizite Berechnung der Differenzengleichungen (7.11) bis (7.18) beweisen, nämlich mit Hilfe von Satz (6-6). Aus den Differenzengleichungen (7.8) und (7.9) ergibt sich in Verbindung mit der Transitionsgleichung im "wahren" Modell:

$$\begin{bmatrix} \tilde{x}_{t+1|t} \\ x_{t+1} \end{bmatrix} = \begin{bmatrix} F^c(I-K^c_t H_t') & \Delta F \\ 0 & F \end{bmatrix} \begin{bmatrix} \tilde{x}_{t|t-1} \\ x_t \end{bmatrix} + \begin{bmatrix} \Delta\Gamma - F^c K^c_t(\Delta B) \\ \Gamma \end{bmatrix} u_t + \begin{bmatrix} -F^c K^c_t & I \\ 0 & I \end{bmatrix} \begin{bmatrix} v_t \\ w_t \end{bmatrix} . \tag{7.19}$$

Die ersten und zweiten Potenzmomente der Lösungen von (7.19) sind gemäß obigen Definitionen : $\{\mu^*_{t|t-1}, m_t, \Sigma^*_{t|t-1}, C_{t|t-1}, M_t\}$.

Für $\Delta F = 0$ lassen sich die Differenzengleichungen für $\tilde{x}_{t+1|t}$ und x_t entkoppeln. Unter (b) schließen wir dann mit (6-1) und (6-2), unter (a) oder (c) mit (6-3) auf den Umstand, daß die Matrix $F^c(I-K^c_t H_t')$ im Teilsystem der Differenzengleichungen für $\{\tilde{x}_{t+1|t}\}$ exponentiell stabil ist. Also sind gemäß Satz (6-6)(a) die Po-

tenzmomente $\mu^*_{t+1|t}$, $\Sigma^*_{t+1|t}$ gleichmäßig in t beschränkt, sofern dies für die Inputfolge $\{u_t\}$ zutrifft.
Man beachte hierbei, daß K^c_t ebenso wie $K^c_t H'_t$ wegen

$$K^c_t = \Sigma^c_{t|t-1} H_t (D^c_t)^{-1} = \Sigma^c_{t|t-1} H_t (H'_t \Sigma^c_{t|t-1} H_t + R^c)^{-1}$$

auch bei unbeschränkter Meßmatrix H_t gleichmäßig beschränkt bleibt.
Für $\Delta F \neq 0$ muß das gesamte System (7.19) betrachtet werden. Bedingung (a) ist dann notwendig und hinreichend für die exponentielle Sabilität der Systemmatrix in (7.19). Wie oben schließen wir dann mit (6-6)(a) auf die Beschränktheit von $\{\mu^*_{t|t-1}, \Sigma^*_{t|t-1}\}$. Aus (7.11) und (7.12) ergibt sich schließlich, daß $\{\mu^*_{t|t}, \Sigma^*_{t|t}\}$ gleichmäßig in t beschränkt sind, wenn dies für $\{\mu^*_{t|t-1}, \Sigma^*_{t|t-1}\}$ zutrifft.[20]
Es verbleibt noch die Aufgabe, die Eigenschaften der Prognosefehler $e_t := z_t - \hat{z}^c_{t|t-1}$ zu untersuchen. Definitionsgemäß gilt:

(7.21)
$$e_t = H_t{}' x_t + B u_t + v_t - (H_t{}' \hat{x}^c_{t|t-1} + B^c u_t)$$
$$= H_t{}' \tilde{x}_{t|t-1} + (\Delta B) u_t + v_t \quad .$$

Mithin ergeben sich die ersten beiden Potenzmomente von e_t als:

(7.22)
$$E(e_t) =: \delta^*_t = H_t{}' \mu^*_{t|t-1} + (\Delta B) u_t$$

(7.23)
$$E(e_t e_t{}') =: D^*_t = H_t{}' \Sigma^*_{t|t-1} H_t + (\Delta B) u_t u_t{}' (\Delta B)' + R$$
$$+ H_t{}' \mu^*_{t|t-1} u_t{}' (\Delta B)' + (\Delta B) u_t \mu^{*\prime}_{t|t-1} H_t \quad .$$

Mithin impliziert die gleichmäßige Beschränktheit der Momente $\{\mu^*_{t|t-1}, \Sigma^*_{t|t-1}\}$ die gleichmäßige Beschränktheit von $\{\delta^*_t, D^*_t\}$ wenn die "Gewichte" $\{H_t, u_t\}$ diese Eigenschaft besitzen.

Von besonderem Interesse für die Untersuchung des asymptotischen Verhaltens der log-Likelihood für die unbekannten (konstanten) Koeffizienten in (F, B, Γ, Q, R) eines dynamischen linearen Modells (2.3.1) ist eine Anwendung des Satzes (6-6)(b) auf das System der Differenzengleichungen (7.19).
Wir formulieren das Ergebnis dieser Anwendung im nächsten Satz.

(7-2) SATZ: Unter den Voraussetzungen von Satz (7-1) und unter der Annahme einer gleichmäßig beschränkten Meßmatrix H_t sowie einer positiv definiten Kovarianz R gilt :

(i) $\frac{1}{N}\sum_{t=1}^{N} E(e_t e_t')$ konvergiert für $N\to\infty$ gegen eine positiv definite Matrix.

(ii) $P(\lim_{N\to\infty} \frac{1}{N}\sum_{t=1}^{N} (e_t e_t' - E(e_t e_t')) = 0) = 1$.

Beweis:

ad (i) : Aus (7.22) folgt, daß bei gleichmäßig beschränktem H_t, u_t, $\mu^*_{t|t-1}$, $\Sigma^*_{t|t-1}$ die Matrix D^*_t gleichmäßig beschränkt werden kann.
Für R > 0 ist D^*_t gleichmäßig nach unten durch eine positiv definite Matrix beschränkt. Mithin gilt:

$$c_1 I < \frac{1}{N}\sum_{t=1}^{N} E(e_t e_t') < c_2 I \text{ für geeignete } 0 < c_1 < c_2 < \infty.$$

Damit ist (i) nachgewiesen.

ad (ii) : Eine elementare Auswertung der Differenz $e_t e_t' - D_t^*$ zeigt, daß diese von Linearkombinationen der Größen :

(7.24) $$\tilde{x}_{t|t-1} - \mu^*_{t|t-1} \,,\; \tilde{x}_{t|t-1}\tilde{x}_{t|t-1} - \Sigma^*_{t|t-1} \,,\; \tilde{x}_{t|t-1} v_t' ,\; v_t \,,\; v_t v_t' - R$$

abhängt. Hierbei stammen die Gewichte der Linearkombinationen aus H_t oder u_t , sie sind also gleichmäßig beschränkt.
Der Prozeß $\{\tilde{x}_{t|t-1}\}$ erfüllt - wie im Beweis von Satz (7-1) gezeigt - die Voraussetzungen von Satz (6-6). Die Prozesse

$$\{ vec(\tilde{x}_{t|t-1} v_t') \} , \{ v_t \} , \{ vec(v_t v_t' - R)\}$$

erfüllen als Prozeße ohne Autokorrelation mit gleichmäßig beschränkten Varianzen trivialerweise die Voraussetzung von Satz (6-4). Mithin konvergieren alle in (7.24) genannten Prozesse mit Wahrscheinlichkeit 1 gegen Null. Die Linearkombinationen dieser Prozesse haben dasselbe Verhalten gemäß Satz (6-5).

Kapitel 8: Nichtlineare Kalmanfilter-Rekursionen

8.1. Der erweiterte Kalmanfilter

In diesem letzten Kapitel soll geschildert werden, wie die Systemzustände eines allgemeinen Zustandsraummodells in der Spezifikation aus 2.1.1. nach geeigneter Linearisierung der Systemgleichungen mit den bereits bekannten Filteralgorithmen geschätzt werden können. Wir bedienen uns hierbei des sogenannten *erweiterten Kalmanfilters* [AOKI(1967), S.179-182; JAZWINSKI (1970), S.272-281; ANDERSON/MOORE(1979), S.193-195; FISCHER,T. (1980), S. 209-212].
Wir gehen aus von einem System der Form

(8.1a) $$z_t = h_t(x_t,\ u_{1t},\ \theta_1) + G_1\ v_t$$

(8.1b) $$x_{t+1} = f_t(x_t,\ u_{2t},\ \theta_2) + G_2\ w_t$$

mit verschiedenen erklärenden Variablen in der Beobachtungs- und Übergangsgleichung und geeigneten Gewichtungsmatrizen G_1 und G_2 für die Systemfehler v_t und w_t, welche die üblichen Orthogonalitätsannahmen aus (2.1.2.) erfüllen sollen.
Wir führen das Modell (8.1) durch Linearisierung von h_t und f_t auf ein dynamisches lineares Modell zurück. Wir entwickeln zu diesem Zweck h_t und f_t (als Funktionen in x_t) an den Stellen x_t* bzw. x_t** in eine Taylorreihe :

(8.2a) $$h_t(x_t,u_{1t}) = h_t(x_t^*,u_{1t}) + \frac{\partial h_t}{\partial x_t}(x_t^*,u_{1t})\ (x_t - x_t^*) + O(\| x_t - x_t^* \|^2)\ ,$$

(8.2b) $$f_t\,(x_t,u_{2t}) = f_t(x_t^{**},u_{2t}) + \frac{\partial f_t}{\partial x_t}(x_t^{**},u_{2t})\ (x_t - x_t^{**}) + O(\| x_t - x_t^{**} \|^2)\ .$$

Unter Vernachlässigung der Restgrößen in (8.2) formulieren wir mit:

(8.3) (a) $H_t(x_t^*)' := \dfrac{\partial h_t}{\partial x_t}(x_t^*,u_{1t})$, (b) $F_t(x_t^{**}) := \dfrac{\partial f_t}{\partial x_t}(x_t^{**},u_{2t})$,

(c) $\delta h_t(x_t^*) := h_t(x_t^*,u_{1t}) - H_t(x_t^*)'\,x_t^*$,

(d) $\delta f_t(x_t^{**}) := f_t(x_t^{**},u_{2t}) - F_t(x_t^{**})\,x_t^{**}$,

das folgende dynamische lineare Modell:

(8.4a) $$z_t = H_t(x_t^*)' x_t + \delta h_t(x_t^*) + G_1 v_t ,$$

(8.4b) $$x_{t+1} = F_t(x_t^{**}) x_t + \delta f_t(x_t^{**}) + G_2 w_t .$$

Für einen vorgegebenen Referenzpfad $\{ x_t^*, x_t^{**} : t=0,1,\dots,N \}$ erhält man mit einer Anwendung der Kalmanrekursionen im linearisierten Modell (8.4) Filter- und Glättungslösungen für den Systemzustand x_t. Damit ist das Schätzproblem grundsätzlich gelöst, solange sichergestellt ist, daß die Abweichung des tatsächlichen Zustandsverlaufs vom Referenzpfad $\{x_t^*, x_t^{**}\}$ hinreichend klein ist. Um dieser Forderung zu genügen, wurden verschiedene Techniken zur Respezifikation des Referenzpfades vorgeschlagen. Der sogenannte **erweiterte Kalmanfilter** respezifiziert den Referenzpfad zu jedem Zeitpunkt im Lichte neuer Filterergebnisse: ausgehend von einem Anfangswert x_0^{**} liefert der Kalmanfilter über die linearisierte Transitionsgleichung mit $F_t(x_0^{**})$ die Einschrittprognose $\hat{x}_{1|0}$. Nach Einsetzen von $x_1^* := \hat{x}_{1|0}$ in die linearisierte Beobachtungsgleichung mit $H_1(x_1^*)$ ermittelt man die Korrekturlösung $\hat{x}_{1|1}$. Mit dieser Lösung respezifiziert man F_1 an der Stelle $x_1^{**} := \hat{x}_{1|1}$ und berechnet die nächste Prognoselösung. In dieser Weise fährt man fort. Es gilt die Rekursionsformel : $x_t^* := \hat{x}_{t|t-1}$, $x_t^{**} := \hat{x}_{t|t}$.

Hieraus ergeben sich die Filtergleichungen für den

erweiterten Kalmanfilter :

Prädiktorschritt :

(8.5a) $$\hat{x}_{t|t-1} = f_t(\hat{x}_{t-1|t-1} , u_{2,t-1}),$$

(8.5b) $$\Sigma_{t|t-1} = F_t(\hat{x}_{t-1|t-1}) \Sigma_{t-1|t-1} F_t(\hat{x}_{t-1|t-1})' + G_2 Q G_2' ,$$

(8.5c) $$\hat{z}_{t|t-1} = h_t(\hat{x}_{t|t-1}, u_{1t}) ,$$

(8.5d) $$D_t = H_t(\hat{x}_{t|t-1})' \Sigma_{t|t-1} H_t(\hat{x}_{t|t-1}) + G_1 R G_1' .$$

<u>Korrekturschritt :</u>

(8.5e) $$\hat{x}_{t|t} = \hat{x}_{t|t-1} + \Sigma_{t|t-1} H_t(\hat{x}_{t|t-1}) D_t^{-1} (z_t - \hat{z}_{t|t-1}),$$

(8.5f) $$\Sigma_{t|t} = \Sigma_{t|t-1} - \Sigma_{t|t-1} H_t(\hat{x}_{t|t-1}) D_t^{-1} H_t(\hat{x}_{t|t-1})' \Sigma_{t|t-1} .$$

Die Terme δh_t und δf_t tauchen in diesen Filtergleichungen nicht mehr auf, denn es gilt :

$$\hat{x}_{t+1|t} = F_t(\hat{x}_{t|t}) \hat{x}_{t|t} + \delta f_t(\hat{x}_{t|t})$$

$$= F_t(\hat{x}_{t|t}) \hat{x}_{t|t} + [f_t(\hat{x}_{t|t}, u_{2t}) - F_t(\hat{x}_{t|t}) \hat{x}_{t|t}] ,$$

$$\hat{z}_{t+1|t} = H_{t+1}(\hat{x}_{t+1|t})' \hat{x}_{t+1|t} + \delta h_{t+1}(\hat{x}_{t+1|t})$$

$$= H_{t+1}(\hat{x}_{t+1|t})' \hat{x}_{t+1|t} + [h_{t+1} (\hat{x}_{t+1|t}, u_{1,t+1}) - H_{t+1}(\hat{x}_{t+1|t})' \hat{x}_{t+1|t}].$$

Man unterscheidet weiterhin *lokale* und *globale Zusatziterationen* zur Verbesserung der Linearisierung entlang eines genaueren Referenzpfades [JAZWINSKI(1970), S. 278f. und S. 281]. Die *globalen Zusatziterationen* bestehen darin, daß mit den Zwischenergebnissen des erweiterten Kalmanfilters bis zum Anfangszustand zurückgeglättet wird und dann der erweiterte Kalmanfilter ein zweites Mal mit der neuen Anfangswertspezifikation (der Glättungslösung) gestartet wird. Die Iterationen werden fortgesetzt bis der Anfangszustand sich nicht mehr wesentlich ändert im Laufe der Glättungsprozesse.

In den Verfahren der *lokalen Zusatziterationen* wird zu jedem Zeitpunkt der gemäß Satz (5-9), (5.29), berechnete *one-step-back smoother* verwendet. So wird nach Ermittlung der Korrekturlösung zum Zeitpunkt t mit den Zwischenergebnissen des erweiterten Kalmanfilters um einen Zeitpunkt zurückgeglättet gemäß der Rekursion :

(8.6) $$\hat{x}_{t-1|t} = \hat{x}\,\hat{x}_{t-1|t-1} + \Sigma_{t-1|t-1} F_{t-1}(\hat{x}_{t-1|t-1})' H_t(\hat{x}_{t|t-1}) D_t^{-1}(z_t - \hat{z}_{t|t-1}),$$

und mit diesem Wert wählt man eine neue Linearisierung von f_{t-1} durch F_{t-1} an der Stelle $x_{t-1}^{**} := \hat{x}_{t-1|t}$ und führt Prognose- und Korrekturschritt ein weiteres Mal aus. Die Iterationen werden abgebrochen, wenn sich die smoothing Lösungen $\hat{x}_{t-1|t}$ nicht mehr wesentlich ändern.

8.2. Anwendungsbeispiele

8.2.1. Simultane Gleichungssysteme mit zeitabhängigen Koeffizienten der gemeinsam endogenen Variablen

Im folgenden betrachten wir ein System "struktureller" Verhaltensgleichungen, in denen die Koeffizienten der gemeinsam endogenen und der vorherbestimmten Variablen einem Bewegungsgesetz unterworfen sind [CHOW(1984), S. 1228-1232] :

(8.7a) $$\mathbf{X}_{2t}\, z_t = \mathbf{X}_{1t}\, u_{1t} + v_t \qquad , t=1,2, \ldots \quad ,$$

(8.8) $$x_{t+1} = F\, x_t + \Gamma u_{2t} + G_2 w_t \qquad , t=0,1, \ldots \quad .$$

Hierin enthalten die Matrizen $\mathbf{X}_{2t}$ bzw. $\mathbf{X}_{1t}$ die zeitabhängigen Koeffizienten der gemeinsam endogenen bzw. der vorherbestimmten Variablen. Der Systemzustand x_t umfaßt alle unbekannten Koeffizienten aus $\mathbf{X}_{1t}$ und $\mathbf{X}_{2t}$. Die Gewichtungsmatrix G_2 enthält möglicherweise auch Nullzeilen, sofern einige Komponenten von x_t nichtstochastischer Natur sein sollen (wie z.B. die in der Regel auf 1 normierten Werte der Hauptdiagonalen von $\mathbf{X}_{2t}$).
Die Systemfehler v_t und w_t erfüllen die üblichen Orthogonalitätsbedingungen aus 2.5.2.. Die Gleichung (8.7a) impliziert eine nichtlineare Beoabchtungsgleichung der Gestalt:

(8.7b) $$z_t = \mathbf{X}_{2t}^{-1}\, \mathbf{X}_{1t}\, u_{1t} + \mathbf{X}_{2t}^{-1}\, v_t =: h_t(x_t,u_{1t}) + g_{1t}(x_t,v_t) \ .$$

Eine Anwendung des erweiterten Kalmanfilters auf das System (8.7b) und (8 . 8) erfordert eine Linearisierung von h_t und g_t. Für eine Entwicklung von h_t (als Funktion in x_t) in eine zweigliedrige Taylorreihe an der Stelle $x_t{}^*$ benötigen wir die Matrix der ersten Ableitungen $\partial h_t/\partial x_t$. Es bezeichne

$$x_{1t} := \mathrm{vec}(\mathbf{X}_{1t})\ ,\ x_{2t} := \mathrm{vec}(\mathbf{X}_{2t})\ ,\ x_t := \mathrm{vec}(\ \mathbf{X}_{1t}\ \mathbf{X}_{2t}\ )\ .$$

Unter Berücksichtigung der Ergebnisse aus III/2.1. gilt :

(8.9) $$h_t(x_t,u_{1t}) = \mathbf{X}_{2t}^{-1}\, \mathbf{X}_{1t}\, u_{1t} = (u_{1t}{}' \otimes \mathbf{X}_{2t}^{-1})\, \mathrm{vec}(\mathbf{X}_{1t})$$
$$= (u_{1t}{}'\mathbf{X}_{1t}{}' \otimes I)\, \mathrm{vec}(\mathbf{X}_{2t}^{-1}) \quad ,$$

(8.10a) $$\frac{\partial h_t}{\partial x_{1t}} = (u_{1t}{}' \otimes \mathbf{X}_{2t}^{-1}) \quad ,$$

(8.10b) $$\frac{\partial h_t}{\partial x_{2t}} = (u_{1t}{}'X_{1t}{}' \otimes I)(-1)(\mathbf{X}_{2t}^{-1\prime} \otimes \mathbf{X}_{2t}^{-1}) = -(u_{1t}'\mathbf{X}_{1t}'\mathbf{X}_{2t}^{-1\prime} \otimes \mathbf{X}_{2t}^{-1}) \ .$$

Entlang eines Referenzpfades $\{x_t^*\}$ erhalten wir demnach unter Beachtung der Definitionen (8.3) die folgende Approximation:

$$h_t(x_t,u_{1t}) \doteq h_t(x_t^*,u_{1t}) + H_t(x_t^*,u_{1t})\,(x_t-x_t^*) \tag{8.11}$$

$$= (\mathbf{X}_{2t}^*)^{-1}\mathbf{X}_{1t}^* u_{1t} + \left[u_{1t}' \otimes X_{2t}^{*\,-1} \mid -u_{1t}'\, \mathbf{X}_{1t}^{*\prime}\mathbf{X}_{2t}^{*\prime\,-1} \otimes \mathbf{X}_{2t}^{*\,-1}\right](x_t-x_t^*).$$

Eine zweigliedrige Taylorapproximation von $g_t(x_t,v_t)$ entlang des Pfades $\{x_t^*, v_t^*\}$ mit $v_t^* = 0$ liefert die Näherung :

$$g_t(x_t,v_t) \doteq \mathbf{X}_{2t}^{*\,-1}\, v_t \;. \tag{8.12}$$

Unter der Respezifikationsregel für $\{x_t^*\}$ im erweiterten Kalmanfilteralgorithmus erhalten wir unter Berücksichtigung von (8.5) die folgenden Rekursionsgleichungen :

Der erweiterte Kalmanfilter im simultanen Gleichungssystem

a) **Prädiktorschritt:**

$$\hat{x}_{t|t-1} = F\,\hat{x}_{t-1|t-1} + \Gamma u_{t-1}\;, \tag{8.13a}$$

$$\Sigma_{t|t-1} = F\,\Sigma_{t-1|t-1}\,F' + G_2\,Q\,G_2'\;, \tag{8.13b}$$

$$\hat{z}_{t|t-1} = \hat{\mathbf{X}}_{2t|t-1}^{-1}\,\hat{\mathbf{X}}_{1t|t-1}\,u_{1t}\;, \tag{8.13c}$$

$$D_t = H_t(\hat{x}_{t|t-1})'\,\Sigma_{t|t-1}\,H_t(\hat{x}_{t|t-1}) + \hat{\mathbf{X}}_{2t|t-1}^{-1}\,R\,\hat{\mathbf{X}}_{2t|t-1}^{-1\,\prime}\;. \tag{8.13d}$$

b) **Korrekturschritt:**

$$\hat{x}_{t|t} = \hat{x}_{t|t-1} + \Sigma_{t|t-1}\,H_t(\hat{x}_{t|t-1})\,D_t^{-1}\,(z_t-\hat{z}_{t|t-1})\;, \tag{8.13e}$$

$$\Sigma_{t|t} = \Sigma_{t|t-1} - \Sigma_{t|t-1}\,H_t(\hat{x}_{t|t-1})\,D_t^{-1}\,H_t(\hat{x}_{t|t-1})'\,\Sigma_{t|t-1}\;, \tag{8.13f}$$

$$\text{mit } H_t(\hat{x}_{t|t-1}) = \left[u_{1t}' \otimes \hat{\mathbf{X}}_{2t|t-1}^{-1} \mid -u_{1t}'\;\hat{\mathbf{X}}_{1t|t-1}\hat{\mathbf{X}}_{2t|t-1}^{-1\,\prime} \otimes \hat{\mathbf{X}}_{2t|t-1}^{-1}\right].$$

Die statistischen Eigenschaften dieser Schätzer, insbesondere für kleine Stichprobenumfänge, sind noch weitgehend unbekannt. Die in JAZWINSKI(1970), S.347-358 zitierten Untersuchungen und Simulationsstudien weisen daraufhin, daß die Approximationsfehler höherer Ableitungen in den Taylorentwicklungen (8.2) um so weniger ins Gewicht fallen, je größer die Systemvarianzen Q und R sind (hohe Systemvarianzen können Modellierungsfehler aus vernachlässigten Nichtlinearitätseffekten "abdecken") und daß die in 8.1. geschilderten globalen und lokalen Zusatziterationen die Linearisierungsfehler bedeutend abschwächen können.

Eine zur klassischen zweistufigen Kleinstquadratschätzung (2SKQ) [THEIL(1970), S.451-454,S.528-532] analoge Folge von Zusatziterationen ist von BRANNÄS/WESTLUND(1981),S.14-16, S. 30-33 vorgeschlagen worden. Sie lösen die strukturellen Gleichungen (8.7a), in denen die Hauptdiagonale von $\mathbf{X}_{2t}$ nur Einsen enthält, nach den endogenen Variablen z_t auf gemäß :

(8.14) $$z_t = (I-\mathbf{X}_{2t}) z_t + \mathbf{X}_{1t} u_{1t} + v_t$$

$$= (I \otimes z_t')\mathrm{vec}(I-\mathbf{X}_{2t}) + (I \otimes u_{1t}')\mathrm{vec}(\mathbf{X}_{2t}) + v_t$$

und verwenden diese Gleichung in Verbindung mit der Transitionsgleichung (8.8) für eine Kalmanfilterschätzung.
Allerdings sind in (8.14) die "erklärenden Variablen z_t" auf der rechten Gleichungsseite mit den Meßfehlern v_t per Konstruktion miteinander korreliert : ein aus der Schätzung simultaner ökonometrischer Gleichungssysteme wohlbekanntes Problem. Analog zur Idee der 2SKQ-Schätzung ersetzen BRANNÄS/WESTLUND in einer ersten Stufe z_t durch eine Funktion der Beobachtungsvariablen $z_1,\ldots,z_N$, die nicht mehr mit den Meßfehlern v_t korreliert. Kandidat für eine solche Funktion ist beispielsweise die Kalman-Einschrittprognose $\hat{z}_{t|t-1}$, diese ist als Funktion der vergangenen Beobachtungsvariablen $\{z_s: s<t\}$ aufgrund der bekannten Orthogonalitätsannahmen aus 2.1.2. für die Systemfehler mit v_t nicht korreliert.
Unter Verwendung der Innovation $\tilde{z}_t := z_t - \hat{z}_{t|t-1}$ kann man (8.14) auch schreiben als

(8.15) $$z_t = (I-\mathbf{X}_{2t}) \hat{z}_{t|t-1} + \mathbf{X}_{1t} u_{1t} + v_t + (I-\mathbf{X}_{2t}) \tilde{z}_t \; .$$

In einer zweiten Stufe wird auf diese Beobachtungsgleichung unter Vernachlässigung des Approximationsfehlers $(I-\mathbf{X}_{2t}) \tilde{z}_t$ zusammen mit der Transitionsgleichung (8.8) der bekannte lineare Kalmanfilter angewendet.
Es verbleibt noch das Problem $\hat{z}_{t|t-1}$ zu konstruieren. Hier verwenden die genannten Autoren wiederum in Analogie zur 2SKQ-Schätzung eine "reduzierte Form" von (8.7a) :

(8.16) $$z_t = \Pi_t u_{1t} + v_t^* = (I \otimes u_{1t}') \pi_t + v_t^* \; ,$$

$$\text{mit } \Pi_t := \mathbf{X}_{2t}^{-1} \mathbf{X}_{1t} \; , \; \pi_t := \mathrm{vec}(\Pi_t) \; ,$$

und unterstellen ferner sowohl ein <u>lineares</u> Bewegungsgesetz der "reduzierten Form - Koeffizienten" Π_t gemäß

(8.17) $$\pi_t = F^* \pi_{t-1} + \Gamma^* u_{2t} + w^*_{t-1}$$

als auch die üblichen Orthogonalitätsannahmen für die Systemfehler $\{ v^*_t, w^*_t : t=0,1, \ldots \}$. Die erste Stufe des *zweistufigen Kalmanfilters* besteht dann in der bekannten rekursiven Berechnung von $\hat{\pi}_{t|t-1}$ und $\hat{z}_{t|t-1} = (I \otimes u'_{1t}) \hat{\pi}_{t|t-1}$.
Hierbei entstehen Approximationsfehler, denn die Ausgangssysteme (8.7) und (8.8) implizieren autokorrelierte Fehler $v^*_t = X^{-1}_{2t} v_t$ und ein nichtlineares Bewegungsgesetz für $\Pi_t = X^{-1}_{2t} X_{1t}$.
Eine theoretische Beurteilung des "zweistufigen Kalmanfilters" ist bei der Fülle dieser zum Teil widersprüchlichen Annahmen zur Rückführung auf einen linearen Ansatz schwierig. BRANNÄS/ WESTLUND verweisen für den Spezialfall $F = F^* = I$ und $\Gamma = \Gamma^* = 0$ auf gute Erfahrung mit diesem Schätzer in ihren Simulationsstudien.

8.2.2. Gemeinsame Schätzung von Systemzuständen und der unbekannten Elemente einer Transitionsmatrix

Eine weitere Anwendung des nichtlinearen (erweiterten) Kalmanfilters ist die gemeinsame Schätzung von Systemzuständen und unbekannten, in der Zeit konstanten Koeffizienten einer Übergangsgleichung [JAZWINSKI(1970), S. 281-285, FISCHER,T.(1980), S. 193-195] . Wir betrachten zu diesem Zweck ein lineares Modell der folgenden Gestalt:

(8.18a) $$z_t = H^{*\prime}_t \xi_t + v_t$$

(8.18b) $$\xi_{t+1} = F \xi_t + \Gamma u_t + w_t \quad ,$$

in dem die Elemente aus F und Γ unbekannt sind.
Wir lösen das Schätzproblem dieser Elemente als nichtlineares Filterproblem in einem erweiterten Zustandsraum. Zu diesem Zweck definieren wir

$$\varphi_t := \text{vec}(F') \quad , \gamma_t := \text{vec}(\Gamma')$$

und reformulieren das System (8.18) als ein nichtlineares Zustandsraummodell der Form

(8.19a)
$$z_t = \begin{bmatrix} H_t^{*\prime} & 0 & 0 \end{bmatrix} \begin{bmatrix} \xi_t \\ \gamma_t \\ \varphi_t \end{bmatrix} + v_t \quad ,$$

(8.19b)
$$\begin{bmatrix} \xi_{t+1} \\ \gamma_{t+1} \\ \varphi_{t+1} \end{bmatrix} = \begin{bmatrix} 0 & I \otimes u_t' & I \otimes \xi_t' \\ 0 & I & 0 \\ 0 & 0 & I \end{bmatrix} \begin{bmatrix} \xi_t \\ \gamma_t \\ \varphi_t \end{bmatrix} + \begin{bmatrix} I \\ 0 \\ 0 \end{bmatrix} w_t \quad ,$$

oder in offensichtlicher Entsprechung :

(8.19c)
$$z_t = H_t' \, x_t + v_t \quad ,$$

(8.19d)
$$x_{t+1} = F_t(\xi_t, u_t) \, x_t + G \, w_t \quad .$$

Das Bewegungsgesetz für (γ_t, ξ_t) in (8.19b) beschreibt den Umstand, daß sich diese Komponenten in der Zeit nicht ändern. Die Transitionsgleichung (8.19b) wird mit einem Anfangszustand x_0 initialisiert, von dem angenommen wird, daß er eine bekannte a-priori Verteilung besitzt.

Die Matrix $F_t(\xi_t, u_t)$ ist gerade die Matrix der ersten Ableitungen der Funktion $f_t(x_t, u_t) := F_t(\xi_t, u_t) \, x_t$ nach den Komponenten von x_t. Im erweiterten Kalmanfilter wird demnach zum Zeitpunkt t bei Vorliegen der Filterlösung $\hat{x}_{t|t}$ die Matrix $F_t(\xi_t, u_t)$ durch $F_t(\hat{\xi}_{t|t}, u_t)$ ersetzt.

Teil III

Maximum-Likelihood-Schätzung

der

konstanten Parameter

eines

dynamischen linearen Modells :

Implementierung alternativer Maximum-Likelihood-Suchverfahren (EM- und SCORING-Methode), asymptotische Verteilungstheorie und Modellüberprüfung

Kapitel 1: Vorbemerkungen (Modellspezifikation und Notationen)

1.1. Spezifikation des zu schätzenden Modells

Wir legen für den überwiegenden Teil aller folgenden Abschnitte ein dynamisches System scheinbar unverbundener Regressionsgleichungen mit teils variablen (x_t) und teils konstanten (β,γ) Regressionskoeffizienten zugrunde. Dieser Abschnitt legt im wesentlichen nur eine Notation fest.
Das zu untersuchende System umfaßt die folgenden m Beobachtungs- und Transitionsgleichungen für k zeitabhängige Koeffizienten:

System der Beobachtungsgleichungen

(1.1a) $$z_t = U_{1t}' x_t + U_{2t}' \beta + v_t \quad , \; (t = 1, 2, \dots , N) .$$

Die hierin enthaltenen Modellgrößen haben die nachstehend aufgeführten Dimensionen und Bedeutungen:

$$z_t := \begin{bmatrix} z_{t;1} \\ z_{t;2} \\ \vdots \\ z_{t;m} \end{bmatrix}$$, (mx1) - Spaltenvektor der abhängigen Variablen .

$$U_{1t}' := \begin{bmatrix} u_{1t;1}' & 0 & & 0 \\ 0 & u_{1t;2}' & & 0 \\ \vdots & \vdots & & \vdots \\ 0 & 0 & \dots & u_{1t;m}' \end{bmatrix}$$ (mxk) - Beobachtungsmatrix der erklärenden Variablen mit zeitabhängigen Koeffizienten ; mit $u_{1t;i}' := (1xk_i)$, $(i=1,\dots,m)$, $k = k_1 + k_2 + \dots + k_m$.

$$U_{2t}' := \begin{bmatrix} u_{2t;1}' & 0 & & 0 \\ 0 & u_{2t;2}' & & 0 \\ \vdots & \vdots & & \vdots \\ 0 & 0 & \dots & u_{2t;m}' \end{bmatrix}$$ $(m x \bar{\ell})$ - Beobachtungsmatrix der erklärenden Variablen mit konstanten Koeffizienten ; mit $u_{2t;i}' := (1 x \bar{\ell}_i)$, $\bar{\ell} = \bar{\ell}_1 + \bar{\ell}_2 + \dots + \bar{\ell}_m$.

$$x_t' := \begin{bmatrix} x_{t;1}' & x_{t;2}' & \dots & x_{t;m}' \end{bmatrix}$$ "Zustandsvektor" , Vektor der zeitabhängigen Regressionskoeffizienten ; mit $x_{t;i}' := (1xk_i)$.

$$\beta' := \begin{bmatrix} \beta_1' & \beta_2' & \dots & \beta_m' \end{bmatrix}$$ Vektor der konstanten Regressionskoeffizienten ; mit $\beta_i' := (\bar{\ell}_i x1)$,

System der Transitionsgleichungen für die zeitabhängigen Regressionskoeffizienten

(1.1b) $$x_{t+1} = F\, x_t + U_{3,t}'\, \gamma + w_t \quad , \quad (t = 0, 1, \ldots , N-1) \, .$$

Die hierin enthaltenen Modellgrößen haben die nachstehend aufgeführten Dimensionen und Bedeutungen :

$F := (k\times k)$, Transitionsmatrix

$$U_{3t}' := \begin{bmatrix} u_{3t;1}' & 0 & \ldots & 0 \\ 0 & u_{3t;2}' & \ldots & 0 \\ \vdots & \vdots & & \vdots \\ 0 & 0 & \ldots & u_{3t;k}' \end{bmatrix}$$

$(k\times\bar{n})$ - Beobachtungsmatrix der erklärenden Variablen im Transitionsprozeß ; mit $u_{3t;i}' := (1 \times n_i)$, $\bar{n} = \bar{n}_1 + \bar{n}_2 + + \ldots + \bar{n}_k$.

$$\gamma' := \begin{bmatrix} \gamma_1' & \gamma_2' & \ldots & \gamma_k' \end{bmatrix}$$

Vektor der (zeitunabhängigen) Koeffizienten für die erklärenden Variablen U_{3t} ; mit $\gamma_i := (1\times\bar{n}_i)$.

stochastische Spezifikation :

Die Störvariablen $\{ v_t, w_t : t=0,1, \ldots ,N \}$ und der Anfangszustand $x_0 = \bar{x}_0 + v_0$ erfüllen die Bedingungen (D3)-(D5) und (D7) aus II/2.1.2. .

Im Interesse einer kompakteren Schreibweise fassen wir in einigen Darstellungen die jeweils verschiedenen Zeitreihenkomponenten aus den Matrizen U_{it} (i=1,2,3) in den Vektoren u_{it} (i=1,2,3) zusammen und schreiben dann unter Verwendung sogenannter Selektionsmatrizen [DHRYMES(1979),S.275] die Matrizen U_{it}' als

(1.2) $$U_{it}' := (I_{m\times m} \otimes u_{it}')\, C_i \quad (i=1,2) \, , \quad U_{3t}' := (I_{k\times k} \otimes u_{3t}')\, C_3 \, ,$$

mit $u_{1t}' := (1\times\tilde{k})$, $C_1 := (m\tilde{k} \times k)$,

$u_{2t}' := (1\times\ell)$, $C_2 := (m\ell \times \bar{\ell})$,

$u_{3t}' := (1\times n)$, $C_3 := (kn \times \bar{n})$.

Die Selektionsmatrizen C_i ziehen aus u_{it}' die jeweils benötigten Zeitreihenwerte heraus. Sie haben folgende blockdiagonale Struktur:

$$C_1 := \begin{bmatrix} C_{1;11} & & & \\ & C_{1;22} & & \\ & & \ddots & \\ & & & C_{1;mm} \end{bmatrix}, \qquad C_2 := \begin{bmatrix} C_{2;11} & & & \\ & C_{2;22} & & \\ & & \ddots & \\ & & & C_{2;mm} \end{bmatrix},$$

$$\text{mit} \quad C_{1;ii} := (\tilde{k} x k_i) \quad , \quad C_{2;ii} := (\ell x \bar{\ell}_i) \quad (i=1,2,\ldots,m) \; .$$

C_3 wird analog gebildet, C_3 enthält k Blöcke $C_{3;ii} := (k x \bar{n}_i)$.
Bestimmte Werte von F sind a priori gleich Null. Unter Verwendung der Vektorisierungsregel (2 - 2) machen wir diese a priori Restriktionen explizit durch folgende Schreibweise des autoregressiven Teils der Transitionsgleichung :

(1.3) $$F x_t = (I_{kxk} \otimes x_t') \operatorname{vec}(F') \quad \text{und} \quad \operatorname{vec}(F') = C_4 \varphi \; ,$$

$$\text{mit:} \quad \varphi := (\bar{k} x 1) \quad , \; C_4 := (k^2 x \bar{k}) \quad .$$

Der Vektor φ entsteht aus F durch Übereinandersetzen der Spalten von F' unter Vernachlässigung der Nullelemente; C_4 ist eine weitere Selektionsmatrix.
Unter Beachtung von (1.2) und (1.3) schreiben wir die Beobachtungs- und Transitionsgleichungen als :

(1.4a) $$z_t = (I_{mxm} \otimes u_{1t}') C_1 x_t + (I_{mxm} \otimes u_{2t}') C_2 \beta + v_t \; ,$$

(1.4b) $$x_{t+1} = (I_{kxk} \otimes x_t') C_4 \varphi + (I_{kxk} \otimes u_{3t}') C_3 \gamma + w_t \; .$$

Wir wollen noch eine dritte Schreibweise vereinbaren. Im Einklang mit der Notation aus Teil II formulieren wir für Zwecke der Filterung und Glättung des Systemzustandes x_t die Modellgleichungen (1.1) in folgender Gestalt :

(1.5a) $$z_t = H_t' x_t + B u_{2t} + v_t \; ,$$

(1.5b) $$x_{t+1} = F x_t + \Gamma u_{3t} + w_t \; .$$

Hierin identifiziert man die Meßmatrix H_t' als

(1.6) $$H_t' := U_{1t}' = (I_{mxm} \otimes u_{1t}')\, C_1 \quad .$$

Einige Elemente der Durchgangsmatrix B und der Eingangsmatrix Γ sind (gemäß der Null-Eins-Besetzung der Selektionsmatrizen C_2 und C_3) a priori gleich Null. Unter Berücksichtigung der Vektorisierungsregeln (2 - 2) erhalten wir im Vergleich mit (1.4):

(1.7) $$B\, u_{2t} = (I_{\ell x \ell} \otimes u_{2t}')\, vec(B') \ , \quad u_{3t} = (I_{nxn} \otimes u_{3t}')\, vec(\Gamma')$$

mithin: $$vec(B') = C_2\, \beta \quad , \ vec(\Gamma') = C_3\, \gamma \ .$$

Wir stellen die vereinbarten Schreibweisen in der nachstehenden Übersicht aller Modellannahmen noch einmal zusammen.

Annahmen für ein System scheinbar unverbundener Regressionsgleichungen in der Form eines dynamischen linearen Modells :

a) Systemgleichungen:

(1.8a) $$z_t = H_t'\, x_t + B\, u_{2t} + v_t \qquad (t=1,2, \ldots ,N)$$

(1.8b) $$x_{t+1} = F\, x_t + \Gamma\, u_{3t} + w_t \qquad (t=0,1, \ldots ,N-1)$$

(1.8c) $$z_t = (I_m \otimes u_{1t}')\, C_1\, x_t + (I_m \otimes u_{2t}')\, C_2\, \beta + v_t$$

(1.8d) $$x_{t+1} = (I_k \otimes x_t')\, C_4\, \varphi + (I_k \otimes u_{3t}')\, C_3\, \gamma + w_t$$

(1.8e) $$z_t = U_{1t}'\, x_t + U_{2t}'\, \beta + v_t$$

(1.8f) $$x_{t+1} = F\, x_t + U_{3t}'\, \gamma + w_t$$

b) Initialisierung (Anfangszustand) :

(1.8g) $$x_0 = \bar{x}_0 + v_0 \quad , \ \bar{x}_0 \text{ konstant}$$

c) kontemporäre Momente der Systemfehler :

(1.9a) $$E(v_0) = 0 \quad , \ E(v_0 v_0') = \Sigma_0$$

(1.9b) $$E(v_t) = 0 \quad , \ E(v_t v_t') = R \qquad (t=1,2, \ldots ,N)$$

(1.9c) $$E(w_t) = 0 \quad , \ E(w_t w_t') = Q \qquad (t=0,1, \ldots ,N-1)$$

d) *Orthogonalitätsbedingungen :*

(1.10a) $E(v_t v_s') = 0$, $E(w_t w_s') = 0$ für alle $t,s = 0,1, \ldots ,N$ mit $t \neq s$

(1.10b) $E(w_t v_s') = 0$ für alle $t,s = 0,1, \ldots ,N$.

e) *Verteilungsannahmen:*

(1.11) $\{ v_t, w_t : t=0,1, \ldots ,N \}$ ist ein normalverteilter Prozeß .

f) *stochastische Eigenschaften der erklärenden Variablen:*

(1.12) Die Komponenten von u_{it} $(i=1,2,3)$ können entweder alle wie deterministische Größen behandelt werden oder enthalten zum Teil verzögert endogene Variable ($z_s : s < t$), u_{3t} darf auch Komponenten aus z_t umfassen.

Für den Fall verzögert endogener Variablen unter den erklärenden Variablen nehmen wir an, daß die Störterme v_t, w_t ($t \geqq 0$) von den Anfangsvariablen z_s $(s \leqq 0)$ stochastisch unabhängig sind.

g) *Dimensionen :*

$z_t:=(m\text{x}1)$, $v_t:=(m\text{x}1)$, $w_t:=(k\text{x}1)$, $Q:=(k\text{x}k)$, $R:=(m\text{x}m)$, $\Sigma_0:=(k\text{x}k)$

$x_t:=(k\text{x}1)$, $\beta:=(\bar{\ell}\text{x}1)$, $\gamma:=(\bar{n}\text{x}1)$, $\varphi:=(\bar{k}\text{x}1)$, $\bar{x}_0:=(k\text{x}1)$

$B:=(m\text{x}\ell)$, $\Gamma:=(k\text{x}n)$, $F:=(k\text{x}k)$

$U_{1t}':=(m\text{x}k)$, $U_{2t}':=(m\text{x}\bar{\ell})$, $U_{3t}':=(k\text{x}\bar{n})$,

$u_{1t}':=(1\text{x}\tilde{k})$, $u_{2t}':=(1\text{x}\ell)$, $u_{3t}':=(1\text{x}n)$,

$C_1:=(mk\text{x}\tilde{k})$, $C_2:=(m\ell\text{x}\bar{\ell})$, $C_3:=(kn\text{x}\bar{n})$, $C_4:=(k^2\text{x}k)$

Wir haben uns bei den vorangegangenen Ausführungen auf autoregressive Parameterprozesse erster Ordnung beschränkt. Dies ist jedoch keine Einschränkung der Allgemeinheit. Sofern die zeitabhängigen Regressionskoeffizienten ARMA-Prozessen mit höherer Lagstruktur folgen, können wir - wie z.B. in II/1.3. ausgeführt - durch geeignete Erweiterung des Systemzustandes wiederum ein Zustandsraummodell der oben dargestellten Art verwenden.[1] Wir können im folgenden voraussetzen, daß diese Zustandsraumerweiterungen gegebenenfalls durch geeignete Definition der Selektionsmatrizen $C_i (i=1,\ldots,4)$ erfaßt sind.

Die unbekannten Modellparameter (θ) umfassen die Elemente aus der Durchgangs-, Eingangs- und Übergangsmatrix sowie Verteilungsparameter des Anfangszustandes x_0 und der Systemfehler $\{ v_t, w_t : t=0,1,\dots,N \}$ (Elemente aus Q, R, Σ_0 und $\bar{x}_0$).
Wir definieren :

(1.13) $$\theta := \begin{bmatrix} \theta_1 \\ \theta_2 \\ \theta_3 \end{bmatrix}, \text{ mit: } \theta_1 := \begin{bmatrix} \beta \\ \text{vech}(R) \end{bmatrix}, \theta_2 := \begin{bmatrix} \varphi \\ \gamma \\ \text{vech}(Q) \end{bmatrix}, \theta_3 := \begin{bmatrix} \bar{x}_0 \\ \text{vech}(\Sigma_0) \end{bmatrix}.$$

Hierin bezeichnet vech(M) die spaltenweise Vektorisierung des unteren Dreiecks der Matrix M.
Die Parametrisierung (1.13) wird sich in Kapitel 3 als nützlich erweisen.
Sofern wir die Wurzelvariante des Kalmanfilters(II/4.4.) verwenden oder im Laufe der Schätzung von θ komplizierte Nebenbedingungen der positiven Definitheit auf den Kovarianzmatrizen vermeiden wollen, erweist es sich als zweckmäßig in (1.13) die Kovarianzmatrizen R, Q, Σ_0 durch ihre unteren Cholesky-Wurzeln $\tilde{R}, \tilde{Q}, \tilde{\Sigma}_0$ zu ersetzen.
Für die Beschreibung von in der Zeit kumulierten Komponenten eines stochastischen Prozesses verwenden wir wie in Teil II folgende Schreibweise :

(1.14a) $$z(t) := (z_1, z_2, \dots, z_t) ,$$

(1.14b) $$x(t) := (x_0, x_1, \dots, x_t) ,$$

sowie für den Fall verzögert endogener Variabler $\{ z_{t-\tau} : \tau=1,\dots,l \}$ mit Maximallag l unter den Elementen von U_{1t}, U_{2t} oder U_{3t} :

(1.14c) $$\bar{z}(t) := (z_{-l+1}, z_{-l+2}, \dots, z_0, z_1, \dots, z_t) ,$$

$$(t = 0,1,2, \dots, N) \quad ,$$

Um Dichtefunktionen, die zu unterschiedlichen Zufallsvariablen gehören, gegebenenfalls deutlicher voneinander in einer besonderen Notation zu unterscheiden, verwenden wir als Indizes die entsprechenden Großbuchstaben. Nur in diesem Zusammenhang unterscheiden wir systematisch zwischen der Zufallsvariablen und ihrer Realisation.

1.2. Der Maximum-Likelihood Ansatz für die Schätzung der unbekannten (konstanten) Modellparameter: Besonderheiten der Likelihood-Gleichungen und ein Verfahrensüberblick für ihre Lösung

Die Ergebnisse des Kalmanfilter-Algorithmus aus dem Prädiktorschritt angewendet auf das dynamische lineare Modell aus dem letzten Abschnitt liefern uns den Erwartungswert $\hat{z}_{t|t-1}$ und die Kovarianzmatrix D_t der bedingten Normalverteilungsdichten :

1.15) $$f_{Z_t|Z(t-1)}(z_t|z(t-1);\theta) = N(z_t : \hat{z}_{t|t-1}(\theta)\ ,\ D_t(\theta))$$

$(t=1,2,\ldots,N)$.

Für den Fall verzögert endogener Variabler ist hierin $Z(t-1)$ durch einen um geeignete Anfangsbedingungen erweiterten Vektor $\bar{Z}(t-1)$ zu ersetzen. Um die Notation im folgenden einfach zu halten, wollen wir, falls nichts anderes ausdrücklich vereinbart wurde, von diesem Spezialfall absehen und nur in Zusatzbemerkungen auf Modifikationen hinweisen, die sich bei verzögert endogenen Variablen in den Modellmatrizen U_{it} $(i=1,2,3)$ ergeben.

Die Likelihood für den unbekannten Parameter θ bei Vorliegen des Beobachtungsbefundes $z(N)$ ist der Wert der gemeinsamen Dichtefunktion $f_{Z(N)}(z(N);\theta)$ $(\theta\varepsilon\Theta)$ und kann als Produkt der bedingten Dichten $f_{Z_t|Z(t-1)}(z_t|z(t-1);\theta)$ gewonnen werden :

$$\mathcal{L}_N(\theta) := f_{Z(N)}(z(N);\theta) = \prod_{t=1}^{N} f_{Z_t|Z(t-1)}(z_t|z(t-1);\theta)\ .$$

Mithin gilt :

1.16) $$\mathcal{L}_N(\theta) = \prod_{t=1}^{N} N(z_t : \hat{z}_{t|t-1}(\theta)\ ,\ D_t(\theta))$$

$$= (2\pi)^{-(mN/2)} \prod_{t=1}^{N} |\ D_t\ | \prod_{t=1}^{N} \exp\left(\ -\frac{1}{2}\ (z_t-\hat{z}_{t|t-1})'D_t^{-1}(z_t-\hat{z}_{t|t-1})\ \right)\ .$$

Hierin sind wie oben angedeutet die "Normalverteilungsparameter" $\hat{z}_{t|t-1}$ und D_t als Funktionen in θ aufzufassen. Sie werden mit Hilfe der bekannten Filteralgorithmen aus Teil II wie folgt berechnet .[2]

Rekursionsformeln für $N(z_t: \hat{z}_{t|t-1}, D_t)$

(1.17a) $$\hat{x}_{t|t} = \hat{x}_{t|t-1} + \Sigma_{t|t-1} H_t D_t^{-1} (z_t - \hat{z}_{t|t-1}) \quad \text{mit } \hat{x}_{0|0} := \bar{x}_0 ,$$

(1.17b) $$\Sigma_{t|t} = \Sigma_{t|t-1} - \Sigma_{t|t-1} H_t D_t^{-1} H_t' \Sigma_{t|t-1} \quad \text{mit } \Sigma_{0|0} := \Sigma_0 ,$$

(1.17c) $$\hat{x}_{t+1|t} = F \hat{x}_{t|t} + \Gamma u_{3t} ,$$

(1.17d) $$\Sigma_{t+1|t} = F \Sigma_{t|t} F' + Q .$$

Aus (1.17) ergibt sich die Verteilung $N(z_{t+1}: \hat{z}_{t+1|t}, D_{t+1})$ mit den Parametern:

(1.18a) $$\hat{z}_{t+1|t} = H_{t+1}' \hat{x}_{t+1|t} + B u_{2,t+1} ,$$

(1.18b) $$D_{t+1} = H_{t+1}' \Sigma_{t+1|t} H_{t+1} + R .$$

Die Rekursionen beginnen mit t=0 und enden am Beobachtungshorizont N .

Im Fall verzögert endogener Variabler ist die Likelihood als gemeinsame Dichte der Beobachtungsvariablen z(N) für gegebene "Anfangswerte" $\bar{z}(0)$, also als bedingte Dichte zu interpretieren. Die Rekursionsformeln für ihre Berechnung sind dieselben wie die oben angegebenen.
Wir weisen noch darauf hin, daß wir bei einer Verwendung des Kalmanfilter-Algorithmus in der Wurzelform die von uns im letzten Kapitel gewählte Parametrisierung der Kovarianzmatrizen R, Q und Σ_0 direkt übernehmen können.
Der Maximum-Likelihood Ansatz zur Identifikation der unbekannten Parameter eines dynamischen linearen Modells in der Spezifikation aus 1.1. besteht in der Wahl desjenigen Parametervektors θ* , für den die Likelihoodfunktion (1.16) über dem Parameterraum Θ ein Maximum annimmt.

Es erweist sich als zweckmäßig die Likelihoodfunktion $\mathcal{L}(\theta)$ monoton zu transformieren : wir suchen im folgenden das Maximum der logarithmierten Likelihoodfunktion [3]

$$L(\theta) := \log_e \mathcal{L}(\theta) .$$

Wir setzen voraus, daß das Maximum von $L(\theta)$ durch Differenzieren gefunden werden kann. Notwendige Bedingungen für das Vorliegen eines Maximums an der Stelle θ sind dann die folgenden *Likelihoodgleichungen* :

$$\nabla L(\theta) = 0 .$$

Mit $\nabla L(\theta)$ bezeichnen wir den Gradienten der log-Likelihood. Er wird in der statistischen Literatur auch *"efficient score"* [MADDALA(1977), S.176] genannt. Die Lösung der Likelihoodgleichungen ist im vorliegenden Falle ein nichtlineares Problem und muß durch iterative Verfahren gelöst werden.
Es ist weiter zu beachten, daß die Schätzaufgabe für die Parameter eines dynamischen linearen Modells kein klassisches Parameterschätzproblem darstellt, in dem die Stichprobenvariablen stochastisch unabhängig mit identischer Dichtefunktion $f(.;\theta)$ verteilt sind. Unsere Stichprobenvariablen $\{z_t: t=1,\ldots,N\}$ sind stochastisch <u>abhängig</u>, die Likelihood ist das Produkt der bedingten Dichtefunktionen $f(z_t \mid z(t-1),\theta)$,[4] in denen der Parameter θ in jeweils unterschiedlicher funktionaler Abhängigkeit erscheint. Es sind der Folge $\{f(z_t \mid z(t-1),\theta)\}$ Regularitätsbedingungen aufzuerlegen, die die Konsistenz des Maximum-Likelihood - Schätzers gewährleisten.
Wir wollen auf das Konsistenzproblem kurz eingehen:
Die Attraktivität des Maximum-Likelihood-Verfahrens beruht auf folgender *Informationsungleichung* [RAO(1973), S.58f.] :

$$E_\theta [\log f(z(N);\theta)] \geq E_\theta [\log f(z(N);\theta')] .$$

Hierin sei θ der "wahre" Parameter unseres Modells und θ' ein beliebiger anderer Parameter aus Θ . Die Erwartungswerte werden beide bezüglich der "wahren" Verteilung für die Beobachtungsvariablen $z(N)$, $f(z(N);\theta)$, gebildet.
Die Informationsungleichung läßt sich interpretieren als die sicher sehr wünschenswerte Eigenschaft, daß das Maximum-Likelihood Verfahren <u>im Mittel</u> die "wahre" von der "falschen" Ver-

teilung zu unterscheiden vermag. Das reicht allerdings für die Konsistenz des Verfahrens nicht aus. Hierfür muß gezeigt werden, daß gilt [SILVEY(1962), S.445-447] :

$$\lim_{N\to\infty} P_\theta \, [\, \log f(z(N);\theta) \geq \log f(z(N);\theta') \,] = 1 \; ,$$

oder $$\lim_{N\to\infty} P_\theta \, [\, \log \lambda(z(N);\theta,\theta') \geq 0 \,] = 1 \; ,$$

mit $$\lambda(z(N);\theta,\theta') := f(z(N);\theta) \,/\, f(z(N);\theta') \; .$$

Hierin bezeichnet λ ein Likelihoodverhältnis.

Für den Fall stochastisch unabhängiger, identisch verteilter Zufallsvariabler läßt sich die Konsistenz in Verbindung mit der Tschebyscheff Ungleichung leicht nachweisen, weil wegen 5

$$E_\theta \, [\log \lambda(z(N);\theta,\theta')] = O(N) \; ,$$

$$VAR_\theta \, [\log \lambda(z(N);\theta,\theta')] = O(N)$$

der Variationskoeffizient des log-Likelihoodverhältnisses gegen Null konvergiert [SILVEY(1962), S. 445]. Es stellt sich die Frage, ob man durch geeignete Regularitätsbedingungen bezüglich der bedingten Dichten $f(z_t|z(t-1);\theta)$ und ihrer scores auch im Fall stochastisch abhängiger Zufallsvariabler ein ähnliches Grenzwertverhalten des log-Likelihoodverhältnisses erreichen kann. In Kapitel 5 werden wir einige solcher Regularitätsbedingungen für die Konsistenz und asymptotische Normalität der Maximum-Likelihood-Schätzer für die konstanten Modellparameter eines dynamischen linearen Modells der Form (1.8) angeben. Wir setzen in den Regularitätsannahmen unter anderem voraus, daß die *Fisher-Information* in $f(z(N);\theta)$ über θ (die Kovarianzmatrix der scores bei Gültigkeit der "wahren" Verteilung) in gewissem Sinne proportional zum Stichprobenumfang N wächst. In Kapitel 4 wird dieses Verhalten der Fisher-Information in einem Spezialfall des dynamischen linearen Modells nachgewiesen und als Kriterium für die Eindeutigkeit der Dichtefunktionen $f(z(N);\theta)$ in den Parametern θ (d.h. für die *Identifizierbarkeit von* θ) benutzt.

In den nächsten beiden Kapiteln stellen wir zunächst zwei Verfahren für die Konstruktion eines Maximum-Likelihood-Schätzwertes vor: das *Scoring-Verfahren* [RAO(1973), S. 367] und das *EM-Verfahren* [DEMPSTER/LAIRD/RUBIN(1977)]. Bei beiden Ansätzen handelt es sich um iterative Verfahren zur Lösung der Likelihood-Gleichungen.

Die Scoring-Methode ist ein modifiziertes *Newton-Verfahren* [LUENBERGER(1973), S.155-158; JUDGE/GRIFFITH/HILL/LEE (1980), S.736], im Laufe dessen in jedem Iterationsschritt aus dem Gradienten und einer Approximation der Hesseschen Matrix der log-Likelihood (an der Stelle der letzten Iterationslösung) ein Suchvektor gebildet wird, entlang dessen eine neue Iterationslösung konstruiert wird.

Die Approximation besteht darin, daß die Matrix der zweiten Ableitungen der log-Likelihood durch ihren Erwartungswert ersetzt wird. Im dynamischen linearen Modell hat dieser Erwartungswert die rechentechnisch günstige Eigenschaft, daß er allein von den ersten Ableitungen der Erwartungswerte $\hat{x}_{t|t-1}(\theta)$ und der Kovarianzmatrizen $D_t(\theta)$ abhängt.

Dennoch bleibt selbst bei Vermeidung der numerischen Auswertungen der zweiten Ableitungen der log-Likelihoodfunktion das Scoring-Verfahren sehr aufwendig und generiert "weit abseits" des Likelihood-Maximums möglicherweise irreführende Suchvektoren.

Das alternative EM-Verfahren hat zwar in der "Nähe" des Likelihood-Maximums schlechtere Konvergenzeigenschaften als das Scoring-Verfahren, es gewährleistet aber auch "weit abseits" des Maximums eine nicht-abnehmende Likelihood in jedem Iterationsschritt. Weiterhin lassen sich die Rechenschritte des EM-Verfahrens im wesentlichen auf die Lösung verallgemeinerter Kleinstquadratschätzgleichungen in einem System linearer scheinbar unverbundener Regressionsgleichungen zurückführen - der rechentechnische Aufwand ist damit wesentlich geringer als im Scoring-Verfahren.

Die Idee für den Einsatz des EM-Verfahrens im dynamischen linearen Modell geht auf eine Arbeit von WATSON/ENGLE(1982, 1983) zurück.

Im Laufe des EM-Verfahrens greifen wir auf die in Teil II erarbeiteten numerischen Varianten des Kalmanfilters und insbesondere seiner Glättungslösung zurück.
Die Implementierung der EM-Methode läuft auf ein Zusammenspiel von Kleinstquadratmethoden und Glättungsläufen eines Kalmanfilter-Algorithmus hinaus : Wir werden die Beobachtungs- und Transitionsgleichungen wie lineare Regressionsgleichungssysteme mit "bekannten" Systemzuständen $\{x_t\}$ behandeln. In den Bestimmungsgleichungen (Normalgleichungen) für die "Kleinstquadratschätzer" der verbleibenden unbekannten Modellparameter (F,B,Γ,Q,R) tauchen x_t und die Kreuzprodukte $x_t x_t'$ sowie $x_t x_{t+1}'$ auf, diese Größen werden durch die entsprechenden Momente der Glättungslösung :

$$E(x_t|z(N)) \quad , \; E(x_t x_t'|z(N)) \; , \; E(x_t x_{t+1}'|z(N))$$

ersetzt (die Erwartungswerte werden bezüglich des Verteilungsgesetzes mit den Parametern der letzten Iterationslösung gebildet) .
Kapitel 2 beschreibt nach Vereinbarung gewisser Vektorisierungs- und Differentiationsregeln für Matrizen die statistische Theorie des Scoring- und des EM-Verfahrens. In Kapitel 3 wird gezeigt, wie diese Verfahren in einem dynamischen linearen Modell implementiert werden können.

Kapitel 2: Hilfsmittel zur Maximierung der Likelihood-Funktion

2.1. Einige Hilfssätze aus der Matrixalgebra

In den folgenden Kapiteln benötigen wir eine Konvention für die Vektorisierung von Matrizen sowie eine Reihe von Sätzen für die Differentiation von Matrizen oder von Funktionen der Elemente einer vorgegebenen Matrix, die ihrerseits Funktionen weiterer Variablen sind, nach denen differenziert werden soll.

Wir stellen die Vektorisierungs- und Differentiationsregeln [DHRYMES(1978), S.518-540; POLLOCK(1979), S.75-79; MAGNUS/NEUDECKER(1984)] in den nächsten beiden Unterabschnitten 2.1.1. und 2.1.2. zusammen. In 2.1.3. zitieren wir einige Eigenschaften positiv definiter Matrizen [DHRYMES(1978), S.485-496], und in 2.1.4. erinnern wir an die Bedeutung idempotenter Matrizen für die Verteilung quadratischer Formen in normalverteilten Zufallsvariablen [RAO(1973), S.367-370].

2.1.1. Vektorisierungsregeln

(2-1) DEFINITION : Sei A eine (mxn)-Matrix , $A = (a_{.1}\ a_{.2}\ \dots\ a_{.n})$. Mit $a_{.j}$ bezeichnen wir die j-te Spalte von A. Der (mnx1) Spaltenvektor vec(A) entsteht aus A durch Übereinandersetzen aller Spaltenvektoren :

$$\text{vec}(A) := (\ a_{.1}'\ \ a_{.2}'\ \ \dots\ \ a_{.n}'\ )' .$$

Für die Vektorisierung eines Produktes aus zwei oder drei Matrizen läßt sich die folgende Rechenregel beweisen.

(2-2) SATZ : a) Sei $A:=(m\text{x}n_1)$ und $B:=(n_1\text{x}n)$, dann gilt :

$$\begin{aligned}\text{vec}(AB) &= (B' \otimes I_{m\text{x}m})\ \text{vec}(A)\\ &= (I_{n\text{x}n} \otimes A\ )\ \text{vec}(B)\ .\end{aligned}$$

b) Sei $A:=(m\text{x}n_1)$, $B:=(n_1\text{x}n_2)$, $C:=(n_2\text{x}n)$, dann gilt :

$$\begin{aligned}\text{vec}(ABC) &= (\ I_{n\text{x}n} \otimes AB\ )\ \text{vec}(C)\\ &= (\ \ C' \otimes A\ \ )\ \ \text{vec}(B)\\ &= (\ C'B' \otimes I_{m\text{x}m})\text{vec}(A)\ .\end{aligned}$$

Beweis : DHRYMES (1978) , S.519 .

Die Aussage (b) in Satz 1 ist eine einfache Folgerung der Aussage (a) . Für den Beweis von (a) überlegt man sich, daß die j-te Spalte von AB geschrieben werden kann als

$$(AB)_{.j} = Ab_{.j} = \sum_{i=1}^{m} a_{.i} b_{ij} \quad .$$

2.1.2. Differentiationsregeln für Matrizen und Vektoren

Wir vereinbaren zunächst die Anordnung gewisser partieller Ableitungen.

(2-3) DEFINITION :

(a) Sei $y:=(mx1)$ und $x:=(nx1)$; jede Komponente y_i von y sei eine differenzierbare Funktion in x : $y_i = f_i(x)$ $(i=1,2, \ldots , m)$. Wir verstehen unter $[\partial y/\partial x]$ eine (mxn)-Matrix mit allgemeinem Element (i,j) : $(\partial y_i / \partial x_j)$

$$\frac{\partial y}{\partial x} := (\partial y_i / \partial x_j)_{\substack{i=1,2,\ldots,m \\ j=1,2,\ldots,n}} .$$

Unter $(\partial y'/\partial x')$ verstehen wir die Transponierte von $(\partial y/\partial x)$:

$$\frac{\partial y'}{\partial x'} = \left[\frac{\partial y}{\partial x} \right]' \quad .$$

(b) Sei $y:=(1x1)$ und $x:=(nx1)$; y sei eine differenzierbare Funktion in x : $y = f(x)$.
Unter dem **Gradienten** von y verstehen wir ∇y mit $\nabla y := \nabla f(x) := \frac{\partial y}{\partial x'}$.

Unter der **Hesseschen Matrix** von y verstehen wir $\nabla^2 y$

$$\text{mit } \nabla^2 y := \nabla^2 f(x) := \frac{\partial (\nabla y)}{\partial x} \quad .$$

(c) Sei $y:=(1x1)$ und $X:=(mxn)$; y sei eine differenzierbare Funktion in vec(X) : $y=f(vec(X))$. Dann verstehen wir unter dem Symbol $\partial y/\partial X$ eine (mxn)-Matrix mit allgemeinem Element (i,j) : $\partial y/\partial x_{ij}$

$$\frac{\partial y}{\partial X} := (\partial y/\partial x_{ij})_{\substack{i=1,\ldots,m \\ j=1,\ldots,n}}$$

(x_{ij} ist das allgemeine Element von X)

(d) Sei Y:=(mxn) und x:=(1x1) ; jedes Element y_{ij} von Y sei eine differenzierbare Funktion in x : $y_{ij} = f_{ij}(x)$. Dann verstehen wir unter dem Symbol $\partial Y/\partial x$ eine (mxn)-Matrix mit typischem Element (i,j) : $\partial f_{ij}(x)/\partial x$

$$\frac{\partial Y}{\partial x} := (\partial y_{ij}/\partial x)_{\substack{i=1,2,\ldots,m \\ j=1,2,\ldots,n}}$$

(y_{ij} ist das allgemeine Element von Y)

Unter Vereinbarung der genannten Definitionen lassen sich folgende Differentiationsregeln beweisen.

(2-4) SATZ (a) Sei $A:=(mxn_1)$, $B:=(n_1xm)$; dann gilt :

$$\partial\,\mathrm{spur}(AX)/\partial X = A' .$$

(b) Sei $A:=(mxn_1)$, $X:=(n_1xn_2)$, $B:=(n_2xm)$; dann gilt:

$$\partial\,\mathrm{spur}(AXB)/\partial X = A'B'.$$

(c) Sei A:=(mxm) , X:=(nxm) , B:= (nxn) ; dann gilt :

$$\partial\,\mathrm{spur}(AX'BX)/\partial X = B'XA + BXA .$$

Beweis : DHRYMES (1978) , S. 531 - 533 .

Für den Beweis von (2 - 4) benutzt man eine Umformulierung der Spurfunktionen durch eine Vektorisierung der beteiligten Matrizen. Es gilt :

$$\mathrm{spur}(AX) = \mathrm{vec}(A')'\ \mathrm{vec}(X) ,$$

$$\mathrm{spur}(AXB) = \mathrm{spur}(BAX) = \mathrm{vec}(A'B')'\ \mathrm{vec}(X) ,$$

$$\mathrm{spur}(AX'BX) = \mathrm{vec}(X)'\ (A \otimes B)\ \mathrm{vec}(X) .$$

Diese Funktionen lassen sich leicht nach vec(X) ableiten und dann in eine entsprechende Matrix-Ableitung überführen.

Im nächsten Satz leiten wir die Determinante einer invertierbaren Matrix Y nach ihren Elementen y_{ij} ab. Mit diesem Zwischenergebnis kann dann die Ableitung von det(Y) nach weiteren Variablen x (von denen die Elemente von Y möglicherweise abhängen) gefunden werden.

(2-5) SATZ **Sei Y:=(mxm) eine invertierbare Matrix, mit det(Y) sei die Determinante von Y bezeichnet. Die Elemente von Y sind Funktionen des Skalars x. Dann gilt :**

a) $\partial \det(Y)/\partial Y = \det(Y)\ (Y')^{-1}$,

b) $\partial \det(Y)/\partial x = \det(Y)\ \mathrm{spur}(\ Y^{-1} \frac{\partial Y}{\partial x}\ )$.

Beweis: DHRYMES (1978) , S. 533 - 535 .

Die Beweisidee für (2-5) liegt in der Überlegung, daß sich det(Y) als Funktion der Matrixelemente y_{ij} über eine Kofaktorzerlegung ausdrücken läßt. Sei Y_{ij} der Kofaktor zum Element y_{ij}, so gilt bekanntlich :

$$\det(Y) = \sum_{j=1}^{m} y_{ij}\, Y_{ij}$$

(Laplace-Entwicklung von det(Y) mit Hilfe der i-ten Zeile)

Da die Kofaktoren $\{Y_{ij} : j=1,2,\ldots,m\}$ von keinem Element des Zeilenvektors $a_{i.}$ mehr abhängen, ermittelt man

$$\partial \det(Y)/\partial y_{ij} = Y_{ij} \quad .$$

Sei Y* die Matrix der Kofaktoren, so gilt : $Y^{-1} = (1/\det(Y))\, Y^{*\prime}$. Damit folgt die Aussage (a) und als Korollar (b) unter Berüchsichtigung von

$$\frac{\partial \det(Y)}{\partial x} = \frac{\partial \det(Y)}{\partial \mathrm{vec}(Y)'}\ \frac{\partial \mathrm{vec}(Y)}{\partial x} = \mathrm{vec}(Y^{*})'\ \mathrm{vec}(\ \frac{\partial Y}{\partial x}\ ) \ .$$

Der letzte Satz dieses Unterabschnittes charakterisiert die Ableitungen der Inversen Y^{-1} einer regulären Matrix Y nach den Matrixelementen y_{ij} und nach weiteren Variablen x, von denen diese Elemente möglicherweise abhängen.

(2-6) SATZ: **Sei Y:=(mxm) eine invertierbare Matrix mit allgemeinem Element y_{ij}. Sei ferner $\mathbf{a}$:=(mx1) ein Spaltenvektor mit Konstanten und x:=(1x1) ein Skalar, von dem die Elemente y_{ij} möglicherweise abhängen, nicht aber der Vektor $\mathbf{a}$. Dann gilt :**

(a) $\partial Y^{-1}/\partial x = - Y^{-1} \frac{\partial Y}{\partial x} Y^{-1}$,

(b) $\partial vec(Y^{-1})/\partial vec(Y) = - (Y^{-1\prime} \otimes Y^{-1})$,

(c) $\partial(\mathbf{a}'Y^{-1}\mathbf{a})/ \partial Y = - (Y^{-1\prime} \mathbf{a}\,\mathbf{a}' Y^{-1})$.

BEWEIS: DHRYMES (1978) , S. 538-540 .

Die Beweisidee für diesen Satz liegt in dem Sachverhalt

$$Y^{-1} Y = I_{mxm} .$$

Differenziert man diese Gleichung nach x, so ergibt sich nach der Produktregel :

$$\frac{\partial Y^{-1}}{\partial x} \cdot Y + Y^{-1} \cdot \frac{\partial Y}{\partial x} = 0 ,$$

mithin: $$\frac{\partial Y^{-1}}{\partial x} = Y^{-1} \frac{\partial Y}{\partial x} Y^{-1} .$$

Für $x=y_{ij}$ erhält man hieraus :

$$\frac{\partial Y^{-1}}{\partial y_{ij}} = Y^{-1} \frac{\partial Y}{\partial y_{ij}} Y^{-1} = Y^{-1} \mathbf{e}_i\mathbf{e}_j' Y^{-1}.$$

Hierin ist $\partial Y/\partial y_{ij}$ eine Matrix die nur an der Stelle (i,j) ein von Null verschiedenes Element, nämlich 1, enthält. Diese Matrix läßt sich als Kreuzprodukt des i-ten und j-ten euklidischen Einheitsvektors im $\mathbb{R}^m$ erzeugen. Mit diesem Zwischenergebnis kann Aussage (b) bewiesen werden.

Die Aussage (c) erhält man nach einer Vektorisierung von $\mathbf{a}'Y^{-1}\mathbf{a}$ gemäß :

$$\mathbf{a}'\,Y^{-1}\,\mathbf{a} = \mathrm{spur}(\,Y^{-1}\,\mathbf{a}\,\mathbf{a}'\,) = \mathrm{vec}(\,\mathbf{a}\,\mathbf{a}'\,)'\,\mathrm{vec}(\,Y^{-1}\,)$$

mit einer Anwendung von (2-2), (2-6) und (b).

2.1.3. Dekompositionseigenschaften positiv(semi)definiter Matrizen

(2-7) DEFINITION: Seien A, B reelle symmetrische (mxm)-Matrizen und x ein reeller (mx1)-Vektor.

(a) A heißt *positiv definit*, wenn $x'Ax > 0$ für alle $x \neq \mathbf{0}_{mx1}$, und A heißt *positiv semidefinit,* wenn $x'Ax \geqq 0$ für alle $x \neq \mathbf{0}_{mx1}$.

(b) A heißt *kleiner* B ($A < B$) bzw. *kleiner oder gleich* B ($A \leqq B$) , wenn B-A positiv definit bzw. positiv semidefinit ist.

Eine positiv definite Matrix ist stets invertierbar [DHRYMES (1978), S. 488]. Definite Matrizen haben gewisse Dekompositionseigenschaften, von denen wir die beiden wichtigsten (für einzelne und Paare von Matrizen) im nächsten Satz zusammenstellen.

(2-8) SATZ: Sei A:=(mxm) positiv semidefinit und B:=(mxm) positiv definit. Dann gilt:

(a) Es existiert eine Zerlegung von A der Form :

$$A = Q_A\,\mathbf{S}_A\,Q_A' = (Q_A\,\tilde{\mathbf{S}}_A)(\,Q_A\,\tilde{\mathbf{S}}_A)' \quad \text{mit } Q_A, \mathbf{S}_A, \tilde{\mathbf{S}}_A := (mxm)$$

$$\text{und:} \quad \tilde{\mathbf{S}}_A\,\tilde{\mathbf{S}}_A = \mathbf{S}_A\,,\; Q_A\,Q_A' = I_{mxm}\,,\; \mathbf{S}_A \text{ diagonal}\,.$$

Die Elemente auf der Diagonalen von $\mathbf{S}_A$ sind die Eigenwerte von A und nicht negativ . Für den Fall, daß A positiv definit ist, sind die Eigenwerte streng positiv.

(b) Es existiert eine simultane Zerlegung von A, B und $B^{-1}A$ der Form :

$$A = W'SW \quad , B = W'W \quad , \quad B^{-1}A = W^{-1}SW$$

mit $W:=(mxm)$, $S:=(mxm)$ und $\det(W) \neq 0$, S diagonal.

Die Elemente auf der Diagonalen von S sind die Eigenwerte von $B^{-1}A$ und nicht negativ.

Beweis: DHRYMES(1978), S. 480, 488, 493 .

Die Eigenwerte von $B^{-1}A$ in (2-8) lassen sich abschätzen, wenn sich A und B gemäß (2-7)(b) ordnen lassen.
In diesem Zusammenhang ist folgender Sachverhalt nützlich.
Seien A und B zwei Matrizen mit den Eigenschaften aus (2-8), dann lassen sich die Eigenwerte von $B^{-1}A$ gewinnen als Werte des sogenannten *Rayleigh-Quotienten* [HESTENES(1975), S.86] :

$$R(x) := R(x;\ A,B) := \frac{x'Ax}{x'Bx} \quad , \quad x:=(mx1)\ ,\ 0_{mxm} \leqq A\ ,\ 0_{mxm} < B\ ,$$

an seinen "kritischen" Stellen x_0 mit $\nabla R(x_0) = 0$.
Dies folgt unmittelbar aus der Gradientendarstellung :

$$\nabla R(x) = \frac{2}{x'Bx}[Ax - R(x)Bx] \quad ,$$

und : $\nabla R(x_0) = 0 \iff Ax_0 = R(x_0)Bx_0 \iff B^{-1}Ax_0 = R(x_0)x_0$.

Das Verhalten des Rayleigh-Quotienten wird wegen $R(x)=R(x/\|x\|)$ bereits eindeutig durch seine Werte auf dem Einheitskreis (eine kompakte Menge im Inneren des $\mathbb{R}^m$) bestimmt : R(x) nimmt also für gewisse kritische Stellen x_0 sein Minimum und Maximum an, das jeweils mit dem kleinsten bzw. größten Eigenwert von $B^{-1}A$ zusammenfällt.
Aus diesen Überlegungen ergibt sich für $0_{mxm} < A < B$, daß alle Eigenwerte von $B^{-1}A$ im Intervall (0;1) liegen müssen, denn :

$$0_{mxm} < A < B \implies 0 < R(x;A,B) < 1 \quad \text{für alle } x \in \mathbb{R}^m \ .$$

Wir halten dieses Ergebnis im nächsten Satz fest.

(2-9) SATZ: Seien A,B symmetrische reelle (mxm)-Matrizen. Dann gilt :

$$0_{mxm \binom{<}{=}} A \binom{<}{=} B \implies 0_{mxm \binom{<}{=}} B^{-1}A \binom{<}{=} I_{mxm} \quad ,$$

Beweis: Eine etwas andere Argumentation als die obige findet sich in DHRYMES(1978), S. 494, wo (2-8) verwendet wird.

2.1.4. Verteilung quadratischer Formen in normalverteilten Zufallsvariablen

In diesem Abschnitt weisen wir auf die Bedeutung idempotenter Matrizen für die Verteilung quadratischer Formen mit normalverteilten Zufallsvariablen hin. Diese Ergebnisse werden in Kapitel 6 benötigt.

(2-10) SATZ: Sei $Y:=(mx1)$ ein normalverteilter Zufallsvektor mit $E(Y)=0$ und $E(YY')=I_{mxm}$. Sei $A:=(mxm)$ und reell. Dann ist die quadratische Form $Y'AY$ genau dann $\chi^2(k)$ verteilt, wenn $AA=A$ und $rang(A) = k$.

Beweis: GRAYBILL(1976), S. 134-135.

Diesen Satz zeigt man mit Hilfe momenterzeugender Funktionen. Eine Verallgemeinerung enthält das nächste Theorem.

(2-11) SATZ: Sei $Y:=(mx1)$ ein normalverteilter Zufallsvektor mit $E(Y)=0$ und $E(YY')=\Sigma$, Σ ist nicht notwendig regulär. Sei $A:=(mxm)$. Dann ist die quadratische Form $Y'AY$ genau dann $\chi^2(k)$-verteilt, wenn gilt:

$$\Sigma A \Sigma A \Sigma = \Sigma A \Sigma \quad \text{und} \quad k = spur(A\Sigma)$$

Beweis: RAO(1973), S. 188.

Der Zufallsvektor Y ist genau dann $N(0,\Sigma)$ - verteilt, wenn Y dargestellt werden kann [GRAYBILL(1976), S.98f.] als $Y=BX$, worin B eine (mxn)-Matrix mit vollem Spaltenrang ist und X eine normalverteilte (nx1)-Zufallsgröße ist mit $E(X)=0$ und $E(XX') = I_{nxn}$. Nach Satz (2-10) ist $Y'AY = X'(B'AB)X$ genau dann χ^2-verteilt mit k Freiheitsgraden, wenn $B'AB$ idempotent ist mit Rang k, d.h. wenn gilt :

$$(B'AB)(B'AB) = (B'AB) \quad \text{mit} \quad rang(B'AB) = spur(B'AB) = k .$$

Diese Bedingungen sind jedoch äquivalent mit :

$$B\,(B'AB)\,(B'AB)\,B' = B\,(B'AB)\,B' \quad , \quad k = \text{spur}(ABB') \ ,$$

unter Berücksichtigung der Tatsache, daß B vollen Spaltenrang besitzt und der Spureigenschaft $\text{spur}(CD) = \text{spur}(DC)$. Wegen $BB' = \Sigma$ erhalten wir somit die Aussage des Satzes.

2.2. Das Scoring-Verfahren (C.R. RAO)

Das Scoring-Verfahren [RAO(1973), S.367-370] ist ein spezielles iteratives Gradientenverfahren zur Maximierung einer log-Likelihood-Funktion, die wir im folgenden kurz mit $L(\theta)$ bezeichnen. Iterative Suchalgorithmen für das Maximum von $L(\theta)$ spezifizieren, wie ausgehend von einer Iterationslösung θ_0 eine neue Iterationslösung θ_1 konstruiert werden kann mit der Eigenschaft : $L(\theta_1) \geqq L(\theta_0)$.
Iterative Gradientenverfahren [JUDGE/GRIFFITH/HILL/LEE (1980), S.727-739; CHOW(1983), S.232-235] sind von der Gestalt:

$$\theta_1 = \theta_0 + \alpha \cdot M \cdot \nabla L(\theta_0) \ ,$$

Hierin ist M eine beliebige positiv definite Matrix und α ein positiver reeller Skalar, $\nabla L(\theta_0)$ ist der Gradient der log-Likelihoodfunktion an der Stelle θ_0. Den Vektor $M \cdot \nabla L(\theta_0)$ bezeichnet man als *Suchrichtungsvektor* und den Skalar α als *Schrittlänge*. Setzen wir die Differenzierbarkeit von $L(.)$ bis zur zweiten Ordnung voraus, so läßt sich mit Hilfe einer Taylorreihenapproximation zeigen, daß für hinreichend kleine Schrittlänge die Likelihoodfunktion nicht fällt :

$$\begin{aligned} L(\theta_1) &= L(\theta_0) + \nabla L(\theta_0)'(\theta_1 - \theta_0) + O(|\theta_1 - \theta_0|^2) \\ &= L(\theta_0) + \alpha \cdot \nabla L(\theta_0)' \cdot M \cdot \nabla L(\theta_0) + O(\alpha^2) \ . \end{aligned}$$

Für hinreichend kleine Schrittlänge α dominiert der zweite Term den dritten Term, so daß für den log-Likelihoodzuwachs gilt :

$$L(\theta_1) - L(\theta_0) \doteq \alpha \cdot \nabla L(\theta_0)' \cdot M \cdot \nabla L(\theta_0) > 0 \ ,$$

denn die hier auftretende quadratische Form ist annahmegemäß positiv definit.

Die in der Literatur üblichen Gradientenverfahren lassen sich nach der Wahl der (positiv definiten) Gewichtungsmatrix M klassifizieren [JUDGE et al.(1980), S. 229f.] :

1. *Methode des steilsten Anstieges* : M:= I (Einheitsmatrix).

2. *Newton-Verfahren* : $M := [-\nabla^2 L(\theta_0)]^{-1}$.

Hierin bezeichnet $\nabla^2 L(\theta_0)$ die Hessesche Matrix der log-Likelihoodfunktion.
Liegt an der Stelle θ_0 ein Maximum vor, dann ist die Hessesche Matrix $\nabla^2 L(\theta_0)$ negativ definit. Sofern die zweiten Ableitungen stetig sind, bleibt $\nabla^2 L(\theta)$ auch in einer hinreichend kleinen Umgebung des Maximums negativ definit.

3. *Quasi-Newton-Verfahren* : M:= Approximationen von $[-\nabla^2 L(\theta_0)]^{-1}$.

In der Regel werden Modifikationen eingeführt, die die positive Definitheit von M auch in größeren Umgebungen des Likelihood-Maximums gewährleisten.

Zur Kategorie der Quasi-Newton-Verfahren gehört auch die Scoring Methode. Aus der oben angegebenen Darstellung der log-Likelihood als Summe der bedingten log-Likelihoodfunktionen $f(z_t|z(t-1),\theta)$ ergibt sich die Gültigkeit folgender Summendarstellung für die Hessesche Matrix :

$$\nabla^2 L_N(\theta) = \sum_{t=1}^{N} \nabla^2 (\log f_{Z_t|Z(t-1)}(z_t|z(t-1);\theta)) .$$

Wir setzen voraus (unter Bezug auf einen Grenzwertsatz für die Summe <u>abhängiger</u> Zufallsvariabler) , daß für hinreichend große Stichprobenumfänge gilt :

$$\nabla^2 L_N(\theta) \doteq E_\theta(- \nabla^2 L_N(\theta)) ,$$

Die Matrix der erwarteten negativen zweiten Ableitungen wird auch *Fishers Informationsmatrix* [vgl. z.B. THEIL(1970), S. 388] genannt. Wir vereinbaren hierzu die folgende Notation:

$$I_N(\theta) := E_\theta [-\nabla^2 L_N(\theta)] .$$

Im Scoring wird ausgehend von einem Anfangswert θ_0 eine neue Iterationslösung nach folgender Rekursionsformel generiert:

$$\theta_1 = \theta_0 + \alpha \cdot [I_N(\theta_0)]^{-1} \nabla L_N(\theta_0)$$

und zwar für geeignet gewählte Schrittlänge α .

In der Nähe eines lokalen Maximums θ^* gilt unter Anwendung eines Newton- oder Quasi-Newton-Verfahrens

$$| \theta_1 - \theta^* | \leq \gamma \; | \theta_0 - \theta^* |^2 \quad \text{mit } 0 < \gamma < \infty \; .$$

Es liegt also quadratische Konvergenz gegen ein lokales Maximum vor [LUENBERGER(1973), S.155]. Das Auffinden eines globalen Maximums kann nur unter weiteren Konkavitätsannahmen über $L(\theta)$ garantiert werden.
Die Approximation der zweiten Ableitungen der log-Likelihoodfunktion durch ihren Erwartungswert bewirkt eine große Reduktion des Aufwandes zur numerischen Berechnung dieser Größen. Man kann zeigen, daß der Erwartungswert der Hesseschen Matrix nur noch von den ersten Ableitungen der Filtergrößen H_t, $\hat{x}_{t|t-1}$ und D_t nach den unbekannten Modellparametern abhängt.
Dennoch bleibt das Verfahren sehr aufwendig : für jede numerische Differentiation nach einer Komponenten von θ sind zwei Filterläufe notwendig.
Schließlich ist bei großer Entfernung vom Maximum die positive Definitheit von $I_N(\theta)$ oder $-\nabla^2 L(\theta)$ nicht gewährleistet: eine Suche in der entsprechenden Richtung kann in die Irre führen. Eine Implementierung des *Marquardt-Ansatzes* [MARQUARDT(1963); JUDGE et al. (1980), S.38f.], die in der Vergrößerung der Matrix $I_N(\theta)$ um eine positiv definite Korrekturmatrix $\mathbf{P}$ besteht, gemäß :

$$M := \left[I_N(\theta) + \mathbf{k}\,\mathbf{P} \right], \; \mathbf{k} > 0 \; ,$$

würde für die Berechnung eines geeigneten Korrekturfaktors $\mathbf{k}$ eine Eigenwertanalyse der Matrix $I_N(\theta)$ erforderlich machen. Meine eigenen praktischen Erfahrungen haben gezeigt, daß die genannten Approximationsfehler von $-\nabla^2 L_N(\theta)$ so schwerwiegend sein können, daß bei bestimmten Anfangswerten das Scoring-Verfahren versagt. Es ist daher von großem Vorteil, in der EM-Methode ein alternatives Verfahren zur Verfügung zu haben, daß zwar nur lineare Konvergenzeigenschaften besitzt, dafür aber weniger aufwendig als das Scoring ist und auch abseits des Maximums "gute" Iterationslösungen liefert.

2.3. Das EM-Verfahren *(Dempster/Laird/Rubin)*

2.3.1. Definition des EM-Verfahrens

Die EM-Methode ist ebenfalls ein iterativer Suchalgorithmus für das Maximum einer vorgegebenen log-Likelihoodfunktion $L(\theta)$ [DEMPSTER/LAIRD/RUBIN(1977); CHOW(1983), S.254,268-271]. Das Verfahren berücksichtigt hierbei den Umstand, daß die Dichtefunktion der Stichprobenvariablen Z aus einer gemeinsamen Verteilung von Z mit nicht beobachtbaren Zufallsvariablen X gewonnen werden kann. Genauer:
Wir setzen voraus die Existenz zweier Stichprobenräume $\mathfrak{X}$ und $\mathfrak{Z}$ mit $x \in \mathfrak{X}$, $z \in \mathfrak{Z}$, und ferner die Existenz einer gemeinsamen Dichtefunktion $f_{X,Z}(x,z;\theta)$ auf $\mathfrak{X} \times \mathfrak{Z}$ mit $\theta \in \Theta$.
Wir können uns etwa vorstellen, daß der Zufallsvektor Z aus dem Zufallsvektor X über eine Transformation g der Gestalt :

$$g: \mathfrak{X} \mapsto \mathfrak{Z}, \quad x \mapsto z=g(x, v)$$

bei bekannter gemeinsamer Verteilung für die Zufallsvariablen X und V ("Störvariablen") generiert wird. Dieser Zusammenhang impliziert dann eine spezielle gemeinsame Dichtefunktion für X und Z , $f_{X,Z}(x,z;\theta)$.[6]
Die Dichtefunktion $f_Z(z;\theta)$ erhalten wir als Randdichte der gemeinsamen Verteilung $f_{X,Z}(x,z;\theta)$:[7]

$$f_Z(z;\theta) = \int_{\mathfrak{X}} f_{X,Z}(x,z;\theta)\, dx .$$

Das EM-Verfahren maximiert diese Funktion $f_Z(z;\theta)$ in θ für einen fest vorgegebenen Beobachtungsbefund z. Dabei wird die gemeinsame Dichte $f_{X,Z}(x,z;\theta)$ eine wesentliche Rolle spielen. Für die genaue Beschreibung des EM-Verfahrens definieren wir die folgenden Funktionen auf Θ bzw. $\Theta \times \Theta$:

$$L(\theta) := \log \{f_Z(z;\theta)\} ,$$

(2.1a)
$$A_{X,Z}(\theta',\theta) := E[\log \{f_{X,Z}(x,z;\theta')\}|z,\theta] = \int_{\mathfrak{X}} \log\{f_{X,Z}(x,z;\theta')\} f_{X|Z}(x|z,\theta)\, dx ,$$

(2.1b)
$$A_{X|Z}(\theta',\theta) := E[\log \{f_{X|Z}(x|z;\theta')\}|z,\theta] = \int_{\mathfrak{X}} \log\{f_{X|Z}(x|z;\theta')\} f_{X|Z}(x|z;\theta)\, dx .$$

Im folgenden führen wir zunächst die Konzepte eines *Algorithmus* [LUENBERGER(1973), S.121] und eines *(verallgemeinerten) EM-Algorithmus* ein [DEMPSTER/LAIRD/RUBIN(1977), S.7].

(2-12) DEFINITION: Unter einem *Algorithmus auf einer Menge* $\mathbf{Y}$ verstehen wir ein Paar $<F_{\mathbf{Y}}, M>$. Hierin bezeichnet M eine Abbildung der Menge $\mathbf{Y}$ in seine Potenzmenge $P(\mathbf{Y})$ und $F_{\mathbf{Y}}$ die Menge aller Folgen $\{ y_i : i=0,1, \ldots \}$ auf $\mathbf{Y}$ mit der Eigenschaft :

$$y_0 \in \mathbf{Y} \quad \text{(beliebig gewählt)}$$

$$y_i \in M(y_{i-1}) \quad \text{für } i=1,2, \ldots \quad .$$

(2-13) DEFINITION: Unter einem *verallgemeinerter EM-Algorithmus auf dem Parameterraum* Θ *für vorgegebene Stichprobenräume* $\mathfrak{X}$ *und* $\mathfrak{Z}$ *und vorgegebener Dichtefunktion* $f_{X,Z}(x,z;\theta)$ *auf* $\mathfrak{X} \times \mathfrak{Z}$ verstehen wir ein Paar $< F_{\Theta}, M >$. Hierin bezeichnet

(i) M eine Abbildung von Θ in seine Potenzmenge $P(\Theta)$ mit der Eigenschaft :

$$A_{X,Z}(\bar{\theta},\theta) \geq A_{X,Z}(\theta,\theta) \quad \text{für alle } \bar{\theta} \in M(\theta) \text{ und } \theta \in \Theta \quad ,$$

(ii) F_{Θ} die Menge aller Iterationsfolgen $\{\theta^{(i)}\}$ auf Θ mit der Eigenschaft :

$$\theta^{(0)} \in \Theta$$

$$\theta^{(i)} \in M(\theta^{(i-1)}) \quad \text{für } i=1,2, \ldots \quad .$$

Ein *EM-Algorithmus* ist ein Spezialfall des verallgemeinerten EM-Algorithmus. Das Bild von θ unter M ist dann definiert als die Menge aller Parameter $\bar{\theta}$ mit der Eigenschaft :

$$A_{X,Z}(\bar{\theta},\theta) \geq A_{X,Z}(\theta',\theta)$$

$$\text{für alle } \theta' \in \Theta \text{ und beliebiges } \theta \in \Theta ,$$

d.h. jedes $\bar{\theta} \in M(\theta)$ maximiert die Funktion $A_{X,Z}(\cdot,\theta)$ als Funktion in der ersten Komponente.

Die Berechnung der Funktion

$$A_{X,Z}(\theta,\theta^{(i-1)}) = E[\log f_{X,Z}(x,z;\theta) \mid z,\theta^{(i-1)}]$$

für alle $\theta \in \Theta$

bezeichnet man als *Erwartungsschritt der i-ten Iteration eines (verallgemeinerten) EM-Algorithmus.*

Die Bestimmung der Funktion $M(\theta)$ an der Stelle $\theta=\theta^{(i-1)}$ bezeichnet man als *Maximierungsschritt der i-ten Iteration eines (verallgemeinerten) EM-Algorithmus.*

Wir wollen an dieser Stelle noch einige Abkürzungen vereinbaren.
Es erweist sich als zweckmäßig mit den M-Abbildungen aus (2-13) Funktionen $\bar{M}:\Theta \to \Theta$ zu assoziieren mit der Eigenschaft

$$\bar{M}(\theta) \in M(\theta) \quad \text{für alle} \quad \theta \in \Theta \ .$$

Ein bestimmtes Element aus $M(\theta)$ bezeichnen wir dann auch kurz als $\bar{M}(\theta)$.
Jede Differentiation in Teil III ist als Differentiation nach Komponenten des unbekannten Parametervektors $\theta := (p\mathrm{x}1)$ zu verstehen. Für die Ableitungen einer reellwertigen Funktion $A(x,y)$ in zwei vektoriellen Komponenten x und y vereinbaren wir folgende

<u>*Notation für partielle Ableitungen*</u>

(2.2)
$$\nabla^{10}A(x,y) := \frac{\partial A(x,y)}{\partial x'} \ , \quad \nabla^{01}A(x,y) := \frac{\partial A(x,y)}{\partial y'}$$
$$\nabla^{11}A(x,y) := \frac{\partial}{\partial y}\frac{\partial A(x,y)}{\partial x'}$$
$$\nabla^{20}A(x,y) := \frac{\partial}{\partial x}\frac{\partial A(x,y)}{\partial x'} \ , \quad \nabla^{02}A(x,y) := \frac{\partial}{\partial y}\frac{\partial A(x,y)}{\partial y'}$$

unter Beachtung der Differentiationsregeln (2-3).
Im nächsten Abschnitt 2.3.2. beweisen wir zunächst zwei Hilfssätze, die wir für die Konvergenz- und Monotoniebeweise des Abschnittes 2.3.3. benötigen. Dieser Abschnitt enthält hinreichende Bedingungen für die Konvergenz von Likelihoodfolgen $\{ L(\theta^{(i)}): i \geqq 0 \}$ und Iterationsfolgen $\{\theta^{(i)}\}$ für beliebige $\{\theta^{(i)}\} \in F_\Theta$ eines (verallgemeinerten) EM-Algorithmus $< F_\Theta, M >$ sowie eine Charakterisierung der Eigenschaften ihrer Grenzwerte.

2.3.2. Zwei Hilfssätze: Die Informationsungleichung und einige Eigenschaften der Score-Funktion

Wir werden im folgenden Abschnitt zwei Hilfssätze benötigen, die wir in der Analyse der Konvergenzeigenschaften des EM-Algorithmus verwenden. Die Informationsungleichung wurde bereits in 1.2. angesprochen. Es gilt :

(2-14) SATZ: (*Informationsungleichung*)

Seien f und g zwei Dichtefunktionen auf dem Stichprobenraum $\mathfrak{X} \subseteq \mathbb{R}^k$. Dann gilt :

(2.3) (i) $$\int_{\mathfrak{X}} \log\left(\frac{f(x)}{g(x)}\right) \cdot f(x)\, dx \geq 0 ,$$

(ii) $$\int_{\mathfrak{X}} \log\left(\frac{f(x)}{g(x)}\right) \cdot f(x)\, dx = 0$$

genau dann, wenn f(x)=g(x) mit Wahrscheinlichkeit 1 bezüglich der Dichtefunktion f .

Beweis: RAO(1973), S.58-59 .

Wir entwickeln log(y) an der Stelle y_0 in eine Potenzreihe:

$$\log(y) = \log(y_0) + (y-y_0)/y_0 - (y-y_0)^2/2(y_0+\lambda[y-y_0])^2 \quad ; \lambda \in (0,1).$$

Mithin erhalten wir für $y_0=1$ und $y = g(x)/f(x)$,

$$\log\left(\frac{g(x)}{f(x)}\right) = \left(\frac{g(x)}{f(x)} - 1\right) - \frac{[(g(x)/f(x))-1]^2}{2(1+\lambda[(g(x)/f(x))-1])^2} .$$

Wegen f log(f/g) = - f log(g/f) berechnen wir den Erwartungswert des Likelihoodverhältnisses log(f/g) bezüglich f als

$$\int_{\mathfrak{X}} f(x) \log\left(\frac{f(x)}{g(x)}\right) dx = \int_{\mathfrak{X}} f(x)\, dx - \int_{\mathfrak{X}} g(x)\, dx + \int_{\mathfrak{X}} \frac{((g(x)/f(x)) - 1)^2}{2\left(1 + \lambda\left(\frac{g(x)}{f(x)} - 1\right)\right)^2} f(x)\, dx$$

Die ersten beiden Integrale auf der rechten Seite sind gleich 1, ihre Differenz verschwindet also. Das dritte Integral ist nicht negativ, weil der Integrand nicht negativ ist. Dieses Integral

verschwindet genau dann, wenn $g(x)=f(x)$ fast überall (bezüglich des durch f definierten Maßes). Aus diesen Aussagen folgt die Behauptung des Satzes.
Das nächste Theorem faßt einige Eigenschaften der Score-Funktion (Gradient der log-Likelihood-Funktion) für eine reguläre Dichtefunktion zusammen.

(2-15) SATZ: *(Eigenschaften der Score-Funktion)*

Sei $f(x;\theta)$ eine Dichtefunktion mit dem Parameter $\theta \varepsilon \Theta \subset |R^p$. und folgenden Regularitätseigenschaften :

(i) die Trägermenge $\chi := \{x: f(x,\theta) > 0\}$ hängt nicht von θ ab ,

(ii) die Dichte $f(x;\theta)$ ist als Funktion in θ für (fast) alle x nach jeder Komponente von θ bis zur zweiten Ordnung differenzierbar,

(iii) Integration bezüglich x und Differentiation bezüglich θ sind miteinander vertauschbar ,

(iv) die Kovarianzmatrix des Gradienten $\nabla \log(f(x;\theta))$ existiert .

Dann hat der Erwartungswert der logarithmierten Dichte,

$$A(\theta^*,\theta) := E_\theta(\log f(x;\theta^*)) = \int_\chi \log(f(x;\theta^*))\, f(x;\theta)\, dx ,$$

folgende Eigenschaften :

(2.4) $$\nabla^{10} A(\theta,\theta) := \int_\chi \nabla \log(f(x;\theta)) \cdot f(x;\theta)\, dx = 0 ,$$

(2.5) $$\nabla^{11} A(\theta,\theta) := \int_\chi \nabla \log[f(x;\theta)] \nabla \log[f(x;\theta)]' \cdot f(x;\theta)\, dx$$
$$= - \int_\chi \nabla^2 \log[f(x;\theta)] \cdot f(x;\theta)\, dx =: - \nabla^{20} A(\theta,\theta) .$$

Beweis: DHRYMES(1970), S.113f. ;THEIL(1971), S. 387f. .

Aus den Regularitätseigenschaften (i) bis (iii) ergibt sich für $i=1,2,...,p$:

$$0 = \frac{\partial}{\partial\theta_i} 1 = \frac{\partial}{\partial\theta_i} \int_\chi f(x;\theta)\, dx = \int_\chi \frac{\partial}{\partial\theta_i}[\log f(x;\theta)]\ f(x;\theta)\, dx .$$

Differenzieren wir diese Gleichung ein weiteres Mal nach θ_j .also

$$0 = \frac{\partial}{\partial\theta_j} \left(\int_X \frac{\partial}{\partial\theta_i} [\log f(x;\theta)] \cdot f(x;\theta)\, dx \right)$$

$$= \int_X \left(\frac{\partial^2}{\partial\theta_i\, \partial\theta_j} \log f(x;\theta)\right) f(x;\theta) dx + \int_X \frac{\partial}{\partial\theta_i} [\log f(x;\theta)] \frac{\partial}{\partial\theta_j} f(x;\theta)\, dx ,$$

dann resultiert schließlich :

$$\int_X \frac{\partial}{\partial\theta_i} [\log f(x;\theta)] \cdot \frac{\partial}{\partial\theta_j} [\log f(x;\theta)] \cdot f(x;\theta)\, dx$$

$$= - \int_X \frac{\partial^2}{\partial\theta_i \cdot \partial\theta_j} [\log f(x;\theta)] \cdot f(x;\theta)\, dx < \infty \quad \text{(wegen iv)}$$

und damit sind die Behauptungen des Satzes bewiesen.

2.3.3. Eigenschaften des EM-Algorithmus

In diesem Abschnitt untersuchen wir Eigenschaften von Iterationsfolgen eines *verallgemeinerten EM-Algorithmus (VEMA)*, insbesondere Konvergenzeigenschaften.

(2-16) SATZ: *(Monotonie- und Fixpunkt-Eigenschaften)*

Für jeden VEMA $< \mathcal{F}_\Theta , M >$ gilt :

(a) $L(\bar{M}(\theta)) \geq L(\theta)$ für alle $\theta \in \Theta$, $\bar{M}(\theta) \in M(\theta)$,

(b) $L(\bar{M}(\theta)) = L(\theta)$ genau dann, wenn

(ba) $A_{X,Z}(\bar{M}(\theta), \theta) = A_{X,Z}(\theta, \theta)$,

und (bb) $f_{X|Z}(x|z, \bar{M}(\theta)) = f_{X|Z}(x|z,\theta)$ fast überall bezüglich $f_{X|Z}(x|z,\theta)$ auf $\mathfrak{X}$.

Beweis: DEMPSTER/LAIRD/RUBIN (1977), S. 7

Aus der Definition der bedingten Dichte $f_{X|Z}(x|z,\bar{\theta})$ folgt :

(2.6) $$L(\bar{\theta}) = \log f_{X,Z}(x,z;\bar{\theta}) - \log f_{X|Z}(x|z;\bar{\theta}) .$$

Bilden wir auf beiden Seiten dieser Gleichung den Erwartungswert bezüglich der bedingten Dichte $f_{X|Z}(x|z;\theta)$, so erhalten wir unter Beachtung der Definitionen (2.1) :

(2.7) $$L(\bar{\theta}) = A_{X,Z}(\bar{\theta},\theta) - A_{X|Z}(\bar{\theta},\theta) .$$

Hieraus ergibt sich für die Likelihooddifferenz $L(\bar{M}(\theta)) - L(\theta)$:

(2.8) $$L(\bar{M}(\theta)) - L(\theta) = \{A_{X,Z}(\bar{M}(\theta),\theta) - A_{X,Z}(\theta,\theta)\} + \{A_{X|Z}(\theta,\theta) - A_{X|Z}(\bar{M}(\theta),\theta)\} ,$$

und diese Differenz ist nicht negativ, denn

(2.9) $$A_{X,Z}(\bar{M}(\theta),\theta) \geq A_{X,Z}(\theta,\theta)$$

nach Konstruktion der Abbildung M ,und

(2.10) $$A_{X|Z}(\theta,\theta) \geq A_{X|Z}(\bar{M}(\theta),\theta)$$

aufgrund der Informationsungleichung,angewendet auf die Dichten $f_{X|Z}(x|z,\bar{M}(\theta))$ und $f_{X|Z}(x|z,\theta)$. Die Gleichheit gilt, wie wir im Beweis der Informationsungleichung zeigten, genau dann, wenn die genannten Dichten mit Wahrscheinlichkeit 1 bezüglich der Dichte $f_{X|Z}(x|z,\theta)$ auf dem Stichprobenraum $\mathfrak{X}$ übereinstimmen. Hieraus folgen die Behauptungen des Satzes.

(2-17) FOLGERUNGEN AUS SATZ (2-16):

(a) Für jede Iterationsfolge $\{\theta^{(i)}\} \in F_{\boldsymbol{\theta}}$ eines beliebigen VEMA $< F_{\boldsymbol{\theta}} , M >$ gilt :

die Folge der Likelihoodwerte $\{L(\theta^{(i)})\}$ ist nicht monoton fallend.

(b) Sei für ein $\theta^* \in \boldsymbol{\theta}$: $L(\theta^*) \geq L(\theta)$ für alle $\theta \in \boldsymbol{\theta}$, dann gilt für jeden beliebigen VEMA $< F_{\boldsymbol{\theta}} , M >$ und beliebige Abbildungen $\bar{M} : \boldsymbol{\theta} \to \boldsymbol{\theta}$ mit $\bar{M}(\theta) \in M(\theta)$:

(i) $L(\bar{M}(\theta^*)) = L(\theta^*)$.

(ii) $A_{X,Z}(\bar{M}(\theta^*), \theta^*) = A_{X,Z}(\theta^*, \theta^*)$.

(iii) $f_{X|Z}(x|z,\bar{M}(\theta^*)) = f_{X|Z}(x|z,\theta^*)$
fast überall auf $\mathfrak{X}$ bezüglich der Dichte $f_{X|Z}(x|z,\theta^*)$.

(c) Sei für ein $\theta^* \in \Theta$: $L(\theta^*) > L(\theta)$ für alle $\theta \in \Theta$, dann gilt über Folgerung (b) hinaus für jeden VEMA :

$$\theta^* = \bar{M}(\theta^*) ,$$

d.h. θ^* ist Fixpunkt der Abbildung $\bar{M}$.

Für die weiteren Betrachtungen setzen wir gewisse Regularitätsannahmen bezüglich des Parameterraumes Θ, der Likelihoodfunktion $L(\theta)$ und der Folgenmenge F_Θ voraus, die die Konvergenz von Likelihoodfolgen $\{L(\theta^{(i)})\}$ für $\{\theta^{(i)}\} \in F_\Theta$ sicherstellen.

(2.11a) $\Theta \subset \mathbb{R}^p$.

(2.11b) $\{\theta \in \Theta: L(\theta) \geq L(\theta_0)\}$ ist eine kompakte Teilmenge im Inneren von Θ für alle θ_0 mit $L(\theta_0) > -\infty$.

(2.11c) L ist stetig auf Θ und differenzierbar auf dem Inneren von Θ.

(2.11d) F_Θ enthält nur Iterationsfolgen mit $L(\theta^{(0)}) > -\infty$.

Diese Annahmen gewährleisten, daß alle Iterationsfolgen in F_Θ in einer kompakten Teilmenge von Θ liegen und daß die log-Likelihood-Funktion an den Stellen der Folgenglieder differenzierbar ist. Ferner ist $L(\theta)$ stetig und damit auf der (kompakten) Menge aller Iterationsfolgenglieder beschränkt. Unter Beachtung von (2-17b) schließt man daher auf die Konvergenz der Likelihood-Folgen $\{L(\theta^{(i)})\} \to L^*(\{\theta^{(i)}\})$ für beliebige Iterationsfolgen aus F_Θ. Es ist allerdings selbst für einem EM-Algorithmus (in dem jeder M-Schritt eine globale Maximierung umfaßt) nicht gewährleistet, daß L^* für alle Iterationsfolgen

ein globales Maximum der log-Likelihood darstellt. Trotz der Globalmaximierung in jedem M-Schritt ist L* wegen der Präsenz von $A_{X|Z}(\cdot,\cdot)$ in (2.7) möglicherweise noch nicht einmal ein lokales Maximum:
Nehmen wir einmal den Fall an, daß $L(\theta)$ auf Θ und $A_{X,Z}(\bar{\theta},\theta)$ auf $\Theta \times \Theta$ zweimal stetig-differenzierbar sind und daß $A_{X,Z}(\theta,\theta^{(i)})$ in jedem Iterationsschritt i global in θ maximiert wird.
Wir erhalten dann aus (2.7) :

$$\nabla^{20} L(\theta^{(i+1)}) = \nabla^{20} A_{X,Z}(\theta^{(i+1)},\theta^{(i)}) - \nabla^{20} A_{X|Z}(\theta^{(i+1)},\theta^{(i)}) \tag{2.12}$$

$$\text{mit } \nabla^{20} A_{X,Z}(\theta^{(i+1)},\theta^{(i)}) < 0_{pxp} \quad \text{für alle } i=0,1,\ldots \,.$$

Sofern die Iterationsfolge $\{\theta^{(i)}\}$ gegen ein θ^* konvergiert, ergibt sich aus (2.12) unter Berücksichtigung der Stetigkeitsvoraussetzungen :

$$\nabla^2 L(\theta^*) = \nabla^{20} A_{X,Z}(\theta^*,\theta^*) - \nabla^{20} A_{X|Z}(\theta^*,\theta^*) \,. \tag{2.13}$$

Hierin ist $\nabla^{20} A_{X,Z}(\theta^*,\theta^*)$ per Konstruktion negativ definit und $-\nabla^{20} A_{X|Z}(\theta^*,\theta^*) = E[\,-\nabla^{20} \log f_{X|Z}(x|z;\theta^*) \mid z\,;\,\theta^*\,]$ gemäß Satz (2-15) positiv definit. Das Vorzeichen der Hesseschen Matrix $\nabla^2 L(\theta^*)$ ist demnach unbestimmt.
Wenn die log-Likelihood-Funktion mehrere lokale oder globale Maxima oder stationäre Punkte (Punkte, an denen der Gradient verschwindet) besitzt, dann hängt die Konvergenz des EM-Verfahrens gegen einen dieser Punkte von der Wahl des Startwertes ab. Dieses Phänomen ist aus mehreren empirischen Studien bekannt [z.B. : RUBIN/THAYER(1982)].
Ferner läßt sich aus der Konvergenz der log-Likelihood-Werte $\{L(\theta^{(i)})\}$ nicht unbedingt auf die Konvergenz der zugehörigen Parameterfolge $\{\theta^{(i)}\}$ schließen (es gilt die Umkehrung bei stetig-differenzierbarer log-Likelihood-Funktion).
Ein von DEMPSTER/LAIRD/RUBIN [(1977), Theorem 2] diesbezüglich geführter Beweis ist nach den Ergebnissen und Gegenbeispielen von WU [(1983), S.99] und BOYLES(1983) nicht aufrechtzuerhalten.
In den weiteren Ausführungen benutzen wir - WU(1983) folgend - einen bekannten Satz aus der Optimierungstheorie von ZANG-

WILL [(1969), S.91], dessen Anwendung auf einen VEMA $<F_\Theta, M>$ im Sinne von (2-13) hinreichende Bedingungen für die Konvergenz der Likelihood-Werte $\{L(\theta^{(i)})\}$, $\{\theta^{(i)}\} \varepsilon F_\Theta$ gegen lokale Maxima bzw. stationäre Punkte der log-Likelihood liefert. Für den Spezialfall des EM-Algorithmus ist die Stetigkeit von $A_{X,Z}(\bar{\theta},\theta)$ auf $\Theta \times \Theta$ hinreichend für die Konvergenz der Likelihood-Werte gegen einen stationären Punkt der log-Likelihood-Funktion.
Daran anschließend geben wir Bedingungen an, unter denen auch die Iterationsfolgen aus F_Θ konvergieren. Diese Bedingungen bestehen im wesentlichen in Einschränkungen der Urbildmenge des Grenzwertes einer Likelihood-Folge.
Für die Menge aller stationären Punkte bzw. aller lokalen Maxima von $L(\theta)$ vereinbaren wir die Notation S bzw. M .

(2-18) <u>SATZ:</u> Gegeben sei ein VEMA $<F_\Theta, M>$ im Sinne von (2-13) und eine Lösungsmenge $\Theta^* \subset \Theta$, die im folgenden als S oder M interpretiert wird.
Die Regularitätsbedingungen (2.11) seien erfüllt.
Ferner gilt für beliebige Parameterfolgen $\{\theta_\nu\}$, $\theta_\nu \varepsilon \Theta$, und beliebige Abbildungen $\bar{M}: \Theta \to \Theta$ mit $\bar{M}(\theta) \varepsilon M(\theta)$:

(2.14) $\{\theta_\nu\} \to \theta^*$ und $\{\bar{M}(\theta_\nu)\} \to \theta^{**}$ für $\nu \to \infty$
impliziert : $\theta^{**} \varepsilon M(\theta^*)$ für alle $\theta^* \varepsilon \Theta - \Theta^*$

(2.15a) $\theta \notin \Theta^*$ impliziert : $L(\bar{M}(\theta)) > L(\theta)$

(2.15b) $\theta \varepsilon \Theta^*$ impliziert : $L(\bar{M}(\theta)) \geqq L(\theta)$.

Dann liegt der Grenzwert θ^* jeder konvergenten Teilfolge von $\{\theta^{(i)}\} \varepsilon F_\Theta$ in der Lösungsmenge Θ^*, und $\{L(\theta^{(i)})\}$ konvergiert monoton gegen $L(\theta^*)$.

<u>Beweis:</u> ZANGWILL(1969), S.91 ; LUENBERGER(1973), S. 125 .

Gegeben sei eine konvergente Teilfolge $\{\theta^{(j)} : j \varepsilon J \subset \mathbb{N}\} \to \theta^*$ der Iterationsfolge $\{\theta^{(i)}: i \geqq 0\} \varepsilon F_\Theta$. Der Grenzwert θ^* liegt wegen (2.11) in Θ. Die zugehörige Likelihood-Folge $\{L(\theta^{(j)}):$ $j \varepsilon J\}$ ist wegen der Stetigkeit von $L(\theta)$ konvergent gegen $L(\theta^*)$. Man kann zeigen, daß auch $\{L(\theta^{(i)}: i \varepsilon \mathbb{N}\}$ konvergent gegen $L(\theta^*)$ ist.

Aufgrund der Monotonie von $\{L(\theta^{(i)}) : i \in \mathbb{N}\}$ gilt:

$$L(\theta^{(i)}) \leqq L(\theta^*) \quad \text{für alle } i \in \mathbb{N}$$

$$L(\theta^{(j)}) \leqq L(\theta^{(i)}) \quad \text{für alle } j < i \quad ; i,j \in \mathbb{N} \quad .$$

Wegen der Konvergenz von $\{L(\theta^{(j)}) : j \in \mathbf{J}\}$ gibt es ein $K_\varepsilon \in \mathbb{N}$ mit

$$0 \leqq L(\theta^*) - L(\theta^{(j)}) < \varepsilon \quad \text{für alle } j \in \mathbf{J} \text{ und } j > K_\varepsilon \text{ und beliebige } \varepsilon > 0.$$

Mithin gilt für alle $i \in \mathbb{N}$, $j \in \mathbf{J}$, $i > j > K_\varepsilon$:

$$0 \leqq L(\theta^*) - L(\theta^{(i)}) = L(\theta^*) - L(\theta^{(j)}) - [L(\theta^{(i)}) - L(\theta^{(j)})] < \varepsilon .$$

Mithin ist $\{L(\theta^{(i)}) : i \in \mathbb{N}\}$ konvergent gegen $L(\theta^*)$.

Es bleibt noch zu zeigen, daß θ^* eine Lösung ist.
Man nehme an, daß θ^* keine Lösung sei und betrachte die Teilfolge $\{\theta^{(j+1)} : j \in \mathbf{J}\}$. Aufgrund der Regularitätsbedingungen (2.11) liegen alle Glieder dieser Teilfolge in einer kompakten Teilmenge von $\boldsymbol{\Theta}$. Also existiert eine konvergente Teilfolge

$$\{ \theta^{(j+1)} : j \in \bar{\mathbf{J}} \subset \mathbf{J} \} \rightarrow \bar{\theta} \quad .$$

Ferner gilt auch : $\{\theta^{(j)} : j \in \bar{\mathbf{J}} \subset \mathbf{J}\} \rightarrow \theta^*$.
Wir erhalten demnach unter der Annahme, daß θ^* keine Lösung ist, gemäß (2.14) : $\bar{\theta} \in M(\theta^*)$.
Andererseits gilt wegen der Konvergenz von $\{L(\theta^{(j)}) : j \in \mathbb{N}\}$:

$$L(\theta^*) = L(\bar{\theta}).$$

Dann kann aber wegen (2.15b) nicht $\theta^* \notin \theta^*$ gelten.

Für einen EM-Algorithmus können wir hinreichende Bedingungen für (2.14) und (2.15) formulieren. Diese sind Gegenstand der nächsten beiden Sätze, in denen die Lösungsmenge $\boldsymbol{\Theta}^*$ aus (2-18) jeweils als Menge der stationären Punkte bzw. als Menge der lokalen Maxima von $L(\theta)$ interpretiert wird.

(2-19) <u>SATZ:</u> Gegeben sei ein EM-Algorithmus $<F_{\boldsymbol{\theta}},M>$ im Sinne von Definition (2-13). Die Regularitätsbedingungen aus (2.11) seien erfüllt. Ferner gilt:

(2.16) $A_{X,Z}(\bar{\theta},\theta)$ **ist in beiden Komponenten stetig auf** $\boldsymbol{\Theta} \times \boldsymbol{\Theta}$.

Dann ist der Grenzwert jeder konvergenten Teilfolge einer Iterationsfolge $\{\theta^{(j)} : j \in \mathbb{N}\} \in F_{\boldsymbol{\theta}}$ ein stationärer

Punkt der log-Likelihood-Funktion $L(\theta)$ und jede Likelihoodfolge $\{L(\theta^{(i)})\}$ mit $\{\theta^{(i)}\} \in F_\theta$ konvergiert monoton gegen ein $L^* = L(\theta^*)$ mit $\theta^* \in S$, also $\nabla L(\theta^*) = 0$.

<u>Beweis:</u> WU(1983), S. 98 .

Wir interpretieren die Lösungsmenge Θ^* in (2-18) als S und zeigen, daß unter der Stetigkeitsannahme (2.16) die Voraussetzungen (2.14) und (2.15) aus (2-18) erfüllt sind.
Gegeben sei eine beliebige Parameterfolge $\{\theta_\nu : \theta_\nu \in \Theta, \nu \in \mathbb{N}\}$ mit $\theta_\nu \to \theta^*$ $(\nu \to \infty)$ und eine assoziierte Folge $\{\bar{M}(\theta_\nu) : \bar{M}(\theta_\nu) \in M(\theta_\nu), \nu \in \mathbb{N}\}$ mit $\bar{M}(\theta_\nu) \to \theta^{**}$ $(\nu \to \infty)$. Dann gilt per Konstruktion für alle $\nu \in \mathbb{N}$.

$$A_{X,Z}(\bar{M}(\theta_\nu), \theta_\nu) \geqq A_{X,Z}(\theta, \theta_\nu) \quad \text{für alle } \theta \in \Theta .$$

Bilden wir auf beiden Seiten dieser Ungleichung den Grenzwert für $\nu \to \infty$, so erhalten wir unter Beachtung von (2.16) :

$$A_{X,Z}(\theta^{**}, \theta^*) \geqq A_{X,Z}(\theta, \theta^*) \quad \text{für alle } \theta \in \Theta .$$

Mithin gilt gemäß Definition (2-13) : $\theta^{**} \in \bar{M}(\theta^*)$.
Damit ist (2.14) nachgewiesen.

Differenzieren wir beide Seiten von (2.7) nach $\bar{\theta}$, so ergibt sich:

(2.17) $$\nabla L(\bar{\theta}) = \nabla^{10} A_{X,Z}(\bar{\theta}, \theta) - \nabla^{10} A_{X|Z}(\bar{\theta}, \theta) .$$

Für $\bar{\theta} = \theta$ erhalten wir wegen $\nabla^{10} A_{X|Z}(\theta, \theta) = E(\nabla \log f_{X|Z}(x|z;\theta) \mid z;\theta) = 0$ (gemäß Satz (2-15)(a)) die folgende Darstellung für $\nabla L(\theta)$:

(2.18) $$\nabla L(\theta) = \nabla^{10} A_{X,Z}(\theta, \theta) .$$

Mithin gilt für alle $\theta \notin S$: $\nabla^{10} A_{X,Z}(\theta, \theta) \neq 0$. Demnach ist an der Stelle θ kein lokales Maximum der Funktion $A_{X,Z}(\cdot, \theta)$ und hieraus folgt:

$$A_{X,Z}(\bar{M}(\theta), \theta) > A_{X,Z}(\theta, \theta) \Longrightarrow L(\bar{M}(\theta)) > L(\theta) \quad \text{für alle } \theta \notin S.$$

Damit ist (2.15a) nachgewiesen. (2.15b) gilt stets per Konstruktion von M (bzw. $\bar{M}$). Die Aussage von (2-19) ergibt sich nun als Spezialfall von (2-18).

Ersetzen wir in (2-19) die Lösungsmenge θ^* durch die Menge der lokalen Maxima von $L(\theta)$ und treffen wir die Annahme (2.16), so gilt zwar ebenfalls (2.14), (2.15) läßt sich jedoch nicht wie in (2-19) nachweisen. Denn für einen Sattelpunkt $\theta \varepsilon S - M$ gilt gemäß (2.17) und (2.18) :

$$\nabla L(\theta) = \nabla^{10} A_{X,Z}(\theta,\theta) = 0 \qquad (\theta \varepsilon S - M) ,$$

und wir können nicht ausschließen, daß der Sattelpunkt θ auch eine Maximumsstelle der Funktion $A_{X,Z}(\cdot,\theta)$ ist. Wir können eine solche Situation ausschließen durch die Forderung:

$$A_{X,Z}(\bar{M}(\theta), \theta) > A_{X,Z}(\theta,\theta) \quad \text{für alle } \theta \varepsilon S - M.$$

Wir halten dieses Ergebnis im nächsten Satz fest.

(2-20) <u>SATZ:</u> Gegeben sei ein EM-Algorithmus $< F_\theta, M>$ im Sinne von (2-13). Unter den Bedingungen (2.11), (2.16) und (2.19) ist der Grenzwert jeder konvergenten Teilfolge einer Iterationsfolge $\{\theta^{(i)}\} \varepsilon F_\theta$ ein Element von M und jede Folge $\{L(\theta^{(i)})\}, \{\theta^{(i)}\} \varepsilon F_\theta$, konvergiert monoton gegen ein $L^* = L(\theta^*)$ mit $\theta^* \varepsilon M$.

<u>Beweis:</u> WU(1983), S. 98.

Die Konvergenz einer Likelihood-Folge $\{L(\theta^{(i)})\}$, $\{\theta^{(i)}\} \varepsilon F_\theta$ gegen einen Grenzwert L^* impliziert nicht die Konvergenz der zugehörigen Iterationsfolge $\{\theta^{(i)}\} \varepsilon F_\theta$. Unter den Voraussetzungen von (2-18) sind jedoch alle Häufungspunkte von $\{\theta^{(i)}\}$ bekannt : es sind die Urbilder von L^* in der Lösungsmenge θ^*. Wir erhalten damit folgenden Satz.

(2-21) <u>SATZ:</u> Gegeben sind die Voraussetzungen von Satz (2-18), so daß für alle $\{\theta^{(i)}\} \varepsilon F_\theta$ ein L^* existiert mit : $\{L(\theta^{(i)})\} \to L^*$. Sofern das Urbild von L^* in der Lösungsmenge θ^* nur ein Element umfaßt, konvergiert die zugehörige Iterationsfolge $\{\theta^{(i)}\} \varepsilon F_\theta$ gegen dieses Urbild.

<u>Beweis:</u> WU(1983), S.99.

Wir können in (2-21) auch abzählbar viele Urbilder zulassen, sofern wir voraussetzen können, daß für die betrachtete Iterationsfolge aus F_θ gilt:

(2.19) $$\lim_{i\to\infty} \| \theta^{(i+1)} - \theta^{(i)} \| = 0 \ .$$

Gemäß OSTROWSKI(1966), Theorem 28.1 bilden alle Häufungspunkte einer Folge mit der Eigenschaft (2.19) eine kompakte und zusammenhängende Menge. Sofern zusätzlich bekannt ist, daß diese Häufungspunkte in einer abzählbaren Menge liegen, so kann es nur einen Häufungspunkt geben.
Hinreichende Bedingung für die Eigenschaft (2.19) ist beispielsweise die Existenz einer "*forcing-function*" $\mathbf{h}: \mathbb{R}_0^+ \to \mathbb{R}_0^+$

(2.20a) mit $\lim_{i\to\infty} \mathbf{h}(t_i) = 0 \implies \lim_{i\to\infty} t_i = 0$ für alle $\{t_i : i \in \mathbb{N},\ t_i \geqq 0\}$

(2.20b) und $A_{X,Z}(\theta^{(i+1)},\theta^{(i)}) - A_{X,Z}(\theta^{(i)},\theta^{(i)}) \geqq \mathbf{h}(\ \|\theta^{(i+1)} - \theta^{(i)}\|\ ) \geqq 0 \ .$

für alle $i \in \mathbb{N}$.

Gemäß (2.8) gilt für alle $\{\theta^{(i)}\} \in F_\theta$

$$L(\theta^{(i+1)}) - L(\theta^{(i)}) \geqq A_{X,Z}(\theta^{(i+1)},\theta^{(i)}) - A_{X,Z}(\theta^{(i)},\theta^{(i)}) \ , \ i \in \mathbb{N} \ .$$

Aus der Konvergenz von $\{ L(\theta^{(i)}) \}$ ergibt sich dann unter Berücksichtigung von (2.20) die Beziehung (2.19).

Wir fassen das Ergebnis der vorangegangenen Überlegungen im nächsten Satz zusammen.

(2-22) <u>SATZ:</u> Gegeben sind die Voraussetzungen von Satz (2-18), so daß für alle $\{\theta^{(i)}\} \in F_\theta$ ein L^* existiert mit : $\{L(\theta^{(i)})\} \to L^*$. Sofern eine Funktion **h** mit den Eigenschaften (2.20) existiert und die Urbildmenge von L^* in θ^* abzählbar ist, konvergiert die zugehörige VEMA-Iterationsfolge $\{\theta^{(i)}\} \in F_\theta$ gegen <u>eines</u> dieser Urbilder.

<u>Beweis:</u> WU(1983), S. 99-100.

Weitere hinreichende Bedingungen für (2.19) finden sich in ORTEGA/RHEINBOLDT(1970), Kapitel 14. Die beiden Autoren analysieren dort auch eine Reihe iterativer Optimierungsverfahren, die die Existenz einer forcing-function (2.20) gewährleisten.

Die Konvergenz einer Iterationsfolge $\{\theta^{(i)}\} \in F_\theta$ eines VEMA $<F_\theta, M>$ gegen einen stationären Punkt der log-Likelihood-Funktion läßt sich auch ohne Hilfe von (2-18) unter Voraussetzung der Stetigkeit von $\nabla^{10} A_{X,Z}(\theta,\theta)$ auf $\Theta \times \Theta$ beweisen.

(2-23) SATZ: Gegeben sei $\{\theta^{(i)}\} \in F_\theta$ eines VEMA im Sinne von Definition (2-13). Die Regularitätsbedingungen (2.11) seien erfüllt. Ferner gilt :

(2.21) (i) $\nabla^{10} A_{X,Z}(\theta^{(i+1)}, \theta^{(i)}) = 0 \; , \; i \in \mathbb{N}$.

(ii) $\nabla^{10} A_{X,Z}(\theta,\theta)$ ist stetig in beiden Komponenten auf $\Theta \times \Theta$.

(iii) Das Urbild von L^* mit $\{L(\theta^{(i)})\} \to L^*$ umfaßt nur ein Element, oder:

Das Urbild von L^* ist abzählbar, und es gilt (2.19) .

Dann konvergiert $\{\theta^{(i)}\}$ gegen ein θ^* mit $L(\theta^*) = L^*$ und $\nabla L(\theta^*) = 0$.

Beweis: WU(1983), S. 100 .

Aufgrund der Regularitätsbedingungen (2.11) ist $\{L(\theta^{(i)})\}$ konvergent gegen ein L^*. Die Häufungspunkte der Iterationsfolge $\{\theta^{(i)}\}$ liegen im Urbild von L^* in Θ (im Gegensatz zur Situation in (2-21) und (2-22) nicht notwendig in Θ^*). Unter (iii) ist dann (mit Argumenten wie denen zu (2-21) und (2-22)) $\{\theta^{(i)}\}$ konvergent gegen ein Urbild θ^* mit $L(\theta^*)=L^*$.

Der Grenzwert θ^* ist eine Lösung der Likelihoodgleichungen: Aus (2.7) erhalten wir :

(2.22) $$\nabla L(\theta^{(i+1)}) = \nabla^{10} A_{X,Z}(\theta^{(i+1)}, \theta^{(i)}) - \nabla^{10} A_{X|Z}(\theta^{(i+1)}, \theta^{(i)}) .$$

Bilden wir den Grenzwert auf beiden Seiten dieser Gleichung für $i \to \infty$, so ergibt sich unter Berücksichtigung von (i), (ii) und (2.18) :

(2.23) $$\nabla L(\theta^*) = \nabla^{10} A_{X,Z}(\theta^*, \theta^*) - \nabla^{10} A_{X|Z}(\theta^*, \theta^*)$$

$$= \nabla^{10} A_{X,Z}(\theta^*, \theta^*) = 0 \quad .$$

Im letzten Satz dieses Abschnitts zeigen wir noch, wie sich für eine konvergente VEMA-Folge $\{\theta^{(i)}\} \in F_\theta$ die Konvergenzgeschwindigkeit abschätzen läßt, sofern der Iterationsgrenzwert die Stelle eines lokalen Maximums der log-Likelihood-Funktion darstellt.

(2-24) SATZ: Gegeben sei $\{\theta^{(i)}\} \in F_\theta$ eines VEMA $<F_\theta, M>$ im Sinne von Definition (2-13). Die Voraussetzungen von Satz (2-23) seien erfüllt, so daß ein $\theta^* \in \Theta$ existiert mit der Eigenschaft : $\lim_{i\to\infty} \theta^{(i)} = \theta^*$ und $\nabla L(\theta^*) = 0$.

Ferner gilt:

(i) $A_{X,Z}(\bar{\theta},\theta)$ und $A_{X|Z}(\bar{\theta},\theta)$ sind zweimal stetig differenzierbar in beiden Komponenten auf $\Theta \times \Theta$.

(ii) $\nabla^{20} A_{X,Z}(\theta^{(i+1)},\theta^{(i)}) < 0_{pxp}$ für alle $i \in \mathbb{N}$.

(iii) $\nabla^2 L(\theta^*) < 0_{pxp}$.

Außerdem sei folgende Notation vereinbart:

(2.24a) $$\mathbf{B}(\theta^*) := [\nabla^{20} A_{X,Z}(\theta^*,\theta^*)]^{-1} [\nabla^{20} A_{X|Z}(\theta^*,\theta^*)]$$

(2.24b) $$\mu^* := \text{größter Eigenwert von } \mathbf{B}(\theta^*) \quad .$$

Dann gelten folgende Aussagen:

(a) $\nabla^{20} A_{X,Z}(\theta^*,\theta^*) < 0_{pxp}$.

(b) $$\nabla^2 L(\theta^*) = \nabla^{20} A_{X,Z}(\theta^*,\theta^*) [I - \mathbf{B}(\theta^*)]$$
$$= \nabla^{20} A_{X|Z}(\theta^*,\theta^*) [\mathbf{B}(\theta^*)^{-1} - I] \; .$$

(2.25)

(c) $0_{pxp} < \mathbf{B}(\theta^*) < I_{pxp}$.

(d) $$0 < \limsup_{i\to\infty} \left\| \frac{\theta^{(i+1)} - \theta^*}{\theta^{(i)} - \theta^*} \right\| \leq \mu^* < 1 \; .$$

(e) $$\mathbf{B}(\theta^*) = [I + \nabla^{20} A_{X|Z}(\theta^*,\theta^*)^{-1} \nabla^2 L(\theta^*)]^{-1}.$$

Je informativer (im Sinne "großer Fisher-Information" für den unbekannten Parameter θ) die Dichte der **unbe-**

obachtbaren Variablen, $f_{X|Z}(x|z;\theta)$, im Vergleich zur Dichte der **beobachtbaren** Variablen, $f_Z(z;\theta)$, ausfällt, um so schlechter sind die Konvergenzeigenschaften des VEMA.

Beweis: DEMPSTER/LAIRD/RUBIN (1977), S. 9-10.

ad (a) : Gemäß (ii) gilt für alle $\mathbf{a} := (p\times 1)$, $\mathbf{a} \neq 0_{p\times 1}$:

$$\mathbf{a}' \ \nabla^{20} A_{X,Z}(\theta^{(i+1)},\theta^{(i)}) \ \mathbf{a} < 0 \quad , \ i=0,1, \ldots .$$

Aufgrund der Stetigkeitsannahme (i) gilt demnach auch :

$$\mathbf{a}' \ \nabla^{20} A_{X,Z}(\theta^*,\theta^*) \ \mathbf{a} < 0 .$$

ad (b) : Unter (ii) erhalten wir aus (2.12) die Gleichung (2.13). Die Beziehungen unter (b) ergeben sich durch äquivalente Umformungen von (2.13) unter Berücksichtigung der Definition (2.24a).

ad (c) : Aus (2.13) ergibt sich mit Hilfe von (iii) und (2-15) :

(2.26) $$0_{p\times p} < -\nabla^{20} A_{X|Z}(\theta^*,\theta^*) < \nabla^{20} A_{X,Z}(\theta^*,\theta^*) .$$

Eine Anwendung von Satz (2-9) liefert uns (c).

ad (d) : Annahme (i) erlaubt folgende Potenzreihenentwicklung des Gradienten $\nabla^{10} A_{X,Z}(\bar\theta,\theta)$ in beiden Komponenten an der Stelle (θ^*,θ^*) :

$$\nabla^{10} A_{X,Z}(\bar\theta,\theta) = \nabla^{10} A_{X,Z}(\theta^*,\theta^*) + \nabla^{20} A_{X,Z}(\theta^*,\theta^*) \ (\bar\theta - \theta^*)$$
$$+ \nabla^{11} A_{X,Z}(\theta^*,\theta^*) \ (\theta - \theta^*) + \ldots \text{(Restterme)} .$$

Für $\bar\theta = \theta^{(i+1)}, \theta = \theta^{(i)}$ erhalten wir hieraus unter Beachtung von (2.23) folgende Darstellung :

(2.27) $$\nabla^{20} A_{X,Z}(\theta^*,\theta^*) \ (\theta^{(i+1)} - \theta^*) + \nabla^{11} A_{X,Z}(\theta^*,\theta^*) \ (\theta^{(i)} - \theta^*)$$

$$= O(\|\theta^{(i)} - \theta^*\|^2) \quad \text{(Restterme von derselben Ordnung wie } \|\theta^{(i)} - \theta^*\|^2 \text{ für } i \to \infty) .$$

Ferner gilt :

(2.28) $$\nabla^{11} A_{X,Z}(\theta^*,\theta^*) = -\nabla^{20} A_{X|Z}(\theta^*,\theta^*) .$$

Dieser Sachverhalt ergibt sich aus folgenden Überlegungen: Aus der Gradientendarstellung (2.23) erhalten wir nach weiterem Differenzieren bezüglich der zweiten Komponente:

(2.29) $$0 = \nabla L(\theta^*) = \nabla^{11} A_{X,Z}(\theta^*,\theta^*) - \nabla^{11} A_{X|Z}(\theta^*,\theta^*) \quad .$$

Für die Score-Funktion der Dichte $f_{X|Z}(x|z;\, \theta^*)$ gilt gemäß (2-15):

(2.30) $$\nabla^{20} A_{X|Z}(\theta^*,\theta^*) = - \nabla^{11} A_{X|Z}(\theta^*,\theta^*) \; .$$

Mit (2.29) und (2.30) schließen wir auf (2.28). Die Darstellung (2.27) reduziert sich demnach auf:

$$\nabla^{20} A_{X,Z}(\theta^*,\theta^*)\, (\theta^{(i+1)} - \theta^*) - \nabla^{20} A_{X\ Z}(\theta^*,\theta^*)\, (\theta^{(i)} - \theta^*)$$
$$= \quad o(\, \| \theta^{(i)} - \theta^* \|^2 \,) \; .$$

Unter Berücksichtigung von (2.24a) ergibt sich hieraus :

(2.31) $$\theta^{(i+1)} - \theta^* = \mathbf{B}(\theta^*)\, (\, \theta^{(i)} - \theta^* \,) + o(\, \| \theta^{(i)} - \theta^* \|^2 \,) \; .$$

Unter Verwendung der Matrixnorm $\| C \|$, $C:=(p\times p)$,

(2.32) $\| C \|$:= **Wurzel aus dem größten Eigenwert von C'C** ,

können wir (2.31) abschätzen durch :

(2.33) $$\| \theta^{(i+1)} - \theta^* \| \leqq \| \mathbf{B}(\theta^*) \| \, \| \theta^{(i)} - \theta^* \| + o(\, \| \theta^{(i)} - \theta^* \|^2 \,).$$

Aufgrund der Darstellung (2.24a) existiert für $\mathbf{B}(\theta^*)$ gemäß Satz (2-8)(b) eine Zerlegung der Form :

(2.34) $$\mathbf{B}(\theta^*) = W^{-1} \mathbf{S}\, W \qquad \text{mit } W W' = - \nabla^{20} A_{X,Z}(\theta^*,\theta^*)$$
und S diagonal .

S enthält die Eigenwerte von $\mathbf{B}(\theta^*)$.
Unter Beachtung der Eigenschaften der Matrixnorm $\|.\|$ [LUENBERGER(1969), S.145; ORTEGA/RHEINBOLDT(1970), S. 40] schätzen wir (2.34) ab gemäß :

(2.35) $$\| \mathbf{B}(\theta^*) \| \leqq \| W \|^{-1} \| \mathbf{S} \| \, \| \mathbf{W} \| \leqq \mu^* < 1 \quad .$$

Berücksichtigt man (2.35) in (2.33), so resultiert :

(2.36) $$\frac{\| \theta^{(i+1)} - \theta^* \|}{\| \theta^{(i)} - \theta^* \|} \leqq \mu^* + o(\, \| \theta^{(i)} - \theta^* \| \,) \quad \text{für alle } i \in \mathbb{N}.$$

Nach einem Grenzwertübergang in (2.36) schließt man unter Berücksichtigung von (c) auf (d).

ad (e) : Die Beziehung (2.25e) ergibt sich aus einer äquivalenten Umformung von (b). Die Interpretation von (e) ergibt sich aus dem Umstand, daß $\nabla^2 L(\theta^*)$ die Fisher-Informationsmatrix der Dichte $f_Z(z;\theta^*)$ und $\nabla^{20} A_{X|Z}(\theta^*,\theta^*)$ die Fisher-Informationsmatrix der Dichte $f_{X|Z}(x|z;\theta^*)$ darstellt.

Kapitel 3: Maximierung der log-Likelihood-Funktion in einem dynamischen linearen Modell

3.1. Implementierung der Scoring-Methode

3.1.1. Gradient und Hessesche Matrix der log-Likelihood

Wir haben in Kapitel 1.2. bereits darauf hingewiesen, wie im Zuge eines Kalmanfilter-Laufes die Likelihoodfunktion über eine schrittweise Berechnung der bedingten Dichten $f(z_t|z(t-1);\theta) = N(z_t: \hat{z}_{t|t-1}(\theta), D_t(\theta))$ ermittelt werden kann. Unter den Normalverteilungsannahmen aus 1.1. ergibt sich die log-Likelihoodfunktion $L_N(\theta)$ als :

(3.1)
$$L_N(\theta) := \log [f_{Z(N)}(z(N);\theta)] = \sum_{t=1}^{N} \log f_{Z_t|Z(t-1)}(z_t|z(t-1);\theta)$$
$$= -\frac{mN}{2}\log(2\pi) - \frac{1}{2}\sum_{t=1}^{N} \log(|D_t(\theta)|)$$
$$-\frac{1}{2}\sum_{t=1}^{N} (z_t - \hat{z}_{t|t-1}(\theta))'D_t(\theta)^{-1}(z_t - \hat{z}_{t|t-1}(\theta)) .$$

Diese Funktion soll mit Hilfe des Scoring-Verfahrens in θ maximiert werden. Im Interesse einer etwas kompakteren Schreibweise vereinbaren wir hierzu die Notation :

(3.2a)
$$e_t = e_t(\theta;z(t)) := z_t - \hat{z}_{t|t-1}(\theta)$$
$$= z_t - H_t'\hat{x}_{t|t-1}(\theta) - B(\theta)\, u_{2,t-1}$$

(3.2b)
$$\ell_t = \ell_t(\theta;z(t)) := \log(|D_t(\theta)|) + e_t(\theta;z(t))'D_t(\theta)^{-1}e_t(\theta;z(t)) .$$

Die Größe e_t ist also gerade die Innovation, die für gegebene Beobachtungen $z(t)$ als Funktion in θ aufgefaßt wird.

Für den Fall verzögert endogener Variabler in der Meßmatrix definieren wir in Übereinstimmung mit der in 1.2. vereinbarten Notation :

3.3)
$$L_N(\theta) := \log f_{Z(N)|\bar{Z}(0)}(z(N)|\bar{z}(0);\theta)$$
$$= \sum_{t=1}^{N} f_{Z_t|\bar{Z}(t-1)}(z_t|\bar{z}(t-1);\theta) .$$

Ferner ist dann zu beachten, daß wegen $D_t = H_t \Sigma_{t|t-1} H_t' + R$ die Größe D_t (die bedingte Kovarianzmatrix der Innovationen) über H_t nunmehr von $\bar{z}(t-1)$ abhängt. Am Aufbau der log-Likelihoodfunktion ändert sich im übrigen nichts, wir definieren analog zum Standardfall :

(3.4a) $$e_t = e_t(\theta;\bar{z}(t)) := z_t - \hat{z}_{t|t-1}(\theta) ,$$

(3.4b) $$\ell_t = \ell_t(\theta;\bar{z}(t)) := \log(\mid D_t(\theta;\bar{z}(t-1)) \mid) + e_t(\theta;\bar{z}(t))' \, D_t(\theta;\bar{z}(t-1))^{-1} \, e_t(\theta;\bar{z}(t)) ,$$

und formulieren die log-Likelihood-Funktion kurz als

$$L_N(\theta) = - \frac{mN}{2} - \frac{1}{2} \sum_{t=1}^{N} \log(|D_t|) + e_t' D_t^{-1} e_t$$

$$= - \frac{mN}{2} - \frac{1}{2} \sum_{t=1}^{N} \ell_t(\theta;.) \quad .$$

Mit Hilfe der in 2.1.2. zitierten Sätze aus der Matrixalgebra berechnet man den Gradienten der log-Likelihoodfunktion.

(3-1) <u>SATZ:</u> Der Gradient der log-Likelihoodfunktion (3.1) läßt sich durch die ersten Ableitungen der Innovationen e_t und seiner Kovarianzmatrix D_t darstellen als :

$$\nabla L_N(\theta) = - \frac{1}{2} \sum_{t=1}^{N} \ell_t(\theta;.)$$

(3.5) $$\text{mit: } \frac{\partial \ell_t}{\partial \theta_i} = \text{tr} \{ D_t^{-1} \frac{\partial D_t}{\partial \theta_i} (I - D_t^{-1} e_t e_t')\} + 2 \, e_t' D_t^{-1} \frac{\partial e_t}{\partial \theta_i} \quad .$$

<u>Beweis:</u> ENGLE/WATSON(1979); WATSON/ENGLE(1982,1983).

Partielle Differentiation der Summanden aus (3.2a) ergibt:

(3.6a) $$\frac{\partial \log(|D_t|)}{\partial \theta_i} = \frac{1}{|D_t|} \, |D_t| \, \text{tr} (D_t^{-1} \frac{\partial D_t}{\partial \theta_i}) = \text{tr} (D_t^{-1} \frac{\partial D_t}{\partial \theta_i})$$

gemäß Satz (2-5)(b) ,

(3.6b) $$\frac{\partial(e_t' D_t^{-1} e_t)}{\partial\theta_i} = \frac{\partial e_t'}{\partial\theta_i} D_t^{-1} e_t + e_t' \frac{\partial D_t^{-1}}{\partial\theta_i} e_t + e_t' D_t^{-1} \frac{\partial e_t}{\partial\theta_i}$$

(**Produktregel**)

$$= e_t' \left(- D_t^{-1} \frac{\partial D_t}{\partial\theta_i} D_t^{-1} \right) e_t + 2\, e_t' D_t^{-1} \frac{\partial e_t}{\partial\theta_i}$$

gemäß Satz (2-6)(a).

Aus diesen Einzelableitungen ergibt sich der Gradient für $\ell_t(\theta)$, nämlich :

$$\frac{\partial\ell_t}{\partial\theta_i} = tr\{ D_t^{-1} \cdot \frac{\partial D_t}{\partial\theta_i} - e_t' D_t^{-1} \frac{\partial D_t}{\partial\theta_i} D_t^{-1} e_t\} + 2\, e_t' D_t^{-1} \frac{\partial e_t}{\partial\theta_i}$$

$$= tr\{ D_t^{-1} \frac{\partial D_t}{\partial\theta_i} (I - D_t^{-1} e_t e_t')\} + 2\, e_t' D_t^{-1} \frac{\partial e_t}{\partial\theta_i} ,$$

und dieses war zu zeigen.

Wie im letzten Kapitel ausgeführt, wird im Scoring-Verfahren die Hessesche Matrix der zu maximierenden log-Likelihood-Funktion durch ihren Erwartungswert approximiert. Dieser Erwartungswert stimmt bis auf das Vorzeichen mit der sogenannten *Fisher-Informationsmatrix* überein.
Das (i,j)-te Element der Informationsmatrix $I_N(\theta)$ wird berechnet als Erwartungswert bezüglich der gemeinsamen Dichte $f_{Z(N)}(z(N);\theta)$ gemäß:

(3.7a) $$[I_N(\theta)]_{ij} := \underset{Z(N)}{E} \left[- \frac{\partial^2 L_N(\theta)}{\partial\theta_i\, \partial\theta_j} \right] = \underset{Z(N)}{E} \left[\frac{1}{2} \sum_{t=1}^{N} \frac{\partial^2 \ell_t}{\partial\theta_i\, \partial\theta_j} \right] .$$

Hierin ist $\ell_t(.)$ gemäß (3.2b) eine Funktion in θ und $z(t)$. Mithin gilt:

(3.7b) $$[I_N(\theta)]_{ij} = \frac{1}{2} \sum_{t=1}^{N} \underset{Z(t)}{E} \left(\frac{\partial^2 \ell_t}{\partial\theta_i\, \partial\theta_j} \right)$$

oder unter Verwendung bedingter Erwartungswerte :

(3.7c) $$[I_N(\theta)]_{ij} = \frac{1}{2} \sum_{t=1}^{N} \underset{Z(t-1)}{E} \{ \underset{Z_t|Z(t-1)}{E} [\frac{\partial^2 \ell_t}{\partial\theta_i \, \partial\theta_j} \mid z(t-1)] \} .$$

Der bedingte Erwartungswert in (3.7c) - bezüglich der bedingten Dichte $f(z_t|z(t-1);\theta)$ - läßt sich allein durch die ersten Ableitungen der Größen D_t und e_t nach θ_i und θ_j ausdrücken. Wir formulieren diesen Sachverhalt im nächsten Satz.

(3-2) <u>SATZ:</u> Unter Beachtung der in (3.2) vereinbarten Definitionen gilt :

(3.8) $$\underset{Z_t|Z(t-1)}{E} [\frac{\partial^2 \ell_t}{\partial\theta_i \, \partial\theta_j} \mid z(t-1)] = tr \{ D_t^{-1} \frac{\partial D_t}{\partial\theta_i} D_t^{-1} \frac{\partial D_t}{\partial\theta_j} \} + \frac{\partial e_t'}{\partial\theta_i} D_t^{-1} \frac{\partial e_t}{\partial\theta_j} ,$$

(3.9) $$[I_N(\theta)]_{ij} = \frac{1}{2} \sum_{t=1}^{N} tr \{ D_t^{-1} \frac{\partial D_t}{\partial\theta_i} D_t^{-1} \frac{\partial D_t}{\partial\theta_j} \} + \underset{Z(t-1)}{E} [\frac{\partial e_t'}{\partial\theta_i} D_t^{-1} \frac{\partial e_t}{\partial\theta_j}] .$$

Für den Fall, daß die Regressoren verzögert endogene Variable enthalten, bleibt unter Beachtung von Definition (3.4) die Beziehung (3.8) gültig, wenn man dort $z(t-1)$ durch $\bar{z}(t-1)$ ersetzt.
Die Informationsmatrix wird in diesem Fall bestimmt durch :

(3.10) $$[I_N(\theta)]_{ij} = \frac{1}{2} \sum_{t=1}^{N} \underset{\bar{Z}(t-1)}{E} [tr \{ D_t^{-1} \frac{\partial D_t}{\partial\theta_i} D_t^{-1} \frac{\partial D_t}{\partial\theta_j} \} + \frac{\partial e_t'}{\partial\theta_i} D_t^{-1} \frac{\partial e_t}{\partial\theta_j}] .$$

<u>Beweis:</u> ENGLE/WATSON (1979), S.12-13 .

Differenziert man in (3.5) ein weiteres Mal nach θ_j , so ergibt sich:

(3.11) $$\frac{\partial^2 \ell_t}{\partial\theta_i \, \partial\theta_j} = \frac{\partial}{\partial\theta_j} tr \{ D_t^{-1} \frac{\partial D_t}{\partial\theta_i} (I - D_t^{-1} e_t e_t') \} + 2 \frac{\partial}{\partial\theta_j} (e_t' D_t^{-1} \frac{\partial e_t}{\partial\theta_i}) .$$

Die beiden Summanden in (3.11) werden im folgenden einzeln unter Berücksichtigung der Differentiationsregeln aus 2.1.2. ausgewertet.

3.12a) $$\frac{\partial}{\partial \theta_j}\left[\operatorname{tr}\{ D_t^{-1} \frac{\partial D_t}{\partial \theta_i} (I - D_t^{-1} e_t e_t') \} \right]$$

$$= \operatorname{tr}\{ [\frac{\partial}{\partial \theta_j} (D_t^{-1} \frac{\partial D_t}{\partial \theta_i})] (I - D_t^{-1} e_t e_t') \} - \operatorname{tr}\{ D_t^{-1} \frac{\partial D_t}{\partial \theta_i} (\frac{\partial}{\partial \theta_j} D_t^{-1} e_t e_t') \}$$

$$= \operatorname{tr}\{ (\frac{\partial}{\partial \theta_j} (D_t^{-1} \frac{\partial D_t}{\partial \theta_i})) (I - D_t^{-1} \cdot e_t e_t') \}$$

$$+ \operatorname{tr}\{ D_t^{-1} \frac{\partial D_t}{\partial \theta_i} D_t^{-1} \frac{\partial D_t}{\partial \theta_j} D_t^{-1} \cdot e_t e_t' \}$$

$$- \operatorname{tr}\{ D_t^{-1} \frac{\partial D_t}{\partial \theta_i} D_t^{-1} (\frac{\partial e_t}{\partial \theta_j} e_t' + e_t \frac{\partial e_t'}{\partial \theta_j}) \} ,$$

3.12b) $$\frac{\partial}{\partial \theta_j} (e_t' D_t^{-1} \frac{\partial e_t}{\partial \theta_i}) = \frac{\partial e_t'}{\partial \theta_j} D_t^{-1} \frac{\partial e_t}{\partial \theta_i} + e_t' (\frac{\partial D_t^{-1}}{\partial \theta_j} \frac{\partial e_t}{\partial \theta_i} + D_t^{-1} \frac{\partial^2 e_t}{\partial \theta_j \, \partial \theta_i}) .$$

Wir erinnern in diesem Zusammenhang an die Definitionen von e_t und D_t , nämlich :

$$e_t := z_t - \hat{z}_{t|t-1} = z_t - H_t' \hat{x}_{t|t-1} - B u_{2,t-1} ,$$

$$D_t := H_t' \Sigma_{t|t-1} H_t + R .$$

Mithin gilt :

$$\frac{\partial e_t}{\partial \theta_i} = - H_t' \frac{\partial \hat{x}_{t|t-1}(\theta)}{\partial \theta_i} - \frac{\partial B(\theta)}{\partial \theta_i} u_{2,t-1} ,$$

$$\frac{\partial D_t}{\partial \theta_i} = H_t' \frac{\partial \Sigma_{t|t-1}(\theta)}{\partial \theta_i} H_t + \frac{\partial R}{\partial \theta_i} .$$

Hieraus ist ersichtlich, daß die Ableitung $\partial e_t/\partial\theta_i$ nur noch von z(t-1) abhängig ist. Sofern die Meßmatrix H_t keine verzögert endogenen Variablen enthält, was wir zunächst weiterhin voraussetzen wollen, ist die Kovarianzmatrix D_t für alle t=1,2,...,N von keiner der Beobachtungsvariablen z(N) abhängig, also eine Konstante. Das gilt dann ebenso für die Matrix der Ableitungen von D_t .
Also können D_t, $\partial D_t/\partial\theta_i$, $\partial e_t/\partial\theta_i$ in einer Erwartungswertbildung bezüglich der bedingten Dichtefunktionen

$$f_{Z_t|Z(t-1)}(z_t|z(t-1);\theta)$$

wie konstante Größen behandelt werden.
Ferner gilt gemäß Satz II/(2-9) :

(3.13) $$E(e_t(\theta)|z(t-1);\theta) = 0 \quad , \ COV(e_t(\theta)\, e_t(\theta)'|\, z(t-1);\, \theta) = D_t .$$

Unter Berücksichtigung von (3.13) erhalten wir demnach aus (3.12a) und (3.12b) :

(3.14a) $$\underset{Z_t|Z(t-1)}{E}\left(\frac{\partial}{\partial\theta_j} tr[\, D_t^{-1} \frac{\partial D_t}{\partial\theta_i} (\, I - D_t^{-1} e_t e_t'\,)\,] \;|\; z(t-1)\; \right)$$

$$= tr\left(\, D_t^{-1} \frac{\partial D_t}{\partial\theta_i} D_t^{-1} \frac{\partial D_t}{\partial\theta_j}\, \right),$$

(3.14b) $$\underset{Z_t|Z(t-1)}{E}\left(\frac{\partial}{\partial\theta_j} [\, e_t'\, D_t^{-1} \frac{\partial e_t}{\partial\theta_i}\,] \;|\; z(t-1)\; \right)$$

$$= \frac{\partial e_t'}{\partial\theta_j} D_t^{-1} \frac{\partial e_t}{\partial\theta_i} \quad .$$

Mit (3.11) und (3.14) schließt man auf (3.8).
Die übrigen Aussagen des Satzes erhält man aus (3.7) und (3.8) unter Beachtung des Umstandes, daß D_t im Fall (3.2) eine Konstante ist und im Fall (3.4) eine Zufallsvariable, die von z(t-1) abhängt. (3.13) und (3.14) bleiben gültig unter (3.4), wenn man dort z(t-1) durch $\bar{z}(t-1)$ ersetzt.

Für die numerische Berechnung des Gradienten und der Informationsmatrix bieten sich *zentrale Differenzenquotienten erster* oder *höherer Ordnung* an, wobei die zu wählende Ordnung von der gewünschten Genauigkeit für die Approximation des Differentialquotienten abhängt unter Berücksichtigung des Rechenmehraufwandes (in Form mehrerer Stützstellen für die log-Likelihood), der hiermit verbunden ist [STUMMEL/HAINER(1982), S. 61-66]. Wir beschränken uns im folgenden auf zentrale Differenzenquotienten erster Ordnung.

Im $\varkappa$-ten Iterationsschritt berechnen wir den Gradienten der log-Likelihoodfunktion als

$$\frac{\partial L}{\partial \theta_i} = -(1/2)\left[\sum_{t=1}^{N} \operatorname{tr}\left\{D_t^{-1} \frac{\partial D_t}{\partial \theta_i} \left(I - D_t^{-1} e_t e_t' \right) + 2\, e_t' D_t^{-1} \frac{\partial e_t}{\partial \theta_i}\right\}\right]$$

und approximieren die Hessesche Matrix der Log-Likelihoodfunktion durch die Summe

$$-I(\theta)_{ij} = -(1/2)\left[\sum_{t=1}^{N} \operatorname{tr}\left\{ D_t^{-1} \frac{\partial D_t}{\partial \theta_i} D_t^{-1} \frac{\partial D_t}{\partial \theta_j} + 2\, \frac{\partial e_t'}{\partial \theta_i} D_t^{-1} \frac{\partial e_t}{\partial \theta_j} \right\}\right].$$

Die Größen D_t und e_t sind aufzufassen als Funktion in θ und zwar berechnet an der Stelle der letzten Iteration $\theta^{(\varkappa-1)}$. Die Ableitungen $\partial D_t/\partial\theta_i$ und $\partial e_t/\partial\theta_i$ müssen numerisch ermittelt werden. Sei p die Dimension des Parametervektors θ, dann werden für die Bildung zentraler Differenzenquotienten erster Ordnung bezüglich D_t und e_t 2p Läufe mit dem Kalmanfilter durchgeführt und zwar mit den Spezifikationen:

$$\{\ \theta^{(\varkappa-1)} - \varepsilon\eta_i\ ,\ \theta^{(\varkappa-1)} + \varepsilon\eta_i\ :\ i = 1,2,\ldots,p\ \}$$

$$\text{mit} \quad \eta_i \in \mathbb{R}^p \quad \text{und} \quad \eta_i(j) = \delta_{ij} \ (j=1,2,\ldots,p) \ .$$

Mit den Ergebnissen dieser Filterläufe berechnet man im Iterationsschritt $\varkappa$ für t=1,2,...,N und i=1,2,...,p approximativ die ersten partiellen Ableitungen von e_t und D_t als :

$$\left.\frac{\partial D_t}{\partial \theta_i}\right|_{\theta=\theta^{(\varkappa-1)}} = \frac{1}{2\varepsilon}\left(D_t(\theta^{(\varkappa-1)}+\varepsilon\eta_i) - D_t(\theta^{(\varkappa-1)}-\varepsilon\eta_i) \right)$$

$$\left.\frac{\partial e_t}{\partial \theta_i}\right|_{\theta=\theta^{(\varkappa-1)}} = \frac{1}{2\varepsilon}\left(e_t(\theta^{(\varkappa-1)}+\varepsilon\eta_i) - e_t(\theta^{(\varkappa-1)}-\varepsilon\eta_i) \right)$$

3.1.2. Optimierung der Schrittlänge und Berechnung der nächsten Iterationslösung

Wir haben nun alle Zwischenergebnisse, um das in 2.2. beschriebene Scoring-Verfahren implementieren zu können. Ausgehend von einer Iterationslösung $\theta^{(i)}$ soll eine neue Approximation $\theta^{(i+1)}$ der Likelihoodgleichungen $\nabla L_N(\theta) = 0$ in Richtung des Suchvektors

$$s^{(i)} := I_N(\theta^{(i)})^{-1} \nabla L_N(\theta^{(i)})$$

gemäß $\theta^{(i+1)} = \theta^{(i)} + \alpha \cdot s^{(i)}$

mit geeignet gewählter Schrittlänge konstruiert werden. Gesucht wird genauer diejenige Schrittlänge α^*, für die die log-Likelihoodfunktion $L_N(\theta^{(i)} + \alpha \cdot s^{(i)})$ als Funktion in α ein (zumindest lokales) Maximum annimmt. Die neue Iterationslösung wird in den folgenden drei Schritten gefunden. [LASDON(1970), S. 11-13].

Schritt 1 : Sei $\mathbf{m}$ das betragsmäßige Maximum der Komponenten des Suchvektors $s^{(i)}$.
Normalisiere $s^{(i)}$ durch Division von $s^{(i)}$ durch $\mathbf{m}$.
Sofern $L_N(\theta^{(i)} + s^{(i)}/\mathbf{m}) < L_N(\theta^{(i)})$, dividiere $s^{(i)}$ weiter durch $j = 2,4,8, \ldots$ bis gilt :
$L_N(\theta^{(i)} + s^{(i)}/(j^*\mathbf{m})) > L_N(\theta^{(i)})$.

Den so geeignet verkleinerten Richtungsvektor bezeichne mit $\bar{\mathbf{s}}^{(i)}$.

Schritt 2 : Berechne nun die log-Likelihood-Funktion

$$L_N(\theta^{(i)} + k\,\bar{\mathbf{s}}^{(i)}) \quad \text{für } k = 0,1,2,4,\dots,a,b,c$$

worin c die erste Stelle ist, für die gilt :

$$L_N(\theta^{(i)} + c\,\bar{\mathbf{s}}^{(i)}) < L_N(\theta^{(i)} + b\,\bar{\mathbf{s}}^{(i)}) .$$

Unter der Annahme der Unimodalität von $L_N(\theta)$ auf der Halbgeraden $\{\theta : \theta = \theta^{(i)} + k\bar{\mathbf{s}}^{(i)}, k>0\}$ gilt dann für die optimale Schrittlänge bezüglich $\bar{\mathbf{s}}^{(i)}$: $a < k^* < c$.

Schritt 3 : Durch die Punkte

$$L_N(\theta^{(i)} + a\,\bar{\mathbf{s}}^{(i)}) , \; L_N(\theta^{(i)} + b\,\bar{\mathbf{s}}^{(i)}) , \; L_N(\theta^{(i)} + b\,\bar{\mathbf{s}}^{(i)})$$

wird ein quadratisches Polynom gelegt. Die optimale Schrittlänge k* wird dem Maximum auf dieser Parabel zugeordnet; man ermittelt diese optimale Schrittlänge k* als

$$k^* = \frac{1}{2}\,\frac{h(a)(c^2-b^2) + h(b)(a^2-c^2) + h(c)(b^2-a^2)}{h(a)(c-b) + h(b)(a-c) + h(c)(b-a)}$$

mit $h(k) := L_N(\theta^{(i)} + k\,\bar{\mathbf{s}}^{(i)})$.

Die optimale Schrittlänge bezüglich $\mathbf{s}^{(i)}$ ist demnach

$$\alpha^* = k^*/j^* \quad .$$

3.1.3. Vereinfachungen für einen Spezialfall

Für den Fall, daß die Kovarianzmatrix der Meßfehler bis auf einen multiplikativen Skalar bekannt ist, erweist sich die folgende Reparametrisierung als zweckmäßig [WEISS(1982)].[8] Sei $R = \sigma^2 R^*$, dann definiere:

(3.15) $$\Sigma^*_{t|s} := (1/\sigma^2)\,\Sigma_{t|s}\,,\quad Q^* := (1/\sigma^2)\,Q\,,\quad D^*_t := (1/\sigma^2)\,D_t\,.$$

Die Kalmanfiltergleichungen für $\hat{x}_{t|t}$ und $\Sigma_{t|t}{}^*$ hängen allein von den Größen Q^*, R^* und $D_t{}^*$ ab , es gilt :

(3.16)
$$\begin{aligned}
\hat{x}_{t|t} &= \hat{x}_{t|t-1} + \Sigma_{t|t-1}{}^* H_t (D_t{}^*)^{-1} (z_t - \hat{z}_{t|t-1}) + B\,u_{2t}\,,\\
\Sigma_{t|t}{}^* &= \Sigma_{t|t-1}{}^* - \Sigma_{t|t-1}{}^* H_t (D_t{}^*)^{-1} H_t{}' \Sigma_{t|t-1}{}^*,\\
\hat{x}_{t+1|t} &= F\,\hat{x}_{t|t} + \Gamma\,u_{3t}\,,\\
\Sigma_{t+1|1}{}^* &= F\,\Sigma_{t|t}{}^*\,F' + Q^*\,,\\
\hat{z}_{t+1|t} &= H_{t+1}{}'\,\hat{x}_{t+1|t} + B\,u_{2,t+1}\,,\\
D_{t+1}{}^* &= H_{t+1}{}'\,\Sigma_{t+1|t}{}^*\,H_{t+1}{}' + R^*\,.
\end{aligned}$$

<u>Initialisierung :</u> $\hat{x}_{0|0} := \bar{x}_0$, $\Sigma_{0|0}{}^* := (1/\sigma^2)\,\Sigma_0$.

Mithin erhalten wir die Likelihoodfunktion aus Abschnitt 1.2. in der alternativen Form :

(3.17) $$L(\theta) = -\frac{1}{2}\sum_{t=1}^{N} \{\log(\sigma^2) + \log|D_t{}^*|\} - (mN/2)\log(2\pi) - \frac{1}{2\sigma^2}\sum_{t=1}^{N} (z_t-\hat{z}_{t|t-1})'(D_t{}^*)^{-1}(z_t-\hat{z}_{t|t-1})\,.$$

Hieraus ergibt sich die Möglichkeit, die Likelihood in jedem Iterationsschritt für jeweils vorgegebenes σ^2 erst in Q^*, B, Γ und F zu maximieren und nach dieser partiellen Maximierung σ^2 zu respezifizieren als

(3.18) $$\hat{\sigma}^2 := (1/N)\sum_{t=1}^{N} (z_t - \hat{z}_{t|t-1})'(D_t{}^*)^{-1}(z_t - \hat{z}_{t|t-1})\,.$$

3.2. Implementierung der EM-Methode

3.2.1. Der Erwartungsschritt

Im dynamischen linearen Modell liegt genau die Situation vor, die eingangs in Kapitel 2.3.1. beschrieben wurde.
Die Dichtefunktion der beobachtbaren Variablen wird als Randverteilung aus einer gemeinsamen Dichtefunktion der

(3.19a) *Beobachtungsvariablen* : $z := z(N) := (z_1\ z_2\ \dots\ z_N)$

(3.19b) *und latenten Variablen* : $x := x(N) := (x_0\ x_1\ \dots\ x_N)$

gewonnen. Die nicht beobachtbaren Variablen sind in diesem Zusammenhang gerade die Systemzustände.
Die Kurzschreibweise (3.19) gilt im folgenden als vereinbart.
Im EM-Verfahren für das Modell (1.8) suchen wir das Maximum der log-Likelihoood-Funktion (3.1) durch Maximierung der Hilfsfunktionen

(3.20) $$A_{X,Z}(\theta,\theta^{(i)}) := \underset{X|Z}{E}\left[\,\log f_{X,Z}(x,z;\theta)\ \middle|\ z\ ;\ \theta^{(i)}\right]$$

$$(i=0,1,\ \dots\ )\quad \text{mit}\quad A_{X,Z}(\theta^{(i)},\theta^{(i-1)}) \geqq A_{X,Z}(\theta,\theta^{(i-1)})$$

$$\text{für alle}\ \theta \in \Theta\quad ,$$

worin die gemeinsame Verteilung für X und Z durch die Annahmen (1.8) bis (1.12) bestimmt wird.[9]
In diesem Abschnitt beschreiben wir die Berechnung von (3.20), im Abschnitt darauf maximieren wir (3.20) in θ.
Für die Berechnung von (3.20) erweist es sich als zweckmäßig, die gemeinsame Dichte für X und Z in folgender Form zu schreiben:

(3.21) $$f_{X,Z}(x,z;\theta) = f_{Z|X}(z|x;\theta)\ f_X(x;\theta)\quad ,$$

denn die Dichte $f_{Z|X}(z|x;\theta)$ wird vollständig durch die Spezifikation der Beobachtungsgleichungen (1.8a) und die Dichte $f_X(x;\theta)$ wird vollständig durch die Spezifikation der Transitionsgleichungen (1.8b) festgelegt.
Unter Berücksichtigung der Parametrisierung (1.13) erhalten wir für das dynamische lineare Modell aus (1.1.)

(3.22a)
$$f_{Z|X}(z|x;\theta) = f_{Z|X}(z|x;\theta_1) = \prod_{t=1}^{N} f_{Z_t|X_t}(z_t|x_t;\theta_1) = \prod_{t=1}^{N} N(z_t : H_t' x_t + B\, u_{2t} \; ; R)$$

(3.22b)
$$f_X(x;\theta) = f_X(x;\theta_2, \theta_3) = f_{X_0}(x_0;\theta_3)\cdot \prod_{t=1}^{N} f_{X_t|X_{t-1}}(x_t|x_{t-1};\theta_2) = N(x_0 : \bar{x}_0, \Sigma_0)\cdot \prod_{t=1}^{N} N(x_t : F\, x_{t-1} + \Gamma u_{3,t-1} \, ; Q) \, .$$

Gemäß (3.20) berechnen wir :

(3.23)
$$A_{X,Z}(\theta,\theta^{(i)}) = \underset{X|Z}{E}(\log f_{Z|X}(z|x;\theta_1) \mid z{:=}z(N) \; ; \theta^{(i)}) + \underset{X|Z}{E}(\log f_X(x;\theta_2,\theta_3) \mid z{:=}z(N); \theta^{(i)}) \, .$$

Die Erwartungswerte werden alle bezüglich der bedingten Dichte $f_{X|Z}(x|z;\theta^{(i)})$ gebildet.

Wir schreiben etwas kürzer :

(3.24)
$$A_{X,Z}(\theta, \theta^{(i)}) = A_1(\theta,\theta^{(i)}) + A_2(\theta,\theta^{(i)}) + A_3(\theta,\theta^{(i)}) = A_1(\theta_1,\theta^{(i)}) + A_2(\theta_2,\theta^{(i)}) + A_3(\theta_3,\theta^{(i)}) \, .$$

Hierin bedeuten :

(3.25a)
$$A_1(\theta_1,\theta^{(i)}) = \sum_{t=1}^{N} \underset{X_t|Z(N)}{E} (\log f_{Z_t|X_t}(z_t|x_t;\theta_1) \mid z(N) \; ; \theta^{(i)})$$

(3.25b)
$$A_2(\theta_2,\theta^{(i)}) = \sum_{t=1}^{N} \underset{X_t,X_{t-1}|Z(N)}{E} (\log f_{X_t|X_{t-1}}(x_t|x_{t-1};\theta_2) \mid z(N) \; ; \theta^{(i)})$$

(3.25c)
$$A_3(\theta_3,\theta^{(i)}) = \underset{X_0|Z(N)}{E} (\log f_{X_0}(x_0;\theta_3) \mid z(N) \; ; \theta^{(i)}) \, .$$

Die bedingten Erwartungswerte in (3.25) werden ermittelt, indem man die in den logarithmierten Dichtefunktionen

$$\log f_{Z_t|X_t}(z_t|x_t;\theta_1) \quad , \log f_{X_t|X_{t-1}}(x_t|x_{t-1};\theta_2) \quad , \log f_{X_0}(x_0;\theta_3)$$

auftretenden Ausdrücke : x_t , $x_t x_t'$ und $x_t\, x_{t+1}'$ durch ihre bedingten Erwartungswerte, die aus der Glättungslösung des Kalmanfilters in der Spezifikation $\theta^{(i)}$ bekannt sind, ersetzt - nämlich durch

(3.26a) $$\hat{x}_{t|N}^{(i)} := E(x_t|z(N);\, \theta^{(i)}) \; ,$$

(3.26b) $$\Sigma_{t|N}^{(i)} := COV(x_t|z(N);\, \theta^{(i)}) \; ,$$

(3.26c) $$M_{t|N}^{(i)} := E(x_t x_t'|z(N)\; ;\, \theta^{(i)}) = \Sigma_{t|N}^{(i)} + \hat{x}_{t|N}^{(i)}\, \hat{x}_{t|N}^{(i)\,\prime} \; ,$$

(3.26d) $$M_{t,t+1|N}^{(i)} := E(x_t x_{t+1}'|z(N)\, ,\, \theta^{(i)}) \; , = \Sigma_{t|t}^{(i)}\, F'^{(i)} (\Sigma_{t+1|t}^{(i)})^{-1}\, \Sigma_{t+1|N}^{(i)} + \hat{x}_{t|N}^{(i)}\, \hat{x}_{t+1|N}^{\prime\,(i)} \, .$$

In Kapitel II/3. wurde gezeigt, wie die Größen aus (3.26) rekursiv mit Hilfe von Zwischenergebnissen eines Kalmanfilterlaufes berechnet werden können. Die Beziehung (3.26d) ist Gegenstand des Satzes II/(3-2). Die Berechnung von $M_{t,t+1|N}^{(i)}$ gemäß (32.6d) ist wesentlich einfacher als die von WATSON/ENGLE [(1983), S. 395] vorgeschlagene Vorgehensweise, die in der Berechnung der Glättungslösung eines erweiterten Zustandsvektors $(x_t'\ x_{t-1}')'$ in einem entsprechend umdefinierten Zustandsraum besteht. Die Technik der Zustandsraumerweiterung zur Berechnung von Glättungslösungen wurde in II/5.2.4. geschildert.

Um für die folgende Darstellung die Symbolik möglichst einfach zu halten, wird der Iterationszähler über den Glättungslösungen des Kalmanfilters fortgelassen. Wir setzen im (i+1)-ten Erwartungsschritt stillschweigend voraus, daß die Glättungslösung in einem Modell der Spezifikation $\theta^{(i)}$ gebildet wurde.

Unter Beachtung der Verteilungseigenschaften (3.22) berechnen wir die Hilfsfunktionen (3.25) als :

(3.27a)
$$A_1(\theta_1, \theta^{(i)}) = -\frac{mN}{2}\log(2\pi) - \frac{N}{2}\log|R| - \frac{1}{2}\sum_{t=1}^{N} E(v_t' R^{-1} v_t \mid z(N), \theta^{(i)})$$
$$= -\frac{mN}{2}\log(2\pi) - \frac{N}{2}\log|R| - \frac{1}{2}\sum_{t=1}^{N} [\,\mathrm{tr}\{R^{-1}\cdot E(v_t v_t' \mid z(N), \theta^{(i)})\}\,] ,$$

mit: $v_t = z_t - H_t' x_t - B\,u_{2t}$.

(3.28a)
$$E(v_t v_t' | z(N), \theta^{(i)}) = z_t z_t' - H_t \hat{x}_{t|N} z_t' - B\,u_{2t} z_t' - z_t \hat{x}_{t|N}' H_t + H_t' M_{t|N} H_t + B\,u_{2t}\hat{x}_{t|N}' H_t - z_t u_{2t}' B' + H_t' \hat{x}_{t|N} u_{2t}' B' + B\,u_{2t} u_{2t}' B' .$$

(3.27b)
$$A_2(\theta_2, \theta^{(i)}) = -\frac{kN}{2}\log(2\pi) - \frac{N}{2}\log|Q| - \frac{1}{2}\sum_{t=1}^{N} E(w_{t-1}' Q^{-1} w_{t-1} \mid z(N), \theta^{(i)})$$
$$= -\frac{kN}{2}\log(2\pi) - \frac{N}{2}\log|Q| - \frac{1}{2}\sum_{t=1}^{N} [\,\mathrm{tr}(Q^{-1} E(w_{t-1}\cdot w_{t-1}' \mid z(N), \theta^{(i)}))\,] ,$$

mit: $w_t = x_{t+1} - F x_t - \Gamma u_{3t}$.

(3.28b)
$$E(w_t w_t' | z(N), \theta^{(i)}) = M_{t+1|N} - F M_{t,t+1|N} - \Gamma u_{3t} \hat{x}_{t+1|N}' - M_{t,t+1|N}' F' + F M_{t|N} F' + \Gamma u_{3t} \hat{x}_{t|N}' F' - \hat{x}_{t+1|N} u_{3t}' \Gamma' + F \hat{x}_{t|N} u_{3t}' \Gamma' + \Gamma u_{3t} u_{3t}' \Gamma'$$

(3.27c) $$A_3(\theta_3,\theta^{(i)}) = -\frac{k}{2}\log(2\pi) - \frac{1}{2}\log|\Sigma_0| - \frac{1}{2}E(v_0'\Sigma_0^{-1}v_0\,|z(N),\theta^{(i)})$$

$$= -\frac{k}{2}\log(2\pi) - \frac{1}{2}\log|\Sigma_0| - \frac{1}{2}\operatorname{tr}\{\Sigma_0^{-1}E(v_0v_0'\,|\,z(N),\theta^{(i)})\},$$

mit : $v_0 = x_0 - \bar{x}_0$

(3.28c) $$E(v_0v_0'\,|z(N),\theta^{(i)}) = M_{0|N} - \hat{x}_{0|N}\bar{x}_0' - \bar{x}_0\hat{x}_0' - \bar{x}_0\bar{x}_0' .$$

Eine etwas kompaktere Darstellung von (3.28) erhalten wir durch eine geeignete Zerlegung der Störterme $\{v_t, w_t: t=0,1,\ldots\}$ in nicht miteinander korrelierte Komponenten gemäß :

(3.29a) $$v_t = z_t - H_t'x_t - B\,u_{2t} = \hat{v}_{t|N} - H_t'\tilde{x}_{t|N} \quad (t=1,2,\ldots),$$

(3.29b) $$w_t = x_{t+1} - F\,x_t - \Gamma\,u_{3t} = \hat{w}_{t|N} - (F\tilde{x}_{t|N} - \tilde{x}_{t+1|N}) \quad (t=0,1,\ldots),$$

(3.29c) $$v_0 = \hat{v}_{0|N} + \tilde{x}_{0|N},$$

(3.30a) mit: $$\hat{v}_{t|N} := z_t - H_t'\hat{x}_{t|N} - B\,u_{2t} \quad (t=1,2,\ldots),$$

(3.30b) $$\hat{w}_{t|N} := \hat{x}_{t+1|N} - F\hat{x}_{t|N} - \Gamma u_{3t} \quad (t=0,1,\ldots),$$

(3.30c) $$\hat{v}_{0|N} := \hat{x}_{0|N} - \bar{x}_0,$$

$$\tilde{x}_{t|N} := x_t - \hat{x}_{t|N} \quad (t=0,1,\ldots).$$

Für die Prognosefehler $\tilde{x}_{t|N}$ $(t=0,1,\ldots)$ gilt in einem Modell der Spezifikation $\theta^{(i)}$ (bezüglich welcher die Glättungslösungen $\hat{x}_{t|N} = E(x_t|z(N);\theta^{(i)})$ gebildet werden) gemäß II/(2.9) :

$$E(\tilde{x}_{t|N}\,|\,z(N),\theta^{(i)}) = 0 \qquad (t=0,1,\ldots).$$

Da die Komponenten $\hat{v}_{t|N}, \hat{w}_{t|N}$ Funktionen in z(N) sind, gilt demnach auch :

(3.31a) $$E(\hat{v}_{t|N}\,\tilde{x}_{s|N}'\,|z(N);\theta^{(i)}) = 0$$

für beliebige t,s = 0,1, ...

(3.31b) $$E(\hat{w}_{t|N}\,\tilde{x}_{s|N}'\,|z(N);\theta^{(i)}) = 0 \quad .$$

Unter Berücksichtigung dieser Orthogonalitätsbeziehung erhalten wir aus der Zerlegung (3.29) :

(3.32a) $$E(v_t v_t' | z(N),\theta^{(i)}) = \hat{v}_{t|N}\hat{v}_{t|N}' + H_t' \Sigma_{t|N} H_t \ ,$$

(3.32b) $$E(w_t w_t' | z(N),\theta^{(i)}) = \hat{w}_{t|N}\hat{w}_{t|N}' + \Sigma_{t+1|N} - F\,\Sigma_{t,t+1|N} - \Sigma_{t,t+1|N}' F' + F\,\Sigma_{t|N} F' ,$$

(3.32c) $$E(v_0 v_0' | z(N);\theta^{(i)}) = \hat{v}_{0|N}\hat{v}_{0|N}' + \Sigma_{0|N} \ .$$

Mit der Berechnung von (3.27), (3.28) bzw. (3.32) ist der Erwartungsschritt abgeschlossen.

3.2.2. Der Maximierungsschritt

Offensichtlich können wir (3.20) maximieren, indem wir die Hilfsfunktionen (3.25) jeweils getrennt in θ_j (j=1,2,3) maximieren. Es handelt sich dabei jeweils um bekannte Regressionsprobleme, die in der ökonometrischen Literatur unter dem Namen "*Zellner's seemingly unrelated regressions*" [ZELLNER (1962, 1963); THEIL(1971), S. 306-311] bekannt sind.
Die Maxima der Hilfsfunktionen (3.25) können durch Differenzieren und Berechnen der kritischen Punkte gefunden werden. Letztere Aufgabe ist jedoch im allgemeinen mit der (iterativen) Auflösung eines nichtlinearen Gleichungssystems verbunden.
Im folgenden geben wir die Bestimmungsgleichungen für die kritischen Punkte von (3.25) an. Hierbei ist zu beachten, daß einige Elemente der Modellmatrizen B, F, Γ a priori Null sind. Unter Berücksichtigung der Parametrisierung (1.3) und (1.7) gilt für geeignete Selektionsmatrizen C_i (i= 2,3,4): [10]

$$vec(B') = C_2\beta \ , \quad vec(\Gamma') = C_3\gamma \ , \quad vec(F') = C_4\varphi \ .$$

Die ersten Ableitungen nach β, γ, φ ermittelt man demnach als :

(3.33a) $$\frac{\partial A_1}{\partial \beta} = \left[\frac{\partial A_1}{\partial vec(B')} \ \frac{\partial vec(B')}{\partial \beta} \right]' = C_2' \, vec\left(\frac{\partial A_1}{\partial B'} \right) ,$$

(3.33b) $$\frac{\partial A_2}{\partial \gamma} = \left[\frac{\partial A_2}{\partial vec(\Gamma')} \ \frac{\partial vec(\Gamma')}{\partial \gamma} \right]' = C_3' \, vec\left(\frac{\partial A_2}{\partial \Gamma'} \right) ,$$

(3.33c) $$\frac{\partial A_3}{\partial \varphi} = [\ \frac{\partial A_3}{\partial vec(F')} \ \frac{\partial vec(F')}{\partial \varphi}\ ]' = C_4'\ vec(\ \frac{\partial A_3}{\partial F'}\ ) .$$

Für eine bessere Durchschaubarkeit der folgenden Rechenschritte geben wir in der nachstehenden Übersicht neben den Matrixableitungen $\partial A_1/\partial B'$, $\partial A_2/\partial \Gamma'$, $\partial A_3/\partial F'$, $\partial A_1/\partial R$, $\partial A_2/\partial Q$ auch die Vektorisierungen $vec(\partial A_1/\partial B')$, $vec(\partial A_2/\partial \Gamma')$, $vec(\partial A_2/\partial F')$ an.

Unter Verwendung der Vektorisierungs- und Differentiationsregeln aus Abschnitt 2.1. erhalten wir aus (2.27) und (2.28):

(3.34a) $$\frac{\partial A_1}{\partial B'} = \sum_{t=1}^{N} (\ u_{2t}\, z_t' - u_{2t}\, \hat{x}_{t|N}'\, H_t - u_{2t}\, u_{2t}'\, B'\ )\ R^{-1}$$

(3.34b) $$vec(\frac{\partial A_1}{\partial B'}) = (R^{-1} \otimes I_\ell)\ vec(\sum_{t=1}^{N} u_{2t}(z_t - H_t'\hat{x}_{t|N})'\ ) - (R^{-1} \otimes \sum_{t=1}^{N} u_{2t}\, u_{2t}')\ vec(B')$$

(3.34c) $$\frac{\partial A_2}{\partial F'} = \sum_{t=0}^{N-1} (\ M_{t,t+1|N} - \hat{x}_{t|N}\, u_{3t}'\, \Gamma' - M_{t|N}\, F')\ Q^{-1}$$

(3.34d) $$vec(\ \frac{\partial A_2}{\partial F'}\ ) = (\ Q^{-1} \otimes I_k)\ vec\ (\sum_{t=0}^{N-1} M_{t,t+1|N}\ ) - (Q^{-1} \otimes \sum_{t=0}^{N-1} \hat{x}_{t|N} u_{3t}')\ vec(\Gamma') - (Q^{-1} \otimes \sum_{t=0}^{N-1} M_{t|N})\ vec(F')$$

(3.34e) $$\frac{\partial A_3}{\partial \Gamma'} = \sum_{t=0}^{N-1} (\ u_{3t}\, \hat{x}_{t+1|N}' - u_{3t}\, \hat{x}_{t|N}'\, F' - u_{3t}\, u_{3t}'\, \Gamma'\ )\ Q^{-1}$$

3.34f) $$vec(\frac{\partial A_3}{\partial \Gamma'}) = (\ Q^{-1} \otimes I_n\ )\ vec\ (\sum_{t=0}^{N-1} u_{3t}\, \hat{x}_{t+1|N}'\ ) - (Q^{-1} \otimes \sum_{t=0}^{N-1} u_{3t}\hat{x}_{t|N}')\ vec(F') - (Q^{-1} \otimes \sum_{t=0}^{N-1} u_{3t}\, u_{3t}')\ vec(\Gamma')$$

(3.34g) $$\frac{\partial A_1}{\partial R} = -\frac{N}{2} R^{-1} + \frac{1}{2} \sum_{t=1}^{N} R^{-1} E(v_t v_t' | Z(N), \theta^{(i)}) R^{-1}$$

(3.34h) $$\frac{\partial A_2}{\partial Q} = -\frac{N}{2} Q^{-1} + \frac{1}{2} \sum_{t=0}^{N-1} Q^{-1} E(w_t w_t' | Z(N), \theta^{(i)}) Q^{-1}$$

(3.34i) $$\frac{\partial A_3}{\partial \bar{x}_0'} = (\hat{x}_{0|N} - \bar{x}_0)' \Sigma_0^{-1}$$

(3.34j) $$\frac{\partial A_3}{\partial \Sigma_0} = -\frac{1}{2} \Sigma_0^{-1} + \frac{1}{2} \Sigma_0^{-1} (M_{0|N} - \hat{x}_{0|N} \bar{x}_0' - \bar{x}_0 \hat{x}_{0|N}' + \bar{x}_0 \bar{x}_0')\Sigma_0^{-1}.$$

Durch Nullsetzen der ersten Ableitungen :

(3.35a) $$\frac{\partial A_1}{\partial \beta} = C_2' \operatorname{vec}(\frac{\partial A_1}{\partial B'}) = 0 \quad , \quad \frac{\partial A_2}{\partial \gamma} = C_3' \operatorname{vec}(\frac{\partial A_2}{\partial \Gamma'}) = 0 \; ,$$

$$\frac{\partial A_2}{\partial \varphi} = C_4' \operatorname{vec}(\frac{\partial A}{\partial F'}) = 0 \quad , \quad \frac{\partial A_3}{\partial \bar{x}_0} = 0 \; ,$$

(3.35b) $$\frac{\partial A_1}{\partial R} = 0 \quad , \quad \frac{\partial A_2}{\partial Q} = 0 \quad , \quad \frac{\partial A_3}{\partial \Sigma_0} = 0 \; ,$$

gelangen wir schließlich zu den Bestimmungsgleichungen für die kritischen Punkte $\theta^{(i+1)}$, d.h. für die Lösungen im Iterationsschritt (i+1). Es sei noch einmal daran erinnert, daß alle Glättungslösungen bezüglich der Modellspezifikation der letzten Iteration ($\theta^{(i)}$) gebildet wurden.

In (3.35b) haben wir vorausgesetzt, daß alle Elemente in den Kovarianzmatrizen R,Q und Σ_0 unbekannt sind. Sofern R,Q und Σ_0 Funktionen gewisser Koeffizienten δ_1, δ_2 bzw. δ_3 sind, ist (3.35b) abzuändern in :

$$\frac{\partial A_1}{\partial \operatorname{vech}(R)} \frac{\partial \operatorname{vech}(R)}{\partial \delta_1} = 0 \quad , \quad \frac{\partial A_2}{\partial \operatorname{vech}(Q)} \frac{\partial \operatorname{vech}(Q)}{\partial \delta_2} = 0 \; ,$$

$$\frac{\partial A_3}{\partial \operatorname{vech}(\Sigma_0)} \frac{\partial \operatorname{vech}(\Sigma_0)}{\partial \delta_3} = 0 \; ,$$

worin vech(M) das vektorisierte untere Dreieck der Matrix M bezeichnet.

Wir sehen im folgenden von diesem Fall ab. Dann erhalten wir aus (3.35) :

(3.36a) $$C_2'(\hat{R}^{-1} \otimes I_\ell)\, vec\Big(\sum_{t=1}^{N} u_{2t}\,(z_t - H_t'\hat{x}_{t|N})'\Big)$$

$$= C_2'\Big(\hat{R}^{-1} \otimes \sum_{t=1}^{N} u_{2t}\, u_{2t}'\Big) C_2 \hat{\beta} \quad ,$$

(3.36b) $$C_3'(\hat{Q}^{-1} \otimes I_n)\, vec\Big(\sum_{t=0}^{N-1} u_{3t}\, \hat{x}_{t+1|N}'\Big)$$

$$= C_3'\Big(\hat{Q}^{-1} \otimes \sum_{t=0}^{N-1} u_{3t}\, \hat{x}_{t|N}'\Big) C_4\hat{\varphi} \; + \; C_3'\Big(\hat{Q}^{-1} \otimes \sum_{t=0}^{N-1} u_{3t}\, u_{3t}'\Big) C_3\hat{\gamma} \quad ,$$

(3.36c) $$C_4'(\hat{Q}^{-1} \otimes I_k)\, vec\Big(\sum_{t=0}^{N-1} M_{t,t+1|N}\Big)$$

$$= C_4'\Big(\hat{Q}^{-1} \otimes \sum_{t=0}^{N-1} \hat{x}_{t|N}\, u_{3t}'\Big) C_3\hat{\gamma} \; + \; C_4'\Big(Q^{-1} \otimes \sum_{t=0}^{N-1} M_{t|N}\Big) C_4\hat{\varphi} \quad ,$$

(3.36d) $$\hat{R} = \frac{1}{N} \sum_{t=1}^{N} E(v_t v_t' \,|\, z(N), \theta^{(i)}) \quad ,$$

(3.36e) $$\hat{Q} = \frac{1}{N} \sum_{t=0}^{N-1} E(w_t w_t' \,|\, z(N), \theta^{(i)}) \quad ,$$

(3.36f) $$\hat{\hat{x}}_0 = \hat{x}_{0|N} \quad ,$$

(3.36g) $$\hat{\Sigma}_0 = \hat{\Sigma}_{0|N} \quad .$$

Die Bestimmungsgleichungen (3.36) bilden ein nichtlineares Gleichungssystem in den Parametern $\hat{\beta}, \hat{\gamma}, \hat{\varphi}, \hat{R}, \hat{Q}$.
Die Lösung für $\hat{\hat{x}}_0, \hat{\Sigma}_0$ ist trivial : sie fällt gerade mit der Glättungslösung $\hat{x}_{0|N}$, $\Sigma_{0|N}$ zusammen.
Für die verbleibenden Parameter bietet sich - analog zur Vorgehensweise bei der Schätzung scheinbar unverbundener Regressionsgleichungen [ZELLNER(1962), KMENTA/GILBERT(1968)] - die Konstruktion eines "zweistufigen Aitkenschätzers" oder eines "iterierten Aitkenschätzers" an.
Für den "zweistufigen Aitkenschätzer" erhalten wir folgende Parameterrespezifikation im (i+1)-ten M-Schritt:

(3.37a) $$\hat{\beta}^{(i+1)} = \left[C_2' \left([\hat{R}^{(i)}]^{-1} \otimes \sum_{t=1}^{N} u_{2t} u_{2t}' \right) C_2 \right]^{-1} \cdot \left[C_2' \left([\hat{R}^{(i)}]^{-1} \otimes I_\ell \right) \operatorname{vec}\left(\sum_{t=1}^{N} u_{2t} (z_t - H_t' \hat{x}_{t|N}^{(i)})' \right) \right] ,$$

(3.37b) $$\begin{bmatrix} \hat{\gamma}^{(i+1)} \\ \hat{\varphi}^{(i+1)} \end{bmatrix} = \begin{bmatrix} C_3'([\hat{Q}^{(i)}]^{-1} \otimes \sum_{t=0}^{N-1} u_{3t} u_{3t}')C_3 & C_3'([\hat{Q}^{(i)}]^{-1} \otimes \sum_{t=0}^{N-1} u_{3t} \hat{x}_{t|N}^{(i)\prime})C_4 \\ C_4'([\hat{Q}^{(i)}]^{-1} \otimes \sum_{t=0}^{N-1} \hat{x}_{t|N}^{(i)} u_{3t}') C_3 & C_4'([\hat{Q}^{(i)}]^{-1} \otimes \sum_{t=0}^{N-1} M_{t|N}^{(i)})C_4 \end{bmatrix}^{-1} \cdot \begin{bmatrix} C_3'(([\hat{Q}^{(i)}]^{-1} \otimes I_n) \operatorname{vec}(\sum_{t=0}^{N-1} u_{3t} \hat{x}_{t+1|N}^{(i)\prime})) \\ C_4'(([\hat{Q}^{(i)}]^{-1} \otimes I_k) \operatorname{vec}(\sum_{t=0}^{N-1} M_{t,t+1|N}^{(i)})) \end{bmatrix} .$$

Die Kovarianzmatrizen R und Q respezifizieren wir unter Berücksichtigung von (3.30) und (3.32) als :

(3.37c) $$\hat{R}^{(i+1)} = \frac{1}{N} \sum_{t=1}^{N} \{ \hat{v}_{t|N}^{(i)} \hat{v}_{t|N}^{(i)\prime} + H_t' \Sigma_{t|N}^{(i)} H_t \} ,$$

(3.37d) $$\hat{Q}^{(i+1)} = \frac{1}{N} \sum_{t=0}^{N-1} \{ \hat{w}_{t|N}^{(i)} \hat{w}_{t|N}^{(i)\prime} + \Sigma_{t+1|N}^{(i)} + \hat{F}^{(i+1)} \Sigma_{t|N}^{(i)} \hat{F}^{(i+1)\prime} - \hat{F}^{(i+1)} \Sigma_{t,t+1|N}^{(i)} - \Sigma_{t,t+1|N}^{(i)\prime} \hat{F}^{(i+1)\prime} \} ,$$

(3.37e) <u>mit</u> $$\hat{v}_{t|N}^{(i)} := z_t - H_t' \hat{x}_{t|N}^{(i)} - \hat{B}^{(i+1)} u_{2t} \qquad (t=1,2,\dots) ,$$

(3.37f) $$\hat{w}_{t|N}^{(i)} := \hat{x}_{t+1|N}^{(i)} - \hat{F}^{(i+1)} \hat{x}_{t|N}^{(i)} - \hat{\Gamma}^{(i+1)} u_{3t} \quad (t=0,1,\dots) .$$

Die neue Anfangslösung erhalten wir aus (3.36f,g):

(3.37g) $$\hat{x}_0^{(i+1)} = \hat{x}_{0|N}^{(i)} ,$$

(3.37h) $$\hat{\Sigma}_0^{(i+1)} = \hat{\Sigma}_{0|N}^{(i)} .$$

Für den Fall, daß wir das System (3.36) exakt lösen wollen, können wir die Äquivalenz dieser Lösung mit dem "iterierten Aitkenschätzer" ausnutzen [DHRYMES(1971)]. Der iterierte Aitkenschätzer für (β,γ,φ,R,Q) wird gebildet, indem wir in (3.37) die Glättungslösung zunächst unverändert lassen und dann zwischen (3.37a-b) und (3.37c-f) hin- und heriterieren bis sich die geschätzten Koeffizienten nur noch unwesentlich ändern. Die Konvergenz dieses Verfahrens gegen die Lösung des Systems (3.36) ist gewährleistet [OBERHOFER/KMENTA(1974)], wenn sichergestellt werden kann, daß die geschätzten Kovarianzmatrizen $\hat{R}$ und $\hat{Q}$ im Laufe dieses Iterationsprozesses durch positiv definite Matrizen gleichmäßig nach oben und unten abgeschätzt werden können (im Sinne der Ordnungsrelation (2-7b)).

Wie im letzten Kapitel ausgeführt hat das EM-Verfahren eine Reihe wünschenswerter Eigenschaften.

Die numerische Berechnung von E- und M-Schritt ist überdies im vorliegenden Fall sehr einfach. Der M-Schritt kann mit Standardprogrammen für die Schätzung scheinbar unverbundener Regressionsgleichungen durchgeführt werden.

Abgesehen von dem Fall, daß die Likelihoodfunktion "ridges" aufweist (d.h. es gibt Likelihoodwerte mit überabzählbar vielen Urbildern), ist die Konvergenz des EM-Verfahrens gegen eine Lösung der Likelihood-Gleichungen $\nabla L(\theta) = 0$ gewährleistet . Dies folgt aus Satz (2-19) bei Gültigkeit von (2.11) und (2.16).

Ob es sich bei dem Grenzwert des EM-Verfahrens um ein lokales Maximum handelt, ist durch eine numerische Berechnung der Hesseschen Matrix der log-Likelihood-Funktion (bzw. ihrer Approximation mit Hilfe der Informationsmatrix) zu überprüfen. Gegebenenfalls sind mehrere Startwerte durchzuprobieren.

WATSON/ENGLE(1983) berichten von guten Erfahrungen mit der EM-Methode in empirischen Anwendungen, in denen dieses Verfahren selbst bei "schlechten" Startwerten schnell in die Nähe des Likelihood-Maximums gelangte. Ähnliche Ergebnisse finden sich in HYLLEBERG(1982).

Andererseits ist die Konvergenzgeschwindigkeit des EM-Verfahrens in der Nähe des Optimums geringer als die des (dort quadratisch konvergierenden) Scoring-Verfahrens. Dieser Umstand legt eine Kombination beider Verfahren nahe. Diese Kombination ist Gegenstand des nächsten Abschnitts.

3.3. Zusammenspiel der Scoring- und EM-Methode im Rahmen einer **gemeinsamen** Zustands- und Parameterschätzung mit dem Kalmanfilter

Die bisher vorgetragenen Schätzverfahren können mit Gewinn in einer Kombination eingesetzt werden. Gemäß Satz (2-24) konvergiert eine EM-Iterationsfolge nicht quadratisch, andererseits zeigen empirische Erfahrungen, daß die EM-Methode auch weit abseits des Likelihood-Maximums beträchtliche Likelihood-Zuwächse entlang ihrer Iterationsfolgen generiert. Das Scoring-Verfahren konvergiert zwar quadratisch in der Nähe des Likelihood-Maximums, ist aber numerisch sehr aufwendig und generiert erfahrungsgemäß weit abseits des Maximums irreführende Suchvektoren.

Es liegt daher nahe, während der ersten Iterationsschritte zunächst das EM-Verfahren zu benutzen, um in die "Nähe" des Likelihood-Maximums zu gelangen und in einem späteren Stadium das Scoring-Verfahren mit dort besseren Konvergenzeigenschaften einzusetzen. Schließlich ist auch ein "modifiziertes" Scoring-Verfahren bzw. EM-Verfahren denkbar , in dem in jedem Kalmanfilterlauf unter den Systemzustand die unbekannten Elemente der Durchgangs- und Kontrollmatrix aufgenommen werden : durch die gemeinsame Zustands- und Parameterschätzung mit dem (linearen) Kalmanfilter kann somit die Länge des Scoring-Vektors reduziert werden bzw. im Laufe der EM-Iterationen ein wenig aufwendiges "update" der Schätzung für B und Γ gewonnen werden.
Wir erläutern das Zusammenspiel der Verfahren abschließend in einer zusammenfassenden Übersicht.

Ausgangspunkt bildet das dynamische lineare Modell (1.8) unter den Annahmen (1.9) bis (1.12) mit den unbekannten Koeffizienten (1.13).

Auf der Suche nach dem Maximum der log-Likelihood-Funktion (3.1) kommen nun folgende Verfahren zur Anwendung:

(I) Der EM-Algorithmus

Ausgehend von einer Iterationslösung $\theta^{(i)}$ werden in einem Filter- und Glättungslauf die unter $\theta^{(i)}$ erwarteten Momente

$$E(x_t|z(N),\theta^{(i)}) \text{ , } E(x_t x_t'|z(N),\theta^{(i)}) \text{ , } E(x_t x_{t+1}'|z(N),\theta^{(i)})$$

ermittelt. Wir fassen das System der jeweils N Beobachtungs- und Transitionsgleichungen als ein System linearer scheinbar unverbundener Regressionsgleichungen mit bekanntem x auf . In den Bestimmungsgleichungen für die Modellparameter der (i+1)-ten Iterationslösung ($\theta^{(i+1)}$) ersetzen wir $x_t, x_t x_t'$ und $x_t x_{t+1}'$ durch die oben zitierten Momente der Glättungslösung.

(II) Der modifizierte EM-Algorithmus

In jedem Filterlauf des EM-Algorithmus nehmen wir unter den Systemzustand die Koeffizienten β und γ auf (vergleiche hierzu die genaue Formulierung unter (IV)) und erhalten somit am Beobachtungshorizont N neue Iterationslösungen für β und γ.
Im Falle fehlender a priori Information über β und γ verwenden wir hierbei den Informationsfilter aus II/ Kapitel 4.5. mit einer Anfangsspezifikation $\Sigma_0^{-1} := 0$. Nach Abschluß des Glättungslaufs lösen wir analog zu (I) ein nunmehr reduziertes System scheinbar unverbundener Regressionsgleichungen mit den unbekannten Koeffizienten aus F,Q und R. Die Anfangswertspezifikation ($\bar{x}_0, \Sigma_0$) wird dabei durch die Glättungslösung $(\hat{x}_{0|N}, \Sigma_{0|N})$ ersetzt.

(III) Das Scoring-Verfahren

Ausgehend von einer Iterationslösung $\theta^{(i)}$ werden mit Hilfe von 2p (p=dim(θ)) Kalmanfilterläufen numerisch die ersten Ableitungen von e_t und D_t nach den einzelnen Komponenten von θ an der Stelle $\theta^{(i)}$ berechnet. Aus diesen Größen kann der Gradient $\nabla L_N(\theta^{(i)})$ und die Informationsmatrix $I_N(\theta^{(i)})$ bestimmt werden. Gradient und Informationsmatrix generieren ihrerseits einen "optimalen" Suchvektor $\mathbf{s}^{(i)}$ mit

$$\mathbf{s}^{(i)} := [\, I_N(\theta^{(i)})]^{-1} \, \nabla L_N(\theta^{(i)}) \; .$$

Die neue Iterationslösung $\theta^{(i+1)}$ wird an der Stelle α_0 eines lokalen Maximums auf dem Likelihoodpfad

$$\{\, L_N(\theta) : \theta = \theta^{(i)} + \alpha\, \mathbf{s}^{(i)} \quad , \alpha \geq 0 \,\}$$

gefunden : $\theta^{(i+1)} = \theta^{(i)} + \alpha_0 \; \mathbf{s}^{(i)}$.

(IV) Das modifizierte Scoring-Verfahren

Die Länge des Scoring-Vektors läßt sich durch eine zu (II) analoge Vorgehensweise erheblich reduzieren. Ausgehend von einer Iterationslösung

$$\beta^{(i)} \; , \; \gamma^{(i)} \; , \; F^{(i)} \; , \; \bar{x}_0^{(i)} \; , \; \Sigma_0^{(i)} \; , \; Q^{(i)} \; , \; R^{(i)}$$

fixieren wir zunächst die letzten fünf von den genannten Größen und nehmen β und γ unter einen erweiterten Zustandsvektor x_t^* auf. Analog zur Vorgehensweise in II/ Abschnitt 8.2.2. formulieren wir ein erweitertes dynamisches lineares Modell der Gestalt:

$$z_t = H_t^{*\prime} \, x_t^* + v_t \qquad (t = 1,2, \ldots , N)$$

$$x_{t+1} = F_t^* \, x_t^* + G \, w_t \qquad (t = 0,1, \ldots , N-1)$$

mit :

$$x_t^* := \begin{bmatrix} x_t \\ \beta_t \\ \gamma_t \end{bmatrix} \qquad H_t^* := \begin{bmatrix} U_{1t} \\ U_{2t} \\ \mathbf{0} \end{bmatrix} \qquad G := \begin{bmatrix} I_{k\times k} \\ \mathbf{0} \\ \mathbf{0} \end{bmatrix}$$

$$F_t^* := \begin{bmatrix} F^{(i)} & \mathbf{0} & U_{3t}' \\ \mathbf{0} & I & \mathbf{0} \\ \mathbf{0} & \mathbf{0} & I \end{bmatrix}$$

und der stochastischen Spezifikation:

$$x_0^* \sim N(\bar{x}_0^*, \Sigma_0^*) \quad , \quad v_t \sim N(0, R^{(i)}) \quad , \quad w_t \sim N(0, Q^{(i)}) \quad ,$$

einschließlich der üblichen Orthogonalitätsbedingungen und

$$\bar{x}_o^* := \begin{bmatrix} \bar{x}_o^{(i)} \\ \beta^{(i)} \\ \gamma^{(i)} \end{bmatrix} \qquad \Sigma_o^* := \begin{bmatrix} \Sigma_o^{(i)} & \mathbf{0} & \mathbf{0} \\ \mathbf{0} & \Sigma_\beta & \mathbf{0} \\ \mathbf{0} & \mathbf{0} & \Sigma_\gamma \end{bmatrix} .$$

Die Matrizen Σ_β und Σ_γ sind a priori spezifizierte Kovarianzmatrizen mit "hohen" Varianzwerten auf der Hauptdiagonalen. Alternativ verwenden wir den Informationsfilter mit $(\Sigma_o^*)^{-1} := \mathbf{0}$. Die unteren Subkomponenten von $\hat{x}_{N|N}$ enthalten die neue Iterationslösung $\beta^{(i+1)}$ und $\gamma^{(i+1)}$.
Aus der Glättungslösung $(\hat{x}_{0|N}, \Sigma_{0|N})$ gewinnen wir $(\bar{x}_o^{(i+1)}, \Sigma_o^{(i+1)})$. Die so erhaltenen Koeffizienten $\beta^{(i+1)}$, $\gamma^{(i+1)}$, $\bar{x}_o^{(i+1)}$, $\Sigma_o^{(i+1)}$ werden nun ihrerseits vorläufig fixiert, und wir generieren eine neue Iterationslösung $F^{(i+1)}$, $R^{(i+1)}$, $Q^{(i+1)}$ durch "scoring" in den Komponenten φ, vech(R), vech(Q).
Im letzten Iterationsschritt ist ein gleichzeitiges Scoring in allen Komponenten von θ erforderlich, um einen Schätzer für die vollständige Informationsmatrix $I_N(\theta)$ zu erhalten, die wir für die Berechnung von Konfidenzintervallen benötigen.
Abschließend sei noch darauf hingewiesen, daß es zweckmäßig sein kann, für die Filter- und Glättungsläufe die Wurzelvariante des Kalmanfilters zu verwenden. Dieses Verfahren ist zwar numerisch aufwendiger als das Standardverfahren, aber es gewährleistet, daß die berechneten Kovarianzmatrizen der Filter- und Glättungslösung positiv (semi)definit sind. Die Genauigkeit des EM-Verfahrens hängt ab von der numerischen Präzision der in ihm verwendeten Glättungsmomente für x_t.

Kapitel 4: *Die Eindeutigkeit der Likelihood-Funktion in den unbekannten Modellparametern: "Identifizierbarkeit" der Parameter eines dynamischen linearen Modells*

4.1. Identifizierbarkeit: Konzepte und Kriterien

Wir haben im letzten Kapitel gezeigt, wie sich in der Verteilungsfamilie **M** unserer Stichprobenvariablen Z(N)

(4.1)
$$\mathbf{M} := \{ f_{Z(N)}(z(N);\theta) : \theta \in \Theta \}$$
$$= \{ \prod_{t=1}^{N} N(z_t : \hat{z}_{t|t-1}(\theta), D_t(\theta)) : \theta \in \Theta \},$$

definiert durch die Modellgleichungen und Parameterrestriktionen in 1.1., ein Element $f_{Z(N)}(z(N);\theta)$ nach dem "Maximum-Likelihood-Prinzip" als "vermutlich wahre" Verteilung ausgewählt werden kann. Wir wollen im folgenden in Anlehnung an KOOPMANS/REIERSØL(1950) die Familie **M** ein *Modell für Z(N)* und ein spezielles Element θ aus dem Parameterraum Θ eine *Struktur von M* nennen.[11]

Wir geraten in eine Reihe von Schwierigkeiten, wenn es in dem Modell **M** mehrere Strukturen gibt, die dasselbe Verteilungsgesetz der Stichprobenvariablen implizieren.

Zum einen besteht die Gefahr, daß wir im Laufe der oben vorgestellten Schätzalgorithmen zwischen *beobachtungsäquivalenten Strukturen* (solche mit demselben Verteilungsgesetz) hin- und her iterieren. Zum anderen lassen sich nicht ohne weiteres substanzwissenschaftliche Aussagen an die numerischen Größenordnungen des so erhaltenen Schätzwertes θ knüpfen, wenn es noch andere Strukturen gibt, die auf Basis von **M** und damit auch empirisch (denn im Lichte von **M** interpretieren wir die Empirie) nicht von θ unterscheidbar sind, θ heißt in einem solchen Fall *nicht identifizierbar in* **M**.

Es sind daher Kriterien wünschenswert, nach denen entscheidbar ist, ob jeder Struktur θ ε Θ genau ein Element aus **M** entspricht *("das Identifizierbarkeitsproblem")*.

Wir unterscheiden in diesem Zusammenhang [ROTHENBERG(1971), BOWDEN(1973), HSIAO(1983)] *Identifizierbarkeit* in einem *globalen* und in einem *lokalen* Sinne.

(4-1) DEFINITION: Eine Struktur $\theta_0 \varepsilon \Theta$ heißt *global identifizierbar im Verteilungsmodell* $\mathbf{M}$, wenn es keine weitere Struktur $\theta \varepsilon \Theta, \theta \neq \theta_0$ gibt, die mit θ_0 beobachtungsäquivalent ist (d.h.: $f_{Z(N)}(z(N);\theta_0) = f_{Z(N)}(z(N);\theta)$ mit Wahrscheinlichkeit 1 bezüglich $f_{Z(N)}(z(N);\theta_0)$.)

Da wir annehmen, daß der Parameterraum Θ Teilmenge eines metrischen Raumes ist ($\mathbb{R}^p$), können wir sinnvoll von der "Nähe" zweier Strukturen sprechen. Die Möglichkeit, unter Umständen zwei beobachtungsäquivalente Strukturen durch elementfremde Umgebungen zu isolieren, führt zum Konzept der *lokalen Identifizierbarkeit*.

(4-2) DEFINITION: Eine Struktur $\theta_0 \ \varepsilon \ \Theta$ heißt *lokal identifizierbar im Verteilungsmodell* $\mathbf{M}$, wenn es eine offene Umgebung von θ_0 gibt, in der keine weitere beobachtungsäquivalente Struktur $\theta \ \varepsilon \ \Theta, \ \theta \neq \theta_0$ liegt.

Im vorliegenden Fall des dynamischen linearen Modells ist die Lösung des Identifikationsproblems insofern schwierig, als es die Verteilungsannahmen aus 1.1. leider nicht gestatten, die Familie $\mathbf{M}$ als Teilmenge einer eindeutig durch gewisse Koeffizienten $\psi \varepsilon \Psi$ charakterisierbaren Verteilungsfamilie $\mathbf{M}^*$

(.2) $$\mathbf{M}^* := \{ f_{Z(N)}(z(N);\psi) \ : \ \psi \ \varepsilon \ \Psi \}$$

mit Hilfe einer Transformation $\mathbf{T}: \Theta \rightarrow \Psi$ in offensichtlicher Weise zu reparametrisieren, so wie dies beispielsweise im klassischen simultanen Mehrgleichungssystem durch die Koeffizienten der reduzierten Form möglich ist.

Würde eine solche Reparametrisierung $\mathbf{T}$ zur Verfügung stehen, so liefe die Lösung des Identifikationsproblems auf eine Überprüfung der Injektivität von $\mathbf{T}$ hinaus [SCHÖNFELD(1979)]. Diese Idee liegt den Identifikationskriterien in den klassischen ökonometrischen Mehrgleichungssystemen zugrunde [FISCHER,F.M.(1966); THEIL(1971),S.481ff.; DHRYMES(1978),S.280ff.].
Der Kalmanfilteralgorithmus liefert uns zwar die Folgen der bedingten Erwartungswerte $\{\hat{z}_{t|t-1}(\theta) : t=1,\dots,N\}$ und der bedingten Kovarianzmatrizen $\{D_t(\theta): t=1,\dots,N\}$,

die unter den Modellannahmen (1.8) bis (1.12) den stochastischen Prozeß $\{z_t\}$ eindeutig charakterisieren. Aber aus der Struktur der Kalmanfiltergleichungen sind nicht ohne weiteres Bedingungen ableitbar, unter denen verschiedenen Elementen des Parameterraum Θ auch verschiedene Folgen $\{\hat{z}_{t|t-1}(\theta), D_t(\theta) : t=1,\dots,N\}$ entsprechen.

Etwas anders liegt der Fall in *zeitinvarianten Zustandsraummodellen* der Form:

(4.3a) $$z_t = H' x_t + B u_t + v_t \quad , \quad v_t \sim N(0,R)$$

(4.3b) $$x_{t+1} = F x_t + \Gamma u_t + w_t \quad , \quad w_t \sim N(0,Q)$$

mit stationären Outputvariablen $\{z_t\}$ und stationären Inputvariablen $\{u_t\}$. Dynamische Verallgemeinerungen der Faktoranalyse [ENGLE/WATSON(1981)] und die Zustandsraumdarstellungen von Vektor-ARMAX-Modellen [HANNAN(1976)] fallen beispielsweise unter diese Kategorie. In Modellen dieser Art existieren Parametrisierungen der Art (4.2) durch sogenannte *"kanonische Zustandsraumdarstellungen"* [ÅSTRÖM/EYKHOFF(1971), MAYNE(1972), MEHRA(1974), ANDERSON/MOORE(1979), Kap. 9]:

(4.4a) $$z_t = \bar{H}' \hat{x}_t + \bar{B} u_t + \bar{F} \bar{K} \tilde{z}_t$$

(4.4b) $$\hat{x}_{t+1} = \bar{F} \hat{x}_t + \bar{\Gamma} u_t + \tilde{z}_t \quad , \quad \tilde{z}_t \sim N(0,\bar{D})$$

worin $\bar{K}$ und $\bar{D}$ die steady-state-Lösungen der Kalmanfilter-Matrix bzw. der Kovarianzmatrix der Innovationen $\{\tilde{z}_t\}$ in dem Modell (4.3) darstellen.[12] Die Identifizierbarkeit von (H,B,F,Γ,Q,R) läßt sich dann durch eine Untersuchung der Frage klären, ob zwischen diesen Parametern und den kanonischen Koeffizienten $(\bar{H},\bar{B},\bar{F},\bar{\Gamma},\bar{K},\bar{D})$ ein eineindeutiger Zusammenhang besteht [MEHRA(1974), S.28-32].

Im folgenden sehen wir zunächst von zeitinvarianten Meßmatrizen ab, wir kommen hierauf in Abschnitt 4.2. im Zuge alternativer Parametrisierungen von ARMA(X)-Modellen zurück.

Für den Fall, daß die erklärenden Variablen in (1.8) , $\{u_{1t}, u_{2t}, u_{3t} : t=0,1,\dots\}$ wie deterministische Größen behandelt werden können (also insbesondere keine verzögert endogenen Variablen enthalten), ist die Folge der Beobachtungsvariablen $\{z_t : t \geq 1\}$ ein normalverteilter Prozeß, dessen erste und zweite Momente

$\{ E(z_t) : t=1,\dots,N \}$ und $\{ COV(z_t,z_s) : t,s=1,\dots,N \}$ explizit berechnet werden können. Die Parametrisierung dieser Momente durch Elemente aus $(\bar{x}_0,\Sigma_0)$ und (F,Γ,B,Q,R) ist eher einer Eindeutigkeitsanalyse zugänglich als die Folge $\{ \hat{z}_{t|t-1}, D_t : t=1,\dots,N \}$.
In der Literatur finden sich zwei Arten der Identifizierbarkeitsuntersuchungen.
Das eine Verfahren ist verwandt mit der Vorgehensweise in zeitinvarianten Zustandsraummodellen, wie z.B. in den Arbeiten über die Identifikation von Vektor-ARMAX-Modellen [HANNAN(1969,1971,1976); KOHN(1979)] und ist in jüngster Zeit auf spezielle Zustandsraummodelle von WALL(1984) und BURMEISTER/HAMILTON/WALL(1985) angewendet worden.
Wir wollen die Vorgehensweise von WALL(1984) kurz skizzieren. Für die Berechnung der ersten und zweiten Momente von z_t benötigen wir zunächst eine Darstellung, in der wir z_t als Funktion aller vergangenen Systemfehler und Regressoren schreiben. Durch iteratives Substituieren in die Modellgleichungen (1.8a,b) erhalten wir :

(4.5)
$$z_t = H_t' F^t \bar{x}_0 + \sum_{s=0}^{t-1} H_t' F^{t-1-s} \Gamma u_{3s} + B u_{2t} + H_t' F^t v_0 + \sum_{s=0}^{t-1} H_t' F^{t-1-s} w_s + v_t \quad .$$

Werden hierin die Regressoren wie deterministische Inputs behandelt, so berechnet man unter Beachtung der Störtermeigenschaften (1.9) :

(4.6a)
$$E(z_t) = H_t' F^t \bar{x}_0 + \sum_{s=0}^{t-1} H_t' F^{t-1-s} \Gamma u_{3s} + B u_{2t} ,$$

(4.6b)
$$COV(z_t) = H_t' F^t \Sigma_0 F^{t\prime} H_t + \sum_{s=0}^{t-1} H_t' F^{t-1-s} Q F^{t-1-s\prime} H_t + R ,$$

(4.6c)
$$COV(z_t,z_\tau) = H_t' F^t \Sigma_0 F^{\tau\prime} H_\tau + \sum_{s=0}^{t-1} H_t' F^{t-1-s} Q F^{\tau-1-s\prime} H_\tau ,$$

für $\tau > t$.

Lineare Abhängigkeiten zwischen den Regressorkomponenten in $\{ u_{it} : i=1,2,3; t \geq 1 \}$ führen wie in den klassischen linearen Modellen der Ökonometrie auch hier zu Identifikationsproblemen.

Man prüft leicht nach, daß für den Fall, daß reguläre Transformationen T_1, T_2, T_3 existieren mit der Eigenschaft :

(4.7) $$H_t' T_1 = H_t' \quad , T_2 u_{2t} = u_{2t} , T_3 u_{3t} = u_{3t} \quad ,$$

$$\text{für alle } t=1,2,\ldots,N \quad ,$$

die folgenden Parameterpaare :

(4.8) $$(F, Q, \Sigma_0, \Gamma, \bar{x}_0; T_1^{-1} F T_1, T_1^{-1} Q T_1, T_1^{-1} \Sigma_0 T_1, T_1^{-1} \Gamma, T_1^{-1} \bar{x}_0)$$
$$(B ; B T_2^{-1}) \quad , (\Gamma, T_3^{-1} \Gamma)$$

über dem Beobachtungszeitraum t=1,...,N jeweils dieselben Momente (4.6) induzieren. Im Fall einer multidimensionalen Normalverteilung für z_t sind dann die Paare (4.8) jeweils beobachtungsäquivalent .

WALL(1984) untersucht die Voraussetzungen, unter denen alle beobachtungsäquivalenten Parameterkonstellationen durch reguläre Transformationen der Art (4.7) ineinander überführt werden können und unter welchen zusätzlichen Restriktionen sich diese Transformationen auf triviale Identitätsabbildungen reduzieren lassen. In diesem Zusammenhang kann ausgenutzt werden, daß sich die Momente (4.6) als Funktion der Gewichtungsfolgen:

$$\{ W_i(t,s) : s=0,1,\ldots,t-1; t=1,2,\ldots \} \quad (i=1,2) \quad ,$$

(4.9a) $$\text{mit} \quad W_1(t,s) := H_t' F^{t-1-s} \Gamma \, ,$$

(4.9b) $$W_2(t,s) := H_t' F^{t-1-s} \tilde{Q} \qquad , Q = \tilde{Q}\tilde{Q}'$$

schreiben lassen.

Offensichtlich gilt :

(4.10a) $$E(z_t) = H_t' F^t \bar{x}_0 + \sum_{s=0}^{t-1} W_1(t,s) u_{3s} + B u_{2t} \quad ,$$

(4.10b) $$COV(z_t) = H_t' F^t \Sigma_0 F^{t\prime} H_t + \sum_{s=0}^{t-1} W_2(t,s) W_2(t,s)' + R \, ,$$

(4.10c) $$COV(z_t, z_\tau) = H_t' F^t \Sigma_0 F^{\tau\prime} H_\tau + \sum_{s=0}^{t-1} W_2(t,s) W_2(\tau,s)' ,$$

$$\text{für } \tau > t \, .$$

Die Gewichtungsfolgen (4.9) können als *Impuls-Antwortfolgen* [PADULO/ARBIB(1974), S.254] der folgenden Systeme :

(4.11a) $$y_t = H'_t\, x_t \quad , \quad x_t = F\, x_{t-1} + \Gamma u_{t-1}$$

(4.11b) bzw. $$y_t = H'_t\, x_t \quad , \quad x_t = F\, x_{t-1} + \tilde{Q}\, u_{t-1}$$

mit dem "Output" y_t und dem "Input" u_t aufgefaßt werden, wie man sich durch schrittweises Substituieren in diese Systemgleichungen überzeugt.
Aus der mathematischen Systemtheorie ist nun bekannt [WEISS, Leonard (1972), WYMAN(1978)], daß die Modellmatrizen zweier Zustandsraummodelle der Form :

(4.12a) $$y_t = H'_t\, x_t \quad , \quad x_t = F\, x_{t-1} + G\, u_{t-1}$$

(4.12b) und $$y_t = \bar{H}'_t\, x_t \quad , \quad x_t = \bar{F}\, x_{t-1} + \bar{G}\, u_{t-1} \quad , \quad t = \ldots,-1,0,1,\ldots$$

mit $H'_t\, F^{t-1-s}\, G = \bar{H}'_t\, \bar{F}^{t-1-s}\bar{G}$ für alle $s,t \in \mathbf{Z}$, $s < t$

genau dann durch eine reguläre Transformation $\mathbf{T}$ der Gestalt

(4.13) $$\bar{H}'_t = H'_t\, \mathbf{T} \quad , \quad \bar{F} = \mathbf{T}^{-1} F\, \mathbf{T} \quad , \quad \bar{G} = \mathbf{T}^{-1} G$$

ineinander überführt werden können, wenn es ein endliches $\mathbf{N}$ gibt, so daß folgende Matrizen

(4.14) $$\begin{bmatrix} G & FG & \ldots & F^{\mathbf{N}} G \end{bmatrix} \quad , \quad \begin{bmatrix} \bar{G} & \bar{F}\bar{G} & \ldots & \bar{F}^{\mathbf{N}}\bar{G} \end{bmatrix}$$
$$\begin{bmatrix} H_t & F'H_{t+1} & \ldots & F^{\mathbf{N}\prime}H_{t+\mathbf{N}} \end{bmatrix} \quad , \quad \begin{bmatrix} \bar{H}_t & \bar{F}'\bar{H}_{t+1} & \ldots & \bar{F}^{\mathbf{N}\prime}\bar{H}_{t+N} \end{bmatrix} \qquad t \in \mathbf{Z}$$

vollen Zeilenrang besitzen.
Unter der Voraussetzung, daß die Momente (4.10) die Gewichtungsfolgen (4.9) eindeutig festlegen, kann man nun unter einer zu (4.14) analogen Bedingung für (4.11) Identifikationsanalyse in der Weise betreiben, daß man überprüft, unter welchen Restriktionen auf H_t, F, Γ, Q die möglichen Transformationen des Typs (4.13) nur Identitätsabbildungen sein können.
Eine Überprüfung der Voraussetzungen dieser Identifikationsanalyse wirft allerdings eine Reihe weiterer Fragen auf, denn aus (4.10) ist ersichtlich, daß ohne weitere Restriktionen auf den Regressoren und Anfangszuständen die Momente von z_t mit den Gewichtungsfolgen (4.9) sicherlich nicht in einem eineindeutigen Zusammenhang stehen. Wir kommen auf dieses Problem noch einmal in Abschnitt 4.3. kurz zurück.

Das andere Identifikationsverfahren bedient sich als Analyseinstrument der *Fisherschen Informationsmatrix* [ROTHENBERG(1971), BOWDEN(1973)]. ROTHENBERG(1971) hat gezeigt, unter welchen Regularitätsbedingungen auf dem Wahrscheinlichkeitsgesetz der Beobachtungsvariablen $\{ z_t: t = 1,2, \dots , N \}$ die positive Definitheit der Informationsmatrix ein hinreichendes Kriterium für lokale Identifizierbarkeit der Verteilungsparameter im Sinne von Definition (4-2) ist. Wir zitieren dieses Ergebnis im nächsten Satz.

(4-3) SATZ: Das Verteilungsmodell **M** für die Stichprobenvariablen Z(N) erfülle die nachstehenden Regularitätsbedingungen.

(R1) **Der Parameterraum Θ ist offen und konvex.**

(R2) **Die Menge $\mathbf{Z}_N := \{ z(N): f_{Z(N)}(z(N);\theta) > 0 \}$ hängt nicht von θ ab.**

(R3) **Die Funktionen $f_{Z(N)}(z(N);\theta)$ und $L_N(\theta) := \log f_{Z(N)}(z(N);\theta)$ sind differenzierbar in θ auf ganz Θ für alle $z(N) \in \mathbf{Z}_N$.**

(R4) **Die Informationsmatrix $I_N(\theta) := E_\theta[\nabla L_N(\theta)\nabla L_N(\theta)']$ existiert und ist stetig auf ganz Θ .**

Sei $\theta_0 \in \Theta$ ein Punkt, zu dem eine offene Umgebung in Θ existiert, auf der die Informationsmatrix $I_N(\theta)$ ihren Rang nicht ändert. Dann ist θ_0 genau dann lokal identifizierbar, wenn $I_N(\theta_0)$ regulär ist.

Beweis: ROTHENBERG (1971), S. 581-582

Dieser Satz läßt sich verallgemeinern für den Fall, daß Θ weiteren Restriktionen genügt, die sich durch stetig differenzierbare Funktionen beschreiben lassen. Zu diesem Zweck formulieren wir eine weitere Regularitätsbedingung.

(R5) **Die Strukturen $\theta \in \Theta$ genügen Restriktionen von der Gestalt : $r_i(\theta) = 0$ $(i=1,2,\dots,k)$. Hierin sind die Funktionen $r_i(\theta)$ stetig differenzierbar in θ auf Θ.**

Im folgenden bezeichne $R(\theta) :=(k\times 1)$ den Spaltenvektor, dessen

(4.15) Komponenten durch $r_i(\theta)$ und $\nabla R(\theta) := (k\times p)$ die Matrix, deren Komponenten an der Stelle (i,j) durch $\partial r_i(\theta)/\partial\theta_j$ definiert werden.

(4-4) <u>SATZ:</u> Es gelten die Regularitätsbedingungen (R1) bis (R5). Gegeben sei ferner eine Struktur $\theta_0 \varepsilon \Theta$, für die eine in Θ offene Umgebung existiert, auf der sich der Rang von $I_N(\theta)$ und $\nabla R(\theta)$ nicht ändert.

Dann ist der Parameter θ_0 genau dann lokal identifizierbar, wenn die Matrix $[\, I_N(\theta_0) \;\; \nabla R(\theta_0)']$ vollen Zeilenrang besitzt.

<u>Beweis:</u> ROTHENBERG (1971), S. 581-582.

Eine Anwendung dieser Sätze findet sich in Arbeiten von WALL(1977), PAGAN(1980), HATANAKA/TANAKA(1981). Die beiden letztgenannten Arbeiten zeigen allerdings mehr als das ROTHENBERGsche Kriterium. Sie weisen für Spezialfälle des dynamischen linearen Modells nicht nur nach, daß die zugehörige Informationsmatrix $I_N(\theta)$ positiv definit ist, sondern daß sie darüber hinaus proportional zum Stichprobenumfang N "wächst", genauer: die Autoren zeigen, daß die normierte Informationsmatrix $(1/N)I_N(\theta)$ gleichmäßig in N durch eine positiv definite Matrix nach unten beschränkt werden kann.
Ein Kriterium dieser Art spielt eine wichtige Rolle in der "asymptotischen Identifikationstheorie" von KOHN(1978b) der Elemente des Parameterraumes durch eine <u>Folge</u> von Kriteriumsfunktionen bzw. durch deren <u>Grenzwert</u> voneinander unterschieden werden sollen.
In den meisten von KOHNs Anwendungsbeispielen [KOHN(1978b), S. 275ff.] wird - wie auch in dem vorliegenden Fall - als Kriteriumsfunktion die sogenannte *normierte log-Likelihood-Funktion* $L_N^*(\theta)$ verwendet :

(4.16) $$\text{mit} \quad L_N^*(\theta) := \frac{1}{N} \log\left[f_{Z(N)}(z(N);\theta)\right] \; .$$

Sofern $L_N^*(\theta)$ mit Wahrscheinlichkeit 1 (bezüglich des Verteilungsgesetzes für $\{z_t\}$ unter θ_0) für alle $\theta \varepsilon \Theta$ gegen eine Konstante $L^*(\theta,\theta_0)$ konvergiert, vereinbaren wir - KOHN folgend - die nachstehenden Definitionen.

(4-5) DEFINITION: Eine Struktur $\theta_1 \varepsilon \Theta$ heißt *asymptotisch beobachtungsäquivalent* mit $\theta_0 \neq \theta_1$, wenn gilt :
$L^*(\theta_1,\theta_0) = L^*(\theta_0,\theta_0)$ mit Wahrscheinlichkeit 1 (bezüglich des Verteilungsgesetzes für $\{z_t : t \geq 1\}$ bei Gültigkeit von θ_0).

(4-6) DEFINITION: Eine Struktur $\theta_0 \varepsilon \Theta$ heißt *asymptotisch global identifizierbar*, wenn es keine weitere von θ_0 verschiedene Struktur gibt, die mit θ_0 asymptotisch beobachtungsäquivalent ist.
θ_0 heißt *asymptotisch lokal identifizierbar*, wenn es eine offene Umgebung von θ_0 gibt, in der keine weitere von θ_0 verschiedene Struktur liegt, die mit θ_0 asymptotisch beobachtungsäquivalent ist.

Unter verschärften Regularitätsbedingungen für $L_N^*(\theta)$ läßt sich ein Analogon zu den beiden vorangegangenen Sätzen formulieren.

(4-7) SATZ: Gegeben sei für die Stichprobenvariablen $\{z_t : t=1,2,...\}$ ein Verteilungsmodell $\mathbf{M} := \{ f_{Z(N)}(z(N);\theta) : \theta \varepsilon \Theta \text{ , } N=1,2,... \}$ und ein innerer Punkt $\theta_0 \varepsilon \Theta$, für den eine offene Umgebung U_0 existiert, auf der gilt :

(K) (a) $L_N^*(\theta)$ ist für alle $N > N_0$ (worin N_0 eine geeignet wählbare natürliche Zahl ist) zweimal stetig differenzierbar auf U_0.

(b) Es existiert eine auf U_0 zweimal stetig differenzierbare, reellwertige Funktion $L^*(\theta,\theta_0)$ mit der Eigenschaft :

$$L_N^*(\theta) \underset{N\to\infty}{\to} L^*(\theta,\theta_0) \quad , \quad \nabla L_N^*(\theta) \underset{N\to\infty}{\to} \nabla L^*(\theta,\theta_0) \quad ,$$

$$\nabla^2 L_N^*(\theta) \underset{N\to\infty}{\to} \nabla^2 L^*(\theta,\theta_0) \quad ,$$

worin die genannten Funktionen gleichmäßig auf allen kompakten Teilmengen von U_0 (bezüglich des Verteilungsgesetzes von $\{z_t\}$ unter θ_0) mit Wahrscheinlichkeit 1 konvergieren.

(c) $L^*(\theta_0,\theta_0) \geq L^*(\theta,\theta_0)$ für alle $\theta \varepsilon U_0$.

Unter den genannten Voraussetzungen gilt:

(a) Sofern die Matrix $\nabla^2 L^*(\theta,\theta_0)$ auf U_0 ihren Rang nicht ändert, ist θ_0 genau dann asymptotisch lokal identifizierbar, wenn $\nabla^2 L^*(\theta_0,\theta_0)$ vollen Rang p besitzt.

(b) Sofern Restriktionen von der Art (R5) existieren und die Matrix $[\nabla^2 L^*(\theta,\theta_0)\ \ \nabla R(\theta)']$ auf U_0 ihren Rang nicht ändert, ist θ_0 auf $\Theta \cap \{\theta : R(\theta)=0\}$ genau dann asymptotisch lokal identifizierbar, wenn $[\nabla^2 L^*(\theta_0,\theta_0)\ \ \nabla R(\theta_0)']$ vollen Zeilenrang p besitzt.

Beweis: KOHN(1978b), S. 283.

In den von PAGAN(1980) und HATANAKA/TANAKA(1981) untersuchten Spezialfällen des dynamischen linearen Modells läßt sich die Regularitätsbedingung (K) nachweisen, insbesondere die Existenz einer positiven Konstanten c mit der Eigenschaft :

$$c\,N\,I_{pxp} < I_N(\theta) \quad \text{mit } \theta := (px1)\ .$$

Diese strenge Identifikationsbedingung ist für unsere weiteren Überlegungen in Kapitel 5 von wichtigerer Bedeutung als das ROTHENBERGsche Kriterium, weil es als eine wichtige Annahme in den Hauptsatz aus Abschnitt 5.2. eingeht, in dem die asymptotische Normalität von Maximum-Likelihood-Schätzern der unbekannten Koeffizienten eines Zustandsraumes unter geeigneten Stabilitätsannahmen über die Kalman-Rekursionsgleichungen behauptet wird.

Die nächsten beiden Abschnitte illustrieren Anwendungen der beiden hier vorgestellten Verfahren zur Identifikationsanalyse. In 4.2. diskutieren wir zunächst alternative Darstellungen eines stationären ARMA-Prozesses durch Zustandsraummodelle mit zeitinvarianten Modellmatrizen.
Erst durch gewisse Normierungskonventionen stehen die state-space-Koeffizienten (ebenso wie die Koeffizienten einer ARMA-Darstellung) mit den Elementen der Autokorrelationsfolge des zu modellierenden stochastischen Prozesses in einer eineindeutigen Beziehung. Die Ausführungen in 4.2. zeigen, von welcher Art diese Normierungskonventionen sind.

Mit den so gewonnenen Identifikationssätzen für eine spezielle Klasse zeitinvarianter Zustandsraummodelle lassen sich nun Kriterien für lokale und globale Identifizierbarkeit von Parametern aus Regressionsmodellen mit ARMA-verteilten Regressionskoeffizienten herleiten [PAGAN(1980)]. Dies geschieht in 4.3..

4.2. Ein Beispiel für die Identifizierbarkeit zeitinvarianter Zustandsraummodelle - alternative Darstellungen stationärer ARMA(X)-Modelle in Zustandsräumen

Dieser Abschnitt ist in gewisser Weise eine Ergänzung des Beispiels II/(1.9)ff. in II/1.3.. Dort hatten wir gezeigt, wie durch eine geeignete Definition des Zustandsvektors Regressionsmodelle mit ARMA-verteilten Residuen durch ein state-space Modell dargestellt werden können. Wir haben uns dabei auf den skalaren Fall beschränkt. In ähnlicher Weise können auch Regressionsmodelle mit ARMA-verteilten Regressionskoeffizienten auf ein Modell der Form (1.8) zurückgeführt werden. Das so konstruierte Zustandsraummodell ist allerdings nicht eindeutig durch die ersten und zweiten Momente der stationären Regressionskoeffizienten bestimmt, ebenso wie die Parameter einer ARMA-Darstellung sind auch die state-space-Modellkoeffizienten erst durch bestimmte Normierungskonventionen festgelegt.
Dieser Sachverhalt soll im folgenden erläutert werden, und es wird gezeigt, in welchem Sinne die "state-space-" und die "ARMA-Modellierbarkeit" stationärer Prozesse äquivalent sind.
Hierbei verwenden wir die in Teil II / Abschnitt 2.6. entwickelte Terminologie für lineare Kleinstquadratprojektionen in Hilberträumen quadratisch integrierbarer Zufallsvariabler.

Gegeben sei ein auf der Menge $\mathbf{Z}$ der ganzen Zahlen definierter stationärer Prozeß $\{ y_t : t \in \mathbf{Z} \}$ mit $y_t := (y_{t1}\ y_{t2} \cdots y_{tm})'$, $E(y_t)=0$ und $E(y_t y_t') < \infty$ für alle $t \in \mathbf{Z}$. Ferner soll y_t keine *linear deterministischen* Komponenten enthalten, d.h. keine Komponenten, die mit einer Fehlervarianz von Null durch eine lineare Prognosefunktion von Vergangenheitsvariablen $\{ y_s : s<t \}$ vorhergesagt werden können. Für einen solchen *linear regulären* Prozeß [ROZANOV (1967),S.178] existiert nach einem berühmten Satz von H. WOLD [WOLD(1938), S.75-89; HANNAN(1970), S. 137-140, S. 158; ANDERSON (1971), S.420f.; WHITTLE(1983), S. 23-29] eine moving-average Darstellung der Gestalt :

(4.17) $$y_t = \sum_{i=0}^{\infty} W_i \tilde{y}_{t-i}$$

(4.18) $$\text{mit} \quad W_0 := I_{m \times m}$$

(4.19) $$\text{und} \quad \sum_{i=0}^{\infty} W_i W_i' < \infty \quad ,$$

und worin $\{\tilde{y}_t\}$, $\tilde{y}_t$:=(mx1), multiples weißes Rauschen ist mit

(4.20) $$E(\tilde{y}_t) = 0 \quad , \quad E(\tilde{y}_t \tilde{y}'_{t-s}) = \delta_{ts} \mathbf{V} \quad (t,s \in \mathbf{Z}) ,$$

(4.21) $$E(\tilde{y}_t y'_{t-s}) = 0 \quad (t,s \in \mathbf{Z},\ s>0) ;$$

$\tilde{y}_t$ kann wegen der Normierung (4.18) und der Orthogonalitätseigenschaft (4.21) als LKQS-Innovation in $\{y_t\}$ identifiziert werden, als Prognosefehler eines linearen Kleinstquadratschätzers von y_t auf Basis der vergangenen Variablen $\{y_{t-s}:s>0\}$. Die Informationsmenge $\{ y_{t-s} : s>0 \}$ ist allerdings im Gegensatz zu unseren vorangegangenen Beispielen für LKQS unendlich, wir benötigen für die Konstruktion einer Projektion im Sinne von Satz II/(2-28) einen abgeschlossenen Hilbertraum, den wir aus den Komponenten von $\{ y_{t-s}:s>0\}$ bilden. Wir definieren hierzu vorab die Menge $\mathbf{H}_Y(t)$ aller endlichen Linearkombinationen aus Komponenten von $\{ y_{t-s}: s\geqq 0 \}$:

(4.22) $$\mathbf{H}_Y(t) := \{ \bar{y} : \bar{y} = c_0 + \sum_{s=0}^{\infty} \sum_{i=1}^{m} c_{is}\, y_{t-s;i} \quad , c_0, c_{is} \in \mathbf{R} , \quad \text{nur endlich viele } c_{is} \neq 0 \quad \} .$$

Statten wir $\mathbf{H}_Y(t)$ mit dem Skalarprodukt $\langle\bar{y}_1,\bar{y}_2\rangle := E(\bar{y}_1\bar{y}_2)$ aus, $\bar{y}_1,\bar{y}_2 \in \mathbf{H}_Y(t)$ und schließen $\mathbf{H}_Y(t)$ bezüglich der von diesem Skalarprodukt induzierten (Kleinstquadrat-)Norm ab, so erhalten wir einen abgeschlossenen Hilbertraum, den wir mit $\bar{\mathbf{H}}_Y(t)$ bezeichnen. Unter den linearen Kleinstquadratprädiktoren von y_{t+i} $(i\geqq 0)$ bezüglich der Zufallsvektoren y_{t-s} $(s\geqq 0)$ verstehen wir nun die gemäß Satz II/(2-28) existenten (Kleinstquadrat-)Projektionen der einzelnen Komponenten von y_{t+i} $(i\geqq 0)$ auf den induzierten Hilbertraum $\bar{\mathbf{H}}_Y(t)$. Diese Prädiktoren bezeichnen wir mit $\hat{y}_{t+i|t}$ $(i\geqq 0)$:

(4.23) $$\hat{y}_{t+i|t} := E^*[\, y_{t+i} \mid \bar{H}_Y(t)\,] \quad .$$

Der Zufallsvektor $\tilde{y}_t$ in (4. 17) kann nun als Einschritt-Prognosefehler

(4.24) $$\tilde{y}_t = y_t - \hat{y}_{t|t-1} = y_t - E^*(y_t|\bar{H}_Y(t-1))$$

interpretiert werden. Ein einfacher Beweis dieses Sachverhalts für den skalaren Fall m=1 findet sich in SARGENT(1979),S. 258-260.

Für unsere weiteren Überlegungen benötigen wir noch zwei weitere Hilberträume von Zufallsvariablen. Wir bilden analog zu $\mathbf{H}_Y(t)$ die Mengen $\mathbf{H}_{\tilde{Y}}(t)$ und $\mathbf{H}_{\hat{Y}}(t)$ aus endlichen Linearkombinationen von Komponenten aus $\{\tilde{y}_{t-s}: s \geqq 0\}$ bzw. $\{\hat{y}_{t+i|t}: i \geqq 0\}$ sowie deren Abschlüsse $\bar{\mathbf{H}}_{\tilde{Y}}(t)$ bzw. $\bar{\mathbf{H}}_{\hat{Y}}(t)$ bezüglich der Kleinstquadratnorm.

Zwischen den genannten Räumen bestehen die folgenden Beziehungen :

(4.25a) $$\bar{\mathbf{H}}_Y(t) = \bar{\mathbf{H}}_{\tilde{Y}}(t) \quad , \; t \in \mathbf{Z} \quad ,$$

denn wegen (4.17) gilt $y_t \in \bar{\mathbf{H}}_{\tilde{Y}}(t)$ und wegen (4.24) $\tilde{y}_t \in \bar{\mathbf{H}}_Y(t)$ für alle $t \in \mathbf{Z}$. Zum anderen erhalten wir die Inklusion :

(4.25b) $$\bar{\mathbf{H}}_{\hat{Y}}(t) \subset \bar{\mathbf{H}}_Y(t) \quad , \; t \in \mathbf{Z} \quad ,$$

denn per Konstruktion gilt $\hat{y}_{t+i|t} \in \bar{\mathbf{H}}_Y(t)$ für alle $i \geqq 0$, $t \in \mathbf{Z}$.

Die Darstellbarkeit von $\{y_t\}$ durch ein Zustandsraummodell oder (äquivalent) durch ein ARMA-Modell hängt allein von der mathematischen (Vektorraum-)Struktur des *Prädiktorraumes* $\bar{\mathbf{H}}_{\hat{Y}}(t)$ ab. Diese fundamentale Charakterisierung von ARMA-Prozessen geht auf Arbeiten von AKAIKE zurück [AKAIKE (1974a,b),(1975)].

(4.8) <u>SATZ:</u> Ein regulärer stationärer Prozeß ist genau dann durch ein Zustandsraummodell oder ein ARMA-Modell darstellbar, wenn der Prädiktorraum $\bar{\mathbf{H}}_{\hat{Y}}(t)$ von endlicher Dimension ist.

<u>Beweis:</u> AKAIKE(1974a), S. 668f.; AKAIKE(1974b), S. 366f. ; AOKI(1976), S. 269-271 .

Wir geben im folgenden einen ausführlichen Beweis dieses Sachverhalts und zeigen, wie die ARMA- und die state-space-Darstellungen eines stationären Prozesses ineinander überführt werden können.

Wir berechnen vorab aus der moving-average-Darstellung von y_t die Prädiktoren $\hat{y}_{t+s|t} \in \bar{\mathbf{H}}_{\hat{Y}}(t)$ $(s \geqq 0)$ explizit als Elemente von $\bar{\mathbf{H}}_Y(t)$ bzw. $\bar{\mathbf{H}}_{\tilde{Y}}(t)$, nämlich als Funktionen in $\{\tilde{y}_{t-i}: i \geqq 0\}$.

Unter Berücksichtigung von (4.17) und (4.25) erhalten wir:

(4.26a)
$$\hat{y}_{t+s|t} = E^*(y_{t+s}|\bar{H}_Y(t)) = E^*(y_{t+s}|\bar{H}_{\tilde{Y}}(t)) = \sum_{i=s}^{\infty} W_i \tilde{y}_{t+s-i} \quad (s \geq 0)$$

oder in Matrizenschreibweise:

(4.26b)
$$\begin{bmatrix} \hat{y}_{t|t} \\ \hat{y}_{t+1|t} \\ \hat{y}_{t+2|t} \\ \vdots \end{bmatrix} = \begin{bmatrix} W_0 & W_1 & W_2 & \cdots \\ W_1 & W_2 & W_3 & \cdots \\ W_2 & W_3 & W_4 & \cdots \\ \vdots & \vdots & \vdots & \end{bmatrix} \begin{bmatrix} \tilde{y}_t \\ \tilde{y}_{t-1} \\ \tilde{y}_{t-2} \\ \vdots \end{bmatrix} .$$

Die (unendlich dimensionierte) Systemmatrix auf der rechten Seite dieser Gleichung bezeichnen wir mit $\boldsymbol{H}_W$, es handelt sich hierbei um eine sogenannte *Hankelmatrix* [AOKI(1983), S.221ff.]. Aus (4.26) ergibt sich ferner eine Rekursionsbeziehung gemäß:

(4.27)
$$\hat{y}_{t+s|t} = \hat{y}_{t+s|t-1} + W_s \tilde{y}_t \quad .$$

Sei nun der Prädiktorraum $\bar{H}_{\hat{Y}}(t)$ von endlicher Dimension p, oder gleichbedeutend: die Hankelmatrix $\boldsymbol{H}_W$ habe endlichen Zeilenrang. Es bezeichne ferner x_t eine beliebige Basis von $\bar{H}_{\hat{Y}}(t)$,

(4.28)
$$x_t = \sum_{i=0}^{\infty} W_i^B \tilde{y}_{t-i} \ , \ x_t := (p\text{x}1), \ W_i^B := (p\text{x}m) \ ,$$

worin die Zeilen von $[\, W_0^B \ W_1^B \ W_2^B \ \cdots \,]$ eine Basis des Zeilenraumes von $\boldsymbol{H}_W$ bilden.
Die Basis x_t verwenden wir als Zustandsvektor eines Zustandsraumes für y_t. Wegen $y_t = \hat{y}_{t|t} \in \bar{H}_{\hat{Y}}(t)$ existiert eine "Beobachtungsmatrix" $\mathbf{C}$ mit der Eigenschaft :

(4.29a)
$$y_t = \mathbf{C}' x_t \quad , \ \mathbf{C} := (p\text{x}m) \ .$$

Aufgrund der Stationarität von $\{y_t\}$ existiert eine solche Darstellung mit zeitinvariantem $\mathbf{C}$ für alle $t \in \mathbf{Z}$. Die Basisvektoren zweier aufeinanderfolgender Zeitpunkte können durch eine zeitinvariante Transitionsgleichung miteinander verknüpft werden, denn wegen der Rekursionsbeziehung (4.27) läßt sich bei einem endlichen Zeilenrang von $\boldsymbol{H}_W$ die Basis x_t komponentenweise als Linearkombination von Elementen des Prädiktorraumes $\bar{\mathbf{H}}_Y^{\hat{}}(t-1)$ und der LKQS-Innovation $\tilde{y}_t$ gewinnen. Mithin existieren aufgrund der Stationarität des Prozesses $\{y_t\}$ zeitinvariante Matrizen F und G mit der Eigenschaft:

(4.29b) $$x_t = F\, x_{t-1} + G\, \tilde{y}_t .$$

Hierin sind $\tilde{y}_t$ und x_{t-1} wegen (4.21) nicht miteinander korreliert. Die Transitionsmatrix ist eindeutig bestimmt durch

(4.30a) $$F = E(x_t x_{t-1}') \left[E(x_{t-1} x_{t-1}')\right]^{-1} .$$

Die Kovarianzmatrix $E(x_{t-1} x_{t-1}')$ ist aufgrund der Basiseigenschaft von x_{t-1} positiv definit. Sofern die Kovarianzmatrix von $\tilde{y}_t$ ebenfalls positiv definit ist, ist auch die Gewichtungsmatrix G eindeutig bestimmt durch

(4.30b) $$G = E(x_t \tilde{y}_t') \left[E(\tilde{y}_t \tilde{y}_t')\right]^{-1} .$$

Schließlich kann man zeigen, daß wegen (4.19) F nur Eigenwerte besitzen kann, die streng kleiner als 1 dem Betrage nach sind.

Damit ist für einen endlich-dimensionalen Prädiktorraum $\bar{\mathbf{H}}_{\hat{Y}}(t)$ die Existenz einer state-space Darstellung für y_t nachgewiesen. Umgekehrt folgt aus der Existenz eines Zustandsraumes der Gestalt :

$$y_t = \mathbf{C}'\, x_t \;,\; x_t = F\, x_{t-1} + G\, \tilde{y}_t \quad \text{mit } F:=(p\times p),\ G:=(p\times m),$$

worin $\{\tilde{y}_t\}$ die Innovationsfolge von $\{y_t\}$ ist, $\| F \| < 1$ und $E(\tilde{y}_t x_{t-s}') = 0$ für alle s>0 gilt, die Existenz einer MA-Form:

$$y_t = \sum_{i=0}^{\infty} W_i\, \tilde{y}_{t-i}$$

(4.31) $$\text{mit } W_i = \mathbf{C}'\, F^i\, \mathbf{G} \;,\; i=0,1,\ldots \text{ und } \sum_{i=0}^{\infty} W_i W_i' < \infty .$$

Entwickelt man die Determinante von $[\mathbf{z}\, I_{p\times p} - F]$ in ein Polynom (das sogenannte *charakteristische Polynom von F*) :

(4.32) $$\det(\mathbf{z}\, I_{p\times p} - F) = \mathbf{z}^p - \sum_{j=1}^{p} a_j\, \mathbf{z}^{p-j} ,$$

so gilt nach dem ***Satz von Cayley-Hamilton*** [MURATA(1977), S.72] :

(4.33) $$F^p - \sum_{j=1}^{p} a_j\, F^{p-j} = 0_{p\times p} .$$

Unter Berücksichtigung der Faktorisierung (4.31) gilt daher

(4.34) $$W_s + \sum_{j=1}^{p} a_j W_{s-j} = 0_{pxp} \quad , \text{ für } s \geqq p \quad .$$

Mithin ergibt sich für die Prädiktoren $\hat{y}_{t+s|t}$ $(s \geqq p)$ gemäß (4.26a):

(4.35) $$\hat{y}_{t+s|t} = -\sum_{j=1}^{p} a_j \hat{y}_{t+s-j|t} \quad (s \geqq p) \quad ,$$

und hieraus erhält man unmittelbar die endliche Dimensionalität des Prädiktorraumes $\bar{H}_{\hat{Y}}(t)$.
Aus dem obigen Beweisgang ergibt sich, daß wir mit Hilfe eines beliebigen Erzeugendensystems von $\bar{H}_{\hat{Y}}(t)$ eine state-space-Darstellung von (4.17) konstruieren können. Die minimale Dimension einer Zustandsraumdarstellung (des Zustandsvektors) wird durch die Basis des Prädiktorraumes $\bar{H}_{\hat{Y}}(t)$ bestimmt, minimal-dimensionierte Zustandsvektoren sind Basisvektoren von $\bar{H}_{\hat{Y}}(t)$. Für jede Basiswahl von $\bar{H}_{\hat{Y}}(t)$ erhalten wir jeweils unterschiedliche Zustandsraumdarstellungen von (4.17). Bekanntlich können Basisvektoren eines Vektorraumes durch reguläre Transformationen ineinander überführt werden [HOFFMAN/KUNZE(1971),S.92]. Somit existiert für zwei minimale "state-space-Realisationen" desselben Prozesses (4.17) :

(4.36) (a) $$y_t = \mathbf{C}' x_t \qquad x_t = F x_{t-1} + G \tilde{y}_t$$
(b) $$y_t = \bar{\mathbf{C}}' \bar{x}_t \qquad \bar{x}_t = \bar{F} \bar{x}_{t-1} + \bar{G} \tilde{y}_t$$

eine reguläre Matrix **T** mit der Eigenschaft :

(4.37) $$x_t = \mathbf{T} \bar{x}_t \quad , \bar{\mathbf{C}}' = \mathbf{C}' \mathbf{T} \; , \; \bar{F} = \mathbf{T}^{-1} F \mathbf{T} \; , \; \bar{G} = \mathbf{T}^{-1} G \quad .$$

Die Koeffizienten des state-space-Modells (**C**,F,G) liegen erst mit gewissen Normierungskonventionen hinsichtlich der Basiswahl von $H_{\hat{Y}}(t)$ fest.

ARMA - Darstellungen und state-space-Modelle können unmittelbar ineinander überführt werden. So erhalten wir aus einer state-space Form (4.29) die Systemgleichungen :

$$y_t = C' x_t$$

$$y_{t+1} = C' x_{t+1} = C'F x_t + C'G \tilde{y}_{t+1}$$

$$\vdots$$

$$y_{t+i} = C' x_{t+i} = C'F^{i} x_t + \sum_{j=1}^{i} C'F^{i-j} G \tilde{y}_{t+j} \quad (i=1,2,\ldots) \quad ,$$

und hieraus ergibt sich unter Berücksichtigung des Cayley-Hamilton-Theorems (4.33) :

(4.38a) $$y_{t+p} + \sum_{s=1}^{p} a_s y_{t+p-s} = C'(I + \sum_{s=1}^{p} a_s F^{p-s}) x_t + \sum_{s=0}^{p-1} \sum_{j=1}^{p-s} a_s C' F^{p-s-j} G \tilde{y}_{t+j}$$

$$= \sum_{j=1}^{p} B_j \tilde{y}_{t+j}$$

(4.38b) $$\text{mit } B_j := \sum_{s=0}^{p-j} a_s C' F^{p-j-s} G \quad (j=1,\ldots,p) \quad , a_0 := 1 \quad .$$

Umgekehrt sei nun eine ARMA-Darstellung gegeben :

(4.39) $$y_t + A_1 y_{t-1} + \ldots + A_M y_{t-M} = \tilde{y}_t + B_1 \tilde{y}_{t-1} + \ldots + B_L \tilde{y}_{t-L}$$

mit den Eigenschaften :

(4.40a) $$\det(I + A_1 z + \ldots + A_M z^M) = 0 \implies |z| > 1 \quad ,$$

(4.40b) $$\det(I + B_1 z + \ldots + B_L z^L) = 0 \implies |z| \geqq 1 \quad ,$$

(4.40c) $\{\tilde{y}_t\}$ ist multiples weißes Rauschen mit $E(\tilde{y}_t)=0$, $E(\tilde{y}_t \tilde{y}'_{t-s}) = \delta_{ts} \mathbf{V}$.

Unter diesen Bedingungen beschreibt (4.39) einen stationären Prozeß mit $\{\tilde{y}_t\}$ als Innovationsfolge.

Aus der ARMA-Darstellung (4.39) erhalten wir mit den nachstehenden Überlegungen ein (endliches) Erzeugendensystem für $\bar{H}_{\tilde{Y}}(t)$.

Wendet man auf beiden Seiten von (4.39) den LKQS-Operator bezüglich $\bar{H}_Y(t) = \bar{H}_{\tilde{Y}}(t)$ an, so ergibt sich :

(4.41) $$\hat{y}_{t+s|t} + A_1 \hat{y}_{t+s-1|t} + \ldots A_M \hat{y}_{t+s-M|t}$$
$$= \hat{\tilde{y}}_{t+s|t} + B_1 \hat{\tilde{y}}_{t+s-1|t} + \ldots B_L \hat{\tilde{y}}_{t+s-L|t} \quad ,$$

(4.42a) mit $\hat{y}_{t+i|t} = y_{t+i}$ für $i \leqq 0$ (wegen $y_{t+i} \in \bar{H}_Y(t)$ für $i \leqq 0$) ,

(4.42b) $\hat{\tilde{y}}_{t+i|t} = \tilde{y}_{t+i}$ für $i \leqq 0$ (wegen $\tilde{y}_{t+i} \in \bar{H}_Y(t)$ für $i \leqq 0$) ,

(4.42c) $\hat{\tilde{y}}_{t+i|t} = 0$ für $i > 0$. (wegen (4.21)) .

Mithin gilt für $s \geqq L+1$:

(4.43) $$\hat{y}_{t+s|t} + \sum_{j=1}^{M} A_j \hat{y}_{t+s-j} = 0 .$$

Hieraus folgt, daß die Komponenten von $\{ \hat{y}_{t+K-j} : j=1,2,\ldots,K \}$ mit $K := \max(M,L+1)$ ein Erzeugendensystem von $\bar{H}_{\hat{Y}}(t)$ darstellen. Unter Vereinbarung der Definition $A_j := 0_{mxm}$ für $j>M$ gilt gemäß (4.43) für alle $s \geqq K$:

(4.44) $$\hat{y}_{t+s|t} = \sum_{j=1}^{K} (-A_j) \hat{y}_{t+s-j|t} .$$

Mit Hilfe des Zustandsvektors $x_t := (Kmx1)$, definiert durch

(4.45) $$x_t := [\hat{y}'_{t|t} \; \hat{y}'_{t+1|t} \; \cdots \; \hat{y}'_{t+K-1|t}]' ,$$

gelingt eine state-space-Formulierung des stationären Prozesses $\{y_t\}$. Offensichtlich gilt wegen $y_t = \hat{y}_{t|t}$:

(4.46a) $$y_t = C' x_t \quad \text{mit} \quad C' := [I_{mxm} \; 0_{mx(K-1)m}] .$$

Die Transitionsgleichung für x_t erhalten wir aus den Rekursionsbeziehungen (4.44) und (4.27) mit Hilfe der von (4.39) induzierten moving-average-Darstellung :

(4.47a) $$y_t = \sum_{i=0}^{\infty} W_i \tilde{y}_{t-i} .$$

Hierin werden die moving-average-Koeffizienten W_i bestimmt durch Koeffizientenvergleich der Polynomgleichung :

$$\sum_{i=0}^{\infty} W_i z^i = [\sum_{i=0}^{M} A_i z^i]^{-1} [\sum_{i=0}^{L} B_i z^i] ,$$

oder $$[\sum_{i=0}^{\infty} W_i z^i] [\sum_{i=0}^{M} A_i z^i] = \sum_{i=0}^{L} B_i z^i$$

mit $A_0 := I_{mxm}$, $B_0 := I_{mxm}$.

Aus dem Koeffizientenvergleich erhalten wir die folgenden Rekursionen für W_i :

(4.47b) $$W_0 = I , \quad W_i = B_i - \sum_{j=1}^{i} W_{i-j} A_j \quad (i=1,2,\ldots)$$

mit $B_i := 0$ für $i>L$ und $A_j := 0$ für $j>M$.

Die Rekursionsgleichungen für die Komponenten von x_t ergeben sich nun aus (4.27) als :

(4.48a) $$\hat{y}_{t+s|t} = \hat{y}_{t+s|t-1} + W_s \tilde{y}_t \quad \text{(für } s=0,1,\dots,K-1) .$$

Für s=K-1 ist hierin die Beziehung (4.44) zu berücksichtigen. Es gilt:

(4.48b) $$\begin{aligned} \hat{y}_{t+K-1|t} &= \hat{y}_{t+K-1|t-1} + W_{K-1} \tilde{y}_t \\ &= \hat{y}_{(t-1)+K|t-1} + W_{K-1} \tilde{y}_t \\ &= \sum_{j=1}^{K} (-A_j)\, \hat{y}_{(t-1)+K-j|t-1} + W_{K-1} \tilde{y}_t . \end{aligned}$$

Somit können wir alle Komponenten von x_t durch Komponenten von x_{t-1} und $\tilde{y}_t$ ausdrücken gemäß :

(4.46b) $$\begin{bmatrix} \hat{y}_{t|t} \\ \hat{y}_{t+1|t} \\ \vdots \\ \hat{y}_{t+(K-2)|t} \\ \hat{y}_{t+(K-1)|t} \end{bmatrix} = \begin{bmatrix} 0 & I & \dots & 0 & 0 \\ 0 & 0 & \dots & 0 & 0 \\ \vdots & \vdots & & \vdots & \vdots \\ 0 & 0 & \dots & 0 & I \\ -A_K & -A_{K-1} & \dots & -A_2 & -A_1 \end{bmatrix} \begin{bmatrix} \hat{y}_{t-1|t-1} \\ \hat{y}_{(t-1)+1|t-1} \\ \vdots \\ \hat{y}_{(t-1)+(K-2)|t-1} \\ \hat{y}_{(t-1)+(K-1)|t-1} \end{bmatrix} + \begin{bmatrix} W_0 \\ W_1 \\ \vdots \\ W_{K-2} \\ W_{K-1} \end{bmatrix} \tilde{y}_t ,$$

oder in offensichtlicher Entsprechung :

(4.46c) $$x_t = F\, x_{t-1} + G\, \tilde{y}_t .$$

Wir erinnern noch einmal daran, daß x_t ein Erzeugendensystem für $\bar{\mathbf{H}}_{\hat{Y}}(t)$ ist. Ob die state-space-Darstellung (4.46a) und (4.46b) minimal-dimensioniert ist, hängt davon ab, ob x_t eine Basis des Prädiktorraumes $\bar{\mathbf{H}}_{\hat{Y}}(t)$ ist. Dieses Problem hängt eng mit der Frage der "Identifizierbarkeit" der state-space bzw. der ARMA-Parameter durch die Kovarianzfolge $\{ E(y_t y'_{t-i}) : i \in \mathbf{Z} \}$ zusammen. Wir kommen hierauf im nächsten Satz noch einmal zurück.

Mit den vergangenen Ausführungen sind alle Aussagen des Satzes (4-8) bewiesen.

Es folgen noch einige Anmerkungen zur Eindeutigkeit der state-space-Darstellung (4.46) eines ARMA-Prozesses der Form (4.39) Die meiste Vorarbeit für den nächsten Satz ist bereits geleistet worden.

(4-9) SATZ: Gegeben sei ein regulärer stationärer Prozeß $\{y_t\}$, mit endlichem Prädiktorraum $\mathbf{H}_{\hat{Y}}(t)$. Es existiert also eine ARMA-Darstellung (4.39) und eine daraus abgeleitete state-space-Darstellung (4.46) . Für gegebene Ordnungen M und L sind unter folgenden Bedingungen:

(a) $E(\tilde{y}_t\tilde{y}_t')$ ist positiv definit .

(b) Die Matrix $[\,G \;\; FG \;\; F^2G \;\ldots\; F^{p-1}G\,]$ hat vollen Zeilenrang p, worin F:=(pxp) und G:=(pxm) durch (4.45) und (4.46b,c) definiert sind.

die ARMA-Koeffizienten aus (4.39), d.h. $\{ A_i$: i=1,...,M; B_j: j=1,...,L ; $\mathbf{V}\}$, und damit die state-space-Koeffizienten in (4.46) eindeutig durch die Autokovarianzfolge $\{ E(y_ty_{t-i}') : i \in \mathbf{Z}\}$ bestimmt, und die state-space-Darstellung (4.46) ist von minimaler Dimension. Der Zustandsvektor x_t, definiert durch (4.45) , ist dann eine Basis des Prädiktorraumes $\mathbf{H}_{\hat{Y}}(t)$.

Beweis: AKAIKE(1974b), S. 369-370 .

F,G und damit die ARMA-Koeffizienten sind gemäß (4.30a) und (4.30b) eindeutig durch die Autokovarianzfolge $\{ E(y_ty_{t-i}'):i \in \mathbf{Z} \}$ bestimmt, sofern $E(\tilde{y}_t\tilde{y}_t')$ und $E(x_tx_t')$ reguläre Matrizen sind. Es verbleibt wegen (a) nur noch der Nachweis, daß x_t keine degenerierte Verteilung besitzt (das ist damit gleichbedeutend, daß die Komponenten von x_t in $\mathbf{H}_{\hat{Y}}(t)$ linear unabhängig sind).

Aus (4.46c) ermitteln wir :

$$x_t = \sum_{i=0}^{\infty} F^iG\,\tilde{y}_{t-i} \quad .$$

Weil die Innovationsfolge $\{\tilde{y}_t\}$ weißes Rauschen ist, gilt also:

(4.49) $$E(x_tx_t') = \sum_{i=0}^{\infty} F^iG\,\mathbf{V}\,G'\,F^{i\prime} \quad .$$

Unter der Voraussetzung (a) ($\mathbf{V} > 0$) ist $E(x_t x_t')$ gemäß (4.49) genau dann regulär, wenn die (unendlich dimensionierte) Matrix :

$$\left[G \quad FG \quad F^2G \; F^3G \; \ldots \right]$$

vollen Zeilenrang (p) besitzt. Aufgrund des Cayley-Hamilton-Theorems (4.33) ist F^s für $s \geqq p$ eine Linearkombination aus $\{ F^i : i=0,1,\ldots,p-1 \}$, also gilt:

$$\text{rang} \left[G \quad FG \quad F^2G \quad \ldots \right] = \text{rang} \left[G \quad FG \; F^2G \quad \ldots \quad F^{p-1}G \right].$$

Mithin ist unter den Bedingungen (a) und (b) die Kovarianzmatrix von x_t regulär, und damit sind die Komponenten des Erzeugendensystems x_t linear unabhängig in $\bar{H}_{\hat{Y}}(t)$, also eine Basis.

Die Bedingungen aus Satz (4-9) sind nur hinreichend, denn sie stellen darauf ab, daß gerade die durch (4.45) definierten Vektorkomponenten eine Basis des Prädiktorraumes bilden.
Für ein vorgegebenes Modell der Form (4.39) sei die Dimension des Prädiktorraumes p. Man wähle nun aus den Prädiktoren $\{ \hat{y}_{t+j|t} : j=0,1,\ldots \}$ die ersten p linear unabhängigen Komponenten aus. Diese stellen per Konstruktion eine Basis x_t^* des zugehörigen Prädiktorraumes $\bar{H}_Y^{\hat{}}(t)$ dar. Unter der Annahme (4-9)(a) sind die Koeffizienten aus (4.39) genau dann identifizierbar, wenn sie mit den (per Konstruktion identifizierbaren) Koeffizienten der zugehörigen state-space-Darstellung bezüglich x_t^* in einer eineindeutigen Beziehung stehen.
Eine hierzu äquivalente Identifizierungsbedingung wurde von HANNAN(1969) bewiesen.

(4-10) <u>SATZ:</u> Gegeben sei ein ARMA-Prozeß der Form (4.39) mit den Eigenschaften (4.40), und $E(\tilde{y}_t \tilde{y}_t')$ sei positiv definit.

Für gegebene Ordnungen M und L sind die ARMA-Koeffizienten in (4.39) genau dann durch die Autokorrelationsfolge von $\{y_t\}$ identifizierbar, wenn gilt :

(a) Die Matrixpolynome A(z) und B(z) in (4.40a,b) lassen sich nicht faktorisieren gemäß :

$$A(z) = D(z)\, A^*(z) \;, \; B(z) = D(z)\, B^*(z) \;, \; D(z) \neq I_{mxm}$$

worin D(z), $A^*(z)$ und $B^*(z)$ endliche Polynome in z^i $(i \geqq 0)$ sind.

(b) Rang $[\, A_M \vdots B_L \,] = m$ (voller Zeilenrang), d.h. im Durchschnitt der Nullräume von A_M' und B_L' liegt nur 0_{mx1} .

Beweis: HANNAN(1969) .

Wir halten fest: jeder vorgegebenen Basis x_t des Prädiktorraumes entspricht unter Verwendung dieses (minimal-dimensionierten) Zustandsvektors x_t eine durch die Autokorrelationsfolge eindeutig festgelegte (in diesem Sinne "identifizierbare") Parametrisierung eines Zustandsraummodells (4.29). Das hieraus abgeleitete ARMA-Modell (4.38) beispielsweise ist somit ebenfalls identifizierbar. Die Darstellung (4.38) ist darüber hinaus - wie man sich durch Verwendung einer Transformation (4.37) überzeugt - von der Wahl einer bestimmten Basis unabhängig. Es gibt, wie z.B. die Konstruktion in AKAIKE(1974), S.374 zeigt, andere identifizierbare ARMA-Parametrisierungen, die sich jeweils einer bestimmten Basis des Prädiktorraumes zuordnen lassen.
Die Ordnungen M und L eines ARMA-Modelles (4.39) lassen sich nicht ohne weiteres eindeutig aus der Autokorrelationsfolge berechnen [HANNAN(1976), S.718]. Immerhin ist aber durch die Dimension des Prädiktorraumes eine Obergrenze für die Ordnungen M und L bekannt, mit denen durch einen ARMA-Ansatz eine Modellierung der vorgegebenen Autokorrelationsfolge gelingt (beispielsweise (4.38)). Diese Dimension ist eine fundamentale Invariante der Autokorrelationsfolge und damit grundsätzlich schätzbar: Man kann mit Hilfe des Caley-Hamilton-Theorems (4.33) und der Existenz einer Zustandsraumdarstellung (4.29) leicht nachweisen, daß die zugehörige Autokorrelationsfolge $\{\Lambda_i : i=0,1, \dots\}$

(4.50) mit : $\Lambda_i := E(y_t y_{t-i}') = C' E(x_t x_{t-i}') C$

folgende Eigenschaft besitzt :

(4.51) $$\text{Rang} \begin{bmatrix} \Lambda_0 & \Lambda_1 & \Lambda_2 & \dots \\ \Lambda_1 & \Lambda_2 & \Lambda_3 & \dots \\ \Lambda_2 & \Lambda_3 & \Lambda_4 & \dots \\ \vdots & \vdots & \vdots & \end{bmatrix} = \text{Dimension des Prädiktorraumes}$$

In der Praxis wird man versuchen, die Dimension des Prädiktorraumes dadurch zu schätzen, indem man die (4.51) entsprechende Matrix der empirischen Autokorrelationsfolge (wobei nach einem Maximallag abgebrochen wird) durch eine Matrix möglichst geringen Ranges approximiert.
Für vorgegebenes M und L sind die Parameter aus (4.39) unter den Bedingungen der Sätze (4-9) und (4-10) eindeutig durch die Autokorrelationsfolge bestimmt.
Welche spezielle Parametrisierung einer state-space- oder äquivalenten ARMA-Form zu wählen ist, wird davon abhängen, ob (substanzwissenschaftlich motivierte) Restriktionen auf den Koeffizienten besonders ausgezeichneter Parametrisierungen vorliegen. Es sind dann nur solche Parametrisierungen zu wählen, die die Berücksichtigung solcher Restriktionen erlauben. Ob eine (beispielsweise im Interesse einer ökonomischen Interpretation der Koeffizienten) vorgegebene Parametrisierung identifizierbar ist, wird man durch eine Anwendung von (4-9) oder (4-10) entscheiden wollen. Eine andere Verfahrensweise ist die folgende : Man nehme an, für y_t liege ein bestimmtes minimal-dimensioniertes Zustandsraummodell (4.36a) vor, dann sind alle hierzu beobachtungsäquivalenten Modelle der Form (4.36b) durch reguläre Transformationen (4.37) miteinander verbunden. Eine Identifikationsanalyse könnte nun in der Weise vorgehen, indem sie überprüft, ob die vorliegenden Restriktionen auf F,G und H von der Gestalt sind, daß die Transformation **T** in (4.37) nur eine Einheitsmatrix sein kann.
Sofern wir - wie bei einer rein formalen zeitreihenanalytischen Modellierung - grundsätzlich in der Wahl der "identifizierenden" Parametrisierungskonventionen frei sind, könnten wir beispielsweise auch unter dem Gesichtspunkt der Parameterparsimonität [BOX/JENKINS(1976)] eine Parametrisierung vornehmen. Man ist versucht zu vermuten, daß mit der Dimension des Prädiktorraumes auch die minimale Anzahl der Parameter festgelegt ist, mit dem eine state-space oder ARMA-Modellierung gelingt. Dies ist jedoch keineswegs der Fall, für verschiedene Basen des Prädiktorraumes können sich durchaus verschiedene Dimensionen des Parameterraumes ergeben [AKAIKE(1974b),HANNAN(1976)].

Analoge Überlegungen können für ARMAX-Modelle angestellt werden [HANNAN(1971,1979)]. Stationäre ARMAX-Modelle sind von der Gestalt :

(4.52) $$\underset{(m\times m)(m\times 1)}{A(L)\, y_t} = \underset{(m\times n)(n\times 1)}{C(L)\, u_t} + \underset{(m\times m)(m\times 1)}{B(L)\, \eta_t}$$

mit:

(4.53) $$A(L) := \sum_{i=1}^{M} A_i L^i \ , \ B(L) := \sum_{i=1}^{L} B_i L^i \ , \ C(L) := \sum_{i=1}^{J} C_i L^i \ .$$

Hierin sind den Matrixpolynomen und den Störtermeigenschaften geeignete Restriktionen aufzuerlegen, so daß η_t als Prognosefehler $y_t - E^*(y_t | \{y_s : s \leqq t-1\}, \{u_t : s \leqq t\})$ interpretiert werden kann :

(4.54)

(a) $A_0 := I_{m\times m}$, $B_0 := I_{m\times m}$.

(b) $\det A(z) = 0 \Longrightarrow |z| > 1$, $\det B(z) = 0 \Longrightarrow |z| \geqq 1$.

(c) $\{\eta_t\}$ ist weißes Rauschen mit $E(\eta_t) = 0$ und $E(\eta_t \eta_s') = \delta_{ts}\, \Omega$.

(d) $\{u_t\}$ ist ein stationärer, in (4.52) streng exogener Prozeß : $E(u_t \eta_s') = 0$ für alle ganzzahligen t und s.

Die (4.17) entsprechende Form einer "Impulsantwortfolge" bezüglich der "Inputs" $\{\eta_t, u_t\}$ lautet :

(4.55) $$y_t = C^*(L)\, u_t + B^*(L)\, \eta_t$$

(4.56) $$\text{mit } C^*(L) := A(L)^{-1} C(L) \ , \ B^*(L) ;= A(L)^{-1} B(L) \ .$$

Die Koeffizienten der Matrixpolynome $C^*(L)$ und $B^*(L)$ können für positiv definite Momentmatrizen $E(u_t u_t')$, $E(\eta_t \eta_t')$ aus der Momentenfolge

(4.57) $$M_{y,u} := \{ E(y_t y_{t-s}') \ , \ E(y_t u_{t-s}') \ , \ E(u_t u_{t-s}') \ : \ s,t \in \mathbf{Z} \}$$

bestimmt werden.

Für ARMAX-Modelle existieren state-space Darstellungen, in denen nunmehr in der Transitionsgleichung eine Kontrollvariable erscheint, nämlich u_t. Man zeigt analog zu AKAIKE(1974b), daß die **minimale** Dimension des Zustandsvektors einer state-space-Darstellung von (4.52) der Form :

(4.58a) $$y_t = C'\, x_t$$

(4.58b) $$x_t = F\, x_{t-1} + \Gamma\, u_t + G\, \eta_t$$

gegeben wird durch die Dimension des (abgeschlossenen) Vektorraumes $\bar{H}^*$, der von allen endlichen Linearkombinationen aus den Komponenten folgender Zufallsvariabler [HANNAN(1979), S. 89] :

.59) $$y^*_{t+j|t} := \sum_{s=j}^{\infty} C^*_s u_{t+j-s} + \sum_{s=j}^{\infty} B^*_s \eta_{t+j-s} \quad (j=0,1, \dots)$$

aufgespannt wird.[13] Ein Erzeugendensystem für $\bar{H}^*$ erhalten wir unter Berücksichtigung von (4.52) durch

.58c) $$x'_t := [\, y^{*\prime}_{t|t} \;\; y^{*\prime}_{t+1|t} \;\; \dots \;\; y^{*\prime}_{t+K-1|t} \,] \quad \text{mit} \quad K:= \max(M,L+1,J+1) .$$

Analoge Betrachtungen zu (4.43)-(4.48) führen dann zu einer state-space-Darstellung der Form (4.58a,b) mit

.58d) $$F:= \begin{bmatrix} 0 & I & \dots & 0 & 0 \\ 0 & 0 & \dots & 0 & 0 \\ \vdots & \vdots & & \vdots & \vdots \\ 0 & 0 & \dots & 0 & I \\ -A_K & -A_{K-1} & \dots & -A_2 & -A_1 \end{bmatrix}, \Gamma := \begin{bmatrix} C^*_0 \\ C^*_1 \\ \vdots \\ C^*_{K-2} \\ C^*_{K-1} \end{bmatrix}, \quad G:= \begin{bmatrix} B^*_0 \\ B^*_1 \\ \vdots \\ B^*_{K-2} \\ B^*_{K-1} \end{bmatrix} .$$

Ähnlich wie Satz (4-9) beweisen wir die folgende Aussage.

-11) SATZ: Gegeben sei ein ARMAX-Modell der Form (4.52) und ein daraus abgeleitetes state-space-Modell (4.58).
Unter folgenden Bedingungen :

(a) $E(\tilde{u}_t\tilde{u}'_t)$, $E(\eta_t\eta'_t)$ sind positiv definit .

(b) Die Matrix $[\, G \;\; FG \;\; F^2G \;\; \dots \;\; F^{p-1}G \,]$ hat vollen Zeilenrang p, worin $F:=(p\mathrm{x}p)$ und $G := (p\mathrm{x}m)$ durch (4.58d) definiert sind.

sind die ARMAX-Koeffizienten in (4.52) (bei gegebenen Ordnungen M,L,J) und die Kovarianzmatrix von η_t eindeutig durch die Momentenfolge (4.57) bestimmt. Das Erzeugendensystem (4.58c) ist dann eine Basis von $\bar{H}^*$.

Beweis:

Aus den Transitionsgleichungen ergeben sich Bestimmungsgleichungen der Form :

4.60a) $$\begin{bmatrix} E(x_t x'_{t-1}) \\ E(x_t u'_t) \end{bmatrix} = [\, F \;\; \Gamma \,] \begin{bmatrix} E(x_{t-1}x'_{t-1}) & E(u_t x'_{t-1}) \\ E(x_{t-1}u'_t) & E(u_t u'_t) \end{bmatrix},$$

4.60b) $$E(x_t \eta'_t) = G \; E(\eta_t\eta'_t) .$$

Hierin können alle Erwartungswerte aus der Momentenfolge (4.5 7) berechnet werden. (4.60b) ist nach G eindeutig auflösbar, weil der Prognosefehler η_t gemäß (a) eine positiv definite Kovarianzmatrix besitzt. (4.60a) ist nach (F Γ) eindeutig auflösbar, wenn die Momenten-Matrix von $(x'_{t-1}\ u'_t)'$ auf der rechten Seite in (4.60a) positiv definit ist. Dies ist jedoch unter den Bedingungen des Satzes der Fall: Die Varianz einer Linearkombination $\mathbf{a}'\, x_{t-1} + \mathbf{b}'\, u_t$, worin $\mathbf{a}:=(p\mathrm{x}1)$ und $\mathbf{b}:=(n\mathrm{x}1)$ beliebige reelle Vektoren sind, berechnen wir unter Berücksichtigung von (4.58b) und (4.54c,d) als :

$$\mathrm{var}(\ \mathbf{a}'\, x_{t-1} + \mathbf{b}'\, u_t\ ) = \mathrm{var}(\mathbf{b}' u_t + \mathbf{a}' \sum_{i=0}^{\infty} F^i \Gamma\, u_{t-1-i}\ ) + \mathbf{a}'(\ \sum_{i=0}^{\infty} F^i G\, \Omega\, G' F^{i\,\prime}\ )\,\mathbf{a}\quad .$$

Unter den Bedingungen (a,b) schließt man :

$$\mathrm{var}(\ \mathbf{a}'\, x_{t-1} + \mathbf{b}'\, u_t\ ) = 0 \Longrightarrow \mathbf{a} = 0_{p\mathrm{x}1} \text{ und } \mathbf{b} = 0_{n\mathrm{x}1}\quad .$$

Der Nachweis von $\mathbf{a}=0_{p\mathrm{x}1}$ gelingt für $\Omega > 0_{m\mathrm{x}m}$ und (b) wie in Satz (4-9), und $\mathbf{b}=0_{n\mathrm{x}1}$ folgt dann aus $E(u_t u'_t) > 0_{n\mathrm{x}n}$.

Die Entsprechung von Satz (4-10) lautet wie folgt.

(4-12) <u>SATZ:</u> Gegeben sei ein ARMAX-Modell der Form (4.52) mit den Eigenschaften (4.54). Die Momentmatrizen $E(u_t u'_t)$, $E(\eta_t \eta'_t)$ seien positiv definit.

Dann sind für vorgegebene Ordnungen (M,L,J) die ARMAX-Koeffizienten und die Kovarianzmatrix der Prognosefehler η_t genau dann durch die Momentenfolge (4.57) identifizierbar, wenn gilt :

(a) Die Matrixpolynome (4.53) lassen sich nicht faktorisieren gemäß : $A(L)= D(L)\, A(L)^*$, $B(L) = D(L)\, B(L)^*$, $C(L) = D(L)\, C(L)^*$, $D(L) \neq I_{m\mathrm{x}m}$, worin $D(L)$, $A(L)^*$, $B(L)^*$, $C(L)^*$ endliche Matrixpolynome in $L^i (i \geqq 0)$ sind.

(b) Rang $[\ A_M\ B_M\ C_J\ ] = m$

<u>Beweis:</u> HANNAN(1971), S. 758.

Eine Diskussion verschiedener state-space- und äquivalenter ARMAX-Modelle findet sich in HANNAN(1976,1979) und HANNAN/DUNSMUIR/DEISTLER(1980), Die obigen Anmerkungen zu den ARMA-Modellen gelten mutatis mutandis auch für die hier vorgestellten ARMAX-Modelle.
Wir werden im nächsten Abschnitt auf die Identifikationssätze (4-9) bis (4-12) verweisen.

4.3. Identifizierbarkeit in einem Spezialfall des dynamischen linearen Modells: Regressionsmodelle mit ARMA(X)-verteilten Regressionskoeffizienten

Analytische Identifizierbarkeitsergebnisse (in Sinne der strengen Version von KOHN) sind in der statistischen Literatur nur für einige Spezialfälle des dynamischen linearen Modells bekannt.
Dazu gehören vor allem die Arbeiten von PAGAN(1979,1980) und HATANAKA/TANAKA(1981) über Regressionsmodelle mit ARMA-verteilten Regressionskoeffizienten und nicht-stochastischen Regressoren - Modelle, die wie in 4.2. gezeigt als Zustandsraummodelle mit nicht-stochastischen Meßmatrizen formuliert werden können.
Die Resultate der genannten Autoren fassen wir in diesem Abschnitt zusammen : sie bestehen in hinreichenden Bedingungen dafür, daß die normierte Informationsmatrix $\frac{1}{N} I_N(\theta)$ gleichmäßig in N nach unten durch eine positiv definite Matrix beschränkt werden kann.
Wir diskutieren im Rahmen des PAGAN-Modells auch die Frage der globalen Identifizierbarkeit der Parameter und daran anschließend die Probleme einer Identifikationsanalyse für erweiterte Versionen des PAGAN-Modells (Schätzung von Trends in den zeitabhängigen Regressionskoeffizienten, Schätzung ARMAX-verteilter Regressionskoeffizienten).
Für den Fall einer stochastischen Meßmatrix unter Einschluß verzögert endogener Variabler läßt sich die Informationsmatrix nicht mehr analytisch auswerten, wir gehen auf dieses Problem kurz am Ende dieses Abschnitts ein.

Das Modell von PAGAN

Viele in der ökonometrischen Literatur für empirische Untersuchungen (insbesondere Stabilitätstests) verwendeten Modelle mit zeitabhängigen Regressionskoeffizienten [man vergleiche die Übersichtsartikel von BECK(1983), CHOW(1984), NICHOLLS/PAGAN (1983), HARVEY/PHILLIPS(1982), HARVEY(1985), ENGLE/WATSON(1985), RAUSSER/MUNDLAK/JOHNSON(1983)] sind Spezialfälle des Modells von PAGAN(1979,1980). Die zugehörigen Modellgleichungen lauten:

(4.62a) $$z_t = u_t' \beta_t + v_t \, ,$$

(4.62b) $$A(L)\beta_t = B(L)\,\tilde{\beta}_t \qquad (t=1,2,\ldots,N) \, .$$

Hierin ist z_t eine skalare Beobachtungsvariable und u_t' ein $(1x\tilde{k})$-Zeilenvektor mit den Realisationen von $\tilde{k}$ strikt exogenen Variablen, die im folgenden wie konstante Größen behandelt werden. Die Regressionskoeffizienten $\{\beta_t\}$ folgen einem streng stationären Prozeß mit Erwartungswert $E(\beta_t) = \bar{\beta}$ und endlichen zweiten Momenten. Der Prozeß $\{\beta_t-\bar{\beta}\}$ wird durch ein ARMA-Modell definiert: der autoregressive und der moving-average Teil werden jeweils durch endliche Matrixpolynome A(L) bzw. B(L) der Form (4.40a,b) beschrieben mit $\{\tilde{\beta}_t\}$ als Innovationsfolge von $\{\beta_t\}$. Die Prozesse $\{v_t\}$ und $\{\tilde{\beta}_t\}$ sind voneinander stochastisch unabhängig und jeweils weißes Rauschen mit

(4.63) $$v_t \sim N(0,R) \quad , \quad \tilde{\beta}_t \sim N(0, \mathbf{V}) \, .$$

Wie oben in (4-8) gezeigt kann der ARMA-Prozeß $\{\beta_t-\bar{\beta}\}$ in ein Zustandsraum-Modell überführt werden der Gestalt :

(4.64a) $$\beta_t - \bar{\beta} = \mathbf{C}' x_t \, ,$$

(4.64b) $$x_t = F x_{t-1} + w_t \quad (t=1,2,\ldots) \, ,$$

(4.64c) $$\text{mit } w_t \sim N(0,Q) \, , \; x_0 \sim N(0,\Sigma_0) \, .$$

Hierin ist **C** eine geeignet gewählte Selektionsmatrix, F eine Übergangsmatrix, deren Eigenwerte dem Betrage nach alle echt kleiner als 1 sind, und w_t eine lineare Transformation der Innovation $\tilde{\beta}_{t+1}$. Die Zustandsvektoren $\{x_t\}$ bilden einen stationären Prozeß, aus dem sich $(\beta_t-\bar{\beta})$ gemäß (4.64a) exakt rekonstruieren läßt. Die ersten beiden Momente lauten :

(4.65a) $$E(x_t) = 0 \quad , \; E(x_t x_t') = \Sigma_0 \qquad t=0,1, \ldots \quad ,$$

worin Σ_0 bestimmt wird durch die Fixpunktgleichung :

(4.65b) $$\Sigma_0 = F\, \Sigma_0\, F' + Q \quad .$$

Die Anfangswertverteilung von x_0 ist in Übereinstimmung mit (4.65) zu wählen. Die state-space-Koeffizienten F und Q enthalten unter Berücksichtigung von

(4.64d) $$w_t := G\, \tilde{\beta}_{t+1} \quad , \text{ also } \; Q = G\, \mathbf{V}\, G'$$

eine Reparametrisierung der ARMA-Koeffizienten A(L),B(L), $\mathbf{V}$ gemäß (4.46b) und (4.46c). Ferner nehmen wir an, daß diese Koeffizienten die Identifizierungsbedingungen aus (4-9) oder (4-10) erfüllen, so daß sie eindeutig einer gegebenen Autokorrelationsfolge $\{\Lambda_j\}$ zugeordnet werden können mit

(4.66) $$\Lambda_j := \; E([\beta_t - \bar{\beta}][\beta_{t-j} - \bar{\beta}]') \qquad j \in \mathbf{Z} \; .$$

Unter Berücksichtigung von (4.64) gehen die Systemgleichungen (4.62) über in die Zustandsraumform :

(4.67a) $$z_t = h_t'\, x_t + u_t'\, \bar{\beta} \; + v_t$$

(4.67b) $$x_t = F\, x_{t-1} + w_t \qquad\qquad (t=1,2,\ldots,N)$$

(4.67c) $$x_0 = v_0 \qquad\qquad ,$$

worin die Störterme $\{v_t, w_t : t=0,1,\ldots,N\}$ bzw. die erklärenden Variablen in u_t die Eigenschaften (D3) bis (D7) des Grundmodells aus II/2.1.2. erfüllen. Für die Anfangswertverteilung gilt $\bar{x}_0=0$ und die Fixpunktgleichung (4.65b).
Auf das Modell (4.67) ist nunmehr für bekannte Koeffizienten $(F,Q,R,\bar{\beta})$ der Kalmanfilter anwendbar, mit dessen Hilfe gemäß (1.16)-(1.18) die log-Likelihood-Funktion rekursiv berechnet werden kann.

Für eine systemtheoretische Identifikationsanalyse (analog der Vorgehensweise in (4.5)-(4.14)) wird man die state-space-Parametrisierung (4.67) verwenden. Allerdings muß hierbei sichergestellt werden, daß die ersten und zweiten

Momente von $\{y_t\}$ die Gewichtungsfolgen (4.9) eindeutig bestimmen. Die Bedingungen des PAGANschen Identifikationssatzes (4-13) hinsichtlich der Regressoren $\{u_t\}$ können in diesem Sinne interpretiert werden. Wir kommen darauf später im Rahmen der globalen Identifikationsfrage zurück. Die state-space Parametrisierung wird darüber hinaus auch in 5.2. für asymptotische Betrachtungen der Verteilungseigenschaften des ML-Schätzers verwendet.

Für Zwecke der lokalen Identifikationsanalyse mit Hilfe der Informationsmatrix erweist sich jedoch die state-space-Darstellung (3.1) der log-Likelihood-Funktion als ungeeignet. Wir benötigen eine andere Darstellung, die sich aus der sogenannten *Aitken-Form* des Modells (4.62) ergibt, wenn man in der Beobachtungsgleichung (4.62a) den Parameterprozeß $\{\beta_t-\bar{\beta}\}$ durch seine moving-average-Darstellung

(4.62c) $$\beta_t-\bar{\beta} = C(L)\,\tilde{\beta}_t \quad \text{mit} \quad C(L):= A(L)^{-1}B(L)$$

ersetzt. Unter Berücksichtigung von (4.62c) lautet die Beobachtungsgleichung :

(4.68a) $$z_t = u_t'(\beta_t-\bar{\beta}) + u_t'\bar{\beta} + v_t = u_t'\bar{\beta} + \varepsilon_t$$

(4.68b) $$\text{mit} \quad \varepsilon_t := u_t'\,C(L)\tilde{\beta}_t + v_t \quad .$$

Unter Vereinbarung folgender Definitionen :

(4.69a) $$z(N)' := (z_1 \;\; z_2 \;\; z_3 \; \dots \; z_N\,)$$

(4.69b) $$\varepsilon(N)' := (\varepsilon_1 \;\; \varepsilon_2 \;\; \varepsilon_3 \; \dots \; \varepsilon_N\,)$$

(4.69c) $$u(N) := (u_1 \;\; u_2 \;\; u_3 \; \dots \; u_N\,)$$

(4.70) $$\Omega_N \;:=\; E[\;\varepsilon(N)\cdot\varepsilon(N)'\;]$$

(4.71a) $$L_N(\theta) := \;\log\,[f_{Z(N)}(z(N);\theta)]$$

erhalten wir aus der *Aitkenform* die log-Likelihoodfunktion als

(4.71b) $$L_N(\theta) = -\,\frac{N}{2}\,\log(2\pi) - \frac{1}{2}\log|\Omega_N| - \frac{1}{2}\,[z(N)-u(N)'\bar{\beta}]'\,\Omega_N^{-1}\,[z(N)-u(N)'\bar{\beta}\,]\;.$$

Die zugehörige Informationsmatrix $I_N(\theta) = E[-\nabla^2 L_N(\theta)]$ kann durch eine explizite Berechnung des Erwartungswertes gefunden werden. Wir partitionieren den Parametervektor θ in die Subvektoren θ_1 und θ_2, worin θ_1 die Komponenten aus $\bar{\beta}$ und θ_2 die ARMA-Koeffizienten aus $A(L)$, $B(L)$ und $\mathbf{V}$ sowie die Varianz $R:=E(v_t^2)$ enthält.

Wir erhalten nach einem Satz von MAGNUS [(1978),S. 268] eine (blockdiagonale) Informationsmatrix der folgenden Gestalt:

(4.72)
$$I_N(\theta) = \begin{bmatrix} E(-\nabla^2_{11} L_N(\theta)) & E(-\nabla^2_{12} L_N(\theta)) \\ E(-\nabla^2_{21} L_N(\theta)) & E(-\nabla^2_{22} L_N(\theta)) \end{bmatrix}$$

$$= \begin{bmatrix} u(N)' \, \Omega_N^{-1} \, u(N) & 0 \\ 0 & \frac{\partial \operatorname{vec}(\Omega_N)}{\partial \theta_2}' (\Omega_N^{-1} \otimes \Omega_N^{-1}) \frac{\partial \operatorname{vec}(\Omega_N)}{\partial \theta_2} \end{bmatrix} .$$

Das Verhalten dieser Matrix hat PAGAN zur Identifikationsüberprüfung untersucht. Genauer : er hat hinreichende Bedingungen für die positive Definitheit der asymptotischen normierten Informationsmatrix

$$\lim_{N\to\infty} [(1/N) \, I_N(\theta)]$$

formuliert. Die Struktur der Informationsmatrix $I_N(\theta)$ macht deutlich, daß diese Aufgabe für die Subvektoren θ_1 und θ_2 getrennt gelöst werden kann.

Für die Formulierung des Identifikationssatzes von PAGAN benötigen wir noch eine weitere Vereinbarung.

Wie im letzten Abschnitt gezeigt wurde, kann ein ARMA-Modell oder ein state-space-Modell eine gegebene Autokorrelationsfolge $\{\Lambda_j\}$ nur dann exakt reproduzieren, wenn die zugehörige Matrix in (4.51) endlichen Rang besitzt (der dann mit der endlichen Dimension des Prädiktorraumes übereinstimmt).
Diese Eigenschaft hat zur Konsequenz, daß die ARMA-Parameter bereits aus einer endlichen Anzahl von Kovarianzmatrizen Λ_j berechnet werden können. Welche dies sind, hängt vom einzelnen stochastischen Prozeß ab, es gibt häufig auch mehrere Möglichkeiten einer Auswahl von Kovarianzmatrizen Λ_j , die man zur Berechnung (Identifikation durch $\{\Lambda_j\}$) heranziehen kann. Aus diesem Grunde ist folgende Vereinbarung sinnvoll :

Mit **J** bezeichnen wir im folgenden eine endliche Indexmenge ganzer Zahlen, welche gerade so konstruiert ist, daß die Elemente der Kovarianzmatrizen $\{\Lambda_j : j \in \mathbf{J}\}$ und die ARMA-Parameter in A(**L**),B(**L**),**V** bijektiv aufeinander abgebildet werden können. Eine solche Abbildung existiert bspw. unter den Identifikationsbedingungen aus (4-9): sofern unter diesen Bedingungen die Kovarianzen $\{\Lambda_j : j \in \mathbf{J}\}$ identifiziert werden können, so sind auch die ARMA-Parameter identifiziert.

Nach diesen Vorbemerkungen können wir den angekündigten Satz formulieren.

(4-13) <u>SATZ:</u> Gegeben sei ein dynamisches lineares Modell, definiert durch (4.62) oder durch eine äquivalente state-space-Darstellung (4.67), in dem die Eigenschaften (D3)-(D7) aus II/2.1.2. erfüllt sind. Es gilt ferner :

(P1) Der ARMA-Prozeß (4.62b) erfüllt die Identifikationsbedingungen aus (4-9) oder (4-10). Für eine geeignet gewählte endliche Indexmenge **J** können die Elemente aus $\{\Lambda(j): j \in \mathbf{J}\}$ und die unbekannten Koeffizienten aus **A(L), B(L), V** bijektiv aufeinander abgebildet werden.

(P2) Die Folge der Beobachtungswerte $\{u_t : t=1,2,\ldots\}$ ist gleichmäßig in t in allen Komponenten beschränkt.

(P3) Es existieren eine natürliche Zahl N_0 und eine reelle positive Zahl c mit der Eigenschaft :

$$\frac{1}{N}\sum_{t=1}^{N} u_t u_t' > c\, I_{k\times k} \qquad \text{für alle} \quad N \geqq N_0$$

(P4) Die Zahlen N_0 und c in (P3) können so gewählt werden, daß ferner gilt:

(a) $$\frac{1}{N}\sum_{t=1}^{N} \begin{bmatrix} 1 & u_t' \otimes u_t' \\ u_t \otimes u_t & u_t u_t' \otimes u_t u_t' \end{bmatrix} > c\, I_{(k^2+1)\times(k^2+1)}$$

für alle $N \geqq N_0$,

(b) $$\frac{1}{N}\sum_{t=j+1}^{N} \left[u_{t-j} u_{t-j}' \otimes u_t u_t'\right] > c\, I_{k\times k}$$

für alle $j \in \mathbf{J}$, $j \neq 0$ und für alle $N \geqq N_0$.

Unter den genannten Voraussetzungen existieren positive reelle Zahlen d_1, d_2 mit der Eigenschaft :

$$d_1\, I_{pxp} < \frac{1}{N}\, I_N(\theta) < d_2\, I_{pxp} \qquad \text{für alle } N \geqq N_0 ,$$

worin $I_N(\theta)$ die gemäß (4.72) definierte Informationsmatrix für die unbekannten Koeffizienten $\theta:=(px1)$ darstellt.

Beweis: PAGAN(1980), S. 346-350

a) Die Annahmen (P1) bis (P3) sind hinreichend für die Identifizierbarkeit von θ. Gemäß (4.72) genügt es zu zeigen, daß $(1/N)\, u(N)'\Omega_N^{-1}\, u(N)$ nach unten durch eine positiv definite Matrix abgeschätzt werden kann.

Bezeichnet $\mathbf{a}_N$ den kleinsten, $\mathbf{b}_N$ den größten Eigenwert der Kovarianzmatrix Ω_N, so gilt unter Berücksichtigung von R>0, (P2) und der Stationarität von $\{\beta_t - \bar{\beta}\}$ für positive reelle Zahlen $\mathbf{a}$ und $\mathbf{b}$: $0 < \mathbf{a} < \mathbf{a}_N \leqq \mathbf{b}_N < \mathbf{b} < \infty$ für alle N>0. Wir erhalten somit eine Abschätzung für Ω_N und Ω_N^{-1}, deren Eigenwerte aus den Kehrwerten derer von Ω_N gebildet werden [DHRYMES(1978), S.469f.], gemäß folgender Ungleichungen:

(4.73) $$0_{NxN} < \mathbf{a}\, I_{NxN} \leqq \Omega_N \leqq \mathbf{b}\, I_{NxN} , \quad 0_{NxN} < \frac{1}{\mathbf{b}}\, I_{NxN} \leqq \Omega_N^{-1} \leqq \frac{1}{\mathbf{a}}\, I_{NxN} .$$

Daraus ergibt sich dann eine weitere Abschätzung für $(1/N)\, u(N)'\, \Omega_N^{-1}\, u(N)$:

(4.74) $$0_{kxk} < \frac{1}{\mathbf{b}}\, \frac{1}{N}\, u(N)'u(N) \leqq \frac{1}{N}\, u(N)'\Omega_N^{-1}\, u(N) \leqq \frac{1}{\mathbf{a}}\, \frac{1}{N}\, u(N)'u(N) .$$

Unter Beachtung von (P3) schließt man :

(4.75) $$\frac{1}{N}\, E[\, -\nabla_{11}^2 L_N(\theta)\,] > (c/\mathbf{b}\,)\, I_{kxk} .$$

b) Für die Identifizierbarkeit von θ_2 benötigen wir eine Abschätzung von :

$$(1/N)\quad [\, -\nabla_{22}^2 L_N(\theta)\,] = \frac{1}{N}\, \frac{\partial vec(\Omega_N)'}{\partial\theta_2}\, \Omega_N^{-1} \otimes \Omega_N^{-1}\, \frac{\partial vec(\Omega_N)}{\partial\theta_2} .$$

Da die Eigenwerte von $\Omega_N \otimes \Omega_N$ als Produkte von je zwei Eigenwerten von Ω_N gewonnen werden können [THEIL(1970), , S. 305], gilt analog zur Argumentation unter (a) :

$$(4.76)\qquad \frac{1}{N\,b^2}\,\frac{\partial vec(\Omega_N)'}{\partial\theta_2}\,\frac{\partial vec(\Omega_N)}{\partial\theta_2} \leqq \frac{1}{N}\,E\,[-\nabla^2_{22}L_N(\theta)] \leqq \frac{1}{N\,a^2}\,\frac{\partial\, vec(\Omega_N)'}{\partial\theta_2}\,\frac{\partial vec(\Omega_N)}{\partial\theta_2} .$$

Es genügt also zu zeigen, daß das Matrizenprodukt

$$\frac{1}{N}\,\frac{\partial vec(\Omega_N)'}{\partial\theta_2}\,\frac{\partial vec(\Omega_N)}{\partial\theta_2}$$

geeignet beschränkt werden kann. Zu diesem Zweck benötigen wir eine explizite Darstellung von Ω_N. Unter Beachtung der Störtermdefinition (4.68b) berechnen wir das (t,s)-te Element von Ω_N als :

$$(4.77)\qquad \omega_N(t,s) = u_t'\,\Lambda_{t-s}\,u_s + \delta_{ts}\,R = (u_s' \otimes u_t')\,vec(\Lambda_{t-s}) + \delta_{ts}\,R .$$

Hierin haben wir die Vektorisierungsregel (2-2)(a) benutzt. Aus (4.77) ergibt sich die Ableitung :

$$(4.78)\qquad \frac{\partial\omega_N(t,s)}{\partial\theta_2} = (u_s' \otimes u_t')\,\frac{\partial vec(\Lambda_{t-s})}{\partial\theta_2} + \delta_{ts}\,\frac{\partial R}{\partial\theta_2} .$$

Differenzieren wir die vektorisierte Kovarianzmatrix Ω_N nach θ_2, so erhalten wir das folgende Kreuzprodukt der (normierten) Gradienten :

$$(4.79)\qquad \frac{1}{N}\,\frac{\partial vec(\Omega_N)'}{\partial\theta_2}\,\frac{\partial vec(\Omega_N)}{\partial\theta_2} = K_0'\,M_0^N\,K_0 + 2\sum_{i=1}^{N-1} K_i'\,M_i^N\,K_i + \frac{\partial R'}{\partial\theta_2}\,\frac{\partial R}{\partial\theta_2}$$
$$+ K_0'(u_t \otimes u_t)\frac{\partial R}{\partial\theta_2} + \frac{\partial R'}{\partial\theta_2}\,(u_t' \otimes u_t')\,K_0 ,$$

$$(4.80a)\qquad \text{mit}\quad K_i := \frac{\partial vec(\Lambda_i)}{\partial\theta_2} ,\quad M_i^N := \frac{1}{N}\sum_{t=i+1}^{N} (u_{t-i}u_{t-i}' \otimes u_t u_t')$$

für alle i=0,1, ... , N-1 .

Enthält die erste Komponente (θ_{21}) von $\theta_2 := (p_2 \times 1)$ die Varianz R und alle weiteren Komponenten (θ_{22}) die ARMA-Parameter von $\{\beta_t-\bar{\beta}\}$, so haben K_i und $\partial R/\partial\theta_2$ die folgende Struktur:

$$(4.80b)\qquad K_i := (N^2 x p_2),\ K_i = \left[0_{N^2 x1} \mid L_i\right],\ L_i := (N^2 x p_2 - 1), L_i := \frac{\partial vec(\Lambda_i)}{\partial\theta_{22}}$$

$$(4.80c)\qquad \frac{\partial R}{\partial\theta_2} := (1xp_2),\ \frac{\partial R}{\partial\theta_2} = \left[1 \mid 0_{1x(p_2-1)}\right] .$$

Unter Verwendung der Ableitungen L_i erhalten wir aus (4.79):

$$\frac{1}{N}\frac{\partial vec(\Omega_N)'}{\partial \theta_2}\frac{\partial vec(\Omega_N)}{\partial \theta_2} = \frac{1}{N}\sum_{t=1}^{N}\begin{bmatrix} 1 & (u_t' \otimes u_t')L_0 \\ L_0'(u_t \otimes u_t) & N\,L_0'\,M_0^N\,L_0 \end{bmatrix} + 2\sum_{i=1}^{N-1}\begin{bmatrix} 0 & 0_{1xp_2-1} \\ 0_{p_2-1x1} & L_i'\,M_i^N\,L_i \end{bmatrix} . \tag{4.81}$$

Die Indizes $j \in \mathbf{J}$ mit $j \neq 0$ bezeichnen wir im folgenden mit j_i $(i=1,2,\ldots,n)$. Unter Beachtung dieser Notation partitionieren wir das Matrizenprodukt (4.81) in die folgenden Summanden :

$$\frac{1}{N}\frac{\partial vec(\Omega_N)'}{\partial \theta_2}\frac{\partial vec(\Omega_N)}{\partial \theta_2} = \begin{bmatrix} 1 & \mathbf{0} & & & \\ \mathbf{0} & L_0' & L_{j_1}' & \cdots & L_{j_n}' \end{bmatrix} \tag{4.82a}$$

$$\begin{bmatrix} 1 & \frac{1}{N}\sum_{1}^{N}(u_t' \otimes u_t') & & & \\ \frac{1}{N}\sum_{1}^{N}(u_t \otimes u_t) & M_0^N & & \mathbf{0} & \\ & & 2\,M_{j_1}^N & & \\ & \mathbf{0} & & \ddots & \\ & & & & 2\,M_{j_n}^N \end{bmatrix} \begin{bmatrix} 1 & \mathbf{0} \\ & L_0' \\ \mathbf{0} & L_{j_1}' \\ & \vdots \\ & L_{j_n}' \end{bmatrix}$$

$$+ \; 2\sum_{\substack{j=1 \\ j \notin \mathbf{J}}}^{N}\begin{bmatrix} 0 & \mathbf{0} \\ \mathbf{0} & L_j' \end{bmatrix}\begin{bmatrix} 0 & \mathbf{0} \\ \mathbf{0} & M_j^N \end{bmatrix}\begin{bmatrix} 0 & \mathbf{0} \\ \mathbf{0} & L_j \end{bmatrix} ,$$

oder in offensichtlicher Entsprechung:

$$\frac{1}{N}\frac{\partial vec(\Omega_N)'}{\partial \theta_2}\frac{\partial vec(\Omega_N)}{\partial \theta_2} = \mathbf{L}^{*\prime}\mathbf{M}_N^{*}\mathbf{L}^{*} + 2\sum_{j \notin \mathbf{J}} K_j'\,M_j^N\,K_j . \tag{4.82b}$$

Gemäß (P4) sind für $N \geqq N_0$ alle Matrizen auf der Haupt-Block-Diagonalen von $\mathbf{M}_N^*$ gleichmäßig nach unten durch eine positiv definite Matrix beschränkt, mithin gilt dies auch für die blockdiagonale Matrix $\mathbf{M}_N^*$ $(N \geqq N_0)$ selbst. Ferner hat die Matrix $[\,L_0' \;\; L_{j_1}' \;\; L_{j_2}' \;\; \ldots \;\; L_{j_n}'\,]$ wegen der eineindeutigen Beziehung zwischen den Kovarianzen $\{\Lambda_j : j \in \mathbf{J}\}$ und den ARMA-Parametern θ_{22}, $\theta_{22} := (p_2\text{-}1x1)$, vollen Zeilenrang (p_2-1), mithin hat $\mathbf{L}^{*\prime}$ vollen Zeilenrang p_2.

Wir erhalten als Ergebnis dieser Überlegungen :

(4.83) $$L^{*\prime} M_N^* L^* \geqq c\, L^{*\prime} L^* > \bar{c}\, I_{p_2 x p_2}$$

für geeignet gewähltes reelles $\bar{c} > 0$ und alle $N \geqq N_0$.
Die übrigen Summanden in (4.82b) sind alle positiv semidefinit. Somit ergibt sich aus (4.83), (4.82) und (4.76) :

(4.84) $$\frac{1}{N} \frac{\partial \mathrm{vec}(\Omega_N)'}{\partial \theta_2} \frac{\partial \mathrm{vec}(\Omega_N)}{\partial \theta_2} > \bar{c}\, I_{p_2 x p_2} ,$$

$$\text{und} \quad \frac{1}{N} E[-\nabla^2_{22} L_N(\theta)] > (\bar{c}/b^2)\, I_{p_2 x p_2} \qquad \text{für alle } N \geqq N_0 .$$

c) Wegen der Blockdiagonalität von $I_N(\theta)$ gemäß (4.72) schließen wir mit Hilfe von (4.84) und (4.75) auf :

(4.85) $$\frac{1}{N} I_N(\theta) > d\, I_{pxp} \quad \text{für } N \geqq N_0 \text{ und } d = \min\left(\frac{c}{b}, \frac{\bar{c}}{b^2}\right).$$

d) Die Existenz einer oberen Schranke für $(1/N)\, I_N(\theta)$ folgt aus der Tatsache, daß unter (P1) und (P2) die ersten und zweiten Ableitungen der log-Likelihood exponentiell stabilen Differenzengleichungen folgen. Das Argument wird in Kapitel 5.2. nachgetragen.
Da die Folge der Informationsmatrizen $\{(1/N)\, I_N(\theta)\}$ monoton nicht abnehmend im Stichprobenumfang (N) ist (im Sinne von $a' I_N(\theta) a - a' I_{N-1}(\theta) a \geqq 0$ für alle $a \in R^p$) folgt aus der gleichmäßigen Beschränktheit von $\frac{1}{N} I_N(\theta)$ durch positiv definite Matrizen die Existenz einer positiv definiten Grenzmatrix von $\{(1/N)\, I_N(\theta)\}$.

Wir erwähnen noch, daß die Regularitätsbedingungen von KOHN aus Satz (4-7) nachgewiesen werden können[14] (das wird zum Teil in Kapitel 5 gezeigt) , so daß unter den Annahmen von Satz (4-13) die Parameter des PAGAN-Modells asymptotisch lokal identifiziert im Sinne von Definition (4-6) sind.

(4-14) <u>SATZ:</u> Unter den Voraussetzungen von Satz (4-13) sind die Parameter des Pagan-Modells (4.62) ebenfalls global identifizierbar. Hierbei können die Annahmen (P3) und (P4) dahingehend abgeschwächt werden, daß man nur die positive Definitheit der in (P3) und (P4) erwähnten Matrizen fordert.

Beweis:

Der Beweis ist im wesentlichen schon in den Ausführungen zu Satz (4-13) enthalten. Unter Normalverteilungsannahmen ist die Verteilung von $\{y_t\}$ eindeutig durch die Momente $\{E(y_t), COV(y_t, y_s) : t,s \in \mathbf{Z}\}$ charakterisierbar.
Annahme (P2) gewährleistet, daß $E(\beta_t) = \bar{\beta}$ aus der Folge der Erwartungswerte $\{E(y_t) : t \in \mathbf{Z}\}$ berechnet werden kann, denn es gilt:

(4.86) $$E(y_t) = u_t' \bar{\beta} \quad , u_t E(y_t) = u_t u_t' \bar{\beta} \quad ,$$

mithin wegen (P2) für alle $N \geqq N_0$:

(4.87) $$\left(\frac{1}{N} \sum_{t=1}^{N} u_t u_t' \right)^{-1} \left(\frac{1}{N} \sum_{t=1}^{N} u_t E(y_t) \right) = \bar{\beta} \quad .$$

Unter (P3) und (P4) kann die Autokorrelationsfolge $\{\Lambda_\tau\}$ von $\{\beta_\tau\}$ aus den Momenten $\{COV(y_t, y_{t-s}) : t,s \in \mathbf{Z}\}$ berechnet werden, denn es gilt gemäß (4.77) :

(4.88a) $$VAR(y_t) = \begin{bmatrix} 1 & u_t' \otimes u_t' \end{bmatrix} \begin{bmatrix} R \\ vec(\Lambda_0) \end{bmatrix} \quad ,$$

(4.88b) $$COV(y_t, y_{t-j}) = \begin{bmatrix} u_{t-j}' \otimes u_t' \end{bmatrix} vec(\Lambda_j) \quad ,$$

hieraus ergibt sich unter (P3) und (P4) für alle $j \in \mathbf{J}$, $N \geqq N_0$:

(4.89a) $$\begin{bmatrix} R \\ vec(\Lambda_0) \end{bmatrix} = \left(\frac{1}{N} \sum_{t=1}^{N} \begin{bmatrix} 1 & u_t' \otimes u_t' \\ u_t \otimes u_t & u_t u_t' \otimes u_t u_t' \end{bmatrix} \right)^{-1} \frac{1}{N} \sum_{t=1}^{N} \begin{bmatrix} 1 \\ u_t \otimes u_t \end{bmatrix} VAR(y_t)$$

(4.89b) $$vec(\Lambda_j) = \left(\frac{1}{N} \sum_{t=j+1}^{N} u_{t-j} u_{t-j}' \otimes u_t u_t' \right)^{-1} \left(\frac{1}{N} \sum_{t=j+1}^{N} (u_{t-j} \otimes u_t) \, COV(y_{t-j}, y_t) \right),$$

und die Kovarianzen $\{\Lambda_\tau\}$ bestimmen ihrerseits unter (P1) eindeutig die Koeffizienten des ARMA-Prozesses (4.62b).
Damit ist die globale Identifizierbarkeit im PAGAN-Modell gezeigt.
Wie oben erwähnt, setzt die systemtheoretische Identifikationsanalyse beobachtungsäquivalenter state-space Parametrisierungen (4.13) voraus, daß die ersten/zweiten Momente der Beobachtungsvariablen die Gewichtungsfolgen (4.9) eindeutig bestimmen.
Unter den Bedingungen (P2)-(P4) ist dies im PAGAN-Modell der Fall. Die systemtheoretische Analyse läuft dann - wie wir es bereits in 4.2. beschrieben haben - auf eine Überprüfung von (P1) hinaus.

Erweiterungen des Pagan-Modells (ARMAX-verteilte Regressionskoeffizienten mit zeitabhängigen Mittelwerten)

Im folgenden betrachten wir ein multivariates Regressionsmodell mit zeitabhängigen und konstanten Regressionskoeffizienten :

(4.90a) $$\underset{(m\times 1)}{z_t} = \underset{(m\times k_1)}{U'_{1t}}\,\underset{(k_1\times 1)}{\bar{\beta}_t} + \underset{(m\times k_2)}{U'_{2t}}\,\underset{(k_2\times 1)}{\bar{\beta}_2} + \underset{(m\times 1)}{v_t} \quad (t=1,\ldots,N) \quad ,$$

worin U_{1t} und U_{2t} nichtstochastische Regressoren enthalten und v_t , $v_t \sim N(0,R)$, weißes Meßrauschen darstellt. Von den zeitabhängigen Regressionskoeffizienten β_t nehmen wir an, daß ihr Mittelwert $\bar{\beta}_t$ durch weitere Variablen (z.B. auch deterministische Zeitfunktionen) erklärt werden kann :

(4.90b) $$\bar{\beta}_t = U'_{3t}\ \bar{\beta}_2 \qquad \text{mit } U'_{3t} := (k_1 x k_3) \ , \beta_2 := (k_3 x 1) \ .$$

Die Regressormatrix U_{3t} ist ebenso wie U_{1t} und U_{2t} analog (1.2) konstruiert, es gilt :

(4.90c) $$\underset{(m\times k_i)}{U'_{it}} = \underset{(m\times m)}{(\, I} \otimes \underset{(1\times\tilde{k}_i)}{u'_{it})}\ \underset{(m\tilde{k}_i\times k_i)}{C_i} \quad (i=1,2) \qquad \underset{(k_1\times k_3)}{U'_{3t}} := \underset{(k_1\times k_1)}{(I} \otimes \underset{(1\times\tilde{k}_3)}{u'_{3t})}\ \underset{(k_1\tilde{k}_3\times k_3)}{C_3} \quad ,$$

worin die C_i geeignete Selektionsmatrizen sind.

Die mittelwertbereinigten Koeffizienten $\{\beta_t - \bar{\beta}_t\}$ folgen einem ARMAX-Prozeß der Form (4.52) - (4.54) :

(4.90d) $$\underset{(k_1\times k_1)}{A(L)}\,\underset{(k_1\times 1)}{\beta^*_t} = \underset{(k_1\times\tilde{k}_4)}{C(L)}\,\underset{(\tilde{k}_4\times 1)}{u^*_{4t}} + \underset{(k_1\times k_1)}{B(L)}\,\underset{(k_1\times 1)}{\eta_t} \quad \text{mit } \beta^*_t := \beta_t - \bar{\beta}_t \ , \ u^*_{4t} := u_{4t} - \bar{u}_{4t} \ ,$$

worin $\{u^*_{4t}\}$ einen ebenfalls mittelwertbereinigten, stationären Prozeß streng exogener Variablen bezeichnet, $\bar{u}_{4t}$ ist der bekannte (oder vorab geschätzte) Mittelwert von u_{4t}. Die Störvariablen η_t sind normalverteiltes weißes Rauschen und können als Prognosefehler $\beta^*_t - E^*(\beta^*_t | \{\beta^*_s : s<t\}, \{u^*_{4s} : s \leqq t\})$ interpretiert werden, $\eta_t \sim N(0,V)$. Die Meßfehler v_t sind zu allen leads und lags weder mit η_t noch mit u_{4t} korreliert. Der Prozeß $\{\beta^*_t \ , u^*_{4t}\}$ ist ebenfalls stationär normalverteilt und zwar mit Mittelwert Null und Autokorrelationsfolge

(4.91) $$\Lambda(j) := \begin{bmatrix} \Lambda_{11}(j) & \Lambda_{12}(j) \\ \Lambda_{21}(j) & \Lambda_{22}(j) \end{bmatrix} := \begin{bmatrix} E(\beta^*_t\, \beta^{*\prime}_{t-j}) & E(\beta^*_t\, u^{*\prime}_{4,t-j}) \\ E(u^*_{4t}\, \beta^{*\prime}_{t-j}) & E(u^*_{4t}\, u^{*\prime}_{4,t-j}) \end{bmatrix} \ .$$

Gemäß (4.58) existiert eine state-space Darstellung von (4.90c) der Form:

(4.92a) $$\beta_t = \mathbf{C}' x_t$$

(4.92b) $$x_t = F x_{t-1} + \Gamma u^*_{4t} + G \eta_t$$

worin (F,Γ,G) durch (4.58d) definiert sind.
$\{x_t\}$ ist ein stationärer Prozeß, aus dem β^*_t gemäß (4.92a) exakt rekonstruiert werden kann. Die Verteilung von x_t (mit der das Modell zum Zeitpunkt t=0 zu initialisieren ist) ergibt sich aus der gemeinsamen Verteilung des Prozesses $\{\beta^*_t, u^*_{4t}\}$.
Unter Berücksichtigung von (4.90a), (4.90b) und der Beziehung

(4.90e) $$z_t = U'_{1t}(\beta_t - \bar{\beta}) + U'_{1t}\bar{\beta}_t + U'_{2t}\bar{\beta}_2 + v_t$$

geht das Modell (4.90) über in die Zustandsraum-Form :

(4.93a) $$z_t = H'_t x_t + U'_{5t}\bar{\beta} + v_t \qquad (t=1,2,\ \dots\ ),$$

(4.93b) $$x_{t+1} = F x_t + \Gamma u^*_{4,t+1} + w_t \qquad (t=0,1,\ \dots\ ),$$

(4.93c) $$\text{mit :}\quad H'_t := U'_{1t}\mathbf{C}',\ U'_{5t} := [\,U'_{1t}\cdot U'_{3t} \quad U'_{2t}\,],\ \bar{\beta} := [\,\bar{\beta}'_1 \quad \bar{\beta}'_2\,]',$$
$$w_t := G\eta_{t+1},\quad w_t \sim N(0,Q),\quad Q := G\,\mathbf{V}\,G',\ v_t \sim N(0,R).$$

Die Identifikationsanalyse dieses erweiterten Modells verläuft weitgehend analog zu der des einfachen Pagan-Modells.
Unsere stochastischen Beobachtungsvariablen sind $\{z_t, u^*_{4t}\}$, die aufgrund unserer Annahmen normalverteilt sind.
Die folgenden ersten und zweiten Momente können wir für die globale Identifikationsanalyse heranziehen.

(4.94a) $$E(z_t) = U'_{5t}\bar{\beta},$$

(4.94b) $$E(z^*_t z^{*\prime}_{t-j}) = U'_{1t}\Lambda_{11}(j)U_{1,t-j} + \delta_{ts}R,$$

(4.94c) $$\mathrm{vec}[E(z^*_t z^{*\prime}_{t-j})] = (U'_{1,t-j} \otimes U'_{1t})\,\mathrm{vec}(\Lambda_{11}(j)) + \delta_{ts}\,\mathrm{vec}(R),$$

(4.94d) $$E(z^*_t u^{*\prime}_{4,t-j}) = U'_{1t}\cdot\Lambda_{12}(j),$$

(4.94e) $$\mathrm{vec}[E(z^*_t u^{*\prime}_{4,t-j})] = (I_{\tilde{k}_4 x\tilde{k}_4} \otimes U'_{1t})\,\mathrm{vec}(\Lambda_{12}(j)),$$

(4.94f) $$E(u^*_{4t} u^{*\prime}_{4,t-j}) = \Lambda_{22}(j),$$

$$\text{mit:}\quad z^*_t := z_t - E(z_t) \quad .$$

Die Grundidee für die globale Identifikation der ARMAX-Parameter ist dieselbe wie im einfachen PAGAN-Modell:
Wenn die Regressoren $U_{it}(i=1,2,3)$ von der Gestalt sind, daß die Autokorrelationsfolge $\{\Lambda(j)\}$ aus den Momenten (4.94) berechnet werden kann, und wenn andererseits die ARMAX-Koeffizienten aus dieser Folge bzw. aus einer endlichen Teilfolge $\{\Lambda(j) : j \in \mathbf{J}\}$ eindeutig bestimmt werden können, dann sind die Koeffizienten des Modells (4.90d) global identifizierbar.
Die Gültigkeit des folgenden Satzes dürfte leicht einzusehen sein.

(4-15) SATZ: Gegeben sei ein dynamisches lineares Modell, definiert durch (4.90) oder durch eine äquivalente state-space-Darstellung (4.93), worin die Eigenschaften (D3-D7) aus II/2.1.2. erfüllt sind und die stochastischen Regressoren mit keinem der Systemfehler korreliert sind. Ferner gelten die folgenden Bedingungen:

(P1)' Die Koeffizienten des Modells (4.90d) erfüllen die Identifizierbarkeitsbedingungen aus (4-11) oder (4-12): die ARMAX-Parameter sind aus einer geeignet gewählten endlichen Teilfolge von (4.91), $\{\Lambda(j) : j \in \mathbf{J}\}$, identifizierbar.

(P2)' Die Folge der nicht-stochastischen Regressormatrizen $\{U_{1t}, U_{5t} : t=1,2,\ldots\}$ ist gleichmäßig in t in allen Komponenten beschränkt.

(P3)' Es existiert eine Zahl N_0 und eine reelle positive Zahl c, so daß für alle $N \geq N_0$ gilt:

$$\frac{1}{N} \sum_{t=1}^{N} U_{5t} U_{5t}' > c\, I_{k_5 x k_5} \quad \text{mit } k_5 := k_2 + k_3 .$$

(P4)' Die Zahlen N_0 und c in (P3)' können so gewählt werden, daß ferner gilt:

$$\text{(a)} \quad \frac{1}{N} \sum_{t=1}^{N} \begin{bmatrix} I_{m^2 x m^2} & U_{1t}' \otimes U_{1t}' \\ U_{1t} \otimes U_{1t} & U_{1t}U_{1t}' \otimes U_{1t}U_{1t}' \end{bmatrix} > c\, I_{(m^2+k_1^2)x(m^2+k_1^2)} .$$

(b) $$\frac{1}{N} \sum_{t=j+1}^{N} \left[U_{1,t-j} U'_{1,t-j} \otimes U_{1t} U'_{1t} \right] > c\, I_{k_1^2 x k_1^2}\ , \quad j\ \mathbf{J},\ j \neq 0\ .$$

(c) $$\frac{1}{N} \sum_{t=1}^{N} \left(U_{1t} U'_{1t} \right) > c\, I_{k_1 x k_1}\ .$$

Unter den genannten Voraussetzungen existieren positive reelle Zahlen d_1, d_2 mit der Eigenschaft :

$$d_1\, I_{pxp} < \frac{1}{N}\, I_N(\theta) < d_2\, I_{pxp}\ ,$$

worin $I_N(\theta)$ die Informationsmatrix für die unbekannten Parameter $\theta := (px1)$ aus $\bar{\beta}$, $A(L)$, $B(L)$, $C(L)$, R, V darstellt (unter Verwendung der gemeinsamen Dichte für die Beobachtungsvariablen $\{z_t, u^*_{4t} : t=1,\ldots,N\}$). Alle Parameter sind darüber hinaus auch global identifizierbar, (P3)' und (P4)' können hierbei abgeschwächt werden, indem man nur die positive Definitheit der in (P3)' und (P4)' erwähnten Matrizen fordert.

Beweis:

Sofern die Matrizen in (P3)' und (P4)' positiv definit sind, können wir analog zur Vorgehensweise in (4.86)-(4.89) das System (4.94) nach $\bar{\beta}$, R, $\{A(j)\}$ auflösen, unter Beachtung von (P1)' sind damit auch die ARMAX-Parameter aus $A(L), B(L), C(L), V$ eindeutig bestimmt.
Die log-Likelihood-Funktion wird im vorliegenden Fall durch die gemeinsame Dichte von $\{z_t, u^*_{4t} :\ t=1,2,\ldots,N\}$ definiert - eine multidimensionale Normalverteilung, deren erste und zweite Momente durch (4.94) beschrieben werden. Auch hier ist die Informationsmatrix blockdiagonal in $\bar{\beta}$ und den übrigen Parametern. Abgesehen von einer aufwendigeren Notation ist der Beweis analog zur Vorgehensweise in (4-13).

Das Modell von HATANAKA/TANAKA (random walk model)

HATANAKA und TANAKA(1981) haben ein analoges Identifikationsergebnis für einen Spezialfall nichtstationärer Parameterprozesse abgeleitet, nämlich für den Fall der "random walk parameters". Das Modell lautet :

(4.95a) $$z_t = u_t' \beta_t + v_t ,$$

(4.95b) $$\beta_t = \beta_{t-1} + w_{t-1} \qquad (t=1,2,\dots) ,$$

worin die Störterme w_t und v_t sowie die Regressoren u_t dieselben Annahmen wie im Pagan-Modell erfüllen.
Das Modell (4.95) hat bereits die Form eines Zustandsraummodells mit $x_t := \beta_t$ und $F := I_{kxk}$. Das Modell wird initialisiert mit einem bekannten und konstanten Anfangszustand $\beta_0 = \bar{\beta}_0$.
Die zugehörige AITKEN-Form des Modells berechnet man durch schrittweises Substituieren in die Transitionsgleichung :

(4.96a) $$z_t = u_t' \bar{\beta}_0 + \varepsilon_t ,$$

(4.96b) $$\text{mit} \quad \varepsilon_t := u_t' (w_{t-1} + \dots + w_1 + w_0) .$$

Hieraus ergeben sich die Kovarianzen :

(4.97a) $$E(\varepsilon_t \varepsilon_s) = \min(t,s)\, u_t' Q u_s + \delta_{ts} R ,$$

(4.97b) $$\text{oder} \quad \Omega_N = R\, I_{NxN} + A_N * u(N)' Q u(N) .$$

Hierin bezeichnet A_N eine (NxN) Matrix mit typischem Element $a_N(t,s) := \min(t,s)$ und A*B die elementweise Multiplikation der Matrizen A und B (das sogenannte HADAMARD-Produkt). Im übrigen gilt die Notation (4.69) und (4.70) als vereinbart.
Der unbekannte Parametervektor θ umfaßt die Varianzen R und die verschiedenen Elemente von $Q = E(w_t w_t')$.
Die Informationsmatrix $I_N(\theta)$ ergibt sich dann wie im Pagan-Modell (unter Fortfall des Blockes für $\bar{\beta}$) als :

(4.98) $$I_N(\theta) = \frac{\partial vec(\Omega_N)'}{\partial\theta} \left(\Omega_N^{-1} \otimes \Omega_N^{-1} \right) \frac{\partial vec(\Omega_N)}{\partial\theta} .$$

Das Identifikationsergebnis von HATANAKA/TANAKA fassen wir in dem nächsten Satz zusammen.

(4-16) SATZ: Gegeben sei ein random-walk Modell der Form (4.95) oder (4.96). Die Regressoren $u_t := (u_{t1}\ u_{t2}\ \dots\ u_{tk})'$ erfüllen hierin die folgenden Bedingungen:

(H1) $\| u_t \| < c_1 < \infty$ für alle $t=1,2, \dots$

(H2) Es gibt eine ganze Zahl $\tau > 0$, so daß auf allen Intervallen $\{ t, t+1, \dots, t+\tau \}$ $(t=1,2,\dots)$ eine Zahl s existiert mit der Eigenschaft :

$$|u_{is}| > c_2 > 0 \qquad \text{für alle } i=1,2,\dots,k \ .$$

Dann gilt für geeignet gewählte positive reelle Zahlen d_1 und d_2 :

$$d_1 I_{pxp} < \frac{1}{N} I_N(\theta) < d_2 I_{pxp} \qquad \text{für alle } N > 1$$

worin $I_N(\theta)$ die Fisher-Information (4.98) darstellt.

Beweis: HATANAKA/TANAKA (1981), S. 10-23

Der Beweis ist langwierig. Wir beschränken uns auf einige Anmerkungen. Die Beweisstrategie im vorangegangenen Satz (4-13) konnte den Umstand ausnutzen, daß unter den Stationaritätsannahmen für β_t und der Beschränktheit der Regressoren, die Eigenwerte von Ω_N gleichmäßig nach oben und unten abgeschätzt werden konnten. Im vorliegenden Fall strebt der maximale Eigenwert von A_N in (4.97b) für $N \to \infty$ ebenfalls gegen unendlich. Aus diesem Grunde ist im random walk Modell keine gleichmäßige Abschätzung von Ω_N^{-1} nach unten möglich.

Dieser Umstand hat zur Konsequenz, daß die (mittlere) Fisher-Information bezüglich eines unbekannten Anfangszustandes in diesem Modell nicht gleichmäßig nach unten beschänkbar ist und daß für eine Abschätzung der (mittleren) Fisher-Information (4.98) die Elemente von Ω_N^{-1} explizit in die Überlegungen mit einbezogen werden müssen.

Das Modell von WEISS

A.A. WEISS(1982) hat das Modell von PAGAN untersucht für den Fall, daß u_t stochastisch ist und verzögert endogene Variable enthält. Die Modellgleichungen sind dieselben wie unter (4.62) und (4.67). Statt der üblichen Annahme deterministischer Regressoren fordert WEISS :

(W) Die Regressoren u_t enthalten verzögert endogene Variable sowie laufende und verzögerte Werte von Zufallsvariablen u_t^*, die zu allen leads und lags von den Systemfehlern $\{v_t, w_t: t=0,1, \ldots\}$ stochastisch unabhängig sind. Der Prozeß $\{z_t, u_t^*\}$ ist normal, streng stationär und ergodisch mit endlichen zweiten Momenten. In der gemeinsamen Verteilung von $\{z_t, u_t^*\}$ ist u_t^* schwach exogen für die unbekannten Modellparameter θ.

Im folgenden beschreiben wir einige Konsequenzen der Annahme (W) für die Schätzung eines state-space Modells.

Die Stationaritätsforderung für $\{z_t, u_t^*\}$ dürfte für ökonomische Rohdaten in der Regel nicht erfüllt sein, meist wird man diese Daten durch geeignete Transformationen stationarisieren müssen. Es ist bisher noch nicht untersucht worden, wie diese Stationarisierungstransformationen die Spezifikation der Beobachtungs- und Transitionsgleichungen beeinflussen. Ferner ist es schwer zu überblicken, welche Restriktionen die Stationaritätsforderung und die Momentenbeschränkung von $\{z_t, u_t^*\}$ implizit den Modellkoeffizienten eines state-space Modells auferlegen angesichts der Tatsache, daß $\{z_t\}$ unter (W) die Lösung einer <u>nichtlinearen</u> stochastischen Differenzengleichung darstellt.
Für den Fall eines einfachen autoregressiven Modells der Form :

$$z_t = (\beta_t - \beta_0)\, z_{t-1} + v_t \,, \qquad \text{mit } z_t := (1x1), \beta_t := (1x1),$$

$$\beta_t - \beta_0 = F(\beta_{t-1} - \beta_0) + w_t \,, \qquad F := (1x1) \,,$$

lassen sich noch mit bescheidenen Mitteln hinreichende Bedingungen für die Endlichkeit der Momente von z_t herlei-

leiten [WEISS,A.A.(1985), S. 183].
In höher dimensionierten Modellen jedoch liegt der Fall wesentlich komplizierter. Für Stabilitätsuntersuchungen von stochastischen Differenzengleichungen der beispielsweise folgenden Form:

$$\underset{(mx1)}{z_t} = \underset{(mxm)}{B_t}\ \underset{(mx1)}{z_{t-1}} + \underset{(mx1)}{v_t}\ , \quad \underset{(mxm)}{B_t} = \underset{(mxm)}{F}\ \underset{(mxm)}{B_{t-1}} + \underset{(mxm)}{W_{t-1}} \quad (t=1,2,\dots),$$

worin W_t eine mxm-Matrix weißer Rauschkomponenten darstellt, ist eine Abschätzung der Eigenwertverteilung von B_t oder die Konstruktion stochastischer Lyapunov-Funktionen erforderlich [BITMEAD/ANDERSON(1980)].
Die Likelihood-Funktion hat unter Bedingung (W) eine etwas andere Interpretation als in den vorangegangenen Modellen. Sie wird im vorliegenden Fall spezifiziert durch die gemeinsame Dichtefunktion für z(N) und u*(N), die durch geeignete Anfangswerte $\bar{z}(0), \bar{u}^*(0)$ bedingt ist (je nach Anzahl der lags von z_t und u_t^* in u_t).
Die Likelihood hängt neben den Parametern des state-space Modells (θ) von weiteren "nuisance"-Parametern (δ) ab, die das Verteilungsgesetz der u_t^* charakterisieren. Aufgrund der schwachen Exogenitätsannahe lassen sich jedoch die "nuisance parameters" (δ) von den "parameters of interest" (θ) isolieren:[15]
Es existiert genauer eine Parametrisierung $\lambda:=(\theta,\delta)$ mit der Eigenschaft

$$f_{Z(N),U^*(N)|\bar{Z}(0),\bar{U}^*(0)}(z(N),u^*(N)\,|\,\bar{z}(0),\bar{u}^*(0);\lambda)$$

$$= \prod_{t=1}^{N} f_{Z_t,U_t^*|\bar{Z}(t-1),\bar{U}^*(t-1)}(z_t,u_t^*\,|\,\bar{z}(t-1),\bar{u}^*_{t-1}\,;\delta,\theta)$$

$$= \prod_{t=1}^{N} f_{Z_t|\bar{Z}(t-1),\bar{U}^*(t-1)}(z_t\,|\,\bar{z}(t-1),\bar{u}^*(t);\theta)$$

$$\cdot \prod_{t=1}^{N} f_{U_t^*|\bar{U}^*(t-1),\bar{Z}(t-1)}(u_t^*\,|\,\bar{u}^*(t-1),\bar{z}(t-1);\delta)\ ,$$

worin sich die Parameter θ und δ nicht gegenseitig restringieren. Die Informationsmatrix für λ ist demnach blockdiagonal in θ und δ. Die *Fisher-Information* für den Subvektor θ ergibt sich also als :

$$I_N(\theta) = E\left[\sum_{t=1}^{N} -\nabla_\theta^2 \log f_{Z_t|\bar{Z}(t-1),\bar{U}^*(t)}(z_t|\bar{z}(t-1),\bar{u}^*(t);\theta)\right]$$

Hierin wird der Erwartungswert bezüglich der gemeinsamen Verteilung des stationären Prozesses $\{z_t, u_t^*\}$ gebildet.
Die bedingten Dichtefunktionen $f_{z_t|\bar{z}(t-1),\bar{u}^*(t)}(z_t \mid \bar{z}(t-1), \bar{u}^*(t);\theta)$ sind unter den Annahmen des Modells normal und können gemäß (1.17) und (1.18) rekursiv mit dem Kalmanfilter berechnet werden. Die Informationsmatrix $I_N(\theta)$ erhalten wir also mit den Überlegungen aus Kapitel 3 als :

$$I_N(\theta) = \frac{1}{2} \{ \sum_{t=1}^{N} \underset{\bar{Z}(t-1),\bar{U}^*(t)}{E} [(\frac{1}{D_t^2} (\nabla D_t)(\nabla D_t)') + 2 \frac{1}{D_t} (\nabla \hat{z}_{t|t-1})(\nabla \hat{z}_{t|t-1})'] \} .$$

Man kann zeigen, daß unter den Annahmen dieses Modells die normierte log-Likelihood-Funktion die Regularitätsbedingungen von KOHN erfüllt und daß die normierte Fisher-Information für θ , $(1/N)\, I_N(\theta)$, für $N \to \infty$ gegen eine Konstante konvergiert.
Im Nachweis der KOHNschen Regularitätsbedingungen läßt sich die fast sichere Konvergenz von $L_N^*(\theta)$, $\nabla L_N^*(\theta)$, $\nabla^2 L_N^*(\theta)$ gegen ihre Erwartungswerte aus der Ergodizität von $\{z_t, u_t^*\}$ herleiten, sofern die Erwartungswerte der genannten Größen endlich sind. Für diesen Nachweis können - wie im nächsten Kapitel gezeigt werden wird - die asymptotischen Sätze aus Kapitel II/6 herangezogen werden.

Wie bereits eingangs erwähnt können im Fall verzögert endogener Variabler unter den Regressoren die Elemente der Informationsmatrix nicht mehr explizit berechnet werden, da nunmehr auch die ersten und zweiten Momente der Regressoren berücksichtigt werden müssen. Diese Momente sind ihrerseits von θ abhängig.

In den Konsistenz- und Normalitätssätzen für die Maximum-Likelihood-Schätzer für die Modellparameter θ werden wir ohne Beweis die positive Definitheit von $\lim_{N\to\infty} [(1/N)\, I_N(\theta)]$ voraussetzen .

Kapitel 5: Asymptotische Eigenschaften der Maximum-Likelihood-Schätzer für die unbekannten (konstanten) Parameter eines dynamischen linearen Modells

5.1. Asymptotische Eigenschaften von Maximum-Likelihood-Schätzern bei stochastisch abhängigen Beobachtungsvariablen: ein kurzer Überblick

Wir haben bereits im ersten Kapitel darauf hingewiesen, daß die Schätzaufgabe für die unbekannten Parameter eines dynamischen linearen Modells kein klassisches Schätzproblem ist: unsere Stichprobenvariablen $z(N) := (z_1 \dots z_N)$ sind weder identisch noch unabhängig verteilt. Die log-Likelihood-Funktion stellt sich dar als Summe der bedingten (logarithmierten) Dichtefunktionen (1.15), in denen der unbekannte Modellparameter θ in jeweils anderer funktionaler Abhängigkeit erscheint.

Wir wollen in diesem Abschnitt einen kurzen Überblick darüber geben, wie im allgemeinen Fall (unabhängig von den Besonderheiten eines dynamischen linearen Modells) für eine beliebige Folge stochastisch abhängiger Stichprobenvariabler $\{z_t : t=1,2, \dots\}$ hinreichende Bedingungen - beispielsweise Restriktionen auf den bedingten Dichten $\{ f(z_t|z(t-1);\theta) : t=1,2,\dots\}$ formuliert werden können, die die Konsistenz und asymptotische Normalität des Maximum-Likelihood-Schätzers für θ gewährleisten [BAR-SHALOM(1971), BHAT(1974), BASAWA/FEIGIN/HEYDE(1976), CROWDER(1976), HEIJMANS/MAGNUS(1983,1984), SILVEY(1961), WALD(1948), WEISS, Lionel (1971,1973)]. Wir setzen in diesem Überblick stets voraus, ohne ausdrücklich darauf hinzuweisen, daß der Maximum-Likelihood-Schätzer existiert [vgl. hierzu HEIJMANS/MAGNUS (1983), S.3-5].

Zunächst sei folgende ***Notation*** vereinbart:

(5.1) (a) $z(N) := (z_1, z_2, \dots, z_N)$ für $N=1,2, \dots$ kumulierte Stichprobenvariablen ,

(b) $z(0) := (z_{-1}, \dots, z_0)$, Anfangsbedingungen ,

(c) $L_N(\theta) := \log [f_{Z(N)|Z(0)}(z(N)|z(0);\theta)] = \sum_{t=1}^{N} L_{t|t-1}(\theta)$,

(d) $L_{t|t-1}(\theta) := \log [f_{Z_t|Z(t-1)}(z_t|z(t-1);\theta)]$,

(e) $\lambda_N(\theta,\theta_0)$:= $L_N(\theta_0)-L_N(\theta)$,

(f) $\lambda_{t|t-1}(\theta,\theta_0)$:= $L_{t|t-1}(\theta_0)-L_{t|t-1}(\theta)$,

(g) Θ := der Parameterraum (ein Intervall aus $\mathbb{R}^p$) ,

(h) θ_0 := der "wahre" Parameter ,

(i) $E_N^\circ(\ldots)$:= Erwartungswertbildung bezüglich der Verteilung $f_{Z(N)|Z(0)}(z(N)|z(0);\theta_0)$,

(j) $E_{t|t-1}^\circ(\ldots)$:= Erwartungswertbildung bezüglich der Verteilung $f_{Z_t|Z(t-1)}(z_t|z(t-1);\theta_0)$,

(k) ∇ , ∇^2 := Bildung des Gradienten (ein (px1)-Spaltenvektor) und der zweiten Ableitungen (eine (pxp)-Matrix) bezüglich θ ,

(l) $\mathbb{U}(\theta,\rho)$:= eine (euklidische) $\mathbb{R}^p$-Kugel um θ mit dem Radius ρ .

Für die Beschreibung des Verhaltens von $\lambda_N(\theta,\theta_\circ)$ oder $\lambda_{t|t-1}(\theta,\theta_\circ)$ auf Umgebungen von θ definieren wir :

(m) $$\lambda_N(U(\theta,\rho),\theta_0) := \inf_{\tilde{\theta}\in U(\theta,\rho)} [\lambda_N(\tilde{\theta},\theta_\circ)]$$

(n) $$\lambda_{t|t-1}(U(\theta,\rho),\theta_0) := \inf_{\tilde{\theta}\in U(\theta,\rho)} [\lambda_{t|t-1}(\tilde{\theta},\theta_\circ)] \quad .$$

In der statistischen Literatur lassen sich zwei Strategien für Konsistenzbeweise finden, die sich dadurch unterscheiden,daß sie Annahmen über die ersten und zweiten Ableitungen von $\lambda_N(\theta,\theta_\circ)$ (oder $\lambda_{t|t-1}(\theta,\theta_\circ)$) enthalten oder nicht.
Zu den "ableitungsfreien" Konsistenzbeweisen gehört eine frühe Arbeit von SILVEY(1961), in der er zeigt, daß unter gewissen Regularitätsannahmen die Konvergenz des Variationskoeffizienten von $\lambda_N(\theta,\theta_\circ)$ gegen Null gewährleistet, daß der ML-Schätzer $\hat{\theta}_N$ in der Wahrscheinlichkeit gegen den wahren Parameter θ_0 konvergiert.

(5-1) SATZ: Gegeben sei eine Folge von log-Likelihoodverhältnissen $\{\lambda_N(\theta,\theta_o)\}$ mit folgenden Eigenschaften :

(a) Θ ist kompakt.

(b) $E_N^{\circ}[\lambda_N(\theta,\theta_o)] > 0$ für alle $\theta \neq \theta_0$ und alle N .

(c) Sei U_o eine beliebige offene Umgebung von θ_o , dann konvergiert der Variationskoeffizient

$$\frac{\sqrt{VAR_N^{\circ}\ (\lambda_N(\theta,\theta_o)\ )}}{E_N^{\circ}\ (\lambda_N(\theta,\theta_o)\ )} \rightarrow 0 \quad \text{für } N \rightarrow \infty$$

gleichmäßig auf $\Theta - U_o$.

(d) Zu jeder offenen Umgebung U_o von θ_o und zu jedem $\theta\varepsilon\Theta - U_o$ existiert eine weitere Umgebung $U(\theta,\rho)$ von θ sowie eine Zahl $\alpha\varepsilon(0,1)$ mit der Eigenschaft :

$$\lim_{N\rightarrow\infty} P_{\theta_0}[\lambda_N(U(\theta,\rho),\theta) < -\alpha\cdot E_N^{\circ}(\lambda_N(\theta,\theta_o))] = 0 \cdot$$

(Der Radius ρ kann abhängig von U_o und $\theta\varepsilon\Theta - U_o$ gewählt werden.)

Dann gilt: $\lim_{N\rightarrow\infty} P_{\theta_0}[\hat{\theta}_N = \theta_o] = 1$.

Beweis: SILVEY(1961), S. 447.

Wir geben im folgenden eine kurze Beweisskizze.
Aufgrund der Informationsungleichung (2-14) gilt:

(5.2) $$E_N^{\circ}[\ \lambda_N(\theta,\theta_o)\ ] > 0 \quad \text{für } \theta \neq \theta_o ,$$

sofern man die log-Likelihood-Funktionen $L_N(\theta)$ und $L_N(\theta_o)$ mit Wahrscheinlichkeit 1 (bei Gültigkeit von θ_o) unterscheiden kann. Ist letzteres nicht der Fall, können die Maximum-Likelihood-Schätzer keine konsistente Schätzerfolge bilden [vgl. DEISTLER/SEIFERT(1978), GABRIELSEN(1978)]. Identifizierbarkeit im Sinne von (4-2) ist eine notwendige Bedingung für die Existenz einer konsistenten Schätzerfolge. Annahme (b) formuliert gerade diese notwendige Bedingung. Sie fordert jedoch nur die Gültigkeit der Ungleichung

(5.3) $$L_N(\theta_o) > L_N(\theta) \quad \text{für alle } \theta \neq \theta_o$$

im Mittel. Für die schwache Konsistenz der Maximum-Likelihood-Schätzerfolge muß jedoch die Wahrscheinlichkeit, daß (5.3) außerhalb einer beliebigen offenen Umgebung des wahren Parameters θ_0 zutrifft, gegen 1 konvergieren.

Annahme (c) ist eine hinreichende Bedingung dafür, daß $L_N(\theta_0) > L_N(\theta)$ für ein gegebenes $\theta \neq \theta_0$ mit Grenzwahrscheinlichkeit 1 eintritt. Wir erhalten aus einer Tschebyscheff-Abschätzung:

$$P_{\theta_0}[|\lambda_N - \mu_N|^2 \leq c^2] > 1 - (\sigma_N/c)^2 \quad \text{für beliebige } c>0$$

$$\Longrightarrow \quad P_{\theta_0}[\lambda_N > 0] > 1 - (1/\alpha^2)(\sigma_N/\mu_N)^2 \quad \text{mit } c = \alpha\mu_N, \ 0 < \alpha < 1,$$

worin μ_N, σ_N Erwartungswert und Standardabweichung von $\lambda_N(\theta,\theta_0)$ darstellen. Also ist $\lambda_N(\theta,\theta_0)$ mit Grenzwahrscheinlichkeit 1 positiv, sofern $\{\mu_N\}$ mit größerer Ordnung als die zugehörige Standardabweichung $\{\sigma_N\}$ wächst.

Annahme (d) ist eine Art Stetigkeitsforderung. Sie gewährleistet, daß auch $\lambda_N(U(\theta,\rho),\theta_0)$ für $\theta \neq \theta_0$ und hinreichend kleinen Radius ρ mit Grenzwahrscheinlichkeit 1 eine positive Zufallsvariable ist. Annahme (a) schließlich gestattet es, diese Aussage auch auf das Infimum von $\lambda_N(\theta,\theta_0)$ über $\Theta - U_0$ (U_0 ist eine beliebig kleine offene Umgebung von θ_0) zu übertragen, weil wegen (a) $\Theta - U_0$ durch endlich viele Umgebungen $U(\theta_i,\rho)$ mit geeignet klein gewähltem Radius ρ überdeckt werden kann.

Die Konvergenzbedingung bezüglich des Variationskoeffizienten in (5-1)(b) hat noch eine andere, anschaulichere Interpretation. Der Erwartungswert $E_N^0[\lambda_N(\theta,\theta_0)]$ ist in der statistischen Literatur auch unter dem Namen *Kullback-Leibler-Informationsmaß* [KULLBACK/LEIBLER(1951), KULLBACK(1959)] bekannt. Je höher dieses Informationsmaß ausfällt, um so besser kann man im Mittel den wahren Parameter θ_0 (bei Gültigkeit der "wahren" Verteilung $f(z(N)|z(0);\theta_0)$) von falschen Parametern $\theta \neq \theta_0$ durch einen Vergleich der log-Likelihood-Funktionen diskriminieren. Die *Kullback-Leibler-Information (kurz: KL-Information)*, die sich über θ aus der "vollständigen" log-Likelihood-Funktion $L_N(\theta)$ gewinnen läßt, hängt eng zusammen mit den KL-Informationen, die in den bedingten log-Likelihood-Funktionen $L_{t|t-1}(\theta)$ enthalten sind. Man prüft leicht nach, daß gilt:

(5.4a) $$\lambda_N(\theta,\theta_0) = \sum_{t=1}^{N} \lambda_{t|t-1}(\theta,\theta_0) \quad ,$$

(5.4b) $$E_N^{\circ}[\lambda_N(\theta,\theta_0)] = \sum_{t=1}^{N} E_{t-1}^{\circ}\,[\, E_{t|t-1}^{\circ}(\, \lambda_{t|t-1}(\theta,\theta_0)\,)\,] \quad ,$$

(5.4c) $$VAR_N^{\circ}[\lambda_N(\theta,\theta_0)] = \sum_{t=1}^{N} E_{t-1}^{\circ}\, (\, VAR_{t|t-1}^{\circ}[\lambda_{t|t-1}(\theta,\theta_0)]\,) \, .$$

Die letzte Gleichung wird einsichtig, wenn man sich überlegt, daß $\{ \lambda_{t|t-1} - E_{t|t-1}^{\circ}(\lambda_{t|t-1}) : t=1,2, \dots \}$ gerade die Innovationsfolge von $\{\lambda_{t|t-1} : t=1,2, \dots \}$ ist.

Fassen wir die Maximum-Likelihood-Methode als Strategie des Statistikers gegen die Natur, beschrieben durch

$$\{ f_{Z(N)|Z(0)}(z(N)|z(0);\theta_0) : N=1,2,\dots \}$$

auf, so bedeuten positive Werte von $\lambda_{t|t-1}(\theta,\theta_0)$ einen Gewinn, negative Werte von $\lambda_{t|t-1}(\theta,\theta_0)$ einen Verlust für den Statistiker. Im Mittel ist jede Fortsetzung des Spiels in Form einer neuen Beobachtung z_N ein Gewinn, dieser besteht gerade in der KL-Information der bedingten Likelihoodfunktion ,

$$E_{t|t-1}^{\circ}(\, \lambda_{t|t-1}(\theta,\theta_0)\,) > 0 \quad .$$

Konsistenz der Maximum-Likelihood-Strategie ist dann gewährleistet, wenn man sicherstellen kann, daß dieser mittlere Gewinnzuwachs bei zunehmendem Stichprobenumfang N im Sinne zusätzlicher KL-Information über θ_0 "hinreichend stark" ausfällt.

Was als "hinreichend" für die Konsistenz angesehen werden kann, hat SILVEY durch den Variationskoeffizienten von $\lambda_N(\theta,\theta_0)$ beschrieben. Es liegt nahe, eine entsprechende Formulierung für $\lambda_{t|t-1}(\theta,\theta_0)$ zu suchen. Es gilt der leicht zu beweisende nächste Satz.

(5-2) SATZ : Gegeben sei eine Folge von log-Likelihoodverhältnissen $\lambda_N(\theta,\theta_0)$ und $\lambda_{t|t-1}(\theta,\theta_0)$ mit folgenden Eigenschaften :

(1) Θ ist kompakt ,

(2) Für alle $\theta\varepsilon\Theta$, $\theta \neq \theta_0$, existieren reelle positive Zahlen $c_1, c_2 > 0$, sowie eine reelle Zahl $\alpha < 1$ und eine hinreichend kleine Umgebung $U(\theta,\rho_\theta)$ mit :

(2a) $\underset{t\to\infty}{\text{lim-inf}} \{E^\circ_{t-1} [E^\circ_{t|t-1}(\lambda_{t|t-1}(U(\theta,\rho_\theta),\theta_\circ)]\} > c_1$,

(2b) $\underset{t\to\infty}{\text{lim-sup}} \{E^\circ_{t-1} [VAR^\circ_{t|t-1} (t^{-\alpha} \lambda_{t|t-1}(U(\theta,\rho_\theta),\theta_\circ))]\} < c_2$.

Dann gilt :

$\lim_{N\to\infty} P_{\theta_0} [\lambda_N (\theta\text{-}U_\circ,\theta_\circ) > 0] = 1$ für beliebige offene Umgebungen $U_\circ$ von $\theta_\circ$.

Beweis : Die Annahme (2) impliziert, daß $E^\circ_N[\lambda_N(\mathbf{U}(\theta,\rho_\theta), \theta_\circ)]$ mindestens in der Ordnung O(N) wächst und daß $VAR^\circ_N [\lambda_N(U(\theta,\rho_\theta), \theta_\circ)]$ höchstens in der Ordnung $O(N^\alpha)$ wächst. Unter Hinzunahme von Annahme 1 schließt man wie im vorgenannten Satz von SILVEY auf die Konsistenz des Maximum-Likelihood-Schätzers.

Weitere Konsistenzbeweise mit Hilfe geeignet gewählter Restriktionen (von ähnlicher Art wie im vorgenannten Satz) auf den ersten und zweiten Momenten von $\lambda_{t|t-1}(\theta, \theta_\circ)$ finden sich in den Arbeiten von BHAT(1973) und HEIJMANS/MAGNUS(1983) .

Die oben erwähnte zweite Klasse von Konsistenzbeweisen benutzt Annahmen über die ersten und zweiten Ableitungen von $\{\lambda_N(\theta,\theta_\circ)\}$. Wir wollen in diesem Zusammenhang zunächst vereinbaren :

(5.5a) $$I^\circ_{t|t-1}(\theta) := E^\circ_{t|t-1}[\nabla^2\lambda_{t|t-1}(\theta,\theta_\circ)] = E^\circ_{t|t-1}[-\nabla^2 L_{t|t-1}(\theta)] ,$$

(5.5b) $$I^\circ_N(\theta) := E^\circ_N[\nabla^2\lambda_N(\theta,\theta_\circ)] = E^\circ_N[-\nabla^2 L_N(\theta)] = \sum_{t=1}^{N} E^\circ_{t-1}[I^\circ_{t|t-1}(\theta)] .$$

Der Erwartungswert (5.5b) ist die in der gemeinsamen Likelihood $L_N(\theta)$ enthaltene *Fisher-Information*. Sie übernimmt im folgenden eine ähnliche Rolle wie *die Kullback-Leibler-Information* in den ableitungsfreien Konsistenzbeweisen.
Für die Beschreibung des Verhaltens von $\nabla^2\lambda_N(\theta,\theta_\circ) = -\nabla^2 L_N(\theta)$ auf Teilmengen des Parameterraumes Θ benötigen wir noch :

(5.6) $\mathbf{S}_N(\mathbf{U})$:= Infimum der Eigenwerte auf der Matrizenmenge $\{[I^\circ_N(\theta_\circ)]^{-1}[-\nabla^2 L_N(\theta)] : \theta \in \mathbf{U} \}$ für $\mathbf{U} \subset \Theta$.

Im skalaren Fall $\Theta \subset \mathbb{R}^1$ bezeichnet $\mathbf{S}_N(\mathbf{U})$ das Infimum der normierten Ableitungen $-\nabla^2 L_N(\theta)/ I^\circ_N(\theta_\circ)$ auf der Teilmenge $\mathbf{U}$.

Ein klassisches Konsistenzergebnis, das durch Restriktionen auf den Krümmungseigenschaften der log-Likelihood-Funktion erreicht wird, stammt von A. WALD(1948). WALD zeigte, daß eine konsistente Lösung $\hat{\theta}_N$ der Likelihood-Gleichung $\nabla L_N(\theta) = 0$ existiert, wenn unter gewissen Regularitätsbedingungen der Variationskoeffizient von $\nabla^2\lambda_N(\theta,\theta_0)=-\nabla^2 L_N(\theta)$ gegen Null konvergiert. WALD beschränkte sich hierbei auf den Fall eines skalaren Parameters θ. WALDS Konvergenzbedingung hat eine ähnliche Interpretation wie die oben in (5-1) erläuterte von SILVEY.

(5-3) SATZ: Es existiere ein offenes Intervall $\Theta^* \subset \Theta \subset \mathbb{R}^1$ mit $\theta_0 \in \Theta^*$, auf dem folgende Aussagen gelten :

(WA1) (a) $\mathfrak{z}_N := \{z(N): f_{Z(N)|Z(0)}(z(N)|z(0);\theta) > 0\}$ hängt nicht von θ ab.

(b) $\lambda_N(\theta,\theta_0)$ ist dreimal stetig differenzierbar für fast alle $z(N) \in \mathfrak{z}_N$.

(c) $\int_{R^n} \{\sup_{\theta\in\Theta^*} |\nabla^i L_N(\theta)|\} dz(N) < \infty \quad (i=1,2)$.

(WA2) $I_N^0(\theta_0) \to \infty \qquad$ für $N \to \infty$.

(WA3)
$$\lim_{N\to\infty} \frac{\sqrt{VAR_N^0[-\nabla^2 L_N(\theta_0)]}}{E_N^0[-\nabla^2 L_N(\theta_0)]} = 0 \quad .$$

(WA4) Es existiert eine hinreichend kleine Umgebung U_0 von θ_0 der Eigenschaft:

$$[I_N^0(\theta_0)]^{-1} \; E_N^0 [\sup_{\theta\in U_0} |\nabla^3 L_N(\theta)| \;] < M < \infty \quad \text{für alle } N \; .$$

Unter den genannten Voraussetzungen existiert eine Lösung $\hat{\theta}_N$ der Likelihood-Gleichung $\nabla L_N(\theta)=0$, die mit Grenzwahrscheinlichkeit 1 gegen θ_0 konvergiert :

$$\lim_{N\to\infty} P_{\theta_0}(\,|\hat{\theta}_N - \theta_0\,| < \varepsilon\,) = 1 \quad \text{für alle } \varepsilon>0 \; .$$

Beweis: WALD(1948). S. 44-45.

Es folgt eine kurze Diskussion der Beweisidee.
Die Annahmen (1a,b) erlauben, den Beweis mit Hilfe einer Taylorapproximation des Likelihood-Gradienten zu führen:

(5.7a) $$\nabla L_N(\theta) = \nabla L_N(\theta_o) + \nabla^2 L_N(\theta_o)\,(\theta-\theta_o) + \nabla^3 L_N(\theta^*)\,(\theta-\theta_o)^2$$

mit : $\theta^* \varepsilon\, \mathbf{U}(\theta_o, \|\theta-\theta_o\|)$.

Normiert man diese Gleichung mit Hilfe der *Fisher-Information*, so erhalten wir eine Gleichung,

(5.7b) $$[I_N^o(\theta_o)]^{-1} \nabla L_N(\theta) = [I_N^o(\theta_o)]^{-1} \nabla L_N(\theta_o) + [I_N^o(\theta_o)]^{-1} \nabla^2 L_N(\theta_o)(\theta-\theta_o) + [I_N^o(\theta_o)]^{-1} \nabla^3 L_N(\theta^*)\,(\theta-\theta_o)^2 ,$$

in der die Wahrscheinlichkeitsgrenzwerte der einzelnen Terme auf der rechten Seite berechnet oder abgeschätzt werden können: Wegen (1c) sind die Erwartungswertbildung und erste bzw. zweite Differentiation der Likelihoodfunktion miteinander vertauschbar, so daß gilt:

(5.8a) $$E_N^o[\nabla L_N(\theta_o)] = 0 ,$$

(5.8b) $$VAR_N^o[\nabla L_N(\theta_o)] = I_N^o(\theta_o).$$

Mit Hilfe von Annahme (2) und (5.8) schließt man auf:

(5.9) $$\underset{N\to\infty}{\text{plim}}\left([I_N^o(\theta_o)]^{-1} \nabla L_N(\theta_o) \right) = 0 .$$

Aus (3) ergibt sich unter Berücksichtigung von (5.8) der Grenzwert :

(5.10a) $$\lim_{N\to\infty} VAR_N^o\left([I_N^o(\theta_o)]^{-1} \nabla^2 L_N(\theta_o) \right) = 0 .$$

Mithin gilt:

(5.10b) $$\underset{N\to\infty}{\text{plim}}\left([I_N^o(\theta_o)]^{-1} \nabla^2 L_N(\theta_o) \right) = E\left([I_N^o(\theta_o)]^{-1} \nabla^2 L_N(\theta_o) \right) = -1 .$$

Annahme (4) schließlich impliziert, daß man mit beliebig hohen Wahrscheinlichkeiten auf hinreichend kleinen Umgebungen von θ_o den Fehlerterm in (5.7b) derart beschränken kann, daß er von dem zweiten Term in (5.7b) dominiert wird. Somit läßt sich unter Beachtung von (5.9) und (5.10) nachweisen, daß der Gradient $\nabla L_N(\theta)$ für beliebige $\varepsilon>0$ mit Wahrscheinlichkeit $1-\varepsilon$ auf allen hinreichend kleinen Umgebungen $\{(\theta_o-\delta,\theta_o+\delta) : 0<\delta<\bar{\delta}_\varepsilon\}$ einen Vorzeichenwechsel durchführt, sofern $N > \bar{N}(\varepsilon,\delta)$.
Mithin existiert eine konsistente Lösungsfolge $\{\hat{\theta}_N\}$ der Likelihoodgleichung $\nabla L_N(\theta) = 0$.

Es ist wichtig festzuhalten, daß Satz (5-3) nur eine Aussage über die Konsistenz *einer Lösung* der Likelihood-Gleichung gestattet. Ob diese Lösung ein Maximum-Likelihood-Schätzer auf Θ^* ist läßt sich aus den Annahmen in (5-3) nicht ableiten [vgl. WALD(1949)]. Man kann aber zeigen, daß gilt:

(5.11) $$\bigwedge_{\varepsilon>0} \ \bigvee_{N_\varepsilon \in \mathbb{N}} \{ N > N_\varepsilon \Longrightarrow P_{\theta_0}\left[\nabla^2 L_N(\hat\theta_N) < 0 \ \right] > 1-\varepsilon \}.$$

Dieser Sachverhalt folgt aus einer Taylorapproximation der Form:

(5.12) $$[I_N^\circ(\theta_0)]^{-1}\nabla^2 L_N(\hat\theta_N) = [I_N^\circ(\theta_0)]^{-1}\nabla^2 L_N(\theta_0) + [I_N^\circ(\theta_0)]^{-1}\nabla^3 L_N(\theta_N^*)(\hat\theta_N - \theta_0)$$

mit $\theta_N^* \in \mathbf{U}(\theta_0, |\hat\theta_N - \theta_0|)$

unter Beachtung von (5.10b), Annahme (4) und der Konsistenz von $\{\hat\theta_N\}$. Allerdings wird die Größe der Umgebung von $\hat\theta_N$, auf der $L_N(\hat\theta_N)$ mit vorgegebener Wahrscheinlichkeit $1-\varepsilon$ *gemäß* (5.11) ein lokales Maximum beschreibt, von ε bzw. N abhängen und kann unter den Voraussetzungen von (5-3) durchaus für $\varepsilon\to 0$ bzw. $N\to\infty$ gegen Null konvergieren. Denn aus (5-3) folgt nicht die Existenz eines geeigneten $\rho_0>0$ mit

(5.13) $$\lim_{N\to\infty} P_{\theta_0}\left[\nabla^2 L_N(\theta) < 0 \ \text{ für } \underline{\text{alle}}\ \theta \in \mathbf{U}(\theta_0, \rho_0) \ \right] = 1 \ ,$$

so daß $L_N(\theta_0)$ auf der Umgebung $\mathbf{U}(\theta_0,\rho_0)$ mit Grenzwahrscheinlichkeit 1 ein lokales Maximum darstellt.

Dieses kann man sicherstellen durch eine Verstärkung der Annahmen (WA3) oder (WA4) über geeignete Restriktionen auf (5.6):

(WA3)' (a) $\underline{\lim}_{N\to\infty} \ E_N^\circ[S_N(\mathbf{U}_0)] > 0$ (b) $\lim_{N\to\infty} \dfrac{\sqrt{VAR_N^\circ[S_N(\mathbf{U}_0)]}}{E_N^\circ[S_N(\mathbf{U}_0)]} = 0$;

(WA4)' $$\lim_{N\to\infty} P_{\theta_0}\left[\sup_{\theta\in\mathbf{U}_0} \left| [I_N(\theta_0)]^{-1}\nabla^3 L_N(\theta) \right| < (1/\rho_0) \right] = 1 ,$$

mit $\mathbf{U}_0 := \mathbf{U}(\theta_0,\rho_0)$, für ein geeignet gewähltes $\rho_0 > 0$.

Hieraus läßt sich schließen, daß das Supremum von $\nabla^2 L_N(\theta)$ auf $\mathbf{U}_0=\mathbf{U}(\theta_0,\rho_0)$ mit Grenzwahrscheinlichkeit 1 negativ ist, also die Likelihoodfunktion auf $\mathbf{U}_0$ mit Grenzwahrscheinlichkeit 1 eine *streng konkave* Funktion ist.

Im Lichte der vorangegangenen Bemerkungen kann die Bedeutung der *Fisher-Information* in (5-3) in Analogie mit der Rolle der *Kullback-Leibler-Information* in (5-1) deutlich gemacht werden:

Gemäß (2) ist die Fisher-Information $I_N^\circ(\theta_0)$ für hinreichend große N positiv. Aufgrund der Stetigkeit von $I_N^\circ(\theta)$ im Punkte θ_0 ist $I_N^\circ(\theta)$ auf einer hinreichend klein gewählten Umgebung $\mathbf{U}_0$ von θ_0 ebenfalls positiv. Unter Beachtung von $E_N^\circ(\nabla^2 L_N(\theta)) =: -I_N^\circ(\theta)$ (gemäß (5.5b)) ist demnach die Likelihood-Funktion *im Mittel* streng konkav auf $\mathbf{U}_0$. Darüber hinaus gilt wegen (3), daß die (Zufallsvariable) $\nabla^2 L_N(\theta_0)$ mit Grenzwahrscheinlichkeit 1 negativ ist. Die genannten Eigenschaften der zweiten Ableitung reichen nicht aus sicherzustellen, daß die Likelihoodfunktion auf $\mathbf{U}_0$ mit Grenzwahrscheinlichkeit 1 streng konkav ist, d.h. daß das *Supremum* der zweiten Ableitungen auf $\mathbf{U}_0$ mit Grenzwahrscheinlichkeit 1 negativ ist. Dies ist selbst dann nicht gewährleistet, wenn wir analog zu (5-1)(b,c) fordern, daß gilt:

(WA3)''

(a) $E_N^\circ(-\nabla^2 L_N(\theta)) > 0$ für alle N und $\theta \varepsilon \mathbf{U}_0$,

(b) $$\lim_{N\to\infty} \frac{\sqrt{VAR_N^\circ[-\nabla^2 L_N(\theta)]}}{E_N^\circ[-\nabla^2 L_N(\theta)]} = 0 \quad \text{für alle } \theta\varepsilon\mathbf{U}_0 ,$$

mit der Implikation, daß jede Zufallsvariable $-\nabla^2 L_N(\theta)$ für beliebiges $\theta\varepsilon\mathbf{U}_0$ mit Grenzwahrscheinlichkeit 1 positiv ist. Denn (WA3)'' erlaubt ohne weitere Stetigkeitsvoraussetzungen über $\nabla^2 L_N(\theta)$ keinen Schluß im Sinne von (5.13). Die Situation ist analog zu der des Satzes (5-1) von SILVEY. Die Rolle von $\lambda_N(\theta,\theta_0)$ in (5-1) wird hier in (5-3) von der zweiten Ableitung $\nabla^2\lambda_N(\theta,\theta_0) = -\nabla^2 L_N(\theta)$ übernommen. Annahme (WA4)' ist in diesem Zusammenhang - wie oben bereits angedeutet - als eine zusätzliche Stetigkeitsannahme über die zweite Likelihood-Ableitung zu sehen, die eine analoge Funktion wie (5-1)(d) übernimmt. Wie sich aus einer Taylorapproximation vom Typ (5.12) ergibt, ist (WA4)' als eine Art stochastische Lipschitzbedingung für $[I_N^\circ(\theta_0)]^{-1}\nabla^2 L_N(\theta)$ zu interpretieren, die eine Abschätzung von $\mathbf{S}_N(\mathbf{U}_0)$ erlaubt.

Hinreichende Bedingungen für ein *globales Maximum* von $L_N(\theta)$ an der Stelle θ_0 ergeben sich durch geeignete Restriktionen auf $\mathbf{S}_N(\theta)$, beispielsweise mit Hilfe eines Kompaktheitsschlusses für $\mathbf{S}_N(\theta^c)$ auf einem kompakten Teilintervall $\theta^c \subset \theta^*$, wenn wir neben (WA1)-(WA4) fordern:

Für alle $\theta \epsilon \Theta^c$ existiert eine hinreichend kleine Umgebung $U(\theta,\rho_\theta)=:U_\theta$ mit der Eigenschaft:

(WA5) (a) $\underline{\lim}_{N\to\infty} \; E_N^\circ[S_N(U_\theta)] > 0$ (b) $\lim_{N\to\infty} \dfrac{\sqrt{VAR_N^\circ[S_N(U_\theta)]}}{E_N^\circ[S_N(U_\theta)]} = 0$.

Unter (5) ist die Likelihoodfunktion mit Grenzwahrscheinlichkeit 1 streng konkav auf Θ^c.

Der Satz von WALD wurde hier ausführlich diskutiert, weil seine Grundideen vielen späteren Konsistenzbeweisen zugrundeliegen, man vergleiche beispielsweise BAR-SHALOM(1971), CROWDER (1976), BASAWA/FEIGIN/HEYDE(1976).

Von CROWDER stammt die folgende multivariate Version des Satzes von WALD.

(5-4) <u>SATZ :</u> Es existiere ein offenes Intervall $\Theta^* \subset \Theta \subset R^p$ mit $\theta_0 \epsilon \Theta^*$, auf dem folgende Annahmen gelten :

(CR1) (a) Der Stichprobenraum $\mathfrak{Z}_N := \{z(N): f_{Z(N)|Z(0)}(z(N)|z(0);\theta)>0\}$ hängt nicht von θ ab.

(b) Die Likelihoodfunktion $L_N(\theta)$ ist für fast alle $z(N)\epsilon \mathfrak{Z}_N$ zweimal stetig differenzierbar auf Θ^*.

(c) Differentiation und Integration sind in den Erwartungswerten von $\nabla L_N(\theta)$ und $\nabla^2 L_N(\theta)$ miteinander vertauschbar, so daß gilt :

$$E_N^\circ(\nabla L_N(\theta_0)) = 0 ,$$

und $E_N^\circ([\nabla L_N(\theta_0)][\nabla L_N(\theta_0)]') = E_N^\circ[-\nabla^2 L_N(\theta_0)] =: I_N^\circ(\theta_0)$.

(CR2) (a) $I_N^\circ(\theta_0)$ ist positiv definit für alle N (IDENTIFIZIERBARKEITSBEDINGUNG) ,

(b) $I_N^\circ(\theta_0) \to \infty$ für $N \to \infty$ (alle Eigenwerte streben gegen unendlich mit wachsendem Stichprobenumfang)

(KONVERGENZBEDINGUNG FÜR DEN NORMIERTEN GRADIENTEN DER LOGLIKELIHOODFUNKTION).

(CR3) $[I_N^\circ(\theta_\circ)]^{-1}[\nabla^2 L_N(\theta_\circ)] \rightarrow -I_{(pxp)}$ für $N\rightarrow\infty$ mit Grenzwahrscheinlichkeit 1

(KONVERGENZBEDINGUNG FÜR DIE NORMIERTE HESSESCHE MATRIX DER LOGLIKELIHOODFUNKTION) .

(CR4) Für jedes $\varepsilon>0$ existiert ein $\delta(\varepsilon)>0$, so daß bei Vereinbarung einer Matrixnorm für alle $\theta^* \varepsilon U(\theta_\circ,\delta(\varepsilon))$ gilt :

$$\lim_{N\rightarrow\infty} P_{\theta_0} \{ \| (\nabla^2 L_N(\theta_\circ))^{-1} \nabla^2 L_N(\theta^*) - I_{pxp} \| < \varepsilon \} = 1$$

(BEDINGUNG FÜR DIE FEHLERABSCHÄTZUNG EINER ZWEIGLIEDRIGEN TAYLORAPPROXIMATION DER LIKELIHOODGLEICHUNGEN) .

Unter den genannten Voraussetzungen besitzt die Likelihood-Gleichung $\nabla L_N(\theta) = 0$ mit Grenzwahrscheinlichkeit 1 eine konsistente Lösung $\hat{\theta}_N$: $\underset{N\rightarrow\infty}{\text{plim}}\ (\hat{\theta}_N) = \theta_\circ$.

<u>Beweis:</u> CROWDER(1976), S.46-47.

Der Beweis dieses Satzes kann analog zur Vorgehensweise von WALD durchgeführt werden, indem man die Glieder einer durch die Informationsmatrix normierten Taylorapproximation von $\nabla L_N(\theta)$ abschätzt (hier allerdings ohne Verwendung der dritten Ableitungen) :

(5.14a) $$[I_N^\circ(\theta_\circ)]^{-1} \nabla L_N(\theta) = [I_N^\circ(\theta_\circ)]^{-1} \nabla L_N(\theta_\circ) + [I_N^\circ(\theta_\circ)]^{-1}\nabla^2 L_N(\theta_\circ)\ (\theta-\theta_\circ) + \varepsilon_N$$

(5.14b) mit $$\varepsilon_N := [I_N^\circ(\theta_\circ)]^{-1} [\nabla^2 L_N(\underline{\theta}^*) - \nabla^2 L_N(\theta_\circ)]\,(\theta-\theta_\circ) ,$$

worin die Matrix $\nabla^2 L_N(\underline{\theta}^*)$ *zeilenweise* an möglicherweise verschiedenen Stellen $\underline{\theta}^* := (\theta_1^*,\theta_2^*, \ldots ,\theta_p^*)$, $\theta_i^* \varepsilon\, U(\theta_\circ, \|\theta-\theta_\circ\|)$, gebildet wird.

Unter Voraussetzung der Invertierbarkeit von $\nabla^2 L_N(\theta_\circ)$, die wegen Annahme (CR3) mit Grenzwahrscheinlichkeit 1 gewährleistet ist, kann der Fehlerterm (5.15b) auch geschrieben werden als:

(5.14c) $$\varepsilon_N = ([I_N^\circ(\theta_\circ)]^{-1}\nabla^2 L_N(\theta_\circ))([\nabla^2 L_N(\theta_\circ)]^{-1}\nabla^2 L_N(\underline{\theta}^*) - I_{pxp})(\theta-\theta_\circ) .$$

Dieser Ausdruck kann nun mit Hilfe der Annahmen (3) und (4) mit vorgegebener Wahrscheinlichkeit abgeschätzt werden.

Beachtet man ferner, daß gilt :

(5.15) $$\underset{N \to \infty}{\text{plim}} \left(\left[I_N^\circ(\theta_\circ)\right]^{-1} \nabla L_N(\theta_\circ) \right) = 0_{(px1)} ,$$

wegen

(5.16a) $$E_N^\circ\left(\left[I_N^\circ(\theta_\circ)\right]^{-1} \nabla L_N(\theta_\circ) \right) = 0_{(px1)} \text{ und}$$

(5.16b) $$\text{cov}_N^\circ\left(\left[I_N^\circ(\theta_\circ)\right]^{-1} \nabla L_N(\theta_\circ) \right) = I_N^\circ(\theta_\circ)^{-1} \underset{N\to\infty}{\to} 0_{(pxp)} ,$$

so ergibt sich aus (5.14a) in Verbindung mit (3) und einer Abschätzung von (5.14c), daß mit beliebig hoher Wahrscheinlichkeit 1-ε jede Komponente von $\nabla L_N(\theta)$ auf allen hinreichend kleinen Umgebungen $\{\mathbf{U}(\theta_\circ,\delta) : 0 < \delta < \bar{\delta}_\varepsilon\}$ einen Vorzeichenwechsel durchführt, sofern $N > \bar{N}(\varepsilon,\delta)$.

Für die Interpretation der konsistenten Lösung der Likelihood-Gleichung als Stelle eines lokalen oder globalen Maximums mit Grenzwahrscheinlichkeit 1 gelten im übrigen sinngemäß die obigen Erläuterungen zum Satz von WALD.
Es liegt ferner nahe, analog zur Vorgehensweise in Satz (5-2) Konsistenzbeweise mit Hilfe von Restriktionen auf den ersten und zweiten Momenten von $\{\nabla L_{t|t-1}(\theta)\}$ und $\{\nabla^2 L_{t|t-1}(\theta)\}$ zu führen, beispielsweise um hinreichende Bedingungen für die Crowderschen Annahmen in (5-4) zu generieren. Ein solcher Ansatz findet sich in BAR-SHALOM(1971).
Für die Konstruktion von Konfidenzintervallen sind die asymptotischen Verteilungseigenschaften der konsistenten Lösungsfolge der Likelihoodgleichung von großem Interesse.
Es gibt in diesem Zusammenhang eine Reihe von Sätzen über die asymptotische Normalität von Maximum-Likelihood-Schätzern [CROWDER(1976), HALL/HEYDE(1980), S.160ff., HEIJMANS/MAGNUS (1984)], wobei zentrale Grenzwertsätze aus der Martingalentheorie [vgl. SERFLING(1968), BROWN(1971), SCOTT(1973), MCLEISH (1974), HALL/HEYDE(1980), Kapitel 3] verwendet werden.
Bei Gültigkeit von (CR1) erhalten wir für die ersten und zweiten Ableitungen der bedingten Likelihoodfunktionen $L_{t|t-1}(\theta_\circ)$:

(5.17a) $$E_{t|t-1}^\circ\left[\nabla L_{t|t-1}(\theta_\circ) \right] = \mathbf{0}_{px1}$$

(5.17b) $$E_{t|t-1}^\circ\left[-\nabla^2 L_{t|t-1}(\theta_\circ) \right] = E_{t|t-1}^\circ\left(\left[\nabla L_{t|t-1}(\theta_\circ)\right]\left[\nabla L_{t|t-1}(\theta_\circ)\right]' \right) \geq \mathbf{0}_{pxp} .$$

Unter Hinzunahme der definitorischen Beziehungen (5.5) folgt aus (5.17) :

(5.18)
$$(a)\quad E^{\circ}_{N|N-1}\left[\nabla L_N(\theta_\circ)\right] = \nabla L_{N-1}(\theta_\circ) \quad ,$$
$$(b)\quad E^{\circ}_{N|N-1}\left[-\nabla^2 L_N(\theta_\circ)\right] \geqq -\nabla^2 L_{N-1}(\theta_\circ) \quad .$$

Die Eigenschaft (5.18) definiert ein Martingal (a) bzw. ein Submartingal (b) bezüglich der Zufallsvariablen $\{z_t : t=1,2,\ldots\}$. Es werden nun Bedingungen gesucht, unter denen das Martingal $\{\nabla L_N(\theta_\circ) : N=1,2,\ldots\}$ asymptotisch einer multivariaten Normalverteilung genügt. Mit einem zentralen Grenzwertsatz für Martingale von BROWN[(1971, Theorem 1] läßt sich zeigen, daß jede Linearkombination des wie folgt normierten Gradienten der log-Likelihood-Funktion ,

(5.19)
$$G^{*}_N(\theta_\circ) := \left[\alpha'\nabla L_N(\theta_\circ)\right]/\sqrt{\alpha' I^{\circ}_N(\theta_\circ)\alpha} ,$$
$$\text{mit}\quad E^{\circ}_N\left[G^{*}_N(\theta_\circ)\right] = 0 \quad , \quad VAR^{\circ}_N\left[G^{*}_N(\theta_\circ)\right] = 1 \quad , \alpha \in \mathbb{R}^P$$

asymptotisch standard-normalverteilt ist, wenn für große N die Summe der bedingten Informationsmatrizen ($\sum_{t=1}^{N} I^{\circ}_{t|t-1}(\theta_\circ)$) immer mehr ihrem Erwartungswert (nämlich der *unbedingten* Informationsmatrix $I^{\circ}_N(\theta_\circ)$) ähnelt, und wenn ferner kein bedingter Gradient $\nabla L_{t|t-1}(\theta_\circ)$ die Summe aus diesen Größen (nämlich den Gradienten der gesamten Likelihood, $\nabla L_N(\theta_\circ)$) dominiert.

Aus der (schwachen) Konvergenz von (5.19) gegen eine Standardnormalverteilung kann dann mit einem zentralen Grenzwertsatz von VARADARAJAN(1958) [vgl. auch RAO(1973), S.128f.] auf die Konvergenz (in der Verteilung) des normierten Gradienten

(5.20)
$$\left[\tilde{I}_N(\theta_\circ)\right]^{-1} \nabla L_N(\theta_\circ) \quad , \text{mit}\quad \tilde{I}^{\circ}_N(\theta_\circ)\, \tilde{I}^{\circ}_N(\theta_\circ)' = I^{\circ}_N(\theta_\circ)$$

gegen eine *multivariate Standardnormalverteilung* geschlossen werden.

In Verbindung mit der Konsistenz einer Lösungsfolge $\{\hat{\theta}_N\}$ der Likelihood-Gleichungen und der Konsistenz der geschätzten Informationsmatrix $I^{\circ}_N(\hat{\theta}_N)$ folgt aus der Taylorentwicklung : [16]

(5.21a)
$$0 = \nabla L_N(\hat{\theta}_N) = \nabla L_N(\theta_\circ) + \nabla^2 L_N(\underline{\theta}^{*}_N)\,(\hat{\theta}_N - \theta_\circ) \quad ,$$

(5.21b) oder: $$\hat{\theta}_N - \theta_o = \left[-\nabla^2 L_N(\underline{\theta}_N^*)\right]^{-1} \nabla L_N(\theta_o)$$
$$= \left[-\nabla^2 L_N(\underline{\theta}_N^*)\right]^{-1} I_N^o(\theta_o)\left[I_N^o(\theta_o)\right]^{-1} \nabla L_N(\theta_o) \ ,$$

die asymptotische Äquivalenz (in der Verteilung) von

(5.22a,b,c) $$\left[-\nabla^2 L_N(\hat{\theta}_N)\right]^{1/2}(\hat{\theta}_N - \theta_o) \ , \ \left[I_N^o(\theta_o)\right]^{1/2}(\hat{\theta}_N - \theta_o) \ , \ \left[I_N^o(\theta_o)\right]^{-1/2} \nabla L_N(\theta_o)$$

und damit die Konvergenz (in der Verteilung) des normierten Maximum-Likelihood-Schätzers (5.22a) gegen eine multivariate Standardnormalverteilung. Die Potenz (1/2) in (5.22) bezeichnet hierbei eine Cholesky-Wurzel der zugehörigen Matrix.
Wir halten dieses Ergebnis im nächsten Satz fest.

(5-5) SATZ : Gegeben sei eine Folge von gemeinsamen Dichtefunktionen $\{f_{Z(N)|Z(0)}(z(N)|z(0);\theta)\}$, die die Annahmen des vorangegangenen Konsistenzsatzes erfüllt, ferner gelten die nachstehend aufgeführten Bedingungen:

(a) $$\operatorname*{plim}_{N\to\infty} \frac{\sum_{t=1}^{N} \alpha'[I_{t|t-1}^o(\theta_o)]\alpha}{\alpha'[I_N^o(\theta_o)]\alpha} = 1 \qquad \text{für alle } \alpha\in\mathbb{R}^p .$$

(b) Es existiert ein $\delta>0$ mit der Eigenschaft[17]

$$\lim_{N\to\infty} \frac{\sum_{t=1}^{N} E_N^o\left(|\alpha'\nabla L_{t|t-1}(\theta_o)|^{2+\delta}\right)}{\sqrt{\alpha' I_N^o(\theta_o)\,\alpha}^{\,2+\delta}} = 0 \quad \text{für alle } \alpha\in\mathbb{R}^p,$$

Sei $\hat{\theta}_N$ eine konsistente Lösung der Likelihoodgleichungen, dann gilt :

$[-\nabla^2 L_N(\hat{\theta}_N)]^{\frac{1}{2}}(\hat{\theta}_N - \theta_o)$ konvergiert in der Verteilung gegen eine standardnormalverteilte Zufallsvariable (Erwartungswert 0 und Kovarianzmatrix I_{pxp}) .

<u>Beweis :</u> CROWDER (1976), S. 49

Der folgende Satz kann auf (5-5) zurückgeführt werden, denn ihm liegt ein zentraler Grenzwertsatz von BILLINGSLEY(1961) für stationäre Martingale zugrunde, der unter den in (5-5) verwendeten Grenzwertsatz von BROWN(1971) subsumiert werden kann.

(5-6) SATZ: Gegeben sei (a) ein stationärer, ergodischer Prozeß von Beobachtungsvariablen $\{z_t: t \in \mathbf{Z}\}$, dessen gemeinsame Dichtefunktionen $f_{Z(N)|Z(0)}(z(N)|z(0);\theta)$ die Annahmen des Konsistenzsatzes (5-4) erfüllen.

Wenn außerdem (b) der stationäre Prozeß $\{\nabla L_{t|t-1}(\theta_0) : t=1,2,\dots\}$ endliche zweite Momente besitzt, konvergiert die normierte (konsistente) Lösungsfolge (5.22a) wie in Satz (5-5) gegen eine multivariate Standard-Normalverteilung.

Beweis: Die Konvergenzsätze von BILLINGSLEY(1961) und VARADARAJAN(1958) kommen zur Anwendung.

Die Grenzwertsätze (5-4) bis (5-6) werden in dem dynamischen linearen Modell des nächsten Abschnittes eine wichtige Rolle spielen. Daher sind sie für Referenzzwecke an dieser Stelle aufgeführt worden.

5.2. Asymptotische Normalität und Konsistenz der Maximum-Likelihood-Schätzer im dynamischen linearen Modell

Anwendungen der unter 5.1. dargestellten asymptotischen Theorie finden sich in den Arbeiten von PAGAN(1980) und WEISS(1982). Die von diesen Autoren verwendete spezielle Parameterstruktur ist allerdings nur für die Identifikationsbetrachtung notwendig. Ihre Sätze über Konsistenz und asymptotische Normalität der Maximum-Likelihood-Schätzer sind auch in einem allgemeinen dynamischen linearen Modell der Form 1.1. beweisbar, sofern vorausgesetzt werden kann, daß das Identifikationsproblem gelöst ist und daß die "erklärenden Variablen" u_t die Beschränktheits- bzw. Stationaritätsannahmen aus 4.3. erfüllen.
Wir wollen diese Annahmen hier treffen und benutzen im weiteren die nachstehend aufgeführten Modellannahmen:

(1) $z_t = H_t' x_t + B u_t + v_t$.

(2) $x_{t+1} = F x_t + \Gamma u_t + w_t$.

(3) $H_t := C u_t$ (C ist eine bekannte Selektionsmatrix).

(4) $v_t \sim N(0,R)$, $w_t \sim N(0,Q)$,

(5.23) $E(v_t v_s') = 0$, $E(w_t w_s') = 0$ für alle $t \neq s$,

$E(w_t v_s') = 0$ für alle t,s .

(5) $x_0 \sim N(\bar{x}_0, \Sigma_0)$, diese Verteilung ist bekannt ,

$E(x_0 v_t') = 0$, $E(x_0 w_t') = 0$ für alle t .

(6) Der Vektor θ enthält die unbekannten Komponenten aus F, B, Γ, Q und R . Der Parameterraum sei mit Θ bezeichnet.

(7) Der "wahre" Parameter $\theta_0 \in \Theta$ sei ein innerer Punkt von $\Theta \subset \mathbb{R}^p$.

(8) Auf einer geeigneten Umgebung von θ_0 gilt für ein $c > 0$:

$$I_N^0(\theta) := E_N^0[-\nabla^2 L_N(\theta)] > c\, N\, I_{p \times p} \quad .$$

Für die erklärenden Variablen u_t treffen wir die entsprechenden Annahmen aus dem PAGAN- oder dem WEISS-Modell.

... (5.23)

(9) $\{u_t\}$ ist eine Folge deterministischer Größen, die gleichmäßig in t beschränkt sind.

(9)' $\{u_t\}$ enthält verzögert endogene Variable sowie laufende und verzögerte Werte von strikt exogenen Variablen u_t^* (d.h. diese Variablen sind zu allen leads und lags weder mit den Systemfehlern $\{v_t, w_t\}$ noch mit dem Anfangszustand x_0 korreliert).
Der Prozeß $\{z_t, u_t^*\}$ ist streng stationär und ergodisch mit endlichen zweiten Momenten.
In der gemeinsamen Verteilung für $\{z_t, u_t^*\}$ ist u_t^* schwach exogen für die unbekannten Parameter θ.

Schließlich benötigen wir noch Annahmen, die die gleichmäßig asymptotische Stabilität der Rekursionsgleichungen für die Schätzfehler in "wahren" und "fehlspezifizierten" Modellen gewährleisten. Hierzu formulieren wir :

... (5.23)

(10) Auf einer geeignet gewählten Umgebung von θ_0 gilt eine der folgenden Bedingungen:

(a) $\| F \| < 1$,

(b) R, Q, Σ_0 sind positiv definit, F ist bekannt, und die Bedingung II/(6.13) ist erfüllt,

(c) R, Σ_0 sind positiv definit, F ist bekannt, und die Bedingung II/(6.21) ist erfüllt.

(10)' Es ist nur die Situation (10a) zugelassen.

Für die Konsistenz und asymptotische Normalität der Maximum-Likelihood-Schätzer der konstanten Koeffizienten (F, B, Γ, Q, R) eines dynamischen linearen Modells mit den Eigenschaften (1) bis (8) benötigen wir einige Eigenschaften der ersten und zweiten Ableitungen der log-Likelihood. Das asymptotische Verhalten dieser Größen kann unter (10) bzw. (10)' mit den Hilfsmitteln aus Teil II/ Kapitel 6 und 7 untersucht werden. Das soll hier zunächst geschehen.

In diesem Zusammenhang vereinbaren wir folgende Kurzschreibweise für Differentiationsoperationen bezüglich der Komponenten des Parametervektors θ :

$$\nabla_i := \frac{\partial}{\partial\theta_i} \quad , \quad \nabla^2_{ij} := \frac{\partial^2}{\partial\theta_i \cdot \partial\theta_j} \quad .$$

Ferner soll bei der Differentiation von Produkten der Operator ∇_i (∇^2_{ij}) nur auf den unmittelbar folgenden Faktor angewendet werden, also : $\nabla_i\, A\, B = (\nabla_i\, A)\, B$, $\nabla^2_{ij}\, A\, B = (\nabla^2_{ij}\, A)\, B$.
Aus Kapitel 2 ist bekannt, daß der Gradient und die Hessesche Matrix der log-Likelihood von den Ableitungen der Größen e_t und D_t abhängt. Aus den Bestimmungsgleichungen für e_t, D_t :

.24a) $$e_t = z_t - H_t'\, \hat{x}_{t|t-1} - B\, u_t \quad ,$$

.24b) $$D_t = H_t'\, \Sigma_{t|t-1}\, H_t + R \, ,$$

erhalten wir :

.25a) $$\nabla_i\, e_t = -H_t'\, \nabla_i\, \hat{x}_{t|t-1} - \nabla_i\, B\, u_t \quad ,$$

.25b) $$\nabla^2_{ij}\, e_t = -H_t'\, \nabla^2_{ij}\, \hat{x}_{t|t-1} \, ,$$

.25c) $$\nabla_i\, D_t = H_t'\, \nabla_i\, \Sigma_{t|t-1}\, H_t + \nabla_i\, R \, ,$$

.25d) $$\nabla^2_{ij}\, D_t = H_t'\, \nabla^2_{ij}\, \Sigma_{t|t-1}\, H_t \, .$$

Für die hierin enthalten Ableitungen der Filterlösungen können mit Hilfe der Kalmanrekursionen Differenzengleichungen gefunden werden. Unter Beachtung von

.26a) $$\hat{x}_{t+1|t} = F\, \hat{x}_{t|t} + \Gamma\, u_t \quad ,$$

.26b) $$\hat{x}_{t|t} = (I - K_t H_t')\, \hat{x}_{t|t-1} + K_t\,(z_t - B\, u_t) = \hat{x}_{t|t-1} + K_t\, e_t \quad ,$$

.27a) $$\Sigma_{t+1|t} = F\, \Sigma_{t|t}\, F' + Q \, ,$$

.27b) $$\Sigma_{t|t} = [\, \Sigma^{-1}_{t|t-1} + H_t R^{-1} H_t' \,]^{-1} \quad ,$$

berechnet man mit Hilfe der Differentiationsregel (2-6)(a),

$$\nabla_i\, A^{-1} = -\, A^{-1}\, (\nabla_i\, A)\, A^{-1} \quad ,$$

die folgenden Ableitungen der Kovarianzmatrix $\Sigma_{t+1|t}$ und der Filterlösung $\hat{x}_{t+1|t}$ als Funktion der Ableitungen von $\Sigma_{t|t-1}$ bzw. $\hat{x}_{t|t-1}$:

(5.28) $$\nabla_i \Sigma_{t+1|t} = -F\,\Sigma_{t|t}\,\nabla_i\,(\Sigma^{-1}_{t|t-1} + H_t R^{-1} H'_t)\,\Sigma_{t|t}\,F'$$

$$+ \nabla_i Q + \nabla_i F\,\Sigma_{t|t}\,F' + F\,\Sigma_{t|t}\,\nabla_i F'$$

$$= F\,\Sigma_{t|t}\,\Sigma^{-1}_{t|t-1}\,\nabla_i \Sigma_{t|t-1}\,\Sigma^{-1}_{t|t-1}\,\Sigma_{t|t}\,F'$$

$$+ F\,\Sigma_{t|t}\,H_t R^{-1}\,\nabla_i R\;R^{-1} H_t{}'\,\Sigma_{t|t}\,F' + \nabla_i Q$$

$$+ \nabla_i F\,\Sigma_{t|t}\,F' + F\,\Sigma_{t|t}\,\nabla_i F'$$

$$= F\,(I - K_t H_t{}')\,\nabla_i\,\Sigma_{t|t-1}\,(I - K_t H_t{}')'\,F'$$

$$+ F K_t \nabla_i R\,K'_t\,F' + \nabla_i Q + \nabla_i F\,\Sigma_{t|t}\,F' + F\,\Sigma_{t|t}\,\nabla_i F' \;.$$

Hierin haben wir benutzt, daß gilt:

(5.29) $$\Sigma_{t|t}\,\Sigma^{-1}_{t|t-1} = (I - K_t H_t{}') \quad , \quad \Sigma_{t|t}\,H_t\,R^{-1} = K_t \;.$$

Für die Filterlösung $\hat{x}_{t+1|t}$ erhalten wir :

(5.30) $$\nabla_i \hat{x}_{t+1|t} = \nabla_i F\,\hat{x}_{t|t} + \nabla_i \Gamma u_t + F\,\nabla_i \hat{x}_{t|t}$$

$$= F(I-K_t H_t{}')\,\nabla_i \hat{x}_{t|t-1} + \nabla_i F\,\hat{x}_{t|t} + \nabla_i \Gamma u_t$$

$$- F K_t \nabla_i B\,u_t + F\,\nabla_i K_t\,e_t \quad .$$

(5.31) mit $$\nabla_i K_t = \nabla_i\,\Sigma_{t|t-1} H_t D_t^{-1} + \Sigma_{t|t-1} H_t \nabla_i D_t^{-1}$$

$$= \nabla_i\,\Sigma_{t|t-1} H_t D_t^{-1} - \Sigma_{t|t-1} H_t D_t^{-1} (H_t{}'\nabla_i \Sigma_{t|t-1} H_t + \nabla_i R)\,D_t^{-1}$$

$$= (\,I - K_t H_t{}'\,)\,\nabla_i\,\Sigma_{t|t-1}\,H_t D_t^{-1} + K_t\,\nabla_i R\,D_t^{-1} \;.$$

Fährt man mit der Differentiation von $\nabla_i \hat{x}_{t|t-1}$ und $\nabla_i \Sigma_{t|t-1}$ fort, so wird man feststellen, daß die Differenzengleichungen aller Ableitungen von $\hat{x}_{t|t-1}$ und $\Sigma_{t|t-1}$ ein wesentliches Merkmal mit den Rekursionen für die Filterlösungen $\{\hat{x}_{t|t-1}, \Sigma_{t|t-1}\}$ teilen: der homogene Teil dieser Differenzengleichungen wird von der Systemmatrix $F(I-K_t H')$ bestimmt, die bekanntlich unter den Voraussetzungen der Sätze II/(6-1) oder II/(6-3) exponentiell stabil ist.

Bei exponentiell stabiler Systemmatrix $S_t := F(I - K_t H_t')$ schließt man aus (5.28) auf die Existenz einer gleichmäßigen Beschränkung der Kovarianzmatrizen $\Sigma_{t|t}$ und aller ihrer Ableitungen beliebiger Ordnung.

Die Differenzengleichung für $\nabla_i \hat{x}_{t|t-1}$ bedarf noch einer genaueren Untersuchung. Es handelt sich hier stets um eine stochastische Differenzengleichung, die wir unter Berücksichtigung von (5.26) einbetten können in ein System der folgenden Gestalt:

(5.32a) $$\begin{bmatrix} \nabla_i \hat{x}_{t+1|t} \\ \hat{x}_{t+1|t} \end{bmatrix} = \begin{bmatrix} S_t & \nabla_i F \\ 0 & F \end{bmatrix} \begin{bmatrix} \nabla_i \hat{x}_{t|t-1} \\ \hat{x}_{t|t-1} \end{bmatrix} + \begin{bmatrix} \nabla_i \Gamma - F K_t \nabla_i B \\ \Gamma \end{bmatrix} u_t + \begin{bmatrix} L_t \\ FK_t \end{bmatrix} e_t$$

(5.32b) $$\text{mit } L_t := \nabla_i F\, K_t + F\, \nabla_i K_t \quad , \; S_t := F(I - K_t H_t') \; .$$

Der Vektor $e_t := e_t(\theta)$ enthält die "Prognosefehler" $z_t - \hat{z}_{t|t-1}(\theta)$, die sich bei Verwendung des Kalmanfilters unter alternativen $\theta \epsilon \Theta$ ergeben.[18] Das asymptotische Verhalten dieser Fehler eines für $\theta \neq \theta_0$ suboptimalen Kalmanfilters im "wahren" Modell wurde in II/7. untersucht. Unter Beachtung von

(5.33a) $$e_t = H_t' \tilde{x}_{t|t-1} + (\Delta B)\, u_t + v_t \; ,$$

(5.33b) $$\text{mit } \tilde{x}_{t|t-1} := x_t - \hat{x}_{t|t-1} \; , \; \Delta B := B^\circ - B \; ,$$

und der Differenzengleichungen II/(7.19) für $\{ \tilde{x}_{t|t-1} , x_t \}$ erhalten wir das vollständige System :

(5.34) $$\begin{bmatrix} \nabla_i \hat{x}_{t+1|t} \\ \hat{x}_{t+1|t} \\ \tilde{x}_{t+1|t} \\ x_{t+1} \end{bmatrix} = \begin{bmatrix} S_t & \nabla_i F & L_t H_t' & 0 \\ 0 & F & FK_t H_t' & 0 \\ 0 & 0 & S_t & \Delta F \\ 0 & 0 & 0 & F^\circ \end{bmatrix} \begin{bmatrix} \nabla_i \hat{x}_{t|t-1} \\ \hat{x}_{t|t-1} \\ \tilde{x}_{t|t-1} \\ x_{t-1} \end{bmatrix}$$
$$+ \begin{bmatrix} \nabla_i \Gamma - FK_t \nabla_i B + L_t \Delta B \\ \Gamma + F K_t \Delta B \\ \Delta\Gamma - F K_t \Delta B \\ \Gamma^\circ \end{bmatrix} u_t + \begin{bmatrix} L_t & 0 \\ F K_t & 0 \\ -F K_t & I \\ 0 & I \end{bmatrix} \begin{bmatrix} v_t \\ w_t \end{bmatrix} .$$

Hierin bezeichnen F°, Γ° und B° die wahren Modellgrößen für und $\Delta F, \Delta B$ und $\Delta\Gamma$ die Abweichungen $\Delta F = F^\circ - F, \Delta\Gamma = \Gamma^\circ - \Gamma,\ \Delta B = B^\circ - B$.

Sofern der Parametervektor θ Komponenten aus F enthält, also

(5.35a) $$\nabla_i F \neq 0 \quad \text{(für mindestens ein i)},$$

(5.35b) $$\Delta F \neq 0 \quad (\text{für } \theta \neq \theta_0),$$

ist die Systemmatrix in (5.34) nur dann exponentiell stabil, wenn F und F° die Eigenwertbeschränkung (10)(a) erfüllen. Auf (5.34) ist dann für (9) oder (9)' der Satz II/(6-6) anwendbar. Für $\nabla_i F = 0$ (für alle i) und $\Delta F = 0$ können wir ein reduziertes System für $(\nabla_i \hat{x}_{t+1|t}, \tilde{x}_{t+1|t})$ bilden der Form:

(5.36) $$\begin{bmatrix} \nabla_i \hat{x}_{t+1|t} \\ \tilde{x}_{t+1|t} \end{bmatrix} = \begin{bmatrix} S_t & F\nabla_i K_t H_t' \\ 0 & S_t \end{bmatrix} \begin{bmatrix} \nabla_i \hat{x}_{t|t-1} \\ \tilde{x}_{t|t-1} \end{bmatrix} + \begin{bmatrix} \nabla_i \Gamma - FK_t \nabla_i B + F\nabla_i K_t \Delta B \\ \Delta\Gamma - FK_t \Delta B \end{bmatrix} u_t + \begin{bmatrix} F\nabla_i K_t & 0 \\ -FK_t & I \end{bmatrix} \begin{bmatrix} v_t \\ w_t \end{bmatrix}.$$

Auf das System (5.36) ist für (9) und (10b,c) unter Beachtung der Sätze II/(6-1) bis II/(6-3) wiederum II/(6-6) anwendbar. Für Ableitungen beliebig höherer Ordnungen können analoge Berechnungen angestellt werden, die Systeme (5.34) und (5.36) werden entsprechend um die Ableitungen höherer Ordnung (mit der Matrix S_t im homogenen Teil ihrer Rekursionen) ergänzt. Wir halten das Ergebnis dieser Überlegungen im nächsten Satz fest.

(5-7) SATZ: In einem dynamischen linearen Modell mit den Eigenschaften (1) bis (8) gilt :

(a) Unter den Annahmen (10a) sowie (9) oder (9)' sind alle ersten und zweiten Momente von x_t, $\tilde{x}_{t|t-1}$, $\hat{x}_{t|t-1}$ sowie aller Ableitungen beliebiger Ordnung von $\hat{x}_{t|t-1}$ gleichmäßig beschränkt.[19]
Ebenso sind die Matrizen $\Sigma_{t|t}$, $\Sigma_{t|t-1}$ sowie alle Ableitungen beliebiger Ordnung gleichmäßig beschränkt.

(b) Unter den Annahmen (10b,c) und (9) sind alle ersten und zweiten Momente von $\tilde{x}_{t|t-1}$ sowie aller Ableitungen beliebiger Ordnung von $\hat{x}_{t|t-1}$ gleichmäßig

in t beschränkt.
Ebenso sind die Kovarianzmatrizen $\Sigma_{t|t}$, $\Sigma_{t|t-1}$ sowie alle ihre Ableitungen beliebiger Ordnung gleichmäßig beschränkt.

Beweis: Satz II/(6-6) kommt zur Anwendung.

Mit Hilfe von Satz (5-7) kann nun das Verhalten der Hesseschen Matrix in den Ausdrücken

$$\frac{1}{N} E_N^o(-\nabla^2 L_N(\theta)) \quad \text{und} \quad \frac{1}{N} [(-\nabla^2 L_N(\theta)) - E_N^o(-\nabla^2 L_N(\theta))]$$

für $N \to \infty$ untersucht werden.

Aus den Berechnungen zur Implementierung des Scoring-Verfahrens ist bekannt :

5.37) $$\frac{1}{N}(-\nabla^2 L_N(\theta)) = \frac{1}{N}\frac{1}{2}\{\sum_{t=1}^{N} \nabla_{ij}^2 \ell_t(\theta)\} \text{ mit}$$

5.38) $$\begin{aligned} \nabla_{ij}^2 \ell_t(\theta) = {} & \operatorname{tr}\{D_t^{-1}\nabla_{ij}^2 D_t (I - D_t^{-1} e_t e_t')\} \\ & + \operatorname{tr}\{D_t^{-1}\nabla_i D_t D_t^{-1} \nabla_j D_t (2 D_t^{-1} e_t e_t' - I)\} \\ & - 2 \operatorname{tr}\{D_t^{-1} \nabla_i D_t D_t^{-1}\nabla_j e_t e_t' + D_t^{-1} \nabla_j D_t D_t^{-1} \nabla_i e_t e_t'\} \\ & + 2 \operatorname{tr}\{D_t^{-1} \nabla_i e_t \nabla_j e_t' + D_t^{-1}\nabla_{ij}^2 e_t e_t'\} \quad . \end{aligned}$$

Betrachten wir zunächst den Fall (9) bei Gültigkeit einer der Bedingungen in (10). Dann sind die Komponenten von

5.39a) $$D_t^{-1} , D_t , \nabla_i D_t , \nabla_{ij}^2 D_t \quad (i,j=1,\dots,p)$$

unter Berücksichtigung von (5.25) und Satz (5-7) gleichmäßig in t beschränkt. (D_t^{-1} ist sicher beschränkt, wenn $R > 0$.)
Die übrigen Terme in (5.38) :

5.39b) $$e_t e_t' , \nabla_i e_t e_t' , \nabla_{ij}^2 e_t e_t' , \nabla_i e_t \nabla_j e_t' \quad (i,j=1,\dots,p)$$

lassen sich alle auf Linearkombinationen von Kreuzprodukten der Vektoren

5.39c) $$\tilde{x}_{t|t-1} , \nabla_i \hat{x}_{t|t-1} , \nabla_{ij}^2 \hat{x}_{t|t-1} , v_t \quad (i,j=1,\dots,p)$$

zurückführen mit Gewichten, die gemäß (9) gleichmäßig in t beschränkt sind. Mit Satz (5-7) schließen wir damit auf die gleichmäßige Beschränktheit des Erwartungswertes von (5.38).[20]

In Verbindung mit der unteren Schranke (8) ergibt sich, daß der Grenzwert

(5.40) $$I^\circ(\theta) := \lim_{N\to\infty} \{ \frac{1}{N} I_N^\circ(\theta) \} \quad \text{mit} \quad I_N^\circ(\theta) := E_N^\circ[-\nabla^2 L_N(\theta)]$$

existiert und positiv definit ist auf der in (8) genannten Umgebung von θ_0. Sei y_t ein Vektor der aus den Komponenten der Zufallsvektoren in (5.39c) gebildet wird, dann folgt aus den Eigenschaften der Systeme (5.34) bzw. (5.36) mit Hilfe von Satz II/(6-6), daß für y_t ein starkes Gesetz der großen Zahlen gilt :

(5.41a) $$P\left(\lim_{N\to\infty} \frac{1}{N} \{ \sum_{t=1}^{N} y_t y_t' - E(y_t y_t')\} = 0 \right) = 1$$

(5.41b) $$\text{und} \quad P\left(\lim_{N\to\infty} \frac{1}{N} \{ \sum_{t=1}^{N} y_t - E(y_t) \} = 0 \right) = 1 .$$

Unter Berücksichtigung der Tatsache, daß alle Terme in (5.38) als Linearkombinationen von Kreuzprodukten aus Komponenten von (5.39c) mit gleichmäßig beschränkten Gewichten darstellbar sind, schließen wir mit Hilfe von II/(6-5) auf :[21]

(5.42) $$P\left(0_{pxp} = \lim_{N\to\infty} \frac{1}{N} \left[\nabla^2 L_N(\theta) + I_N^\circ(\theta) \right] \right) = P\left(\lim_{N\to\infty} \left[-\frac{1}{N}\nabla^2 L_N(\theta) \right] = I^\circ(\theta) \right) = 1 .$$

Man kommt zu demselben Resultat unter (9)' und (10)'. Aufgrund der Ergodizitätsannahme in (9)' konvergiert (5.37) fast sicher gegen seinen Erwartungswert, sofern $E_t^\circ[\nabla_{ij}^2 \ell_t(\theta)] < \infty$. Letzteres folgt aber aus der Endlichkeit aller zweiten Momente der Terme in (5.39) gemäß (9)' und Satz II/(6-6).

Schließlich läßt sich noch die Stetigkeit von $I_N^\circ(\theta)$ und $I^\circ(\theta)$ an der Stelle θ_0 nachweisen, denn es gilt

(5.43) $$E_N^\circ[\frac{1}{N} \nabla_{ij}^2 L_N(\theta)] - E_N^\circ[\frac{1}{N} \nabla_{ij}^2 L_N(\theta_0)] = (\theta-\theta_0)' E_N^\circ[\frac{1}{N}\nabla\nabla_{ij}^2 L_N(\theta^*)]$$

$$\text{für ein geeignetes } \theta^* \text{ mit } \| \theta^* - \theta_0 \| < \| \theta - \theta_0 \| .$$

Alle hierin enthaltenen Erwartungswerte existieren und sind gleichmäßig in N beschränkt. Die Beschränktheit der dritten Ableitungen ergibt sich aus einer Anwendung von Satz (5-7) auf $\nabla_{ijk}^3 \ell_t(\theta)$ nach weiterem Differenzieren von (5.38). Wir halten das Ergebnis der vorangegangenen Überlegungen im nächsten Satz fest.

(5-8) SATZ: In einem dynamischen linearen Modell mit den Eigenschaften (1) bis (8) sind alternativ die Bedingungen (9), (10) oder (9)', (10)' erfüllt. Dann gilt auf einer geeigneten Umgebung von θ_0 :

(a) $c_1 I < \lim_{N\to\infty} \frac{1}{N} I_N^{\circ}(\theta) < c_2 I$,

(b) $P(\lim_{N\to\infty} [-\frac{1}{N} \nabla^2 L_N(\theta) - \frac{1}{N} I_N^{\circ}(\theta)] = 0) = 1$,

(c) $P(\lim_{N\to\infty} [-I_N^{\circ}(\theta)^{-1}\nabla^2 L_N(\theta)] = I) = 1$,

(d) $I_N^{\circ}(\theta)$ und $I^{\circ}(\theta)$ sind stetig an der Stelle θ_0 .

Beweis.

Es werden die Sätze (5-7) und II/(6-6) auf das System (5.34) angewendet unter Berücksichtigung von (5.38) und (5.39). Aussage (c) folgt aus (a) und (b) nach einer Umformung gemäß

$$-\frac{1}{N}\nabla^2 L_N(\theta) - \frac{1}{N} I_N^{\circ}(\theta) = [\frac{1}{N} I_N^{\circ}(\theta)][-I_N^{\circ}(\theta)^{-1} \nabla^2 L_N(\theta) - I]$$

Wir sind nunmehr in der Lage den Hauptsatz dieses Abschnitts zu beweisen.

(5-9) SATZ: In einem dynamischen linearen Modell mit den Eigenschaften (1) bis (8) existiert unter jeweils einer der Bedingungen (9), (10) oder (9)', (10)' eine konsistente Lösung der Likelihood-Gleichungen

$$\nabla L_N(\hat{\theta}_N) = 0 \quad \text{und} \quad \operatorname*{plim}_{N\to\infty} \hat{\theta}_N = \theta_0 \quad ,$$

die asymptotisch normalverteilt ist gemäß

$$[-\nabla^2 L_N(\hat{\theta}_N)]^{\frac{1}{2}}(\hat{\theta}_N - \theta_0) \xrightarrow{\mathcal{D}} N(0, I_{pxp}) ,$$

$$\sqrt{N} \; (\hat{\theta}_N - \theta_0) \xrightarrow{\mathcal{D}} N(0, I^{\circ}(\theta_0)^{-1}) .$$

Beweis: PAGAN(1980), S. 356-362.

Wir führen den Beweis durch eine Überprüfung der Voraussetzungen der Sätze (5-4),(5-5) und (5-6).
Wir beginnen mit dem Konsistenzbeweis durch Satz (5-4).
Die Bedingungen (CR1), (CR2) sind annahmegemäß erfüllt.
Die Vertauschbarkeit von Differentiation und Integration in (CR2) ist Konsequenz der gleichmäßigen Beschränktheit der Ableitungen der log-Likelihood gemäß Satz (5-7). Die Bedingung (CR3) wurde in Satz (5-8) gezeigt. Die Stetigkeitseigenschaft (CR4) ist wegen (8) bereits erfüllt, wenn für alle $\varepsilon>0$ ein $\delta_\varepsilon > 0$ existiert, so daß

(5.44) $$\lim_{N\to\infty} P\left(\frac{1}{N} \| \nabla^2 L_N(\theta^*) - \nabla^2 L_N(\theta_0) \| < \varepsilon \right) = 1$$

$$\text{für alle } \theta^* \varepsilon\ U(\theta_0, \delta_\varepsilon)\ .$$

Der Nachweis von (5.44) ergibt sich aus der Abschätzung

(5.45) $$\frac{1}{N} \| \nabla^2 L_N(\theta^*) - \nabla^2 L_N(\theta_0) \| < \frac{1}{N} \| \nabla^2 L_N(\theta^*) - E_N^\circ[\nabla^2 L_N(\theta^*)] \| + \frac{1}{N} \| I_N^\circ(\theta^*) - I_N^\circ(\theta_0) \| + \frac{1}{N} \| \nabla^2 L_N(\theta_0) - E_N^\circ[\nabla^2 L_N(\theta_0)] \|$$

in Verbindung mit Satz (5-8), denn der erste und der dritte Term auf der rechten Seite in (5.44) konvergieren mit Wahrscheinlichkeit 1 gegen Null, und der zweite Term läßt sich mit (5.43) auf einer geeignet kleinen Umgebung von θ_0 beliebig klein abschätzen.
Damit ist die Existenz einer konsistenten Lösung der Likelihoodgleichungen gezeigt.
Im folgenden betrachten wir zunächst den Fall (9).
Es verbleibt dann die Prüfung von (a) und (b) in Satz (5-5):
(a) ist bei Gültigkeit von (5-8)(a) dann gezeigt, wenn gilt:

(5.46) $$\lim_{N\to\infty} P\left[\left(\frac{1}{N} \left[\sum_{t=1}^{N} I_{t|t-1}^\circ(\theta_0) \right] - \frac{1}{N} I_N^\circ(\theta_0) \right) = 0 \right] = 1\ .$$

Definitionsgemäß gilt:

(5.47) $$I_{t|t-1}^\circ(\theta_0) = E_{t|t-1}^\circ[-\nabla^2 L_{t|t-1}(\theta_0)] = E_{t|t-1}^\circ\left[\frac{1}{2} \nabla^2 \ell_t(\theta_0) \right]\ .$$

Für $\theta = \theta_0$ ist $e_t = e_t(\theta_0) =: e_t^\circ$ die *"wahre Innovation"*. Es gilt:

(5.48) $$E_{t|t-1}^\circ(e_t^\circ) = 0\ , \quad E_{t|t-1}^\circ(e_t^\circ e_t^{\circ\prime}) = D_t^\circ := D_t(\theta_0)\ .$$ [22]

Ferner sind die Vektoren $\nabla_i e_t$ und $\nabla^2_{ij} e_t$ $(i,j=1,\ldots,p)$ Funktionen in den vorangegangenen Beobachtungen $z(t-1)$, also gilt:

(5.49a) $$E^{\circ}_{t|t-1}(\nabla_i e^{\circ}_t \, e^{\circ\prime}_t) = E^{\circ}_{t|t-1}(\nabla^2_{ij} e^{\circ}_t \, e^{\circ\prime}_t) = 0$$

(5.49b) $$E^{\circ}_{t|t-1}(\nabla_i e^{\circ}_t \, \nabla_j e^{\circ\prime}_t) = \nabla_i e^{\circ}_t \, \nabla_j e^{\circ\prime}_t \qquad (\text{für alle } i,j = 1,2,\ldots,p)\,.$$

Berücksichtigen wir (5.48) und (5.49) in (5.47) so resultiert:

(5.50a) $$[\, I^{\circ}_{t|t-1}(\theta_\circ)\,]_{ij} = \frac{1}{2}\,\mathrm{tr}\{D^{\circ -1}_t \nabla_i D^{\circ}_t D^{\circ -1}_t \nabla_j D^{\circ}_t\} + \mathrm{tr}\{D^{\circ -1}_t \nabla_i e^{\circ}_t \nabla_j e^{\circ\prime}_t\}\,,$$

(5.50b) $$[I^{\circ}_N(\theta_\circ)]_{ij} = \sum_{t=1}^{N} \frac{1}{2}\,\mathrm{tr}\{D^{\circ -1}_t \nabla_i D^{\circ}_t D^{\circ -1}_t \nabla_j D^{\circ}_t\} + \mathrm{tr}\{D^{\circ -1}_t \, E^{\circ}_{t-1}(\nabla_i e^{\circ}_t \nabla_j e^{\circ\prime}_t)\}\,.$$

Für $\nabla_i e^{\circ}_t$ gilt jedoch, wie sich aus dem Beweis von (5-8) ergibt, ein starkes Gesetz der großen Zahlen gemäß (5.41) und damit (5.46).
Die Bedingung (b) in (5-5) läßt sich für $\delta=2$ nachweisen, wenn wir unter Berücksichtigung von (8) zeigen, daß gilt:

(5.51) $$\lim_{N\to\infty} \frac{1}{N^2} \sum_{t=1}^{N} E^{\circ}(\,|\mathbf{a}' \cdot L_{t|t-1}(\theta_\circ)|^4) = 0 \text{ für alle } \mathbf{a} \in R^p\,.$$

In den Berechnungen zum Scoring-Verfahren zeigten wir :

(5.52) $$\nabla_i L_{t|t-1}(\theta) = -\frac{1}{2}\,\mathrm{tr}\{D^{-1}_t \nabla_i D_t (I - D^{-1}_t e_t e_t') + 2\, D^{-1}_t \nabla_i e_t e_t'\}\,.$$

Aus der Tatsache, daß e°_t und $\nabla_i e^{\circ}_t$ $(i=1,2\ldots,p)$ normalverteilt sind mit gleichmäßig in t beschränkten Kovarianzmatrizen, folgt unter Berücksichtigung des Umstandes, daß auch $D^{\circ -1}_t$ $\nabla_i D^{\circ}_t$ gleichmäßig beschränkt sind und daß alle Momente einer Standardnormalverteilung existieren, die Existenz einer Schranke $0 < c < \infty$ mit der Eigenschaft :

(5.53) $$E^{\circ}(\,|\,\mathbf{a}' \nabla_i L_{t|t-1}(\theta_\circ)\,|^4\,) < c \quad \text{für alle } t \text{ und } i=1,\ldots,p\,,$$

und damit die Gültigkeit von (5.51). Also ist Satz (5-5) anwendbar.
Im Fall (9)' muß gemäß Satz (5-6) nur die Endlichkeit der zweiten Momente $E^{\circ}(\,|\,\nabla_i L_{t|t-1}(\theta_\circ)\,|^2\,)$ gezeigt werden. Dies folgt jedoch unmittelbar aus der Darstellung (5.52) mit Satz (5-7).

Kapitel 6: *Modellüberprüfung*

6.1. Vorbemerkungen: Arten der Modellüberprüfung

Es ist zu vermuten, daß mehrere Spezifikationen eines dynamischen linearen Modells der Form (1.8) existieren, die alle ökonomisch plausibel sind als Erklärung zeitabhängiger Zusammenhänge, wie beispielsweise eine Konsum- oder Geldnachfragefunktion mit zeitvariablen Elastizitäten.
In den vergangenen Kapiteln wurde gezeigt, wie für vorgegebene

Beobachtungsvektoren $\boldsymbol{B} := (z(N), u_1(N), u_2(N), u_3(N))$,

Verteilungseigenschaften $\boldsymbol{V}$ **über die Systemgrößen** $\{ x_0, \{v_t, w_t\} \}$,

Selektionsmatrizen $\boldsymbol{C} := (C_1, C_2, C_3, C_4)$,

Menge Θ_F **der zulässigen Parameterwerte** θ , **mit** $\theta := (px1)$,
$\theta := (\bar{x}_0, \beta, \varphi, \gamma, vech(\Sigma_0), vech(Q), vech(R))$,

eine Spezifikation $\theta \in \Theta$ gefunden werden kann, die die größte Likelihood liefert (oder zumindest ein lokales Maximum der Likelihoodfunktion darstellt) .
Es stellt sich die Frage, nach welchen Kriterien alternative Maximum-Likelihood-Spezifikationen, die unter jeweils verschiedenen Annahmen über $\boldsymbol{B}$, $\boldsymbol{V}$, $\boldsymbol{C}$, θ ermittelt wurden, voneinander unterschieden werden können.

Hierbei sind folgende Vorgehensweisen üblich:

(1) Man verwirft diejenigen Modellspezifikationen, in denen Maximum-Likelihood-Schätzwerte auftreten, deren Größenordnung "ökonomisch nicht plausibel" sind - oder was auf dasselbe hinausläuft: man formuliert und akzeptiert Restriktionen, die ökonomisch plausible Schätzwerte erzwingen. LEAMER(1978) hat argumentiert, daß in einem solchen Fall der *datenabhängigen Revision* der Modellspezifikation der empirische Wirtschaftsforscher "verrät", daß er a priori Informationen ("Vorurteile") über die Plausibilität alternativer Modellspezifikationen hat. Der Forscher

sollte diese in Form einer a priori - Verteilung auf einer Menge **M** von "zur Konkurrenz zugelassenen Modellspezifikationen" vor der Datenanalyse eben als "vor-den-Daten-liegende Urteile" ausweisen und dann zeigen, wie stark die Daten - aufbereitet in einer a posteriori - Verteilung - seinen Vorurteilen widersprechen.
Wir werden diesen Bayesianischen Ansatz nicht weiter verfolgen, sondern formulieren eine Klasse **M** von dynamischen linearen Modellen, die sich allein durch Restriktionen auf θ unterscheiden ("nesting of the hypothesistesting-problem") und wählen

(2) eine Strategie, in der wir unterstellen, daß die "Daten" in Form der Likelihood-Funktion eventuell vorhandene a priori Informationen dominieren (aufgrund eines hohen Stichprobenumfangs oder einer *lokal gleichmäßig verteilten* a priori Dichte auf dem Parameterraum [BOX/TIAO(1973), S.23ff.]) - mit der Konsequenz, daß wir für Modellvergleiche (Vergleiche alternativer Restriktionen auf θ) allein die Tatsache ausnutzen werden, daß die Likelihood an der Stelle des restringierten Maximum-Likelihood-Schätzers andere Krümmungseigenschaften besitzt als an der Stelle des nichtrestringierten Maximum-Likelihood-Schätzers [vgl. HARVEY(1981b), CHOW(1983), ENGLE(1984)]. Wir formulieren zu diesem Zweck ein hinreichend hoch dimensioniertes Zustandsraummodell der Form :

(6.1a) $$z_t = (I \otimes u'_{1t})\, x_t + (I \otimes u'_{2t})\beta + v_t \qquad (t=1,2,\ldots,N)\ ,$$

(6.1b) $$x_{t+1} = (I \otimes x'_t)\varphi + (I \otimes u'_{3t})\gamma + w_t \qquad (t \geqq 0)\ ,$$

(6.1c) $$x_0 = \bar{x}_0 + v_0\ ,$$

(6.1d) $$\text{mit}\quad v_0 \sim N(0,\Sigma_0)\ ,\ v_t \sim N(0,R)\ (t>0)\ ,\ w_t \sim N(0,Q)\ (t \geqq 0)$$

und den üblichen Orthogonalitätsannahmen ,

in dem der Zustandsvektor geeignet erweitert worden ist (wie in den Beispielen in II/1.3.), so daß wir Annahmen über **V** ebenso wie über **C** durch Restriktionen auf dem Parametervektor $\theta := (\beta,\gamma,\varphi,\text{vech}(Q),\text{vech}(R);\text{vech}(\Sigma_0),\bar{x}_0) \in \mathbb{R}^p$ formulieren können der Gestalt :

$$(6.2) \qquad R(\theta) := \begin{bmatrix} r_1(\theta) \\ r_2(\theta) \\ \vdots \\ r_q(\theta) \end{bmatrix} \quad , q < p \, , \theta \varepsilon \Theta \subset \mathbb{R}^p \, .$$

In (6.2) sind alle Komponenten der Vektorfunktion $R(\theta)$ stetig differenzierbare Funktionen in $\theta \varepsilon \Theta \subset \mathbb{R}^p$.
Es sei ferner vereinbart, daß wir mit $\hat{\theta}_N$ den nicht restringierten Maximum-Likelihood-Schätzer auf Θ und mit $\hat{\theta}_N^r$ den auf $\Theta \cap \{\theta: R(\theta) = 0\}$ restringierten Schätzer bezeichnen. Der Subindex N verweist wie üblich auf den Beobachtungshorizont.
Sicher führt die Einführung von Restriktionen in der Regel zu einem Likelihoodverlust, man betrachtet aber folgende <u>lokale</u> Eigenschaften der Likelihoodfunktion an der Stelle des restringierten Schätzers $\hat{\theta}_N^r$ als "gut" :

a) Der Wert der Likelihood an der Stelle $\hat{\theta}_N^r$ ist im Vergleich zum Wert der Likelihood an der Stelle $\hat{\theta}_N$ nicht "zu klein" (Konstruktionsidee des Likelihood-Verhältnis-Tests) .

b) Die log-Likelihoodfunktion ist an der Stelle $\hat{\theta}_N^r$ "stark gewölbt" , d.h. die Informationsmatrix ist an dieser Stelle "groß" , die entsprechenden Konfidenzintervalle sind "eng" .

c) Die Likelihoodfunktion läßt sich in der Umgebung von $\hat{\theta}_N^r$ nicht stark erhöhen, d.h. die notwendigen Bedingungen für das Vorliegen eines (zumindest lokalen) Maximums sind in Form eines "kleinen" Gradienten nahezu erfüllt (Konstruktionsidee des Lagrange-Multiplikator-Tests).

d) Ein weiteres Indiz für die Gültigkeit der Restriktionen ist der Fall, in dem die Restriktionen an der Stelle des <u>nicht</u> restringierten Schätzers $\hat{\theta}_N$ hinreichend genau erfüllt sind, hierauf beruht die Konstruktionsidee der WALD-Tests.

(3) Neben den Krümmungseigenschaften der Likelihoodfunktion können wir noch die Score-Eigenschaften aus Satz (2-15) für einen Test ausnutzen. Eine Art "Omnibus-Spezifikationstest" (d.h. ohne explizit formulierte Alternativhypothese) ergibt sich nämlich aus der Überlegung, daß in einem korrekt spezifizierten Modell die Informationsmatrix auf zwei äquivalente Arten berechnet werden kann. Gemäß (2-15) gilt für t=1,2, ...

(6.3) $$I^{\circ}_{t|t-1}(\theta_0) := E^{\circ}_{t|t-1}[-\nabla^2 L_{t|t-1}(\theta_0)] = E^{\circ}_{t|t-1}[\nabla L_{t|t-1}(\theta_0)\cdot \nabla L_{t|t-1}(\theta_0)'] .$$

Es liegt nun nahe, "Fehlspezifikationsindikatoren" zu bilden der Form :

(6.4) $$d_{t|t-1}(\theta) := \text{vech}\ [\nabla^2 L_{t|t-1}(\theta) + \nabla L_{t|t-1}(\theta)\cdot \nabla L_{t|t-1}(\theta)'\ ]$$

mit der Eigenschaft : $E^{\circ}_{t|t-1}[d_{t|t-1}(\theta_0)] = 0$.

Es bezeichne $\hat{\theta}_N$ den Maximum-Likelihood-Schätzer der gerade betrachteten Spezifikation des Zustandsraumes, dann besteht der zugehörige "Omnibus-Spezifikationstest" auf Basis der Fehlspezifikationsindikatoren (6.4) in dem Abprüfen der *Informationsmatrix-Teststatistik* :

(6.5) $$\bar{d}_N(\hat{\theta}_N) := \frac{1}{N} \sum_{t=1}^{N} d_{t|t-1}(\hat{\theta}_N)$$

auf eine statistisch signifikante Abweichung vom Nullvektor unter Verwendung einer asymptotischen Normalverteilungsapproximation [WHITE(1982), DOMOWITZ/WHITE(1982)].
Eine interessante bisher noch ungeklärte Frage ist, ob man bestimmte Indikatoren (6.4) einer bestimmten Art von Fehlspezifikation im dynamischen linearen Modell zuordnen kann.

(4) Eine weitere Variante der Likelihood-Analyse existiert für den Fall von Ausschlußrestriktionen. AKAIKE(1973, 1974c) hat ein Informationskriterium vorgeschlagen, das von der Vorstellung getragen wird, ein gegebener Likelihoodwert sei um so "informativer" je sparsamer die zugrundeliegende Parametrisierung ist. Das *Akaike-Informationskriterium* ist die um eine Straffunktion

(für *Modellkomplexität* gemessen durch die *Anzahl der zu schätzenden Parameter*) erweiterte log-Likelihood gemäß folgender Definition:

(6.6) $$AIC(\theta) := -2 \left[L_N(\theta) - \dim(\theta) \right] .$$

AKAIKE rechtfertigt sein Kriterium mit dem Hinweis, daß die Minimierung von AIC(θ) zu einer Minimierung der *Kullback-Leibler-Differenz* $E_N^{\circ}[\log f(z(N);\theta) - \log f(z(N);\theta_0)]$ zwischen der so geschätzten Modellverteilung $f(z(N);\theta) \in M := \{ f(z(N);\theta) : \theta \in \Theta \}$ und der "wahren" Verteilung $f(z(N);\theta_0)$ führe, wobei durchaus zugelassen ist, daß die "wahre" Verteilung $f(z(N);\theta_0)$ nicht Element des für die Schätzung vorausgesetzten Modells ist $(\theta_0 \notin \Theta)$.

Diese Argumentation ist allerdings umstritten [SAWA(1978), LEAMER(1979,1983)], weil das AIC-Kriterium seinerseits ein *Schätzer* der *Kullback-Leibler-Differenz* ist, dessen Güte von der "Nähe" der Modellverteilungen M zur "wahren" Verteilung abhängt.

(5) Die Anpassungsgüte eines Modells kann auch nach den Eigenschaften der Modellresiduen beurteilt werden : diese sollten keine *systematischen Komponenten* mehr enthalten. Hier liefert uns der Kalmanfilter-Algorithmus ein leicht zu überprüfendes Kriterium. Bei korrekter Spezifikation des dynamischen linearen Modells sollten die *normalisierten Innovationen* $\{\tilde{z}_t^*\}$ multiples weißes Rauschen sein. Insbesondere normalverteiltes weißes Rauschen sollte sich in einer für diese Verteilung charakteristischen Momentenfolge niederschlagen.

(6) Schließlich sollte sich ein "gutes" Modell auch außerhalb seines Anpassungszeitraumes bewähren und gute Prognoseeigenschaften besitzen, z.B. gemessen am mittleren quadratischen Prognosefehler im Vergleich zu anderen Prognoseverfahren.

In den folgenden Abschnitten beschränken wir uns auf einige Testverfahren und Erläuterungen zu den Strategien (2),(3) und (5).

6.2. Überprüfung der Innovationsfolge auf (normalverteiltes) weißes Rauschen

In diesem Abschnitt stellen wir einige Testverfahren für die Überprüfung der normalisierten Innovationsfolge vor. Wie in Teil II gezeigt wurde, gilt für ein korrekt spezifiziertes dynamisches lineares Modell (1.8)-(1.11) :

Die normalisierte Innovationsfolge $\{\tilde{z}_t^*\}$ *ist normalverteiltes weißes Rauschen mit* $E(\tilde{z}_t^*) = 0$ *und* $E(\tilde{z}_t^* \tilde{z}_t^{*\prime}) = I$ *für alle t.*

Zur Überprüfung dieser Eigenschaften lassen sich folgende Statistiken heranziehen : *(1) die Korrelationsfolge (2) das Periodogramm oder die Spektralmatrix (3) die Anzahl der Vorzeichenwechsel in den Innovationen (4) die Momentenfolge der Innovationen .*

Die entsprechenden Tests werden in den nächsten Unterabschnitten dargelegt.

(1) *Korrelationsanalyse*

Wir nehmen an, es liegen N Beobachtungen $\{x_1, x_2, \ldots, x_N\}$ eines reellwertigen, kovarianz- und mittelwertstationären stochastischen Prozesses $\{X_t: t=1,2, \ldots\}$ mit m Komponenten vor:

$$X_t := (X_{1t} \; X_{2t} \; \ldots \; X_{mt})' .$$

Wir wollen ferner annehmen, daß der für alle t konstante Mittelwert $E(X_t)$ der Nullvektor ist. Für diesen stationären Prozeß definieren wir eine Folge von Kovarianzmatrizen

$$\{ C(s) : \; s=0,1,-1,2,-2, \ldots \} ,$$

$$\text{mit} \quad C(s) := E(X_t \, X_{t-s}')$$

$$\text{und typischem Element} \quad c_{ij}(s) := E(X_{it} \, X_{j,t-s}) .$$

Für die Elemente dieser Kovarianzmatrizen existiert ein konsistenter und asymptotisch unverzerrter Schätzer der folgenden Gestalt :

$$\hat{c}_{ij}(s) := \begin{cases} (1/N) \sum_{t=1}^{N-s} x_{it}\, x_{j,t-s} & s=0,1,2,\ldots,N-1 \\ (1/N) \sum_{t=|s|+1}^{N} x_{it}\, x_{j,t-s} & s=-(N-1),\ldots,-2,-1 \end{cases} .$$

Die Verzerrung dieses Schätzers ist von der Ordnung $O(1/N)$. Von der Kovarianzmatrixfolge $\{C(s)\}$ abgeleitet wird die Folge der Korrelationsmatrizen

$$\{ R(s) : s=0,1,-1,2,-2,\ldots \},$$

mit typischem Element (i,j) der Korrelationsmatrix R(s) definiert durch

$$r_{ij}(s) := \frac{c_{ij}(s)}{\sqrt{c_{ii}(0)}\sqrt{c_{jj}(0)}} .$$

Als Schätzer für $r_{ij}(s)$ verwenden wir

$$\hat{r}_{ij}(s) := \hat{c}_{ij}(s) / [\sqrt{\hat{c}_{ii}(0)}\ \sqrt{\hat{c}_{jj}(0)}] .$$

Unter der Nullhypothese des multiplen weißen Rauschens gilt [CHATFIELD(1975), S.173]:

> **$\hat{r}_{ij}(s)$ ist asymptotisch normalverteilt mit Erwartungswert 0 und Varianz (1/N) und zwar für alle s, wenn $i \neq j$ und für alle $s \neq 0$, wenn $i=j$.**

Für endlichen Stichprobenumfang N ist diese Approximation um so schlechter je höher s ist, aus diesem Grunde werden Korrelationskoeffizienten in der Regel nur bis zur Ordnung $s < N/3$ berechnet.
Wir interpretieren Kreuzkorrelationen $\hat{r}_{ij}(s)$ außerhalb eines Konfidenzbereiches $[-2/\sqrt{N}\ ;\ 2/\sqrt{N}]$ als Indiz für eine Abweichung von der Eigenschaft des multiplen weißen Rauschens.

(2) *Spektralanalyse*

Wir betrachten wie unter (1) einen mittelwert- und kovarianzstationären Prozeß $\{X_t : t=1,2, \ldots\}$

$$\text{mit } X_t := (m\times 1) \text{ und } E(X_t) = 0 \text{ für alle } t .$$

Wir nehmen ferner an, daß alle Kovarianzfolgen

$$\{ c_{ij}(s) : s=0,1,-1,2,-2, \ldots \}$$

$$\text{mit } c_{ij}(s) := E(X_{it} X_{j,t-s})$$

absolut summierbar sind, also :

$$\lim_{k\to\infty} \sum_{s=-k}^{k} |c_{ij}(s)| < \infty \qquad \text{für alle } i,j=1,2, \ldots , m .$$

Unter dieser Voraussetzung existieren stetige Funktionen $f_{ij}(\omega) : [-\pi,\pi] \to \mathbb{C}$, die man als Fourier-Transformationen der Kovarianzfolgen $\{c_{ij}(s)\}$ erhält [FULLER(1976),S.110]:

$$f_{ij}(\omega) = \frac{1}{2\pi} \sum_{s=-\infty}^{\infty} c_{ij}(s)\, e^{-i\omega s} \qquad -\pi \le \omega \le \pi$$

$$\text{mit } e^{i\omega s} = \cos(\omega s) + i \sin(\omega s) \quad , \; i^2 = -1 \quad .$$

Die Kovarianzfolge $\{c_{ij}(s)\}$ kann aus den Funktionen $\{f_{ij}(\omega)\}$ durch die inverse Fourier-Transformation wiedergewonnen werden gemäß :

$$c_{ij}(s) = \int_{-\pi}^{\pi} f_{ij}(\omega)\, e^{i\omega s}\, d\omega .$$

Die Funktionen $\{f_{ij}(\omega)\}$ werden als *Spektraldichtefunktionen* bezeichnet, die aus ihnen gebildete Matrix $\mathbf{f}(\omega) := [f_{ij}(\omega)]$ heißt *Spektraldichtematrix* [FULLER(1976), S.153ff.].
Die integrierte Spektraldichte

$$F_{ij}(\omega) := \int_{-\pi}^{\omega} f_{ij}(\lambda)\, d\lambda \qquad -\pi \le \omega \le \pi$$

nennt man auch *Kreuzspektralverteilung zwischen den Variablen* X_{it} *und* X_{jt} , die hieraus gebildete Matrix $\mathbf{F}(\omega) := [F_{ij}(\omega)]$ heißt *Spektralmatrix*.

Die Kreuzspektraldichte $f_{ij}(\omega)$ ist in der Regel wegen

$$f_{ij}(\omega) = \frac{1}{2\pi} \sum_{s=-\infty}^{\infty} c_{ij}(s) \cos(\omega s) \quad - i \, [\frac{1}{2\pi} \sum_{s=-\infty}^{\infty} c_{ij}(s) \sin(\omega s) \,].$$

eine komplexe Zahl, es sei denn die Kovarianzfolge $\{ c_{ij}(s) \}$ ist symmetrisch zum Ursprung

$$c_{ij}(s) = c_{ij}(-s) \quad \text{für alle } s \;.$$

Dies ist für $i=j$ definitionsgemäß der Fall, wir erhalten demnach die (Auto)Spektraldichte als reelle Funktion $f_{ii}(\omega)$

$$\text{mit} \quad f_{ii}(\omega) = \frac{1}{2\pi} \, [\; c_{ii}(0) + 2 \sum_{s=1}^{\infty} c_{ii}(s) \cos(\omega s) \;] \;.$$

Wir benötigen für die Beschreibung einer linearen Abhängigkeit der Zufallsvariablen X_{it} und X_{jt} noch eine weitere aus den Spektraldichten abgeleitete Kenngröße, die sogenannte *Kohärenz zwischen X_{it} und X_{jt}*, $(k^2_{ij}(\omega))$:

$$\text{mit} \quad k^2_{ij}(\omega) := \frac{|f_{ij}(\omega)|^2}{f_{ii}(\omega) \;\; f_{jj}(\omega)} \qquad i \neq j \qquad .$$

Die Interpretation der Spektraldichtefunktionen und der Kohärenz kann an der CRAMER-Darstellung von X_t verdeutlicht werden. Nach einem Satz von CRAMER existiert für einen kovarianzstationären Prozeß ein komplexwertiger, stetiger Zufallsprozeß $\{ Y(\omega) : -\pi \leq \pi \leq \pi \}$ mit $Y(\omega) := (m\text{x}1)$ und folgenden Eigenschaften [KOOPMANS(1974), S. 162f.] :

(1) **Nichtüberlappende Zuwächse $[Y_i(\omega_2)-Y_i(\omega_1)]$,$[Y_j(\omega_4)-Y_j(\omega_3)]$ mit $\omega_1 < \omega_2$, $\omega_3 < \omega_4$, $(\omega_1,\omega_2) \cap (\omega_3,\omega_4) = \emptyset$ sind für beliebige (i,j) nicht miteinander korreliert :**

$$E\,[(Y_i(\omega_2) - Y_i(\omega_1)) \cdot \overline{(Y_j(\omega_4) - Y_j(\omega_3))}] = 0 \quad .$$

(2) **Die Korrelation überlappender Zuwächse auf (ω_1,ω_2) mit $\omega_1 < \omega_2$ ergibt sich aus der Spektralverteilung gemäß**

$$E\,[(Y_i(\omega_2) - Y_i(\omega_1)) \cdot \overline{(Y_j(\omega_2) - Y_j(\omega_1))}\,] = F_{ij}(\omega_2) - F_{ij}(\omega_1).$$

(3) Es existiert eine Integraldarstellung

$$X_{it} = \int_{-\pi}^{\pi} e^{-i\omega t} \, dY_i(\omega) \quad (i=1,2, \dots ,m)$$

in der das stochastische Integral als Grenzwert (im quadratischen Mittel) einer Riemann-Stieltjes Summe der Form

$$\sum_{j=1}^{k} e^{i\omega_j^* t} [Y_i(\omega_j) - Y_i(\omega_{j-1})]$$

mit $-\pi = \omega_0 < \omega_1 < \omega_2 < \cdots < \omega_k = \pi$

und $\omega_0 \leq \omega_1^* \leq \omega_1 \ , \ \omega_1 \leq \omega_2^* \leq \omega_2 \ , \dots , \omega_{k-1} \leq \omega_k^* \leq \omega_k$.

bei ständiger Verfeinerung der Partition $\{\omega_j\}$ gewonnen werden kann.

Die Spektraldarstellung (3) kann als Zerlegung von X_{it} in orthogonale "Schwingungs- oder Frequenzkomponenten"

$$dY_i(\omega) := Y_i(\omega + \tfrac{1}{2}d\omega) - Y_i(\omega - \tfrac{1}{2}d\omega)$$

(mit "verschwindend kleinem" $d\omega$)

gedeutet werden . Die Orthogonalität dieser Komponenten (Eigenschaft (1) von $\{Y(\omega)\}$) erlaubt eine Kovarianzzerlegung der folgenden Gestalt [vgl. GRANGER/NEWBOLD(1977), S. 56-59] :

$$\begin{aligned} c_{ij}(s) &= E(X_{it} X_{j,t-s}) \\ &= E [\int_{-\pi}^{\pi} e^{i\lambda t} dY_i(\lambda) \cdot \overline{\int_{-\pi}^{\pi} e^{i\omega(t-s)} dY_j(\omega)}] \\ &= \int_{-\pi}^{\pi}\int_{-\pi}^{\pi} e^{i\omega s} e^{i(\omega-\lambda)t} E [dY_i(\lambda) \overline{dY_j(\omega)}] \\ &= \int_{-\pi}^{\pi} e^{i\omega s} E(dY_i(\omega) \overline{dY_j(\omega)}) \ , \end{aligned}$$

wegen $E [dY_i(\lambda) \cdot \overline{dY_j(\omega)}] = 0$ für $\omega \neq \lambda$.

Aufgrund von Eigenschaft (2) des zerlegenden Prozesses $\{Y_i(\omega)\}$ identifiziert man die Darstellung von $c_{ij}(s)$ als die eingangs vorgestellte inverse Fourier-Transformation der Spektraldichte, denn es gilt :

$$E[dY_i(\omega)\,\overline{dY_j(\omega)}] = E[(Y_i(\omega+\tfrac{1}{2}d\omega)-Y_i(\omega-\tfrac{1}{2}d\omega))\overline{(Y_j(\omega+\tfrac{1}{2}d\ )-Y_j(\omega-\tfrac{1}{2}d\omega))}]$$

$$= F_{ij}(\omega + \tfrac{1}{2}d\omega\ ) - F_{ij}(\ \omega - \tfrac{1}{2}d\omega)$$

$$= f_{ij}(\omega)\ d\omega\ .$$

Mithin läßt sich $f_{ij}(\omega)\cdot d\omega$ als Kovarianz der (orthogonalen) Schwingungskomponenten $dY_i(\omega)$ und $dY_j(\omega)$ deuten und ferner als Varianzbeitrag in der Zerlegung

$$c_{ij}(s) = \int_{-\pi}^{\pi} e^{i\omega s}\ f_{ij}(\omega)\ d\omega\ .$$

Für s = 0 erhalten wir hieraus

$$\mathrm{COV}\,(X_{it},X_{jt}) = \int_{-\pi}^{\pi} f_{ij}(\omega)\ d\omega\ .$$

Die Kohärenz läßt sich auf dem Hintergrund dieser Zerlegungen als eine Art Korrelationskoeffizient interpretieren, denn es gilt [GRANGER/NEWBOLD(1977), S.58] :

$$k^2_{ij}(\omega) = \frac{|f_{ij}(\omega)|^2}{f_{ii}(\omega)\ f_{jj}(\omega)}$$

$$= \frac{[\ \mathrm{COV}(dY_i(\omega),dY_j(\omega))]^2}{\mathrm{VAR}(dY_i(\omega))\ \mathrm{VAR}(dY_j(\omega))}$$

mit $0 < k^2_{ij}(\omega) < 1$.

Die Kohärenz $k^2_{ij}(\omega)$ ist demnach ein Maß dafür, wie stark der lineare Zusammenhang zwischen X_{it} und X_{jt} <u>zur Frequenz</u> <u>ω</u> ist , d.h. wie stark die Schwingungkomponenten $dY_i(\omega),dY_j(\omega)$ zur Frequenz ω miteinander korreliert sind.

Für multiples weißes Rauschen mit untereinander nicht korrelierten Komponenten ist die Gestalt der Spektraldichten und der Kohärenzfunktionen besonders einfach, in diesem Falle gilt :

$$f_{ij}(\omega) = \begin{cases} 0 & \text{für } i \neq j \quad -\pi \leq \omega \leq \pi \\ \frac{1}{2\pi} \, VAR(X_{it}) & \text{für } i = j \quad -\pi \leq \omega \leq \pi \end{cases}$$

$$k^2_{ij}(\omega) = 0 \qquad \text{für } i \neq j \quad -\pi \leq \omega \leq \pi \, .$$

Aus diesen beiden theoretischen Eigenschaften lassen sich statistische Tests auf multiples weißes Rauschen konstruieren. Zu diesem Zweck benötigen wir einen Schätzer für die Spektraldichtefunktionen $\{ f_{ij}(\omega) : i,j=1,2,\ldots,m \; ; \; -\pi < \omega < \pi \}$. Wir wollen annehmen, daß eine ungerade Anzahl $N = 2n+1$ von Beobachtungen $x_1, x_2, \ldots, x_N$ des oben definierten stationären Prozesses vorliegt.
Man kann zeigen, daß die (mxm)-Matrix $I_N^*(\omega)$, elementweise definiert auf dem Intervall $[-\pi;\pi]$ durch das Histogramm

$$I^*_{N;ij}(\omega) := I^*_{N;ij}(\omega_k) \quad \text{für} \quad \omega_k - \frac{\pi}{N} \leq \omega < \omega_k + \frac{\pi}{N} \, ,$$

mit $$\omega_k := \frac{2\pi}{N} k \quad \text{für } k=-n,-(n-1),\ldots,-1,0,1,\ldots,n \, ,$$

und $$I^*_{N;ij}(\omega_k) := \frac{1}{2\pi N} \left(\sum_{t=1}^{N} X_{it} \, e^{i\omega_k t} \right) \left(\sum_{t=1}^{N} X_{jt} \, e^{-i\omega_k t} \right) .$$

ein unverzerrter aber nicht konsistenter Schätzer der Spektraldichtematrix $\mathbf{f}(\omega)$ ist [FULLER(1976), S. 280-282].
Ein konsistenter Schätzer läßt sich aber konstruieren, indem man $\mathbf{f}(\omega)$ durch einen geeigneten <u>Mittelwert</u> von Histogrammwerten $I_N^*(\omega)$ aus einer Umgebung von ω schätzt.
Ein besonders einfacher Schätzer dieser Art ist

$$\hat{\mathbf{f}}(\omega;\varkappa) := \frac{1}{2\varkappa+1} \left[\sum_{j=-\varkappa}^{\varkappa} I_N^*\left(\frac{2\pi}{N} [p(\omega)+j] \right) \right] ,$$

$\varkappa$ wird in Abhängigkeit von N gewählt als $\varkappa = [\frac{N}{2M}]$ mit $M>1$;
$p(\omega)$ ist diejenige ganze Zahl, für die $(2\pi p(\omega)/N)$ der Frequenz ω am nächsten liegt,

[vgl. PRIESTLEY(1981), S.695].

Auf Basis dieses Spektraldichtenschätzers $\hat{f}(\omega;\varkappa)$ können wir analog zur F-Statistik in der linearen Regressionstheorie eine Teststatistik **T** bilden, um zu überprüfen, ob die Kohärenz zwischen X_{it} und X_{jt} zu allen Frequenzen verschwindet [PRIESTLEY(1981), S.706] :

$$T = \frac{4\varkappa\, \hat{k}^2_{ij}(\omega)}{2(1-\hat{k}^2_{ij}(\omega))} \quad \text{mit} \quad \hat{k}^2_{ij}(\omega) := \frac{|\hat{f}_{ij}(\omega;\varkappa)|^2}{\hat{f}_{ii}(\omega;\varkappa)\ \hat{f}_{jj}(\omega;\varkappa)} \ .$$

Die Teststatistik **T** ist unter der Nullhypothese $k^2_{ij}(\omega) = 0$ F-verteilt mit 2 und $4\varkappa$ Freiheitsgraden.
Wir erwähnten oben, daß die Spektraldichte $f_{ii}(\omega)$ im Falle des multiplen weißen Rauschens auf dem Intervall $[-\pi, \pi]$ konstant ist gemäß

$$f_{ii}(\omega) = \frac{\sigma_i^2}{2\pi} \quad \text{für} \quad -\pi \leq \omega \leq \pi \ \text{und} \ \sigma_i^2 := \text{VAR}(X_{ti})$$

$$\text{mit} \quad i = 1,2, \ldots , m \ .$$

Für die Überprüfung dieser Eigenschaft sind eine Reihe von "Anpassungstests" vorgeschlagen worden, dazu gehört auch der im folgenden dargestellte Periodogrammtest [PRIESTLEY(1981), S.479-482]. Wir setzen im folgenden wie oben voraus, daß $N=2n+1$ Beoabchtungen für $\{X_t\}$ vorliegen.
Wir erhalten durch ein Anpassungspolynom der Gestalt

$$\frac{1}{2}a_0 + \sum_{k=1}^{n} [a_k \cos(\omega_k t) + b_k \sin(\omega_k t)]$$

$$\text{mit} \quad \omega_k := \frac{2\pi}{N} k \quad (k=1,2, \ldots ,n)$$

eine exakte Anpassung an die Datenpunkte $\{x_{it}: t=1,2, \ldots , N\}$ wenn die Koeffizienten a_k und b_k durch die Kleinstquadratschätzwerte

$$\hat{a}_{ki} := 2 \left(\frac{1}{N} \sum_{t=1}^{N} x_{it} \cos(\omega_k t) \right)$$

$$\hat{b}_{ki} := 2 \left(\frac{1}{N} \sum_{t=1}^{N} x_{it} \sin(\omega_k t) \right)$$

$$\text{für} \ k = 1,2, \ldots , n \ \text{und} \ \hat{a}_{0i} := 2 \left(\frac{1}{N} \sum_{t=1}^{N} x_{it} \right)$$

ersetzt werden [vgl. FULLER(1976), S.275ff.] .
Wir erhalten ferner eine vollständige Zerlegung der Stichprobenvarianz

$$s_i^2 := \frac{1}{N} \sum_{t=1}^{N} (x_{ti} - \bar{x}_i)^2 \quad , \quad \bar{x}_i := \frac{1}{N} \sum_{t=1}^{N} x_{ti}$$

in die Varianzkomponenten der (orthogonalen) Regressoren

$$(\iota \, , \{\cos(\omega_1 t)\}_{t=1}^{N} , \ldots , \{\cos(\omega_n t)\}_{t=1}^{N} ;$$
$$\{\sin(\omega_1 t)\}_{t=1}^{N} , \ldots , \{\sin(\omega_n t)\}_{t=1}^{N})$$

gemäß folgender Summendarstellung :

$$s_i^2 = \sum_{k=1}^{n} P_i(\omega_k) \quad \text{mit} \quad P_i(\omega_k) := \frac{1}{2}(\hat{a}_{ki}^2 + \hat{b}_{ki}^2) \, .$$

Die Varianzbeiträge der einzelnen "Frequenzkomponenten von X_{it}" aufgefaßt als Funktion dieser Frequenzen

$$\{ P_i(\omega_k) : \omega_k = \frac{2\pi}{N} \, , \, k = 1,2, \ldots , n \}$$

nennt man auch *Periodogramm von* X_{it} .
Setzt man die Kleinstquadratschätzer a_{ki} und b_{ki} in die Formel für $P_i(\omega_k)$ ein, so erhält man

$$P_i(\omega_k) = 2 \, [\, (\frac{1}{N} \sum_{t=1}^{N} x_{it} \cos(\omega_k t))^2 + (\frac{1}{N} \sum_{t=1}^{N} x_{it} \sin(\omega_k t))^2 \,]$$
$$= 2 \, \left| \frac{1}{N} \sum_{t=1}^{N} x_{it} \, e^{-i\omega_k t} \right|^2 \quad , \; (k=1,2,\ldots,n) \, .$$

Wir erhalten daher den folgenden Zusammenhang mit dem oben eingeführten Spektraldichteschätzer $I_N^*(\omega_k)$:

$$I_{N;ii}^*(\omega_k) = \frac{N}{4\pi} P_i(\omega_k) \quad (k=1,2, \ldots ,n) \, ,$$

Für den Periodogrammtest verwenden wir die <u>normierten</u> und <u>kumulierten</u> Periodogrammwerte

$$\hat{F}_i(j) := \sum_{k=1}^{j} P_i(\omega_k) \; / \; s_i^2 \quad .$$

Die Funktion $\hat{F}_i(j)$ hat die Eigenschaft einer diskreten Verteilungsfunktion mit den Massenpunkten j=1,2, ... , n und sollte unter der Hypothese des weissen Rauschens in der Komponente X_{it} nicht allzu sehr von der "theoretisch richtigen" Verteilungsfunktion $F_i^*(j)$

$$F_i^*(j) := \frac{j}{n} \qquad j=1,2, \ldots , n$$

abweichen.
BARTLETT hat gezeigt, daß für normalveteiltes weißes Rauschen in X_{it} die Teststatistik $\mathbf{D}_{n,i}$ definiert durch

$$\mathbf{D}_{n,i} := \max_{\{j:\ 1<j<n\}} \{\sqrt{n}\ |\ \hat{F}_i(j) - F_i^*(j)\ |\}$$

dieselbe Verteilung wie eine Kolmogoroff-Smirnoff-Statistik besitzt [BARTLETT(1955), S. 92-94 , S. 284-287], mithin:

$$\lim_{n\to\infty} P(\ \mathbf{D}_{n,i} \leq \zeta) = \sum_{j=-\infty}^{\infty} (-1)^j \exp(\ -\ 2\ j^2\zeta^2) \quad .$$

(3) *Analyse der Vorzeichenwechsel*

Sei $\{Y_t\ :\ t=1,2, \ldots , N\}$ eine endliche Folge von Zufallsvariablen. Eine solche Folge heißt "Zufallsstichprobe", wenn alle Elemente Y_t (t=1,2,...,N) stochastisch unabhängig und identisch verteilt sind. Ein Test auf die "Zufälligkeit" ("randomness") der Folge $\{Y_t\}$ kann mit Hilfe der Vorzeichenwechsel der ersten Differenzen $\{\ D_t\ :\ t=1,2, \ldots ,N-1\ \}$

$$\text{mit} \quad D_t := Y_{t+1} - Y_t$$

formuliert werden. Unter der Nullhypothese der Zufälligkeit sind nämlich für jede Realisation $\{y_1,y_2, \ldots ,y_N\}$ alle N! möglichen Konstellationen der geordneten Stichprobe gleichwahrscheinlich : es sind daher in der Vorzeichenreihe von D_t $\{\text{sign}(D_t)\}$ weder sehr viele noch sehr wenige Vorzeichenwechsel zu erwarten [GIBBONS(1971), S.50f.].
Eine Teststatistik, die diese Eigenschaft ausnutzt und besonders sensibel auf "trendhaftes" Verhalten der Zufallsva-

riablen Y_t reagiert, ist die Gesamtzahl **R** der "runs up and down" in der Folge $\{D_t\}$. Ein **run up (down)** ist hierin definiert als zusammenhängende und isolierte Teilfolge positiver (negativer) Vorzeichen in der Sequenz $\{\text{sign}(D_t): t=1, \ldots, N-1\}$. Die Verteilung von **R** läßt sich durch kombinatorische Überlegungen aus den Verteilungen der Zufallsvariablen $\mathbf{R}_i$ (Anzahl der runs - up oder down - der Länge i) exakt berechnen. WOLFOWITZ/LEVENE (1944) haben gezeigt, daß **R** asymptotisch normalverteilt ist mit den Parametern :

$$E(\mathbf{R}) = \frac{1}{3}(2N-1),$$

$$VAR(\mathbf{R}) = \frac{1}{90}(16N-29).$$

Wir führen einen Vorzeichenwechseltest für jede Komponente der standardisierten Innovationsfolge durch und interpretieren Vorzeichenwechsel (**R**-1) außerhalb eines 95%-igen Konfidenzbereiches um die erwartete Anzahl von Vorzeichenwechseln (E(**R**)-1) als statistisch signifikante Abweichung von der Rauscheigenschaft der Innovationen.

(4) *Momentenfolge der Innovationen*

Sei $\{Y_t\}$ eine Folge stochastisch unabhängiger, identisch standard-normalverteilter Zufallsvariabler.
Wir definieren eine Folge nichtzentraler Momente $\{\mu_k\}$

$$\mu_k := E(Y_t^k), \quad (k=1,2, \ldots).$$

Diese Momentenfolge hat im Falle der Standard-Normalverteilung die folgende charakteristische Gestalt [CRAMER(1946), S.212] :

$$\mu_{2k+1} = 0 \quad (k=0,1,2, \ldots),$$

$$\mu_{2k} = 1\cdot 3\cdot 5\cdot \ldots \cdot(2k-1), \quad (k=1,2, \ldots).$$

Die Stichprobenmomente $M_k := (1/N) \sum_{t=1}^{N} (Y_t^k)$ sind unverzerrte und konsistente Schätzer der Populationsmomente μ_k. Erwartungswert und Varianz der Stichprobenmomente M_k berechnet man als [CRAMER(1946), S.212] :

$$E(M_k) = \mu_k$$

$$VAR(M_k) = \frac{1}{N} (\mu_{2k} - \mu_k^2)$$

Die Varianzen dieser Momentenschätzer steigen bei endlichem N sehr stark mit der Potenz des betreffenden Moments an. Für N < 100 wird man sich daher im Interesse "enger" Konfidenzintervalle nur auf die ersten vier Potenzmomente beschränken.

Für Konfidenzbereiche der ersten vier Potenzmomente M_k einer jeden Komponente der standardisierten Innovationsfolge benutzen wir die folgenden (für k>1 asymptotischen) Verteilungseigenschaften :

$$M_1 \sim N(0,\frac{1}{N}) , M_2 \sim N(1,\frac{2}{N}) , M_3 \sim N(0,\frac{15}{N}) , M_4 \sim N(3,\frac{96}{N}) .$$

Fallen die empirischen Werte von M_k außerhalb eines 95% -igen Konfidenzbereiches um ihren Erwartungswert, so deuten wir dies als Anzeichen für eine Verletzung der Normalverteilungshypothese, die bekanntlich eine wesentliche Voraussetzung für die Optimalität des Kalmanfilters bei Vorliegen von verzögert endogenen Variablen in der Meßmatrix darstellt.

Eine Diskussion von Normalverteilungstests in kleinen Stichproben, die auf Schiefe- und Wölbungsmaßen beruhen (hier M_3 und M_4) findet sich beispielsweise in D'AGOSTINO/PEARSON(1973) und PEARSON/D'AGOSTINO/BOWMAN(1977).

6.3. Überprüfen von Restriktionen auf dem Parameterraum

Es gilt die in den Vorbemerkungen unter Punkt (2) vereinbarte Notation : wir betrachten ein geeignet hoch dimensioniertes dynamisches lineares Modell, in dem die zu betrachtenden Restriktionen als q stetig-differenzierbare Funktionen $\{r_i(\theta) = 0 \ , \ i=1,2, \ldots, q\}$ in $\theta := (p\times 1)$ auf dem Parameterraum $\Theta \subset \mathbb{R}^p$ formuliert werden können.
Wir wollen ferner annehmen, daß die Restriktionen $R(\theta) = 0$ äquivalent sind einer Spezifikation von θ als stetig-differenzierbare Funktionen $\theta_i = g_i(\phi) \quad (i=1,2, \ldots, p)$ eines geringerdimensionalen Parametervektors $\phi := (s\times 1), s=p-q$.
Wir definieren die reparametrisierte log-Likelihoodfunktion als

7) $$\tilde{L}_N(\phi) := L_N(\ G(\phi)\ )$$

8) $$\text{mit} \quad G(\phi) := (\ g_1(\phi) \quad g_2(\phi) \quad \ldots \quad g_n(\phi)\ )' \ .$$

Es sei möglich, das Maximum der log-Likelihood auf ganz Θ bzw. auf dem restringierten Parameterraum $\Theta_R := \Theta \cap \{\theta\colon R(\theta)=0\}$ durch Differenzieren von $L_N(\theta)$ bzw. von $\tilde{L}_N(\phi)$ zu erhalten. Mit $\hat{\theta}_N$ und $\hat{\phi}_N$ bezeichnen wir Lösungen der Likelihoodgleichungen :

9a,b) $$\nabla L_N(\hat{\theta}_N) = 0 \quad \text{und} \quad \nabla\tilde{L}_N(\hat{\phi}_N) = 0 \ ,$$

die folgendes Konvergenzverhalten besitzen :

10a,b) $$\operatorname*{plim}_{N\to\infty} (\hat{\theta}_N) = \theta_0 \quad \text{und} \quad \operatorname*{plim}_{N\to\infty}(\hat{\phi}_N) = \phi_0 \ .$$

Hierin entspricht der wahre Parameter θ_0 dem wahren Parameter ϕ_0, d.h. $\theta_0 = G(\phi_0)$. Wir erhalten für den restringierten Maximum-Likelihood-Schätzer ,

11) $$\hat{\theta}_N^r := G(\hat{\phi}_N)$$

wegen der Konsistenz von $\hat{\phi}_N$ ebenfalls

10c) $$\operatorname*{plim}_{N\to\infty} (\hat{\theta}_N^r) = \theta_0 \qquad (\text{unter } H_0 : \theta_0 \in \Theta_R) \ .$$

Es sei für die folgende Diskussion die Gültigkeit geeigneter Regularitätsbedingungen (vergleiche Kapitel 5.1.) vorausgesetzt, so daß gilt :

a) $\underset{N\to\infty}{\text{plim}}\left(\frac{1}{N}\left[-\nabla^2 L_N(\hat{\theta}_N)\right]\right) = \lim_{N\to\infty} E_N^o\left(\frac{1}{N}\nabla L_N(\theta_o)\,\nabla L_N(\theta_o)'\right) =: \mathbf{I}_o > 0$

b) $\underset{N\to\infty}{\text{plim}}\left(\frac{1}{N}\left[-\nabla^2 \tilde{L}_N(\hat{\psi}_N)\right]\right) = \lim_{N\to\infty} E_N^o\left(\frac{1}{N}\nabla \tilde{L}_N(\psi_o)\,\nabla \tilde{L}_N(\psi_o)'\right) =: \mathbf{J}_o > 0$

c) $\mathcal{L}\text{-}\left[\frac{1}{\sqrt{N}}\nabla L_N(\theta_o)\right] \underset{N\to\infty}{\to} \mathcal{N}(0, \mathbf{I}_o)$ (Konvergenz in der Verteilung)

(6.12)

d) $\mathcal{L}\text{-}\left[\frac{1}{\sqrt{N}}\nabla \tilde{L}_N(\psi_o)\right] \underset{N\to\infty}{\to} \mathcal{N}(0, \mathbf{J}_o)$ (Konvergenz in der Verteilung)

f) Für alle $\varepsilon>0$ existiert ein $\delta(\varepsilon)>0$, so daß bei Vereinbarung einer Matrixnorm $\|\cdot\|$ für alle $\theta^* \in U(\theta_o, \delta(\varepsilon))$ gilt :

$$\lim_{N\to\infty} P_{\theta_o}\{\ \|[\nabla^2 L_N(\theta_o)]^{-1}[\nabla^2 L_N(\theta^*)] - I_{pxp}\| < \varepsilon\ \} = 1 .$$

g) Für jedes $\varepsilon>0$ existiert ein $\delta(\varepsilon) > 0$,so daß bei Vereinbarung einer Matrixnorm $\|\cdot\|$ für alle $\psi^* \in U(\psi_o, \delta(\varepsilon))$ gilt :

$$\lim_{N\to\infty} P_{\theta_o}\{\ \|[\nabla^2 \tilde{L}_N(\psi_o)]^{-1}[\nabla^2 \tilde{L}_N(\psi^*)] - I_{sxs}\| < \varepsilon\ \} = 1 ,$$

Die Informationsmatrizen $\mathbf{I}_o$ und $\mathbf{J}_o$ stehen in einem Zusammenhang, denn nach der Kettenregel für das Differenzieren gilt:

(6.13a) $$\nabla \tilde{L}_N(\psi_o) = [\nabla G(\psi_o)]' \cdot [\nabla L_N(\theta_o)]$$

(6.13b) $$\text{mit} \quad \nabla G(\psi_o) := \left(\partial g_i(\psi_o)/\partial \psi_j\right)_{\substack{i=1,2,\dots,n \\ j=1,2,\dots,s}} \quad (s=p-q)$$

$$\text{also :} \quad E_N^o(\nabla \tilde{L}_N(\psi_o) \cdot \nabla \tilde{L}_N(\psi_o)') = \mathbf{G}_o'\, E_N^o(\nabla L_N(\theta_o) \cdot \nabla L_N(\theta_o)')\mathbf{G}_o$$

$$\text{mit } \mathbf{G}_o := \nabla G(\psi_o) .$$

Demnach erhalten wir die Beziehung :

(6.14) $$\mathbf{J}_o = \mathbf{G}_o'\, \mathbf{I}_o\, \mathbf{G}_o \quad .$$

Schließlich sei noch für den Sachverhalt, daß zwei Folgen von Zufallsvariablen $\{X_t: t=1,2,\dots\}$ und $\{Y_t: t=1,2,\dots\}$ "asymptotisch äquivalent" sind, eine Notation vereinbart, nämlich :

5) $$X_t \underset{a}{=} Y_t \quad :\Longleftrightarrow \quad \underset{t\to\infty}{\text{plim}}\,(X_t - Y_t) = 0 \quad .$$

Im folgenden werden wir drei Teststatistiken (mit derselben asymptotischen Verteilung) untersuchen, von denen die erste die Berechnung von $\hat{\theta}_N$ und $\hat{\theta}_N^r$ erfordert, die zweite allein auf Eigenschaften der Likelihood an der Stelle des restringierten Schätzers $\hat{\theta}_N^r$ abstellt und die dritte schließlich allein die Kenntnis des nicht restringierten Schätzers $\hat{\theta}_N$ voraussetzt.

(1) *Die Neymann-Pearson-Statistik (das log-Likelihood-Verhältnis)*

Das log-Likelihood-Verhältnis $T_1(N)$ vergleicht die log-Likelihood an den Stellen des restringierten und nicht restringierten Maximum-Likelihood-Schätzers :

6) $$T_1(N) := 2\,(\,L_N(\hat{\theta}_N) - L_N(\hat{\theta}_N^r)\,) = 2\,(\,L_N(\hat{\theta}_N) - \tilde{L}_N(\hat{\phi}_N)\,).$$

Diese Teststatistik ist unter den genannten Regularitätsbedingungen asymptotisch χ^2-verteilt mit q Freiheitsgraden. Die Gültigkeit dieser Aussage läßt sich mit Hilfe einer Analyse von Taylorentwicklungen von $L_N(\theta)$, $\nabla L_N(\theta)$, $\tilde{L}_N(\phi)$, $\nabla\tilde{L}_N(\phi)$ nachweisen ; diese Taylorapproximationen haben folgende Gestalt [RAO(1973), S.418f.] :

7a) $$L_N(\theta_0) = L_N(\hat{\theta}_N) + \nabla L_N(\hat{\theta}_N)'\,(\theta_0 - \hat{\theta}_N) + \frac{1}{2}(\theta_0 - \hat{\theta}_N)'\,\nabla^2 L_N(\theta_N^*)\,(\theta_0 - \hat{\theta}_N)\,,$$

7b) $$\nabla L_N(\hat{\theta}_N) = \nabla L_N(\theta_0) + \nabla^2 L_N(\theta_N^{**})\,(\hat{\theta}_N - \theta_0)$$
$$\text{mit } \theta_N^*,\ \theta_N^{**} \in U(\theta_0, \|\hat{\theta}_N - \theta_0\|)\,,$$

7c) $$\tilde{L}_N(\phi_0) = \tilde{L}_N(\hat{\phi}_N) + \nabla\tilde{L}_N(\hat{\phi}_N)'\,(\phi_0 - \hat{\phi}_N) + \frac{1}{2}(\phi_0 - \hat{\phi}_N)'\,\nabla^2\tilde{L}_N(\phi_N^*)\,(\phi_0 - \hat{\phi}_N)\,,$$

7d) $$\nabla\tilde{L}_N(\hat{\phi}_N) = \nabla\tilde{L}_N(\phi_0) + \nabla^2\tilde{L}_N(\phi_N^{**})\,(\hat{\phi}_N - \phi_0)$$
$$\text{mit } \phi_N^*,\ \phi_N^{**} \in U(\phi_0, \|\hat{\phi}_N - \phi_0\|)\,.$$

Unter Berücksichtigung von $\nabla L_N(\hat{\theta}_N) = 0$ und $\nabla \tilde{L}_N(\hat{\phi}_N) = 0$ erhalten wir hieraus nach geeigneter Normierung :

(6.18a) $$-2(L_N(\theta_0) - L_N(\hat{\theta}_N)) = \sqrt{N}\,(\hat{\theta}_N-\theta_0)'\,[\,-\tfrac{1}{N}\nabla^2 L_N(\theta_N^*)\,]\,(\hat{\theta}_N-\theta_0)\sqrt{N}$$

(6.18b) $$-2(\tilde{L}_N(\phi_0) - \tilde{L}_N(\hat{\phi}_N)) = \sqrt{N}\,(\hat{\phi}_N-\phi_0)'\,[\,-\tfrac{1}{N}\nabla^2 \tilde{L}_N(\phi_N^*)\,]\,(\hat{\phi}_N-\phi_0)\sqrt{N}$$

(6.18c) $$\sqrt{N}\,(\,\hat{\theta}_N - \theta_0\,) = [\,-\tfrac{1}{N}\,\nabla^2 L_N(\theta_N^{**})\,]^{-1}[\,\tfrac{1}{\sqrt{N}}\,\nabla L_N(\theta_0)]$$

(6.18d) $$\sqrt{N}\,(\,\hat{\phi}_N - \phi_0\,) = [\,-\tfrac{1}{N}\,\nabla^2 \tilde{L}_N(\phi_N^{**})\,]^{-1}[\,\tfrac{1}{\sqrt{N}}\,\nabla \tilde{L}_N(\phi_0)]\;.$$

Mit Hilfe der Annahmen (6.12a-g) schließt man dann auf die asymptotischen Äquivalenzen :

(6.19a) $$-2(L_N(\theta_0) - L_N(\hat{\theta}_N)) \underset{a}{=} \frac{1}{\sqrt{N}}\,\nabla L_N(\theta_0)'\,\mathbf{I}_0^{-1}\,\nabla L_N(\theta_0)\,\frac{1}{\sqrt{N}}$$

(6.19b) $$-2(\tilde{L}_N(\phi_0) - \tilde{L}_N(\hat{\phi}_N)) \underset{a}{=} \frac{1}{\sqrt{N}}\,\nabla \tilde{L}_N(\phi_0)'\,\mathbf{J}_0^{-1}\,\nabla \tilde{L}_N(\phi_0)\,\frac{1}{\sqrt{N}}$$

und damit wegen :

$$L_N(\theta_0) = \tilde{L}_N(\phi_0)\;,\; \tilde{L}_N(\hat{\phi}_N) = L_N(\hat{\theta}_N^r)\;,\; \nabla \tilde{L}_N(\phi_0) = \mathbf{G}_0'\,\nabla L_N(\theta_0)$$

auf die asymptotische Äquivalenz von :

(6.19c) $$2(\,L_N(\hat{\theta}_N) - L_N(\hat{\theta}_N^r)\,) \underset{a}{=} \frac{1}{\sqrt{N}}\,\nabla L_N(\theta_0)'\,[\mathbf{I}_0^{-1} - \mathbf{G}_0\,\mathbf{J}_0^{-1}\,\mathbf{G}_0']\,\frac{1}{\sqrt{N}}\,\nabla L_N(\theta_0).$$

Letzterer Ausdruck ist eine quadratische Form in einem asymptotisch normalverteilten Zufallsvektor $(1/\sqrt{N}\,)(\,\nabla L_N(\theta_0)\,)$ mit Erwartungswert Null und Kovarianzmatrix $\mathbf{I}_0$.
Gemäß Satz (2-11) ist die quadratische Form (6.19c) asymptotisch $\chi^2(\upsilon)$-verteilt, wenn mit $A_0 := \mathbf{I}_0^{-1} - \mathbf{G}_0\,\mathbf{J}_0^{-1}\,\mathbf{G}_0'$ gilt:

$$A_0\,\mathbf{I}_0\,A_0 = A_0 \quad \text{und} \quad \mathrm{spur}(\,A_0\,\mathbf{I}_0\,) = \upsilon\;.$$

Im vorliegenden Fall läßt sich eben dieser Sachverhalt nachweisen [RAO(1973),S.419] mit $\upsilon = p-s=q$ durch eine Auswertung des Matrizenproduktes $A_0\,\mathbf{I}_0\,A_0$ unter Berücksichtigung von (6.14).

(2) *Die Rao-Silvey-Statistik (Score- und Lagrange-Multiplikator-Statistik)*

Die im folgenden zu diskutierende Statistik $\mathbf{T}_2(N)$ zur Beschreibung des lokalen Krümmungsverhaltens der log-Likelihood-Funktion an der Stelle des restringierten Maximum-Likelihood-Schätzers kommt in zwei numerisch äquivalenten Darstellungsformen vor, die in der statistischen Literatur [vgl. HARVEY(1981b), S. 168f., ENGLE(1984)] unter dem Namen *(Rao's) Score-Statistik* bzw. *(Silvey's) Lagrange-Multiplikator-Statistik* bekannt sind. Wir definieren:

6.20a) $$\mathbf{T}_{2a}(N) := [\sqrt{N}\,\nabla L_N(\hat{\theta}_N^r)]'[-\tfrac{1}{N}\nabla^2 L_N(\hat{\theta}_N^r)]^{-1}[\sqrt{N}\,\nabla L_N(\hat{\theta}_N^r)]$$

(Rao's score-statistic) ,

6.20b) $$\mathbf{T}_{2b}(N) := [\sqrt{N}\,\hat{\lambda}_N'\,]\,\nabla R(\hat{\theta}_N^r)\,[-\tfrac{1}{N}\nabla^2 L_N(\hat{\theta}_N^r)\,]^{-1}\,\nabla R(\hat{\theta}_N^r)'\,[\sqrt{N}\,\hat{\lambda}_N\,]$$

(Silvey's lagrange-multiplier-statistic) .

Hierin bedeuten :

(i) $\nabla R(\theta) := (\partial r_i(\theta)/\partial\theta_j)_{\substack{i=1,2,\ldots,q\\ j=1,2,\ldots,p}}$.

(ii) $\hat{\theta}_N^r$ und $\hat{\lambda}_N$ sind die Lösungen des folgenden Lagrange-Ansatzes zur Maximierung der log-Likelihood:

$$\text{maximiere } \mathbf{L}_N(\theta,\lambda) := L_N(\theta) + \lambda_N' R(\theta) ,$$

mithin erfüllen $\hat{\theta}_N^r$ und $\hat{\lambda}_N$ die folgenden notwendigen Bedingungen :

6.21a) $$\nabla L_N(\hat{\theta}_N^r) + \nabla R(\hat{\theta}_N^r)'\,\hat{\lambda}_N = 0 ,$$

6.21b) $$R(\hat{\theta}_N^r) = 0 .$$

Aus (6.21a) ergibt sich unmittelbar die numerische Äquivalenz von $\mathbf{T}_{2a}(N)$ und $\mathbf{T}_{2b}(N)$.

Die normierte Hessesche Matrix $[-\frac{1}{N}\nabla^2 L_N(\hat{\theta}_N^r)]$ in (6.20) ist als ein (unter H_0) konsistenter Schätzer der Informationsmatrix $\mathbf{I}_0$ zu interpretieren. Man erhält asymptotisch äquivalente Varianten von (6.20), wenn dort andere (unter H_0) konsistente Schätzer verwendet werden, wie z.B. $E_N(-\frac{1}{N}\nabla^2 L_N(\hat{\theta}_N^r)\,|\,\theta = \hat{\theta}_N^r)$.

Die Statistik $\mathbf{T}_2(N)=\mathbf{T}_{2a}(N)=\mathbf{T}_{2b}(N)$ ist asymptotisch χ^2-verteilt mit q Freiheitsgraden. Auch dies zeigt man mit Hilfe geeigneter Taylorapproximationen [AITCHISON/SILVEY(1958), S. 822-825] .

Setzt man die nachstehend aufgeführten Taylorentwicklungen von $\nabla L_N(\theta)$ und $R(\theta)$

(6.22a) $$\nabla L_N(\hat{\theta}_N^r) = \nabla L_N(\theta_0) + \nabla^2 L_N(\hat{\theta}_N^*) (\hat{\theta}_N^r - \theta_0)$$

(6.22b) $$R(\hat{\theta}_N^r) = R(\theta_0) + \nabla R(\hat{\theta}_N^{**}) (\hat{\theta}_N^r - \theta_0)$$

$$\text{mit } \hat{\theta}_N^*, \hat{\theta}_N^{**} \varepsilon U(\theta_0 , \|\hat{\theta}_N^r - \theta_0 \|)$$

in die notwendigen Bedingungen des Lagrange-Ansatzes ein, so erhält man (nach einer geeignet gewählten Normierung) das folgende Gleichungssystem :

$$\begin{bmatrix} -\frac{1}{N}\nabla^2 L_N(\hat{\theta}_N^*) & -\nabla R(\hat{\theta}_N^r)' \\ -\nabla R(\hat{\theta}_N^{**}) & 0 \end{bmatrix} \begin{bmatrix} \sqrt{N} (\hat{\theta}_N^r - \theta_0) \\ (1/\sqrt{N}) \hat{\lambda}_N \end{bmatrix} = \begin{bmatrix} \frac{1}{\sqrt{N}} \nabla L_N(\theta_0) \\ 0 \end{bmatrix} .$$

Für $N \to \infty$ erhalten wir hieraus die asymptotische Äquivalenz von :

(6.23) $$\begin{bmatrix} \mathbf{I}_0 & -\mathbf{R}_0' \\ -\mathbf{R}_0 & 0 \end{bmatrix} \begin{bmatrix} \sqrt{N} (\hat{\theta}_N^r - \theta_0) \\ (1/\sqrt{N}) \hat{\lambda}_N \end{bmatrix} \overset{=}{a} \begin{bmatrix} (1/\sqrt{N}) \nabla L_N(\theta_0) \\ 0 \end{bmatrix}$$

$$\text{mit } \mathbf{R}_0 := \nabla R(\theta_0) .$$

Der (p+qx1)-Zufallsvektor $[(1/\sqrt{N})\cdot\nabla L_N(\theta_0) \ \vdots \ \mathbf{0}_{1xq}]'$ ist asymptotisch normalverteilt mit (singulärer) Varianz-Kovarianzmatrix :

$$\begin{bmatrix} \mathbf{I}_0 & \mathbf{0}_{pxq} \\ \mathbf{0}_{qxp} & \mathbf{0}_{qxq} \end{bmatrix} .$$

Die Transformationsmatrix

(6.24) $$\begin{bmatrix} \mathbf{I}_0 & -\mathbf{R}_0' \\ -\mathbf{R}_0 & \mathbf{0} \end{bmatrix}$$

ist im Falle $\mathrm{rang}(\mathbf{I}_0) = p$, $\mathrm{rang}(\mathbf{R}_0) = q$ invertierbar.

Nach den Regeln für die Inversion partitionierter Matrizen [DHRYMES(1978), S.458f.] erhalten wir:

(6.25a)
$$\begin{bmatrix} I_o & -R_o' \\ -R_o & 0 \end{bmatrix}^{-1} = \begin{bmatrix} I_o^{-1} - I_o^{-1}R_o'M_oR_oI_o^{-1} & -I_o^{-1}R_o'M_o \\ -M_oR_oI_o^{-1} & -M_o \end{bmatrix}$$

(6.25b)
$$\text{mit} \quad M_o := (R_o I_o^{-1} R_o')^{-1} .$$

Mit diesem Zwischenergebnis ermittelt man die asymptotische Verteilung des Zufallsvektors $[\sqrt{N}(\hat{\theta}_N^r - \theta_o) \quad (1/\sqrt{N})\hat{\lambda}_N]'$ als normal mit Erwartungswert Null und Kovarianzmatrix :

(6.26)
$$\begin{bmatrix} I_o & -R_o' \\ -R_o & 0 \end{bmatrix}^{-1} \begin{bmatrix} I_o & 0 \\ 0 & 0 \end{bmatrix} \begin{bmatrix} I_o & -R_o \\ -R_o' & 0 \end{bmatrix}^{-1}$$
$$= \begin{bmatrix} I_o^{-1} - I_o^{-1}R_o'M_oR_oI_o^{-1} & 0 \\ 0 & M_o \end{bmatrix} .$$

Mithin ist die Statistik

$$\frac{1}{\sqrt{N}}\hat{\lambda}_N' M_o^{-1} \frac{1}{\sqrt{N}}\hat{\lambda}_N = \frac{1}{\sqrt{N}}\hat{\lambda}_N'[R_o I_o^{-1} R_o']\frac{1}{\sqrt{N}}\hat{\lambda}_N$$
$$\underset{a}{=} T_2(N)$$

asymptotisch χ^2-verteilt mit $q=\text{rang}(M_o)$ Freiheitsgraden.

Im Hinblick auf spätere Überlegungen halten wir noch als weitere Konsequenz von (6.23) und (6.25) fest :

(6.27)
$$\sqrt{N}(\hat{\theta}_N^r - \theta_o) \underset{a}{=} [I_o^{-1} - I_o^{-1}R_o'M_oR_oI_o^{-1}](1/\sqrt{N})\nabla L_N(\theta_o) .$$

In Verbindung mit (6.17) ergibt sich hieraus ferner :

(6.28)
$$\sqrt{N}(\hat{\theta}_N - \hat{\theta}_N^r) \underset{a}{=} [I_o^{-1}R_o'M_oR_oI_o^{-1}](1/\sqrt{N})\nabla L_N(\theta_o) .$$

(3) *Die Wald-Statistik*

Die sogenannte WALD-Statistik beschreibt das Verhalten des nicht restringierten Maximum-Likelihood-Schätzers $\hat{\theta}_N$ auf dem restringierten Parameterraum Θ_R.
Wir definieren :

(6.29) $$\mathbf{T}_3(N) := R(\hat{\theta}_N)' \, [\nabla R(\hat{\theta}_N)[\nabla^2 L_N(\hat{\theta}_N)]^{-1} \nabla R(\hat{\theta}_N)']^{-1} R(\hat{\theta}_N) .$$

Offensichtlich gilt nach geeigneter Normierung :

(6.30) $$\mathbf{T}_3(N) \underset{a}{=} \sqrt{N}\, R(\hat{\theta}_N)' \, [\mathbf{R}_0 \mathbf{I}_0^{-1} \mathbf{R}_0']^{-1} \sqrt{N}\, R(\hat{\theta}_N) .$$

Aus einer Taylorapproximation der Gestalt :

(6.31) $$R(\hat{\theta}_N) = R(\theta_0) + \nabla R(\hat{\theta}_N^*) \, (\hat{\theta}_N - \theta_0) \quad \text{mit } \hat{\theta}_N^* \varepsilon\, U(\theta_0, \|\hat{\theta}_N - \theta_0\|)$$

ergibt sich unter H_0:

(6.32a) $$\sqrt{N}\, R(\hat{\theta}_N) \underset{a}{=} \mathbf{R}_0 \sqrt{N} \, (\hat{\theta}_N - \theta_0) .$$

Aufgrund der asymptotischen Äquivalenz [vgl. (6.17)] von

$$\sqrt{N}\, (\hat{\theta}_N - \theta_0) \underset{a}{=} \mathbf{I}_0^{-1} \frac{1}{\sqrt{N}} \nabla L_N(\theta_0)$$

erhalten wir schließlich :

(6.32b) $$\sqrt{N} \; R(\hat{\theta}_N) \underset{a}{=} \mathbf{R}_0 \, \mathbf{I}_0^{-1} \frac{1}{\sqrt{N}} \nabla L_N(\theta_0)$$

und damit das Ergebnis, daß $\sqrt{N}\, R(\hat{\theta}_N)$ asymptotisch normalverteilt ist mit Erwartungswert Null und Kovarianzmatrix

$$\mathbf{M}_0^{-1} = \mathbf{R}_0 \, \mathbf{I}_0^{-1} \, \mathbf{R}_0' \, .$$

Demnach ist die quadratische Form

$$\sqrt{N} \; R(\hat{\theta}_N)' \; \mathbf{M}_0 \sqrt{N}\, R(\hat{\theta}_N) \underset{a}{=} \mathbf{T}_3(N)$$

asymptotisch χ^2-verteilt mit $q = \mathrm{rang}(\mathbf{M}_0)$ Freiheitsgraden.

(4) Asymptotische Äquivalenz und asymptotische Optimalitätseigenschaften der drei Teststatistiken $\mathbf{T}_i(N)$ (i=1,2,3) .

Es läßt sich ferner zeigen, daß gilt :

$$\mathbf{T}_1(N) \underset{a}{=} \mathbf{T}_2(N) \underset{a}{=} \mathbf{T}_3(N) .$$

Man betrachtet zu diesem Zweck folgende Approximationen :

(6.33a)
$$L_N(\hat{\theta}_N^r) = L_N(\hat{\theta}_N) + \nabla L_N(\hat{\theta}_N^*)(\hat{\theta}_N^r - \hat{\theta}_N) + \frac{1}{2}(\hat{\theta}_N^r - \hat{\theta}_N)'[\nabla^2 L_N(\hat{\theta}_N^*)](\hat{\theta}_N^r - \hat{\theta}_N),$$

(6.33b)
$$\nabla L_N(\hat{\theta}_N^r) = \nabla L_N(\hat{\theta}_N) + \nabla^2 L_N(\hat{\theta}_N^{**})(\hat{\theta}_N^r - \hat{\theta}_N),$$

(6.33c)
$$R(\hat{\theta}_N) = R(\hat{\theta}_N^r) + \nabla R(\hat{\theta}_N^{***})(\hat{\theta}_N - \hat{\theta}_N^r),$$

mit : $\hat{\theta}_N^*, \hat{\theta}_N^{**} \in \mathbf{U}(\hat{\theta}_N, \|\hat{\theta}_N - \hat{\theta}_N\|)$; $\hat{\theta}_N^{***} \in \mathbf{U}(\hat{\theta}_N^r, \|\hat{\theta}_N - \hat{\theta}_N^r\|)$.

Wegen $\nabla L_N(\hat{\theta}_N) = 0$ und $R(\hat{\theta}_N^r) = 0$ ergibt sich hieraus nach geeigneter Normierung :

(6.34a)
$$2\,(L_N(\hat{\theta}_N) - L_N(\hat{\theta}_N^r)) \underset{a}{=} N\,(\hat{\theta}_N - \hat{\theta}_N^r)'\,\mathbf{I}_0\,(\hat{\theta}_N - \hat{\theta}_N^r),$$

(6.34b)
$$(1/\sqrt{N})\cdot\nabla L_N(\hat{\theta}_N^r) \underset{a}{=} \mathbf{I}_0\cdot(\sqrt{N})\cdot(\hat{\theta}_N - \hat{\theta}_N^r),$$

(6.34c)
$$\sqrt{N}\cdot R(\hat{\theta}_N) \underset{a}{=} \mathbf{R}_0\cdot(\sqrt{N})\cdot(\hat{\theta}_N - \hat{\theta}_N^r).$$

Mit diesem Resultat erhalten wir unter Berücksichtigung der Definitionen für die drei Teststatistiken :

(6.35a)
$$\mathbf{T}_1(N) \underset{a}{=} N\,(\hat{\theta}_N - \hat{\theta}_N^r)'\,\mathbf{I}_0\,(\hat{\theta}_N - \hat{\theta}_N^r),$$

(6.35b)
$$\mathbf{T}_2(N) \underset{a}{=} \frac{1}{\sqrt{N}}\nabla L_N(\hat{\theta}_N^r)\,\mathbf{I}_0^{-1}\,\frac{1}{\sqrt{N}}\nabla L_N(\hat{\theta}_N^r) \underset{a}{=} N\,(\hat{\theta}_N - \hat{\theta}_N^r)'\,\mathbf{I}_0\,(\hat{\theta}_N - \hat{\theta}_N^r),$$

(6.35c)
$$\mathbf{T}_3(N) \underset{a}{=} N\,R(\hat{\theta}_N)\,\mathbf{M}_0\,R(\hat{\theta}_N) \underset{a}{=} N\,(\hat{\theta}_N - \hat{\theta}_N^r)'\,\mathbf{R}_0'\,\mathbf{M}_0\,\mathbf{R}_0\,(\hat{\theta}_N - \hat{\theta}_N^r).$$

Gemäß Beziehung (6.28) gilt ferner :

$$\sqrt{N}\ (\hat{\theta}_N - \hat{\theta}_N^r) \underset{a}{=} \mathbf{N}_0\ (1/\sqrt{N})\ \nabla L_N(\theta_0) \quad \text{mit} \quad \mathbf{N}_0 := \mathbf{I}_0^{-1}\mathbf{R}_0'\mathbf{M}_0\mathbf{R}_0\mathbf{I}_0^{-1} \quad .$$

Unter Beachtung von

$$\mathbf{N}_0\ \mathbf{I}_0\ \mathbf{N}_0 = \mathbf{N}_0\ (\mathbf{R}_0'\ \mathbf{M}_0\ \mathbf{R}_0)\ \mathbf{N}_0 = \mathbf{N}_0$$

ergibt sich schließlich die Äquivalenz :

(6.36) $$\mathbf{T}_1(N) \underset{a}{=} \mathbf{T}_2(N) \underset{a}{=} \mathbf{T}_3(N) \underset{a}{=} \frac{1}{\sqrt{N}}\ \nabla L_N(\theta_0)'\ \mathbf{N}_0\ \frac{1}{\sqrt{N}}\ \nabla L_N(\theta_0)\ .$$

Für endliche Stichprobenumfänge sind die genannten Teststatistiken freilich nicht äquivalent. Wenn die kritischen Grenzen auf Basis derselben asymptotischen $\chi^2(q)$ Verteilung bestimmt werden, kann man auf Basis der drei Teststatistiken $\mathbf{T}_i(N)$ zu unterschiedlichen Testentscheidungen gelangen. So läßt sich beispielsweise mit den Ergebnissen aus BREUSCH(1979) zeigen, daß im einfachen PAGAN-Modell (4.62), das sich letztlich auf ein Aitken-Modell der Form (4.68) zurückführen läßt, die Teststatistiken $\mathbf{T}_i(N)$ für eine Hypothese über $\bar{\beta}$ in folgendem Größenverhältnis stehen:

$$\mathbf{T}_3(N) \geqq \mathbf{T}_1(N) \geqq \mathbf{T}_2(N)\ .$$

Für endlichen Stichprobenumfang N ist demnach der Silvey-Test bei gleichen kritischen Testgrenzen konservativer als der Wald- und der Likelihood-Verhältnis-Test.

Für die Beurteilung der asymptotischen Optimalitätseigenschaften obiger Tests ist folgender Sachverhalt hilfreich: für gegebenen Stichprobenumfang N erhält man dieselbe Silvey-Statistik für das nichtlineare Testproblem :

(6.37) $$H_0:\ R(\theta_0) = 0_{(qx1)} \quad \text{versus} \quad H_1:\ R(\theta_0) \neq 0_{(qx1)} \quad ,$$

und für das lineare Testproblem :

(6.38) $$H_0:\ \theta_0 = \hat{\theta}_N^r \quad \text{versus} \quad H_1:\ \theta_0 \neq \hat{\theta}_N^r\ .$$

Beachtet man ferner die asymptotische Äquivalenz :

(6.39) $$\begin{aligned} L_N(\theta_0) &\underset{a}{=} L_N(\hat{\theta}_N) - \frac{N}{2}\,(\hat{\theta}_N - \theta_0)'[-\tfrac{1}{N}\nabla^2 L_N(\hat{\theta}_N)]\,(\hat{\theta}_N - \theta_0) \\ &\underset{a}{=} L_N(\hat{\theta}_N) - \frac{N}{2}\,(\hat{\theta}_N - \theta_0)'\ \mathbf{I}_0\ (\hat{\theta}_N - \theta_0)\ , \end{aligned}$$

so ergibt sich im Lichte von (6.38) die Konsequenz, daß die drei genannten Tests asymptotisch auf denselben Test der Mittelwertspezifikation einer multidimensionalen Normalverteilung

(nämlich der asymptotischen Verteilung $N(\theta_0, \mathbf{I}_0^{-1})$ von $(\sqrt{N}\ \hat{\theta}_N)$) hinauslaufen [vgl. ENGLE(1984), S.799f.]. Die Gestalt "optimaler" Mittelwerttests multivariater Normalverteilungen sind in der statistischen Literatur hinlänglich untersucht worden [LEHMANN(1959), S.293ff., COX/HINKLEY(1974), S.159f.].
Unter Rückgriff auf diese Ergebnisse läßt sich zeigen, daß die χ^2-Tests auf Basis von $\mathbf{T}_i(N)$ (i=1,2,3) asymptotisch *invariante lokal beste Tests* der Hypothesen (6.37) bzw. (6.38) sind. Es handelt sich um invariante Tests, weil die Teststatistiken $\mathbf{T}_i(N)$ keine Restriktion vor der anderen auszeichnen, sie reagieren "gleichermaßen" sensitiv auf Abweichungen aller Komponenten in $\nabla L_N(\hat{\theta}_N^r)$ bzw. $R(\hat{\theta}_N)$; die Teststatistiken $\mathbf{T}_i(N)$ sind beispielsweise unabhängig von der Anordnung der Einzelrestriktionen $r_i(\theta)$ in dem Vektor $R(\theta)$. Es handelt sich ferner um invariante *lokal beste* Tests, weil sie unter den invarianten Tests den Anstieg der Powerfunktion an der Stelle des "wahren" Parameters θ_0 in Richtung des "standardisierten" Scoring-Vektors $\mathbf{I}_0\ \nabla L_N(\hat{\theta}_N^r)$ maximieren. Man kann sich letzteren Sachverhalt wie folgt intuitiv verdeutlichen:
Für den Test der Nullhypothese H_0 gegen die *lokale Alternative* H_1,

(6.40) $$H_0:\ \theta_0 = \hat{\theta}_N^r \quad \text{versus} \quad H_1:\ \theta_0 = \hat{\theta}_N^r + \delta \quad \text{mit } \|\delta\| \ll 1 ,$$

lautet das log-Likelihood-Verhältnis von H_1 bezogen auf H_0 :

(6.41) $$L_N(\hat{\theta}_N^r + \delta) - L_N(\hat{\theta}_N^r) \doteq \nabla L_N(\hat{\theta}_N^r)'\,\delta \quad .$$

Demnach wird der *(most powerful) Neyman-Pearson Test* [vgl. ROHATGI (1976), S.412f.] für die Problemstellung (6.40) durch die folgende kritische Region $\mathbf{C}^*$,

$$\mathbf{C}^* := \{\ z(N):\ \nabla L_N(\hat{\theta}_N^r)'\,\delta > c^*\ \} ,$$

beschrieben, worin die Konstante c^* durch den Fehler 1. Art bestimmt wird. Dieser Test bezieht sich jedoch auf eine vorgegebene Abweichung δ von der Nullhypothese H_0. Soll keine Abweichungsrichtung δ besonders ausgezeichnet werden (hierin besteht die oben erwähnte Invarianzforderung), so erfährt die Teststatistik $\mathbf{T}_2(N)$ (und damit jeweils auch die asymptotisch äquivalente Statistik $\mathbf{T}_1(N)$ bzw. $\mathbf{T}_3(N)$) ihre Rechtfertigung durch die Tatsache, daß gilt :

$$T_2(N) \underset{a}{=} \max \{ \delta' \nabla L_N(\hat{\theta}_N^r) / \sqrt{VAR(\delta' \nabla L_N(\hat{\theta}_N^r))} : \delta \in \mathbb{R}^p \}.$$

Diese Teststatistik ist invariant bezüglich beliebiger regulärer Transformationen des Gradienten $\nabla L_N(\hat{\theta}_N^r)$.

6.4. Der Informationsmatrix-Test *(H. WHITE)*

Abschließend soll noch auf die Form des Informationsmatrix-Tests von WHITE(1982) hingewiesen werden, der auf Basis der Fehlspezifikationsindikatoren $\bar{d}_N(\hat{\theta}_N)$ [vgl. (6.5)] gebildet wird. Für die Implementierung des Tests ist eine Schätzung der asymptotischen Verteilung von $\sqrt{N}\ \bar{d}_N(\hat{\theta}_N)$ erforderlich. Man kann unter gewissen Regularitätsbedingungen für die bedingten Likelihood-Funktionen und ihre Ableitungen $\{ \nabla^i L_{t|t-1}(\theta) : i=1,2,3;\ t=1,2,\dots \}$ analog zu WHITE(1982) [vgl. den Beweis von Theorem 4.1. in WHITE(1982)] zeigen, daß $\sqrt{N}\,\bar{d}_N(\hat{\theta}_N)$ asymptotisch normalverteilt ist mit Mittelwert $\mathbf{m}(\theta_*)$ und Kovarianzmatrix $\mathbf{V}(\theta_*)$.
Hierin ist θ_* der Wahrscheinlichkeitslimes des (Quasi-)Maximum-Likelihood-Schätzers $\hat{\theta}_N$, der von dem "wahren" Parameter θ_o abweichen kann, wenn sich die "wahre" Verteilung nicht unter den *Modellverteilungen* $\{ f_{Z(N)}(z(N);\theta) : \theta\epsilon\Theta \}$ befindet, auf deren Basis der Maximum-Likelihood-Schätzer $\hat{\theta}_N$ konstruiert wird. Im Falle der Modellfehlspezifikation bezeichnet man $\hat{\theta}_N$ auch als *Quasi-Maximum-Likelihood-Schätzer*; es gilt dann $\theta_* \neq \theta_o$ und $\mathbf{m}(\theta_*) \neq \mathbf{m}(\theta_o)$ $(\mathbf{m}(\theta_o)=0)$, auf letzterem Tatbestand beruht der Fehlspezifikationstest von WHITE.
Die oben erwähnten Regularitätsbedingungen müssen sicherstellen, daß (a) der Wahrscheinlichkeitslimes von $\hat{\theta}_N$ eindeutig (also identifizierbar) existiert [vgl. DOMOWITZ/WHITE(1982), S. 37], daß (b) der Wahrscheinlichkeitslimes von $\nabla d_N(\hat{\theta}_N)$ existiert (hier gehen die Ableitungen der bedingten Likelihood-Funktionen bis zur dritten Ordnung ein), daß sich ferner (c) der Fehler einer eingliedrigen Taylorapproximation von $\bar{d}_N(\hat{\theta}_N)$ an der Stelle θ_* geeignet abschätzen läßt und daß schließlich (d) ein zentraler Grenzwertsatz für $\sqrt{N}(\hat{\theta}_N-\theta_*)$ gilt.
Ein konsistenter Schätzer für $\mathbf{V}(\theta_*)$ lautet dann :

$$\hat{\mathbf{V}}(\hat{\theta}_N) := \frac{1}{N} \sum_{t=1}^{N} d^*_{t|t-1}(\hat{\theta}_N)\, d^*_{t|t-1}(\hat{\theta}_N)' \quad ,$$

$$\text{mit}: \quad d^{*}_{t|t-1}(\hat{\theta}_N) := d_{t|t-1}(\hat{\theta}_N) - \nabla\bar{d}_N(\hat{\theta}_N)\hat{\mathbf{I}}_N(\hat{\theta}_N)\, \nabla L_{t|t-1}(\hat{\theta}_N) \;,$$

$$\text{und}: \quad \hat{\mathbf{I}}_N(\hat{\theta}_N) := \frac{1}{N} \sum_{t=1}^{N} \nabla^2 L_{t|t-1}(\hat{\theta}_N) \;.$$

Unter der Nullhypothese $\theta_* = \theta_o$ ist die folgende Testgröße

$$N \;\; \bar{d}_N(\hat{\theta}_N)' \; \hat{\mathbf{V}}(\hat{\theta}_N) \; \bar{d}_N(\hat{\theta}_N)$$

asymptotisch χ^2-verteilt.

Kapitel 7: *Schlußbemerkungen: Alternativen zur Maximum-Likelihood-Schätzung*

In der ingenieurwissenschaftlichen Literatur sind die Filterverfahren, die im Laufe einer oder mehrerer Kalmanfilterläufe Änderungen der Modellspezifikation vorsehen, unter dem Namen *adaptive Filtertechniken* bekannt (zuweilen werden diese Verfahren auch unter der umfassenden Bezeichnung *Identifikationstechniken* subsumiert).
Die Änderung der Modellspezifikation kann hierbei dadurch begründet sein, daß die Modellkoeffizienten θ ebenso wie Systemzustände zeitabhängig sind oder daß im Verlauf der schrittweisen Verarbeitung neu hinzukommender Beobachtungen auch die Einschätzung einer (zeitkonstanten) Modellspezifikation geändert wird.
Die Maximum-Likelihood-Methode ist nur eine unter vielen Schätztechniken für die unbekannten Zustandsraumparameter θ, Verfahrensüberblicke enthalten unter anderem ÅSTRÖM/EYKHOFF (1971), MEHRA(1972), ANDERSON/MOORE(1979), Kapitel 10.
Einige dieser Verfahren,wie z.B. MEHRA(1970,1971),sind allerdings nur auf stationäre Zustandsraummodelle anwendbar.[23]
Wir verweisen abschließend noch auf zwei Ansätze, die auch im nichtstationären Fall verwendet werden können.
LOUV(1984) formuliert ein dynamisches lineares Modell mit $B=0, \Gamma=0$ als ein AITKEN-Modell [ähnlich wie in DUNCAN/HORN (1972)], in dem die (diagonal spezifizierten) Kovarianzmatrizen Q und R durch die MINQUE-Methode [*"minimum quadratic unbiased estimation"* : C.R. RAO(1970,1971a,b,1972,1979] und durch die AUE-Methode [*"almost unbiased estimation"* : HORN/HORN/DUNCAN(1975)] , die aus der Varianz-Komponenten-Analyse bekannt sind, geschätzt werden können. Durch eine schrittweise Schätzung dieses AITKEN-Modells leitet LOUV Rekursionen für Q,R und die Systemzustände ab.[24]
Eine sehr umfangreiche Literatur gibt es über Bayesianische Identifikationsverfahren, ökonometrische Anwendungen im Rahmen des dynamischen linearen Modells finden sich beispielsweise in HARRISON/STEVENS(1971,1976), ENNS(1976), FILDES(1984) und BOMHOFF/KORTEWEG(1983).

Man unterscheidet hierunter ferner Ansätze, in denen die unbekannten Modellparameter θ zu jedem Zeitpunkt derselben vorgegebenen Parametermenge entstammen, und solchen, in denen die Parameter einem stochastischen Prozeß $\{\theta_t\}$ folgen. Wir illustrieren die Bayesianische Vorgehensweise an dem einfachen Fall einer fest vorgegebenen, endlichen Parametermenge $\Theta := \{\theta_1, \theta_2, \ldots, \theta_n\}$, auf der eine a-priori Verteilung $\{f(\theta_i): i=1,\ldots,n\}$ definiert ist.
Man nennt die rekursive Herleitung von Bayesschätzern für θ und die Systemzustände in einem solchen dynamischen linearen Modell auch *parallele Kalmanfilterung*, weil die Zustandsschätzung auf die Bildung einer Linearkombination parallel für alle θ_i $(i=1,\ldots,n)$ berechneter Kalmanfilter hinausläuft [ANDERSON/MOORE(1979), S. 270ff., HO/LEE(1964), MAGILL(1965), HILBORN/LAINIOTIS(1969)]:
Bei quadratischer Verlustfunktion ist der Bayesschätzer für x_t auf Basis der Informationsmenge $z(s) := (z_1, \ldots, z_s)$ der bedingte Erwartungswert $E(x_t|z(s))$ [siehe Teil II, Kapitel 2]. Bei stochastischer Spezifikation θ können wir diese Größe durch die Iteration folgender Erwartungswerte berechnen:

(7.1) $$\hat{x}^B_{t|s} := E(x(t)|z(s)) = \underset{\theta|z(s)}{E} \left[\underset{x_t|\theta,z(s)}{E} (x_t|\theta,z(s)) \mid z(s) \right].$$

Der innere Erwartungswert ist Ergebnis einer Filterung, Glättung oder Prognose für gegebene Spezifikation θ_i, während der äußere Erwartungswert über die a-posteriori Verteilung der Modellkoeffizienten $\{f(\theta_i|z(s)): i=1,\ldots,n\}$ gebildet wird. Die Filterlösung $\hat{x}^B_{t|t} := E(x_t|z(t))$ stellt sich demnach dar als:

(7.2) $$\hat{x}^B_{t|t} = \sum_{i=1}^{n} \hat{x}^i_{t|t} \; f(\theta_i|z(t)) \quad \text{mit} \quad \hat{x}^i_{t|t} := E(x_t|z(t),\theta^i),$$

mithin als Linearkombination der Kalmanfilterlösungen in den n möglichen Modellspezifikationen θ_i $(i=1,\ldots,n)$.
Das zugehörige Bayesrisiko

(7.3) $$\Sigma^B_{t|t} := E\left[(x_t - \hat{x}^B_{t|t})(x_t - \hat{x}^B_{t|t})' \mid z(t) \right],$$

können wir nach einer Zerlegung der Differenz $(x_t - \hat{x}^B_{t|t})$ in

$$x_t - \hat{x}^B_{t|t} = (x_t - \hat{x}^i_{t|t}) + (\hat{x}^i_{t|t} - \hat{x}^B_{t|t}),$$

mit Hilfe einer Iteration von Erwartungswerten (wie in (7.1)) durch die Momente

(7.4) $$\{ (x_{t|t},\Sigma_{t|t})=(E[x_t|z(t),\theta_i],COV[x_t|z(t),\theta_i]) : i=1,\ldots,n \}$$

in folgender Weise ausdrücken:

(7.5) $$\Sigma^B_{t|t} = \sum_{i=1}^{N} \Sigma^i_{t|t}\, f(\theta_i|z(t)) + \sum_{i=1}^{N} (x^i_{t|t}-\hat{x}^B_{t|t})(x^i_{t|t}-\hat{x}^B_{t|t})'f(\theta_i|z(t)).$$

Die Gewichte der Linearkombinationen in (7.2) und (7.5), d.h. die Werte der a-posteriori Verteilung $\{ f(\theta_i|z(t)): i=1,\ldots,n \}$ können im Laufe einer Kalmanfilterung rekursiv in t=1,2,... gewonnen werden gemäß :

(7.6) $$f(\theta_i|\, z(t)) = \frac{f(\theta_i,z(t))}{\sum_i f(\theta_i|z(t))} = \frac{f(z_t,\theta_i|z(t-1))}{\sum_i f(z_t,\theta_i|z(t-1))}$$

$$= \frac{f(z_t|z(t-1),\theta_i)\; f(\theta_i|z(t-1))}{\sum_i f(z_t|z(t-1),\theta_i)\; f(\theta_i|z(t-1))} .$$

Initialisiert werden die Rekursionen (7.6) mit der a-priori-Verteilung $f(\theta_i|z(0)) := f(\theta_i)$ $(i=1,\ldots,n)$.

Im normalverteilten dynamischen linearen Modell liegen mit den Momenten

(7.7a) $$\hat{z}^i_{t|t-1} := E(z_t|z(t-1),\theta_i) \ , \ D^i_t := COV(z_t|z(t-1),\theta^i) \ ,$$

die in jedem Prädiktorschritt der Kalmanfilterrekursionen gefunden werden, auch die Verteilungen $f(z_t|z(t-1),\theta_i)$ als

(7.7b) $$f(z_t|z(t-1),\theta^i) = N(z_t\colon \hat{z}^i_{t|t-1},\, D^i_t)$$

fest und können dann in (7.6) eingesetzt werden.

Die Glättungslösung $\{ \hat{x}^B_{t|N} \ , \ \Sigma^B_{t|N} : t=0,1,\ldots,N \}$ wird analog zu den Linearkombinationen (7.2) und (7.5) gebildet, nunmehr mit den Gewichten aus dem letzten Schritt in (7.6), d.h. mit der a-posteriori Verteilung $\{ f(\theta_i|z(N)) : i=1,\ldots,n \}$:

(7.8) $$\hat{x}^B_{t|N} = \sum_{i=1}^{N} \hat{x}^i_{t|N}\; f(\theta_i|z(N))$$

(7.9) $$\Sigma^B_{t|N} = \sum_{i=1}^{N} \Sigma^i_{t|N}\; f(\theta_i|z(N)) + \sum_{i=1}^{N} (\hat{x}^i_{t|N}-\hat{x}^B_{t|N})(\hat{x}^i_{t|N}-\hat{x}^B_{t|N})'\, f(\theta_i|z(N))$$

(unter Verwendung der Kalman-Glättungsrekursionen, rückwärtsschreitend von t=N,N-1, ..., 0).

Wir erwähnen in diesem Zusammenhang noch einen Vorschlag von HAMILTON(1985a). HAMILTON argumentiert, daß im Falle der Maximum-Likelihood-Schätzung von θ (durch $\hat{\theta}_{ML}$ auf Basis der Stichprobeninformation $z(N)$) es irreführend sei, die Zustandsschätzung mit einem Filter/Glättungslauf abzuschließen, der <u>nur</u> die Modellspezifikation $\hat{\theta}_{ML}$ aus der Maximum-Likelihood-Schätzung verwende. Die Glättungslösung $\{ \hat{x}_{t|N}(\hat{\theta}_{ML}), \Sigma_{t|N}(\hat{\theta}_{ML})\ t=0,1,\ldots,N \}$ gebe ein verzerrtes Bild der Unsicherheit wieder, die aus der Spezifikationsunsicherheit herrührt; insbesondere $\Sigma_{t|N}(\hat{\theta}_{ML})$ unterschätze das "wahre Risiko" der Zustandsschätzung.

Dieser Einwand kann an der Zerlegung (7.9) verdeutlicht werden.

HAMILTON empfiehlt, $\hat{\theta}_{ML}$ und die geschätzte Informationsmatrix $\hat{I}_N(\hat{\theta}_{ML})$ als Erwartungswert und Kovarianzmatrix einer (normalverteilten) a-posteriori Dichtefunktion für θ, d.h.

(7.10) $$f(\theta|z(N)) = N(\theta\text{: } \hat{\theta}_{ML}\ ,\ \hat{I}_N(\hat{\theta}_{ML})) \quad ,$$

zu interpretieren, die man bei einer "diffusen" a-priori-Verteilung auf dem Parameterraum Θ erhalten würde.

Als Schätzergebnis ist dann (7.8) und (7.9) anzugeben, worin die $\{\theta_i : i=1,\ldots,n\}$ eine große Stichprobe (durch Simulation gewonnen) aus der Verteilung (7.10) bilden und die Gewichte $f(\theta_i|z(N)):=1/n$ zu setzen sind.

HAMILTON interpretiert die entsprechende Zerlegung (7.9) als eine Summe aus dem *durchschnittlichen Filterrisiko* (erster Summand in (7.9), verursacht durch die Varianzen der Systemfehler v_t und w_t, auch bei korrekter, deterministischer Modellspezifikation θ präsent) und dem *durchschnittlichen Spezifikationsrisiko* (zweite Summe in (7.9), verursacht durch die Varianz der stochastischen Modellspezifikation θ).

Eben dieses durchschnittliche Spezifikationsrisiko kommt in der Kovarianzmatrix $\Sigma_{t|N}(\hat{\theta}_{ML})$ <u>nicht</u> zum Ausdruck.

Für eine Diskussion von Bayesianischen Identifikationsverfahren, wenn die Modellkoeffizienten θ einem stochastischen Prozeß folgen mit jeweils endlich vielen Ausprägungen zu allen Zeitpunkten, verweisen wir auf ENNS(1976).

Teil IV

Anmerkungen und bibliographische Hinweise

Ein bibliographischer Hinweis wird durch die folgenden Angaben identifiziert: Autor(en), Jahr der Veröffentlichung, Laufindex a,b,c ... bei mehreren Veröffentlichungen pro Jahr, gegebenenfalls auch Seitenzahl(en) der zitierten Literaturstelle.
Die Fußnotennummerierung beginnt in jedem Teil neu.
Es ist zu beachten, daß das Literaturverzeichnis zwei Teile umfaßt (Teil a: Aufsätze und Arbeitspapiere, Teil b: Bücher).

Hinweise zu Teil I :

1 HENDRY/RICHARD(1982,1983), ENGLE/HENDRY/RICHARD(1983).

2 Der Vektor y(0) enthält geeignete Anfangsbedingungen, $y(0):= (y_{-\ell}, y_{-\ell+1}, \dots , y_0)$ mit maximaler Laglänge ℓ.

3 Im folgenden wird N nicht weiter gekennzeichnet; N kann stets als Beobachtungshorizont interpretiert werden.

4 HENDRY/RICHARD(1983), S.115/116.

5 HANNAN(1970), S.204.

6 Wir vereinbaren folgende Kurzschreibweise : $\Pi(L):= \sum_{i=1}^{n} \Pi_i L^i$ mit $L^i y_t := y_{t-i}$, L ist der sogenannte Lagoperator.

7 Ein Residuenprozeß, der weißes Rauschen ist, muß nicht notwendig eine Innovationsfolge sein. Die Forderung des weißen Rauschens ist schwächer: HENDRY/RICHARD(1982), S.13-15.

8 Ein "datenerzeugender Prozeß" ist also kein "realitätserzeugender Prozeß". Die "Wirklichkeit" vollzieht sich sicherlich nicht nach den stochastischen Gesetzen eines datenerzeugenden Prozesses, sie wird von diesem in gewissen Aspekten (die sich in "wesentlichen Eigenschaften" der Daten niederschlagen-wie z.B. in einer Autokorrelationsfolge) imitiert. Aus dieser Sicht ist der Ausdruck "datenbeschreibender Prozeß" oder "datenreproduzierender Prozeß" besser. Der "datenerzeugende Prozeß" ist Element einer vorgegebenen Klasse statistischer Verteilungsmodelle für eine Folge von Zufallsvariablen - ein Element, *"which in some sense adequately characterizes the data"* [HENDRY/RICHARD(1982), S. 6]. Wir weichen hierin etwas von der Sprechweise von HENDRY/RICHARD (ebenda, S. 5ff.) ab, die darüber hinaus zwischen einem *wahren* datenerzeugenden Prozeß und einer *Approximation* desselben durch ein empirisches Modell unterscheiden. Meiner Meinung nach würden die Autoren auch ohne diese Unterscheidung auskommen, denn sie beurteilen ein empirisches ökonometrisches Modell mit einigen wenigen strukturellen Parametern nicht nach einem *wahren Modell* (das sie ohnehin nicht kennen, es sei denn die "wahre Welt" wird in einer Computer-Simulationsstudie durch den Rechner erzeugt) sondern aufgrund eines *statistischen Referenzmodells*, *"which in some sense adequately characterizes the data"* (s.o). Das Referenzmodell setzt den Anpassungsstandard, den auch jedes restringierte Modell erfüllen muß.
Dieses *statistische Referenzmodell* ist im folgenden unter dem Etikett *datenerzeugender Prozeß* zu verstehen.
Die Konstruktion eines solchen statistischen *Analogmodells der Grundgesamtheit* ist natürlich nicht problemlos. Es ist vor allen Dingen nicht klar, was zu den *wesentlichen Eigenschaften* (selbst einer stationären) Zeitreihe zählen sollte - sicher die Autokorrelationsfolge, aber warum nicht auch Momente höherer Ordnung oder Quantile ?
Eine interessante Diskussion verschiedener *Konstruktionsprinzipien* für datenerzeugender Prozesse im hier vorgestellten Sinne findet sich in KALMAN(1980, 1982a, 1982c).

9 Die Bezeichnungen *"der Ökonometriker"*, *"der Statistiker"* sind hier nur zweckdienliche Kürzel, um zwei Aspekte eines empirischen Wirtschaftsforschers zu beschreiben, der zum einen *datenerzeugende Prozesse* konstruiert, zum anderen auf der Suche nach *strukturellen Modellen* ist, die ähnlich gute Anpassungseigenschaften wie datenerzeugende Prozesse haben. Im folgende klären wir, was unter einem *strukturellen Modell* genauer zu verstehen ist.

10 In der hier vorausgesetzten Modellklasse hat der datenerzeugende Prozeß

$$Y_t = \Pi(L)\, Y_t + \tilde{Y}_t$$

dieselbe Gestalt wie eine reduzierte Form in einem klassischen simultanen Gleichungssystem, in dem allerdings keine Variable als exogen ausgezeichnet wird. Dieses Modell wird auch als *complete dynamic simultaneous equation model* [GEWEKE(1978)] bezeichnet.
Wir verwenden daher im folgenden synonym die Bezeichnungen "datenerzeugender Prozeß" und "(nichtrestringierte) reduzierte Form".

11 Dieser Strukturbegriff hat eine lange Geschichte: HURWICZ(1962), MARSCHAK (1950), SIMS(1982c), S.12.
Der Strukturbegriff ist in der Tat sehr schillernd - in einem Maße, daß sich MACHLUP(1963), S.73ff., genötigt sah, diesen Begriff unter sein Lexikon *weaselwords in economics* aufzunehmen:
In dem Abschnitt "Some of the Clearer Meanings of Structure in Economics" findet sich auf S. 78 das Zitat : " Changes of some independent variables produce certain changes in dependent variables, but only through operation 'under given conditions'. This set of given conditions if it is assumed to be invariant for a variety of problems, maybe regarded as the economic "structure" which influences or determines the consequences of changes of all sorts." Unter der Ergänzung "invariant for a definite set of problems" im Sinne bestimmter Interventionen ist dies die hier verwendete Bedeutung einer "Struktur" .

12 HENDRY/RICHARD(1983), S.116.

13 KOOPMANS/REIERSØL(1950), S.168-172:
Eine "exakt identifizierte" ökonometrische Struktur ist als ganze keinem statistischen Test zugänglich, denn sie ist in den Worten von KOOPMANS/ REIERSØL nicht *observationally restrictive*. Jede weitere Restriktion (etwa eine Nullrestriktion auf einem Koeffizienten) führt zu einer überidentifizierten Struktur und ist dann einem statistischen Test zugänglich.

14 SIMS(1977), S. 30 . Die Möglichkeit isolierter Interventionen in einzelnen Gleichungen eines ökonometrischen Systems, die den Rest des Systems unberührt lassen, ist von R.FRISCH unter dem Namen "Autonomieprinzip" in den Rang einer Forderung erhoben worden. Man glaubte, durch dieses Prinzip der "sachlichen Unabhängigkeit" der Modellgleichungen potentiellen Strukturwandel in Teilbereichen eines Systems isolieren zu können, [MENGES(1964), HAAVELMO(1944)].

15 MARSCHAK(1947), (1953), S.307-309, (1950), S. 8-13.
HURWICZ(1950), S. 226-271.
KOOPMANS/BAUSCH(1959), S. 138ff.,(topic 11).

16 LUCAS(1976), LUCAS/SARGENT(1981), SARGENT(1982), LUCAS/PRESCOTT(1971), PRESCOTT/TOWNSEND(1980).

17 "Schwach restringierte Vektorautoregressionen" enthalten a priori Restriktionen über die Lag-Länge sowie Stetigkeits- und Dämpfungsbedingungen (im Falle großer Lags) auf den Lag-Koeffizienten wie sie aus der Regressionstheorie für "distributed lags" bekannt sind [SIMS(1972)].

(Fortsetzung Fußnote 17:)

Wenn in einem autoregressiven multivariaten Modell alle Variablen sich gegenseitig zu allen Lags unrestringiert beeinflussen dürfen, dann wächst die Zahl der zu schätzenden Parameter mit dem Quadrat der Variablenzahl in dem System und erschöpft somit sehr schnell die Anzahl der Freiheitsgrade. Daher wird man für größere Systeme neben "lag restrictions" und "smoothness conditions" noch weitere Restriktionen benötigen, "limiting the nature of cross dependencies between variables" [SIMS(1980c), S.16]. In diese Kategorie fallen z.B. die Indexmodelle von SARGENT/SIMS(1977) und die Bayesianischen Ansätze von LITTERMAN(1981).
In SIMS(1982a) findet sich eine "Bayesianische Rechtfertigung" dieser Art von Restriktionen, die nicht <u>bestimmte</u> Koeffizienten in einzelnen Gleichungen festsetzen, sondern in der Regel <u>symmetrisch</u> in allen Variablen sind.
SIMS glaubt, daß sich die meisten a priori Verteilungen in einen "objektiven" Teil (von vielen Ökonometrikern geteilten, wenig kontroversen Teil) und einen subjektiven Teil ("embodying a lot of economic a priori information", unter den Ökonometrikern sehr kontrovers diskutiert) faktorisieren lassen. Die "smoothness conditions" der distributed lag Koeffizienten gehören seiner Meinung nach zu diesen wenig kontroversen a priori Verteilungen.

18 KYDLAND/PRESCOTT(1977) : Letztlich steckt hinter dem Argument dieser Autoren, daß diskrtionäre wirtschaftspolitische Entscheidungen Erwartungs- und Verhaltensänderungen auslösen, die von den politischen Entscheidungsträgern nicht in ihr Kalkül einbezogen werden (können).

19 Für die folgenden Ausführungen vgl.
ENGLE/HENDRY/RICHARD(1982,1983), HENDRY/RICHARD(1982,1983).
RICHARD(1979),(1980a,b).
FLORENS/MOUCHART(1980a,b).

20 FLORENS/MOUCHART(1980a), S.14ff., ENGLE/HENDRY/RICHARD(1980), S.8f..

21 Es sei noch einmal daran erinnert, daß wir die Notation R_t und R(t) unterscheiden. Der Vektor R(t) enthält alle Zufallsvariablen bis zum Zeitpunkt t , einschließlich geeigneter Anfangsbedingungen R(0), $R(t) := [R(0)\ R_1, R_2, \ldots, R_t]$. Analog sind E(t),Z(t) und Y(t) definiert.

22 HENDRY/RICHARD(1983), S. 118.

23 Wenn wir einen Laufindex nicht ausdrücklich spezifizieren, sind stets alle nichtnegativen ganzen Zahlen gemeint.

24 ENGLE/HENDRY/RICHARD(1980), S.41-52, (1983), S.284. Die genannten Autoren sprechen auch von "super-exogeneity", sie erwecken damit aber den falschen Eindruck, "super-exogeneity" sei eine strengere Version der "strong exogeneity". Lezteres Konzept enthält eine Annahme über Granger-Kausalität, ersteres nicht.

25 SARGENT(1982), S.2-3, faßt dieses Forschungsprogramm in folgende Worte:

"Lucas' and Prescott's insight about the cross-equation nature of the restrictions on behavioral relations drives the analyst toward explicitly formulating dynamic general equilibrium models at the level of objective functions, constraint sets and market clearing conditions or their counterparts. ... For if the presence of the cross equation restrictions implies that private decision rules change systematically with descriptions of the dynamic environment and of government rules, a successful analysis requires understanding the way in which optimizing agents make their decisions rules depend on the dynamic environment in general, and government policy rules in particular.The econometric ideal of dicovering objects that are structural, in the sense that they are invariant with respect to the class of policy interventions analyzed, imposes that criterion for success."

26 Das folgende Beispiel ist eine geringfügig erweiterte Version des Beispiels 3.2. aus ENGLE/HENDRY/RICHARD(1983), S. 289-292.

27 Die in Fußnote 26 genannten Autoren betrachten den Fall $\beta_2=0$, also eine überidentifizierte Struktur. Sie geraten damit in eine Reihe von technischen Schwierigkeiten, auf die wir am Ende des Beispiels noch zurückkommen.

28 ENGLE/HENDRY/RICHARD(1980), S.35. Im Exkurs am Schluß dieses Abschnitts gehen wir auf die WOLD-STROTZ-Transformationen noch einmal ein.

29 Genau diesen Sachverhalt übersehen ENGLE/HENDRY/RICHARD(1983) und kommen daher auf S. 292 zu teilweise falschen Schlußfolgerungen.

30 Vgl. hierzu auch SARGENT(1979), insbesondere Kapitel 13 und 14.
Es gibt noch ein weiteres ökonometrisches Argument für die "mikroökonomische Fundierung" der Koeffizienten makroökonomischer Entscheidungsfunktionen durch die Parameter eines dynamischen Optimierungsproblems ("preferences, technology, endowments"). LUCAS(1980), S. 291 , meint:

"On these parameters , we have a wealth of inexpensively available data from census cohort information, from panel data describing the reactions of individual households to a variety of changing market conditions, and so forth. In principle ... these crucial parameters can be estimated independently from individual as well as aggregate data. If so we will know what the aggregate parameters mean, we will understand them in a sense that disequilibrium parameters will <u>never</u> be understood. This is exactly why we care about the 'microeconomic foundations' of aggregate theories."

Der letzte Satz in diesem Zitat enthält ein Argument für Gleichgewichtsmodelle (aus der Sicht eines <u>empirischen</u> Wirtschaftsforschers) : Gleichgewichtsmodelle verwenden allein solche Parameter (z.B. Substitutionselastizitäten), die im Prinzip <u>unabhängig</u> von den makroökonomischen Zeitreihen aus Mikrozensus-Daten ermittelt werden könnten. Ungleichgewichtsmodelle enthalten Marktanpassungsparameter, die <u>nur</u> unter Voraussetzung eines bestimmten Anpassungsmodell aus den makroökonomischen Daten geschätzt werden können; vgl. auch ebenda, S. 290 .(Die Seitenzahlen sind zitiert nach dem Wiederabdruck in LUCAS(1981).)

31 SIMS(1982a), S. 21; HOWREY/KLEIN/MCCARTHY/SCHINK(1981) bemerken auf S. 47: "Modification of the single equation coefficients ... this procedure is used sparingly and usually only to incorporate things like tax changes ...".

32 HANSEN/SARGENT(1981b), S.93 und insbesondere SARGENT(1981), S. 217:

" The dynamic equilibrium modeling strategy virtually forces the researcher to think about the sources and interpretations of the error terms in the stochastic equations that he fits. The explicitly stochastic nature of theorizing makes it difficult to "tack on" error terms after the theorizing is done, a usual procedure in the past. "

Es gibt eine Kehrseite dieser Medaille : Wenn der Modellbauer sich zum Ziel setzt, alle stochastischen Eigenschaften im Lichte einer statistischen Theorie ökonomischer Entscheidungen zu spezifizieren, bleibt für stochastische Fehler, die sich aus Irrtümern des Modellbauers ergeben, kein Platz mehr.
Es bleibt aber festzuhalten, daß die Verbindung zwischen der Konstruktion "datenerzeugender Prozesse" und der Konstruktion "struktureller Modelle" in den "rational expectation models" im Stile von SARGENT und HANSEN sehr eng ist. SARGENT(1981), S. 215, kleidet sein ökonomisches Programm in folgende Worte:
"The basic idea is to interpret a collection of economic time series as resulting from the choices of private agents interacting in markets assumed to be organized along well-specified lines. The private agents are assumed to face nontrivial dynamic and stochastic optimization problems.
This is an attractive assumption because the solution of such problems are known to imply that the chosen variables (e.g. stocks of factors of production or financial assets) can exhibit serial correlation and cross-serial correlation. Since time series of economic data usually have the properties of high own-serial correlation and various patterns of cross-serial correlation, it seems that there is potential for specifying dynamic preferences, technologies, constraints and rules of the market game *that roughly reproduce the serial correlation and cross-correlation patterns in a given collection of time series measuring market outcomes.* [Hervorhebung von mir.] If this can be done in such a fashion that the free parameters of preferences, technologies, and constraints are identifiable econometrically, it is then possible to interpret the collection of time series as the outcome of a well-defined dynamic, stochastic equilibrium model."
Den letzten Satz in diesem Zitat zieht SIMS und mit großer Vehemenz KALMAN in Zweifel, siehe auch Fußnote 34.

33 Eine ähnliche Diskussion der Argumente für eine Schätzung der "reduzierten Form" versus der "strukturellen Form" hat es in der Ökonometrie schon Anfang der 60er Jahre gegeben, vgl. LIU(1960) :

" Economic variables are considered by econometricians as mutually dependent, but the degree of simultaneity is recognized only to the extent that it does not prevent the structural coefficients from being identified. " (ebenda, S. 856)

" Essentially, a relevant explanatory variable is excluded if inclusion would result in a significantly unreasonable magnitude for its own coefficient or for some other structural coefficients. Diligent experiments with alternative combinations of a smaller and smaller number of explanatory variables would, of course, eventually lead to a set of 'significant' and 'reasonable' coefficients . The result so obtained, however, is anything but an estimate of the structure. " (ebenda, S. 858)

" It has been said that the least squares reduced forms cannot be used for making forecasts under a changed structure. When the structure itself cannot be identified, however, either because of underidentification or because of data limitations, there is literally no rigidly defined statistical model that can be used for forecasting under a changed structure. Moreover, changes in structural coefficients are not the only way to take care of changes in structure. Most of the structural changes we have in mind are changes in public policy variables (e.g. tax rates). These variables can be included in the structure as exogenous variables if we have past experiences with them. Forecasting under a changed structure then becomes forecasting under an unchanged structure with changed magnitudes for exogenous variables. " (ebenda, S. 861/862)

Diese Kommentare hätten auch 25 Jahre später von SIMS stammen können. Insbesondere das letzte Argument wird in den folgenden Ausführungen durchscheinen.

34 In diesem Puntke sind sich die KALMAN-Kritik [KALMAN(1980,1981,1982a,b,c, 1983)] und die SIMS-Kritik [SIMS(1980c,1982a)]ähnlich. R.E. KALMAN, von dessen Algorithmus hier die Rede sein wird, vertritt - zuweilen in apodiktischer Formulierung - die Auffassung, daß die traditionellen "strukturellen Modelle" der Ökonometrie nicht aus den verfügbaren ökonomischen Zeitreihen identifizierbar seien. Da man prinzipiell nicht über zuverlässige (ökonomisch motivierte) a priori Informationen hinsichtlich der Koeffizienten in (linearen) ökonometrischen Modellen verfüge, könne man nicht zwischen den verschiedenen ("strukturellen") Reparametrisierungen der reduzierten Form diskriminieren. KALMAN räumt daher "datenerzeugenden" Prozessen im Sinne statistischer Simulationsmodelle Priorität ein, deren Koeffizienten per Konstruktion durch geeignete Normierungskonventionen aus den Daten (in der Regel aus einer Korrelationsfolge) identifizierbar sind. Man vergleiche hierzu auch unsere Ausführungen in III/Kapitel 4 .

35 SIMS(1982b), S.116 und KYDLAND/PRESCOTT(1977), S. 624.

36 SIMS(1982b), S. 117 und SIMS(1982a).

37 SIMS(1982b), S. 119/120.

38 Vgl. hierzu auch die in JOHNSON(1977,1980) zusammengestellte Bibliographie.

39 Vgl. SARRIS(1973), S. 502, die Dissertation von WEGMANN(1978), Kapitel 3.3 sowie RÖHLING(1983), Kapitel 3.2. WEGMANN untersucht im wesentlichen die Stabilität des Erwartungswertes eines Kleinstquadratschätzers, der auf Basis eines klassischen linearen Regressionsmodells mit ausgelassenen Variablen berechnet wurde. Diese ausgelassenen Variablen bestimmen dann die Stabilität der geschätzten Regressionsparameter. (Die Koeffizienten seines theoretischen Modells sind konstant!)

40 Vgl. die Diskussion in FRIEDRICH(1984), S. 63-68.

41 Überblicke über die verschiedenen Ansätze aus der Regressionstheorie mit stochastischen Parametern finden sich in :

JUDGE/GRIFFITH/HILL/LEE(1980), S. 325-403.
MADDALA(1977), S. 390-403.

CHOW(1983), S. 320-350, NICHOLLS/PAGAN(1983).
RAJ/ULLAH(1981), WILD(1981): zwei Bücher, die vollständig variierenden Regressionskoeffizienten gewidmet sind.
Eine Aufsatzsammlung findet sich in dem Sonderband: Special Issue on Time-Varying Parameters, Annals of Economic and Social Measurement, Band 2 (1973).
Eine Literaturübersicht mit vielen empirischen Anwendungsbeispielen ist in der Bibliographie von JOHNSON(1977,1980) enthalten.

42 Zu dieser Gruppe von Modellen gehört auch das "variable mean response model" von SINGH/NAGAR/CHOUDHRY/RAJ(1976).

43 Für eine knappe Einführung eignet sich HARVEY/PHILLIPS(1982).
Eine Übersicht über weitere Interpretationen des Zustandsraum-Modells geben wir in Teil III, Abschnitt 1.3 .

44 Hier sind insbesondere zahlreiche Veröffentlichungen in den IEEE Transactions on Automatic Control und in der Automatica zu erwähnen.
Schon zu den "Klassikern" der Filtertheorie gehören:
SAGE/MELSA(1971) und JAZWINSKI(1970).
Überblicke über die aktuelle Literatur enthalten :
ANDERSON/MOORE(1979), OTTER (1985), MAYBECK(1979), BALAKRISHNAN(1984).

45 Im folgenden diskutieren wir eine geringfügig erweiterte Version des Modells von SARRIS(1973), hier unter Einschluß erklärender Variabler in der Transitionsgleichung und weiteren Regressoren mit konstanten Koeffizienten in der Beobachtungsgleichung.

46 Diese Vektorisierungsregeln sind in Teil III/Kapitel 2.1.1. zusammengestellt.

47 SARRIS(1973), S. 507. Eine ähnliche Vorgehensweise wählen COOLEY/PRESCOTT (1973a), S. 469.

48 Die Modellparameter θ werden im folgenden wie nichtstochastische bekannte Größen (mit - wie im Text als Beispiel angenommen - den numerischen Werten des Maximum-Likelihood-Schätzers für θ).
Eine Beurteilung der Schätzgüte eines Systemzustandsschätzers der Form $E(x(N)|z(N);\hat{\theta})$ für x(N) müßte freilich den stochastischen Charakter des Koeffizientenschätzers $\hat{\theta}$ berücksichtigen. Da es im folgenden nur um die Interpretation der formalen Gestalt des bedingten Erwartungswertes $E(x(N)|z(N);.)$ gilt, sehen wir von diesen Komplikationen ab.
Man vergleiche zu diesem Problem HAMILTON(1985b).
Wir weisen noch daraufhin, daß im weiteren Verlauf der Arbeit nicht systematisch zwischen einer Zufallsvariablen und einer gegebenen Realisation unterschieden wird. Nur bei der Kennzeichnung von Dichtefunktionen treffen wir diese Unterscheidung, nämlich: $f_X(x)$:= Dichtefunktionswert der Zufallsvariablen X an der Stelle x.
In allen anderen Fällen wird sich aus dem Zusammenhang ergeben, ob mit x die Zufallsvariable oder eine gegebene Realisation gemeint ist.

49 JAZWINSKI(1970), S.147-149. Wir werden auf die Eigenschaften von Kleinstquadratschätzern noch ausführlich in Teil II, Kapitel 2 zurückkommen.

50 LEAMER(1978), S. 77-79.

51 MONTGOMERY/JOHNSON(1976), S.67 und LEDOLTER/BOVAS(1983), S. 88/89.

Hinweise zu Teil II:

1 Man beachte auch die Literaturhinweise und Beispiele in der Einführung aus Teil I/Kapitel 2. Die folgenden Ausführungen legen im Gegensatz zu der erwähnten Einführung das Schwergewicht auf die **Zustandsraum**interpretation von Regressionsmodellen mit zeitabhängigen Koeffizienten.

2 Die Notation $f(x|z)$ enthält eine - wenn auch in der statistischen Literatur häufig übliche - kleine Ungenauigkeit: wir unterscheiden, sofern keine Mißverständnisse zu befürchten sind, verschiedene Dichtefunktionen $f(\ldots)$ allein durch ihre Argumente. Andernfalls indizieren wir die Dichtefunktion, z.B. :

$$f_{w_t}(.) := \text{Dichtefunktion des Systemfehlers } w_t \quad .$$

Wir werden ferner Zufallsvariablen von ihren Realisationen nicht systematisch unterscheiden. Nur bei der Gefahr von Mißverständnissen wird im Text darauf verwiesen und gelegentlich durch eine besondere Notation, wie z.B. die Verwendung von Groß- und Kleinbuchstaben, der Unterschied zwischen Zufallsvariable und Realisation gekennzeichnet.

3 ANDERSON/MOORE(1979), S. 103 bezeichnen die Innovationen bezüglich E^* auch als "Pseudo-Innovationen" im Unterschied zu den "echten" Innovationen, d.h. den Innovationen bezüglich des (in der Regel **nichtlinearen**) Erwartungswertoperators E. Für die Bildung der "echten" Innovationen ist in (2.29) der Operator E^* durch E zu ersetzen.
Wir kommen auf diesen Unterschied in Kapitel 5.2 zu sprechen.
Im folgenden Text sind mit der Kurzbezeichnung "Innovationen" stets die "Pseudo-Innovationen", die LKQS-Innovationen gemeint.

4 Auf den Zusammenhang zwischen der "gemischten Schätzung" und der "Kalman-Schätzung" macht COOPER(1973) aufmerksam. Dieser Zusammenhang ist offensichtlich unter der Bayesianischen Interpretation des Kalmanfilters, siehe auch das einführende Beispiel in Teil I/Kapitel 2.2.2. .

5 Für die folgenden Ausführungen vgl. LUENBERGER(1969), insbesondere Kapitel 3, DORNY(1980), Kapitel 5, KREYSZIG(1978), Kapitel 3.

6 Die Idee von ARROW und DEBREU für eine Modellierung von Entscheidungen unter Unsicherheit bestand darin, Güter nicht nur durch ihre physischen Eigenschaften, Ort und Zeit ihrer Verfügbarkeit zu unterscheiden , sondern noch zusätzlich durch "Umweltbedingungen" (= Realisationen verschiedener Zufallsvariablen mit endlichen vielen Wahrscheinlichkeitsmassenpunkten) zu kennzeichnen, unter denen sie verfügbar sind .
Bei dynamischen Entscheidungsproblemen unter Unsicherheit existiert für jeden Zeitpunkt $t = 0,1,2, \ldots$ eine Umweltvariable, eine diskrete Zufallsvariable ; für jeden Zeitpunkt t ist für jede Realisationsfolge der Umweltvariablen bis zum Zeitpunkt t einschließlich ein bedingter Handlungsplan aufzustellen. Ein solches Optimierungsproblem kann sehr kompliziert werden, weil die Anzahl der bedingten Pläne mit der Zahl der möglichen Realisationsfolgen in der Zeit t exponentiell anwächst (vgl. den Entscheidungsbaum in DEBREU (1959), S. 99, Bild 1).

7 BELLMAN(1961), S. 56ff..

Die BELLMANsche Optimalitätsbedingung wird plausibel, wenn man sich überlegt, daß das Entscheidungsproblem zu jedem Zeitpunkt t dieselbe Struktur hat. Schreibt man die Zielfunktion als

$$(*)\quad E\Big(\sum_{t=0}^{\infty} \beta^t\, r(d_t, s_t)\Big) = r(d_0, s_0) + \beta\, E\Big(\sum_{t=0}^{\infty} \beta^t\, r(d_{t+1}, s_{t+1})\Big)$$

so erkennt man, daß das Wirtschaftssubjekt in Periode 1 dasselbe Problem wie zum Zeitpunkt t=0 zu lösen hat, das Problem unterscheidet sich allein durch die Ausprägung des dann gegebenen Zustandsvektors s_1. Wenn eine "value-function" $v(s_0)$ existiert, die jedem $s_0 \varepsilon \mathbf{S}$ den dann maximalen Zielfunktionswert zuordnet, also

$$v(s_0) := \max_{\{d_t\}} E\Big(\sum_{t=0}^{\infty} \beta^t\, r(d_t, s_t)\Big)\quad,\ s_0 \text{ gegeben}\ ,\quad d_t \varepsilon \varphi(s_t)\ (\forall t)$$

dann muß $v(s_0)$ wegen (*) offensichtlich die folgende Fixpunktgleichung erfüllen :

$$v(s_0) = \max_{d_0} \{ r(d_0, s_0) + \beta\, E[v(s)] \},\ d_0 \varepsilon \varphi(s_0)$$

worin der Erwartungswert bezüglich der Übergangsdichte $f(s|d_0, s_0)$ gebildet wird.

Auf die Übergangsdichte kommt es im folgenden an, denn diese kann unter Umständen mit Hilfe eines Kalmanfilters gefunden werden.

8 Darstellungen über verschiedene Lösungen des "Smoothing-Problems" mit Literaturzusammenstellungen finden sich in ANDERSON/MOORE(1979), S. 165-193, GELB(1974), S. 156-179, MEDITCH(1973).

9 Ein wesentlich komplizierterer Beweis findet sich in ROSENBERG(1977), S. 458f.

10 HARRISON/STEVENS(1976), S. 212/213, ANDERSON/MOORE(1979), S. 111.

11 Recht umfassende Überblicke über "square-root filtering techniques" finden sich in : KAMINSKI/BRYSON/SCHMIDT(1971), MORF/KAILATH(1975), MORF/DOBBINS/FRIEDLANDER/KAILATH(1979). Für eine kurze Einführung vgl. auch ANDERSON/MOORE(1979), S. 147-150 und GELB(1974), S: 306.

12 Eine Rekursionsgleichung, die - wie in Satz (4-11) angegeben - die Glättungslösung (mit Zwischenergebnissen, die im Filterlauf generiert werden) inkorporiert, findet sich in der unter Fußnote 11 zusammengestellten Literatur nicht.
Die Glättungslösung in der Standardversion ist wegen der fortgesetzten Differenzenbildung von Matrizen besonders für Rundungsfehler anfällig (mit entsprechenden Konsequenzen für die positive Definitheit der numerisch berechneten Kovarianzmatrizen). Eine Wurzelrekursion ist daher von großem Vorteil.
Die numerische Präzision der berechneten Glättungslösung ist ferner von großer Wichtigkeit für den erfolgreichen Einsatz gewisser iterativer Maximum-Likelihood-Verfahren bei der Schätzung der unbekannten Modellmatrizen (F,Γ,B,Q,R). Wir kommen auf dieses Problem in Teil III, Kapitel 3 zurück.

13 Diese Konstruktionsidee geht zurück auf FRASER/POTTER(1969).

14 Vgl. BIERMAN(1974), (1977), S. 214-217.
BIERMAN verwendet wiederum einen Maximum-Likelihood-Ansatz, der oben in 4.6.1. kurz angesprochen wurde. Unser eigener Beweis ist eine Verbindung aus der Beweisstrategie von ANSLEY/KOHN(1982) (im wesentlichen beruhend auf dem Satz von den iterierten Projektionen) und der statistischen Interpretation der HOUSEHOLDER-Transformation aus 2.4.3..
Für eine Anwendung des "square-root-information-filter" auf ein Zeitreihenmodell vgl. auch KITIGAWA(1981).

15 Verschiedene Ansätze zur Herleitung der Filterlösung im Fall kontemporär korrelierten Meß- und Übergangsrauschens finden sich in: GELB(1974), S. 124; JAZWINSKI(1970), S. 209-212, S. 228; BALAKRISHNAN(1984), S. 184-189; SORENSON/STUBBEROD(1970), S. 15-20; ANDERSON/MOORE(1970), S. 115-118. Die hier gewählte Darstellung hält sich an die letztgenannte Quelle.

16 ANDERSON/MOORE(1979), S. 190, problem 4.2..

17 Wir verwenden im folgenden die in Teil III/2.1.3. vereinbarte Notation sowie die Aussage von Satz III/(2-9): $A<(\leqq)B$ bedeutet, daß die Matrix-Differenz B-A positiv(semi)definit ist; gemäß Satz III/(2-9) können die Eigenwerte - wie im Text angegeben - abgeschätzt werden.

18 Wir werden diese Zerlegung auch in Teil III benötigen, sie wird in dem Kapitel 2.1.3. aus Teil III unter Satz (2-8) bewiesen. Literaturangaben finden sich ebenfalls dort.

19 Vgl. auch die Argumentation in PAGAN(1979), S. 29ff..

20 Wir bemerken, daß sich in (7-1) die Voraussetzung einer gleichmäßig beschränkten Inputfolge $\{u_t\}$ im Falle $\Delta F=0$ oder $\Gamma=0$ abschwächen läßt durch die Forderung, daß $K_t(\Delta B)\,u_t$ gleichmäßig beschränkt werden kann. Letzteres ist wegen (7.20) automatisch dann erfüllt, wenn u_t nur Komponenten der Meßmatrix H_t enthält.

Hinweise zu Teil III:

1 Kapitel 4 enthält eine ausführliche Diskussion verschiedener Zustandsraumparametrisierungen von Regressionsmodellen mit ARMA(X)-verteilten Regressionskoeffizienten.

2 In der Sprechweise von Teil II/Kapitel 7 handelt es sich bei

$\hat{x}_{t|s}$, $\Sigma_{t|s}$, $\hat{z}_{t|t-1}$, D_t , e_t

um "berechnete" Momente in einem "unterstellten" dynamischen linearen Modell mit gegebenen Systemparametern $F,B,\Gamma,\bar{x}_0,Q,R,\Sigma_0$ (θ).
Wir machen dies allerdings nicht wie in II/7. durch eine besondere Notation deutlich (im Interesse einer einfachen Symbolik).
Die Unterscheidung zwischen einem "wahren" und einem "unterstellten (fehlspezifizierten)" Modell wird erst in Kapitel 5 wieder aufgenommen.
Nur die Notation e_t (statt $\tilde{z}_t$) wird in den nächsten Kapiteln daran erinnern, daß es sich um "berechnete Innovationen" eines unterstellten Modells handelt.

3 Wir verzichten auf die Indizierung der Likelihoodfunktion durch den Beobachtungshorizont N, wenn der Umfang der Stichprobeninformation keine Rolle in der Argumentation spielt oder wenn dieser Umfang aus dem Zusammenhang heraus erkennbar ist.

4 Siehe Fußnote 2 in den Hinweisen zu Teil II.

5 Mit O(N), o(N) werden die "Landau-Symbole" bezeichnet [vgl. z.B. WETZEL/SKARABIS/NAEVE/BÜNING(1981), S. 186]. Eine Folge $\{a_N\}_{N \to \infty}$ "wächst in derselben Ordnung wie N", $a_N = O(N)$, wenn a_N/N gleichmäßig in N beschränkt werden kann.

6 Im dynamischen linearen Modell werden die Beobachtungsvariablen z(N) durch eine Transformation aus den Zuständen $x(N):=(x_0,\dots,x_N)$ und den Meßfehlern $v(N):=(v_1,\dots,v_N)$ generiert.

7 DEMPSTER/LAIRD/RUBIN(1977), S. 1, weisen nicht ausdrücklich darauf hin, daß sie ihre Ausführungen auf diskrete Beobachtungsvariablen abstellen. Sie berechnen nämlich die Dichte der Beobachtungsvariablen z (*"the incomplete data specification"*) aus einer Dichte von nicht beobachtbaren Zufallsvariablen x (*"the complete data specification"*), unter Voraussetzung einer Transformation $g: \mathfrak{X} \to \mathfrak{Z}$, $z=g(x)$, gemäß der Formel :

$$f_Z(z;\theta) = \int_{\{x:\ g(x)=z\}} f_X(x;\theta) \quad .$$

Diese Vorgehensweise ist unter einer geeigneten Interpretation des Integrals für diskrete Beobachtungsvariablen z zulässig, für stetige z hingegen nicht.
Die Ergebnisse und Beweise von DEMPSTER/LAIRD/RUBIN(1977) bleiben jedoch trivialerweise unter einer etwas anderen Interpretation der "complete data specification" erhalten, nämlich als gemeinsame Dichte $f_{X,Z}(x,z;\theta)$ der beobachtbaren und latenten Zufallsvariablen.
Unter dieser Interpretation können wir auch Fälle abhandeln, in denen die Transformation g nicht "exakt" ist, beispielsweise :

$$z = h(x) + \varepsilon ,$$

7 (Fortsetzung)

worin ε eine von x stochastisch unabhängige Störvariable mit bekannter Verteilung ist. Genau dieser Fall liegt im dynamischen linearen Modell vor, in die Beobachtungsvariablen aus einer gemeinsamen Verteilung von Systemzuständen und "Meßfehlern" generiert werden.

8 Auf diesem Spezialfall beruhen einige Vereinfachungen in PAGAN(1980) und WEISS(1982).

9 Vgl. zu den folgenden Abschnitten: ENGLE/WATSON(1979), WATSON/ENGLE (1982,1983). Die theoretische Begründung für die Anwendbarkeit des EM-Algorithmus ist in den zitierten Arbeiten etwas lückenhaft. Die Autoren verwenden implizit die gemeinsame Dichte von x(N),z(N) als "complete data specification".

10 WATSON/ENGLE(1983), S. 392 : die Selektionsmatrizen können auch als Restriktionsmatrizen auf den Modellparametern B,Γ,F aufgefaßt werden, die als lineare Funktionen in (β,γ,φ) modelliert werden.

11 Es stellt sich die Frage, inwieweit diese Definition mit der Sprechweise aus Kapitel 1, Teil I vereinbar ist. Wir hatten dort definiert, daß ein Parameter zur ökonomischen Struktur gehört, wenn er unter gewissen Interventionen konstant bleibt.
Wir haben in der Spezifikation des dynamischen linearen Modells keine ökonomische Theorie verwendet. Man könnte θ als eine "statistische" Struktur bezeichnen (sei sie nun ökonomisch interpretierbar oder nicht), denn θ bleibt in den bedingten Dichtefunktionen

$$f_{Z_t|Z(t-1)}(z_t|z(t-1);\theta) \quad \text{für alle } t=1,2, \ldots$$

konstant. Die relevante Intervention, die definiert, was "strukturell" ist, besteht hier also nur im Verschieben des Zeitindex t in dem Verteilungsmodell für $z_t|z(t-1)$.
In diesem Sinne sind die hier und in I/1. verwendeten Sprechweisen vereinbar.

12 In Teil II, Kapitel 2.7.2. wird die Berechnung einer solchen steady-state-Lösung am Beispiel der exponentiellen Glättung illustriert.

13 Die "Inputs" $\{u_t,\eta_t\}$ spielen dieselbe Rolle in (4.55) wie die "Inputs" $\{\tilde{y}_t\}$ in (4.17).
Es ist allerdings zu beachten, daß $\{u_t\}$ ein autokorrelierter Prozeß ist. Man kann dieses Problem (für eine zu (4-8) analoge Zustandsraumparametrisierung von (4.55)) umgehen, wenn man $\{u_t\}$ zunächst durch seine Innovationsfolge $\{\tilde{u}_t\}$ ersetzt, für die unter der strengen Exogenitätsannahme (4.54)(d) gilt:

$$\tilde{u}_t := E^*(u_t|\{u_s:s<t\}) = E^*(u_t|\{y_s,u_s: s<t\}).$$

14 Die Konvergenz (mit Wahrscheinlichkeit 1) der normierten Likelihood-Funktion $L_N(\theta) :=(1/N)L_N(\theta)$ ergibt sich beispielsweise mit einer Anwendung von Satz II/(7-2).

15 Siehe Kapitel I/1. .

16 Für die Erläuterung der Notation $\underline{\theta}^*$ vgl. den Kommentar im Text zu (5.14).

17 Diese Bedingung ist in der statistischen Literatur unter dem Namen *Lyapunov-condition* bekannt. Sie ist hinreichend für die "Lindeberg-Bedingung", die sich in den Martingal-Konvergenzsätzen von BROWN(1971) und SCOTT(1973) findet [vgl. auch ROHATGI(1976),S. 282, 292].

18 In der Sprechweise von II/7. sind $F,B,\Gamma,x_0,R,Q,\Sigma_0$ die Systemparameter eines "unterstellten" Zustandsraumes, für den die Momente $\hat{x}_{t|s}$, $\Sigma_{t|s}$, D_t und e_t berechnet werden.
Die "wahren" Modellgrößen werden im folgenden mit Superskript ° gekennzeichnet. Wir weisen darauf im Text noch ausdrücklich hin.

19 Vgl. Satz II/(7-1). Das Beweisverfahren für (5-7) ist völlig analog zu II/(7-1).

20 Die Argumentation in PAGAN(1979), S. 40 ist in diesem Zusammenhang nicht ganz korrekt: die berechneten Innovation $e_t(\theta)$ mit $\theta \neq \theta_0$ sind nicht - wie PAGAN behauptet - im "wahren" Modell unabhängig verteilt mit Mittelwert 0.

21 In ähnlicher Weise zeigt man auch die (fast sichere) Konvergenz von $(1/N)\ \nabla L_N(\theta)$ (auf einer geeigneten Umgebung von θ_0) :

$$P\left(\lim_{N\to\infty} (1/N)\ \nabla L_N(\theta) = G^\circ(\theta) \right) = 1 \quad \text{mit} \quad G^\circ(\theta) := \lim_{N\to\infty} E_N^\circ[(1/N)\ \nabla L_N(\theta)] < \infty.$$

Die fast sichere Konvergenz von $(1/N)L_N(\theta)$ folgt aus II/(7-2).

Damit sind unter den Voraussetzungen (5.23) die Regularitätsbedingungen (K)(b) aus Satz (4-7) nachgewiesen - insbesondere somit auch für das einfache PAGAN-Modell, wie es in Kapitel 4.3. behauptet wurde.
Die Differenzierbarkeitsbedingung (K)(a) ist trivialerweise erfüllt.
Ein Nachweis von (K)(c) (für m=1) findet sich in WEISS,A.A. (1982).

22 Im folgenden betrachten wir $e_t, D_t, \nabla_i e_t$, $\nabla_i D_t$ an der Stelle $\theta = \theta_0$. Wir deuten dies durch Superskript ° an.
Die berechneten Innovationen $e_t(\theta)$ für $\theta \neq \theta_0$ besitzen im "wahren" Modell (θ_0) die Momente δ_t^*, D_t^* , wie angegeben in II/(7.22) und II/(7.23).
Die Unterscheidung von "wahren" und "unterstellten" Modellgrößen wird in PAGAN(1979,1980) häufig nicht deutlich genug gemacht.

23 Hieran scheitert meiner Meinung nach CARRARO(1983).

24 Ein kurzer Überblick zusammen mit einem Verfahrensvergleich von MINQUE- und EM-Methode in einer Simulationsstudie innerhalb eines dynamischen linearen Modells findet sich in ARAGON/BRU(1985).

Teil V

Literaturverzeichnis

Teil a) Aufsätze in Zeitschriften, Aufsatzsammlungen, Konferenzbänden und Handbüchern; Arbeitspapiere

Teil b) Bücher (Monographien, Hand- und Lehrbücher)

V. Literaturverzeichnis:

a) Aufsätze in Zeitschriften, Aufsatzsammlungen, Konferenzbänden und Handwörterbüchern sowie Arbeitspapiere:

Aitchison,J./Silvey,S.D.: (1960), "Maximum-Likelihood Estimation Procedures and Associated Tests of Significance", in: Journal of the Royal Statistical Society, Serie B, Bd. 22, S. 154-171.

Aitchison,J./Silvey, S.D.: (1958), "Maximum-Likelihood Estimation of Parameters Subject to Restraints", in: Annals of Mathematical Statistics, Bd. 29, S. 813-828.

Akaike,H.: (1970), "Statistical Predictor Identification", in: Annals of the Institute of Statistical Mathematics, Bd. 22, S. 203-216.

Akaike,H.: (1974a), "Stochastic Theory of Minimal Realizations", in: IEEE Transactions on Automatic Control, Bd. AC-19, S. 667-674

Akaike,H.: (1974b), "Markovian Representation of Stochastic Processes and Its Application in the Analysis of Autoregressive Moving Average Processes", in: Annals of the Institute of Statistical Mathematics, Bd. 26, S. 363-387.

Akaike,H.: (1974c), "A New Look at the Statistical Model Identification", in: IEEE-Transactions on Automatic Control, Bd. 19, S. 716-723.

Akaike,H.: (1976), "Canonical Correlation Analysis of Time-Series and the Use of an Information Criterion", in: **Mehra,R./Lainiotis,D. (Hrsg.)**, System Identification: Advances and Case Studies, Academic Press, New York.

Akaike,H.: (1978), "A Bayesian Analysis of the Minimum AIC Procedure", in: Annals of the Institute of Statistical Mathematics, Bd. 30, Part A, S. 9-14.

Akaike,H.: (1981), "Likelihood of a Model and Information Criteria", in: Journal of Econometrics, Bd. 16, S. 3-14.

Alexander,G.J./Benson,P.G./Eger,C.E.: (1982), "Timing Decisions and the Behavior of Mutual Fund Risk", in: Journal of Financial and Quantitative Analysis, Bd. 42, S. 579-602.

Anderson,B.D.O.: (1969), "Properties of Optimal Smoothing", in: IEEE Transactions on Automatic Control, Bd. 14, S. 114-115.

Anderson,B.D.O.: (1971), "Stability Properties of Kalman Bucy Filters", in: Journal of the Franklin Institute, Bd. 291, S. 137-144.

Anderson,B.D.O./Deistler,M.: (1984), "Identifiability in Dynamic Errors-in-Variables Models", in: Journal of Time Series Analysis, Bd. 5, S. 1-13.

Anderson,B.D.O./Moore,J.B./Loo,S.G.: (1969), "Spectral Factorization of Time-Varying Covariance Functions", in: IEEE-Transactions on Information Theory, Bd. 15, S. 550-557.

Anderson,B.D.O./Moylan,P.J.: (1974), "Spectral Factorization of a Finite Dimensional Nonstationary Matrix Covariance, in: IEEE-Transactions on Automatic Control, Bd. 19, S. 680-692.

Anderson,R.G./Johannes,J.M./Rasche,R.H.: (1983), " A New Look at the Relationship Between Time-Series and Structural Econometric Models", in: Journal of Econometrics, Bd. 23, S. 235-251.

Andria,F./Barnao,E./Raimondi,T.: (1973), "Conditions for Algebraic Equivalence for Time-Varying Linear Discrete Time Systems", in: Atti della Accademia di scienze, lettere e arti di Palermo, parte I, serie 4, Bd. 33 (1973/74), S. 335-347.

Ansley,C.F.: (1985), "Quick Proofs of Some Regression Theorems via the QR-Algorithm, in: The American Statistician, Bd. 39, S. 55-59.

Ansley,C.F./Kohn,R.: (1982), "A Geometrical Derivation of the Fixed Interval Smoothing Algorithm", in: Biometrika, Bd. 69, S. 486-487.

Aragon,Y./Bru,P.: (1985), "Estimation in a Random Parameter Model: Synthetic Presentation and Comparison of Methods", in: Computational Statistics Quarterly, Bd. 3, S. 215-227.

Aström,K.J./Eykhoff,P.: (1971), "System Identification - A Survey", in: Automatica, Bd. 7, S. 123-161.

Athans,M.: (1972), "The Discrete Time Linear-Quadratic Gaussian Stochastic Control Problem", in: Annals of Economic and Social Measurement, Measurement, Bd. 1, S. 449-491.

Athans,M.: (1974), " The Importance of Kalman Filtering Methods for Economic Systems", in: Annals of Economic and Social Measurement Bd. 3, S. 49-64.

Bar-Shalom,Y.: (1971), "On the Asymptotic Properties of the Maximum-Likelihood Estimate Obtained From Dependent Observations", in: Journal of the Royal Statistical Society, Serie B, Bd. 33, S. 72-77.

Basawa,I.V./Feigin,P.D./Heyde,C.C.: (1976), "Asymptotic Properties of Maximum-Likelihood Estimators for Stochastic Processes", in : Sankhya, The Indian Journal of Statistics, Serie A, Bd. 38, S. 259-270.

Basman,R.L.: (1963), "The Causal Interpretation of Non-Triangular Systems of Economic Relations", in: Econometrica, Bd. 31, S. 439-448.

Baudin,A./Nadeau,S./Westlund,A.: (1984), "Estimation and Prediction Under Structural Instability: The Case of the U.S. Pulp and Paper Market", in: Journal of Forecasting, Bd. 3, S. 63-78.

Beck,N.: (1983), "Time-Varying Parameter Regressions Models", in: American Journal of Political Science, Bd. 27, S. 557-600.

Bentzel,R./Hansen,B.: (1955), "On Recursiveness and Interdependency in Economic Models", in: Review of Economic Studies, Bd. 22, S. 153-188.

Bhat,B.R.: (1974), "On the Method of Maximum-Likelihood for Dependent Observations", in: Journal of the Royal Statistical Society, Serie B, Bd. 36, S. 48-53.

Bierman,G.J.: (1974), "Sequential Square Root Filtering and Smoothing of Discrete Linear Systems", in: Automatica, Bd. 10, S. 147-158.

Billingsley,P.: (1961), "The Lindeberg-Lévy-Theorem for Martingales", in: Proceedings of the American Mathematical Society, Bd. 12, S. 778-792.

Bitmead,R.R./Anderson,B.D.O.: (1980), "Lyapunov Techniques for the Exponential Stability of Linear Difference Equations with Random Coefficients", in: IEEE Transactions on Automatic Control, Bd. 25, S. 782-787.

Blackwell,D.: (1965), "Discounted Dynamic Programming", in: Annals of Mathematical Statistics, Bd. 36, S. 226-235.

Bollerslev,T./Hylleberg,S.: (1981), "A Note on the Block Diagonality of the Information Matrix for the Time Varying Parameter Model with a Deterministic Influence", erschienen als Arbeitspapier Nr. 8/1981 der Universität Aarhus, Dänemark.

Bomhoff,E.J./Korteweg,P.: (1983), "Exchange Rate Variability and Monetary Policy under Rational Expectations", in: Journal of Monetary Economics, Bd. 11, S. 169-206.

Bos,T./Newbold,P.: (1984), "An Empirical Investigation of the Possibility of Stochastic Systematic Risk in the Market Model", in: Journal of Business, Bd. 57, S. 35-41.

Bowden,R.: (1973), "The Theory of Parametric Identification", in: Econometrica, Bd. 41, S. 1060-1074.

Boyles,R.A.: (1983), "On the Convergence of the EM-Algorithm", in: Journal of the Royal Statistical Society, Serie B, Bd. 45, S. 47-50.

Brännäs,K.: (1980a), "On Kalman-Filtering in econometric systems", Statistical Research Report, University of Umeå, Sweden.

Brännäs,K.: (1980b), "On the Estimation of Time-Varying Parameters for Forecasting and Control", Statistical Research Report 80-10, University of Umeå, Sweden.

Brännäs,K./Westlund,A.: (1981a), "Some Small Sample Properties of Structural Form Kalman Filtering", Statistical Research Report 81-1, University of Umeå, Sweden.

Brännäs,K./Westlund: (1981b), "On the Recursive Estimation of Stochastic and Time-Varying Parameters in Econometric Systems", in: **Brännäs,K./Eklöf,J./Stenlund,H./Westlund,A.E.** (1981), S. 10-23.

Breusch,T.S.: (1979), "Conflict among Criteria for Testing Hypotheses: Extensions and Comments", in: Econometrica, Bd. 47, S. 203-207.

Breusch,T.S./Pagan,A.: (1980), "The Lagrange Multiplier Test and Its Applications to Model Specification in Econometrics", in: Review of Economic Studies, Bd. 47, S. 239-253.

Bru,P./Ruget,F.: (1983), "Mise en Oeuvre d'un modèle à coefficient aléatoire", in: Revue de Statistique Appliquée, Bd. 31, S. 37-52.

Brown,R.L./Durbin,J./Evans,J.M.: (1975), " Techniques for Testing the Constancy of Regression Relationships over Time ", in: Journal of the Royal Statistical Society, Serie B, Bd.37, S. 145-192, (mit Diskussion) .

Brown,B.M.: (1971), "Martingale Central Limit Theorems", in: Annals of Mathematical Statistics, Bd. 42, S. 59-66.

Brunner,K./Cukierman,A./Meltzer,A.H.: (1980), "Stagflation, Persistent Unemployment and the Permanence of Economic Shocks", in: Journal of Monetary Economics, Bd. 6, S. 467-492.

Brunner,K./Cukierman,A./Meltzer,A.H.: (1983), "Money and Economic Activity, Inventories and Business Cycles", in: Journal of Monetary Economics, Bd. 11, S. 281-319.

Bucy,R.S.: (1967), "The Global Theory of the Riccati Equation", in: Journal of Computer and System Sciences, Bd. 1, S. 349-361.

Bucy,R.S.: (1972), "The Riccati Equation and its Bounds", in: Journal of Computer and Systems Sciences, Bd. 6, S. 343-353.

Burmeister,E./Wall,K.D.: (1982), "Kalman Filtering and Estimation of Unobserved Rational Expectations with an Application to the German Hyperinflation", in: Journal of Econometrics. Bd. 20, S. 255-284.

Burmeister,E./Wall,K.D./Hamilton,J.D.: (1985), "Estimation of Unobserved Expected Monthly Inflation Using Kalman Filtering", paper presented at the 5th World Congress of the Econometric Society at Boston, USA.

Buscher,H.S.: (1982), "The Stability of the West German Demand for Money, 1965-1982", Arbeitspapier Nr. 4/1983, Institut für Quantitative Ökonomik und Statistik, Freie Universität Berlin.

Buscher,H.S.: (1983), "Zur Stabilität der Geldnachfrage - eine empirische Betrachtung", Arbeitspapier Nr. 6/1983, Institut für Quantitative Ökonomik und Statistik, Freie Universität Berlin.

Businger,P./Golub,G.H.: (1965), "Linear Least Squares Solutions by Householder Transformations", in: Numerical Mathematics, Bd. 7, S. 269-276.

Carraro,C.: (1983), "Identification and Estimation of Time Varying Linear Econometric Models", Vortrag auf der Tagung der European Econometric Society in Pisa, unveröffentlichtes Arbeitspapier der University of Princeton, USA.

Catlin,D.E.: (1980), "The Independence of Forward and Backward Estimation Errors in the Two-Filter Form of the Fixed Interval Kalman Smoother", in: IEEE Transactions on Automatic Control, Bd. 25, S. 1111-1115.

Chamberlain,G.: (1982), "The General Equivalence of Granger and Sims Causality", in: Econometrica, Bd. 50, S. 569-581.

Chen,C.-F.: (1981), "The EM-Approach to the Multiple Indicators and Multiple Causes Model Via the Estimation of the Latent Variable", in: Journal of the American Statistical Association, Bd. 76, S.704-708.

Chin,L.: (1982), "Advances in Computational Efficiencies of Linear Filtering", Kapitel 4 in : **Leondes,C.T.: (Hrsg.)**, Advances in Techniques and Technology of the Application of Non-Linear Filters and Kalman Filters, erschienen als AGARDograph Nr. 256, Los Angeles, 1982.

Chipman,J.S.: (1976), "Estimation and Aggregation in Econometrics: An Application of the Theory of Generalized Inverses", in: **Nashed,M.Z. (Hrsg.)**, Generalized Inverses and Applications, Academic Press, New York, S. 549-769.

Chow,G.C.: (1960), "Tests of Equality between Subsets of Coefficients in Two Linear Regressions", in: Econometrica, Bd. 28, S.591-605.

Chow,G.C.: (1974), "Identification and Estimation in Econometric Systems: A Survey", in: IEEE Transactions on Automatic Control, Bd. 19, S. 855-862.

Chow,G.C.: (1984), "Random and Changing Coefficient Models", in: **Griliches,Z./Intriligator,M.D. (Hrsg.):** (1984), S. 1214-1245.

Conrad,W./Corrado,C.: (1979), "Applications of the Kalman Filter to Revisions in Mothly Retail Sales Estimates", in: Journal of Economic Dynamics and Control, Bd. 1, S. 177-198.

Cooley,T.F.: (1977a), "Generalized Least Squares Applied to Time Varying Parameter Models: A Comment", in: Annals of Economic and Social Measurement, Bd. 6, S. 313-314.

Cooley,T.F.: (1977b), "Recursive Estimation of Price Expectations", erschienen als Arbeitspapier Nr. 86/1977 am economics department der University of California, Santa Barbara, USA.

Cooley,T.F./Prescott,E.C.: (1973a), "Varying Parameter Regression : A Theory and Some Applications", in: Annals of Economic and Social Measurement, Bd.4, S.463-473

Cooley,T.F./Prescott,E.C.: (1973b), "An Adaptive Regression Model", in: International Economic Review, Bd. 14, S. 364-371.

Cooley,T.F./Prescott,E.C.: (1973c), "Tests of an Adaptive Regression Model", in: The Review of Economics and Statistics, Bd. 55, S. 248-256.

Cooley,T.F./Prescott,E.C.: (1976), "Estimation in the Presence of Stochastic Parameter Variation" ,in: Econometrica, Bd. 44, S. 167-184.

Cooley,T.F./Rosenberg,B./Wall,K.D.: (1977), "A Note on the Optimal Smoothing for Time Varying Coefficient Problems", in: Annals of Economic and Social Measurement, Bd. 6, S. 453-462.

Cooper,P.: (1973), "Time-Varying Regression Coefficients: A Mixed Estimation Approach and Operational Limitations of the General Markov Structure", in: Annals of Economic and Social Measurement, Bd. 2, S. 525-533.

Crawford,R.G.: (1979), "Expectations and Labor Market Adjustments", in: Journal of Econometrics, Bd. 11, S. 207-232.

Crowder,M.J.: (1976), "Maximum-Likelihood Estimation for Dependent Observations", in: Journal of the Royal Statistical Society, Serie B, Bd. 38, S. 45-53.

Cukierman,A.: (1981), "Interest Rates During the Cycle, Inventories and Monetary Policy - A Theoretical Analysis.", in: **Brunner,K./ Meltzer,A.H.: (Hrsg.)**, The Cost and Conequences of Inflation, Carnegie Rochester Conference Series on Public Policy, Bd. 15, S. 87-144.

D'Agostino,R./Pearson: (1973), "Tests for Departure from Normality: Empirical Results for the Distributions of b_2 and $\sqrt{b_1}$", in: Biometrika, Bd. 60, S. 613-622.

Deistler,M./Seifert,H.-G.: (1978), "Identifiability and Consistent Estimability in Econometric Models", in: Econometrica, Bd. 46, S. 969-980.

Dempster,A.P./Laird,N.M./Rubin,D.B.: (1977), "Maximum-Likelihood From Incomplete Data via the EM-Algorithm", in: Journal of the Royal Statistical Society, Serie B, Bd. 39, S. 1-38.

Denham, M.J.: (1974), "Canonical Forms for the Identfication of Multivariable Linear Systems", in: IEEE Transactions on Automatic Control, Bd. 19, S. 646-655.

Dent,W.T./Hildreth,C.: (1977), "Maximum-Likelihood Estimation in Random Coefficient Models", in: Journal of the American Statistical Association, Bd. 72, S. 69-72.

Dent,W.T./Geweke,J.: (1980), "On Specification in Simultaneous Equation Models", in: **Kmenta,J./Ramsey,J.B (Hrsg.):** (1980), S. 169-196.

Deyst,J.J.: (1973), "Correction to 'Conditions for Asymptotic Stability of the Discrete Minimum-Variance Linear Estimator',in: IEEE Transactions on Automatic Control, Bd. AC-18, S. 562-563.

Deyst,J.J.:/Price,C.F.: (1968), "Conditions for Asymptotic Stability of the Discrete Minimum Variance Linear Estimator", in: IEEE Transactions on Automatic Control, Bd. AC-13, S. 702-704.

Dickinson,B.W./Kailath,T./Moore,M.:(1974), "Canonical Matrix Fraction and State-Space Descriptions for Deterministic and Stochastic Linear Systems", in: IEEE Transactions on Automatic Control, Bd. 19, S. 656-666.

Distefano,J.J./Cobelli,C.: (1980, "On Parameter and Structural Identifiability: Nonunique Observability/Reconstructability for Identifiable Systems, Other Ambiguities and New Definitions", in: IEEE Transactions on Automatic Control, Bd. 25, S. 831-833.

Doan,T./Litterman,R./Sims,C.A.: (1984), "Forecasting and Conditional Projection Using Realistic Prior Distributions", in: Econometric Reviews, Bd. 3, S. 1-100.

Domowitz,I./White,H.: (1982), "Misspecified Models with Dependent Observations", in: Journal of Econometrics, Bd. 20, S. 35-58.

Downing,D.J./Pike,D.H./Morrison,G.W.: (1980), "Application of the Kalman Filter to Inventory Control", in: Technometrics, Bd.22, S. 17-22.

Dufour,J.-M.: (1982), "Recursive Stability Analysis of Linear Regression Relationships: An Exploratory Methodology", in: Journal of Econometrics, Bd. 19, S. 31-76.

Duncan,D.B./Horn,S.D.: (1972), "Linear Recursive Estimation from the Viewpoint of Regression Analysis ", Journal of the American Statistical Association, Bd. 67, S. 815-821

Edel,K.: (1980), "Kurzfristige Prognosen mit veränderlichen Koeffizienten", ten", in: **Schwarze,J. (Hrsg.)**, Prognoseverfahren im Vergleich, Anwendungserfahrungen und Anwendungsprobleme, ein Erfahrungsbericht der Deutschen Gesellschaft für Operationsresearch (DGOR), Braunschweig, S. 135-163.

Engle,R.F.: (1982), "A General Approach to Lagrange Multiplier Diagnostics", in Journal of Econometrics, Bd. 20, S. 83-104.

Engle,R.F.: (1984), "Wald, Likelihood Ratio, and Lagrange Multiplier Tests in Econometrics", in: **Griliches,Z./Intriligator,M.D. (Hrsg.):** (1984), Kapitel 13, S. 775-826.

Engle,R.F./Hendry,D.F./Richard,J.-F.: (1980), "Exogeneity, Causality and Structural Invariance in Econometric Modeling", erschienen als Arbeitspapier Nr. 80-38 am Centre for Operations Research and Econometrics der Université Catholique de Louvain, Belgien.

Engle,R.F./Hendry,D.F./Richard,J.-F.: (1983), "Exogeneity" , in: Econometrica, Bd. 51, S. 227-304.

Engle,R.F./Lilien,D.M./Watson,M.: (1981), "A Dynamic Model of Housing Price Determination", erschienen als Arbeitspapier Nr. 81-2 am economics department der University of California, San Diego, USA.

Engle,R.F./Watson,M.: (1979), "A Time Domain Approach to Dynamic Factor and Mimic Models", in: Les Cahiers du Seminaire d'économétrie, Bd. 22, S. 109-122.

Engle,R.F./Watson,M.: (1981), "A One Factor Multivariate Time Series Model of Metropolitain Wage Rates", in: Journal of the American Statistical Association, Bd. 76, S. 774-781.

Engle,R.F./Watson,M.: (1985), "Applications of Kalman Filtering in Econometrics", paper presented at the 5th World Congress of the Econometric Society at Boston, USA.

Enns,P.G.: (1976), "Adaptive Short-Term Demand Forecasting for Multiple Time Series", in: Proceedings of the 1976 Annual Meeting of the Business and Economic Statistics Section, American Statistical Association, S. 269-299.

Enns,P.G.: (1978), "Decision Theory in the Analysis of Varying Parameter Regression Models", in: Proceedings of the 1978 Annual Meeting of the Business and Economic Statistics Section, American Statistical Association, S. 446-450.

Enns,P.G./Spivey,W.A./Wrobleski,W.J.: (1978), "An Empirical Application of Varying Parameter Regression Models to Money Supply Measures", in: Proceedings of the 1978 Annual Meeting of the Business and Economic Statistics Section, American Statistical Association, S. 293-297.

Enns,P.G./Wrobleski,W.J.: (1974), "A Bayesian Model for Explaining Money Supply Growth Rates", in: Proceedings of the 1974 Annual Meeting of the Business and Economic Statistics Section, American Statistical Association, S. 361-366.

Fahrmeir,L.: (1978), "Rekursive Parameterschätzung von Zeitreihen", Diskussionsbeitrag der Fakultät Wirtschaftswissenschaften an der Universität Regensburg, Nr. 108.

Farebrother,R.W.: (1978), "A Historical Note on Recursive Residuals", in: Journal of the Royal Statistical Society, Serie B, Bd. 40, S. 373-375.

Feldstein,M.S.: (1971), "The Error of Forecast in Econometric Models When the Forecast-Period Exogenous Variables are Stochastic", in: Econometrica, Bd. 39, S. 55-60.

Fildes,R.: (1984), "Bayesian Forecasting", in: **S.G. Makridakis et al. (Hrsg.)**, The Forecasting Accuracy of Major Time Series Models, Wiley, Chichester/New York/Brisbane, Kapitel 7, S. 221-238.

Fischer,T.: (1980), " Anwendungen der linearen Filtertheorie zur Reduktion der Unsicherheit in dynamischen stochastischen Modellen", in: **Stöppler,S. (Hrsg.):** (1982), S. 179-214.

Florens,J.-P./Mouchart,M.: (1980a), "Initial and Sequential Reduction of Bayesian Experiments", CORE-discussion paper Nr. 80-15, Université Catholique de Louvain, Louvain-la-Neuve, Belgien.

Florens,J.-P./Mouchart,M.: (1980b), "Conditioning in Econometric Models", CORE-discussion paper Nr. 80-42, Université Catholique de Louvain, Louvain-la-Neuve, Belgien.

Florens,J.-P./Mouchart,M.: (1985), "A Linear Theory of Non-Causality", in: Econometrica, Bd. 53, S. 157-175.

Florens,J.-P./Mouchart,M./Rolin,J.M.: (1985), "On Two Definitions of Identification", in: Annals of Statistics, Bd. 16, S. 213-218.

Fraser,D.C./Potter,J.E.: (1969), "The Optimum Linear Smoother as a Combination of Two Optimum Linear Filters", in: IEEE Transactions on Automatic Control, Bd. 14, S. 387-390.

Gabrielsen,A.: (1978), "Consistency and Identifiability", in: Journal of Econometrics, Bd. 8, S. 261-263.

Garbade,K.: (1977), "Two Methods for Examining the Stability of Regression Coefficients", in: Journal of the American Statistical Association, Bd. 72, S. 54-63.

Gardner,G./Harvey,A.C./Phillips,G.D.A.: (1980), "An Algorithm for Exact Maximum Likelihood Estimation of Autoregressive-Moving Average models by Means of Kalman Filtering", in: Applied Statistics, Bd. 29, S. 311-317.

Geweke,J.: (1977), "The dynamic factor analysis of economic time-series models", in: **Aigner,D.J./Goldberger,A.S. (Hrsg.):** (1977), S. 365-383.

Geweke,J.: (1978), "Testing the Exogeneity Specification of the Complete Dynamic Simultaneous Equation Model", in: Journal of Econometrics, Bd. 7, S. 163-185.

Geweke,J.: (1982), "The Measurement of Linear Dependence and Feedback Between Multiple Time Series", in : Journal of the American Statistical Association, Bd. 77, S. 304-324.

Geweke,J.: (1984), "Inference and Causality in Economic Time-Series Analysis", in: **Griliches,Z./Intriligator,M.D. (Hrsg.):** (1984), S. 1101-1144.

Glover,K./Willems,J.C.: (1974), "Parametrization of Linear Dynamical Systems: Canonical Forms and Identifiability", in: IEEE Transactions on Automatic Control, Bd. 19, S. 640-645.

Godolphin,E.J./Stone,J.M.: (1980), "On the Structural Representation for Polynomial Projecting Predictor Models Based on the Kalman Filter", in: Journal of the Royal Statistical Society, Serie B, Bd. 42, S. 35-45.

Goldberger,A.S.: (1977), "Maximum-Likelihood Estimation of Regressions Containing Unobservable Independent Variables", in: **Aigner,D.J./Goldberger,A.S. (Hrsg.):** (1977), S. 85-102.

Goldfeld,S.M./Quandt,R.E.: (1973), "The Estimation of Structural Shifts by Switching Regressions", in : Annals of Economic and Social Measurement, Bd. 2, S. 475-499.

Golub,G.H.: (1965), "Numerical Methods for Solving Linear Least-Squares Problems", in: Numerical Mathematics, Bd. 7, S. 206-216.

Granger, C.W.J.: (1980), "Testing for Causality : A Personal Viewpoint", in: Journal of Economic Dynamics and Control, Bd. 2, S. 329-352.

Grether,D.M./Nerlove,M.: (1970), "Some Properties of Optimal Seasonal Adjustment", in: Econometrica, Bd. 38, S. 682-703.

Gupta,N.K./Mehra,R.K.: (1974), "Computational Aspects of Maximum Likelihood Estimation and Reduction of Sensitivity Function Calculations", in: IEEE Transactions on Automatic Control, Bd. 19, S. 774-783.

Haavelmo,T.: (1944), "The Probability Approach to Econometrics", in: Supplement to Econometrica, Bd. 12, 1944.

Hamilton,J.D.: (1985a), "A Standard Error for the Estimated State Vector of a State Space Model When Parameters must be Estimated from Data", Arbeitspapier am department of Economics, University of Virginia.

Hamilton,J.D. (1985b), "Oncovering Financial Market Expectations of Inflation", in: Journal of Political Economy, Bd. 93, S. 1224-1241.

Hannan,E.J.: (1969), "The Identification of Vector Mixed Autoregressive-Moving Average Systems", in: Biometrika, Bd. 61, S. 223-225.

Hannan,E.J.: 1971), "The Identification Problem for Multiple Equation Systems with Moving Average Errors", in: Econometrica, Bd. 39, S. 751-765.

Hannan,E.J.: (1976), "The Identification and Parametrization of ARMAX and State Space Forms", in: Econometrica, Bd. 44, S. 713-723.

Hannan,E.J.: (1978), "Multivariable ARMA-Theory", in: **A.R. Bergstrom et al. (Hrsg.)**, Kapitel 12, S. 201-213.

Hannan,E.J.: (1979), "The Statistical Theory of Linear Systems", in: **Krishnaiah,P. (Hrsg.)**, Developments in Statistics, Bd. 2, Academic Press, New York/London/San Francisco, S. 83-121.

Hannan,E.J./Dunsmuir,W.T.M./Deistler,M.: (1980), "Estimation of Vector ARMAX-Models", in: Journal of Multivariate Analysis, Bd. 10, S.275-295.

Hansen,G.: (1980), "Das Verhältnis von ökonomischer Theorie zu wirt schaftsstatistischen Fakten", Antrittsvorlesung an der Christian-Albrechts-Universität Kiel.

Hansen,L.P./Sargent,T.J.: (1981a), "Linear Rational Expectations Models for Dynamically Interrelated Variables", in: **Lucas,R.E./Sargent,T.J. (Hrsg.):** (1981), S. 127-156.

Hansen,L.P./Sargent,T.J.: (1981b), "Formulating and Estimating Dynamic Linear Rational Expectation Models", in: **Lucas,R.E./Sargent,T.J. (Hrsg.):** (1981), S. 91-125.

Harrison, P.J./Stevens,C.F.: (1971),"A Bayesian Approach to Forecasting", in: Operations Research Quarterly, Bd. 22, S. 341-362.

Harrison,P.J./Stevens,C.F.: (1976), "Bayesian Forecasting " , in: Journal of the Royal Statistical Society, Serie B, Bd. 38, S. 205-247, mit Diskussion.

Harrison,P.J./Akram,M.: (1983), "Generalized Exponentially Weighted Regression and Parsimoneoüs Dynamic Linear Modelling", in: **Anderson,O.D.: (Hrsg.)**, Time Series Analysis: Theory and Practice, Bd. 5, North-Holland, New York/Oxford/Amsterdam, S. 19-38.

Harvey,A.C.: (1978), "The Estimation of Time-Varying Parameters From Panel Data", in: Annales de l'INSEE, Bd. 30/31, S. 202-226.

Harvey,A.C.: (1984), "A Unified View of Statistical Forecasting Procedures", in: Journal of Forecasting, Bd. 3, S. 245-275.

Harvey,A.C.: (1985), "Applications of the Kalman Filter in Econometrics", paper presented at the 5th World Congress of the Econometric Society at Boston, USA.

Harvey,A.C./Phillips,G.D.A.: (1979), "Maximum Likelihood Estimation of Regression Models With Autoregressive-Moving Average Disturbances", in: Biometrika, Bd. 66, S. 49-58.

Harvey,A.C./Phillips,G.D.A.: (1982), "The Estimation of Regression Models With Time-Varying Parameters", in: **Deistler,M./Fürst,E./ Schwödiauer,G. (Hrsg.)**, Games, Economic Dynamics and Time Series Analysis, Physica, Wien/Würzburg, S. 306-322.

Harvey,A.C./Todd,P.H.J.: (1983), "Forecasting Economic Time Series with Structural and Box-Jenkins Models: a Case Study", in: Journal of Business and Economic Statistics, Bd. 1, S. 299-315.

Harville,D.A.: (1976), "Extension of the Gauss-Markov Theorem to Include the Estimation of Random Effects", in: Annals of Statistics, Bd. 4, S. 384-396.

Harville,D.A.: (1977), "Maximum Likelihood Approaches to Variance Component Estimation and to Related Problems", in: Journal of the American Statistical Association, Bd. 72, S. 320-338.

Haslett,S.: (1985), "Recursive Estimation of the General Linear Model with Dependent Errors and Multiple Additional Observations", in: Australian Journal of Statistics, Bd. 27, S. 183-188.

Hatanaka,M.: (1975), "On the Global Identification of the Dynamic Simultaneous Equations Model with Stationary Disturbances", in: International Economic Review, Bd. 16, S. 545-554.

Hatanaka,M.: (1980), "A Note on the Applicability of the Kalman Filter to Regression Models With Some Parameters Varying Over Time and Others Invarying", in: Australian Journal of Statistics, Bd. 22, S. 298-306.

Hatanaka,M.,Tanaka,K.: (1981), "On the Estimability of the Covariance Matrix in the Random Walk Representing the Time-Changing Parameters of a Regression Model", erschienen als Arbeitspapier Nr. 28 an der wirtschaftswissenschaftlichen Fakultät der Universität Osaka, Japan.

Heijmans,R.D./Magnus,J.R.: (1983), "Consistency of Maximum Likelihood Estimators When Observations are Dependent", Report AE 11/83, Faculty of Actuarial Science and Econometrics, Universität Amsterdam.

Heijmans,R.D./Magnus,J.R.: (1984), "On the First-Order Efficiency and Asymptotic Normality of the Maximum Likelihood Estimator Obtained from Dependent Observations", Report AE 21/84, Faculty of Actuarial Science and Econometrics, Universität Amsterdam.

Henderson,H.V./Searle,S.R.: (1979), "Vec and Vech Operators for Matrices, with some Uses in Jacobians and Multivariate Statistics", in: The Canadian Journal of Statistics, Bd. 7, s. 65-81.

Hendry,D.F.: (1976), "The Structure of Simultaneous Equation Estimators", in: Journal of Econometrics, Bd. 4, S. 51-88.

Hendry,D.F.: (1979), "The Behaviour of Inconsistent Instrumental Variables Estimators in Dynamic Systems with Autocorrelated Errors", in: Journal of Econometrics, Bd. 9, S. 295-314.

Hendry,D.F.: (1980a), "Econometrics - Alchemy or Science", in: Econometrica, Bd. 47, S. 387-406.

Hendry,D.F.: (1980b), "Predictive Failure and Econometric Modeling in Macroeconomics": The Transactions Demand for Money", in: **Ormerod,P. (Hrsg.):** (1980), S.217-242.

Hendry,D.F./Pagan,A.P./Sargan,J.D.: (1984), "Dynamic Specification", in: **Griliches,Z./Intriligator,M.D. (Hrsg.):** (1984), S. 1025-1100.

Hendry,D.F./Richard,J.-F.: (1982), "On the Formulation of Empirical Models in Dynamic Econometrics", in: Journal of Econometrics, Bd. 20, S. 3-34.

Hendry,D.F./Richard,J.-F.: (1983), "The Econometric Analysis of Time Series", in: International Statistical Review, Bd. 51, S. 111-163.

Hilborn,C.G./Lainiotis,D.G.: (1969), "Optimal Estimation in the Presence of Unknown Parameters", in: IEEE Transactions on Systems Science and Cybernetics, Bd. SSC-5, S. 38-43.

Hitz,K.L./Fortmann,T.E./Anderson,B.D.O.: (1972), "A Note on Solutions of the Riccati Equation", in: IEEE Transactions on Automatic Control, Bd. 17, S. 178.

Ho,Y.C./Lee,R.C.K.: (1964), "A Bayesian Approach to Problems in Stochastic Estimation and Control", in: IEEE Transaction on Automatic Control, Bd. 9, S. 333-339.

Horn,S.D./Horn,R.A./Duncan,D.B.: (1975), "Estimating Heteroskedastic Variances in Linear Models", in: Journal of the American Statistical Association, Bd. 70, S. 380-385.

Householder, A.S.:(1958), "Unitary Triangularization of a Non-Symmetric Matrix", in: Journal of the Association of Computing Machinery, Bd. 5, S. 339-342.

Howrey,E.P./Klein,L.R./McCarthy,M.D./Schink,G.R.: (1981), "The Practice of Macroeconometric Model Building and Its Rationale", in: **J.Kmenta/J.B.Ramsey (Hrsg.):** (1981), Kapitel 2, S. 19-58.

Hsiao,C.: (1979), "Causality Tests in Econometrics", in: Journal of Economic Dynamics and Control, Bd. 1, S. 321-346.

Hsiao,C.: (1983), "Identification", in: **Z.Griliches/M.D. Intriligator, (Hrsg.):** (1983), Kapitel 4, S. 223-283.

Hurwicz,L.: (1950), "Generalization of the Concept of Identification", in: **T.C.Koopmans (Hrsg.):** (1950), S. 245-257.

Hurwicz,L..: (1962), "On the Structural Form of Interdependent Systems", in: **E.Nagel (Hrsg.):** Methodology and Philosophy of Science, Palo Alto, S. 232-239.

Huzurbazar,V.S.: (1948), "The Likelihood Equation, Consistency and the Maxima of the Likelihood Function", in: Annals of Eugenics, Bd. 14, S. 185-200.

Hylleberg,S.: (1981), "Seasonality in Regressions, The Time-Varying Parameter Model", Vortrag gehalten am Institut für Statistik und Ökonometrie der Universität Kiel, ebenfalls erschienen als NBER/NSF-Conference Paper, University of California, San Diego, USA.

Johnson,L.W.: (1977), "Stochastic Parameter Regression: An Annotated Bibliography", in: International Statistical Review, Bd. 45, S. 257-272.

Johnson,L.W.: (1980), "Stochastic Parameter Regression: An Additional Annotated Bibliography", in: International Statistical Review, Bd. 48, S. 95-102.

Judd,J.P./Scadding,J.L.: (1982), "The Search for a Stable Demand Function: A Survey of the Post-1973 Literature", in: Journal of Economic Literature, Bd. 20, S. 993-1023.

Kailath,T.: (1968), "An Innovations Approach to Least Squares Estimation, Part I : Linear Filtering in Additive White Noise " , in: IEEE Transation on Automatic Control, Bd. 13, S. 646-660.

Kailath,T.: (1974), "A View of Three Decades of Linear Filtering Theory", in IEEE Transactions on Information Theory, Bd. IT-20, S. 146-181.

Kailath,T./Frost,P.: (1968), "An Innovations Approach to Least Squares Estimation, Part II: Linear Smoothing in Additive White Noise", in: IEEE Transactions on Automatic Control, Bd. 13, S. 655-660.

Kalman,R.E.: (1960a), "A New Approach to Linear Filtering and Prediction-Problems" ,in: Journal of Basic Engineering, Bd. 82, S. 35-45.

Kalman,R.E.: (1960b), "Contributions to the Theory of Optimal Control", in: Boletín de la Sociedad Matemática Mexicana, Bd. 5, S. 102-119.

Kalman, R.E. : (1963), " New Methods in Wiener Filtering Theory ", in: **Bogdanoff,J.L./Kozin,F. (Hrsg.)**, Proceedings of the First Symposion on Engineering Applications of Random Functions and Probability, Wiley, New York, S. 270-387.

Kalman,R.E.: (1980), "A System-Theoretic Critique of Dynamic Economic Models", in: International Journal of Policy Analysis and Information Systems, Bd. 4, S. 3-22.

Kalman,R.E.: (1981), "Identifiability and Problems of Model Selection in Econometrics", überarbeitete Version eines Vortrages, gehalten auf dem vierten Weltkongress (August 1980) der Econometric Society in Aix-en Provence, Frankreich.

Kalman,R.E.: (1982a), "Dynamic Econometric Models: A System-Theoretic Critique", in: **Szegö,G.P. (Hrsg.):** (1982), New Quantitative Techniques for Economic Analysis, Academic Press, New York, S. 19-28.

Kalman,R.E.: (1982b), "System Identification from Noisy Data", in: **A.R. Bednarek/L. Cesari (Hrsg.):** (1982), Dynamical Systems, vol. II, Academic Press, New York, S. 135-164.

Kalman,R.E.: (1982c), "Foundations of Identification", in: **Hazewinkel,M./Rinnooy Kan,A.H.G. (Hrsg.):** (1982), S. 159-196.

Kalman,R.E.: (1983), "Identifiabilty and Modeling in Econometrics", in: **Krishnaiah,P.R. (Hrsg.)**, Developments in Statistics, Academic Press, New York/London/San Francisco, Bd. 4, S. 97-133.

Kalman,R.E./Bucy,R.S.: (1961), "New Results in Linear Filtering and Prediction Theory", in: Journal of Basic Engineering, Bd. 83, S. 95-108.

Kaminski,P.G./Bryson,A.E./Schmidt,S.F.: (1971), "Discrete Square Root Filtering: A Survey of Current Techniques", in: IEEE Transactions on Automatic Control", Bd. 16, S. 727-736.

Kashyap,R.L.: (1970a), "A New Method of Recursive Estimation in Discrete Linear Systems", in: IEEE Transactions on Automatic Control, Bd. 15, S. 18-24.

Kashyap,R.L.: (1970b), "Maximum Likelihood Identification of Stochastic Linear Systems", in: IEEE Transactions on Automatic Control, Bd. 15, S. 25-34.

Kashyap,R.L./Nasburg,R.E.: (1974), "Parameter Estimation in Multivariate Stochastic Difference Equations", in: IEEE Transactions on Automatic Control, Bd. 19, S. 784-797.

Kitigawa,G.: (1981), "A Non-Stationary Time Series Model and Its Fitting by a Recursive Filter", in: Journal of Time Series Analysis, Bd. 2, S. 103-116.

Kmenta,J./Gilbert,R.F.: (1968), "Small Sample Properties of Alternative Estimators of Seemingly Unrelated Regressions", in: Journal of the American Statistical Association, Bd. 63, S. 1180-1200.

Kohn,R.: (1978a), "Asymptotic Properties of Time Gaussian Estimators", in: Advances in Applied Probability, Bd. 10, S. 339-359.

Kohn,R.: (1978b), "Local and Global Identification and Strong Consistency in Time Series Models", in: Journal of Econometrics, Bd. 8, S.269-293.

Kohn,R.: (1979), "Identification Results for ARMAX-Structures", in: Econometrica, Bd. 47, S. 1295-1304.

Koopmans,T.C.: (1949), "Identification Problems in Economic Model Construction", in: Econometrica, Bd. 17, S. 125-144.

Koopmans,T.C.: (1950), "When is an Equation System Complete for Statistical Purposes?", in: **Koopmans,T.C. (Hrsg.):** (1950), S. 393-409.

Koopmans,T.C./Bausch,A.F.: (1959), "Selected Topics in Economics Involving Mathematical Reasoning", in: SIAM Review, Bd. 1, S. 79-148.

Koopmans,T.C./Hood,W.C.: (1953), "The Estimation of Simultaneous Linear Economic Relationships", in: **Hood,W.C./Koopmans,T.C. (Hrsg.):** (1953), Kapitel 6.

Koopmans,T.C./Rubin,H./Leipnik,R.B.: (1950), "Measuring the Equation Systems of Dynamic Economics", in: **T.C.Koopmans (Hrsg.):** (1950), Kapitel 2, S. 53-237.

Koopmans,T.C./Reiersöl,O.: (1950), "The Identification of Structural Characteristics", in: Annals of Mathematical Statistics, Bd. 21, S. 165-181.

Kullback,S./Leibler,R.A.: (1951), "On Information and Sufficiency", in: Annals of Mathematical Statistics, Bd. 22, S. 79-86.

Kwon,W.H./Pearson,A.E.: (1977), "A Modified Quadratic Cost Problem and Feddback Stabilization of a Linear System", IEEE Transactions on Automatic Control, Bd. 22, S. 838-842.

Kwon,W.H./Pearson,A.E. (1978), "On Feedback Stabilization of Time-Varying Discrete Linear Systems", Bd. 23, S. 479-481.

Kydland,F.E./Prescott,E.C.: (1977), "Rules Rather Than Discretion: The Inconsistency of Optimal Plans", in: Journal of Political Economy, Bd. 85, S. 473-491; ebenfalls abgedruckt in: **Lucas,R.E./Sargent,T.J. (Hrsg.):** (1981), Kapitel 31, S. 619-637.

Kydland,F.E./Prescott,E.C.: (1982), "Time to Build and Aggregate Fluctuations", in: Econometrica, Bd. 50, S. 1345-1370.

LaMotte,L.R./McWhorter,A.: (1978), "An Exact Test for the Presence of Random-Walk Coefficients in a Linear Regression Model", in: Journal of the American Statistical Association, Bd. 73, S. 816-820.

Leamer,E.C.: (1979), "Information Criteria for Choice of Regression Models: A Comment", in: Econometrica, Bd. 47, S. 507-510.

Leamer,E.C. (1983a), "Model Choice and Specification Analysis", in: **Griliches,Z./Intriligator,M.D. (Hrsg.):** (1983), S. 285-330.

Leamer,E.E.: (1983b), "Let's Take the Con out of Econometrics", in: American Economic Review, Bd. 73, S. 31-43.

Ledolter,J.: (1979), "A Recursive Approach to Parameter Estimation in Regression and Time Series Models", in Communications in Statistics, Serie A, Bd. 12, S. 1227-1245.

Ledolter,J.: (1981), "Recursive Estimation and Adaptive Forecasting in ARIIMA Models with Time Varying Coefficients", in: **A.C. Findley (Hrsg.):** Applied Time Series Analysis, Vol. II, New York, S. 449-472.

Lenz,H.J.: (1976),"Dualitäten in linearen Modellen : Parameterschätzung versus Kalmansche Zustandsschätzung", in: **Schäffer,K.-A. (Hrsg.)**, Beiträge zur Zeitreihenanalyse (Sonderhefte zum Allgemeinen Statistischen Archiv),Bd. 9. S. 59-82.

LeRoy,S./Waud,R.N.: (1977), "Applications of the Kalman Filter in Short-Run Monetary Control", in: International Economic Review, Bd. 18, S. 155-207.

Litterman,R.B.: (1982), "A Use of Index Models in Macroeconomic Forecasting", erschienen als Forschungsbericht Nr. 78 der Federal Reserve Bank of Minneapolis, Minneapolis, USA.

Litterman,R.B.: (1984), "Specifying Vector Autoregressions for Macroeconomic Forecasting", erschienen als Forschungsbericht Nr. 92 der Federal Reserve Bank of Minneapolis, Minneapolis, USA.

Litterman,R.B./Weiss,L.M.: (1984), "Money, Real Interest Rates and Output: A Reinterpretation of Postwar US Data", erschienen als Forschungsbericht Nr. 89 der Federal Reserve Bank of Minneapolis, Minneapolis, USA.

Liu,T.-C.: (1960), "Underidentification, Structural Estimation, and Forecasting", in: Econometrica, Bd. 28, S. 855-865.

Louv,W.C.: (1984), "Adaptive Filtering", in: Technometrics, Bd. 26, S. 399-409.

Lucas,R.E.: (1976), "Econometric Policy Evaluation: A Critique", in: **Brunner,K./Meltzer,A.H. (Hrsg.),** The Phillips Curve and Labor Markets, Carnegie-Rochester Conference Series on Public Policy, Bd. 1, Amsterdam, S. 16-46; ebenfalls wiederabgedruckt in: **Lucas,R.E.:** (1981), S. 104-130.

Lucas,R.E.: (1977), "Understanding Business Cycles", in: **Brunner,K./ Meltzer,A.H. (Hrsg.)**, Stabilization of the Domestic and International Economy, Carnegie-Rochester Series on Public Policy, Bd. 5, Amsterdam, S. 7-29; ebenfalls wiederabgedruckt in: **Lucas,R.E.:** (1981), S. 215-239.

Lucas,R.E.:(1980), "Methods and Problems in Business Cycle Theory", in: Journal of Money, Credit and Banking, Bd. 12, S. 696-715; ebenfalls abgedruckt in: **Lucas,R.E.:** (1981), S. 271-296.

Lucas,R.E./Sargent,T.J.: (1981), "Introduction", Einleitungsartikel in: **Lucas,R.E./Sargent,T.J. (Hrsg.):** (1981), S. XI-LX.

Magill,D.T.: (1965), "Optimal Adaptive Estimation of Sampled Stochastic Processes", in: IEEE Transactions on Automatic Control, Bd. 10, S. 434-439.

Magnus, J.R.: (1978), "Maximum Likelihood Estimation of the GLS Model With Unknown Parameters in the Disturbance Matrix", in: Journal of Econometrics, Bd. 7, S. 281-312.

Magnus,D.J.R./Neudecker,H.: (1984), "Matrix Differential Calculus with Applications to Simple, Hadamard and Kronecker Products", Report AE 19/84, Faculty of Actuarial Science and Econometrics, University of Amsterdam.

Mahajan,Y.L./Mahajan,L.S.: (1977), "Efficiency of Varying Parameter Estimators in a Reducible Simultaneous Equation System", in: Proceedings of the 1977 Annual Meeting of the Business and Economics Statistics Section, American Statistical Association, S. 349-353.

Makridakis,S./Wheelwright,S.C.: (1977), "Adaptive Filtering: An Integrated Autoregressive-Moving Average Filter for Time Series Forecasting", in: Operational Research Quarterly, Bd. 28, S. 425-437.

Marquardt,D.W.: (1963), "An Algorithm for Least Squares Estimation of Nonlinear Parameters", in: Journal of the Society for Industrial and Applied Mathematics, Bd. 11, S. 431-441.

Marschak,J.: (1947), "Economic Structure, Path, Policy and Prediction", Vortrag gehalten auf der Jahrestagung 1947 der American Economic Association, wiederabgedruckt in : **Marschak,J. (Hrsg.):** Economic Information, Decision and Prediction, Selected Essays, Bd. III, Dordrecht/Boston/London, 1974, S. 289-292.

Marschak,J.: (1950), "Statistical Inference in Economics", in: **Koopmans,T.C. (Hrsg.):** (1950), Kapitel 1, S. 1-52.

Marschak,J.: (1953), "Economic Measurement for Policy and Prediction", in: **Hood,W.C./Koopmans,T.C. (Hrsg.):** (1953), S. 1-27.

Masreliez,C.J./Martin,R.D.: (1977), "Robust Bayesian Estimation for the Linear Model and Robustifiying the Kalman Filter", in: IEEE Transactions on Automatic Control, Bd. 22, S. 361-371.

Mayne,D.Q.: (1966), "A Solution of the Smoothing Problem for Linear Dynamic Systems", in: Automatica, Bd. 4, S. 73-92.

Mayne,D.Q.: (1972), "A Canonical Model for Identification of Multivariable Linear Systems", in: IEEE Transactions on Automatic Control, Bd. 17, S. 728-729.

McCabe,B.P./Harrison,M.J.: (1980), "Testing the Constancy of Regression Relationships Over Time Using Least Squares Residuals", in: Applied Statistics, Bd. 29, S. 142-148.

McCloskey,D.N.: (1983), "The Rhetoric of Economics", in: Journal of Economic Literature, Bd. 21, S. 481-517.

McGilchrist,C.A./Sandland,R.L.: (1975), "Recursive Estimation of the General Linear Model with Dependent Errors", in: Journal of the Royal Statistical Society, Serie B, Bd. 41, S. 65-68.

McLeish,D.L.: (1974), "Dependent Central Limit Theorems and Invariance Principles", in: The Annals of Probability, Bd. 2, S. 620-628.

McWhorter,A./Spivey,W.A./Wrobleski,W.J.: (1976), "A Sensitivity Analysis of Varying Parameter Econometric Models", in: International Statistical Review, Bd. 44, S. 265-282.

McWhorter,A./Narasimham,G.V.L./Gorti,V.L./Simonds,R.P.: (1977), "An Empiical Examination of the Predictive Performance of an Econometric Model With Random Coefficients", in: International Statistical Review, Bd. 45, S. 243-255.

McWhorter,A./Wrobleski,W.J./Spivey,W.A.: (1974), "Varying Parameter Econometric Models for Interrelated Time Series", in : Proceedings of the 1974 Annual Meeting of the Business and Economic Statistics Section, American Statistical Association, S. 480-485.

Meditch,J.S.: (1973), "A Survey of Data Smoothing for Linear and Non-Linear Dynamic Systems", in Automatica, Bd. 9, S. 151-162.

Mehra,R.K.: (1970), "On the Identification of Variances and Adaptive Kalman Filtering", in: IEEE Transactions on Automatic Control, Bd. 15, S. 175-184.

Mehra,R.K.: (1971), "On-Line Identification of Linear Dynamic Systems with Applications to Kalman Filtering", in: IEEE Transactions on Automatic Control, Bd. 16, S. 12-21.

Mehra,R.K.: (1972), "Approaches to Adaptive Filtering", in: IEEE Transactions on Automatic Control, Bd. 17, S. 693-698.

Mehra,R.K.: (1974), "Identification in Control and Econometrics : Similarities and Differences " , in: Annals of Economic and Social Measurement, Bd. 3, S. 21-47.

Mehra,R.K.: (1979), "Kalman Filters and Their Applications to Forecasting", in: TIMS Studies in the Management Sciences, Bd. 12, S. 75-94.

Mehra,R.K.: (1982), "Identification in Control and Econometrics", in: **Hazewinkel,M./Rinnoy Kan,A.H.G. (Hrsg):** (1982), S. 261-289.

Meinhold,R.J./Singpurwalla,N..: (1983), "Understanding the Kalman Filter", in: The American Statistician, Bd. 37, S. 123-127.

Menges,G./Diehl,H.: (1964), "Time Stability of Structural Parameters", in: **Hart,P.E./Mills,G./Whitaker,J.K. (Hrsg.)**, Econometric Analysis for National Economic Planning, London, S.299-317.

Menges,G.: (1964), "Die ökonometrische Struktur und die Frage ihrer Konstanz", in:**Neumark,F. (Hrsg.)**, Strukturwandlungen einer wachsenden Wirtschaft, Schriften des Vereins für Sozialpolitik, N.F., Bd. 30, Teilband II, Duncker & Humblot, Berlin, S. 989-1004.

Mitchell,D.W.: (1984), "Kalman Filters and the Target Values of Monetary Aggregates", in: Journal of Money, Credit and Banking, Bd. 14, S. 365-374.

Moore,E.J.: (1985), "On System-Theoretic Methods and Econometric Modeling", in: International Economic Review, Bd. 26, S. 87-110.

Morf,M./Dobbins,J.R./Friedlander,B./Kailath,T.: (1979), "Square-Root Algorithms for Parallel Processing in Optimal Estimation", in: Automatica, Bd. 15, S. 299-306.

Morf,M./Kailath,T.: (1975), "Square-Root Algorithms for Least-Squares Estimation", in: IEEE Transactions on Automatic Control, Bd. 20, S. 487-497.

Morrison,G.W./Pike,D.H.: (1977), "Kalman Filtering Applied to Statistical Forecasting", in: Management Science, Bd. 23, S. 768-774.

Muth,J.F.: (1961), "Rational Expectations and the Theory of Price Movements", in: Econometrica, Bd. 29, S. 315-335.

Myers,K.,A./Tapley,B.D.: (1976), "Adaptive Sequential Estimation with Unknown Noise Statistics", in: IEEE Transactions on Automatic Control, Bd. 21, S. 520-523.

Neudecker,H.: (1969), "Some Theorems on Matrix Differentiation with Special Reference to Kronecker Matrix Products", in: Journal of the American Statistical Association, Bd. 64, S. 953-963.

Newbold,P.: (1981), "Some Recent Developments in Time Series Analysis", in: International Statistical Review, Bd. 49, S. 53-66.

Nicholls,D.F.: (1986), "The Box-Jenkins Approach to Random Coefficient Autoregressive Modelling", in: **Gani,J./Priestley,M.B.** (Hrsg.), Essays in Time Series and Allied Processes, Special Volume 23A of the Journal of Applied Probability, S. 231-240.

Nicholls,D.F./Pagan,A.R.: (1983), "Varying Coefficient Regression", working paper (econometrics) Nr. 92, Australian National University.

Nicholls,D.F./Quinn,B.G.: (1980), "The Estimation of Random Coefficient Autoregressive Models, part I", in: Journal of Time Series Analysis, Bd. 1, S. 37-46.

Nicholls,D.F.G/Quinn,B.G.: (1981a), "The Estimation of Random Coefficient Autoregressive Models, part II", in: Journal of Time Series Analysis, Bd. 2, S. 185-203.

Nicholls,D.F./Quinn,B.G.: (1981b), "Multiple Autoregressive Models with Random Coefficients", in: Journal of Multivariate Analysis, Bd. 11, S. 185-198.

Nicholls,D.F./Quinn,B.G.: (1981c), "The Estimation of Multivariate Random Coefficient Autoregressive Models", in: Journal of Multivariate Analysis, Bd. 11, S. 544-555.

Oberhofer,W./Kmenta,J.: (1974), "A General Procedure for Obtaining Maximum Likelihood Estimates via Generalized Regression Models", in: Econometrica, Bd. 42, S. 579-590.

Odell,P.L./Lewis,T.O.: (1971), "Best Linear Recursive Estimation", in: Journal of the American Statistical Association, Bd. 66, S. 893-896.

Ohlson,J./Rosenberg,B.: (1982), "Systematic Risk of the CRSP Equal-Weighted Common Stock Index: A History Estimated by Stochastic Parameter Regression", in: Journal of Business, Bd. 55, S. 121-145.

Orcutt,G.H.: (1952), "Toward Partial Redirection of Econometrics", in: Review of Economics and Statistics", Bd. 34, S. 195-213.

Otter,P.W.: (1978), "The Discrete Kalman Filter Applied to Linear Regression Models: Statistical Considerations and an Application", in: Statistica Neerlandica, Bd. 32, S. 41-56.

Pagan,A.: (1975), "A Note on the Extraction of Components from Time Series", in: Econometrica, Bd. 43, S. 163-168.

Pagan,A.: (1979), "Some Identification and Estimation Results for Regression Models with Stochastically Varying Coefficients", working paper (econometrics) Nr. 17, Australian National University.

Pagan,A.: (1980), "Some Identification and Estimation Results for Regression Models with Stochastically Varying Coefficients", in: Journal of Econometrics, Bd. 13, S. 341 - 363.

Pearson,E.S./d'Agostino,R.B./Bowman,K.O.: (1977), "Tests for Departure from Normality: A Comparison of Powers", in: Biometrika, Bd. 64, S. 231-246.

Pfeffermann,D.: (1984), "On Extensions of the Gauss-Markov Theorem to the Case of Stochastic Regression Coefficients", in: Journal of the Royal Statistical Society, Serie B, Bd. 46, S. 139-148.

Phillips,A.W.: (1956), "Some Notes on the Estimation of the Time Forms of Reactions in Interdependent Dynamic Systems", in: Economica, Bd. 23, S. 99-113.

Polasek,W.: (1985), "A Dual Approach for Matrix-Derivation", in: Metrika, Bd. 32, S. 275-292.

Prescott,E.C./Townsend,R.M.: (1980), "Equilibrium under Uncertainty : Multiagent Decision Theory", in: **Zellner,A. (Hrsg.):** (1980), Bayesian Analysis in Economics and Statistics, North-Holland, Amsterdam, Kapitel 14, S. 169-194.

Preston,A.J.: (1978), "Concepts of Structure and Model Identifiability for Econometric Systems", in: **Bergstrom,A.R. et al. (Hrsg.):** (1978), S. 275-297.

Priestley,M.B.: (1980), "State Dependent Models: A General Approach to Non-Linear Time Series Analysis", in: Journal of Time Series Analysis, Bd. 1, S. 47-71.

Priestley,M.B.: (1979), "System Identification, Kalman Filtering and Stochastic Control", erschienen als Arbeitspapier am department of mathematics der University of Manchester, England.

Quandt,R.E.: (1958), "The Estimation of Parameters of a Linear Regression System Obeying two Linear Seperate Regimes", in: Journal of the American Statistical Association, Bd. 53, S. 873-880.

Quandt,R.E.: (1960), "Tests of the Hypothesis That a Linear Regression System Obeys Two Seperate Regimes", in : Journal of the American Statistical Association, Bd. 55, S. 324-330.

Radner,R.: (1982), "Equilibrium Under Uncertainty", in: **Arrow,K.J./Intriligator (Hrsg.)**, Handbook of Mathematical Economics, Vol. II, North Holland, Amsterdam/New York/Oxford, S. 921-1006.

Ram,R.: (1982), "Recent Instability of the Demand for Money: Another Test of Stability", in: Southern Economic Journal, Bd. 48, S. 249-262.

Ramsey,J.B.: (1974), "Classical Model Selection through Specification Error Tests", in: **Zarembka,P.G. (Hrsg.)**, Frontiers in Econometrics, Academic Press, New York, Kapitel 1, S. 13-47.

Rao,C.R.: (1965), "The Theory of Least Squares when the Parameters are Stochastic and its Application to the Analysis of Growth Curves", in: Biometrika, Bd. 52, S. 447-458.

Rao,C.R.: (1970), "Estimation of Heteroskedastic Variances in Linear Models", in: Journal of the American Statistical Association, Bd. 65, S. 161-172.

Rao,C.R.: (1971a), "Estimation of Variance and Covariance Components: MINQUE Theory", in: Journal of Multivariate Analysis, Bd. 1, S. 257-277.

Rao,C.R.: (1971b), "Minimum Variance Quadratic Unbiased Estimation of Variance Components", in: Journal of Multivariate Analysis, Bd. 1, S. 445-456.

Rao,C.R.: (1979), "MINQUE-Theory and its Relation to ML- and MML-Estimation of Variance Components", in: Sankhya, Serie B, Bd. 41, S. 138-153

Rauch,H.E.: (1963), "Solutions to the Linear Smoothing Problem", in: IEEE Transactions on Automatic Control, Bd. 8, S.371-372.

Rausser,G.C./Mundlak,Y./Johnson,S.R.: (1983), "Structural Change, Updating, and Forecasting", in : **Rausser,G.C. (Hrsg.)**, New Directions in Econometric Modeling in U.S. Agriculture , New York, S. 659-717.

Reinsel,G.: (1979), "A Note on the Estimation of the Adaptive Regression Model", in: International Economic Review, Bd. 20, S. 193-202.

Richard,J.-F.: (1979), "Exogeneity, Inference and Prediction in So-Called Incomplete Dynamic Simultaneous Equation Models", CORE-discussion paper Nr. 79-22, Université Catholique de Louvain, Belgien.

Richard,J.-F.:(1980a), "Models with Several Regimes and Changes in Exogeneity", in: Review of Economic Studies, Bd. 47, S. 1-20.

Richard,J.-F.: (1980b), "Can Policy Variables be Treated as Exogenous Variables?", in: IHS-Journal, Bd. 4, S. 123-130.

Riddell,W.C.: (1975), "Recursive Estimation Algorithms for Economic Research", in: Annals of Economic and Social Measurement, Bd. 4, S. 397-406.

Rissanen,J./Kailath,T.: (1972), "Partial Realizations of Random Systems", in: Automatica, Bd. 8, S. 389-396.

Rosenberg,B.: (1973a), "A Survey of Stochastic Parameter Regression", in Annals of Economic and Social Measurement, Bd. 2, S. 381-397.

Rosenberg,B.: (1973b), "The Analysis of a Cross Section of Time Series by Stochastically Convergent Parameter Regression", in: Annals of Economic and Social Measurement, Bd. 2, S. 399-428.

Rothenberg,T.J.: (1971), "Identification in Parametric Models", in: Econometrica, Bd. 39, S. 577-591.

Rubin,D.B./Thayer,D.T.: (1982), "EM-Algorithms for ML Factor Analysis", in: Psychometrika, Bd. 47, S. 69-76.

Sallas,W.M./Harville,D.A.: (1981), "Best Linear Recursive Estimation For Mixed Linear Models", in: Journal of the American Statistical Association, Bd. 76, S. 860-869.

Sant,D.T.: (1977), "Generalized Least Squares Applied to Time Varying Parameter Models", in Annals of Economic and Social Measurement, Bd. 6, S. 301-311.

Sargent,T.J.: (1979a), "Causality, Exogeneity and Natural Rate Models: A Reply to C.R. Nelson and B.T. McCallum", in Journal of Political Economy, Bd. 87, S. 403-409.

Sargent,T.J.: (1979b), "Estimating Vector Autoregressions Using Methods Not Based on Explicit Economic Theories", in Federal Reserve of Minneapolis, Quarterly Review, Bd. 3, S. 8-15.

Sargent,T.J.: (1981), "Interpreting Economic Time Series", in: Journal of Political Economy, Bd. 89, S. 213-248.

Sargent,T.J.: (1982), "Beyond Demand and Supply Curves in Macroeconomics", in: Research Department Staff Report Nr. 77, February 1982, Federal Reserve Bank of Minneapolis, USA.

Sargent,T.J.: (1984), "Autoregressions, Expectations and Advice", in: American Economic Review, Papers and Proceedings, Bd. 74, S. 408-412.

Sargent,T.J./Sims,C.A.: (1977), "Business Cycle Modeling Without Pretending to Have Too Much A Priori Economic Theory", in: **C.A.Sims (Hrsg.)**, New Methods of Business Cycle Research, Minneapolis, S. 45-109.

Sarris,A.H.: (1973), "Kalman Filter Models: A Bayesian Approach to Estimation of Time Varying Regression Coefficients", in: Annals of Economic and Social Measurement, Bd. 2, S. 501-523.

Sawa,T.: (1968), "Information Criteria for Discriminating Among Alternative Regression Models", in: Econometrica, Bd. 46, S. 1273-1291.

Schips,B.: (1979), "Einbeziehung von Zeitreiheninformationen in Prognosen mit strukturellen Modellen", Vortrag gehalten an der Universität Mannheim, ebenfalls erschienen als Arbeitspapier an der Hochschule St. Gallen für Wirtschafts- und Sozialwissenschaften.

Schmidt,G.T.: (1976), "Linear and NonLinear Filtering Techniques", in: **Leondes,C.T. (Hrsg.)**, Control and Dynamic Systems, Bd. 12, Academic Press, New York, S. 63-98.

Schönfeld,P.: (1979), "Identifikation", Artikel in: **Menges,G. (Hrsg.)**, Handwörterbuch der Mathematischen Wirtschaftswissenschaften, Bd. 2 (Ökonometrie und Statistik), Gabler, Wiesbaden, S. 61-66.

Schweppe,F.C.: (1965), "Evaluation of Likelihood Functions for Gaussian Signals Signals", in: IEEE Transactions on Automatic Control, Bd. 11, S. 61-70.

Scott,D.J.: (1973), "Central Limit Theorems for Martingales and for Processes with Stationary Increments Using a Skorokhod Approach", in: Advances in Applied Probability, Bd. 5, S. 119-137.

Scott,D.T./Bryce,G.R./Allen,D.M.: (1985), "Orthogonalization-Triangularization Methods in Statistical Computations", in: The American Statistician, Bd. 39, S. 128-135.

Sen,P.K.: (1982), "Asymptotic Theory of Some Tests of Constancy of Regression Relationships over Time", in: Mathematische Operationsforschung und Statistik, Serie Statistik, Bd. 13, S. 21-31.

Serfling,R.J.: (1968), "Contributions to Central Limit-Theory for Dependent Variables", in: Annals of Mathematical Statistics, Bd. 39, S. 1158-1175.

Shea,B.L.: (1984), "Maximum-Likelihood Estimation of Multivariate ARMA-Processes via the Kalman Filter", in: **Anderson,O.D. (Hrsg.)**, Time Series Analysis: Theory and Practice, Vol. 5, North-Holland, Amsterdam, S. 91-101.

Sherman,S.: (1955), "A Theorem on Convex Sets With Applications", in: Annals of Mathematical Statistics , Bd. 26, S. 763-767.

Shumway,R.H./Olsen,D.E./Levy,L.J.: (1981), "Estimation and Tests of Hypotheses for the Initial Means and Covariance in the Kalman Filter Model", in: Communications in Statistics, Serie A, Bd. 16, S. 1625-1641.

Silverman,L.M.: (1968), "Synthesis of Impulse Response Matrices by Internally Stable and Passive Realizations", in: IEEE Transactions on Circuit Theory, Bd. 15, S. 238-245.

Silverman,L.M.: (1971), "Realization of Dynamical Systems", in: IEEE Transactions on Automatic Control, Bd. 16, S. 554-567.

Silverman,L.M.: (1976), "Discrete Ricatti Equations: Alternative Algorithms, Asymptotic Properties, and System Theory Interpretations", in: **Leondes,C.T. (Hrsg.)**, Control and Dynamic Systems, Bd. 12, Academic Press, New York, S. 313-386.

Silverman,L.M./Anderson,B.D.O.: (1968), "Controllability, Observability, and Stability of Linear Systems", in: SIAM Journal on Control, Bd. 6, S. 121-130.

Silvey,D.S.: (1959), "The Lagrangian Multiplier Test", in Annals of Mathematical Statistics, Bd. 30, S. 389-407.

Silvey,D.S.: (1961), "A Note on Maximum Likelihood Estimation in the Case of Dependent Variables", in: Journal of the Royal Statistical Society, Serie B, Bd. 23, S. 444-452.

Simon,H.A.: (1953), "Causal Ordering and Identifiability", in: **Hood,W.C./Koopmans,T.C. (Hrsg.):** (1953), S. 49-74.

Sims,C.A.: (1972a), "Money, Income, and Causality", in: American Economic Review, Bd. 62, S. 387-403.

Sims,C.A.: (1972b), "The Role of Approximate Prior Restrictions in Distributed Lag Estimation", in: Journal of the American Statistical Association, Bd. 67, S. 169-175.

Sims,C.A.: (1975),"Exogeneity Tests and Multivariate Time Series" erschienen als Discussion Paper Nr. 75-54 am department of economics an der University of Minnesota, Minneapolis, USA.

Sims,C.A.: (1976), "Exogeneity and Causal Ordering in Macroeconomic Models", Discussion Paper Nr. 76-72, department of economics, University of Minnesota, Minneapolis, USA; ebenfalls abgedruckt in: **Sims,C.A. (Hrsg.):** (1977), S. 23-43.

Sims,C.A.: (1978), "Small Econometric Models of the U.S. and West Germany Without Prior Restrictions", discussion paper Nr. 78-105, department of economics, University of Minnesota, Minneapolis, USA.

Sims,C.A.: (1980a), "International Evidence on Monetary Factors in Macroeconomic Fluctuations", discussion paper Nr. 80-137, department of economics der University of Minnesota, Minneapolis, USA.

Sims,C.A.: (1980b), "Comparison of Interwar and Postwar Business Cycles: Monetarism Reconsidered", in: Journal of the American Statistical Association, Bd. 70, S. 250-257.

Sims,C.A.: (1980c), "Macroeconomics and Reality", in: Econometrica, Bd. 48, S. 1- 48.

Sims,C.A.: (1981a), "What Kind of a Science is Economics? A Review Article on 'Causality in Economics' by J.R. HICKS.", in: Journal of Political Economy, Bd. 89, S. 578-583.

Sims,C.A.: (1981b), "An Autoregressive Index Model for the U.S. : 1948-1975", in: **Kmenta,J./Ramsey,J.B. (Hrsg.):** (1981), Large-Scale Macro-Econometric Models, North Holland, Amsterdam, S. 283-327.

Sims,C.A.: (1982a), "Scientific Standards in Econometric Modeling", Discussion Paper Nr. 82-160, department of economics, University of Minnesota, Minneapolis, USA; ebenfalls abgedruckt in: **Hazewinkel,M./Rinnooy Kan,A.H.G. (Hrsg.):** (1982), S. 313-341.

Sims,C.A.: (1982b), "Policy Analysis With Econometric Models", in: Brookings Papers on Economic Activity, 1982, Heft 1, S. 107-152.

Sims,C.A.: (1982c), "Policy Analysis With Econometric Models: Technical Appendix About Techniques Used to Model Slowly Varying Parameters in Vector Autoregressive Models", unveröffentlichtes Arbeitspapier, department of economics, University of Minnesota, Minneapolis, USA.

Sims,C.A.: (1983), "Is There a Monetary Business Cycle", in: American Economic Review, Bd. 73, 1983.

Singh,B./Nagar,A.L./Choudhry,N.K./Raj,B.: (1976), "On the Estimation of Structural Change: A Generalization of the Random Coefficient Regression Model", in: International Economic Review, Bd. 17, S. 340-361.

Snyder,R.D.: (1985), "Recursive Estimation of Dynamic Linear Models", in: Journal of the Royal Statistical Society, Serie B, Bd. 47, S. 272-276.

Söll,H.: (1980), "Saisonbereinigung mittels des Kalman Filters", Vortrag gehalten auf der Jahrestagung der Deutschen Statistischen Gesellschaft in Hamburg, Dezember 1980: ein Diskussionsbeitrag aus dem Statistischen Bundesamt Wiesbaden.

Sorensen,H.W.: (1966), "Kalman Filtering Techniques", in: **Leondes,T.C. (Hrsg.)**, Control and Dynamic Systems, Bd. 3, Academic Press, New York, S. 219-290.

Sorensen,H.W.: (1968), "Controllability and Observability of Linear Stochastic Time-Discrete Control Systems", in: **T.C.Leondes (Hrsg.)**, Control and Dynamic Systems, Bd. 5, Academic Press, New York,S. 95-157.

Sorensen,H.W.: (1976), "An Overview of Filtering and Stochastic Control in Dynamic Systems", in: **Leondes,T.C. (Hrsg.)**, Control and Dynamic Systems, Bd. 12, Academic Press, New York, S. 1-62.

Sorensen,H.W./Stubberod,A.R.: (1970), "Linear Estimation Theory", in: **Leondes,T.C. (Hrsg.)**, Theory and Applications of Kalman Filtering, AGARDograph Nr. 139, Los Angeles, Kapitel 1.

Soukup,V.: (1972), "On the Formulation of State Equations for Linear Nonstationary Discrete-Time Systems", in: Kybernetika, Bd. 8, S. 419-429.

Sprott,D.A./Viveros-Aguilera,R.: (1984), "The Interpretation of Maximum Likelihood Estimators", in: The Canadian Journal of Statistics, Bd. 12, S. 27-38.

Strejc,V.: (1981), "Trends in Identfication", in: Automatica, Bd. 17, S. 7-21.

Strotz,R.H.: (1960), "Interdependence as a Specification Error", in: Econometrica, Bd. 28, S. 428-463.

Strotz,R.H./Wold,H.O.A.: (1960), "Recursive and Non-Recursive Systems: An Attempt at Synthesis", in: Econometrica, Bd. 28, S. 417-427.

Swamy,P.A.V.B./Barth,J.R./Tinsley,P.A.: (1982), "The Rational Expectations Approach to Economic Modeling", in: Journal of Economic Dynamics and Control, Bd. 4, S. 125-147.

Swamy,P.A.V.B./Tinsley,P.A.: (1980), "Linear Prediction and Estimation Methods for Regression Models With Stationary Stochastic Coefficients", in: Journal of Econometrics, Bd. 12, S. 103-142.

Theil,H.: (1963), "On the Use of Incomplete Prior Information in Regression Analysis", in: Journal of the American Statistical Association, Bd. 58, S. 401-414.

Theil,H./Goldberger,A.S.: (1961), "On Pure and Mixed Statistical Estimation in Economics", in: International Ecnomic Review, Bd. 2, S. 65-78.

Thornton,C.L./Bierman,G.J.: (1978), "Filtering and Error Analysis Via the UDU' Covariance Factorization", in: IEEE Transactions on Automatic Control, Bd. 23, S. 901-906.

Townsend,R.M.: (1983), "Forecasting the Forecasts of Others", in: Journal of Political Economy, Bd. 91, S. 546-588.

Varadarajan,V.S.: (1958), "A Useful Convergence Theorem", in: Sankhya, Bd. 20, S. 221-222.

Wald,A.: (1948), "Asymptotic Properties of the Maximum Likelihood Estimate of an Unknown Parameter of a Discrete Stochastic Process", in: Annals of Mathematical Statistics, Bd. 19, S. 40-46.

Wald,A.: (1949), "Note on the Consistency of the Maximum Likelihood Estimate", in: Annals of Mathematical Statistics, Bd. 20, S. 595-601.

Wall,K.D.: (1977), "Time-Varying Parameter Models in Econometrics: Identifiability and Estimation", in: **Bensoussan,A./Lions,J.L. (Hrsg.)**, New Trends in System Analysis, Lecture Notes in Control and Information Science, Bd. 2, S. 612-625.

Wall,K.D.: (1981), "Generalized Expectations Modeling in Macroeconometrics", in: Journal of Economic Dynamics and Control, Bd. 2, S. 161-184.

Wall,K.D.: (1984), "Identification Theory for Varying Coefficient Regression Models", unveröffentlichtes Arbeitspapier, department of systems engineering, University of Virginia, USA.

Wall,K.D./Westcott,J.H.: (1974), "Macroeconomic Modeling for Control", in: IEEE Transactions on Automatic Control, Bd. 19, S. 862-873.

Wallis,K.F.: (1977), "Multiple Time Series Analysis and the Final Form of Econometric Models", in: Econometrica, Bd. 45, S. 1481-1497.

Watanabe,N.: (1985), "Note on the Kalman Filter with Estimated Parameters", in: Journal of Time Series Analysis, Bd. 6, S. 269-278.

Watson,M.W./Engle,R.F.: (1982), "The EM-Algorithm for Dynamic Factor and Mimic Models", erschienen als Discussion Paper Nr. 879 am Harvard Institute of Economic Research.

Watson,M.W./Engle,R.F.: (1983), "Alternative Algorithms for the Estimation of Dynamic Factor, Mimic and Varying Coefficient Regression Models", in: Journal of Econometrics, Bd. 23, S. 385-400.

Watson,P.K.: (1983), "Kalman Filtering as an Alternative to Ordinary Least Squares - Some Theoretical Considerations and Empirical Results", in: Empirical Economics, Bd. 8, S. 71-85.

Weiss,A.A.: (1982), "The Estimation of Dynamic Regression Models With Stochastic Coefficients", Discussion Paper Nr. 82-11 einschließlich "technical appendix" (Beweisanhang), department of economics, University of California, San Diego, USA.

Weiss,A.A.: (1985), "The Stability of the AR(1)-Process with a Random AR(1)-Coefficient", in: Journal of Time Series Analysis, Bd. 6, S. 181-186.

Weiss,Lionel: (1971), "Asymptotic Properties of Maximum Likelihood Estimators in Some Non-Standard Cases, Part I", in: Journal of the American Statistical Association, Bd. 66, S. 345-350.

Weiss,Lionel: (1973), Asymptotic Properties of Maximum Likelihood Estimators in Some Non-Standard Cases, Part II", in: Journal of the American Statistical Association, Bd. 68, S. 428-430.

Weiss,Leonard: (1973), "Controllability, Realization and Stability of Discrete Time Systems", in: SIAM Journal on Control, Bd. 10, S. 230-251.

West,M./Harrison,P.J./Migon,H.S.: (1985), "Dynamic Generalized Linear Models and Bayesian Forecasting", mit Diskussion, in: Journal of the Royal Statistical Society, Bd. 80, S. 73-97.

Wetzel,W.: (1970), Neuere Entwicklungen auf dem Gebiet der Zeitreihenanalyse, Sonderhefte zum Allgemeinen Statistischen Archiv, Heft 1, G%ttingen, S. 5-45.

White,H.: (1981), "Consequences and Detection of Misspecified Nonlinear Regression Models", in. Journal of the American Statistical Association, Bd. 76, S. 419-433.

White,H.: (1982), "Maximum Likelihood Estimation of Misspecified Models", in: Econometrica, Bd. 50, S. 1-25.

Wold,H.: (1954), "Causality and Econometrics", in: Econometrica, Bd. 22, S. 162-177.

Wold,H.: (1956), "Causal Inference from Observational Data - A Review of Means and Ends", in: Journal of the Royal Statistical Society, Serie A, Bd. 119, S. 28-61.

Wold,H.: (1959), "Ends and Means in Econometric Model Building", in: **Grenander,U. (Hrsg.)**, Probability and Statistics, The H. Cramér - Volume, Wiley, New York, S. 355-434.

Wold,H.: (1960), "A Generalization of Causal Chain Models", in: Econometrica, Bd. 28, S. 443-463.

Wolovich,W.A.: (1973), "The Determination of State-Space Representations for Linear Multivariable Systems", in: Automatica, Bd. 9, S. 97-106.

Wu,C.F.J.: (1983), "On the Convergence Properties of the EM-Algorithm", in: The Annals of Statistics, Bd. 11, S. 95-103.

Wyman,B.F.: (1978), "Time-Varying Linear Discrete-Time Systems: Realization Theory", in: **Rota,G.C. (Hrsg.)**, Studies in Foundations and Combinatorics, Advances in Mathematics, Supplementary Studies, vol. I, Academic Press, New York, S. 233-258.

Youla,D.C.: (1966), "The Synthesis of Linear Dynamical Systems from Prescribed Weighting Patterns", in: SIAM Journal on Applied Mathematics, Bd. 14, S. 527-549.

Young,P.: (1974), "Recursive Approaches to Time Series Analysis", in: Bulletin of the Institute of Mathematics and Its Applications, Southend on Sea, Band 10, S. 209-224.

Zellner,A.: (1962), "An Efficient Method of Estimating Seemingly Unrelated Regressons and Tests for Aggregation Bias", in: Journal of the American Statistical Association, Bd. 57, S. 348-368.

Zellner,A.: (1963), "Estimators for Seemingly Unrelated Regression Equations: Some Exact Finite Sample Results", in: Journal of the American Statistical Association, Bd. 58, S. 977-992.

Zellner,A.: (1977), "Estimation of Regression Relationships Containing Unobservable Independent Variables", in: **Aigner,D.J./Goldberger,A.S. (Hrsg.):** (1977), Kapitel 5, S. 67-84.

Zellner,A.: (1979a), "Causality and Econometrics", in: **Brunner,K./Meltzer, A.H. (Hrsg.):** (1979), Three Aspects of Policy and Policymaking, Carnegie Rochester Conference Series on Public Policy, Bd. 10, S. 9-54.

Zellner,A: (1979b), "Statistical Analysis of Econometric Models", in: Journal of the American Statistical Association, Bd. 74, S. 628-651.

V. Literaturverzeichnis:

b) Bücher

Aagard-Svendson,R.: (1979), Econometric Methods and Kalman Filtering, Lyngby, Dänemark.

Aigner,D.J./Goldberger,A.S.(Hrsg.): (1977), Latent Variables in Socio-Economic Models, North-Holland, Amsterdam/New York/Oxford.

Anderson,B.D.O./Moore,.B.: (1971), Linear Optimal Control, Prentice-Hall, Englewood Cliffs, New Jersey.

Anderson,B.D.O./Moore,J.B.: (1979),Optimal Filtering, Prentice-Hall, Englewood Cliffs, New Jersey.

Anderson,T.W.: (1971), The Statistical Analysis of Time Series, Wiley, New York/London/Sydney.

Aoki,M.: (1967), Optimization of Stochastic Systems, Academic Press, New York/San Francisco/London.

Aoki,M.: (1976), Optimal Control and System Theory in Dynamic Economic Analysis, North-Holland, New York/Amsterdam/Oxford.

Aoki,M.: (1983), Notes on Economic Time Series Analysis: System Theoretic Perspectives, in: **Beckmann,M./Krelle,W. (Hrsg.)**, Lecture Notes in Economics and Mathematical Systems ,Bd. 220, Springer, Berlin/Heidelberg/New York.

Arrow,K.J.: (1965), Aspects of the Theory of Risk-Bearing, Yrjo Johansson Lectures Series, Helsinki.

Aström,K.J.: (1970), Introduction to Stochastic Control Theory, Academic Press, New York/London.

Balakrishnan,A.V.: (1984), Kalman Filtering Theory, Springer, New York.

Bamberg,G.: (1972), Statistische Entscheidungstheorie, Physica, Würzburg/Wien.

Bartlett,M.S.: (1955), An Introduction to Stochastic Processes With Special Reference to Methods and Applications, Cambride University Press, Cambridge.

Beckmann,M./Christ,C.F./Nerlove,M.(Hrsg.): (1970), Scientific Papers of T.C. Koopmans, Springer, Berlin/Heidelberg/New York.

Begg,D.K.H.: (1982), The Rational Expectations Revolution in Macroeconomics, John-Hopkins University Press, Baltimore, Maryland.

Bellman,R.E.: (1961), Adaptive Control Processes: A Guided Tour, Princeton University Press, Princeton.

Bellman,R.E./Dreyfus,S.E.: (1962), Applied Dynamic Programming, Princeton University Press, Princeton.

Bensoussan,A./Hurst,E.G./Näslund,B.: (1974) , Management Applications of Modern Control Theory, North-Holland, Amsterdam/Oxford.

Berger,J.O.: (1981), Statistical Decision Theory: Foundations, Concepts, and Methods, Springer, New York/Heidelberg/Berlin.

Bergstrom,A.R./Catt,A.J.L./Peston,M.H./Silverstone,B.D.J.(Hrsg.): (1978), Stability and Inflation, A volume of essays to honour the memory A.W.H. Phillips, Wiley, Chichester/New York/Brisbane.

Bierman,G.J.: (1977), Factorization Methods for Discrete Sequential Estimation, New York, Academic Press, New York/San Francisco/London.

Box,G.E.P./Tiao,G.C.: (1973), Bayesian Inference in Statistical Analysis , Addison-Wesley, Reading,Massachusetts.

Box,G.E.P./Jenkins,G.M.: (1976), Time Series Analysis: Forecasting and Control, 2. Auflage, Holden-Day, San Francisco, 1976.

Brammer,K./Siffling,G.: (1975a), Kalman-Bucy Filter, Oldenbourg, München.

Brammer,K./Siffling,G.: (1975b), Stochastische Grundlagen des Kalman-Bucy Filters, Oldenbourg, München.

Brannäs,K./Eklöf,J./Stenlund,H./Westlund,A.: (1981), Econometrics and Stochastic Control in Macroeconomic Planning, Almquist & Wiksell International, Stockholm.

Brown,R.G.: (1962), Smoothing, Forecasting and Prediction of Discrete Time Series, Prentice-Hall, Englewood Cliffs, New Jersey.

Bucy,R.S./Joseph,P.D.: (1968), Filtering for Stochstic Processes with Applications to Guidance, Wiley-Interscience, New York/London/Sydney.

Burrill,C.W.: (1971), Measure, Integration and Probability, McGraw Hill, New York.

Chatfield,C.: (1975), The Analysis of Time Series: Theory and Practice, Chapman and Hall, London.

Chow, G.C.: (1975), Analysis and Control of Dynamic Economic Systems, Wiley, New York.

Chow,G.C.: (1981), Econometric Analysis by Control Methods, Wiley, New York.

Chow,G.C.: (1983), Econometrics, McGraw Hill, New York.

Cox,D.R./Hinkley,D.V.: (1974), Theoretical Statistics, Chapman and Hall, London.

Cramér,H.: (1946), Mathematical Methods of Statistics, Princeton.

Davis,M.H.A.: (1977), Linear Estimation and Stochastic Control, Chapman and Hall, London.

Debreu,G.: (1959), Theory of Value, An Axiomatic Analysis of Economic Equilibrium, Cowles Foundation Monograph No. 17, Yale University Press, New Haven and London.

Dhrymes,P.J.: (1978), Introductory Statistics, Springer, New York.

Dhrymes, P.J.: (1980), Econometrics , 3. Auflage, Springer, New York.

Dhrymes,P.J.: (1981), Distributed Lags: Problems of Estimation and Formulation, 2. Auflage, North-Holland, New York.

Doob,J.L.: (1953), Stochastic Processes, Wiley, New York.

Dorny,C.N.: (1980), A Vector Space Approach to Models and Optimization, Krieger, Huntington, New York.

Enns,P.G.: (1976), Bayesian and Maximum-Likelihood Estimation in the Kalman-Bucy Model with Business Applications, unveröffentlichte Dissertation an der University of Michigan, Ann Arbor.

Fahrmeir,L.: (1981), Rekursive Algorithmen für Zeitreihenmodelle, in: **R.Feron/H.Strecker/G.Tinter (Hrsg.)**, "Angewandte Statistik und ökonometrie", Heft 18, Vandenhoeck & Ruprecht, Göttingen.

Fisher,F.M.: (1966), The Identification Problem in Econometrics, McGraw Hill, New York.

Fleming,W.: (1977), Functions of Several Variables, Springer, Berlin/Heidelberg/New York.

Friedman,M.: (1957), A Theory of the Consumption Function, Princeton University Press, Princeton.

Friedrich,D.: (1984), Systemtheorie und ökonomische Modelle: eine Einführung in systemtheoretische Grundlagen, Konzeptionen und Methoden der Wirtschaftstheorie und ökonometrie, erschienen in: **Blümle,G. et al. (Hrsg.)**, Schriftenreihe des Instituts für Allgemeine Wirtschaftsforschung der Albert-Ludwigs-Universität Freiburg, Bd. 20, Freiburg.

Fuller,W.A.: (1976), Introduction to Statistical Time Series, Wiley, New York.

Gabel,R.A./Roberts,R.A.: (1973), Signals and Linear Systems, Wiley, New York.

Gelb,A.(Hrsg.): (1974) , Applied Optimal Estimation, Cambridge, Massachusetts.

Gibbons,J.D.: (1971), Nonparametric Statistical Inference, McGraw Hill, New York.

Granger,C.W.J./Newbold,P.: (1977), Forecasting Economic Time Series, Academic Press, New York/San Francisco/London.

Graybill,F.A.: (1976), Theory and Application of the Linear Model, Duxbury Press, North Scituate, Massachusetts.

Griliches,Z./Intriligator,M.D. (Hrsg.): (1983), Handbook of Econometrics, vol.I, North-Holland, Amsterdam/New York/Oxford.

Griliches,Z./Intriligator,M.D. (Hrsg.): (1984), Handbook of Econometrics, vol. II, North-Holland, Amsterdam/New York/Oxford.

Haas,P.: (1983), Zustands- und Parameterschätzung in ökonometrischen Modellen mit Hilfe von linearen Filtermethoden, erschienen in: **W.Eichhorn/R.Henn (Hrsg.)**, Mathematical Systems in Economics, Bd. 83, Athenäum, Königstein.

Hackl,P.: (1980), Testing the Constancy of Regression Over Time, in: **R.Feron/H.Strecker/G.Tintner (Hrsg.)**, Angewandte Statistik und ökonometrie. Bd. 16, Vandenhoeck & Ruprecht, Göttingen.

Hall,P./Heyde,C.C.: (1980), Martingale Limit Theory and Its Applications, Academic Press, New York/London/Toronto.

Hannan,E.J.: (1970), Multiple Time Series, Wiley, New York.

Harvey,A.C.: (1981a), Time Series Models, Philip Allan Publishers, Oxford.

Harvey,A.C.: (1981b), The Econometric Analysis of Time Series, Philip Allan Publishers, Oxford.

Hazewinkel,M./Rinnooy Kan,A.H.G. (Hrsg.): (1982), Current Developments in the Interface: Economics, Econometrics and Mathematics, D. Reidel, Dordrecht, Holland.

Hestenes,M.R.: (1981), Optimization Theory: The Finite Dimensional Case, reprint edition, Krieger, Huntington, New York.

Hoffman,K./Kunze,R.: (1971), Linear Algebra, 2nd edition, Prentice-Hall, Englewood Cliffs, New Jersey.

Holly,S./Rüstem,B./Zarrop,M. (Hrsg.): (1979), Optimal Control for Econometric Models - An Approach to Economic Policy Formulation, Macmillan Press, London.

Holt,C.C.: (1957), Forecasting Seasonals and Trends by Exponentially Weighted Moving Averages, Carnegie Institute of Technoloy Press, Pittsburgh, Pennsylvania.

Hood,W.C./Koopmans,T.C. (Hrsg.): (1953), Studies in Econometric Method, Wiley, New York.

Jazwinski,A.H.: (1970), Stochastic Processes and Filtering Theory, Academic Press, New York/London.

Jenkins,G.M./Watts,D.G.: (1968), Spectral Analysis and Its Applications, Holden Day, San Francisco.

Judge,G.G./Griffiths,W.E./Hill,R.C./Lee,T.L.: (1980), The Theory and Practice of Econometrics, Wiley, New York.

Kailath,T.: (1980), Linear Systems, Prentice Hall, New York.

Kailath,T.: (1981), Lectures on Wiener and Kalman Filtering, Springer, New York.

Karlin,S./Taylor,H.M.: (1975), A First Course in Stochastic Processes, 2. Auflage, Academic Press, New York.

Kmenta,J./Ramsey,J.B. (Hrsg.): (1980), Evaluation of Econometric Models, Academic Press, New York.

Koopmans,T.C. (Hrsg.): (1950), Statistical Inference in Dynamic Economic Models, Wiley, New York.

Koopmans,L.H.: (1974), The Spectral Analysis of Time Series, Academic Press, New York/London.

Kreyszig,E.: (1978), Introductory Functional Analysis with Applications, Wiley, New York/Chichester/Brisbane.

Kuhbier,P.: (1981), Grundlagen der quantitativen Wirtschaftspolitik, de Gruyter, Berlin.

Kullback,S.: (1959), Information Theory and Statistics, Wiley, New York.

Kwakernaak,H./Sivan,R.: (1972), Linear Optimal Control Systems, Wiley, New York.

Lasdon,L.S.: (1970), Optimization Theory for Large Systems, Wiley, New York.

Leamer,E.E.: (1978), Specification Searches, Wiley, New York.

Ledolter,J./Bovas,A.: (1983), Statistical Methods for Forecasting, Wiley, New York.

Lehmann,E.L.: (1959), Testing Statistical Hypotheses, Wiley, New York.

Lindgren,B.W.: (1976), Statistical Theory, 3rd edition, Collier/Macmillan, London/New York.

Litterman,R.: (1981), Vectorautoregressive Models, unveröffentlichte Dissertation an der University of Minnesota, Minneapolis.

Ljung,L./Söderström,T.: (1983), Theory and Practice of Recursive Estimation, MIT-Press, Cambridge-Massachusetts.

Lucas,R.E.: (1981), Studies in Business-Cycle Theory, MIT-Press, Cambridge,Massachusetts/London,England.

Lucas,R.E./Prescott,E.C./Stokey,N.L.: (1983), Dynamic Competitive Analysis, Lecture Notes, department of economics, University of Minnesota, Minneapolis, USA.

Lucas,R.E./Sargent,T.J. (Hrsg.): (1981), Rational Expectations and Econometric Practice, University of Minnesota Press, Minneapolis, USA.

Ludyk,G.: (1981), Time-Variant Discrete-Time Systems, in: **Hartmann,I.(Hrsg.)**, Advances in Control Systems and Signal Processing, Bd. 3, Vieweg, Braunschweig/Wiesbaden.

Luenberger,D.G.: (1965), Introduction to Linear and Nonlinear Programming Addison-Wesley, Reading,Massachusetts/London/Amsterdam.

Luenberger,D.G.: (1969), Optimization of Vector Space Methods, Wiley, New York.

Luenberger,D.G.: (1979), Introduction to Dynamic Systems, Wiley, New York.

Machlup,F.: (1963), Essays in Economic Semantics, Prentice-Hall, London/Tokyo/Sydney.

Maddala,G.S.: (1977), Econometrics, McGraw Hill Kogakusha, Tokyo.

Makridakis,S./Wheelwright,S.C.: (1978), Forecasting Methods and Applications, Wiley, New York.

Maybeck,P.S.: (1979), Stochastic Models, Estimation, and Control, vol. I, Academic Press, New York/San Francisco/London.

McGarthy,T.P.: (1974), Stochastic Systems and State Estimation, Wiley-Interscience, New York/London/Sydney.

McWhorter,A.: (1974), A Simulation Study of the Kalman Bucy Random Coefficient Model: Specification, Estimation and Forecasting, unveröffentlichte Dissertation an der Graduate School of Business Administration der University of Michigan, Ann Arbor, 1974.

Meditch,J.S.: (1969), Stochastic Optimal Linear Estimation and Control, McGraw Hill, New York.

Mendel.J.M.: (1973), Discrete Techniques for Parameter Estimation, Prentice-Hall, Marcel Dekker, New York.

Mennicken,R./Wagenführer,E.: (1977), Numerische Mathematik, Band 1, Rowohlt, Hamburg.

Montgomery,D.C./Johnson,L.A.: (1976), Forecasting and Time Series Analysis, McGraw Hill, New York.

Mood,A.M./Graybill,F.A./Boes,D.C.: (1974), Introduction to the Theory of Statistics, McGraw Hill Kogakusha, Tokyo.

Murata,Y.: (1977), Mathematics for Stability and Optimization of Economic Systems, Academic Press, New York/San Francisco/ Amsterdam

Murata,Y.: (1982), Optimal Control Methods for Linear Discrete-Time Economic Systems, Springer, Berlin/Heidelberg/New York.

Nerlove,M./Grether,D.M./Carvalho,J.L.: (1979), Analysis of Time Series, Academic Press, New York/San Francisco/Amsterdam.

özkan,T.: (1974), Application of Kalman Filter Methods to Parameter Estimation of Macoreconometric Models, MA-thesis, Massachusetts Institute of Technology.

Ormerod,P. (Hrsg.): (1979), Economic Modelling: Current Issues and Problems in Macroeconomic Modelling in the U.K. and the U.S., Macmillan, London.

Ortega,J.M./Rheinboldt,W.C.: (1970), Iterative Solutions of Nonlinear Equations in Several Variables, Academic Press, New York/San Francisco/ London.

Ostrowski,A.M.: (1966), Solutions of Equations and Systems of Equations, 2. Auflage, Academic Press, New York.

Otter,P.W.: (1985), Dynamic Feature Space Modelling, Filtering and Self-Tuning Control of Stochastic Systems, in: **Beckmann,M./Krelle,W.** (Hrsg.), Lecture Notes in Economics and Mathematical Systems, Bd. 246, Springer, Berlin/Heidelberg/New York.

Padulo,L./Arbib,M.A.: (1974), System Theory, Philadelphia.

Pollock,D.S.G.: (1979), The Algebra of Econometrics, Wiley, New York.

Priestley,M.B.: (1981), Spectral Analysis and Time Series, vol. I and II, Academic Press, New York/San Francisco/Amsterdam.

Raj,B./Ullah,A.: (1981), Econometrics - A Varying Coefficient Approach, St. Martin's Press, New York.

Rao,C.R.: (1973), Linear Statistical Inference and Its Applications, 2. Auflage, Wiley, New York.

Röhling,W.: (1983), ökonometrische Systeme mit variablen Strukturen : Die Konstruktion adaptiver lernfähiger Systeme als Möglichkeit zur Weiterentwicklung der ökonometrischen Modellbildung, in: **Blümle,G. et al. (Hrsg.)**, Band 11 der Schriftenreihe des Instituts für Allgemeine Wirtschaftsforschung der Albert-Ludwigs-Universität, Freiburg.

Rohatgi,V.K.: (1976), An Introduction to Probability Theory and Mathematical Statistics, Wiley, New York.

Rosenberg,B.: (1968), Varying Parameter Regression, unveröffentlichte Dissertation an der Harvard Universität, Cambridge, Massachusetts.

Rosenbrock,H.H.: (1970), State-Space and Multivariable Theory, Nelson, London.

Rozanov,Y.A.: (1967), Stationary Random Processes. Holden-Day, San Francsico/Cambridge/London/Amsterdam.

Rubio,J.E.: (1971), The Theory of Linear Systems, Academic Press, New York/London.

Sargent,T.J.: (1979), Macroconomic Theory, Academic Press, New York/ San Francisco, London.

Scheide,J.: (1984), Geldpolitik, Konjunktur und Rationale Erwartungen, in: **H.Giersch (Hrsg.)**, Kieler Studien, Bd. 188, Mohr (Siebeck), Tübingen.

Schlittgen,R./Streitberg,B.H.J.: (1984), Zeitreihenanalyse, Oldenbourg, München/Wien.

Schnaps,J.: (1982), Zur Verwendung des Kalman Ansatzes für eine Verbesserung der Prognosegüte ökonometrischer Modelle, in: **Hansen,G.**, (Hrsg.), Schriften zur angewandten ökonometrie, Heft 10, Frankfurt.

Schönfeld,P.: (1971), Methoden der ökonometrie, Bd. II, Vahlen, München.

Schulman,J.F.: (1973), A Varying Parameter Regression Study of the Tradeoff between Inflation and Unemployment, unveröffentlichte Dissertation an der University of Michigan, Ann Arbor.

Schweppe,F.C.: (1973), Uncertain Dynamic Systems, Prentice-Hall, Englewood Cliffs, New Jersey.

Sims, C.A. (Hrsg.), (1977), New Methods in Business Cycle Research, Proceedings from a Conference, Federal Reserve Bank of Minneapolis, Minnesota, USA.

Stöppler.S. (Hrsg.): (1980), Dynamische ökonomische Systeme, 2. Auflage, Gabler, Wiesbaden.

Stummel,F./Hainer,K.: (1982), Praktische Mathematik, Teubner, Stuttgart.

Tanaka,K.: (1979), Analysis of Time Varying Parameter Models, unveröffentlichte Dissertation an der National University of Australia, Canberra.

Tapiero,C.S.: (1977), Managerial Planning: An Optimum and Stochastic Control Approach, Vol. I and II, Gordon and Breach, New York.

Theil,H.: (1971), Econometrics, Wiley, New York.

Wegmann,U.: (1978), Die zeitliche Stabilität ökonometrischer Schätzung: ein Beitrag zur theoretischen Analyse der Stabilitätsannahme und zu den Möglichkeiten ihrer empirischen Überprüfung, Dissertation, Universität Münster.

Wetzel,W./Skarabis,H./Naeve,P./Büning,H.: (1981), Mathematische Propädeutik für Wirtschaftswissenschaftler, 4. Auflage, Walter de Gruyter, Berlin/New York.

White,H.: (1984), Asymptotic Theory for Econometrcians, Academic Press, Orlando/San Diego/San Franscisco.

Whittle,P.: (1983), Prediction and Regulation by Linear Least Squares Methods, 2. Auflage, Blackwell, Oxford.

Wild,C.: (1981), Modelle mit zufälligen Koeffizienten, Habilitationsschrift an der Universität Münster.

Willems,J.L.: (1970), Stability Theory of Dynamical Systems, Nelson and Sons, London.

Wold,H.: (1938), A Study in the Analysis of Stationary Time Series, Almqvist und Wicksell, Stockholm.

Wold,H./Jureen,L.: (1953), Demand Analysis, Wiley, New York.

Young,P.: (1984), Recursive Estimation and Time-Series Analysis, Springer, Berlin/Heidelberg/New York.

Zangwill,W.I.: (1969), Nonlinear Programming: A Unified Approach, Prentice Hall, Englewood Cliffs, New Jersey.

Zellner,A.: (1971), An Introduction to Bayesian Inference in Econometrics, Wiley, New York.

GPSR Compliance

The European Union's (EU) General Product Safety Regulation (GPSR) is a set of rules that requires consumer products to be safe and our obligations to ensure this.

If you have any concerns about our products, you can contact us on ProductSafety@springernature.com

In case Publisher is established outside the EU, the EU authorized representative is:

Springer Nature Customer Service Center GmbH
Europaplatz 3
69115 Heidelberg, Germany

Batch number: 10816188

Printed by Printforce, the Netherlands